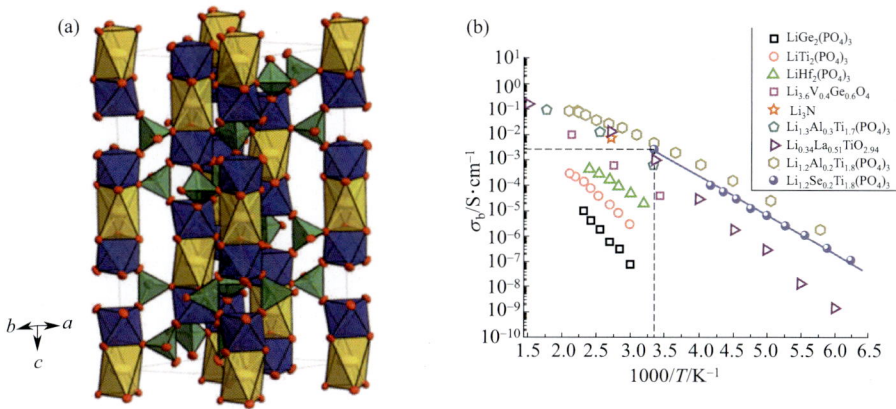

图 7-3　LiTi$_2$(PO$_4$)$_3$ 的晶体结构示意图（a）[26]　和

不同 NaSICON 结构的锂离子固态电解质的离子电导率（b）[18]

黄色拉长的八面体中心由 Li$^+$ 占据，蓝色的八面体由 Ti^{4+} 占据，绿色的四面体由 P^{5+} 占据。红色代表氧元素

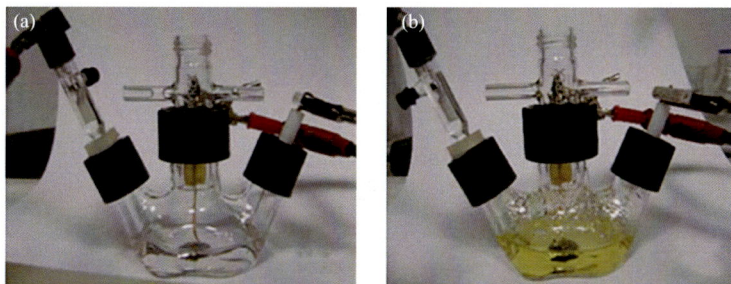

图 8-4　电解液颜色变化[69]

（a）循环伏安测试前；（b）循环伏安测试后

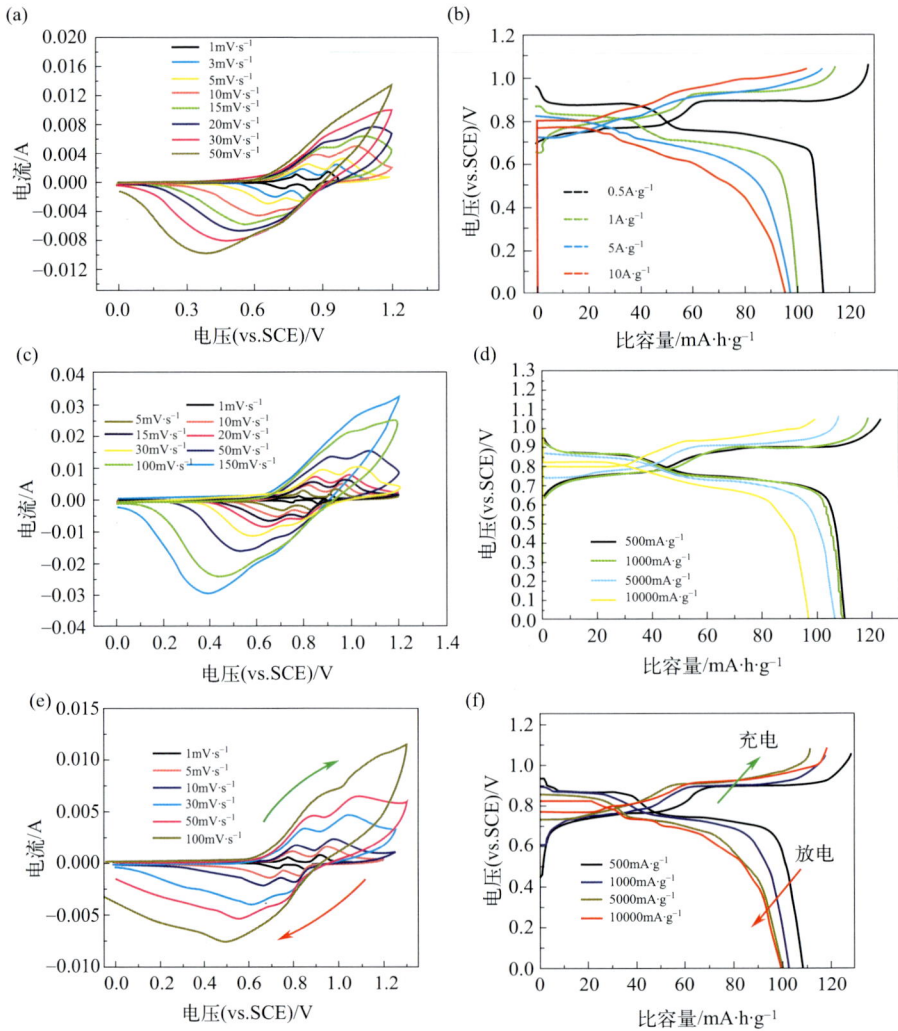

图 8-16 LiMn$_2$O$_4$ 纳米链 (a)、(b)[132]，LiMn$_2$O$_4$ 纳米棒[133] (c)、(d)，LiMn$_2$O$_4$ 纳米管 (e)、(f)[142] 在不同扫描速率下的 CV 曲线和不同电流密度下的充放电曲线

先进电化学能源存储与转化技术丛书

张久俊　李箐　丛书主编

先进锂离子电池
材料创新与安全调控

Advanced Lithium-Ion Batteries:
Material Innovations and Safety Regulation

张涛　王斌　付丽君　等 编著

化学工业出版社

·北京·

内容简介

《先进锂离子电池：材料创新与安全调控》重点阐述了先进锂离子电池的关键材料及其特性，介绍了锂离子电池的安全性理论和技术，总结了其在动力源领域和储能领域的应用价值。本书从第一性原理计算和分子动力学角度解读了电极材料电化学机制与计算设计，重点介绍了固态、水系等高能量密度和安全体系，反映了锂离子电池发展和研究的趋势。

本书既适合新能源、新材料、电化学和计算材料学等相关专业领域的科研人员和技术人员使用，也适合高等院校相关专业研究生和高年级本科生作为教材使用。

图书在版编目(CIP)数据

先进锂离子电池：材料创新与安全调控 / 张涛等编著． — 北京：化学工业出版社，2025. 7. —（先进电化学能源存储与转化技术丛书）． — ISBN 978-7-122-47573-2

Ⅰ. TM912

中国国家版本馆 CIP 数据核字第 20257LT305 号

责任编辑：成荣霞
文字编辑：毕梅芳　师明远
责任校对：宋　夏
装帧设计：王晓宇

出版发行：化学工业出版社
　　　　　（北京市东城区青年湖南街 13 号　邮政编码 100011）
印　　装：北京建宏印刷有限公司
710mm×1000mm　1/16　印张 32　彩插 1　字数 585 千字
2025 年 6 月北京第 1 版第 1 次印刷

购书咨询：010-64518888
售后服务：010-64518899
网　　址：http://www.cip.com.cn
凡购买本书，如有缺损质量问题，本社销售中心负责调换。

定　　价：198.00 元

当前，用于能源存储和转换的清洁能源技术是人类社会可持续发展的重要举措，将成为克服化石燃料消耗所带来的全球变暖/环境污染的关键举措。在清洁能源技术中，高效可持续的电化学技术被认为是可行、可靠、环保的选择。二次（或可充放电）电池、燃料电池、超级电容器、水和二氧化碳的电解等电化学能源技术现已得到迅速发展，并应用于许多重要领域，诸如交通运输动力电源、固定式和便携式能源存储和转换等。随着各种新应用领域对这些电化学能量装置能量密度和功率密度的需求不断增加，进一步研发以克服其在应用和商业化中的高成本和低耐用性等挑战显得十分必要。在此背景下，"先进电化学能源存储与转化技术丛书"（以下简称"丛书"）中所涵盖的清洁能源存储和转换的电化学能源科学技术及其所有应用领域将对这些技术的进一步研发起到促进作用。

"丛书"全面介绍了电化学能量转换和存储的基本原理和技术及其最新发展，还包括了从全面的科学理解到组件工程的深入讨论；涉及了各个方面，诸如电化学理论、电化学工艺、材料、组件、组装、制造、失效机理、技术挑战和改善策略等。"丛书"由业内科学家和工程师撰写，他们具有出色的学术水平和强大的专业知识，在科技领域处于领先地位，是该领域的佼佼者。

"丛书"对各种电化学能量转换和存储技术都有深入的解读，使其具有独特性，可望成为相关领域的科学家、工程师以及高等学校相关专业研究生及本科生必不可少的阅读材料。为了帮助读者理解本学科的科学技术，还在"丛书"中插入了一些重要的、具有代表性的图形、表格、照片、参考文件及数据。希望通过阅读该"丛书"，读者可以轻松找到有关电化学技术的基础知识和应用的最新信息。

"丛书"中每个分册都是相对独立的，希望这种结构可以帮助读者快速找到感兴趣的主题，而不必阅读整套"丛书"。由此，不可避免地存在一些交叉重叠，反映了这个动态领域中研究与开发的相互联系。

我们谨代表"丛书"的所有主编和作者，感谢所有家庭成员的理解、大力支持和鼓励;还要感谢顾问委员会成员的大力帮助和支持;更要感谢化学工业出版社相关工作人员在组织和出版该"丛书"中所做的巨大努力。

如果本书中存在任何不当之处，我们将非常感谢读者提出的建设性意见，以期予以纠正和进一步改进。

张久俊

［中国工程院　院士（外籍）;

上海大学/福州大学　教授;

加拿大皇家科学院/工程院/工程研究院　院士;

国际电化学学会/英国皇家化学会　会士］

李　箐

（华中科技大学材料科学与工程学院　教授）

锂离子电池自 1991 年商业化以来，作为可规模化应用的能量密度最高的储能器件，覆盖了绝大部分移动通信和数码产品市场。近年来，随着性能和制作水平的提高，锂离子电池在航空航天及国防军事等领域也得到了广泛应用，并且逐步走向大型储能及电动汽车动力源等领域。

当前，中国是世界上最大的锂离子电池生产国，锂离子电池材料及电池生产技术已经达到世界领先水平。锂离子电池成为新能源汽车和可再生能源发电储能的基础，是实现"碳达峰、碳中和"目标的重要途径。

2019 年，诺贝尔化学奖表彰了科学家在锂离子电池研发领域的成就，但锂离子电池是一类不断更新的电池体系，涉及物理学和化学的许多新的研究成果，新的材料体系促使研究方向与领域不断拓展与深入。围绕锂离子电池高能化、安全化等的研究仍是学术界和产业界关注的重点。因此，及时掌握最新研究进展及应用，进一步提高国际竞争力，发展低成本、高性能、大功率、长寿命、高安全、环境友好的锂离子电池具有重要意义。

电池材料的特性是影响锂离子电池性能的关键。《先进锂离子电池：材料创新与安全调控》围绕正极材料、负极材料、隔膜和电解液这四大关键因素，针对每种材料做了相应的分析和阐述，从材料种类、制备方式、结构特点等方面介绍了其对锂离子电池电化学特性的影响，并结合理论计算指导材料的设计制备，同时系统地介绍了安全性理论与技术问题，总结了其在动力源领域和储能领域的应用价值。

本书内容与时俱进，章节编排逻辑严密，分析深入透彻，全面展现了有机液态锂离子电池、水系锂离子电池、聚合物锂离子电池、柔性锂离子电池以及固态锂离子电池等体系的最新科研成果。本书的特色是兼顾了理论深度和在应用层面上对于高能量和安全性的关注，从第一性原理计算和分子动力学角度解读了电极材料电化学机制与计算设计，并重点介绍了固态电解质和固态电池、水系锂离子电池和柔性锂离子电池几种安全和高能量密度体系，体现了锂离子电池当今发展和研究的趋势。

　　本书由国内多所高校和科研院所相关领域的专业人士合作完成，汇集了国内外研究者的新科技成果与相关技术，是化学、物理、材料等学科的基础理论研究与应用技术的前沿集成反映。全书共 11 章，分别由中国科学院上海硅酸盐研究所张涛研究员、上海大学易金研究员、天津理工大学刘喜正教授、华南师范大学邢丽丹教授、厦门大学张鹏教授、中国科学院上海硅酸盐研究所刘建军研究员、南京工业大学付丽君教授、电子科技大学王斌教授、宁德新能源科技有限公司何桃高级工程师、中国科学院上海硅酸盐研究所王家成研究员（现工作单位台州学院）、深圳大学符显珠教授、兰州理工大学张庆堂教授等人合作完成，所有作者均长期从事锂离子电池相关研究开发工作。其中，本书的统稿及核校由中国科学院上海硅酸盐研究所的张涛研究员带领电化学储能材料与器件课题组的成员共同完成。

　　本书既适合新能源、新材料、电化学和计算材料学等相关专业领域的科研人员和技术人员使用，也适合高等院校相关专业研究生、高年级本科生作为教材使用。书中锂离子电池概述和民用、航空航天、国防军事等领域应用实践方面的论述也可面向大众作为科普读物。希望本书对我国锂离子电池的发展能起到一定的辅助作用。

　　由于编者水平有限，书中不足或有待进一步讨论和改进之处，恳请广大专家和读者给予批评指正。

编著者

第 3 章
先进负极材料

109

第 11 章
动力和储能锂离子电池的应用 462

第 1 章

锂离子电池概述

1.1
21世纪的锂离子电池产业技术

回顾自然科学的发展历程，牛顿力学等经典物理学对18世纪后半叶开始的工业革命以及之后的近代技术和产业的发展起到了巨大推动作用。牛顿力学对肉眼可见的宏观世界中的能源革新发挥了重要的价值，人类开始用蒸汽和电力技术如汽车、轮船等代替人力从而发展传统产业。但是，这种产业以资源的大量消耗为特征，严重破坏了地球环境。与此相对，20世纪前半叶确立的现代物理学以量子力学为核心，推动了20世纪后半叶到21世纪的高科技革命，形成了原子、分子、超分子等微观世界科学，相继发展出信息、电子、生物、新材料、微型机器等先进技术。这些先进技术以节能、环保、智能为特征，在追求卓越性能的同时，力求解决地球面临的严重能源缺乏和环境污染问题。

以电池技术的发展为例。1800年，意大利 Pavia 大学的实验物理学教授 Alessandro Volta（伏打）发明了化学电池。它由三元组件构成，两侧是锌和银、锡和铜等异种金属，中间夹着一层浸渍了盐水的厚纸或皮革。伏打电池的发明提供了能够产生恒定电流的电源——化学电源，并且结构简单，工艺要求不高，被欧洲的科学家们迅速应用于电化学研究，开辟了电化学领域的重要方向。William Nicholson 首次利用电池进行电解水实验，从水中分离出氢气和氧气；Humphry Davy 利用电池进行电解无机盐实验，分离出钠、钾、镁、钙和钡等金属元素；Luigi Brugnatelli 利用电池进行了电沉积镀金实验，引发了电镀领域的研究[1]。在伏打电池之前，人们只能应用摩擦发电，再将电存放在莱顿瓶中以供使用，这种方式相当麻烦，所得的电量也受限制。Volta 电池的发明使得电的获得变得非常方便。电学所带来的文明，伏打电池是一个重要的起步，他带动后续电学相关研究的蓬勃发展。除了直接相关的电化学学科，后来利用电磁感应原理的电动机及发电机的研发成功也与之相关，从而推动人类社会进步到电气文明。

伏打电池是不能够充电的原电池，也称作一次电池，但是它奠定了化学电池的基础原理，从而在以后的两百多年里发展出各种各样的原电池。在电池发明之后的大约半个世纪里，伏打电池主要被用于研究电流的各种效应，还没有体现出它的实用价值。1836年，John Daniell（丹尼尔）对伏打电池进行了改良，使用硫酸盐溶液作电解液解决了电池的极化问题，制造出能保持稳定电流的锌-铜电池（丹尼尔电池），但是仍然存在放电电压随着放电时间的延长而下降的问题。直到 1859 年，法国物理学家 Raymond Gaston Planté（普兰特）发明了能够反复充放电的铅酸蓄电池，也就是二次电池。普兰特铅酸电池是在两块纯铅箔中间夹着一层亚麻织物，浸渍在硫酸溶液中制成，很快又发展出在铅箔上涂覆 PbO_2 作正极活性物质。铅酸电池是第一个商业化二次电池，在 160 年的发展中技术不断进步，经历了开口式铅酸电池、富液式免维护铅酸电池和阀控密封免维护铅酸电池三个主要阶段[2]。铅酸电池具有能量密度低但是瞬间功率性能好的特点，目前在汽车、飞机启动照明电源，电动自行车动力电池，电信、银行等的 UPS 备用电源等领域占有主要市场份额，在新兴领域如太阳能、风能储能电源中也有很大的市场，特别是在新能源汽车领域，有学者提出两种电池组联用的观点，一个是功率型铅酸电池，一个是能量型锂离子电池[3]。

伏打原电池和普兰特铅酸蓄电池的发明奠定了化学电池的基本原理和基础结构。图 1-1 是伏打原电池和普兰特铅酸蓄电池的原理结构图。它们都是在电解液中插入两根电极，电势高的是正极，电势低的是负极，在电势差的驱动下，带负电荷的电子在外电路中从负极向正极流动，与此同时，带正电荷的阳离子在电解液中从负极运动到正极，形成完整的电流回路，充电是相反的过程。由此可见，无论是电池放电还是充电，都存在三个要素：①正极和负极上电子的授受；②外电路导体中电子的流动；③内电路电解液中离子的流动，最终形成完整的电路，这是理解一切电池充放电反应和现象的基础。

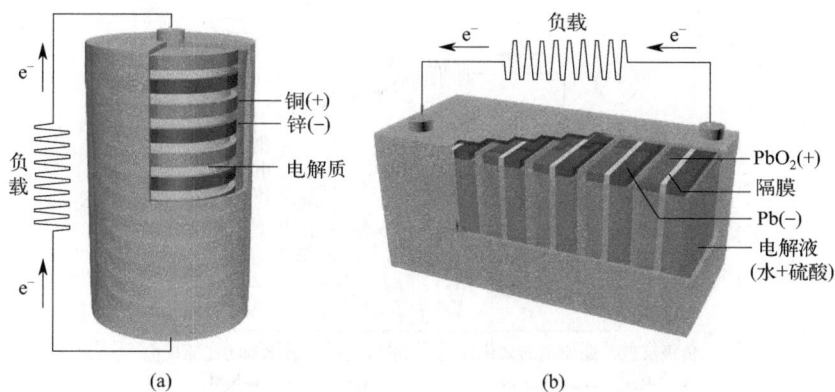

图 1-1　伏打原电池（a）和普兰特铅酸蓄电池（b）的原理结构图

电极上电子的转移是电化学反应的基础，因此，我们可以从氧化和还原的角度来进一步理解化学电池[4]。如图 1-2 所示，在放电过程中，氧化物质和还原物质在电极/电解液界面处发生电子和离子的得失，同时释放出 Gibbs（吉布斯）

自由能转化为电能。电池放电时，在正极上氧化剂 Ox_1 得电子被还原为 Red_2，在负极上还原剂 Red_1 失电子被氧化为 Ox_2。这种在恒定温度下发生的能量转化过程不再受到 Carnot（卡诺）循环的制约，转化效率高。电池的总反应可以表示为：

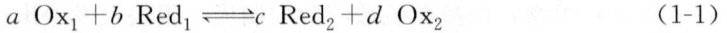

$$a\ Ox_1 + b\ Red_1 \Longrightarrow c\ Red_2 + d\ Ox_2 \tag{1-1}$$

根据热力学定律，该反应的标准自由能的变化是产物的吉布斯生成能减去反应物的自由能，结合法拉第定律，可表示为：

$$\Delta G^{\ominus} = -nFE^{\ominus} \tag{1-2}$$

式中，n 为 1mol 电极活性材料在氧化或还原反应中转移的电子的量；F 为法拉第常数（$F = 96485C \cdot mol^{-1}$）；$E^{\ominus}$ 为标准条件下的热力学平衡电位，也称为标准电极电位。

对于给定的电极材料，其充放电比容量可通过下式计算：

$$Capacity = nF/M \tag{1-3}$$

式中，M 是电极活性物质的摩尔质量，$g \cdot mol^{-1}$。

当条件与标准状态不同时，电池实际电压 E 可由 Nernst 方程式得到，它是处理电化学平衡体系的一个最基本、最重要的方程式：

$$E = E^{\ominus} - \frac{RT}{nF} \ln \frac{a_{Red_2}^c\, a_{Ox_2}^d}{a_{Ox_1}^a\, a_{Red_1}^b} \tag{1-4}$$

式中，a_i 为相应的粒子活度；R 为摩尔气体常数，$8.314J \cdot (K \cdot mol)^{-1}$；$T$ 为热力学温度。

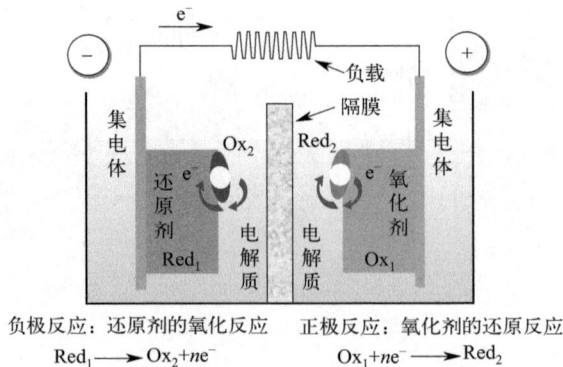

图 1-2　电池的构成和放电时的电极反应

电池反应的自由能变化 ΔG 是电池向外电路提供电能的驱动力，每当反应发生时，该系统的自由能就会减少。从式(1-2)可知，当反应物具有较低吉布斯生成能而生成物具有较高吉布斯生成能时，电化学体系将具有较高的能量密度[5]。表 1-1 是主要电池体系的反应原理、比容量和比能量（理论与实际值）。在筛选这些化学储能系统时，首先要考虑的就是吉布斯自由能数据。热力学手册给出了标准状态下部分物质的吉布斯自由能数据。随着电池体系的不断丰富，目前对于新型材料，如果已知所有参与反应物质的晶体结构，可以通过基于第一性原理的密度泛函方法，计算出该材料的吉布斯自由能[5]。第一性原理计算还能够获得弛豫后的晶体结构，因此，理论上能够得到所有材料的吉布斯生成能。这样，对于式（1-1）所表示的电池反应，通过式（1-2）可以计算理论电压，通过式（1-3）可以计算电极活性物质的理论比容量。

　　自伏打原电池和普兰特铅酸蓄电池发明以来，化学电池的发展历史就是一个能量密度不断提高的过程。图 1-3 用"电池树"的形式总结了现代社会广泛使用的各种各样的原电池和蓄电池，并且标明了这些电池的发明年代。其中具有代表性的原电池包括锌空气电池、氧化银电池、锰干电池和一次性锂电池等，蓄电池包括铅酸电池、镍镉电池、镍氢电池和锂离子二次电池等。这些电池体系的能量密度和反应原理可以在表 1-1 中查到。

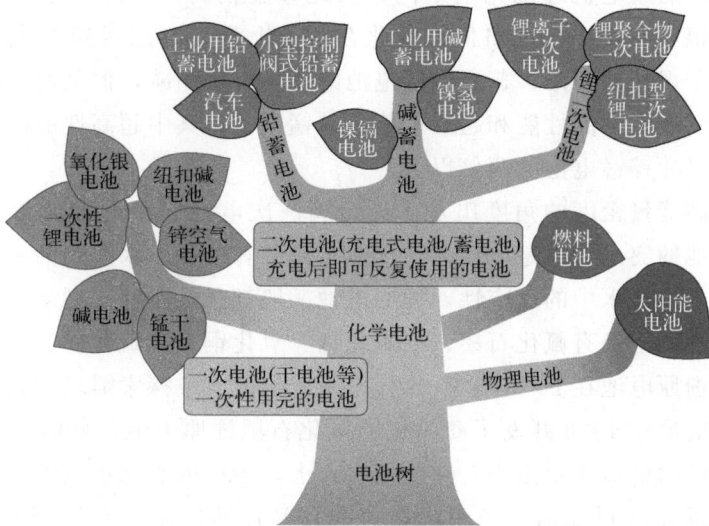

图 1-3　电池树

　　锌空气电池于 1907 年由法国人 Ferry 开发并实现实用化，负极是金属锌，正极是多孔镀铂碳，后来又发展为采用蜡浸渍的多孔碳空气正极，以防止碳基空气正极孔隙中充满液体。最初的电解液采用氯化铵，后来又用强碱性的氢氧化钾溶液代替。现在的商业化锌空气电池几乎未加改变地采用这种设计来制造。锌空气电池放电时电压稳定，但是电流输出较小，大容量单体的体积较大。这一技术最初用于电磁式电话交换机和铁路遥控信号设备，也曾经应用于便携式军事方面，在进一步发展中则转向商业化消费用小型电池。扣式锌空气电池被美国Gould公司推向市场后，目前是助听器的主导电源。随着小型消费电子的发展，氧化银电池在1960年由美国Eveready公司推向市场，这种锌-氧化银原电池体系的体积比能量是商业化电池系列中最高的，适合制成小而薄的扣式电池。氧化银电池也具有平坦的放电电压，并且其储存性能和低温放电能力突出，室温下储存1年后可保持初始容量的95%以上，0℃下可以放出电池标称容量的大约70%。随着电子手表、计算器、便携式游戏机的风行，氧化银电池开始大量使用。但是从1979年国际上银的价格开始上升，氧化银电池的价格也增加了几倍，为了寻找替代电源，碱锰电池和锂金属一次电池开始发展起来。

锌锰电池（锌-二氧化锰电池或锌-碳电池）是现代干电池的原型并仍然广泛应用于第三世界国家，碱锰电池已取代其成为发达和新兴国家的首选电池。碱锰电池也称为碱性锌-二氧化锰电池，活性物质是电解制备的高纯、高活性的二氧化锰、碱性水溶液电解质和粉末状金属锌。和锌锰电池相比，除了材料上的进步，碱锰电池的放电机理也完全不同，因此容量较高，低温性能和放电性能更好。和氧化银电池相比，价格低，因此在银价上升的时期得到了飞速发展。如今，尽管由于银价的回落，普通碱锰电池的市场有所缩减，但是通过设计和材料的改良，又发展出了高性能和超高性能的碱锰电池，其中超高性能的碱锰电池的容量是同等尺寸锌锰电池的两倍以上。

从追求高能量密度的角度出发，锂金属一次电池是接近于理想水平的原电池。锂原电池的突出优点是电压高、比能量高。和以往以水溶剂为主的原电池体系不同，由于锂在水中的反应性，锂原电池一般都选择非质子型溶剂，负极是锂金属，代表性的正极有氟化石墨、二氧化锰、氧化铜、二硫化铁、二氧化硫、亚硫酰氯等。锂原电池在20世纪50年代由于美国的太空探索需求开始使用，之后日本的松下电池在1976开发了商品化的氟化石墨锂原电池。此时正值液晶电子手表流行，锂原电池体积更小，在使用寿命上，传统的氧化银电池只有3年，而锂原电池可以提高到2倍，需求大增，并且又迅速应用于数码相机、LED灯、计算机和办公电器等以消费电子为主的广泛领域。

蓄电池方面的发展较慢，直到20世纪60年代铅酸蓄电池基本上还是唯一商品化的二次电池，在这之后，由于消费电子、小型电器领域对于具有更高容量并具备充电能力的电源的强烈需求，镍镉、镍氢和锂离子二次电池相继得到开发。特别是进入21世纪以来，对于高性能新能源汽车动力电源和大型电网储能电池的需求极大地推动了化学电池的研究和发展。镍镉二次电池于20世纪60年代初期在美国实现商品化，负极活性物质是镉，正极为高价态镍的氧化物（NiOOH），采用碱性电解液。镍镉电池的放电电压约为1.2V，和碱锰干电池相似，商品化的关键是通过抑制充电过程中氢气的产生并高效吸收析出的氧气。随着手机、便携式计算机和数码相机等小型电子设备的迅速普及，松下电池和三洋电机等用储氢合金代替对环境有害的镉作为负极，开始量产镍氢电池。这种电池和镍镉电池同属碱性蓄电池，放电电压也是1.2V，但是能量密度提升1倍以上。特别是在2000年开发了新型的超晶格储氢合金并经过持续改良后得到实用化，获得了最高水平的储氢能力。镍氢电池的成功使化学电池的充放电机制不再简单局限于传统的氧化还原，实现了高容量、长循环、低自放电和经济性等综合性能，开始作为车用动力电池，在世界首次量产的混合动力汽车（HEV）上得到应用。

1991年，比镍氢电池能量密度更高的锂离子电池开始商业化，作为可充电的锂系电池，其电压也高达3.7V。锂离子电池也被称作摇椅式电池，充放电反应基于锂离子在正极层状材料钴酸锂和负极石墨碳层间的嵌入和脱出，是一种不同于前代任何电池的全新嵌脱机理。锂离子电池比镍氢电池更轻，没有记忆效应，自放电更低。进入21世纪以来，锂离子电池正极、负极、电解液等的先进材料不断涌现，其发展源动力主要来自新能源汽车动力电池对于电池轻量化、高能量化、安全化的迫切需求。当然锂离子电池在电网储能方面也有一定应用，但是在这种大规模储能的场合锂离子电池成本太高，所以目前各种低成本、元素储量更丰富的钠基电池正在被开发出来用于电网储能。2017年，工业和信息化部、国家发展改革委、科技部和财政部四部委联合印发的《促进汽车动力电池产业发展行动方案》中明确提出：到2020年，锂离子动力电池单体比能量要达到$400W \cdot h \cdot kg^{-1}$。可以看出，随着21世纪新能源汽车的迅猛发展，先进锂离子电池必将在机理、材料、关键技术和应用领域中取得更多发展。

表1-1　主要电池体系的反应原理、比容量和比能量（理论与实际值）

电池类型	反应机理	理论比容量/$A \cdot h \cdot kg^{-1}$	理论比能量/$W \cdot h \cdot kg^{-1}$	实际比能量/$W \cdot h \cdot kg^{-1}$	实际能量密度/$W \cdot h \cdot L^{-1}$
一次电池					
氧化银电池	$Zn + Ag_2O + H_2O \longrightarrow Zn(OH)_2 + 2Ag$	180	288	135	525
锌空气电池	$Zn + 1/2O_2 \longrightarrow ZnO$	820	1353	370	1300
碱锰电池	$Zn + 2MnO_2 \longrightarrow ZnO + Mn_2O_3$	224	358	145	400
锂-二氧化硫电池	$2Li + 2SO_2 \longrightarrow Li_2S_2O_4$	379	1175	260	415

电池类型	反应机理	理论比容量 /A·h·kg⁻¹	理论比能量 /W·h·kg⁻¹	实际比能量 /W·h·kg⁻¹	实际能量密度/W·h·L⁻¹
一次电池					
锂碘电池	$Li+1/2I_2 \longrightarrow LiI$	200	560	245	900
二次电池					
铅酸电池	$Pb+PbO_2+2H_2SO_4 \longrightarrow 2PbSO_4+2H_2O$	120	252	35	70
镍镉电池	$Cd+2NiOOH+2H_2O \longrightarrow$ $2Ni(OH)_2+Cd(OH)_2$	181	244	35	100
镍氢电池	$H_2+2NiOOH \longrightarrow 2Ni(OH)_2$	289	434	55	60
锂离子电池	$LiCoO_2+6C \longrightarrow Li_{1-x}CoO_2+Li_xC_6$	100	410	150	400
锂-二氧化锰电池	$MnO_2+Li \longrightarrow LiMnO_2$	286	1001	120	265
钠硫电池	$2Na+3S \longrightarrow Na_2S_3$	377	792	170	345
燃料电池					
氢氧电池	$H_2+1/2O_2 \longrightarrow H_2O$	2975	3600	—	—
甲醇-氧气电池	$CH_3OH+3/2O_2 \longrightarrow CO_2+2H_2O$	2000	2480	—	—

1.2
锂离子电池的理论基础和科学问题

由于国民经济总量的持续快速增长，产生了化石能源的过度消耗以及空气污染等一系列问题。在此背景之下，可再生能源的研发便成了国家可持续发展战略的重要组成部分。目前，可再生能源主要包括风能、太阳能、水力发电、生物能源、地热能、海洋能等。由于这些能源具有空间分布的不均匀性和时间的波动性，因此需要高效存储转换的储能装置。此外，在当前提倡环保和节能的大环境下，电动汽车因其具有清洁无污染、驱动方式多样化、能效高等优点成了现代汽车的发展趋势。作为电动汽车的核心部件之一，动力源直接决定了电动汽车的整体性能。一般来说，电动汽车的动力源需要满足以下几个条件：高电压、高能量密度、高功率密度、快充电能力、长寿命、高安全性、低成本以及对环境友好。

电化学储能具有使用便捷、环境污染少、不受地域限制和成本低的特点，是目前被广泛采用的一种储能技术，并且被认为是在未来较长时期内大型储能和电动汽车动力源的有效解决方案。在各种电化学储能装置中，锂离子电池具有高电压、高能量密度、宽工作温度范围、长寿命、环保可回收等优点，在手机、数码相机和笔记本电脑等便携式电子产品领域已经获得了巨大的成功[3-4]。近些年来，实现其在大型储能和电动汽车动力源领域的应用，成为了国内外科研工作者的一个重要的研究方向。

1.2.1 锂离子电池的工作原理

1980 年，M. Armand 等人首次提出了可充电锂离子电池概念，在电池的充放电过程中，锂离子在正负极材料之间不断往返，因此这种电池也被形象地称为"摇椅式"电池[2]。1991 年，日本 SONY 公司成功地将其商业化。这款商业化的电池由 $LiCoO_2$ 正极材料搭配碳材料负极，并采用了以溶有锂盐（如 $LiPF_6$）的有机溶剂为电解液，电池结构如图 1-4 所示，其电极反应如下：

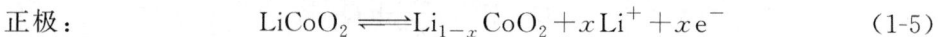

正极： $$LiCoO_2 \rightleftharpoons Li_{1-x}CoO_2 + x\,Li^+ + x\,e^- \qquad (1-5)$$

负极： $$6C + x\,Li^+ + x\,e^- \rightleftharpoons Li_x C_6 \qquad (1-6)$$

总反应： $$LiCoO_2 + 6C \rightleftharpoons Li_{1-x}CoO_2 + Li_x C_6 \qquad (1-7)$$

电池充电时，锂离子从正极材料脱出，同时释放出一个电子，Co(Ⅲ) 被氧化成 Co(Ⅳ)；锂离子经过电解质嵌入负极材料，同时电子从外电路向负极迁移，维持电荷平衡。电池放电时，电子经外电路到达正极，锂离子经电解质嵌回到正极材料中，此时 Co(Ⅳ) 被还原成 Co(Ⅲ)。

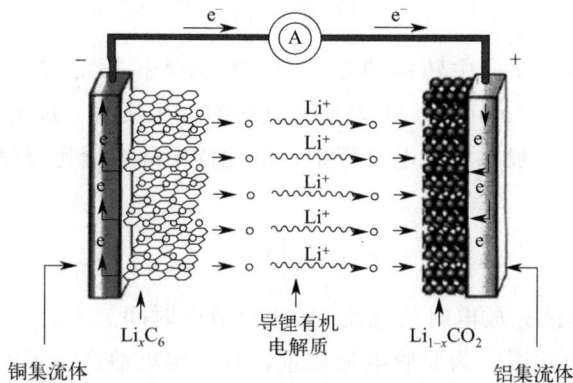

图 1-4　锂离子电池示意图

正极材料为 $LiCoO_2$，负极材料为碳材料，电解质为有机液态电解质

1.2.2　锂离子电池的性能参数

1.2.2.1　电池的电动势（E）

电池的充放电实际上是通过电极材料的化学反应实现的，在标准状态下，Gibbs 自由能的变化与电池的电动势之间存在如下关系：

$$\Delta G^{\ominus} = -nFE^{\ominus} \tag{1-8}$$

式中，n 为电极反应中的转移电子数；F 为法拉第常数，其值为 96500C·mol^{-1} 或 26.8A·h·mol^{-1}；$E^{\ominus}$ 为电池的标准电动势，可以通过正极标准电极电势减去负极标准电极电势得到，即

$$E^{\ominus} = E^{\ominus}_{正极} - E^{\ominus}_{负极} \tag{1-9}$$

由于电池的电极反应往往不是在标准状态下发生的，根据 Nernst 方程，电池电动势可表达为

$$E = E^{\ominus} - \frac{RT}{nF}\ln Q_{r} \tag{1-10}$$

式中，R 为摩尔气体常数，其值为 8.314J·mol^{-1}·K^{-1}；T 为热力学温度；Q_{r} 为反应商。由于内阻的存在，电池实际电动势会比理论电动势小一些。

1.2.2.2　电池的容量（Q）

电池的理论容量是指全部活性材料参与电池反应所产生的电量，单位通常用 A·h 表示，由下式计算：

$$Q_{0} = m\frac{nF}{M} \tag{1-11}$$

式中，n 为电极反应中转移的电子数；F 为法拉第常数，其值为 96500C·mol^{-1} 或 26.8A·h·mol^{-1}；M 为活性材料的摩尔质量；m 是参与反应的全部活性物质的质量。一般在充放电过程中，电池的实际容量比理论容量要小，可通过下式计算：

$$Q = \int I \, dt \tag{1-12}$$

式中，I 为电池充放电时的电流；t 为充放电时间。

在设计制造电池时，为验收电池质量，特规定电池在一定的放电条件下应达到一个最低限度的放电容量，这个容量称为电池的额定容量。不同电池体系所规定的额定容量是不同的，一般来说，实际容量会比额定容量高出 5%～15%。

为了对不同的电极材料进行比较，还要引入比容量这个概念。比容量是指单位质量或体积的电池或活性材料的容量，分别称为质量比容量和体积比容量，其

单位分别为 $A \cdot h \cdot kg^{-1}$ 和 $A \cdot h \cdot L^{-1}$。

1.2.2.3　电池的能量（W）

电池的能量是指电池在一定的放电条件下输出的电能，单位通常用 $W \cdot h$ 表示。假设电池在放电过程中始终处于平衡状态，那么其放电电压保持标准电动势 $E^{\ominus}$ 的数值，同时活性物质的利用率为 100%，这时，电池的放电容量即为理论容量，其理论输出能量可由下式计算：

$$W_0 = Q_0 E^{\ominus} \tag{1-13}$$

式中，Q_0 为电池的理论容量；$E^{\ominus}$ 为电池的标准电动势。

在实际工作过程中，电池的实际输出能量一般由下式计算：

$$W = \int U \mathrm{d}q = Q U_{平均} \tag{1-14}$$

式中，U 为电池在放电过程中的工作电压；q 为放电电荷；Q 为电池的实际容量；$U_{平均}$ 为电池的平均工作电压。

比能量是指单位质量或体积的电池在一定的放电条件下输出的电能，分别称为质量比能量和体积比能量，其单位分别为 $W \cdot h \cdot kg^{-1}$ 和 $W \cdot h \cdot L^{-1}$。

1.2.2.4　电池的功率（P）

电池的功率是指电池在一定的放电制度下单位时间内输出的电能，单位通常用 W 或 kW 表示。理论上电池的功率可表示为

$$P_0 = \frac{W_0}{t} = \frac{Q_0 E^{\ominus}}{t} = \frac{It E^{\ominus}}{t} = I E^{\ominus} \tag{1-15}$$

式中，W_0 为电池的理论输出能量；t 为放电时间；Q_0 为电池的理论容量；I 为恒定电流；$E^{\ominus}$ 为电池的标准电动势。

实际上，电池还存在内阻，因此其实际功率为

$$P_0 = I(E^{\ominus} - I R_{内}) = I E^{\ominus} - I^2 R_{内} \tag{1-16}$$

式中，$R_{内}$ 为电池的内阻；$I^2 R_{内}$ 为电池内阻消耗的功率。

比功率是指单位质量或体积的电池在一定的放电制度下单位时间内输出的电能，分别称为质量比功率和体积比功率，其单位分别为 $W \cdot kg^{-1}$ 和 $W \cdot L^{-1}$。

1.2.2.5　电池的充放电速率

电池的充放电速率一般用小时率或倍率表示。小时率是指电池以一定的电流放完额定容量所需要的小时数。倍率是指电池在规定的时间内放完额定容量所需要的电流值，其常用字母 C 表示，比如 1 倍率表示为 $1C$，0.5 倍率表示

为 $0.5C$。

1.2.2.6 电池的库仑效率

在一定的充放电制度下，电池放电放出电荷量与充电充入电荷量的百分比，即电池的库仑效率，也叫放电效率。对于正极材料，其是指嵌锂容量/脱锂容量，即放电容量/充电容量；对于负极材料，其是指脱锂容量/嵌锂容量，即充电容量/放电容量。

1.2.2.7 电池的内阻

电池的内阻由欧姆电阻和极化电阻组成。欧姆电阻包括正负极材料、电解质、隔膜、集流体的电阻和它们之间的接触电阻；极化电阻是指电池反应时内部极化产生的电阻，内部极化包括电化学极化和浓差极化。

1.2.2.8 电池的寿命

电池的寿命指的是循环寿命和搁置寿命。循环寿命是指在一定的充放电循环之后，电池容量下降到某个规定值（如 80%）时的循环次数。循环过程中造成电池容量下降的主要因素有活性材料的形貌变化、活性材料与集流体之间的接触不良甚至脱落、电极副反应等。搁置寿命指的是在特定的条件下，没有负载时电池达到规定指标所经过的时间。例如，将电池在某一温度（如 80℃）和湿度下存放一段时间后，测试电池性能，主要测试其容量保持率和容量恢复率以及气胀情况等。存储时发生的容量下降现象叫电池的自放电，自放电速率是指单位时间内容量降低的百分数。

1.2.3 锂离子电池的基础科学问题

1.2.3.1 正极材料

正极材料是锂离子电池（LiB）的核心材料之一，它不仅参与电化学反应，还要作为电池的锂源。理想的正极材料应具有以下条件：①比容量大，要求正极材料具有较低的分子量和较大的锂离子脱嵌量；②电位高，使电池具有高输出电压；③材料内部和表面的锂离子扩散速率高，使电池具有高倍率性能；④电子电导率高；⑤在充放电过程中稳定，使电池具有良好的循环和安全性能；⑥资源丰富，对环境友好，制备成本低。

目前，已实用化的正极材料根据结构大致可以分为三类：①六方层状晶体结构材料，如 $LiMO_2$（M=Co，Mn，Ni），代表材料为 $LiCoO_2$[6]；②尖晶石结构材料，代表材料为 $LiMn_2O_4$[7]；③聚阴离子结构材料，代表材料为 $LiFePO_4$[8]。目前，正极材料的主要研究思路是在这几类材料的基础上，发展相关的衍生材料。比如，通过对 $LiCoO_2$ 掺杂改性，获得三元正极材料 NCM（$LiNi_xCo_yMn_zO_2$，$x+y+z=1$）[9]；采用 Ni 掺杂改性 $LiMn_2O_4$ 获得高电压正极材料 $LiNi_{0.5}Mn_{1.5}O_4$[10]；通过 Mn 掺杂改性 $LiFePO_4$ 提高材料的充放电平台，比如 $LiFe_{0.4}Mn_{0.6}PO_4$ 和 $LiFe_{0.25}Mn_{0.75}PO_4$[11]。基于以上材料，通过组分调节、结构调控、形貌控制等技术手段来改性正极材料，对材料的比容量、倍率、稳定性、循环性等性能进行优化。目前，提高能量密度是最迫切的需求，主要途径是获得高容量或高电压的正极材料[5]。

此外，界面问题是锂离子电池研究领域的另一个关键科学问题[12]。锂离子电池中常见的界面主要有以下几类：①电极材料在电池反应过程中产生的两相界面；②多晶电极中的晶界；③电极材料与集流体、导电剂、黏结剂之间的界面；④电极材料与电解质之间的界面等。这些界面一般存在空间电荷层，对电池性能会产生影响，因此具有重要的研究意义。

1.2.3.2 负极材料

同正极材料一样，负极材料也是锂离子电池的关键组成部分。理想的负极材料应具备以下条件：①可逆比容量大，要求负极材料具有较大的锂离子脱嵌量；②锂离子脱嵌电位低，使电池具有高输出电压；③具有较高的离子和电子电导率，使电池具有高倍率性能；④在脱嵌锂离子的过程中稳定，以保证电池具有较高的循环寿命和安全性；⑤资源丰富，对环境友好，制备工艺简单，成本低。

根据电化学反应机理，可以将负极材料分为三大类：插入型、合金型和转换型。其中，插入型负极主要包括碳材料负极、TiO_2 基负极；合金型负极具体是指 Sn 或 Si 基合金及化合物；转换型负极是指通过转换反应对锂有活性的化合物，主要包括过渡金属的氧化物、硫化物、氮化物等。目前，已经商业化的负极材料主要有两类。一类为碳负极，主要包括人造石墨、中间相碳微球（MC-MB）；另一类为钛酸锂[13]。

目前，负极材料的主要研发思路是朝高能量密度、高功率密度、高循环性能和低成本的方向发展。在此背景下，大量的高容量负极被开发出来。在碳材料中，主要有碳纳米管、碳纳米纤维、多孔碳等。在非碳材料中，主要有 Si、SiO、Ge、Sn、SnO、SnO_2 和过渡金属氧化物等。这些新型负极材料均具有较高的容量，但高容量的同时也伴随着巨大的体积变化，在实际电池的应用中受到了限制。针对这个问题，主要有两种研究思路：一种是将其与商用碳材料复合，虽然能一定程度上解决体积变化所带来的问题，但是新型负极材料的容量没有得到完全发挥；另一种是在纳米级尺度对这些材料进行结构、形貌调控，比如制备成空心球、包覆一层缓冲层等，目前这些研究大多还处于实验室阶段。

金属锂具有高理论容量（3860mA·h·g^{-1}）、低密度（0.59g·cm^{-3}）和低电势（−3.04V vs. H$^+$/H$_2$），这些特性使其成了最理想的锂离子电池负极材料。但是其作为锂离子电池负极还存在两方面的问题：①在充放电过程中有锂枝晶的产生，会刺穿隔膜导致电池短路，从而引发安全问题；②循环过程中电池的库仑效率低，循环寿命短。对于以上问题，最常见的研发思路是通过调节电解质的组分及添加剂在金属锂表面原位形成稳定的 SEI 层，对金属锂表面进行特定的处理形成非原位包覆层，或者在金属锂表面加入聚合物或无机固态阻隔层，但是这些方法都没有从根本上解决问题。

1.2.3.3 电解质材料

电解质在锂离子电池中起着正负极之间传输锂离子的作用，因此，它对锂离子电池来说至关重要。理想的电解质材料应满足以下条件：①宽工作温度范围；②高锂离子电导率和迁移数；③宽电化学窗口，确保电解质在两极不发生显著副反应；④高安全性，要求电解质材料具备高的闪点和分解温度。目前电解质可分为有机电解液、聚合物和无机物三大类。

商用的锂离子电池一般采用有机电解液，其主要含有机溶剂、锂盐和功能添加剂。有机溶剂一般为非质子溶剂，主要有碳酸酯类、羧酸酯类、醚类和腈类。在实际应用中，单一溶剂往往难以满足所有需求，因此常采用多种溶剂按一定比例混合，以一种协同效应的方式集合多种溶剂的优势。有机电解液的另一个重要组成部分是锂盐，可分为无机和有机两类，无机类包括 LiPF$_6$、LiClO$_4$、LiAsF$_6$ 和 LiBF$_4$ 等，有机类包括三氟甲基磺酸锂（化学式为 LiCF$_3$SO$_3$，简写为 LiTfO）、双草酸硼酸锂［化学式为 LiB(C$_2$O$_4$)$_2$，简写为 LiBOB］、双（三氟甲磺酰基）亚胺锂（简写为 LiTFSI）及它们的衍生物等。除了有机溶剂和锂盐，功能添加剂也是至关重要的。不同添加剂有不同功能，比如成膜添加剂、阻燃添加剂、过充保护添加剂等。目前有机电解液需要重点解决以下问题：①可燃的有机电解液会引发安全性问题，可以考虑引入阻燃添加剂，或者直接采用离子液体、高稳定性锂盐或无机陶瓷电解质来解决；②提高电解质的工作电压，可以考虑通过添加剂或无机陶瓷电解质来解决；③拓宽电解质的工作温度范围，低温体系需要采用低熔点醚、腈类溶剂，高温体系则需要采用锂盐、离子液体、氟代酯醚或无机陶瓷电解质；④延长电池循环寿命，需要通过精准调控固体电解质膜（SEI）的组成与结构来实现。

SEI 膜是液体电解质基锂离子电池的一个重要研究内容[14]。在电池的充放电过程中，液体电解质与正负极表面发生反应会形成一层或多层固体电解质膜（SEI），如何对其组成与结构进行调控，以达到优化电池性能的目的，在未来一段时间内仍然会是锂离子电池技术发展的核心课题。一般情况下，理想的 SEI 膜应具有以下特征：①当厚度大于电子隧穿长度时表现出电子绝缘的特性；②高离子电导率；③良好的力学性能，能承受电池充放电过程中活性物质的体积变化；④良好的稳定性，不溶于电解液，形成后在循环过程中不再参与电化学反应。

聚合物电解质是指将锂盐复合到聚合物基体中，常见的基体有聚环氧乙烷（PEO）、聚丙烯腈（PAN）、聚甲基丙烯酸甲酯（PMMA）、聚碳酸亚丙酯（PPC）和聚偏氟乙烯（PVDF）等。其中，PEO 及其衍生物具有较高的溶解锂盐的能力，同时对金属锂稳定，因此是目前的主流基体。现阶段，PEO 基金属锂电池的能量密度为 $220 \sim 350 W \cdot h \cdot kg^{-1}$，循环可达 3000 次，并已大批量生产。但是这类电池只能在高于 60℃ 的温度下工作，针对此缺点需要进一步研究和攻关。

有机电解质具有可燃性，在使用过程中存在着安全隐患。针对此问题，国内外科研人员正在大力研发无机陶瓷电解质[15]。相比传统的有机电解质，它具有以下优点：①不挥发，不可燃，具有高安全性；②具有较宽的工作温度范围；③一些固体电解质在空气中稳定，可简化电池的制造流程；④具有较宽的电化学窗口，可采用高电压电极材料；⑤结构致密，力学性能优良，可阻止锂枝晶的刺穿，实现金属锂负极的应用。常见的无机陶瓷电解质有氧化物、硫化物和氮化物。氧化物包括 LISICON 型、NASICON 型、Perovskite 型和 Garnet 型。硫化物由氧化物衍生而来，硫元素的电负性相对于氧元素弱得多，对锂离子的束缚较小，同时离子半径又大得多，能形成较大尺寸的离子传输通道，因此硫化物具有更高的离子电导率。硫化物主要有磷硫化物和卤硫磷化物。氮化物主要有 Li_3N 和 LiPON。

目前，无机陶瓷电解质的本征离子电导率已经达到较高水平，但其与电极材料之间的界面阻抗较大，限制了实际应用。无机陶瓷电解质基电池的界面阻抗已经受到了广泛关注，并提出多种解决思路：①在电解质与电极之间的界面进行修饰；②在电极材料中引入电解质材料；③对电极材料进行包覆改性。针对不同的电池体系，应采用不同的方法。界面稳定性是另一大关键问题，涉及正极/电解质、电解质/负极和电池匹配三个层面。其解决方法主要是对电极材料进行包覆改性或者对电解质材料进行组分调控。通常情况下，界面阻抗和稳定性问题总是同时存在，而且在电池循环过程中会发生一定程度的变化，深入研究在电池循环过程中界面的变化对于固态电池的性能优化至关重要。

1.3
锂离子电池的关键材料和界面特性

材料是决定性能的关键，锂离子电池性能的提高得益于其关键材料的发展和电池内部界面的改善。本小节将从组成锂离子电池的关键材料以及材料之间的界面特性两方面进行概述，总结几种关键材料的现状和发展趋势，并对其在组成电池时所形成的界面进行简要的分析。

1.3.1　锂离子电池的关键材料

锂离子电池使用高电位且能够可逆存储和释放锂离子的含锂化合物作为正极，较低电位且可逆嵌入和析出锂离子的材料作为负极，可传导锂离子的电子绝缘层作为隔膜，溶有锂盐的有机溶剂作为电解液，如图 1-5 所示。

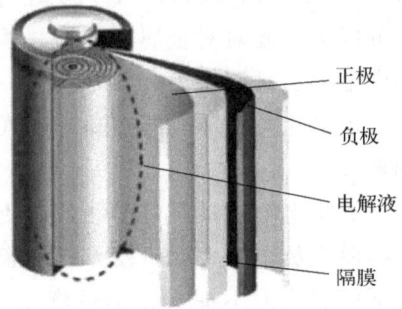

正极
负极
电解液
隔膜

图 1-5　电池结构图

1.3.1.1　正极材料

目前，研究较为广泛的正极材料主要包括层状的钴酸锂（$LiCoO_2$）、镍酸锂（$LiNiO_2$）、三元材料，以及尖晶石型锰酸锂（$LiMnO_2$）和橄榄石型的磷酸铁锂（$LiFePO_4$）[16]，如表 1-2。

表 1-2　正极材料分类及性能

项目	钴酸锂	镍酸锂	镍钴铝酸锂	锰酸锂		磷酸铁锂	镍钴锰酸锂
结构	层状	层状	层状	尖晶石	层状	橄榄石	层状
理论能量密度 /$mA \cdot h \cdot g^{-1}$	274	275	279	148	285	170	280
实际能量密度 /$mA \cdot h \cdot g^{-1}$	145	150	200	120	140	165	170
电压/V	3.8	3.8	3.7	4.1	3.3	3.4	3.7
循环性能	中	低	中	中	低	高	高
过渡金属	贫乏	丰富	贫乏	丰富	丰富	非常丰富	贫乏

项目	钴酸锂	镍酸锂	镍钴铝酸锂	锰酸锂		磷酸铁锂	镍钴锰酸锂
环保性	钴有放射性,镍有毒	镍有毒	含镍、钴	无毒	无毒		含镍、钴
安全性能	差	差	较好	较好	较好	好	较好
发展水平	商业化	研究中	商业化	商业化	研究中	商业化	商业化

钴酸锂是研究较早并投入使用的正极材料,由 Goodenough[17] 首次提出,但其热稳定性差[18],不适合高倍率和深度充放电。常用掺杂其他金属元素（Mn、Al、Fe、Cr）[19-22] 和包覆金属氧化物涂层（Al_2O_3、TiO_2、ZrO_2）[23] 的方法来稳定结构,提高电化学性能。

镍酸锂具有和钴酸锂相同的晶体结构和类似的理论比容量,与钴酸锂相比成本低很多。但是 LNO 的问题在于 Ni 有替代 Li 的倾向,在脱嵌 Li 的过程中会堵住 Li 的扩散通道[24]。安全性和稳定性方面相比于钴酸锂,镍酸锂更容易造成热失控。可通过掺杂少量 Mg、Al[25-26] 来改善其热稳定性和提高电化学性能。

锰酸锂具有合成工艺简单、原料成本低、热稳定性好、倍率性能好等优点,但由于存在 Jahn-Teller 效应及钝化层的形成、Mn 的溶解、电解液在高电位下分解等问题[27],其高温循环与储存性能差,通过优化导电剂含量、纯化电解液、控制材料比表面以及表面修饰[28] 改善锰酸锂材料的高温及储存性能是目前研究中较为常见且有效的改性方法。

镍钴铝酸锂是通过改性镍酸锂而得到的,同时通过 Co、Al 的掺杂稳定了镍酸锂结构,提高了循环寿命,相比于钴酸锂减少了昂贵 Co 元素的使用,降低了成本。但由于固态电解质膜的形成和晶粒间微裂纹的生长,在高温下容量衰减比较严重[29-30]。

磷酸铁锂正极材料拥有良好的热稳定性和循环性能[18,31]。但磷酸铁锂材料存在电导率低、锂离子扩散系数低等缺点。其改进方法主要集中在离子掺杂、表面包覆和材料纳米化[32-33] 三个方面。

镍钴锰酸锂（NCM）与钴酸锂相比,具有成本低（含钴少）、更绿色环保、安全性（安全工作温度可达 170℃）更高、循环使用寿命更长的优势[34]。另外值得一提的是,镍、钴、锰的比例在一定范围内调整可以得到不同性能的材料。例如镍含量在 80% 以上的 $LiNi_{0.8}Co_{0.1}Mn_{0.1}O_2$（NCM811）[35] 有更高的能量密度,NCM622 和 NCM523 体系[36] 仍然存在一些亟须解决的问题,包括电子电导率低、大倍率稳定性差、高电压循环稳定性差、阳离子混排（尤其是富镍三元）、高低温性能差、安全性能差等。

钴酸锂和磷酸铁锂制备工艺成熟,是目前使用最多的两种正极材料,随着高压、高容量三元材料的成熟会逐步取代上述两种材料。

1.3.1.2 负极材料

锂离子电池负极材料主要分为碳素材料和非碳材料两大类。其中碳材料又分为石墨和无定形碳，如天然石墨、人造石墨、碳纤维、焦炭、中间相碳微球等；非碳材料包括锂金属、氧化物等[37]，如图 1-6 所示。

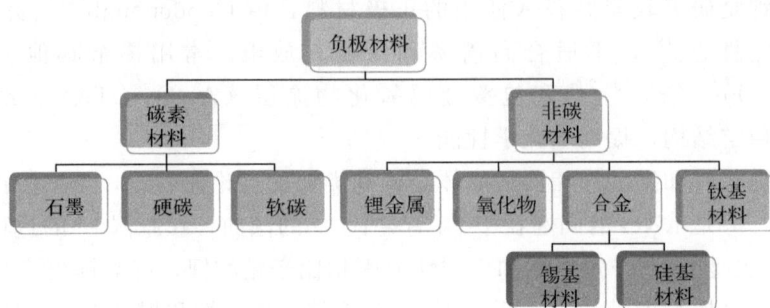

图 1-6　负极材料分类

碳素材料是应用最广泛的锂离子电池负极材料，以石墨为主[38]，具有良好的充放电电压平台、高安全性、成本低的优点，但在电解液界面处易形成不可逆的固态电解质膜（SEI 膜），造成容量损失，在充放电过程中会产生一定的体积变化。可通过氧化改性、与其他材料复合的方式来改善[39-42]。

锂金属材料拥有高的比容量 $3840\text{mA}\cdot\text{h}\cdot\text{g}^{-1}$，最低的电化学势 -3.04V 以及较小的密度 $0.534\text{g}\cdot\text{cm}^{-3}$，是最有前景的负极材料[43-44]，但锂枝晶生长和充放电过程中的低库仑效率，在很大程度上阻碍了锂金属在二次电池中的应用。改善电解液成分，构筑有效的 SEI 膜[45] 以及使用高机械强度的固态电解质[46-47] 是实现锂金属作为负极材料的有效方法。

钛基氧化物包括 $\text{Li}_4\text{Ti}_5\text{O}_{12}$（LTO）、$\text{TiO}_2$ 等[48-49]。储存锂离子的机理类似于石墨，通过锂离子在材料间隙处嵌入和脱出来完成锂离子的存储。但其本身离子导电性、电子导电性较差，比容量和能量密度较低，充放电过程中会有气体逸出，可能造成安全隐患。形貌调控界面修饰和加入电解液添加剂是较好的改性方法[50-51]。

氧化物主要包括 CoO、Co_3O_4、NiO、FeO、Cu_2O 等金属氧化物[52-55]，通过与锂离子发生转换反应 $\text{M}_x\text{O}_y+2y\text{Li}^++2y\text{e}^-\longrightarrow y\text{Li}_2\text{O}+x\text{M}$ 来完成锂离子的储存[56]。氧化物负极拥有优异的比容量和能量密度，但充放电过程中材料会发生团聚和粉化，并有较大的体积变化，造成较差的库仑效率和循环性能。较好的

解决方法是材料的纳米化以及材料的形貌调控和结构设计。氟化物、硫化物、氮化物[57-59]有类似于氧化物的储锂机理，拥有更低的工作电压和极化电压，但其生产成本与氧化物相比较高。

合金材料主要包括 Si、Sn、Ge、P 等[60-63]，通过与锂金属形成合金和去合金的方式进行锂离子的储存和释放。其最大的优点就是拥有非常高的比容量和能量密度，远高于商业化的碳素材料，在下一代高比能的锂电池中有较好的应用前景。但在充放电循环中，类似于氧化物材料，会产生巨大的体积膨胀和收缩效应，导致电极材料开裂粉化，造成大量的容量损失，严重影响电池的循环性能[64]。目前较好的解决办法是：制备纳米结构的材料，选用具有不同柔性、界面性质的黏结剂，提高黏结作用，以及采用体积变化相对缓和的非晶态硅材料，如多孔硅材料[65-68]。

高比能量、高安全性、低成本的负极材料是未来的发展方向，碳素材料（天然石墨、人造石墨）仍然是目前锂离子电池的主要选择；近期到中期，硅基、钛基等新型大容量负极材料将会逐步成熟，以钛酸锂为代表的高功率密度、高安全性负极材料将得到较广泛的应用。

1.3.1.3 隔膜

目前，锂离子电池中使用最广泛的隔膜材料是微孔的聚烯烃类薄膜，如聚乙烯（PE）、聚丙烯（PP）的单层或多层复合膜[69]。聚烯烃类隔膜材料在高温下可以发生自闭孔，能够抑制电池内一些副反应的发生，以及阻止热量进一步扩散，防止热失控，同时由于较好的耐酸碱化学稳定性以及成熟的制造工艺，成了目前商业化隔膜材料的主流。但是，由于热稳定性较差、熔点低（PP 约 140℃、PE 约 160℃），在 100℃ 以上会软化变形，所以使用不当会引发一些安全问题。同时聚烯烃类隔膜还存在电解液浸润性不足的问题。目前较好的解决方法有两种，一种是对聚烯烃（尤其是聚乙烯）隔膜进行改性制备高性能改性隔膜材料，如通过掺杂陶瓷粉体或涂覆耐高温涂层[70-71]制备热稳定性优异的无机陶瓷改性隔膜。另一种是选择耐高温的新隔膜材料来替代传统的聚烯烃材料，包括天然材料和合成材料。天然材料有天然纤维及其衍生物，合成材料包括聚酰亚胺（PI）、聚酰胺（PA）、聚偏氟乙烯（PVDF）、聚对苯二甲酸乙二酯（PET）、聚偏氟乙烯-六氟丙烯（PVDF-HFP）、芳纶［间位芳纶（PMIA）、对位芳纶（PPTA）］等[72-73]。

1.3.1.4 电解液

目前锂离子电池使用的电解液体系为碳酸酯类溶剂搭配可溶性锂盐。碳酸酯类溶剂主要有：环状碳酸酯［碳酸丙烯酯（PC）、碳酸乙烯酯（EC）］和链状

碳酸酯 [碳酸二乙酯（DEC）、碳酸二甲酯（DMC）] 等；主要使用的锂盐有：六氟磷酸锂（$LiPF_6$）、高氯酸锂（$LiClO_4$）、四氟硼酸锂（$LiBF_4$）和六氟砷酸锂（$LiAsF_6$）等[74]。溶剂和锂盐的种类和配比不同对锂电池的电化学性能有着不同程度的影响，需根据电池正负极材料以及电池所处状态合理选取。

随着电极材料不断更新和发展，锂离子电池对电解液的要求不断提高，在此情形下，针对不同特性的电极材料，优化溶剂配比、开发功能性电解液添加剂就显得尤为重要。例如，通过调整锂盐和溶剂配比或者添加特殊锂盐使锂离子电池的高低温性能得以提高；加入阻燃添加剂、过充保护添加剂提高电池在短路、高温、针刺和过充电等条件下的安全性能；通过提纯溶剂和加入正极成膜添加剂在一定程度上满足高电压材料的充放电需求；通过加入成膜添加剂调控 SEI 膜的组成与结构，实现电池寿命的延长。通过添加高压添加剂匹配高压正极材料提高电池的能量密度等，其中以丁二腈（SN）和己二腈（ADN）等[75]为代表的二腈类添加剂，以及以 1,3-丙烯磺酸内酯（PES）和 1,3-丙烷磺酸内酯（PS）等[76-77]为代表的正极成膜添加剂，是目前认可度较高的两类高压添加剂。前者可以与正极表面金属原子产生极强的络合力从而抑制电解液在正极的氧化分解和过渡金属析出，后者可以在正极表面优先发生氧化反应形成一层致密钝化膜以阻止电解液和正极活性物质接触。另外，开发新的电解质体系也同样重要，例如无机固态电解质、有机固态电解质和有机无机复合固态电解质，可以大幅提高安全性能。

碳酸酯类溶剂和锂盐电解液体系通过添加剂的加入可以有效提高环境适用性。之后电解液材料的研究将主要集中在开发新型锂盐、新型溶剂、离子液体等以及开发新型电解质体系固态电解质，以进一步提高电池的容量和安全性能。

综上所述，锂离子电池关键材料的发展趋势，正极材料向高电压、高容量的趋势发展；负极则以发展硅碳复合材料为主，通过发展新型黏结剂和 SEI 膜调控技术使得硅碳复合负极材料真正走向实际应用；多种材料复合且结构可控的隔膜材料将是锂离子电池隔膜的重点发展方向。电解液近期内将以发展高电压电解液和高环境适应性电解液材料为主，中远期则将以固态电解质材料为发展目标。

1.3.2 材料间界面特性

电池材料主要界面为电极材料和电解液的接触界面，处理好电极材料-电解液界面可以有效地提高电池的电化学性能。1979 年 Peled[78] 在研究中发现锂离子电池中电极材料与电解液的接触面在材料自身特性以及充放电过程的电化学作用下会形成一层界面膜，具有离子导电性和电子绝缘性，性质与固态电解质相似，称其为固态电解质膜（SEI 膜），正极侧固态电解质膜称为 CEI 膜。SEI 膜的形成可以有效地抑制锂枝晶和电解液对电极材料的侵蚀，其主要成分为电解液的氧化还原产物，Goodenough[79] 等研究发现目前商业化的碳酸酯类电解液体系氧化电位（最高占据分子轨道，HOMO）和还原电位（最低未占据分子轨道，LUMO）大约为 4.7V 和 1V(vs. Li/Li+)（图 1-7），充放电过程中电解液在高于4.7V 的正极和低于 1V 的负极处氧化还原分解并沉积于界面，从而形成 SEI 膜。

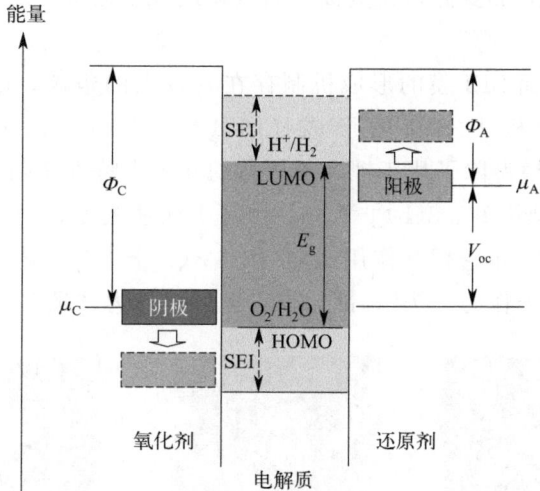

图 1-7　电解液在电极表面被氧化还原的能级示意图[79]

一个好的 SEI 膜应该具备以下特点：①电子转移数 t_e＝0，也就是说，它必须是电子绝缘体，以避免 SEI 增厚导致高内阻、自放电和低库仑效率；②阳离子迁移数 t_+＝1，消除浓差极化，减缓锂离子沉积过程；③高导电性，降低过电压；④均匀的形貌和化学成分均匀分布；⑤与电极有良好的附着力；⑥有一定的机械轻度和柔韧性。

1.3.2.1　负极与电解质界面

在负极材料与电解质界面，电解液在负极材料本身还原特性以及充放电过程电化学作用下还原分解，形成 SEI 膜。负极材料类型和电解液的自身特性是影响 SEI 膜形成的两个主要因素。碳/石墨电极一般来说 SEI 膜形成是两步过程。第一步为有机电解质中的组分经历还原分解形成新的化学物质。第二步是这些分解产物经历沉淀过程并开始形成 SEI 层，直到碳/石墨表面的所有位置都被覆盖。由于电解液成分（溶剂、导电盐、添加剂、空气中杂质）还原电位、还原活化能不同，而且受碳/石墨负极界面组成、反应活性位点（基底或边缘）以及化成过程参数影响，电解液成分被还原分解时涉及的电化学反应类型和反应先后顺序非常复杂多样[80-82]。Yan 等[83] 认为 SEI 膜的形成主要涉及 4 个主要的反应类型：①未溶剂化的 Li$^+$ 直接嵌入石墨层间，形成可逆充放的锂离子；②溶剂化的 Li$^+$ 嵌入石墨层间，随后与其配位，溶剂分子被还原分解形成沉积物；③电子从石墨电极向溶剂分子非均相转移；④电子从固相石墨电极向盐阴离子非均相转移，导电锂盐阴离子还原分解形成沉积物。其中反应①是较理想的方式，但所需还原电位比其他反应都要低，在负极表面极化过程中通常先发生反应②～④最后发生反应①[84-85]。

关于锂金属表面 SEI 膜的形成机制存在着较大的争议，以下介绍几种机制来解释 Li 金属负极上 SEI 的形成（图 1-8）[86-90]：① Peled 模型 [图 1-8(a)][71,73]，这一模型除了用于锂离子迁移的几个肖特基缺陷，形成的层具有整体结构。②镶嵌模型[图 1-8(b)][89-90]，相对于前述模型，通过多相产物的边界进行锂离子迁移。③库仑相互作用机制[图 1-8(c)][91-92]，表面反应后，分解产物为带正电的锂离子作为"头"，部分带正电的碳作为"足"。

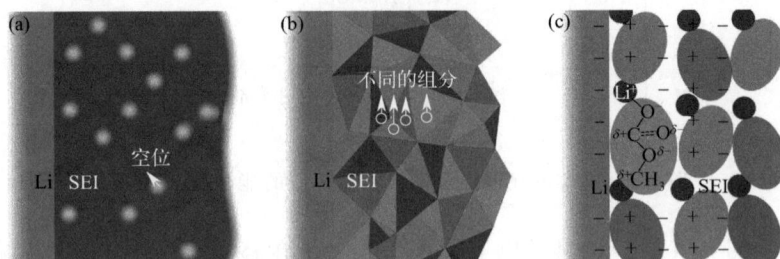

图 1-8　SEI 膜形成机制[71-75]

1.3.2.2　正极与电解质界面

在正极和电解质界面处也会形成类似于负极侧的 SEI 膜，称为 CEI 膜。CEI 膜形成的主要原因为电解液的氧化分解，如本章开始所讲述，电解液的氧化分解电位为 $4.7V(vs. Li/Li^+)$，在电池循环过程中造成的局部过热会使氧化分解电位进一步下降，40℃下降到 4V，60℃下降到 3.8V。通常室温下（25℃）电解液中的溶剂和导电盐在 4.3V 便会在正极材料和电解液界面分解沉积[93-95]。Aurbach[96] 等认为 SEI 膜的主要形成过程为电解液溶剂分解生成的烷氧基及正极材料、溶剂发生亲核反应形成表面膜，同时电解液中的锂盐发生分解，最后形成 CEI 膜。所以 CEI 膜的成分主要由两部分构成，溶剂分解所形成的 $ROCO_2$、Li_2CO_3、聚醚等有机盐和聚合物，以及导电盐分解生成的 LiF、Li_xBF_y、Li_xPF_y 等无机盐。电解液自身的稳定性和正极材料表面的氧化性是影响分解反应的两个主要因素，正极材料比表面积增大，会增加和电解液的接触面从而影响分解反应的进行。与负极形成的 SEI 膜相比，正极形成的表面膜并不致密，正极表面膜的厚度会不断增加，其中温度的变化有着较为显著的影响。

在正极材料和电解质界面除了形成 CEI 膜，电解液还会对正极材料造成一定的侵蚀。目前锂离子电池电解液常用的导电盐为 $LiFP_6$，导电盐纯度不够或与电解液中含有的微量水作用发生分解，会生成一定量的酸性物质 HF。含 HF 的酸性电解液会对过渡金属氧化物正极造成一定程度的溶解侵蚀。此外，研究发现电解液分解生成的自由基也会导致正极材料溶解[97]。

电解液对电极材料的侵蚀以及在界面处分解形成固态电解质膜是电极与电解质界面的主要特性，可以通过改善电极结构或改变电解液的成分来构筑有效的固态电解质膜，稳定电解液与电极材料界面，提高锂离子电池的电化学性能。

1.4
锂离子电池的表征和测量方法

锂离子电池是目前最具吸引力的储能装置之一。然而，仍然需要进一步改进和优化，以解决诸如能量密度、循环寿命和安全性等的挑战。解决 LIB 中的这些挑战首先需要了解 LIB 的各种物理化学过程中的反应机制。先进的表征方法和测试技术是提供有关 LIB 中复杂反应机制有价值信息的强大工具。按照分析的内容，表征技术可分为元素成分及价态、形貌表征、材料晶体结构表征、物质官能团表征、材料离子输运观察、材料微观力学性质、材料表面功函数和其他实验技术[98]；按照测试的手段可以分为原位和非原位。锂离子电池电极过程动力学探究中常用的有循环伏安法（CV）、电化学阻抗谱（EIS）、电流脉冲弛豫（CPR）、电位弛豫技术（PRT）等[99]。本节将主要介绍一些近年来在普通表征技术上发展的原位表征手段以及常用的电化学测试方法。

锂离子电池中的电化学反应包括电荷转移、相变与新相生成以及各种带电粒子（电子、空穴、锂离子、其他阳离子、阴离子）在正负极之间的输运。由于离子在固相中的传输一般是电池工作中最慢的步骤，因此离子在固体中的传输是锂电材料研究的重要基础科学问题[100]。

除了前述的各类技术，还有一些先进的实验技术在 LIB 中逐渐被应用。随着易于理解的传统电池化学逐渐转向了更复杂的氧化还原过程，以及对已建立的化学进行完善的需求，原位（in situ/operando）分析这种新型技术得到了发展。原位分析指的是在某一个位置对材料进行实时观察，因此原位分析成为观察动态电化学过程的最有效方法。换句话说，这些原位研究可以为材料在充电和放电过程中的结构劣化、相变、分解等物理化学过程提供更深入、更直接的解释[101]。一般原位技术阐明反应路径和过程不同于基于系统基态热力学预测的路径和过程[102]。比如，Grey[103] 和 Wagemaker[104] 等人通过原位衍射表明，在大倍率循环下，$LiFePO_4$ 纳米颗粒会形成非平衡亚稳相固溶体 Li_xFePO_4（$0<x<1$），其组分是跨越两个热力学端元相 $LiFePO_4$ 和 $FePO_4$ 之间的。类似地，Grey 等人[105] 对 Li/Si 电池的原位 NMR 研究表明结晶相 $Li_{15+x}Si_4$ 扩展固溶体存在。

原位表征方法相对于非原位表征的显著优势[106] 如下：①原位测量可立即探测在样品的特定感兴趣位置发生的反应，为数据分析提供更好的可靠性和更高的精确度；②连续监测单个样品或设备上的电化学、物理或化学过程，从而避免了进行非原位测量所需的多个样品的准备，并提供更接近实时的操作信息；③原位表征允许研究电化学或化学反应过程中的非平衡或快速瞬变过程，可以检测到非平衡或短寿命的中间状态或物种，而其不能通过非原位表征捕获。④原位方法避免了非原位测量时高反应性带电/放电样品在制备、处理和转移过程中的污染、松弛或不可逆变化的可能性，可以更可靠地识别真正的反应产物。事实上，先进的原位技术对更深入地了解 LIB 中复杂的反应机制起着至关重要的作用。每种原位表征方法都表现出其独特的表征原理，并且可以彼此互补。

原位技术不仅仅可以探测单一材料，而且利于理解在电池循环时多个材料如何协同工作，这对于理解电极/电解质界面特别重要。原位成像和光/能谱技术，如 NMR、磁共振成像（magnetic resonance imaging，MRI）和电子顺磁共振（EPR）能够实现 Li（和 Na）微结构的可视化和量化。Jerschow 等[107] 在 MRI 实验中可以同时监测电解质和电极化学，研究电解质浓度梯度与锂金属负极微观结构生长的类型和速率之间的联系，可以量化 Li 微结构的形成，从而可以探索添加剂和不同电解质对枝晶生长的影响。原位 EPR 可观察负极 Li 的沉积/剥离和 $Li_2Ru_{0.75}Sn_{0.25}O_3$ 正极 $Ru^{5+}/(O_2)^{n-}$ 氧基团的成核和生长区域[108]。相比于 EPR（$1\mu m$），NMR 可以透入表面的深度更深（$17\mu m$），NMR 可以检测和量化更厚和更致密的微结构，而更灵敏的 EPR 只能在锂微结构形成的早期使用[5]。用于观察材料反应的成像方法也是表征的一个重要手段。相比于原位 MRI，具有更高分辨率的原位 TEM 能深入研究界面过程和 Li 驱动的电极局部结构变化[109-111]。基于同步加速器的 X 射线技术为研究和监测电化学电池在运行过程中电极材料的晶体结构、电子结构、化学成分和形态的变化提供了强有力的工具。当与其他散射、光/能谱学和成像技术结合使用时，如原位 XRD、原位 X 射线吸收光谱（XAS）、原位 X 射线发射光谱（XES）、原位共振非弹性 X 射线散射（RIXS）、STXM 等，可以进行全面的研究，以理解具有不同物理化学性质和多个长度尺度的 LIB 循环时出现的复杂问题[106]，如图 1-9 所示。

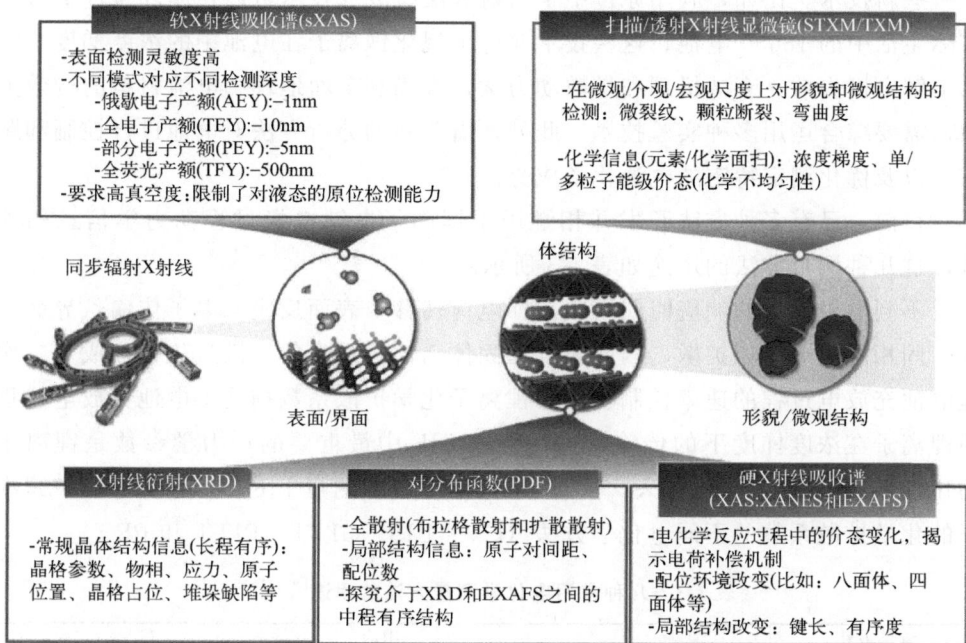

图 1-9　结合其他不同表征手段的原位同步加速器的 X 射线技术用于研究 LIB 材料[106]

Yang 等人[112] 结合原位同步辐射 XRD 和原位 XANES 对正极材料 Li_2FeSiO_4 的电化学机理进行了研究。原位 XAFS 中 Fe 的 K 吸收边表明，从开路电位到 4.8V 的充电过程中，Li_2FeSiO_4 中的铁离子被连续氧化成高价。原位 XRD 和第一性原理计算的理论研究揭示了在充电/放电过程中 Li_2FeSiO_4 的结构演变，当充电至 4.8V 的高电压过程中，Li_2FeSiO_4 经历了两个两相反应。此外，原位技术还可以对电解质和电极分解进行深入研究。比如，可以通过原位质谱法（MS）鉴定并量化循环期间产生的气体，从而阐明电极上发生的反应，例如 SEI 的形成和氧气析出。红外、拉曼和紫外光谱可监测界面上物质的化学性质变化，而扫描探针显微镜，如原子力显微镜，可以识别界面处的结构变化，并且可应用于研究 Li^+ 传输和电化学应变。电化学石英晶体微量天平可用于监测电极质量的微小变化，所以可与其他技术高度互补。热分析方法可以跟踪电池中的热变化并与充放电过程中的反应关联起来，从而进一步深入理解电池电化学。原位表面和次表面探针的开发使科研人员对 SEI 形成和其他氧化还原过程中涉及的复杂机理的科学基础有了更深入的理解。Hardwick 等人[113] 利用 $ZnFe_2O_4$ 转化反应时形成的金属颗粒诱导表面增强拉曼（SERS）效应原位检测 SEI 的演化信号。上述大多数技术，如 NMR、EPR、XRD 和显微技术，都是在专门设计的自制电池中发展起来的，需要昂贵的大中型探测设备。随着电池感应充电的发展，开发了一些新技术。比如，利用原位中子衍射和层析成像技术可以在循环条件下研究实际生活中的 18650 电池，这些技术允许可视化锂离子在电池中的浓度梯度。深入了解电极失效、衰减机理和扩散动力学，准确和全面地理解电池材料的构效关系，需要综合运用多种实验技术。此外，需要新的分析方法对电池进行控制和跟踪，以及优化测定特定的电池化学成分。

目前，已有多种方法开发并相继用于锂离子电池电极过程动力学信息的测量，这几种测量方法的用途如表 1-3 所示。

不同电极过程的响应时间不同，即电荷转移＜表面反应＜电子传输＜界面扩散＜固相反应＜体相扩散，因此离子在固体活性材料中的扩散过程往往成为二次锂电池充放电过程的速率控制步骤。锂离子化学扩散系数描述了电池充放电过程中锂离子在浓度梯度下的传输特性，所以 LIB 中最重要的动力学参数是锂离子的化学扩散系数。Tang 等人[114-115]系统地探讨了测量 $LiFeO_4$ 薄膜电极中锂离子的化学扩散系数的不同电化学方法（CV、EIS、GITT、PITT 和 PRT）。

表 1-3　几种常用电化学测量方法的用途[99,116]

测量方法	用途
循环伏安法（CV）	常用于电极材料电化学反应机理及可逆性、电化学反应中氧化还原电位及平衡电位、极化情况、表观扩散系数、参与电化学反应的电子数、电解液的电化学窗口以及腐蚀性等的研究
交流阻抗法（EIS）	测定锂离子在电极材料中的扩散系数，负极材料表面 SEI 膜的阻抗，电极材料的脱/嵌锂行为和界面反应机理、材料的失效机理、新型电极材料储锂机理、掺杂改性机理、材料包覆改性机理等方面的研究
恒电流间歇滴定技术（GITT）	通过分析电位随时间的变化可以得出电极过程电位的弛豫信息，进而推测和计算反应动力学信息，如电极材料中的锂化学扩散系数
恒电势间歇滴定技术（PITT）	通过分析电流随时间的变化可以得出电极过程电位弛豫信息以及其他动力学信息，类似于 GITT，只是 PITT 是多电位点测量
电位弛豫技术（PRT）	可以测量电极过程动力学信息；相比于 EIS、GITT、PITT、PSCA、CPR 和 CV 方法，PRT 具有较高的精确度

1.5
锂离子电池商业化与新型锂离子电池技术

1.5.1　锂离子电池商业化

锂离子电池于 20 世纪末问世，具有高电压、无记忆效应和低维护成本等突出优点，因此被作为一种能源储存介质广泛应用于移动电话、数码产品、新能源汽车、无人机以及军事等各个领域。但随着人们生活水平的提高，对高能量密度、高循环性能以及高安全性能锂离子电池的需求提高，使得各国研究人员陆续开发出各种电池材料，以满足市场需求，其中与电池各项性能直接相关的正负极材料更是层出不穷（表1-4）。但材料的商业化推广不但需要满足高能量密度、长循环寿命等电化学性能指标，而且需要符合成本低、环境友好、安全性能高等一系列生产与使用条件。综合以上因素，目前已用于锂离子电池商业化生产的正极材料主要有 $LiFePO_4$、$LiMn_2O_4$、$LiCoO_2$、$LiNi_xCo_yMn_{1-x-y}O_2$ 等，以及天然石墨、人造石墨、钛酸锂等负极材料。

表 1-4　锂离子电池电极材料电化学性能及发展水平

电极	晶体结构或储锂机理	材料名称	理论容量/实际容量/mA·h·g^{-1}	脱嵌锂平均电压（VS. Li/Li$^+$)/V	发展水平
正极材料	层状	$LiCoO_2$	274/145	3.9	商业化
		$LiNiO_2$	275/150	3.8	研究
		$LiMnO_2$	285/140	3.3	研究
		Li_2MnO_3	458/180	3.8	研究
		$LiNi_xCo_yMn_{1-x-y}O_2$	270～285/150～200	3.8	NCM111，NCM532 商业化 NCM622，NCM811 研究中
		$LiNi_{0.8}Co_{0.15}Al_{0.05}O_2$	279/200	3.8	以研究为主
	尖晶石	$LiMn_2O_4$	148/120	4.0	商业化
		$LiNi_{0.5}Mn_{1.5}O_4$	147/125	4.7	研究
	橄榄石	$LiFePO_4$	170/165	3.45	商业化
		$LiMnPO_4$	171/168	4.1	研究
		$LiCoPO_4$	167/125	4.8	研究
负极材料	嵌入型	石墨	372/310～360	0.1	商业化
		中间相碳微球	372/300～340	0.05	商业化
		$Li_4Ti_5O_{12}$	175/160	1.55	商业化
	合金型	Si	4212	0.1	以研究为主
		Sn	994	0.5	研究
		P	2594	1.0	研究
	转换型	Fe_2O_3	1005	0.9	研究
		Co_3O_4	890	1.1	研究
		NiO	718	0.6	研究
	锂沉积	Li	3862	0	研究

1.5.1.1 正极材料与商业化

$LiCoO_2$（LCO）正极材料，层状结构，于 1990 年被 SONY 公司商业化，成为第一代商业化应用的锂离子电池正极材料。因其电压平台高、自放电低、加工性能优异以及振实密度大等特点，至今仍被广泛应用于手机、笔记本电脑、平板电脑、移动电源等电子产品，在 3C（computer、communication、consumer electronic）市场中占据重要份额。但由于 Co 资源稀少，价格昂贵，且热稳定性差，高温下其结构容易被破坏，释放大量的热造成电池热失控引起爆炸等原因，限制了其在动力电池中的推广应用[117]。同时随着新型 3C 产品的不断涌现，对电池能量密度的要求不断提高，急需提高 LCO 正极材料的比容量来提高其能量密度，但目前产业化的 LCO 正极材料的实际比容量仅为 $140mA \cdot h \cdot g^{-1}$ 左右，只达到理论比容量（$274mA \cdot h \cdot g^{-1}$）的 50%。提高充电截止电压可以提高比容量，但 LCO 充电截止电压一般不能高于 4.2V，否则会造成材料晶体结构坍塌，发生不可逆转变，甚至可能分解产生 Co_3O_4 与 O_2，造成电解液的燃烧[118]。部分手机品牌通过改性掺杂已将 4.35V 高压 LCO 材料推向市场，并将目光继续转向 4.4V、4.5V 甚至更高截止电压的高压 LCO 材料。但面临严格的使用条件，如何通过改性提高 LCO 充电截止电压，同时保持其良好的循环性能与安全性能，是高压 LCO 材料广泛推广应用的一个关键问题。

$LiMn_2O_4$（LMO）正极材料，尖晶石结构，其电池生产工艺成熟，安全性高且成本低，被广泛应用于动力电池行业，其中以日本、韩国电动汽车企业为主。但其理论比容量较低，仅为 $148mA \cdot h \cdot g^{-1}$，同时为了保持循环稳定性，实际容量通常被限制在 $120mA \cdot h \cdot g^{-1}$。同时，循环过程中 Mn 的溶解会造成电池容量的迅速衰减。掺杂铝、镁等金属，可以限制锰的溶解，提高其高温循环稳定性[119]，但是研究表明，即使通过掺杂，使得正极中锰离子的含量很低，但在负极表面仍然存在锰的还原/沉积[120]。在锂离子电池中虽然 LMO 不能代替 LCO 正极材料被广泛推广于市场，但将其与价格昂贵、安全性能差但能量密度高的 Co 基分层材料混合，可整体降低成本，提高安全性能。

$LiFePO_4$（LFP）正极材料，橄榄石结构，由 Padhi 等人首次用作锂离子电池正极材料[121]，其成本明显低于 Co 基正极材料，并且具有相近的容量，在动力电池与电力储能行业展现出较强的竞争力。此外，LFP 从本质上比 LCO 更安全，因为具有较强的 P-O 键，从根本上消除了 O_2 的产生。但 LFP 导电性差，锂离子扩散速率慢，限制了较大颗粒在正极中的使用，严重阻碍了其最初的商业化。目前碳包覆是解决导电性差问题的主要途径，通过在前驱体中增加碳源，在

LFP 表面形成均匀碳包覆层，能达到与 LCO 相似的导电性[122-123]。纳米化是解决 LFP 锂离子扩散速率低的主要途径之一[124-125]，晶粒尺寸达到纳米级后，离子在晶粒中的扩散路径变短，可提高锂离子的扩散速率，但也会降低堆积密度，从而进一步降低电池能量密度，而且受纳米化技术的阻碍，该方法很难应用于产业化生产。但是与层状氧化物正极相比，LFP 具有更高的稳定性、更好的倍率性能，近年来被广泛应用于电动汽车中。

层状 $LiNi_xCo_yMn_{1-x-y}O_2$ 三元正极材料综合了 LMO、LCO 和 $LiNiO_2$ 等三种材料的优点，既可以用于电动汽车领域，又可以用于 3C 产品，因而近年来逐渐成为正极材料市场的主流趋势。材料中三种金属原子间协同作用：Ni 提供容量，发生 $Ni^{2+} \rightarrow Ni^{3+} \rightarrow Ni^{4+}$ 的氧化[126]；Mn 保持结构稳定，降低材料成本；Co 发生 $Co^{2+} \rightarrow Co^{3+}$ 的氧化，同时防止了 Ni 在 Li 位点的迁移[127]。通过优化三种原子之间的比例，可达到最佳的综合性能，如图 1-10 所示，随着镍含量的升高，材料的比容量增加，但热稳定性和电化学稳定性变差，尤其当 Ni 含量大于 50%（富镍）时，稳定性急剧下降。目前低镍三元材料 NCM111 和 NCM532 生产工艺及其电芯技术较为成熟，实际比容量分别可达 $150mA \cdot h \cdot g^{-1}$ 和 $160mA \cdot h \cdot g^{-1}$ 左右，且分解温度较高，目前被广泛应用于电动汽车中。但 NCM 相比于 LCO 具有更低的离子电导率，因此倍率性能相对较差，通常要与倍率性能较好的 LMO 混合使用，不仅可以提高倍率性能、增加能量密度，还可降低成本、提高电池安全性能。相比而言，NCM622、NCM811 等富镍材料具有更高的比容量，但热稳定性和安全性存在问题[129]，仍不能实现商业化应用。目

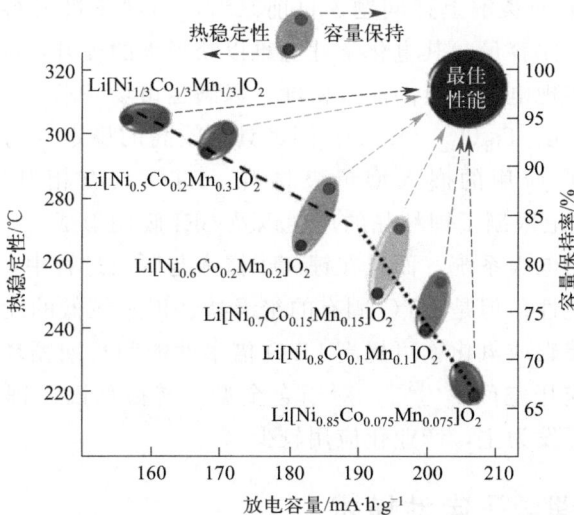

图 1-10 锂离子电池层状 $LiNi_xCo_yMn_{1-x-y}O_2$ 正极材料结构及电化学性能[128]

前主要通过表面包覆氧化物或锂盐，如 Al_2O_3[130]、V_2O_5[131]、Li_2TiO_3[132]，来提高其稳定性和安全性。

1.5.1.2 负极材料与商业化

相比于正极材料，负极材料一般拥有更高的比容量，但为了提高负极材料的综合性能，人们对其的研究也从未间断。如图 1-11 所示，根据负极储锂机理，可将负极材料分为嵌入型（如石墨、$Li_4Ti_5O_{12}$ 等）、合金型（如 Si、Sn、Ge 等）、转换型（如 Fe_2O_3、MnO、Co_3O_4 等）三种[133]，除此之外还存在一种特殊的锂金属负极。目前商用的锂离子电池负极材料以嵌入型石墨材料为主，并长期占据市场主流。石墨具有良好的层状结构，在较低的电压下（0.01～0.20V），即可实现 LiC_6 的形成与分解，同时能够保持自身结构稳定，是一种理想的负极材料[134]。石墨主要包括天然石墨和人造石墨两种，其中天然石墨通过天然石墨矿石提纯所得，具有较完整的石墨片层结构，成本低，振实密度、压实密度高，但其循环性能差，首次库仑效率低，其主要应用于消费类电子产品。人造石墨由碳材料高温石墨化处理而得，与天然石墨相比，其能量密度较低，但具有高的循环稳定性、倍率性能以及安全性能，被广泛应用于动力电池或储能电池中，而且近年来随着电动汽车行业的蓬勃发展，人造石墨的需求量与产量不断增加，成为目前市场上锂离子电池的主要负极材料。但石墨负极容易与电解液反应，在自身表面生成固体电解质膜（SEI），降低首次库仑效率，同时容易与电解质中的有机溶剂发生共嵌入，造成石墨负极的膨胀与剥离，通过表面包覆[135]、金属复合[136] 等方法可有效缓解上述问题。目前来看，石墨负极材料发展成熟，实际比容量已接近理论比容量，其电化学性能难以获得大的提升，因此需要寻找一种新的负极材料以实现电池的更高能量密度，以满足市场需求。

相比于石墨，$Li_4Ti_5O_{12}$（LTO）因其具有较高的稳定性与可逆性，成为市场上另一种被推广应用的嵌入型负极材料。LTO 具有相对较高的嵌锂电压（1.55V），从根本上限制了锂枝晶的产生以及 SEI 膜的形成[137]，提供了一个具有更高安全性能的电极系统，而且在锂离子嵌入与脱出过程中，体积变化小，具有极佳的循环稳定性。但是 LTO 固有的绝缘特性以及较低的能量密度限制了其应用，在表面包覆碳或氧化物可提高 LTO 倍率性能和长期循环性能，扩大其在锂离子电池中的应用空间[137-138]。对于合金型、转换型以及锂金属负极材料以科学研究和工程开发为主，产业化应用较少。

1.5.2 新型锂离子电池技术

锂离子电池的综合性能由各部分组件材料的性质决定，只有在电极和电解质

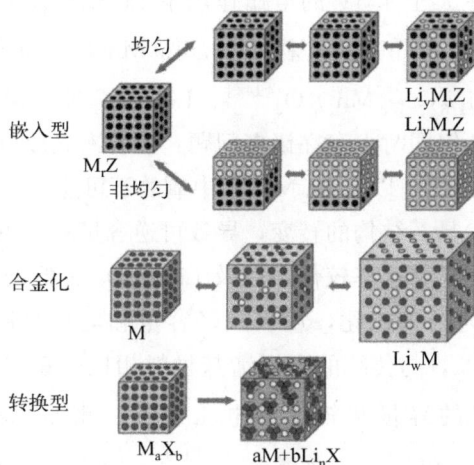

图 1-11　锂离子电池负极材料不同反应机制示意图[133]

材料上有所突破，才能使锂离子电池技术向前迈进。因此，全世界的研究与开发目标都是寻找更高性能的材料来替代现有的电池组件，以设计能量密度高且安全性能好的新一代锂离子电池，而实现这一目标主要有两个途径：①开发高容量、高电压正极材料和高容量负极材料。②以安全可靠的电解质体系替代传统的有机液态电解质。

1.5.2.1　高容量、高电压正极

为了满足能量密度的要求，新一代锂离子电池将使用高容量以及 5V 高压正极材料，开发与优化高容量、高电压正极材料及其生产工艺是发展下一代锂离子电池最为关键的任务之一。$LiNi_{0.8}Co_{0.15}Al_{0.05}$（NCA）高镍材料作为一种高比容量正极材料，其实际比容量可达 $200mA\cdot h\cdot g^{-1}$，匹配适当的高容量负极与电解液，能量密度可达 $300W\cdot h\cdot kg^{-1}$，因而在电动汽车行业表现出巨大的发展潜力。与 NCM811 三元高镍材料相比，NCA 表现出更好的热稳定性，但不如NCM111 低镍材料[139]。与高镍 NCM 正极材料一样，结构中镍具有较高的化学活性，一方面，在储存过程中会与大气中的二氧化碳和水发生反应，在表面形成绝缘层[140]；另一方面，在以 $LiPF_6$ 为锂盐的电解质中，容易发生溶解，破坏材料结构，造成容量衰减[141]。因此，目前该材料在特斯拉汽车电池中有少量应用，而对于大规模商业化，进展较为缓慢。

除此之外，具有层状结构的富锂锰基正极材料，如 $x Li_2MnO_3\cdot(1-x)LiMO_2$（M＝Co、Mn、Ni、Fe），也表现出很高的比容量，达 $250mA\cdot h\cdot g^{-1}$。该材料可看作层状 $LiMO_2$、Li_2MnO_3 两种物质的复合材料，Li_2MnO_3 的引入改善了 $LiMO_2$

的高压稳定性，同时在大于 4.5V 的电压作用下 Li_2MnO_3 可活化，增加了电极比容量。典型的富锂锰基正极材料有 $0.5Li_2MnO_3 \cdot 0.5LiNi_{0.5}Mn_{0.5}O_2$[142]、$0.5Li_2MnO_3 \cdot 0.5LiNi_{1/3}Co_{1/3}Mn_{1/3}O_2$[143]、$Li[Li_{0.2}Ni_{0.2}Mn_{0.6}]O_2$[144] 等，都表现出较高的比容量，但同时也存在诸多问题：①首次充放电过程中，由于过渡金属阳离子对 Li 位点的占据，以及 Li_2MnO_3 中氧的不可逆损失，造成首圈库仑效率较低。②层状结构向尖晶石结构的转变，导致可逆容量和放电电压衰减。③富锂锰基正极材料内部锂离子迁移速率较低，以及 Li_2MnO_3 较低的电子导电性，使其倍率性能差。通过组分与结构优化，可以减轻容量和电压衰减，如 $0.5Li_2MnO_3 \cdot 0.5LiNi_{0.8}Co_{0.1}Mn_{0.1}O_2$，与传统的富锂锰基材料相比，其镍含量较高，在长期循环过程中表现出稳定的容量和较低的电压衰减。此外，表面包覆 Al_2O_3[145]、$AlPO_4$[146]、MgO[147]、SiO_2[148] 或掺杂 Na[149]、Zr[150]、Mg[151] 等原子，可改善富锂锰基正极材料的应用缺陷，推进其商业化进展。

此外，提高正极材料的电压平台也是提高电池能量密度的关键途径。目前尖晶石结构 $LiM_xMn_{2-x}O_4$（M＝Co、Cr、Ni、Fe、Cu 等）是最主流的一类高电压正极材料，其中以 $LiNi_{0.5}Mn_{1.5}O_4$ 材料最为典型，虽然其比容量仅有 $147mA \cdot h \cdot g^{-1}$，但由于工作电压高达 4.7V，因此具有很高的能量密度[152]。该材料为尖晶石结构，锂离子可在三维方向上扩散嵌入，表现出优异的倍率性能。但与尖晶石 LMO 类似，Mn^{2+} 的溶解也是 $LiNi_{0.5}Mn_{1.5}O_4$ 正极材料所面临的主要问题，尤其是在高温下，这一问题更为严重。此外，另一种高压正极材料——$LiCoPO_4$，其氧化还原电位约为 4.8V，但这种材料存在固有的稳定性问题，在长时间的循环过程中容量衰减严重[153]。因此，在高压正极材料中，仍存在诸多科学问题需要解决。

1.5.2.2　高容量负极

与此同时，新一代高容量负极材料也在不断发展，其中合金型负极材料备受关注，包括 Si、Sn、Ge、P 等。其中，硅基负极材料最具吸引力，其具有最高的理论比容量（$4200mA \cdot h \cdot g^{-1}$），约是石墨负极的 11 倍。但合金型负极材料都具有一个致命的缺点，即充放电过程中存在巨大的体积膨胀（约 400%），这一方面会造成电极内部颗粒的断裂，另一方面会引起电极表面 SEI 膜的破裂，影响电极电导率和稳定性，从而限制了合金型负极材料的循环能力和倍率性能。纳米化结构（包括纳米粒子、纳米线、纳米硅碳复合等）因具有很小的颗粒尺寸，低于 Si 的临界断裂尺寸，不会发生断裂，可解决颗粒断裂问题[154-156]；构建中空结构，预留膨胀空间，可缓冲电极体积膨胀[157]。此外，双壁空心结构——"蛋黄-蛋壳结构"的设计可解决 SEI 膜破裂问题，如 Si-SiO$_2$、Si-C、Si-TiO$_2$ 等材料，其表面 SiO$_2$、C、TiO$_2$ 层具有较高的机械强度，当锂离子与内部 Si 发生反应时，表面层会迫使 Si 的体积向内部空间膨胀，从而保持颗粒外表面 SEI 膜不受影响，能够有效解决 Si 基负极材料的诸多关键问题[158-159]，具有很大的发展潜力，但该方法制备工艺复杂，工业化难度大。

金属锂因具有很高的嵌锂容量（3860mA·h·g^{-1}）而被作为一种特殊的负极材料广泛应用于锂离子电池的研究，但是锂金属负极容易引发锂枝晶生长，并可穿透电解质与正极接触，造成电池短路，存在极大的安全隐患，因此并未在商业锂离子电池中广泛应用。设计一种能够抑制锂枝晶并稳定存在的界面层，是锂金属负极走向实际应用的关键。但随着近年来高机械强度固态电解质的研发与应用，锂枝晶刺穿问题得到有效抑制，一定程度上能够防止电池短路，使锂金属的实际应用成为可能。但在固态电池中，锂金属负极仍存在诸多问题，如锂金属与固态电解质间界面开裂问题以及锂金属对固态电解质化学、电化学稳定性问题等。通过增加 PEO、Si 等过渡层，可一定程度上缓解界面应力，改善界面接触，提高锂金属固态电池的性能，但距离商业化应用还相差甚远[160]。

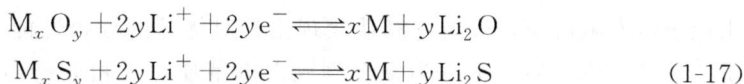

$$M_xO_y + 2yLi^+ + 2ye^- \Longrightarrow xM + yLi_2O$$
$$M_xS_y + 2yLi^+ + 2ye^- \Longrightarrow xM + yLi_2S \qquad (1-17)$$

式中，M 为 Fe、Co、Mn、Ni 等金属元素。

此外，如方程式(1-17)所示，金属氧化物或硫化物与锂离子发生可逆化学反应，可起到储锂脱锂的作用，而且反应过程中有多个电子转移，因此具有非常高的比容量，这类材料称为转换型电极材料，如 Fe$_3$O$_4$、Fe$_2$O$_3$、CuO、NiCo$_2$O$_4$、MoS$_2$ 等[133]。但是当氧化物、硫化物与锂离子反应后，生成的金属单质容易脱离电极，造成活性元素的损失，而且通常氧化物、硫化物具有很低的电导率，同时反应前后电极收缩膨胀严重，从而影响电池性能，通过表面包覆或中空结构设计等方法，可改善上述问题，提高电极性能[161-162]。

1.5.2.3　新型电解质体系

目前，商业化应用的锂离子电池电解质多为有机液态电解质，其中最常见的为 0.8～1.1mol·L^{-1} 的 LiPF$_6$ 溶于碳酸酯类，该类型电解质能够承受较高的电压，具有较宽的使用温度范围和较高的离子电导率。然而，由于其固有的易泄漏和易燃性，目前的锂离子电池存在极大的安全隐患。水系电解质、固态电解质不燃烧，安全性能好，可用来代替传统有机液态电解质，从根本上解决电池的安全问题。

常见的水系电解质主要为 1mol·L^{-1} 的 Li$_2$SO$_4$ 或 LiNO$_3$ 等，其安全性能

好，离子电导率高，在混合动力汽车和电动汽车等大型电池中具有较大的应用空间。但水的电化学窗口较低（约1.23V），导致水系锂离子电池的能量密度较低[163]。使用高浓度盐，如21mol·L^{-1}LiTFSI，可降低电解质中水分含量，将电解质电化学窗口扩大到3V，这是由于在该电解质中，电极表面形成SEI膜，提高了电极材料稳定性[164]。此外，有研究发现，在水系锂离子电池中，水中质子会与锂离子一起嵌入到$LiCoO_2$、$LiNi_{1/3}Co_{1/3}Mn_{1/3}O_2$等层状正极材料晶格中，而且在低pH的电解液中这一现象更为显著，只有pH>9时质子的嵌入才得以限制[165-167]，因此通过调节电解质的pH值来控制质子嵌入的电位也是水系电解质急需解决的问题之一。此外，水系电解质体系中还存在电极材料易溶解于水、水具有较高的凝固温度等问题，通过增加碳酸乙烯酯（PC）、LiCl等添加剂可以提高电极材料的稳定性和扩大水系电解质的使用温度范围[168-169]，但目前该体系仍不能满足实际应用的严格要求。

此外，固态锂离子电池作为新一代锂离子电池，表现出巨大的发展潜力，其不仅具有高的安全性能，而且还可以使用高容量的金属锂作为负极，具有更高的能量密度。固态电解质作为其核心部件，是人们研究的重点，如图1-12所示，相比于液态电解质，固态电解质表现出相对优异的综合性能[170]。按照固态电解质的物理化学性质，可分为聚合物固态电解质、无机固态电解质、无机-有机复合固态电解质三种。自20世纪80年代发现以聚环氧乙烷（PEO）为基的聚合物材料中的锂离子输运性能后，各种各样的聚合物，如聚偏氟乙烯（PVDF）、聚偏氟乙烯-六氟丙烯（PVDF-HFP）、聚丙烯腈（PAN）等陆续被应用于锂离子电池聚合物固态电解质的开发。此类电解质易于生产和加工，成本低，利于大规模生产，而且具有一定柔性，能够缓冲电极体积变化，保持电极与电解质间界面的良好接触。其中PEO基电解质具有较好的溶锂盐性、成膜性且具有一定的机械强度，是目前最常用的聚合物电解质。但聚合物一般具有较低的氧化电压，限制了高压正极材料的使用。同时其室温离子电导率较低，通常只有10^{-5}S·cm^{-1}，通过添加琥珀腈（SN）[171]或聚苯硫醚（PPS）[172]等增塑剂以及Al_2O_3[173]、SiO_2[174]等无机粒子，可以降低PEO结晶度，提高离子电导率。

相比之下，无机固态电解质的电化学稳定性高、热稳定性好，为高电压正极材料（>5V）的使用以及高服役温度（>100℃）的选择提供了可能。陶瓷电解质机械强度大，能够有效地阻止锂枝晶穿透，防止电池短路，因此具有良好的应用前景。目前无机固态电解质主要包括钠离子导体型［如$Li_{1+x}Al_xGe_{2-x}(PO_4)_3$，LAGP］、钙钛矿型（如$Li_{3.3}La_{0.56}TiO_3$，LLTO）、石榴石型（如$Li_7La_3Zr_2O_{12}$，LLZO）和硫化物型（如$Li_2S-GeS_2-P_2S_5$）等多种固态离子导体，其中石榴石型固态电解质、硫化物型固态电解质近年来备受关注。石榴石型

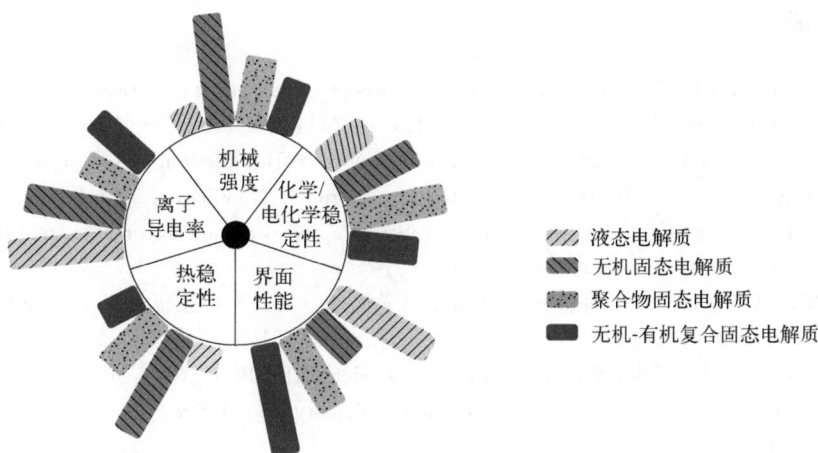

图 1-12　锂离子电池电解质的物理性能及电化学性能[170]

固态电解质 LLZO 具有较宽的电化学窗口（0～5V）以及较高的离子导电性，可达 $10^{-4} \sim 10^{-3} S \cdot cm^{-1}$，且对锂金属化学和电化学稳定，因此被广泛应用于固态锂电池的研究。然而，LLZO 暴露在空气中会与空气中的 H_2O 和 CO_2 反应，产生离子绝缘的 Li_2CO_3 层，造成电极与电解质间界面阻抗增加[175]，因此，提高石榴石型固态电解质对空气的稳定性是其实际应用所面临的关键问题之一。与其相比，硫化物电解质室温离子电导率更高，达 $10^{-3} S \cdot cm^{-1}$，与液态电解质相当，而且其自身比较柔软，可以与电极形成良好的接触，界面电阻较低。但硫化物型固态电解质在空气中不稳定，易产生 H_2S 有害气体，且对锂金属化学不稳定[176]。无机固态电解质脆性大、加工性能差、成本高等固有特点也是其走向产业化所面临的重要阻碍。此外，为了充分利用聚合物固态电解质与无机固态电解质各自的优点，人们还提出了有机-无机复合固态电解质，如：PEO/LLZO[177]、PVDF-HFP/LLZO[178]、PVDF/LAGP[179] 等，其表现出较好的加工性能以及力学性能，但和聚合物电解质一样，提高电化学窗口和离子电导率是其急需解决的关键问题。因此，开发兼具稳定、经济、与电极兼容以及高离子电导率等性能的固态电解质，仍是固态锂离子电池走向商业化应用的一项艰巨任务。

总体而言，当前商用的锂离子电池仍以 LCO、LFP、三元低镍正极材料，石墨负极材料和有机液态电解质为主，但随着新型电池材料关键问题的解决及其生产工艺的不断成熟，市场重心必将向新一代高能量密度、高安全性能的电池体系转移。

参考文献

[1] Braun P V, Cho J, Pikul J H, et al. High power rechargeable batteries. Current Opinion in Solid State and Materials Science, 2012, 16 (4): 186-198.

[2] Armand M. Materials for advanced batteries. New York: Plenum Press, 1980.

[3] Linden D, Reddy T B. Handbook of batteries. 3rd ed. New York: McGraw-Hill, 2002.

[4] Scrosati B, Garche J. Lithium batteries: Status, prospects and future. Journal of Power Sources, 2010, 195 (9): 2419-2430.

[5] 马璨, 吕迎春, 李泓. 锂离子电池基础科学问题 (Ⅶ) ——正极材料. 储能科学与技术, 2014, 3 (1): 53-65.

[6] Mizushima K, Jones P C, Wiseman P J, Goodenough J B. Li$_x$CoO$_2$ (0<x<1): A new cathode material for batteries of high energy density. Solid State Ionics, 1981, (3-4): 171-174.

[7] Thackeray M, David W, Bruce P, et al. Lithium insertion into manganese spinels. Materials Research Bulletin, 1983, 18 (4): 461-472.

[8] Padhi A K, Nanjundaswamy K S, Goodenough J B. Phospho-olivines as positive-electrode materials for rechargeable lithium batteries. Journal of the Electrochemical Society, 1997, 144 (4): 1188-1194.

[9] Shaju K M, Rao G V S, Chowdari B V R. Performance of layered Li (Ni$_{1/3}$Co$_{1/3}$Mn$_{1/3}$)O$_2$ as cathode for Li-ion batteries. Electrochimica Acta, 2002, 48 (2): 145-151.

[10] Santhanam R, Rambabu B. Research progress in high voltage spinel LiNi$_{0.5}$Mn$_{1.5}$O$_4$ material. Journal of Power Sources, 2010, 195 (17): 5442-5451.

[11] Morgan D, van der Ven A, Ceder G. Li conductivity in Li$_x$MPO$_4$ (M=Mn, Fe, Co, Ni) olivine materials. Electrochemical and Solid-State Letters, 2004, 7 (2): A30-A32.

[12] 郑杰允, 李泓. 锂电池基础科学问题 (V) ——电池界面. 储能科学与技术, 2013, 2 (5): 503-513.

[13] 罗飞, 褚赓, 黄杰, 孙洋, 李泓. 锂电池基础科学问题 (Ⅷ) ——负极材料. 储能科学与技术, 2014, 3 (2): 146-163.

[14] 刘亚利, 吴娇杨, 李泓. 锂离子电池基础科学问题 (Ⅸ) ——非水液体电解质材料. 储能科学与技术, 2014, 3 (3): 262-282.

[15] 张舒, 王少飞, 凌仕刚, 高健, 吴娇杨, 肖睿娟, 李泓, 陈立泉. 锂离子电池基础科学问题 (Ⅹ) ——全固态锂离子电池. 储能科学与技术, 2014, 3 (4): 376-394.

[16] Nitta N, Wu F, Lee J T, et al. Li-ion battery materials: present and future. Materials Today, 2015, 18 (5): 252-264.

[17] Mizushima K, Jones P C, Wiseman P J, et al. Li$_x$CoO$_2$ (0<x<1): A new cathode material for batteries of high energy density. Materials Research Bulletin, 1980, 15 (6): 783-789.

[18] Orendorff C J, Doughty D H. Lithium ion battery safety. The Electrochemical Society Interface, 2012, 21 (2): 35.

[19] Ceder G, Chiang Y M, Sadoway D R, et al. Identification of cathode materials for lithi-

um batteries guided by first-principles calculations. Nature, 1998, 392 (6677): 694.

[20] Alcantara R, Jumas J C, Lavela P, et al. X-ray diffraction, 57Fe Mössbauer and step potential electrochemical spectroscopy study of $LiFe_yCo_{1-y}O_2$ compounds. Journal of Power Sources, 1999, 81: 547-553.

[21] Madhavi S, Rao G V S, Chowdari B V R, et al. Effect of Cr dopant on the cathodic behavior of $LiCoO_2$. Electrochimica Acta, 2002, 48 (3): 219-226.

[22] Stoyanova R, Zhecheva E, Zarkova L. Effect of Mn-substitution for Co on the crystal structure and acid delithiation of $LiMn_yCo_{1-y}O_2$ solid solutions. Solid State Ionics, 1994, 73 (3-4): 233-240.

[23] Scott I D, Jung Y S, Cavanagh A S, et al. Ultrathin coatings on nano-$LiCoO_2$ for Li-ion vehicular applications. Nano Letters, 2010, 11 (2): 414-418.

[24] Rougier A, Gravereau P, Delmas C. Optimization of the composition of the $Li_{1-z}Ni_{1+z}O_2$ electrode materials: Structural, magnetic, and electrochemical studies. Journal of the Electrochemical Society, 1996, 143 (4): 1168-1175.

[25] Onnerud P T, Shi J J, Dalton S L, et al. Lithium metal oxide materials and methods of synthesis and use: U S 7381496. 2008-06-03.

[26] Chen C H, Liu J, Stoll M E, et al. Aluminum-doped lithium nickel cobalt oxide electrodes for high-power lithium-ion batteries. Journal of Power Sources, 2004, 128 (2): 278-285.

[27] Tu J, Zhao X B, Cao G S, et al. Enhanced cycling stability of $LiMn_2O_4$ by surface modification with melting impregnation method. Electrochimica Acta, 2006, 51 (28): 6456-6462.

[28] Mao F, Guo W, Ma J. Research progress on design strategies, synthesis and performance of $LiMn_2O_4$-based cathodes. RSC Advances, 2015, 5 (127): 105248-105258.

[29] Bloom I, Jones S A, Battaglia V S, et al. Effect of cathode composition on capacity fade, impedance rise and power fade in high-power, lithium-ion cells. Journal of Power Sources, 2003, 124 (2): 538-550.

[30] Itou Y, Ukyo Y. Performance of $LiNiCoO_2$ materials for advanced lithium-ion batteries. Journal of Power Sources, 2005, 146 (1-2): 39-44.

[31] Padhi A K. Phospho-olivines as positive-electrode materials for rechargeable lithium batteries. Journal of the Electrochemical Society, 1997, 144 (4): 1188-1194.

[32] An C, Zhang B, Tang L, et al. Ultrahigh rate and long-life nano-$LiFePO_4$ cathode for Li-ion batteries. Electrochimica Acta, 2018, 283: 385-392.

[33] Longoni G, Panda J K, Gagliani L, et al. In situ $LiFePO_4$ nano-particles grown on few-layer graphene flakes as high-power cathode nanohybrids for lithium-ion batteries. Nano Energy, 2018, 51: 656-667.

[34] Shaju K M, Bruce P G. Macroporous Li ($Ni_{1/3}Co_{1/3}Mn_{1/3}$) O_2: A high-power and high-energy cathode for rechargeable lithium batteries. Advanced Materials, 2006, 18 (17): 2330-2334.

[35] Martha S K, Haik O, Zinigrad E, et al. On the thermal stability of olivine cathode materials for lithium-ion batteries. Journal of the Electrochemical Society, 2011, 158

(10)：A1115-A1122.

[36] Sun Y K，Myung S T，Park B C，et al. High-energy cathode material for long-life and safe lithium batteries. Nature Materials，2009，8（4）：320.

[37] Lu J，Chen Z，Pan F，et al. High-performance anode materials for rechargeable lithium-ion batteries. Electrochemical Energy Reviews，2018，1（1）：35-53.

[38] Yoo E，Kim J，Hosono E，et al. Large reversible Li storage of graphene nanosheet families for use in rechargeable lithium ion batteries. Nano Lett，2008，8：2277-2282.

[39] Dahn J R，Zheng T，Liu Y H，et al. Mechanisms for lithium insertion in carbonaceous materials. Science，1995，270：590-593.

[40] van der Ven A，Bhattacharya J，Belak A A. Understanding Li diffusion in Li-intercalation compounds. Acc Chem Res，2013，46：1216-1225.

[41] Kaskhedikar N A，Maier J. Lithium storage in carbon nanostructures. Adv Mater，2009，21：2664-2680.

[42] Wang G X，Shen X P，Yao J，et al. Graphene nanosheets for enhanced lithium storage in lithium ion batteries. Carbon，2009，47：2049-2053.

[43] Xu W，Wang J，Ding F，et al. Lithium metal anodes for rechargeable batteries. Energy Environ Sci，2014，7：513-537.

[44] Aurbach D，Zinigrad E，Cohen Y，et al. A short review of failure mechanisms of lithium metal and lithiated graphite anodes in liquid electrolyte solutions. Solid State Ion，2002，148：405-416.

[45] Ding F，Xu W，Graff G L，et al. Dendrite-free lithium deposition via self-healing electrostatic shield mechanism. J Am Chem Soc，2013，135：4450-4456.

[46] Kamaya N，Homma K，Yamakawa Y，et al. A lithium superionic conductor. Nat Mater，2011，10：682-686.

[47] Murugan R，Thangadurai V，Weppner W. Fast lithium ion conduction in garnet-type $Li_7La_3Zr_2O_{12}$. Angew Chem Int Ed，2007，46：7778-7781.

[48] Yi T F，Yang S Y，Xie Y. Recent advances of $Li_4Ti_5O_{12}$ as a promising next generation anode material for high power lithium-ion batteries. J Mater Chem A，2015，3：5750-5777.

[49] Dambournet D，Belharouak I，Amine K. Tailored preparation methods of TiO_2 anatase，rutile，brookite：mechanism of formation and electrochemical properties. Chem Mater，2010，22：1173-1179.

[50] Kitta M，Akita T，Maeda Y，et al. Study of surface reaction of spinel $Li_4Ti_5O_{12}$ during the first lithium insertion and extraction processes using atomic force microscopy and analytical transmission electron microscopy. Langmuir，2012，28：12384-12392.

[51] Borghols W J H，Wagemaker M，Lafont U，et al. Size effects in the $Li_{4+x}Ti_5O_{12}$ spinel. J Am Chem Soc，2009，131：17786-17792.

[52] Lee K，Mazare A，Schmuki P. One-dimensional titanium dioxide nanomaterials：nanotubes. Chem Rev，2014，114：9385-9454.

[53] Poizot P，Laruelle S，Grugeon S，et al. Nano-sized transitionmetal oxides as negative-electrode materials for lithium-ion batteries. Nature，2000，407，496-499.

[54] Yu S H，Lee S H，Lee D J，et al. Conversion reaction-based oxide nanomaterials for lithium ion battery anodes. Small，2015，16：2146-2172.

[55] Yuan C Z，Wu H B，Xie Y，et al. Mixed transition-metal oxides：design，synthesis，and energy-related applications. Angew Chem Int Ed，2014，53：1488-1504.

[56] Wang F，Rober R，Chernova N A，et al. Conversion reaction mechanisms in lithium ion batteries：study of the binary metal fluoride electrodes. J Am Chem Soc，2011，133，18828-18836.

[57] Li L S，Meng F，Jin S. High-capacity lithium-ion battery conversion cathodes based on iron fluoride nanowires and insights into the conversion mechanism. Nano Lett，2012，12，6030-6037.

[58] Yu D Y W，Hoster H E，Batabyal S K. Bulk antimony sulfide with excellent cycle stability as next-generation anode for lithium-ion batteries. Sci Rep，2014，4：4562.

[59] Rowsell J L C，Pralong V，Nazar L F. Layered lithium iron nitride：a promising anode material for Li-ion batteries. J Am Chem Soc，2001，123：8598-8599.

[60] Obrovac M N，Chevrier V L. Alloy negative electrodes for lion batteries. Chem Rev，2014，114：11444-11502.

[61] Zhang W J. A review of the electrochemical performance of alloy anodes for lithium-ion batteries. J Power Sources，2011，196：13-24.

[62] Simon G K，Goswami T. Improving anodes for lithium ion batteries. Metall Mater Trans A，2011，42a：231-238.

[63] Park C M，Kim J H，Kim H，et al. Li-alloy based anode materials for Li secondary batteries. Chem Soc Rev，2010，39：3115-3141.

[64] Beaulieu L Y，Eberman K W，Turner R L，et al. Colossal reversible volume changes in lithium alloys. Electrochem Solid-State Lett，2001，4：A137-A140.

[65] Bang B M，Kim H，Lee J P，et al. Mass production of uniform- sized nanoporous silicon nanowire anodes via block copolymer lithography. Energy Environ Sci，2011，4：3395-3399.

[66] Chen X L，Gerasopoulos K，Guo J，et al. A patterned 3D silicon anode fabricated by electrodeposition on a virus-structured current collector. Adv Funct Mater，2011，21：380-387.

[67] Foll H，Hartz H，Ossei-Wusu E，et al. Si nanowire arrays as anodes in Li ion batteries. Phys Status Solid，2010，4：4-6.

[68] Peng K Q，Wang X，Li L，et al. Silicon nanowires for advanced energy conversion and storage. Nano Today，2013，8：75-97.

[69] Zhang S S. A review on the separators of liquid electrolyte Li-ion batteries. Journal of Power Sources，2007，164 (1)：351-364.

[70] Shi C，Dai J，Shen X，et al. A high-temperature stable ceramic-coated separator prepared with polyimide binder/Al_2O_3 particles for lithium-ion batteries. Journal of Membrane Science，2016，517：91-99.

[71] Cho T H，Tanaka M，Ohnishi H，et al. Composite nonwoven separator for lithium-ion battery：Development and characterization. Journal of Power Sources，2010，195

(13): 4272-4277.

[72] Song J C, Ryou M H, Son B, et al. Co-polyimide-coated polyethylene separators for enhanced thermal stability of lithium ion batteries. Electrochimica Acta, 2012, 85: 524-530.

[73] Liang X X, Yang Y, Jin X, et al. Polyethylene oxide-coated electrospun polyimide fibrous separator for high-performance lithium-ion battery. Journal of Materials Science & Technology, 2015, 32: 200-206.

[74] Xu K. Nonaqueous liquid electrolytes for lithium-based rechargeable batteries. Chemical Reviews, 2004, 104 (10): 4303-4418.

[75] Kim Y S, Kim T H, Lee H, et al. Electronegativity-induced enhancement of thermal stability by succinonitrile as an additive for Li ion batteries. Energy & Environmental Science, 2011, 4 (10): 4038-4045.

[76] Xu M, Li W, Lucht B L. Effect of propane sultone on elevated temperature performance of anode and cathode materials in lithium-ion batteries. Journal of Power Sources, 2009, 193 (2): 804-809.

[77] Li B, Wang Y, Rong H, et al. A novel electrolyte with the ability to form a solid electrolyte interface on the anode and cathode of a $LiMn_2O_4$/graphite battery. Journal of Materials Chemistry A, 2013, 1 (41): 12954-12961.

[78] Peled E. The electrochemical behavior of alkali and alkaline earth metals in nonaqueous battery systems-the solid electrolyte interphase model. Journal of the Electrochemical Society, 1979, 126: 2047-2051.

[79] Goodenough J B, Kim Y. Challenges for rechargeable Li batteries. Chemistry of Materials, 2010, 22: 587-603.

[80] Cheng X B, Zhang R, Zhao C Z, et al. A review of solid electrolyte interphases on lithium metal anode. Advanced Science, 2016, 3 (3): 1500213.

[81] Jeong S K, Inaba M, Abe T, Ogumi Z. Surface film formation on graphite negative electrode in lithium-ion batteries: AFM study in an ethylene carbonate-based solution. J Electrochem Soc, 2001, 148: 989-993.

[82] Bernardo P, le Meins J M, Vidal L, Dentzer J, et al. Influence of graphite edge crystallographic orientation on the first lithium intercalation in Li-ion battery. Carbon, 2015, 91: 458-467.

[83] Yan J, Zhang J, Su Y C, Zhang X G, et al. A novel perspective on the formation of the solid electrolyte interphase on the graphite electrode for lithium-ion batteries. Electrochim Acta, 2010, 55: 1785-1794.

[84] Lu P, Li C, Schneider E W, Harris S J. Chemistry, impedance, and morphology evolution in solid electrolyte interphase films during formation in lithium ion batteries. J Phys Chem C, 2014, 118: 896-903.

[85] Yan J, Xia B J, Su Y C, Zhou X Z, et al. Phenomenologically modeling the formation and evolution of the solid electrolyte interface on the graphite electrode for lithium-ion batteries. Electrochim Acta, 2008, 53: 7069-7078.

[86] Peled E. The electrochemical behavior of alkali and alkaline earth metals in nonaqueous

battery systems—the solid electrolyte interphase model. Journal of The Electrochemical Society，1979，126（12）：2047-2051.

[87] Xu K. Nonaqueous liquid electrolytes for lithium-based rechargeable batteries. Chemical Reviews，2004，104（10）：4303-4418.

[88] Peled E，Straze H. The kinetics of the magnesium electrode in thionyl chloride solutions. Journal of the Electrochemical Society，1977，124（7）：1030-1035.

[89] Kanamura K，Tamura H，Shiraishi S，et al. XPS analysis of lithium surfaces following immersion in various solvents containing $LiBF_4$. Journal of the Electrochemical Society，1995，142（2）：340-347.

[90] Kanamura K，Shiraishi S，Takehara Z. Electrochemical deposition of very smooth lithium using nonaqueous electrolytes containing HF. Journal of the Electrochemical Society，1996，143（7）：2187-2197.

[91] Ein-Eli Y，McDevitt S F，Laura R. The superiority of asymmetric alkyl methyl carbonates. Journal of the Electrochemical Society，1998，145（1）：L1-L3.

[92] Ein-Eli Y. A new perspective on the formation and structure of the solid electrolyte interface at the graphite anode of Li - ion cells. Electrochemical and Solid-State Letters，1999，2（5）：212-214.

[93] Wohlfahrt-Mehrens M，Vogler C，Garche J. Aging mechanisms of lithium cathode materials. J Power Sources，2004，127：58-64.

[94] Broussely M，Biensan P，Bonhomme F，Blanchard P，et al. Main aging mechanisms in Li ion batteries. J Power Sources，2005，146：90-96.

[95] Shikano M，Kobayashi H，Koike S，Sakaebe H，et al. Investigation of positive electrodes after cycle testing of high-power Li-ion battery cells Ⅱ. J Power Sources，2007，174（2）：795-799.

[96] Aurbach D，Gamolsky K ，Markovsky B ，et al. The study of surf ace phenomena related to electrochemical lithium int ercalation into Li_xMO_y host mat erials（M＝Ni ，Mn）. J Electrochem Soc，2000 ，147（4）：1322-1331.

[97] Aoshima T，Okahara K，Kiyohara C，et al. Mechanisms of manganese spinels dissolution and capacity fade at high temperature. Journal of Power Sources，2001，97：377-380.

[98] 文俊，褚赓，彭佳悦，等. 锂电池基础科学问题（Ⅻ）——表征方法. 储能科学与技术，2014，3（6）：642-67.

[99] 凌仕刚，吴娇杨，张舒，等 锂电池基础科学问题（ⅩⅢ）——电化学测量方法. 储能科学与技术，2015，4（1）：83-103.

[100] 郑浩，高健，王少飞，等. 锂电池基础科学问题（Ⅵ）——离子在固体中的输运. 储能科学与技术，2013，2（6）：620-635.

[101] Ma X，Luo W，Yan M，et al. In situ characterization of electrochemical processes in one dimensional nanomaterials for energy storages devices. Nano Energy，2016，24：165-188.

[102] Grey C P，Tarascon J M. Sustainability and in situ monitoring in battery development. Nat Mater，2016，16（1）：45-56.

[103] Liu H，Strobridge F C，Borkiewicz O J，et al. Capturing metastable structures during high-rate cycling of LiFePO$_4$ nanoparticle electrodes. Science，2014，344（6191）：1252817.

[104] Zhang X，van Hulzen M，Singh D P，et al. Rate-induced solubility and suppression of the first-order phase transition in olivine LiFePO$_4$. Nano Lett，2014，14（5）：2279-2285.

[105] Ogata K，Salager E，Kerr C J，et al. Revealing lithium-silicide phase transformations in nano-structured silicon-based lithium ion batteries via in situ NMR spectroscopy. Nat Commun，2014，5：3217.

[106] Bak S M，Shadike Z，Lin R，et al. In situ/operando synchrotron-based X-ray techniques for lithium-ion battery research. NPG Asia Materials，2018，10（7）：563-580.

[107] Chang H J，Ilott A J，Trease N M，et al. Correlating microstructural lithium metal growth with electrolyte salt depletion in lithium batteries using 7Li MRI. J Am Chem Soc，2015，137（48）：15209-15216.

[108] Sathiya M，Leriche J B，Salager E，et al. Electron paramagnetic resonance imaging for real-time monitoring of Li-ion batteries. Nat Commun，2015，6：6276.

[109] Zhu C，Xu F，Min H，et al. Identifying the conversion mechanism of NiCO$_2$O$_4$ during sodiation-desodiation cycling by in situ TEM. Adv Funct Mater，2017，27（17）：1606163.

[110] Wang F，Yu H C，Chen M H，et al. Tracking lithium transport and electrochemical reactions in nanoparticles. Nat Commun，2012，3：1201.

[111] Huang J Y，Zhong L，Wang C M，et al. In situ observation of the electrochemical lithiation of a single SnO$_2$ nanowire electrode. Science，2010，330（6010）：1515-1520.

[112] Lv D，Bai J，Zhang P，et al. Understanding the high capacity of Li$_2$FeSiO$_4$：In situ XRD/XANES study combined with first-principles calculations. Chem of Mater，2013，25（10）：2014-2020.

[113] Cabo-Fernandez L，Mueller F，Passerini S，et al. In situ Raman spectroscopy of carbon-coated ZnFe$_2$O$_4$ anode material in Li-ion batteries - investigation of SEI growth. Chem Commun，2016，52（20）：3970-3973.

[114] Tang K，Yu X，Sun J，et al. Kinetic analysis on LiFePO$_4$ thin films by CV，GITT，and EIS. Electrochimica Acta，2011，56（13）：4869-4875.

[115] 唐堃. 磷酸盐正极薄膜材料的制备和电化学性能研究. 北京：中国科学院物理研究所，2009.

[116] 王惠娟，郭利健. 电化学阻抗谱在锂电池状态检测中的应用. 电源技术，2014，38（1）：73-74.

[117] Larsson F，Bertilsson S，Furlani M，et al. Gas explosions and thermal runaways during external heating abuse of commercial lithium-ion graphite-LiCoO$_2$ cells at different levels of ageing. Journal of Power Sources，2018，373：220-231.

[118] Doh C，Kim D，Kim H，et al. Thermal and electrochemical behaviour of C/Li$_x$CoO$_2$ cell during safety test. Journal of Power Sources，2008，175（2）：881-885.

[119] Zhou F，Zhao X，Dahn J R. Impact of Al or Mg substitution on the thermal stability of Li$_{1.05}$Mn$_{1.95-z}$M$_z$O$_4$（M＝Al or Mg）. Journal of The Electrochemical Society，2010，

157（7）：798-801.

[120] Amine K，Liu J，Kang S，et al. Improved lithium manganese oxide spinel/graphite Li-ion cells for high-power applications. Journal of Power Sources，2004，129（1）：14-19.

[121] Padhi A K. Phospho-olivines as positive-electrode materials for rechargeable lithium batteries. Journal of The Electrochemical Society，1997，144（4）：1188-1194.

[122] Shin H C，Cho W I，Jang H. Electrochemical properties of carbon-coated LiFePO$_4$ cathode using graphite，carbon black，and acetylene black. Electrochimica Acta，2007，52（4）：1472-1476.

[123] Wu Y. Preparation of high tap density LiFePO$_4$/C through carbothermal reduction process using beta-cyclodextrin as carbon source. International Journal of Electrochemical Science，2018，13（3）：2958-2968.

[124] An C，Zhang B，Tang L，et al. Ultrahigh rate and long-life nano-LiFePO$_4$ cathode for Li-ion batteries. Electrochimica Acta，2018，283：385-392.

[125] Longoni G，Panda J K，Gagliani L，et al. In situ LiFePO$_4$ nano-particles grown on few-layer graphene flakes as high-power cathode nanohybrids for lithium-ion batteries. Nano Energy，2018，51：656-667.

[126] Hwang B J，Tsai Y W，et al. A combined computational/experimental study on LiNi$_{1/3}$Co$_{1/3}$Mn$_{1/3}$O$_2$. Chemistry of Materials，2003，15（19）：3676-3682.

[127] Wei Y，Zheng J，Cui S，et al. Kinetics tuning of Li-ion diffusion in layered Li（Ni$_x$Mn$_y$Co$_z$）O$_2$. Journal of the American Chemical Society，2015，137（26）：8364-8367.

[128] Noh H J，Youn S，Yoon C S，et al. Comparison of the structural and electrochemical properties of layered Li［Ni$_x$Co$_y$Mn$_z$］O$_2$（x＝1/3，0.5，0.6，0.7，0.8 and 0.85）cathode material for lithium-ion batteries. Journal of Power Sources，2013，233：121-130.

[129] Jung R，Metzger M，Maglia F，et al. Oxygen release and its effect on the cycling stability of LiNi$_x$Mn$_y$Co$_z$O$_2$（NMC）cathode materials for li-ion batteries. Journal of the Electrochemical Society，2017，164（7）：1361-1377.

[130] Zhu W，Huang X，Liu T，et al. Ultrathin Al$_2$O$_3$ coating on LiNi$_{0.8}$Co$_{0.1}$Mn$_{0.1}$O$_2$ cathode material for enhanced cycleability at extended voltage ranges. Coatings，2019，9（2）：92.

[131] Xiong X，Wang Z，Guo H，et al. Enhanced electrochemical properties of lithium-reactive V$_2$O$_5$ coated on the LiNi$_{0.8}$Co$_{0.1}$Mn$_{0.1}$O$_2$ cathode material for lithium ion batteries at 60 ℃. Journal of Materials Chemistry A，2013，1：1284-1288.

[132] Lu J，Peng Q，Wang W，et al. Nanoscale coating of LiMO$_2$（M＝Ni，Co，Mn）nanobelts with Li$^+$-conductive Li$_2$TiO$_3$：Toward better rate capabilities for Li-ion batteries. Journal of the American Chemical Society，2013，135（5）：1649-1652.

[133] Zhou L，Zhang K，Hu Z，et al. Recent developments on and prospects for electrode materials with hierarchical structures for lithium-ion batteries. Advanced Energy Materials，2017，8（6）：1701415.

[134] Fukuda K, Kikuya K, Isono K, et al. Foliated natural graphite as the anode material for rechargeable lithium-ion cells. Journal of Power Sources, 1997, 69 (1-2): 165-168.

[135] Ding F, Xu W, Choi D, et al. Enhanced performance of graphite anode materials by AlF_3 coating for lithium-ion batteries. Journal of Materials Chemistry, 2012, 22 (25): 12745-12751.

[136] Watson V. Preparation of encapsulated Sn-Cu@graphite composite anode materials for lithium-ion batteries. International Journal of Electrochemical Science, 2018, 13: 7968-7988.

[137] Zhu G, Liu H, Zhuang J, et al. Carbon-coated nano-sized $Li_4Ti_5O_{12}$ nanoporous micro-sphere as anode material for high-rate lithium-ion batteries. Energy & Environmental Science, 2011, 4 (10): 4016-4022.

[138] Jo M R, Jung J, Lee G H, et al. Fe_3O_4 nanoparticles encapsulated in one-dimensional $Li_4Ti_5O_{12}$ nanomatrix: An extremely reversible anode for long life and high capacity Li-ion batteries. Nano Energy, 2016, 19: 246-256.

[139] Inoue T, Mukai K. Roles of positive or negative electrodes in the thermal runaway of lithium-ion batteries: Accelerating rate calorimetry analyses with an all-inclusive micro-cell. Electrochemistry Communications, 2017, 77: 28-31.

[140] Oh P, Song B, Li W, et al. Overcoming the chemical instability on exposure to air of Ni-rich layered oxide cathodes by coating with spinel $LiMn_{1.9}Al_{0.1}O_4$. Journal of Materials Chemistry A, 2016, 4: 5839-5841.

[141] Liu W, Oh P, Liu X, et al. Nickel-rich layeredlithium transition-metal oxide for high-energy lithium-ion batteries. Angewandte Chemie, 2015, 54 (15): 4440-4457.

[142] Wang D, Belharouak I, Zhang X, et al. Insights into the phase formation mechanism of [$0.5Li_2MnO_3 \cdot 0.5LiNi_{0.5}Mn_{0.5}O_2$] battery materials. Journal of the Electrochemical Society, 2014, 161 (1): 1-5.

[143] Xu G, Li J, Xue Q, et al. Enhanced oxygen reducibility of $0.5Li_2MnO_3 \cdot 0.5LiNi_{1/3}Co_{1/3}Mn_{1/3}O_2$ cathode material with mild acid treatment. Journal of Power Sources, 2014, 248: 894-899.

[144] Dai D, Wang B, Li B, et al. Li-rich layered $Li_{1.2}Mn_{0.54}Ni_{0.13}Co_{0.13}O_2$ derived from transition metal carbonate with a micro-nanostructure as a cathode material for high-performance Li-ion batteries. RSC Advances, 2016, 6 (99): 96714-96720.

[145] Wu Y, Ming J, Zhuo L, et al. Simultaneous surface coating and chemical activation of the Li-rich solid solution lithium rechargeable cathode and its improved performance. Electrochimica Acta, 2013, 113: 54-62.

[146] Wu Y, Murugan A, Manthiram A. Surface modification of high capacity layered Li[$Li_{0.2}Mn_{0.54}Ni_{0.13}Co_{0.13}$]$O_2$ cathodes by $AlPO_4$. Journal of the Electrochemical Society, 2008, 155 (9): 635-641.

[147] Kumar A, Nazzario R, Torres-Castro L, et al. Electrochemical properties of MgO-coated $0.5Li_2MnO_3$-$0.5LiNi_{0.5}Mn_{0.5}O_2$ composite cathode material for lithium ion battery. International Journal of Hydrogen Energy, 2015, 40 (14): 4931-4935.

[148] Cho W, Kim S M, Song J H, et al. Improved electrochemical and thermal properties of nickel rich $LiNi_{0.6}Co_{0.2}Mn_{0.2}O_2$ cathode materials by SiO_2 coating. Journal of Power Sources, 2015, 282: 45-50.

[149] Qing R, Shi J, Xiao D, et al. Enhancing the kinetics of Li-rich cathode materials through the pinning effects of gradient surface Na^+ doping. Advanced Energy Materials, 2016, 6: 1501914.

[150] Choi J, Lee S Y, Yoon S, et al. The role of Zr doping in Li [$Ni_{0.6}Co_{0.2}Mn_{0.2}$] O_2 as a stable cathode material for lithium ion batteries. ChemSusChem, 2019, 12: 2439-2446.

[151] Lou M, Fan S, Yu H, et al. Mg-doped $Li_{1.2}Mn_{0.54}Ni_{0.13}Co_{0.13}O_2$ nano flakes with improved electrochemical performance for lithium-ion battery application. Journal of Alloys and Compounds, 2017, 739: 607-615.

[152] Li W, Song B, Manthiram A. High-voltage positive electrode materials for lithium-ion batteries. Chemical Society Reviews, 2017, 46: 3006-3059.

[153] Sharabi R, Markevich E, Fridman K, et al. Electrolyte solution for the improved cycling performance of $LiCoPO_4/C$ composite cathodes. Electrochemistry Communications, 2013, 28: 20-23.

[154] Schmerling M, Fenske D, Peters F, et al. Lithiation behavior of SiNW anodes for lithium-ion batteries: Impact of functionalization and porosity. ChemPhysChem, 2017, 19 (1): 747-752.

[155] Föll H, Hartz H, Ossei-Wusu E, et al. Si nanowire arrays as anodes in Li ion batteries. Physica Status Solidi (RRL) -Rapid Research Letters, 2010, 4 (1-2): 4-6.

[156] Sun A, Zhong H, Zhou X, et al. Scalable synthesis of carbon-encapsulated nano-Si on graphite anode material with high cyclic stability for lithium-ion batteries. Applied Surface Science, 2019, 470: 454-461.

[157] Yao Y, Mcdowell M T, Ryu I, et al. Interconnected silicon hollow nanospheres for lithium-ion battery anodes with long cycle life. Nano Letters, 2011, 11 (7): 2949-2954.

[158] Ma B, Lu B, Luo J, et al. The hollow mesoporous silicon nanobox dually encapsulated by SnO_2/C as anode material of lithium ion battery. Electrochimica Acta, 2018, 288: 61-70.

[159] Wang J, Liao L, Li Y, et al. Shell-protective secondary silicon nanostructures as pressure-resistant high-volumetric-capacity anodes for lithium-ion batteries. Nano letters, 2018, 18 (11): 7060-7065.

[160] Chi S, Liu Y, Zhao N, et al. Solid polymer electrolyte soft interface layer with 3D lithium anode for all-solid-state lithium batteries. Energy Storage Materials, 2019, 17: 309-316.

[161] Wang Y, Zhang L, Wu Y, et al. Carbon-coated Fe_3O_4 microspheres with a porous multideck-cage structure for highly reversible lithium storage. Chemical Communications, 2015, 51 (32): 6921-6924.

[162] Wang J, Yang N, Tang H, et al. Accurate control of multishelled Co_3O_4 hollow mi-

crospheres as high-performance anode materials in lithium-ion batteries. Angewandte Chemie International Edition，2013，52（25）：6417-6420.

[163] Alias N，Mohamad A A. Advances of aqueous rechargeable lithium-ion battery：A review. Journal of Power Sources，2015，274：237-251.

[164] Suo L，Borodin O，Sun W，et al. Advanced high-voltage aqueous lithium-ion battery enabled by "water-in-bisalt" electrolyte. Angewandte Chemie，2016，128（25）：7252-7257.

[165] Byeon P，Bae H B，Chung H S，et al. Atomic-scale observation of $LiFePO_4$ and $LiCoO_2$ dissolution behavior in aqueous solutions. Advanced Functional Materials，2018，28（45）：1804564.

[166] Ruffo R，Mantia F L，Wessells C，et al. Electrochemical characterization of $LiCoO_2$ as rechargeable electrode in aqueous $LiNO_3$ electrolyte. Solid State Ionics，2011，192（1）：289-292.

[167] Wang Y，Luo J，Wang C，et al. Hybrid aqueous energy storage cells using activated carbon and lithium-ion intercalated compounds Ⅱ. Comparison of $LiMn_2O_4$, $LiCo_{1/3}Ni_{1/3}Mn_{1/3}O_2$, and $LiCoO_2$ positive electrodes. Journal of the Electrochemical Society，2006，153（8）：1425-1431.

[168] Stojković I，CvjeticAnin N，Mentus S. The improvement of the Li-ion insertion behaviour of $Li_{1.05}Cr_{0.10}Mn_{1.85}O_4$ in an aqueous medium upon addition of vinylene carbonate. Electrochemistry Communications，2010，12（3）：371-373.

[169] Ramanujapuram A，Yushin G. Understanding the exceptional performance of lithium-ion battery cathodes in aqueous electrolytes at subzero temperatures. Advanced Energy Materials，2018，8（35）：1802624.

[170] Fan L，Wei S，Li S，et al. Recent progress of the solid-state electrolytes for high-energy metal-based batteries. Advanced Energy Materials，2018，8（11）：1702657.

[171] Fan L Z，Wang X L，Long F，et al. Enhanced ionic conductivities in composite polymer electrolytes by using succinonitrile as a plasticizer. Solid State Ionics，2008，179（27-32）：1772-1775.

[172] Itoh T，Hirai K，Uno T，et al. Solid polymer electrolytes based on squaric acid structure. Ionics，2008，14（1）：1-6.

[173] Pitawala H，Dissanayake M，Seneviratne V A，et al. Effect of plasticizers（EC or PC）on the ionic conductivity and thermal properties of the $(PEO)_9LiTf$：Al_2O_3 nanocomposite polymer electrolyte system. Journal of Solid State Electrochemistry，2008，12（7-8）：783-789.

[174] Shen C，Wang J，Tang Z，et al. Physicochemical properties of poly（ethylene oxide）- based composite polymer electrolytes with a silane-modified mesoporous silica SBA-15. Electrochimica Acta，2009，54（12）：3490-3494.

[175] Xia W，Xu B，Duan H，et al. Reaction mechanisms of lithium garnet pellets in ambient air：The effect of humidity and CO_2. Journal of the American Ceramic Society，2017，100（7）：2832-2839.

[176] Muramatsu H，Hayashi A，Ohtomo T，et al. Structural change of $Li_2S-P_2S_5$ sulfide

solid electrolytes in the atmosphere. Solid State Ionics，2011，182（1）：116-119.

[177] Zheng J，Tang M，Hu Y. Lithium ion pathway within $Li_7 La_3 Zr_2 O_{12}$-polyethylene oxide composite electrolytes. Angewandte Chemie International Edition，2016，55（40）：12538-12542.

[178] Liang Y，Deng S，Xia Y，et al. A superior composite gel polymer electrolyte of $Li_7 La_3 Zr_2 O_{12}$-poly（vinylidene fluoride-hexafluoropropylene）（PVDF-HFP）for rechargeable solid-state lithium ion batteries. Materials Research Bulletin，2018，102：412-417.

[179] Guo Q，Han Y，Wang H，et al. Novel synergistic coupling composite chelating copolymer/LAGP solid electrolyte with optimized interface for dendrite-free solid Li-metal battery. Electrochimica Acta，2018，296：693-700.

第 2 章

先进正极材料

通常情况下，锂离子电池中的活性锂离子来源于正极材料，因此正极材料的性能对锂离子电池的实际工作性能至关重要。目前锂离子电池的技术瓶颈主要集中于正极材料的能量密度，因此开发低成本、高容量、高电压的正极材料是锂离子电池商业化发展的关键环节。

锂离子电池正极材料一般为嵌锂化合物，充电过程中锂离子从正极材料中脱出嵌入负极，放电过程中则从负极脱出嵌入正极。作为锂离子的"蓄水库"，锂离子电池正极材料需要满足以下几个要求[1]：

① 化学稳定性好，在工作电压范围内不与电解液发生反应；

② 结构稳定性好，锂离子嵌入/脱出过程可逆性高；

③ 结构中可供嵌入/脱出的锂离子数目较多；

④ 锂离子嵌入/脱出过程中活性物种的氧化还原电位较高（不可影响电解液的稳定性）。

按照以上基本要求，结合目前商业化应用和处于科学研究阶段的锂离子电池正极材料，本章关于典型的锂离子电池正极材料、高能量密度富锂正极材料、高电压尖晶石结构正极材料、聚阴离子类正极材料和有机正极材料五个部分分别进行介绍。

2.1
典型的锂离子电池正极材料

典型的锂离子电池正极材料主要包括钴酸锂（$LiCoO_2$）、镍酸锂（$LiNiO_2$）、镍钴锰三元体系（$LiNi_xCo_yMn_{1-x-y}O_2$）、锰酸锂（$LiMn_2O_4$）和磷酸铁锂（$LiFePO_4$）。这些正极材料的研究较为成熟，每种材料都有各自的优势与不足。其中最早商业化使用的正极材料是钴酸锂，但钴的价格较高且资源贫乏，废旧电池的钴元素必须回收处理以避免环境污染，这些因素都大大提高了锂离子电池的成本。镍酸锂的容量较高，镍的成本比钴低，资源和环境问题相对较小，但镍酸锂的制备工艺严苛，作为锂离子正极材料容量衰减严重。为了优化层状结构正极材料的性能，研究者提出了由镍、锰、钴三种元素共同组成的三元正极材料 $LiNi_xCo_yMn_{1-x-y}O_2$。由于锰的价格低廉、储量丰富且无毒无污染，锰酸锂的使用可以大大降低锂离子电池的成本和环境问题，但三价锰离子的 Jahn-Teller 效应影响了循环过程中的结构稳定性，锰溶出现象导致锰酸锂材料在高温下循环容量迅速衰减。磷酸铁锂也是一种绿色环保的正极材料，安全性和循环稳定性极佳，容量和工作电压适中，但该材料的电子导电性较差，大倍率充放电性能不理想，低温性能差，较低的压实密度也会影响锂离子电池的体积能量密度。

2.1.1　LiCoO$_2$

层状钴酸锂材料的晶体结构如图 2-1 所示。Li$^+$ 和 Co^{3+} 分别位于立方密堆积氧离子的八面体空位 3a 和 3b 位置，形成 α-NaFeO$_2$ 型层状岩盐结构，空间群为 R-3m，晶胞参数 a = 0.2816nm，c = 1.0456nm。CoO$_2$ 层的键合力很强，Li$^+$ 在 CoO$_2$ 层间的二维通道内进行传输，离子导电性较好，锂离子扩散系数可达 10^{-9} ～ 10^{-7}cm^2·s^{-1}，电子导电性亦较好。

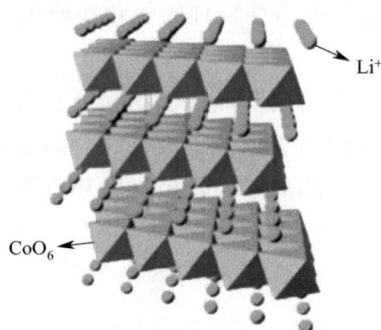

图 2-1　层状钴酸锂材料的晶体结构图[3]

研究表明，1mol LiCoO$_2$ 中最多能够实现 0.5mol Li$^+$ 的可逆脱嵌，即在充放电循环中，Li$_{1-x}$CoO$_2$ 中 x 值应控制在 0≤x≤0.5。在这个范围内，LiCoO$_2$ 的理论容量仅为 156mA·h·g^{-1}，放电电压平台在 4.0V 左右。当 x>0.5 时，Li$_{1-x}$CoO$_2$ 极不稳定，在现有的有机电解液体系中易发生失氧反应，大大限制了实际容量和放电电压[2]。

LiCoO$_2$ 的制备通常采用高温固相法，锂源通常选用碳酸锂（Li$_2$CO$_3$）或氢氧化锂（LiOH），钴源通常选用碳酸钴（CoCO$_3$）或钴氧化物（Co$_3$O$_4$），锂源和钴源充分混合后在空气气氛下高温焙烧（700～1000℃），制得 LiCoO$_2$ 产品[3]。LiCoO$_2$ 的制备工艺相对简单，生产过程中需要控制 Li/Co 投料比例、原料混合方法、焙烧方式及后续研磨条件等要点，优化材料的物理性质（如粒度、比表面积、结晶度、振实密度、残碱量等影响电化学性能的因素）。通过改进生产工艺，可制得粒径在 10μm 以上的单晶颗粒，压实密度可达到 4.0g·cm^{-3} 以上。此外，喷雾干燥法和溶胶-凝胶法也可用来制备高性能的 LiCoO$_2$ 材料，但生产成本较高[4]。

作为最早应用于锂离子电池制造的正极材料，$LiCoO_2$ 具有制备工艺简单、循环寿命长、倍率性能好等明显优势，但其缺点也不可忽略。除了上文提到的容量限制外，$LiCoO_2$ 材料在反复的锂离子嵌入/脱出过程中易发生结构改变，并产生严重的应变，导致颗粒松动脱落，发生容量衰减。由于钴资源储量有限及成本较高的问题，研究者开始利用镍元素和锰元素去替代钴酸锂中的部分钴元素，得到成本更低、能量密度更高、循环稳定性更好的新型正极材料[5]。

2.1.2 LiNiO₂

如图 2-2 所示，$LiNiO_2$ 的晶体结构与 $LiCoO_2$ 相似，也属于 α-$NaFeO_2$ 型层状岩盐结构，$R\text{-}3m$ 空间群，晶胞参数 $a = 0.2886nm$，$c = 1.4214nm$。相比于 $LiCoO_2$，$LiNiO_2$ 价格与资源优势明显，对环境更加友好，实际容量也得到显著提高，可达 $190mA \cdot h \cdot g^{-1}$。然而，目前 $LiNiO_2$ 正极并未应用于商业化锂离子电池，这主要是由于制备纯相 $LiNiO_2$ 的难度较高以及 $LiNiO_2$ 的循环稳定性和热稳定性较差等原因。

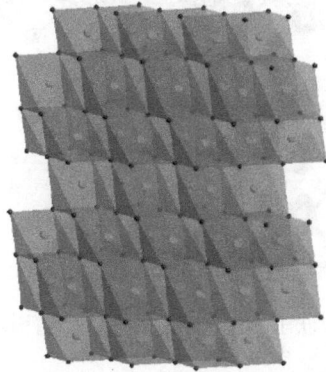

图 2-2　层状 $LiNiO_2$ 的晶体结构示意图[6]

在制备 $LiNiO_2$ 的过程中，由于 Ni^{2+} 氧化为 Ni^{3+} 的难度较高，结构中部分 Ni^{3+} 被 Ni^{2+} 取代。Ni^{2+} 的半径（0.068nm）与 Li^+ 的半径（0.076nm）接近，因此 Ni^{2+} 会进入锂层占据 Li^+ 的位置，出现阳离子混排现象，严重影响锂离子的可逆嵌入/脱出行为[7]。此外，充电状态下的 $LiNiO_2$ 正极热稳定性差，Ni^{4+} 的氧化性很强，易与电解液及集流体发生副反应并析出氧气，导致较低的热分解温度和较大的放热量，严重威胁锂离子电池的安全性。

$LiNiO_2$ 一般通过高温固相法制备：将锂源（如 Li_2O、$LiOH$、$LiNO_3$ 等）和镍源［如 NiO、$Ni(OH)_2$、$Ni(NO_3)_2$ 等］充分混合后高温焙烧，冷却后研

磨即得到产品材料。焙烧条件对 $LiNiO_2$ 的结构影响很大：焙烧温度须严格调控，过低（<700℃）则无法保证 α-$NaFeO_2$ 型层状结构形成，过高则导致 $LiNiO_2$ 分解生成非计量比产物 Li_xNiO_{2-x}[如式(2-1)所示]；须在氧气气氛下焙烧，以稳定晶格中的 Ni^{3+}，减少 Ni^{2+}/Li^+ 混排；须保证锂源过量，以弥补高温锂挥发，减少贫锂现象。因此，$LiNiO_2$ 的合成条件苛刻，大规模工业生产的难度高，尤其焙烧温度范围过窄，难以通过调控晶粒生长来优化与电池性能相关的物理性质。

$$LiNiO_2 \longrightarrow Li_xNiO_{2-x} + xLi_2O(0<x<1) \qquad (2-1)$$

2.1.3　镍钴锰酸锂三元材料

镍钴锰酸锂三元材料 $LiNi_xCo_yMn_{1-x-y}O_2$（$0<x<1$，$0<y<1$）有多种形式，其中我们以典型的 $LiNi_{1/3}Co_{1/3}Mn_{1/3}O_2$ 材料为例对镍钴锰酸锂三元材料的结构和电化学机制进行介绍。

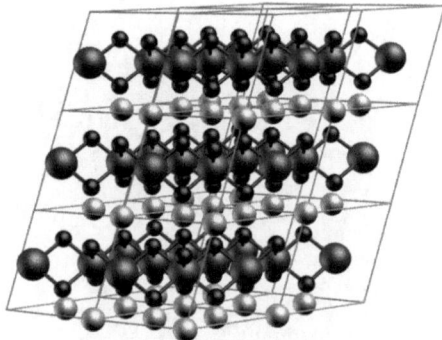

图 2-3　层状 $LiNi_{1/3}Co_{1/3}Mn_{1/3}O_2$ 结构示意图[8]

如图 2-3 所示，$LiNi_{1/3}Co_{1/3}Mn_{1/3}O_2$ 同样具有 α-$NaFeO_2$ 型层状岩盐结构，属于 R-$3m$ 空间群。在立方密堆积的氧骨架中，锂离子和过渡金属离子分别占据 $3a$ 和 $3b$ 位置，过渡金属层与氧层之间形成锂离子二维通道，可供锂离子进行可逆嵌入/脱出。在 $LiNi_{1/3}Co_{1/3}Mn_{1/3}O_2$ 中，Ni 的价态为+2 价，其电子结构与 $LiNiO_2$ 中的 Ni(Ⅲ) 不同；Mn 的价态为+4 价，其电子结构与 $LiMnO_2$ 中的 Mn(Ⅲ) 亦不同；Co 的价态为+3 价，电子结构与 $LiCoO_2$ 中的 Co(Ⅲ) 相同。因此，$LiNi_{1/3}Co_{1/3}Mn_{1/3}O_2$ 可看作由 $LiCoO_2$ 演变而来，稳定性较高。在电化学过程中，Ni(Ⅱ) 和 Co(Ⅲ) 具有氧化还原活性，Ni 经历 Ni(Ⅱ)/Ni(Ⅲ) 和 Ni(Ⅲ)/Ni(Ⅳ) 氧化还原过程，Co 经历 Co(Ⅲ)/Co(Ⅳ) 氧化还原过程，而 Mn(Ⅳ) 则无法在脱锂过程中被氧化，表现为电化学惰性。由此可见，从 $LiCoO_2$

演变到 $LiNi_{1/3}Co_{1/3}Mn_{1/3}O_2$ 的过程中，Ni 元素提供了更多的容量 [Ni(Ⅱ)/Ni(Ⅲ)/Ni(Ⅳ) 价态变化更大]，Mn 元素则起到了稳定结构的骨架作用（不参与电化学反应，无 Jahn-Teller 效应），二者的掺入还能降低含钴正极的成本和环境压力。因此，三元材料的电化学机制实现了镍钴锰三种组分的协同优化，得到了高容量、高导电性、高稳定性、低成本的正极材料。在 2.5～4.6V 的电压范围内，$LiNi_{1/3}Co_{1/3}Mn_{1/3}O_2$ 容量可达到 $200mA \cdot h \cdot g^{-1}$ 左右。

制备镍钴锰酸锂三元材料必须保证三种过渡金属离子的均匀分散，而传统固相法很难实现镍源、钴源、锰源的均匀混合，形成纯相三元材料需要较高的焙烧温度和较长的焙烧时间，粒径难以控制且经济性差。因此，一般采用设备简单、易于量化生产的共沉淀法制备三元材料。通过向镍盐、钴盐和锰盐的混合水溶液中加入沉淀剂，得到具有一定形貌的镍钴锰三元共沉淀物，将沉淀出来的前驱体与锂源充分混合后高温煅烧，即可得到三元材料产物，且产物保持前驱体的形貌不变。沉淀剂一般选用氢氧化物或碳酸盐。以碳酸盐作沉淀剂，可以防止 Mn(Ⅱ) 被氧化，但容易导致沉淀不完全，影响过渡金属离子的含量和分布；以氢氧化物作沉淀剂，Mn(Ⅱ) 易氧化，一般需要通入惰性气体进行保护，但氢氧化物共沉淀更有利于过渡金属离子原子级别的均匀混合，得到电化学性能稳定的三元材料，因此工业上倾向于采用氢氧化物共沉淀法制备三元材料。此外，也可采用喷雾干燥法调节粒径大小，得到形貌规整的三元材料[9]。也有研究者报道通过溶胶-凝胶法[10]和水热法[11]制备高纯度、粒径均匀的三元材料，但复杂的工艺不适用于工业化生产。

为了提高正极材料的比容量，未来镍钴锰酸锂三元材料将向富镍化方向发展。目前研究热点主要集中在 $LiNi_{0.5}Co_{0.2}Mn_{0.3}O_2$（简称 NCM523）、$LiNi_{0.6}Co_{0.2}Mn_{0.2}O_2$（简称 NCM622）和 $LiNi_{0.8}Co_{0.1}Mn_{0.1}O_2$（简称 NCM811）上。当镍含量增加时，三元正极材料的放电容量和能量密度得到显著提高，NCM811 在 3.0～4.3V 的工作电压区间内放电容量可超过 $200mA \cdot h \cdot g^{-1}$，能量密度高达 $280W \cdot h \cdot kg^{-1}$。然而富镍三元正极材料也存在明显的问题：①锂镍混排现象比低镍材料严重，导致层状结构向尖晶石结构或 NiO 岩盐结构转化，循环性能恶化；②相变过程常伴随氧气的释放，氧气与电解液反应将会导致热失控；③阳离子混排导致锂析出，材料表面高含量的 $LiOH/Li_2CO_3$ 造成表面碱度升高，严重影响电池的存储寿命和安全性。如图 2-4 所示，随着镍含量的增加，镍钴锰三元材料虽然表现出更高的放电容量，但容量保持率和热稳定性明显下降。为了解决这一矛盾对富镍材料大规模应用的限制，研究人员提出了富镍材料单晶化的思路。对于单晶型富镍三元材料，一次粒子与电解液的接触面积大大降低，产气现象受到抑制，充放电过程的循环稳定性和安全性明显提高，并兼具高压实密度的优点。同时单晶型产品的比表面积较小、结构更稳定、粒度分布均匀，其存储性能也得到显著改善。以商业化的 NCM523 产品为例，Li[12] 等曾报道虽然单晶 NCM523 产品的放电容量略低于多晶 NCM523 材料，但在高温和高电压下其循环稳定性较好，与相同电解液配对制成的电池产气量也较小，此外 NCM 三元材料较高的合成温度也有利于产物的单晶化。目前，高镍 NCM811 单晶产品的研发也在顺利进行中。

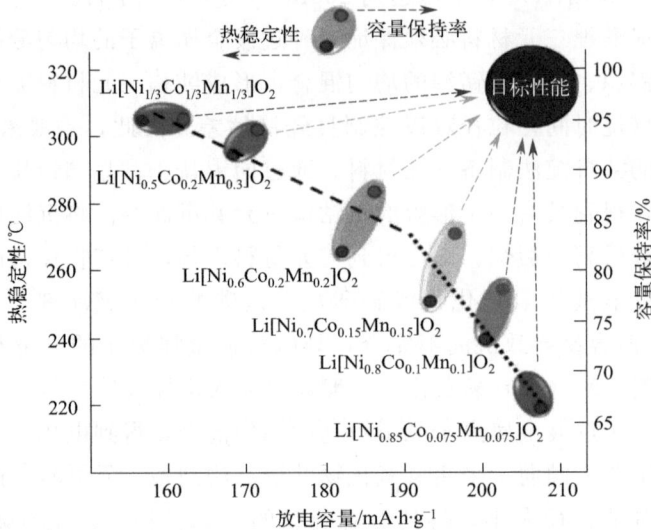

图 2-4　镍钴锰三元正极材料性能对比图[13]

2.1.4　LiMn$_2$O$_4$

尖晶石型 LiMn$_2$O$_4$ 的晶体结构如图 2-5 所示，属于立方晶系 $Fd3m$ 空间群，晶胞参数 $a=0.8245$nm。在立方密堆积的氧骨架中，Li 占据四面体空位 $8a$ 位置，Mn 则占据八面体空位 $16d$ 位置。尖晶石结构具有互通的四面体空位和八面体空位，形成有利于锂离子快速扩散的三维通道。充电过程中，伴随着锂离子的脱出，尖晶石结构中的 Mn(Ⅲ) 被氧化成 Mn(Ⅳ)，直至生成由单一 Mn(Ⅳ) 组成的 [Mn$_2$O$_4$]；放电过程中，Li$^+$ 重新嵌入四面体 $8a$ 位置，部分 Mn(Ⅳ) 被还原成 Mn(Ⅲ)，表现出 4.0V 左右的放电平台，直至所有的 $8a$ 位置被填满，生成 LiMn$_2$O$_4$，此时如果继续放电，则 Li$^+$ 进入八面体 $16d$ 位置，表现出 3.0V 左右的放电平台，结构中的 Mn^{4+} 继续被还原成 Mn^{3+}，Mn 的平均氧化数下降到 +3.5 以下，Jahn-Teller 效应明显，引起由立方晶系向四方晶系的不可逆转化，严重影响锂离子的扩散和嵌入/脱出行为。

LiMn$_2$O$_4$ 的制备通常采用高温固相法，将碳酸锂和锰氧化物充分混合后在

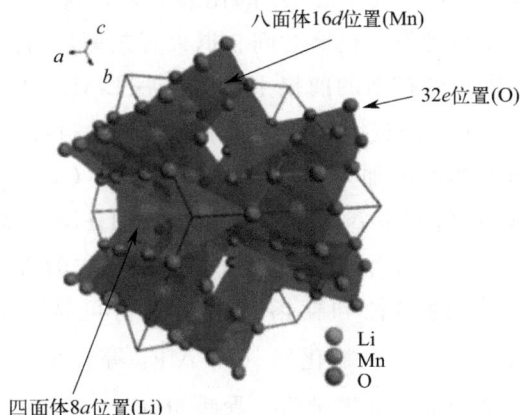

图 2-5　尖晶石型 $LiMn_2O_4$ 的晶体结构示意图[14]

700～900℃的高温下煅烧制得产品，该方法工艺简单，容易控制，产品的粒径通常取决于锰氧化物的粒径。此外，也可采用熔融盐法和溶胶-凝胶法等其他方法提高原料混合均匀性，得到粒径分布较窄的产物。

实际使用时 $LiMn_2O_4$ 的容量仅为 $120mA \cdot h \cdot g^{-1}$ 左右，但其工作电压较高，成本低廉，资源丰富，环境污染问题较小，被认为是动力电池领域较为理想的正极材料。目前限制 $LiMn_2O_4$ 大规模应用的问题在于该材料的循环稳定性较差，尤其是高温下循环容量衰减明显，这主要源于以下三个原因[15]：

a. Jahn-Teller 效应，这是一种由于金属离子外层电子云分布不对称导致的结构畸变，Mn^{3+} 存在 Jahn-Teller 效应，当 $LiMn_2O_4$ 深度放电时结构中的 Mn^{3+} 增多，明显的 Jahn-Teller 效应将导致晶格畸变，进而诱发不可逆相变，影响后续脱锂/嵌锂过程的可逆性。

b. 锰溶解现象，颗粒表面的 Mn^{3+} 会发生歧化反应[式（2-2）]，产生的 Mn^{2+} 可溶解于电解液中，导致活性物质损失，同时 Mn(Ⅱ) 沉积在负极表面也会影响负极的电化学性能。此外，电解液中的痕量水会导致 HF 的产生[式（2-3）]，HF 将腐蚀 $LiMn_2O_4$ 导致锰溶解并生成产物 H_2O[式（2-4）]，进一步加速 HF 的产生和锰溶解，形成恶性循环，严重影响界面稳定性。

c. 电解液不稳定，除了痕量水导致锂盐 $LiPF_6$ 分解外，高氧化性的 Mn^{4+} 也会导致有机溶剂（如碳酸二甲酯）被氧化，影响电解液体系的稳定性。

$$2Mn^{3+} \longrightarrow Mn^{2+} + Mn^{4+} \tag{2-2}$$

$$LiPF_6 + H_2O \longrightarrow POF_3 + 2HF + LiF \tag{2-3}$$

$$4HF + 2LiMn_2O_4 \longrightarrow 3MnO_2 + MnF_2 + 2LiF + 2H_2O \tag{2-4}$$

针对上述衰减原因，一些改性方法可用来有效提高 $LiMn_2O_4$ 的稳定性。为了减少锰的溶解，应尽量减小 $LiMn_2O_4$ 的比表面积，这主要通过调节煅烧工艺来实现，煅烧温度、原料种类、研磨时间、退火工艺等都对产品的比表面积产生显著影响，在不影响锂离子扩散的前提下，优化后 $LiMn_2O_4$ 的比表面积一般控制在 $1.5m^2 \cdot g^{-1}$[7]。为了降低电解液中的水含量，抑制式（2-3）和式（2-4）等副反应的发生，可向电解液中加入合适的添加剂，如$(CH_3)_3SiNHSi(CH_3)_3$ 可以与电解液中的 H_2O 反应产生 NH_3，因此该添加剂在减少水含量的同时也可中和电解液中的 H^+[2]。另一种能够有效降低界面副反应的方法是对 $LiMn_2O_4$ 进行表面包覆，缓解 HF 的腐蚀和锰溶解，包覆物可选择氧化物（如 TiO_2、MgO、Al_2O_3、ZnO 等）[16-17]、氟化物（如 AlF_3 等）[18]、锂离子良导体（如 $LiBO_2$ 等）及导电有机物等（如聚吡咯、聚噻吩等）[2]。

2.1.5 LiFePO$_4$

1997 年，Goodenough 研究小组首次报道了橄榄石型结构 $LiFePO_4$ 可逆脱出/嵌入锂离子的能力，由于铁资源丰富、价格低廉且对环境无污染，$LiFePO_4$ 作为理想的商业化锂离子电池正极材料进入人们的视野。$LiFePO_4$ 的晶体结构如图 2-6 所示，属于正交晶系，$Pnma$ 空间群，晶胞参数 $a = 0.6008nm$，$b = 1.0334nm$，$c = 0.4693nm$。在晶体结构中，O 形成略微变形的六方体密堆积结构，P 占据四面体空位，Li 和 Fe 则分别占据八面体空位 $4a$ 和 $4c$ 位置，形成一维锂离子扩散通道。较强的 P-O 化学键保证了材料嵌锂/脱锂过程中良好的结构稳定性，材料完全脱锂后形成的 $FePO_4$ 相具有与 $LiFePO_4$ 相似的 $Pnma$ 结构，因此 $LiFePO_4$ 表现出优异的循环稳定性和热稳定性。$LiFePO_4$ 的理论容量为 $170mA \cdot h \cdot g^{-1}$，实际使用容量在 $160mA \cdot h \cdot g^{-1}$ 左右，放电平台位于 3.45V，且放电曲线极为平坦，表现出典型的两相反应机理（贫锂相与富锂相共存）。然而，$LiFePO_4$ 在大倍率下的充放电能力难以令人满意，这是由于橄榄石结构的一维锂离子通道导致锂离子扩散系数较低（$10^{-13} \sim 10^{-11}cm^2 \cdot s^{-1}$），而不连续的 FeO_6 结构导致 Fe-Fe 作用较弱，因此电子电导率也较低（约为 $10^{-9}S^{-1} \cdot cm^{-1}$）。因此目前多通过纳米化来缩短锂离子扩散路径，采用碳包覆来改善电子导电性，提升 $LiFePO_4$ 的倍率性能。此外，高价阳离子（如 Cr^{3+}、Al^{3+}、V^{3+}、Ti^{4+} 等[19]）掺杂和其他导电物质（如 Ag、Cu、聚吡咯等[20]）表面包覆也可以提高材料的导电性。

$LiFePO_4$ 常见的制备方法主要包括高温固相法[22]和碳热还原法[21-22]。最早采用的高温固相法工艺简单可控，将锂源（碳酸锂或氢氧化锂）、铁源（草酸亚铁等）和磷源（磷酸二氢铵或磷酸氢二铵）球磨混合后在惰性气氛下进行两步

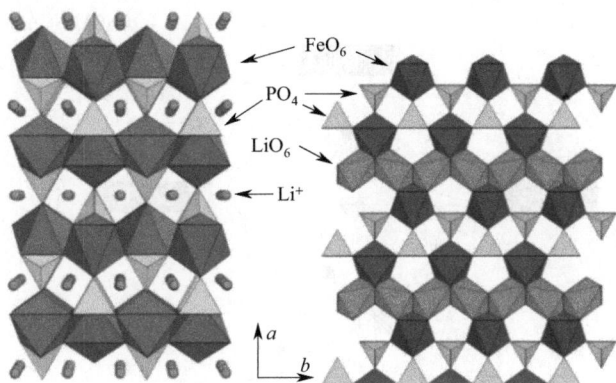

图 2-6　橄榄石型结构 LiFePO$_4$ 的晶体结构示意图[21]

煅烧，预烧温度通常设置为 300～400℃并持续 5h 左右以使原料充分分解，之后升至 600～800℃煅烧 10～24h，得到最终产物。由于高温固相法采用两步煅烧，该方法的生产周期较长且能耗较高，并导致产物团聚严重及粒径分布不均匀，同时二价铁盐和惰性气体的使用大幅度提高了生产成本。因此研究者对传统高温固相法进行改性，提出了碳热还原法[23-24]。碳热还原法采用廉价的三价铁源（如三氧化二铁或磷酸铁）替代高成本的二价铁源，并混入碳源（如炭黑、葡萄糖、蔗糖等）作为还原剂，高温下碳能够将原料中的 Fe^{3+} 还原为 Fe^{2+}，并在颗粒表面形成包覆碳，提高颗粒之间的电子导电性，产品表现出更优越的电化学性能。然而，碳热还原法的合成条件较为苛刻，碳源的加入量需要严格控制，工业化生产的连续性和一致性仍有待提高。此外，溶胶-凝胶法及水热法等液相合成法也可用来制备粒径更小、分散更均匀的 LiFePO$_4$，但是不适用于大规模商业化生产。

2.1.6　典型正极材料的未来发展趋势

图 2-7 给出了几种正极材料的综合性能对比图。从中可以看出，这几种常用的商品化正极材料在能量密度、循环寿命、功率表现、安全性能和生产成本五个方面的表现各有优劣。其中，层状结构的 LiCoO$_2$（LCO）安全性能欠佳，尤其是钴资源稀缺导致其生产成本过高，钴的毒性也引发严重的环境污染问题，这些不利因素使得 LCO 正极难以可持续发展。橄榄石结构的 LiFePO$_4$（LFP）和尖晶石结构的 LiMn$_2$O$_4$（LMO）正极材料生产成本较低而且较为环境友好，但二者的能量密度和功率表现均不理想，且近些年来未有大的技术突破，各项技术指标已经接近其应用极限。相比之下，层状结构的镍钴锰三元（NCM）正极材料既能在一定程度上减少钴的使用，从而减少生产成本和环境污染，又能表现出较高

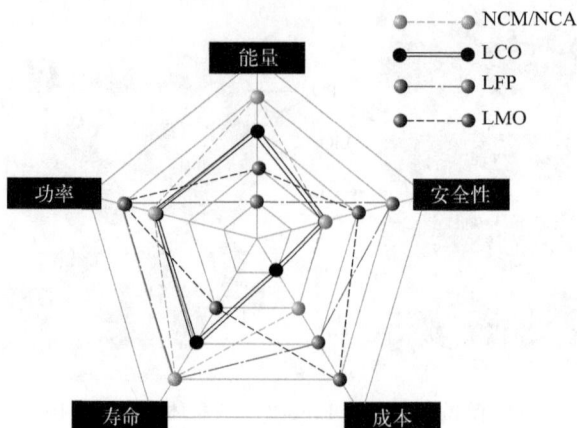

图 2-7 商业化正极材料综合性能对比图[25]

的理论容量和能量密度，有望应用于动力锂离子电池领域。可以预见，NCM 正极材料是未来产业化的主流，并将逐步向高镍化、高密度化、高电压化的方向发展，以达到高能量密度的目标。对于富镍 NCM 正极材料来说，如何降低该材料对环境和设备的要求以实现大规模自动化生产，并改善其结构稳定性和热稳定性，将是未来的研究热点和技术难点。

2.2
高能量密度富锂锰基正极材料

1997 年，Numata 等率先对层状固溶体材料 $Li_2MnO_3 \cdot LiCoO_2$ 进行了报道[26]，发现该材料的容量（$>280mA \cdot h \cdot g^{-1}$）远远高于传统正极材料，自此高容量富锂锰基正极材料引起了研究者的广泛关注。为了清晰地表述富锂锰基正极材料的组分，这一类材料常常被写作 $xLi_2MnO_3 \cdot (1-x)LiMO_2$ 的形式。从组成形式可以看出，该类材料中锰元素的比例通常较高，因此可显著降低钴、镍等高成本金属元素的使用，并有效缓解生产及回收过程对环境的危害，具备广阔的商业应用前景。

2.2.1　富锂锰基正极材料的组成与结构

富锂锰基正极材料可以视作由 Li_2MnO_3 和 $LiMO_2$（M 为 Ni、Co、Fe、Cr 等过渡金属元素中的一种或多种的组合）两部分组成，因此随着元素种类变化和组分比例变化，富锂锰基正极材料的组成形式繁杂多变，无法一一列举。其中，电化学性能较为优越的是 $x\mathrm{Li_2MnO_3} \cdot (1-x)\mathrm{LiMn_{0.5}Ni_{0.5}O_2}$ 体系和 $x\mathrm{Li_2MnO_3} \cdot (1-x)\mathrm{LiMn_{0.33}Ni_{0.33}Co_{0.33}O_2}$ 体系。此外，$x\mathrm{Li_2MnO_3} \cdot (1-x)\mathrm{LiCoO_2}$ 体系、$x\mathrm{Li_2MnO_3} \cdot (1-x)\mathrm{LiCrO_2}$ 体系和 $x\mathrm{Li_2MnO_3} \cdot (1-x)\mathrm{LiFeO_2}$ 体系也受到研究者的关注和报道。从中可以看出，$\mathrm{Li_2MnO_3}$ 是固定组分而 Li-$\mathrm{MO_2}$ 组分可以进行选择变换，但二者必须具有良好的结构相容性才能发挥令人满意的电化学性能。因此，须对 $\mathrm{Li_2MnO_3}$ 组分和 $\mathrm{LiMO_2}$ 组分的结构分别进行介绍，两种组分的晶体结构如图 2-8 所示。

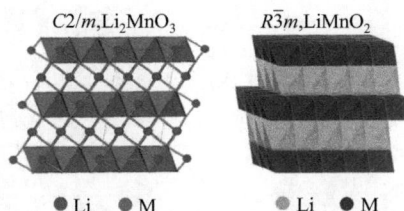

图 2-8　$\mathrm{Li_2MnO_3}$ 组分和 $\mathrm{LiMO_2}$ 组分的晶体结构[27]

$\mathrm{Li_2MnO_3}$ 组分可视作层状岩盐 α-$\mathrm{NaFeO_2}$ 型结构衍生物：过渡金属层 1/3 的位置被 $\mathrm{Li^+}$ 占据，余下 2/3 的位置被 $\mathrm{Mn^{4+}}$ 占据，形成特殊的 $[\mathrm{LiMn_2}]$ 过渡金属层。因此 $\mathrm{Li_2MnO_3}$ 也可以写作 $\mathrm{Li[Li_{1/3}Mn_{2/3}]O_2}$ 的形式，属于单斜晶系 $C2/m$ 空间群。值得一提的是，分布在过渡金属层的 $\mathrm{Li^+}$ 与周围 $\mathrm{Mn^{4+}}$ 形成 $\mathrm{LiMn_6}$ 有序结构[图 2-9(a)]，导致 X 射线衍射图谱中 $20°\sim35°$ 之间出现一系列特征衍射峰，而这些衍射峰的强度是研究富锂锰基正极材料结构的重要依据[28]。通常情况下，该系列特征衍射峰强度较弱且明显宽化，这是由于 $[\mathrm{LiMn_2}]$ 层的堆垛极易出现层错现象，偏离理想的 ABC 型堆垛顺序，$C2/m$ 特征对称性减弱[29-30]。

$\mathrm{LiMO_2}$ 组分与前文介绍的层状正极材料结构相似，属于层状岩盐 α-$\mathrm{NaFeO_2}$ 型结构，空间群多为 R-$3m$。如果 $\mathrm{LiMO_2}$ 组分中的 M 为多种过渡金属元素的组合，过渡金属层的结构则较为复杂，此处以 $\mathrm{LiMn_{0.5}Ni_{0.5}O_2}$ 和 $\mathrm{LiMn_{0.33}Ni_{0.33}Co_{0.33}O_2}$ 为例进行说明。由于 $\mathrm{Ni^{2+}}$ 与 $\mathrm{Li^+}$ 的半径较为相近，$\mathrm{LiMn_{0.5}Ni_{0.5}O_2}$ 结构极易发生 Li/Ni 混排现象，$\mathrm{Li^+}$ 进入过渡金属层后便有机会与 $\mathrm{Mn^{4+}}$ 形成 $\mathrm{LiMn_6}$ 或 $\mathrm{LiMn_5Ni}$ 短程有序排列[图 2-9(b)]，因此在 X 射线衍射图中可以观察到 $20°\sim35°$ 之间的超晶格特征峰。在 $\mathrm{LiMn_{0.33}Ni_{0.33}Co_{0.33}O_2}$ 结构中，$\mathrm{Co^{3+}}$ 的掺入有效抑制了 Li/Ni 混排现象，因此过渡金属层不再出现 $\mathrm{LiMn_6}$ 超晶格有序结构[图 2-9(d)]。$\mathrm{LiMO_2}$ 组分的过渡金属层离子排列对富锂锰基正极材料的结构起到关键性作用。

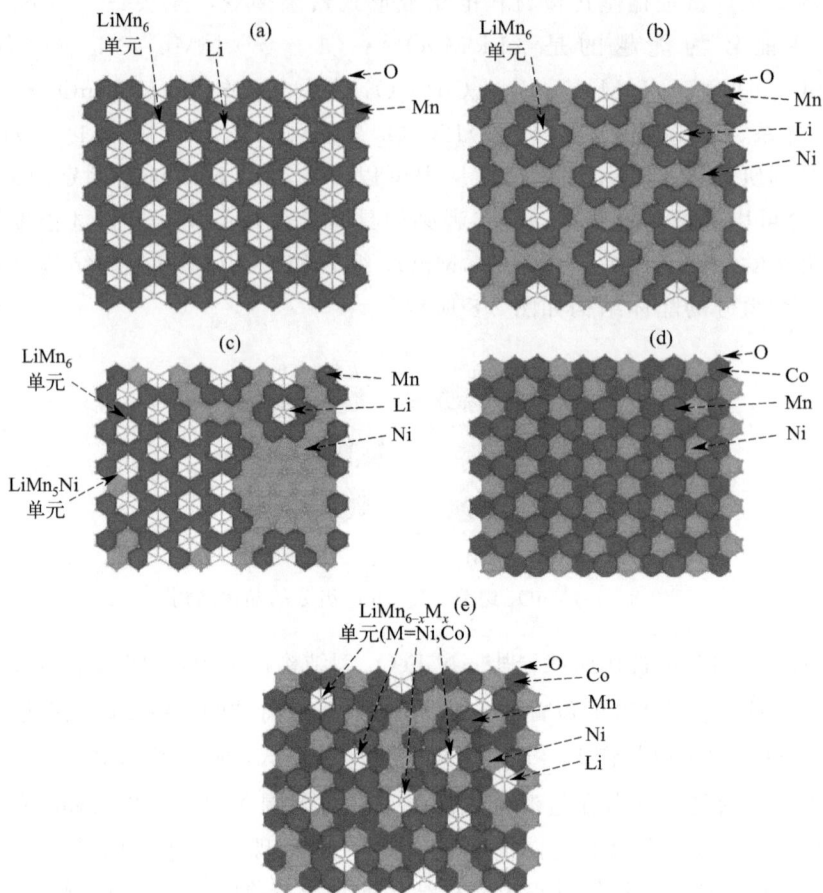

图 2-9　各种层状正极过渡金属层离子排布情况[26]

（a）Li_2MnO_3；（b）$LiMn_{0.5}Ni_{0.5}O_2$；（c）$Li_{1+x}(Mn_{0.5}Ni_{0.5})_{1-x}O_2$；
（d）$LiMn_{0.33}Ni_{0.33}Co_{0.33}O_2$；（e）$Li_{1+x}(Mn_{0.33}Ni_{0.33}Co_{0.33})_{1-x}O_2$

　　对两种组分的晶格结构进行研究发现，Li_2MnO_3 的（001）晶面与 $LiMO_2$
的（003）晶面的面间距均为 0.47nm，两组晶面可以近似重合，因此两种组分
表现出良好的结构相容性，因此富锂锰基正极材料可看作二者形成的"固溶体"。
然而，$LiMO_2$ 的成分不同，进入过渡金属层的 Li^+ 形成超晶格有序结构的能力
也不同。以 $Li_{1+x}(Mn_{0.5}Ni_{0.5})_{1-x}O_2$ 和 $Li_{1+x}(Mn_{0.33}Ni_{0.33}Co_{0.33})_{1-x}O_2$ 为例
进行对比。在 $Li_{1+x}(Mn_{0.5}Ni_{0.5})_{1-x}O_2$ 的过渡金属层中，Li^+ 更加倾向于形成
$LiMn_6$ 或 $LiMn_5Ni$ 超晶格有序结构[图 2-9（c）]，导致 X 射线衍射图中 20°～35°
之间的系列特征峰强度较高；而在 $Li_{1+x}(Mn_{0.33}Ni_{0.33}Co_{0.33})_{1-x}O_2$ 的过渡金属
层中，Co^{3+} 的存在打乱了 Li-Mn 有序排列，超晶格有序结构 $LiMn_{6-x}M_x$（M＝

Ni,Co)组成混乱且较为分散[图 2-9(e)]，难以产生超晶格衍射，因此 X 射线衍射图中 20°～35°之间的系列特征峰强度较弱且明显宽化。

富锂锰基正极材料的两种组分究竟以什么方式共存依然是一个争议较大的问题。一些研究者认为富锂锰基正极材料是 Li_2MnO_3 组分和 $LiMO_2$ 组分相溶形成的均匀固溶体：J. R. Dahn 等通过 XRD 精修计算富锂锰基正极材料的晶胞参数时发现，晶胞参数与 Li_2MnO_3 组分的含量呈线性关系，这一现象与固溶体的结构特征吻合[31]；Jarvis 等利用 HAADF-STEM 技术观察 $Li[Li_{0.2}Ni_{0.6}]O_2$ 的晶格结构，认为该材料为完整的 $C2/m$ 结构，并不存在 $R\text{-}3m$ 特征对称性的微区[32]。事实上，由于 Li_2MnO_3 组分与 $LiMO_2$ 组分的结构相似性较高，富锂锰基正极材料短程有序结构的识别受限于分析测试手段的灵敏度。

另外，更多的研究者认为 X 射线衍射图中 20°～35°之间的超晶格有序结构特征峰正是 Li_2MnO_3 微区存在的证据，只是微区的尺寸较小（纳米尺寸甚至原子尺寸），直接观测的难度较大。Abraham 等利用灵敏度更高的微观分析手段 EELS 和 EXAFS 证明纳米级 Li_2MnO_3 微区和 $LiMO_2$ 微区共存于二元富锂锰基正极材料中[33-35]；Zhou 等通过原子级分辨率的 STEM 在 $Li_{1.2}Mn_{0.567}Ni_{0.166}Co_{0.067}O_2$ 材料中直接观测到 Li_2MnO_3 相结构在 $LiMO_2$ 本体结构中的交互生长形成的相界面[36]；Hwang 等结合原位表面增强拉曼光谱分析和循环伏安测试证明 $Li_{1.2}Ni_{0.2}Mn_{0.6}O_2$ 材料中 Li_2MnO_3 相和 $LiMn_{0.5}Ni_{0.5}O_2$ 相共存[37]。这些研究结果都为富锂锰基正极材料两相复合的结构特征提供了有利的证据。

当然，富锂锰基正极材料的组成十分繁杂，不同成分的组合结构特征不尽相同；即使相同组成的材料也随着制备条件的变化呈现出不同的结构特征；甚至同一颗粒的晶格结构在表面区域和内部区域亦有差异。因此，很难准确地对富锂锰基材料的结构进行统一概括。在本书中，我们主要采纳两相复合的理论来对富锂锰基正极材料进行介绍。

2.2.2　富锂锰基正极材料的充放电机制

与传统层状正极材料可逆的脱锂/嵌锂电化学机制不同，富锂锰基正极材料电化学机制非常复杂，尤其是首次充电过程的不可逆电化学行为，对材料的微观结构和后续充放电机制具有重要影响。传统层状正极材料的脱锂/嵌锂过程通常仅伴随着过渡金属离子的氧化/还原过程；而富锂锰基正极材料的脱锂/嵌锂过程除了引起多种过渡金属离子的氧化/还原反应外，还诱发晶格中的氧阴离子（O^{2-}）活化，参与电化学氧化还原过程，并引发结构转化。此外，高电位下电极/电解液界面也会发生独特的电化学反应，对材料的容量和结构稳定性产生影响。为了清晰地区分这些电化学反应，下面通过划分不同的充放电电位区间对富锂锰基正极材料的首圈充电过程进行讨论（图 2-10）。

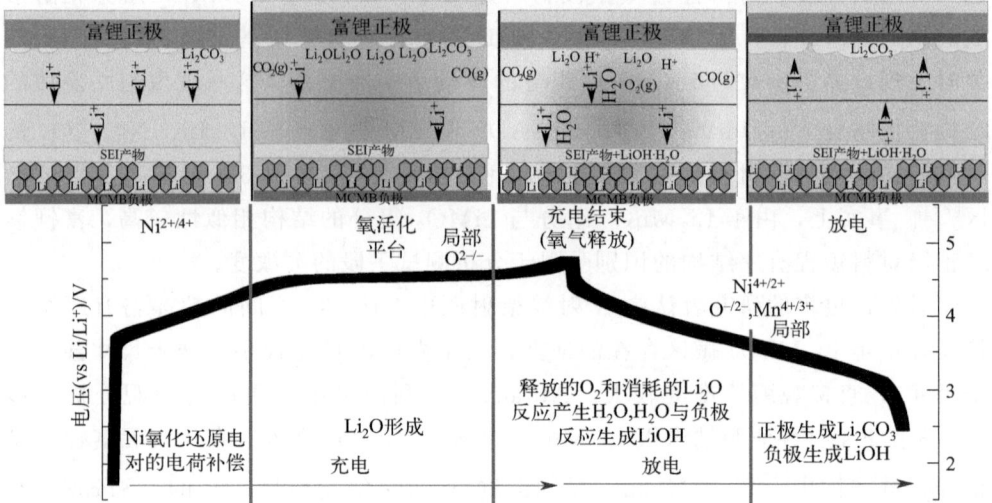

图 2-10　富锂锰基正极首圈循环的电化学机理示意图[38]

充电电压低于 $4.5V$(vs. Li/Li^+) 时，随着 $LiMO_2$ 组分中的 Li^+ 逐渐脱出，活性过渡金属离子被氧化（如 Ni^{2+} 氧化为 Ni^{4+}，Co^{3+} 氧化为 Co^{4+}），晶格结构特征不变（晶胞参数线性变化），表现出典型的 S 形充电曲线（单相反应），该过程与传统层状正极材料的充电过程一致。此时，Li_2MnO_3 组分起稳定结构的作用，不发生电化学反应。

继续充电至电压超过 $4.5V$(vs. Li/Li^+) 时，Li^+ 深度脱出，而 Li_2MnO_3 组分中的 Mn^{4+} 无法被进一步氧化，为了保证电荷平衡，活性材料表面区域部分晶格氧阴离子（O^{2-}）被氧化，部分以 O_2 气体的形式从晶格中释放出来，净脱出物可写成 Li_2O 的形式，Li_2O 的脱出造成首圈循环的不可逆容量；未脱离晶格的活性氧离子则参与后续电化学氧化还原过程，提供部分可逆容量。晶格氧阴离子的损失导致材料表面区域产生氧空穴，诱发阳离子迁移重排，原本电化学惰性的 Li_2MnO_3 组分发生结构转化，形成具有电化学活性的结构，因此这一过程可视作 Li_2MnO_3 组分的电化学活化。Li_2MnO_3 组分的电化学活化是两相共存的过程，因此在充电曲线中表现为一个明显的平台；这种结构转化是不可逆的，因此后续循环过程中不再出现该充电平台。

研究者也对富锂锰基正极材料首次充电过程的结构转化模型进行了研究。Armsrong 等根据电化学原位质谱分析结果提出结构转化模型[39]：当部分 O^{2-}

被氧化为 O_2 逸出后，原本占据过渡金属层的 Li^+ 进入锂层，留下的过渡金属层空位被由表面区域迁移而来的过渡金属离子所占据，这种离子重排持续进行直至所有的过渡金属层锂空位均被过渡金属离子占据时终止，此时结构转化为能够可逆嵌锂/脱锂的 MO_2 结构，即实现了电化学惰性组分的活化。Tran 等也利用氧化还原滴定与中子衍射手段对这种离子重排模型进行了验证[40]。

需要特别指出的是，富锂正极材料中部分氧阴离子也能够参与可逆氧化/还原反应，提供一定的容量。Ceder 团队通过第一性原理计算提出，富锂正极材料过渡金属层中存在的锂离子有利于形成特殊的 Li-O-Li 结构（图 2-11），产生一种能量更高的非杂化 O 2p 轨道，使氧阴离子的氧化反应能够与过渡金属离子的氧化反应竞争，提供更多的容量[41]。Tarascon 团队利用 HAADF-STEM 技术观察到 $Li_2Ru_{1-x}Sn_xO_3$ 和 $Li_2Ir_{1-x}Sn_xO_3$ 的晶格中存在 O^{2-} 氧化为 O_2^{n-} 所形成的 O-O 键[42-43]，并对 L_2TMO_3（TM 为 3d/4d/5d 过渡金属）系列富锂正极材料中 O_2^{n-} 的形成及 O_2^{n-} 重组生成 O_2 的现象进行了报道[44]。Islam 团队利用 ab initio 模拟技术指出，Li_2MnO_3 材料的晶格氧阴离子在充电过程中经历 O^{2-} 到 O^- 到 O_2^- 到 O_2 的氧化过程，以补偿脱锂带来的电荷变化[45]。Zhou 等通过原位 X 射线衍射和原位拉曼测试发现，富锂锰基正极材料 $Li_{1.2}Mn_{0.6}Ni_{0.2}O_2$ 中存在 c 轴方向上的过氧二聚体 O^--O^- 键，证明了电化学过程中 O^{2-}/O^- 可逆氧化还原反应对高容量的贡献[46]。这些研究结果都表明，晶格氧阴离子的电化学行为对富锂锰基正极材料的电化学性能具有重要意义：活化的氧阴离子参与可逆氧化/还原反应可以提供更高的容量；当氧阴离子从晶格中析出时，可逆氧化/还原过程终结，造成容量损失。

除了上述体相电化学反应之外，界面电化学反应也影响着富锂锰基正极材料的电化学行为。富锂锰基正极的充电电位较高（有时甚至超过 4.8V），电极/电解液界面很难保持稳定，高电位的界面电化学反应也会影响充放电容量。Yabuuchi 等通过 SXRD、XAS、SIMS 等测试手段分析 $Li_{1.2}Ni_{0.13}Co_{0.13}Mn_{0.54}O_2$ 材料的电化学过程时发现，放电至低电位（<3.0V）时电极表面出现 Li_2O_2、Li_2CO_3 等产物，其中 Li_2O_2 能够可逆分解/产生而提供额外的容量，Li_2CO_3 则在高电位下发生不可逆的氧化分解而造成容量损失[47]。这一现象与锂-空气电池的电化学工作机制非常接近。其他研究团队也利用原位电化学差分质谱、表面增强拉曼技术等在线分析手段探测到界面 Li_2CO_3 产物的形成和分解[35-36]。由于电极/电解液界面副反应通常与不可逆的晶格氧损失有关，界面电化学过程的调控也是提高富锂锰基正极材料性能的重要途径。

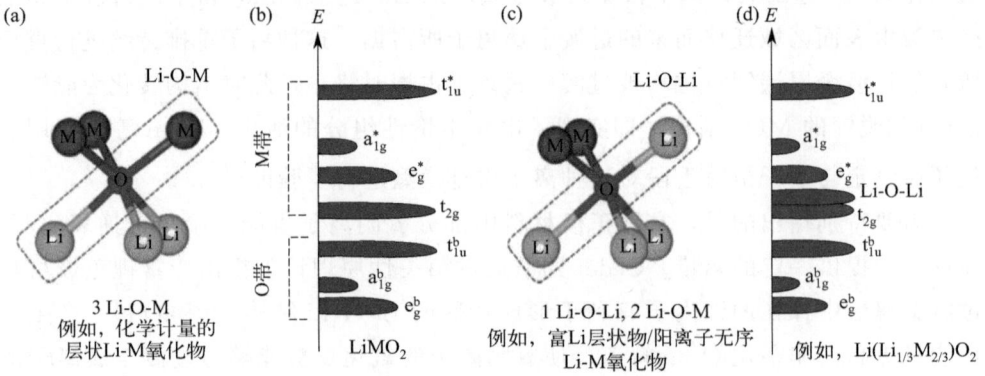

图 2-11 特殊的 Li-O-Li 结构与能带分布[39]

2.2.3 富锂锰基正极材料的制备

富锂锰基正极材料的制备方法很多，其中最为简单易行的就是固相法[48-49]。与其他层状正极材料相似，固相法只需将化学计量比的原料充分混合并研磨，之后在空气气氛下高温煅烧，该过程成本低、产率高、设备要求简单。然而，富锂锰基正极材料过渡金属层须形成特殊的 $LiMn_6$ 超晶格有序排列，对金属离子分布的均匀程度要求更高，简单的固相法极易导致晶格缺陷甚至杂质相的生成，产物的均一性较差。

为了实现原料金属离子原子尺度上的均匀分布，研究者采用溶胶-凝胶法制备富锂锰基正极材料：螯合剂可以将不同的金属离子连接起来，得到均匀的前驱体。王昭等以乙酸盐为原料，以柠檬酸为螯合剂，通过溶胶-凝胶法制备 $0.5Li_2MnO_3 \cdot 0.5Li[Ni_{1/3}Mn_{1/3}Co_{1/3}]O_2$ 材料，该材料在 $20mA \cdot g^{-1}$ 的电流下表现出 $267.7mA \cdot h \cdot g^{-1}$ 的放电容量[50]。Jin 等则同样以乙酸盐为原料，选取草酸作螯合剂，通过溶胶-凝胶法制备出高性能的 $Li_{1.2}Mn_{0.54}Ni_{0.13}Co_{0.13}O_2$ 材料，首次放电容量高达 $277.3mA \cdot h \cdot g^{-1}$，且具备良好的循环稳定性[51]。此外，酒石酸、乙醇酸及 EDTA 等有机物也被作为螯合剂，用来制备电化学表现良好的富锂锰基正极材料[52]。虽然溶胶-凝胶法得到的产物纯度高、粒径小、均一性好，但该方法需要长时间的溶剂蒸发过程，成本高、能耗大、工艺复杂，很难应用于富锂锰基正极材料的大规模工业化生产。

目前制备富锂锰基正极材料最常见的方法是共沉淀法：将原料过渡金属盐溶解于去离子水中形成均匀的水溶液，通过控制溶液 pH 值和沉淀剂加入速率得到氢氧化物或碳酸盐共沉淀物，将这些共沉淀前驱体与锂源充分混合后在空气气氛下进行高温煅烧，得到最终产物[53]。共沉淀法能够保证金属离子在原子尺度上均匀混合，有利于形成超晶格有序结构；最终产物粒径均匀、形貌可控，一般为一次纳米粒子堆积而成的微米球，有利于提高材料的振实密度和界面稳定性。Yuan 等向乙酸盐水溶液中加入 8-羟基喹啉沉淀剂，实现了过渡金属离子的共沉淀，煅烧后得到的 $Li_{1.2}Mn_{0.54}Ni_{0.13}Co_{0.13}O_2$ 材料 $0.2C$ 下放电容量高达 $287.2mA \cdot h \cdot g^{-1}$，$2C$ 倍率下仍表现出 $212.1mA \cdot h \cdot g^{-1}$ 的放电容量且 100 次循环后容量保持率达到 97.7%[54]。

水热法则通常被用来制备具有特殊形貌的纳米级富锂锰基正极材料，以缩短锂离子的迁移路径，改善材料的大倍率充放电性能。厦门大学孙世刚课题组将乙酸盐原料与草酸沉淀剂及乙酸添加剂混合后进行水热反应，并对水热反应获得的前驱体进行高温程序煅烧，制得直径为 50nm 以内的 $Li(Li_{0.15}Ni_{0.25}Mn_{0.6})O_2$ 纳米片，该材料在 $6C$ 下放电容量高达 $200mA \cdot h \cdot g^{-1}$[55]。Yang 等首先利用水热法制备 Mn_2O_3 纳米线，再与镍源和锂源充分混合后高温煅烧，得到纳米级棒状 $0.2Li_2MnO_3 \cdot 0.8LiNi_{0.5}Mn_{0.5}O_2$ 材料，独特的多孔一维结构使该材料在 $5C$ 下表现出 $192mA \cdot h \cdot g^{-1}$ 的放电容量，且循环 100 次容量仍保留 76%[56]。Kim[57] 等则通过调节 pH 值等水热反应条件，制得微米级长度而直径仅为 30nm 的 $Li[Ni_{0.25}Li_{0.15}Mn_{0.6}]O_2$ 纳米线，由于锂离子迁移距离明显缩短，该材料在 $0.3C$ 下首次放电容量高达 $313mA \cdot h \cdot g^{-1}$，且充放电倍率升至 $4C$ 时放电容量保持率仍为 95%，其电化学性能显著优于传统方法得到的纳米颗粒。

此外，研究者还通过喷雾干燥法[58]、静电纺丝法[59]、熔融盐[60] 法等其他合成方法来制备富锂锰基正极材料，这些方法均有各自的优势，但囿于复杂的工艺和较高的设备要求，难以进行规模生产，此处不再做详细介绍。随着对富锂锰基正极材料结构与电化学机制研究的不断深入，研究者将继续探索新型制备方法。

2.2.4 富锂锰基正极材料的改性研究

富锂锰基正极材料的电化学机制较为特殊，因此在实际应用过程中不可避免地面临许多问题，限制了其商业化应用。富锂锰基正极材料主要问题包括：①首次充放电循环不可逆容量较大；②长期循环容量保持率不高；③循环过程中电压下降现象明显；④特殊的界面反应可能引发安全问题。为了解决这些问题，研究者采用表面包覆、体相掺杂、表面处理等方法对富锂锰基正极材料进行改性研究。

2.2.4.1 表面包覆

常见的表面包覆材料包括氧化物、氟化物、磷酸盐及离子/电子良导体等。

A. Manthiram 团队尝试采用 Al_2O_3、CeO_2、ZrO_2 等系列氧化物对 $(1-z)Li[Li_{1/3}Mn_{2/3}]O_2-zLi[Mn_{0.5-y}Ni_{0.5-y}Co_{2y}]O_2$ ($y=1/12,1/6,1/3$; $0.25\leqslant z\leqslant0.75$) 材料进行包覆处理，通过抑制晶格氧空穴损失及高电位界面副反应，显著降低了首次循环过程中的不可逆容量[61]。此后，该团队还采用 1% $Al_2O_3+1\%$ RuO_2（质量分数，下同）双层氧化物表面包覆策略对 $Li_{1.2}Ni_{0.13}Co_{0.13}Mn_{0.54}O_2$ 材料进行改性，在降低不可逆容量的同时，有效提高了材料长期循环的容量保持率及倍率性能[62]。

作为一类能稳定存在于电解液中的物质，氟化物也被用于对富锂锰基正极材料进行表面包覆。Zheng[63] 等研究 AlF_3 表面包覆对富锂锰基正极材料 $Li_{1.2}Ni_{0.15}Co_{0.10}Mn_{0.55}O_2$ 的改性机制时发现，AlF_3 包覆层能够有效降低 SEI 膜的厚度，并减缓层状结构向尖晶石结构的转化进程，提高结构稳定性。Liu[64] 等通过湿化学沉积法对 $Li_{1.2}Ni_{0.13}Co_{0.13}Mn_{0.54}O_2$ 材料进行 CaF_2 包覆，将材料的首次循环库仑效率由包覆前的 76.0% 提高到 86.9%，80 圈循环后容量保持率达到 91.2%，并发现电化学性能的改善不但来源于氟化物对电极/电解液界面的稳定作用，也与湿化学过程中材料的预活化有关。Lu[65] 等通过构筑 20nm 厚度的均匀无定形 SmF_3 包覆层，显著改善了 $Li_{1.2}Mn_{0.52}Co_{0.08}Ni_{0.2}O_2$ 材料的循环稳定性，2C 下循环 150 圈的容量保持率由 68.5% 提高到 89.2%。

磷酸盐包覆能够显著提高活性材料的首次循环库仑效率和放电容量。Wu[66] 等在 $Li_{1.2}Ni_{0.13}Co_{0.13}Mn_{0.54}O_2$ 材料表面包覆 2% $AlPO_4$，显著降低了首次循环的不可逆容量，使材料首次放电容量达到 $279mA \cdot h \cdot g^{-1}$。Wang[67] 等通过构筑 2% $AlPO_4$ 内包覆层/3% Al_2O_3 外包覆层抑制氧空穴析出，使 $Li_{1.2}Ni_{0.13}Co_{0.13}Mn_{0.54}O_2$ 材料首次循环的不可逆容量降至 $26mA \cdot h \cdot g^{-1}$ 且首次放电容量接近 $300mA \cdot h \cdot g^{-1}$。此外，测试结果表明，$2\%$ $CoPO_4$ 内包覆层/3% Al_2O_3 外包覆层的双层包覆也能有效提高该材料的库仑效率和放电容量。

富锂锰基正极材料的离子导电性和电子导电性均不理想，界面电荷转移受到阻碍。为了提高材料的倍率性能，研究者设计在材料表面进行离子良导体或电子良导体包覆，加快界面电荷转移过程。Zhao[68] 等在富锂锰基正极表面设计包覆 Li_2TiO_3，当包覆量为 3% 时，材料在 5C 大倍率下循环 100 圈后放电容量由原来的 $78mA \cdot h \cdot g^{-1}$ 提升到 $105mA \cdot h \cdot g^{-1}$。Liu 等[69] 选用锂离子良导体 $LiVO_3$ 对 $Li_{1.2}Mn_{0.54}Ni_{0.13}Co_{0.13}O_2$ 材料进行表面包覆，$LiVO_3$ 包覆层可显著降低界面电荷转移阻抗，并抑制界面副反应导致的颗粒表面损坏，改善材料的倍率性能和循环稳定性，电化学测试结果显示 5% $LiVO_3$ 表面包覆的 $Li_{1.2}Mn_{0.54}Ni_{0.13}Co_{0.13}O_2$ 材料 0.1C 下首次放电容量高达 272mA·h·g^{-1}，3C 大倍率下仍保留 161mA·h·g^{-1} 的放电容量，且电压稳定性和容量保持率与包覆前相比均有显著提升。研究者还采用 LiAlO$_2$[70]、Li_2ZrO_3[71]、$Li_4Ti_5O_{12}$[72] 等其他锂离子良导体包覆为富锂锰基正极材料提供锂离子界面迁移通道，包覆后材料的电化学性能均得到明显改善。电子良导体的包覆则通常采用碳包覆的方式。Zhang[69] 等利用静电纺丝法在 $Li_{1.2}Mn_{0.54}Co_{0.13}Ni_{0.13}O_2$ 材料表面包覆多壁碳纳米管导电网络，显著提高了材料的倍率性能：1C 大电流下该材料的放电容量高达 263.1mA·h·g^{-1}。Liu 等[73] 通过热蒸发过程在 $Li_{1.2}Mn_{0.54}Ni_{0.13}Co_{0.13}O_2$ 材料表面包覆单质碳，导电剂包覆层的引入有效改善了材料的循环稳定性和倍率性能。

2.2.4.2　体相掺杂

选择合适的元素进行体相掺杂可以提高层状结构在充放电过程中的稳定性，改善材料的电子/离子导电性。体相掺杂可分为过渡金属位阳离子掺杂、锂位阳离子掺杂及阴离子掺杂三种。

常见的过渡金属位掺杂离子包括 Ti^{4+}、Zr^{4+}、Sn^{4+}、Mo^{4+} 等多种。Mathiram 团队发现利用 Ti^{4+} 取代部分过渡金属离子能够有效抑制 O^{2-} 氧化生成 O_2 的过程，从而降低氧的流动性及晶格氧的损失，这是由于 Ti-O 键与其他 M-O（Mn-O、Ni-O、Co-O）键相比共价性下降而电子定域化程度增加[74]。He 等[75] 对 $Li_{1.2}Mn_{0.54}Co_{0.13}Ni_{0.13}O_2$ 材料进行 Zr 掺杂，掺杂后的材料呈多孔空心结构，锂离子扩散速率较掺杂前明显提高，而循环后晶格参数的变化较掺杂前显著减小，表现出良好的晶格稳定性。Zhao[76] 等采用 Sn^{4+} 对 $Li_{1.2}Ni_{0.2}Mn_{0.8}O_2$ 材料过渡金属位进行掺杂，发现适量 Sn^{4+} 的替换能够改善材料的倍率性能和结构稳定性，2.0%（摩尔分数）Sn^{4+} 掺杂的材料循环 160 圈后容量保持率高达 98.5%，而未掺杂的母体材料相应的容量保持率仅为 29.8%，且掺杂后极化现象和结构转化现象也受到明显抑制。Ma[77] 等设计采用 Li_2MoO_3 对 Li_2MnO_3 进行取代，发现 Mo^{4+}/Mo^{6+} 氧化过程能够对脱锂过程进行电荷补偿，且 Li_2MoO_3 结构未观察到氧气逸出现象，晶格氧阴离子的氧化过程近乎可逆，因此可利用 Li_2MoO_3 取代 Li_2MnO_3 组分提高富锂材料循环过程中电化学反应的可逆性。

此外，研究者也尝试对富锂锰基正极材料的锂位进行离子掺杂，以期改善锂离子的迁移路径，提高结构稳定性。Qiu[78] 等对富锂锰基正极材料进行 Na^+ 掺杂，制备了系列 $Li_{1.2-x}Na_xNi_{0.13}Co_{0.13}Mn_{0.54}O_2$（0≤x≤0.1）材料，并发现少量 Na^+ 掺杂（x≤0.02）能够有效提高材料的倍率性能。Li[79] 等对

$Li_{1.2}Mn_{0.54}Co_{0.13}Ni_{0.13}O_2$ 材料进行 K^+ 掺杂研究，认为半径较大的 K^+ 进入锂层能够有效抑制材料过度脱锂后产生的锂层相邻三空位（tri-vancancy），阻断 Mn^{4+} 从过渡金属层向锂层迁移的路径，从而减缓层状结构向尖晶石结构的转化，提高本体结构的稳定性（图 2-12）。测试结果表明，单位质量的母体材料掺杂 0.013mol K^+ 时，该材料循环 110 圈后容量保持率达到 85%。Jin[80] 等采用溶胶-凝胶法对 $Li_{1.2}Mn_{0.54}Co_{0.13}Ni_{0.13}O_2$ 材料进行 Mg^{2+} 掺杂后，材料的极化现象明显下降，离子导电性显著提升，因此倍率性能和循环稳定性都得到明显改善，电化学测试结果显示当 Mg^{2+} 摩尔分数为 2% 时，材料在 1000mA·g^{-1}（约 4C）的电流密度下可表现出 160.5mA·$h·g^{-1}$ 的高容量，这是由于 Mg^{2+} 半径与 Li^+ 半径相近，Mg^{2+} 进入锂层使锂层层间距增加，提供了快速锂离子迁移通道。

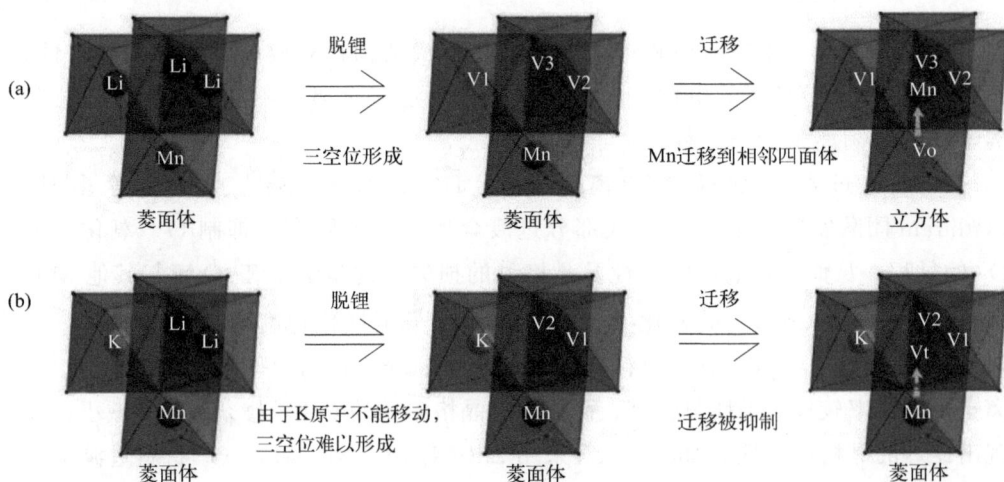

图 2-12　未掺杂（a）和掺杂（b）K^+ 的晶格相转化路径示意图[79]

晶格氧阴离子损失是富锂锰基正极材料面临的重大问题，为了改善晶格氧阴离子的稳定性，研究者提出阴离子体相掺杂的改性策略。Li 等[81] 通过设计掺杂含硼聚阴离子来调节富锂锰基正极材料的电子结构，并成功制备出 $Li[Li_{0.2}Ni_{0.13}Co_{0.13}Mn_{0.54}](BO_4)_{0.015}(BO_3)_{0.005}O_{1.925}$ 材料，该材料循环 80 圈后放电容量仍保持在 300mA·$h·g^{-1}$，循环 300 圈后容量保持率高达 89%。研究者通过聚阴离子（BO_3^{3-} 和 $(BO_4)^{5-}$ 对 O^{2-} 的取代实现了电子结构的调控：O 2p 能带下降导致 M-O 键共价性降低，从而提高了晶格氧阴离子的稳定性（图 2-13）。Zhang[82] 等则利用体积更大、电负性更高的四面体聚阴离子 PO_4^{3-} 对

O^{2-} 进行取代，由于 PO_4^{3-} 与过渡金属阳离子之间的化学键更强，长期循环过程中材料的初始层状结构得到更好的保持，容量保持率和电压稳定性均显著提高，因此少量 PO_4^{3-} 掺杂后的 $Li(Li_{0.17}Ni_{0.20}Co_{0.05}Mn_{0.58})O_2$ 材料在循环过程中表现出稳定的能量密度。

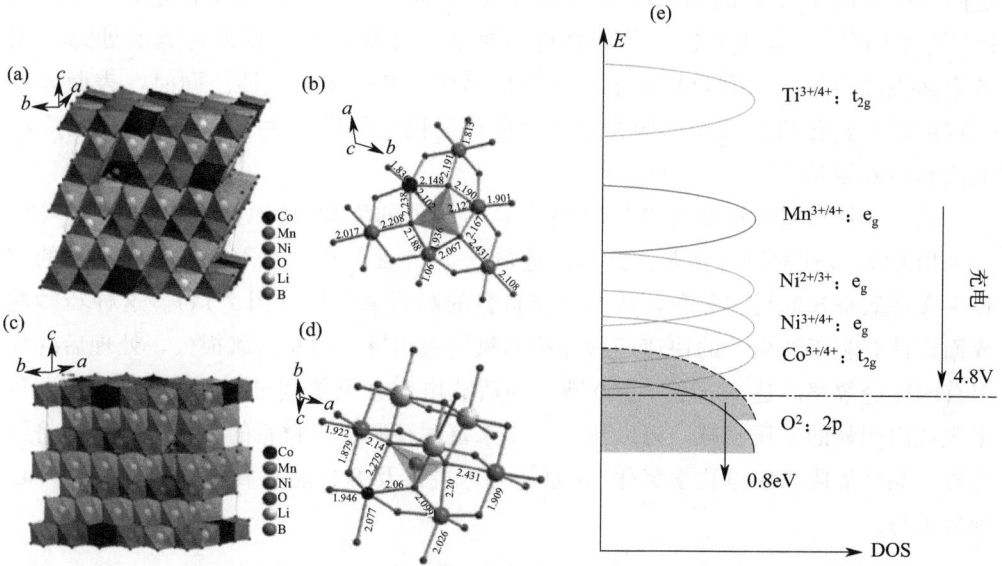

图 2-13 $(BO_4)^{5-}$（a）、（b）和 $(BO_3)^{3-}$（c）、（d）进入富锂锰基正极材料晶格后
的结构示意图及掺杂前后的电荷补偿机制（e）示意图[81]

2.2.4.3 表面处理

富锂锰基正极首次充电过程中发生不可逆的脱锂/脱氧过程，导致首圈循环库仑效率较低，采用合适的表面处理改性方式可以降低首圈不可逆容量。

Johnson[83] 等首先提出采用酸处理的方法预先脱出电化学惰性相 Li_2MnO_3 中的 "Li_2O" 部分，实现首圈库仑效率的提高。然而酸处理的 H^+-Li^+ 交换过程会破坏材料的本体结构，严重影响循环稳定性，因此需要寻找更加温和有效的表面处理方法。

日本三洋公司的 Yu[84] 等采用 $(NH_4)_2SO_4$ 作处理剂对 $Li_{1.2}Mn_{0.54}Co_{0.13}$-$Ni_{0.13}O_2$ 材料进行表面处理，通过优化处理剂用量，改性后的材料在 $300mA \cdot g^{-1}$（约 $1.2C$）的电流密度下放电容量高达 $230mA \cdot h \cdot g^{-1}$，首圈库仑效率也显著提升，根据循环伏安测试和拉曼光谱结果推断，这是由于化学处理过程中材料表面区域脱锂/脱氧诱导形成了有利于锂离子快速迁移的三维尖晶石结构。

Zheng[85] 等提出采用过硫酸盐［$Na_2S_2O_8$ 和（NH_4）$_2S_2O_8$］对 Li［$Li_{0.2}Mn_{0.54}Ni_{0.13}Co_{0.13}$］$O_2$ 材料进行表面处理，其中适量 $Na_2S_2O_8$ 处理后材料的首圈库仑效率接近 100%，$1C$ 大倍率下放电容量超过 $200mA·h·g^{-1}$，其改性机制同样源于化学处理过程中表面形成三维尖晶石结构，因此界面电荷转移阻抗降低而锂离子在表面区域的迁移速率显著提高。此外，研究者还采用 Super P[86]、PVP[87]、NH_4HF_2[88] 等处理剂对富锂锰基正极材料进行表面处理，构造表面尖晶石结构，有效提高了材料的倍率性能和电压稳定性。同时，表面处理过程的结构转化机制及新结构在电化学循环过程中的稳定性也受到研究者的广泛关注和追踪报道[89]。

最近，针对富锂锰基正极材料晶格氧阴离子的氧化/还原活性，Qiu[90] 等设计采用 CO_2 气体对富锂锰基正极材料进行气-固界面处理，在不影响本体结构的前提下实现氧空穴的均匀分布，从而调控材料的晶格氧活性（图 2-14）。这种巧妙的界面设计有利于锂离子的快速迁移并抑制氧气逸出导致的晶格氧损失，处理后的材料首圈库仑效率高达 93.2%，100 圈循环后放电容量仍然超过 $300mA·h·g^{-1}$ 且未表现出明显的电压衰减。可以预见，未来富锂锰基正极材料的表面处理策略将针对提高晶格氧阴离子电化学氧化/还原行为可逆性及抑制晶格氧阴离子损失这一目标来进行。

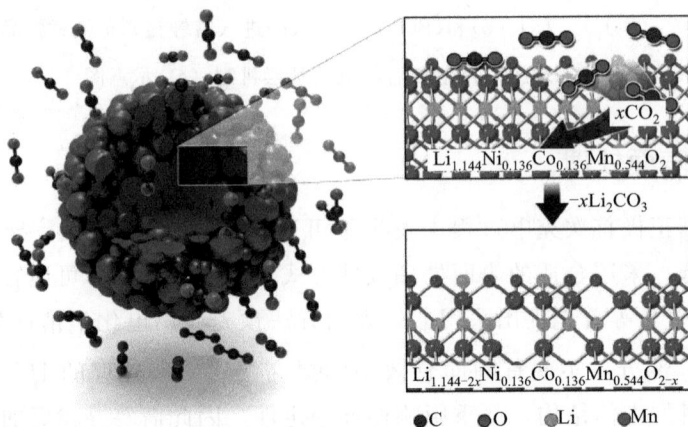

图 2-14　富锂锰基正极材料与二氧化碳的气固界面反应示意图[87]

2.2.5　富锂锰基正极材料的进一步发展

美国加州大学圣地亚哥分校的孟颖教授团队在对富锂锰基正极材料氧阴离子电化学活性进行研究和总结后，提出了通过调控活性材料 Li/O 比例来设计新型高容量氧化物的策略[91]。如图 2-15（a）所示，在锂离子电池正极材料的结构演变过程中，随着晶格氧阴离子的活性逐渐提高，材料的容量也逐渐增加：在以 LiCoO$_2$ 为代表的传统层状材料中，氧阴离子作为晶格骨架仅起到稳定结构的作用，容量几乎全部来源于过渡金属离子的氧化还原过程；当更多的锂离子进入过渡金属层形成富锂正极材料时，形成特殊的 Li-O-Li 结构，导致 O 2p 轨道能带升高，电化学过程中过渡金属离子的氧化还原反应与晶格氧阴离子的氧化还原反应相互竞争，提供更多的容量；未来若要进一步提高活性材料的容量，则须设计晶格氧阴离子活性更高的材料（如 Li$_2$O/MO 纳米复合物），使电化学过程以晶格氧阴离子的氧化还原反应为主。在这种结构演化趋势下，研究者发现材料中的 Li/O 比例是影响晶格氧阴离子电化学活性的重要因素[图 2-15（b）]：在基于过渡金属离子氧化还原反应的传统正极材料晶格中（包括层状结构和尖晶石结构），Li/O 比例不超过 0.5，由于氧阴离子不参与电化学反应，容量一般不超过 200mA·h·g^{-1}；在形成部分 Li-O-Li 排列的富锂正极材料中，Li/O 比例介于 0.5～1.0 之间，此时氧阴离子与过渡金属离子共同发生氧化还原反应，容量超过 300mA·h·g^{-1}；对于 Li$_2$O/MO 纳米复合物，体系中 Li/O 比例超过 1.0，此时容量主要来源于氧阴离子的氧化还原反应，可达到 400mA·h·g^{-1} 甚至更高，而过渡金属离子不参与电化学反应，只起到稳定结构的作用。

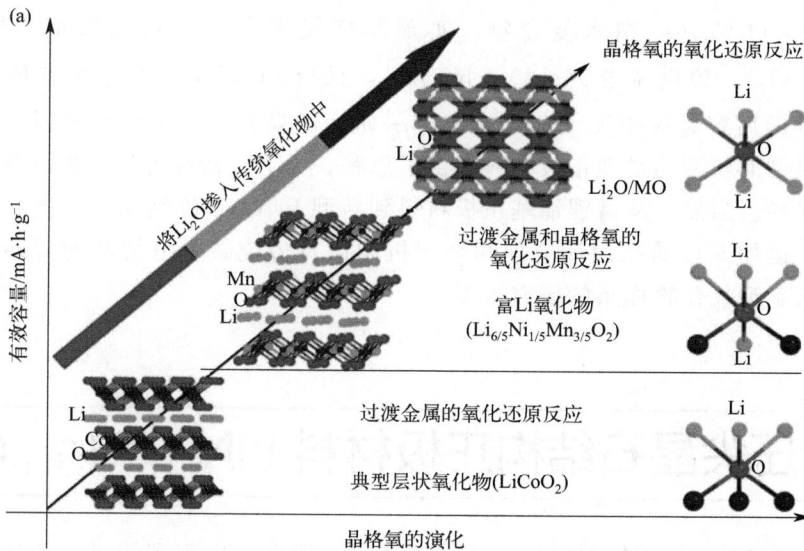

图 2-15

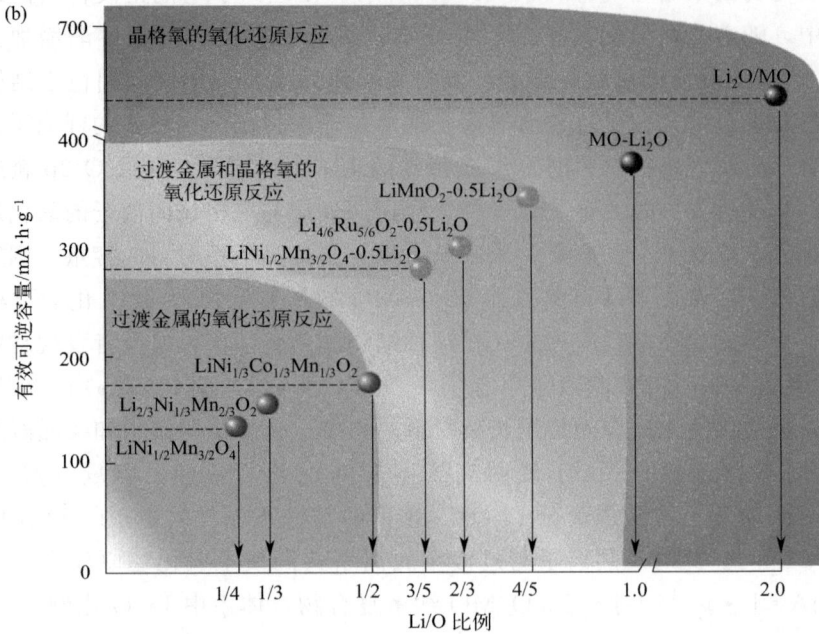

(b)

图 2-15　不同氧化物中晶格氧的活性（a）及容量（b）与 Li/O 比例的关系[91]

最近，研究者已经开始对上述新型高容量氧化物体系进行研究。Zhu 等设计制备出 Li_2O/Co_3O_4 纳米复合物，实现晶格氧阴离子的可逆反应（$Li_2O \leftrightarrow Li_2O_2/LiO_2$），容量高达 $587mA \cdot h \cdot g^{-1}$，且与 $Li_4Ti_5O_{12}$ 负极组成的全电池循环 130 圈后容量仅损失 1.8%[92]。这一研究成果为设计基于氧阴离子氧化还原反应机制的新型超富锂正极材料提供了思路，为下一代高容量正极材料的研究提供了途径。当然，从富锂锰基正极材料到新型 Li_2O/MO 纳米复合物还要走很长的路，诸如 MO 骨架设计原理和作用机制以及传统碳基电解液的替换等问题将是未来新型氧化物体系的研究重点。

2.3
高电压尖晶石结构正极材料 $LiNi_{0.5}Mn_{1.5}O_4$

在对 $LiMn_2O_4$ 正极材料进行掺杂改性时，研究者发现利用过渡金属离子替代锰离子可以有效减少 Mn(Ⅲ) 含量，抑制 Jahn-Teller 效应和锰溶解现象。1997 年，Amine 等人发现当 $LiMn_2O_4$ 结构中 1/4 的 Mn 被 Ni 取代后，得到的 $LiNi_{0.5}Mn_{1.5}O_4$ 体系不存在诱发结构衰退的 Mn^{3+}，晶格中的锰元素均以 Mn^{4+}

的形式存在，镍元素则以低价 Ni^{2+} 的形式存在，该材料表现出高达 4.7V 的工作电压，能量密度达到 $650W \cdot h \cdot kg^{-1}$。高电压 $LiNi_{0.5}Mn_{1.5}O_4$ 正极材料符合动力锂离子电池高能量密度和高功率密度的要求，因此受到研究者和技术从业人员的青睐。

2.3.1 $LiNi_{0.5}Mn_{1.5}O_4$ 正极材料的结构

如图 2-16 所示，$LiNi_{0.5}Mn_{1.5}O_4$ 的晶体结构分为两种，分别为面心立方结构的 $Fd\bar{3}m$ 空间群和简单立方结构的 $P4_332$ 空间群。面心立方结构的 $LiNi_{0.5}Mn_{1.5}O_4$ 具有与 $LiMn_2O_4$ 相似的晶格结构：立方密堆积的 O 位于 $32e$ 位置，Li 占据四面体空位 $8a$ 位置，Mn 和 Ni 则随机分布在八面体空位 $16d$ 位置，无序化程度较高，并形成一定的氧缺陷，通常表示为非计量比的 $LiMn_2O_{4-\delta}$（其中 δ 为氧缺陷含量）。在简单立方结构的 $LiNi_{0.5}Mn_{1.5}O_4$ 晶格中，O 位于 $24e$ 和 $8c$ 位置，Li 位于 $8c$ 位置，Mn 位于 $12d$ 位置，Ni 位于 $4b$ 位置，形成镍/锰有序排布的计量比 $LiMn_2O_4$。值得注意的是，在非计量比 $LiMn_2O_{4-\delta}$ 结构中，氧缺陷的产生伴随着 Mn^{3+} 的出现，且随着 δ 数值增大，Mn^{3+} 的含量逐渐增加，结构的无序化程度也随之增加。因此，当 δ 数值较小时（$\delta < 0.05$），形成有序 $P4_332$ 型结构；当数值较大时（$\delta > 0.05$），形成无序 $Fd\bar{3}m$ 型结构。由于 $Fd\bar{3}m$ 型结构中 Mn^{3+} 的含量较高，而 Mn^{3+} 的离子半径 0.065nm，大于 Mn^{4+} 的离子半径 0.054nm，因此 $Fd\bar{3}m$ 型结构的晶胞参数 0.8172nm 通常大于 $P4_332$ 型结构的晶胞参数 0.8162nm。

对两种结构的导电性进行比较研究发现，无序 $Fd\bar{3}m$ 型结构的锂离子扩散系数比有序 $P4_332$ 型结构高 1~2 个数量级，这是因为 $Fd\bar{3}m$ 型结构中的 $8a$—$6c$ 路径比 $P4_332$ 型结构中主要的 $8c$—$4a$ 路径（次要的 $8c$—$12d$ 路径虽易于扩散，但占比过低）更容易发生锂离子迁移[94-95]。此外，由于 $Fd\bar{3}m$ 型结构中含有高电导率的 Mn^{3+}，该无序结构的电子导电性比有序 $P4_332$ 型结构提高 2.5 个数量级[96]。由此可见，无序 $Fd\bar{3}m$ 型结构的导电性优于有序 $P4_332$ 型结构。

两种结构的热稳定性亦有所差异，研究结果表明：无序 $Fd\bar{3}m$ 型结构的热分解路径主要为脱锂态的镍锰酸锂生成中间产物 $NiMnO_3$ 和 Mn_2O_3，然后进一步生成 $NiMn_2O_4$ 尖晶石相；有序 $P4_332$ 型结构的热分解路径主要为尖晶石结构的 Mn 从八面体空位逐渐迁移至四面体空位，晶体结构一直维持着原始的尖晶石结构[97]。两种热分解路径相比，由于 Ni/Mn 的有序排列，有序尖晶石结构中的离子迁移能垒较高，热分解温度更高，因此有序 $P4_332$ 型结构的热稳定性更好。

两种结构的转化可以通过调节合成工艺来控制[98-100]。$P4_332$ 型结构在高温

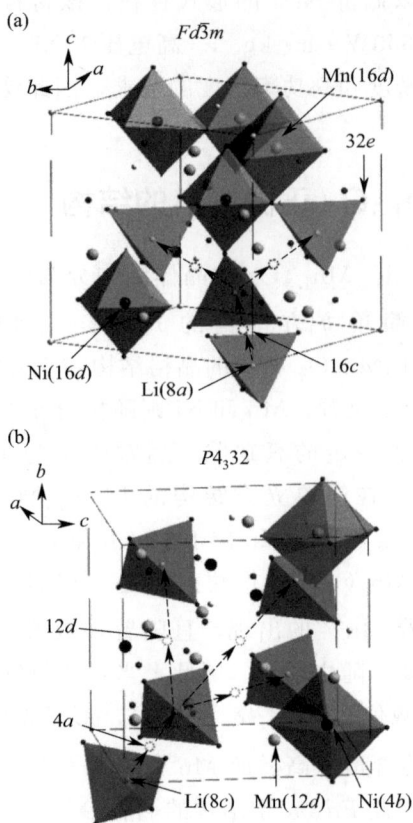

图 2-16　LiNi$_{0.5}$Mn$_{1.5}$O$_4$ 的晶体结构

（a）面心立方结构；（b）简单立方结构[93]

下易发生失氧反应，产生氧缺陷，致使 Mn^{3+} 含量增加，结构无序化：

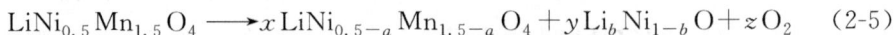

$$\text{LiNi}_{0.5}\text{Mn}_{1.5}\text{O}_4 \longrightarrow x\,\text{LiNi}_{0.5-a}\text{Mn}_{1.5-a}\text{O}_4 + y\,\text{Li}_b\text{Ni}_{1-b}\text{O} + z\,\text{O}_2 \qquad (2\text{-}5)$$

因此在空气气氛下煅烧制备 LiNi$_{0.5}$Mn$_{1.5}$O$_4$ 材料时，当煅烧温度小于 700℃时，得到的产物一般为有序 $P4_332$ 型结构；当煅烧温度升至 $700\sim1000$℃时，得到的产物一般为无序 $Fd\bar{3}m$ 型结构。值得注意的是，这种失氧反应是可逆的，如果将无序 $Fd\bar{3}m$ 型结构置于低温（$600\sim700$℃）氧气气氛中退火，结构亦可以发生吸氧反应，Mn^{3+} 被氧化为 Mn^{4+}，氧缺陷明显减少，Ni/Mn 有序排列产生，逐渐向有序转化。

2.3.2　LiNi$_{0.5}$Mn$_{1.5}$O$_4$ 正极材料的充放电机制

前文已经提到，LiMn$_2$O$_4$ 正极的充放电平台在 4.0V 左右，对应于尖晶石

结构中 Mn^{3+}/Mn^{4+} 的氧化还原反应。Ni 取代 Mn 后得到的尖晶石结构 $LiNi_{0.5}Mn_{1.5}O_4$ 正极的氧化还原电对为 Ni^{2+}/Ni^{3+} 和 Ni^{3+}/Ni^{4+}，而 Ni 的最低电子占据能级 e_g 比 Mn 的最低电子占据能级低 0.5eV 左右，因此 $LiNi_{0.5}Mn_{1.5}O_4$ 的充放电平台上升至 4.7V 左右，对应于尖晶石结构中 Ni^{2+}/Ni^{3+} 和 Ni^{3+}/Ni^{4+} 的氧化还原反应[102]。

图 2-17 为两种不同结构 $LiNi_{0.5}Mn_{1.5}O_4$ 正极的典型充放电曲线。无序 $Fd\bar{3}m$ 型结构的充放电曲线较为复杂：4.7V 左右产生两个连续的电压平台，分别对应于 Ni^{2+}/Ni^{3+} 和 Ni^{3+}/Ni^{4+} 的氧化还原反应；4.0V 左右也存在一个较短的电压平台，对应于少量 Mn^{3+}/Mn^{4+} 的氧化还原反应。有序 $P4_332$ 型结构的充放电曲线则较为简单，仅在 4.7V 左右出现一个较长且平坦的电压平台，而在对应的 dQ/dV 曲线中该电压平台也分裂为两个氧化还原峰，与 Ni^{2+}/Ni^{3+} 和 Ni^{3+}/Ni^{4+} 的氧化还原反应相一致。

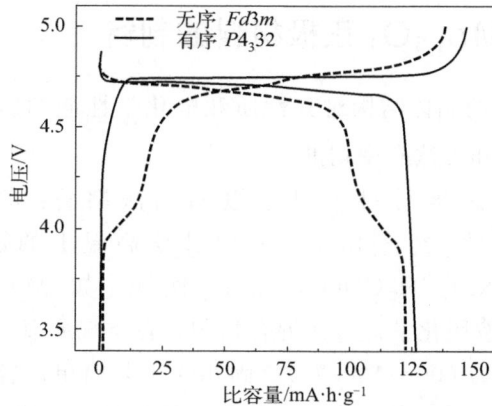

图 2-17　无序 $Fd\bar{3}m$ 型结构/有序 $P4_332$ 型结构 $LiNi_{0.5}Mn_{1.5}O_4$ 正极的典型充放电曲线[101]

在电化学过程中，两种结构的演变规律也是不同的。随着充电过程的进行，$Li_xNi_{0.5}Mn_{1.5}O_4$ 结构中锂含量不断降低，晶胞参数减小。对于有序 $P4_332$ 型结构，当 x 值降低到 0.7 时，结构中开始出现新的立方相，为了与原有的立方结构区分我们称之为第二立方相；当 x 值继续降低至 0.5 时，结构中又开始出现第三立方相。第二立方相可视作初始立方相和第三立方相的中间过渡相，因此充电过程中有序 $P4_332$ 型 $Li_xNi_{0.5}Mn_{1.5}O_4$ 结构经历的是两相反应。对于无序 $Fd\bar{3}m$ 型结构，在 $0.04<x<1$ 这个较长的脱锂过程中，晶胞参数持续减小，表现出典型的连续单相反应特征，因此充电过程中无序 $Fd\bar{3}m$ 型 $Li_xNi_{0.5}Mn_{1.5}O_4$ 结构经历的是固溶体反应。迥异的结构转变规律对电化学性能的影响十分明显。在进行小倍率充放电时，两种结构转变过程都能完全进行，因此表现出较好的电

化学性能。当进行大倍率充放电时，$P4_332$ 型结构没有足够的时间完成两次相变过程，结构可逆性较差，因此 $P4_332$ 型 $LiNi_{0.5}Mn_{1.5}O_4$ 正极材料的倍率性能难以令人满意。无序 $Fd\bar{3}m$ 型结构的连续单相反应机制在大倍率充放电时依然能保证良好的结构可逆性，且固溶体反应中锂离子浓度梯度较高，有利于锂离子的扩散，因此 $Fd\bar{3}m$ 型 $LiNi_{0.5}Mn_{1.5}O_4$ 正极材料表现出较好的倍率性能。

在循环稳定性方面，有序 $P4_332$ 型结构明显优于无序 $Fd\bar{3}m$ 型结构，这是因为 $P4_332$ 型结构中 Mn^{3+} 含量较低，由 Jahn-Teller 效应和 Mn 溶解导致的容量衰减现象得到改善。如果将工作电压区间放宽到 2.0～5.0V，$P4_332$ 型结构依然能够在循环过程中保持稳定的工作电压；而 $Fd\bar{3}m$ 型结构则在循环过程中出现明显的电压下降现象，这是由于 $Fd\bar{3}m$ 型结构在该区间内发生不可逆的相转化，形成四方尖晶石相，出现位于 3.0V 的电压平台，导致电池电压下降与极化增大[103]。

2.3.3 $LiNi_{0.5}Mn_{1.5}O_4$ 正极材料的制备

$LiNi_{0.5}Mn_{1.5}O_4$ 的晶体结构对其性质和电化学性能的影响很大，而其晶体结构又与其制备过程和方法有密切的关系。

$LiNi_{0.5}Mn_{1.5}O_4$ 正极材料可以通过固相法制备：将锂源（如 $LiOH$、Li_2CO_3 等，一般过量 5%～10% 左右以补偿高温下的锂损失）、镍源[如 $Ni(NO_3)_2$、$NiSO_4$、$Ni(CH_3COO)_2$ 等]、锰源[如 $Mn(NO_3)_2$、$MnSO_4$、$Mn(CH_3COO)_2$ 等]按照化学计量比混合均匀，在空气或氧气气氛中煅烧后获得产物（煅烧温度一般为 600～1000℃）。固相法工艺简单，容易实现大规模的工业化生产，但烧结时间长、能耗大，无法准确控制材料的形貌和尺寸，难以保证镍锰混合均匀。

采用共沉淀法可以将镍锰混合均匀。金属盐溶液一般采用 $NiSO_4$ 和 $MnSO_4$，向溶液中加入 Na_2CO_3 或者 $NaOH$ 作沉淀剂，并控制沉淀体系的 pH 值和温度，实现镍锰元素的同时沉淀。选择 $NaOH$ 作沉淀剂时需要通入惰性气体以防止 $Mn(OH)_2$ 被氧化，而 $MnCO_3$ 不会被氧化，因此选择 Na_2CO_3 作沉淀剂时不需要通入惰性气体。此外，也可以选用草酸或者 8-羟基喹啉等作为沉淀剂制备 $LiNi_{0.5}Mn_{1.5}O_4$[104-105]。

除共沉淀法外，还可通过溶胶-凝胶法、水热法等其他湿化学方法制备 $LiNi_{0.5}Mn_{1.5}O_4$ 材料。溶胶-凝胶法通过在制备过程中加入络合剂（如柠檬酸等）得到凝胶，可有效减小颗粒尺寸。水热法可以控制反应条件（反应介质、反应温度及反应时间等），可制备出尺寸和形貌一致性好的材料。

然而，上述固相法和湿化学法都需要经过高温退火过程，而在高温退火过程中，极易生成 NiO 和 $Li_xNi_{1-x}O$ 等杂质相[106]。这些杂质相的存在会导致 $LiNi_{0.5}Mn_{1.5}O_4$ 正极的电化学性能明显衰减。

为了制备出纯相的 $LiNi_{0.5}Mn_{1.5}O_4$ 材料，熔融盐法被视为一种简单有效的方法[107-108]。熔盐体系能够在较低的温度下为反应物提供一个类液相的反应环境，反应物间的扩散速率较高。因此，熔融盐法能够显著降低制备 $LiNi_{0.5}Mn_{1.5}O_4$ 材料所需的煅烧温度，避免高温煅烧产生杂质相。Kim 等[109]通过 LiCl、LiOH、KCl 混合熔盐制备出纯相的 $LiNi_{0.5}Mn_{1.5}O_4$，首圈放电容量达到 $139mA \cdot h \cdot g^{-1}$，且经过 50 圈充放电循环后，容量保持率为 99%[48]。

2.3.4　$LiNi_{0.5}Mn_{1.5}O_4$ 正极材料的改性研究

2.3.4.1　颗粒尺寸及形貌控制

研究者通过构筑一维或二维纳米结构有效增加活性物质在充放电过程中的反应面积，可以显著提高正极材料的电化学性能。Arun 等[110] 通过喷涂电纺丝的方法制备出 $LiNi_{0.5}Mn_{1.5}O_4$ 纤维，初始放电容量为 $118mA \cdot h \cdot g^{-1}$，50 圈充放电循环后的容量保持率为 93%。Yang 等[111] 结合水热法与固相法制备出 $80nm \times 100nm$ 的 $LiNi_{0.5}Mn_{1.5}O_4$ 纳米片，该纳米片在 $15C$ 和 $40C$ 的大电流密度下放电容量分别为 $134.2mA \cdot h \cdot g^{-1}$ 和 $120.9mA \cdot h \cdot g^{-1}$，是其 $1C$ 倍率下容量的 95.2% 和 85.8%。纳米片结构不但缩短了 Li^+ 迁移距离，而且能够有效吸收 Li^+ 脱嵌造成的结构应力，因此表现出优异的倍率性能。

此外，研究结果表明，单晶颗粒的特定形貌也会影响材料的电化学性能，而不同的颗粒形貌通常是由晶体生长取向不同导致的。Hai 等[112] 对平板型和八面体型的 $LiNi_{0.5}Mn_{1.5}O_4$ 材料进行比较研究时发现，平板型 $LiNi_{0.5}Mn_{1.5}O_4$ 以（112）晶面为主而八面体型 $LiNi_{0.5}Mn_{1.5}O_4$ 以（111）晶面为主，（111）晶面由于各向异性动力学具有更高的锂离子扩散系数，因此八面体型的 $LiNi_{0.5}Mn_{1.5}O_4$ 材料表现出更高的放电容量和更好的倍率性能。Manthiram 等[113] 制备了以（111）晶面为主的八面体型 $LiNi_{0.5}Mn_{1.5}O_4$ 颗粒及包含（111）晶面和（100）晶面的多面体型 $LiNi_{0.5}Mn_{1.5}O_4$ 颗粒，发现（100）晶面具有更高的表面能，更容易发生锰溶解，而（111）晶面可以形成稳定的界面膜，减少电解液的分解，表现出更好的循环稳定性。Kuppan[114] 和 Lin 等[115] 也分别得出相似的结论，认为与其他晶面相比（111）晶面更容易产生稳定的界面钝化膜，能够改善电池的循环性能。然而，也有研究团队得到不同的结论。Chen 等[116-117] 认为（110）晶面与（111）晶面相比更有利于 Li^+ 扩散，因此包含

（001）、（110）和（111）多种晶面的多面体型 $LiNi_{0.5}Mn_{1.5}O_4$ 颗粒表现出更好的电化学性能。

2.3.4.2 元素掺杂

元素掺杂是一种能够修饰电极材料本征特性的有效方法，因此也被广泛地应用于 $LiNi_{0.5}Mn_{1.5}O_4$ 正极材料的改性研究中。元素掺杂主要分为过渡金属阳离子掺杂和阴离子掺杂两种。

过渡金属阳离子掺杂对 $LiNi_{0.5}Mn_{1.5}O_4$ 的相组成、晶体结构及形貌产生影响。Schroeder 等[118] 制备出 Ti 掺杂的 $LiNi_{0.5}Mn_{1.47}Ti_{0.03}O_4$ 纳米颗粒，材料表现出均匀的 Ti 分布和特有的微结构，Mn^{3+} 含量显著降低，因此放电容量和循环性能得到明显改善。Mao 等[119] 采用聚乙烯吡咯烷酮燃烧法分别制备了 Cr 掺杂和 Nb 掺杂的镍锰酸锂材料，发现 Cr 和 Nb 的掺入能够加速 Li^+ 在本体结构中的扩散，并能有效降低固态电解质界面电阻和界面电荷转移电阻，表现出更好的界面稳定性，其中 $LiCr_{0.1}Ni_{0.45}Mn_{1.45}O_4$ 材料在 1C 倍率下，经过 500 圈充放电循环的容量保持率高达 94.1%。Kosova 等[120] 比较研究了纯相 $LiNi_{0.5}Mn_{1.5}O_4$ 材料和过渡金属阳离子掺杂形成的 $LiNi_{0.5-x}Mn_{1.5-y}M_{x+y}O_4$（M＝Co,Cr,Ti;$x+y=0.05$）材料的晶格参数，发现掺杂元素增大了晶面间距，促进了充放电过程中 Li^+ 在晶格中的扩散，因此掺杂后的材料表现出更高的放电容量。

阴离子掺杂也可有效改善 $LiNi_{0.5}Mn_{1.5}O_4$ 在充放电过程中的结构稳定性。F 掺杂的镍锰酸锂材料存在较强的 M—F 键，能够抑制 NiO 杂质相的产生，并减缓极化现象。Xu 等[121] 以 LiF 作 F 源，通过溶胶-凝胶法制备出 F 掺杂的 $LiNi_{0.5}Mn_{1.5}O_{3.975}F_{0.05}$ 材料，并在 O_2 气氛下进行退火，掺杂后样品的初始放电容量提高至 $140mA \cdot h \cdot g^{-1}$（未掺杂样品为 $130mA \cdot h \cdot g^{-1}$）。Du 等[122] 制备的 F 掺杂 $LiNi_{0.5}Mn_{1.5}O_{4-x}F_x$（$0.05 \leqslant x \leqslant 0.2$）材料表现出良好的结构稳定性，100 圈充放电循环后的容量保持率高达 91%。Oh[123] 则提出 F 掺杂后的样品除了充放电过程中晶体结构应力降低之外，颗粒的比表面积也显著减小，因此 HF 腐蚀和 Mn 溶解现象受到抑制。除了常见的 F 掺杂外，S 掺杂也广泛地应用于 $LiNi_{0.5}Mn_{1.5}O_4$ 的阴离子掺杂改性研究中。Sun 等[124] 通过共沉淀法制备出 S 掺杂的 $LiNi_{0.5}Mn_{1.5}O_{4-x}S_x$（$x=0,0.05$）材料，掺杂后的样品与未掺杂样品相比，表现出更加稳定的循环性能以及更好的倍率性能。

2.3.4.3 表面包覆

为了优化 $LiNi_{0.5}Mn_{1.5}O_4$ 的表面，通常采用表面包覆的改性手段来减少活性材料与电解液之间的直接接触，从而抑制二者之间的副反应。$LiNi_{0.5}Mn_{1.5}O_4$的表面包覆层通常具有以下几个方面的作用：①与电解液中的HF反应，从而降低电解液的酸度；②抑制过渡金属离子从活性材料中溶解；③修饰表面区域的化学成分从而提高电化学性能；④作为良好的离子/电子导电介质，加速界面电荷转移；⑤通过阻断作用抑制电解液分解。为了实现上述作用，包覆材料一般选用碳材料、氧化物、氟化物、含锂化合物、聚合物等材料。

碳包覆应用于$LiNi_{0.5}Mn_{1.5}O_4$的表面改性能够有效提高颗粒界面处的电子转移速率，并避免活性材料与电解液的直接接触。Zhang等[125]在$LiNi_{0.5}Mn_{1.5}O_4$表面包覆一层平均粒径为70nm的碳纳米颗粒，表现出优异的倍率性能：5C下放电容量为$111mA \cdot h \cdot g^{-1}$，远高于未包覆样品$70mA \cdot h \cdot g^{-1}$的放电容量。Fang等[126]设计出一种独立支撑的$LiNi_{0.5}Mn_{1.5}O_4$/碳纳米纤维复合电极，多孔碳纤维不仅能有效提升$LiNi_{0.5}Mn_{1.5}O_4$的电子导电性，还能吸收更多的电解液，减少活性材料与电解液间的直接接触。此外，碳纳米管和石墨烯也作为常见的碳包覆材料用于$LiNi_{0.5}Mn_{1.5}O_4$的表面改性，从而提高电极的倍率性能。

金属氧化物表面包覆是一种典型的正极材料表面改性手段。包覆$LiNi_{0.5}Mn_{1.5}O_4$材料常用的氧化物包括以Al_2O_3、ZnO为代表的传统氧化物及新型复合氧化物。Huang等[127]通过尿素辅助水热法制备出表面包覆Al_2O_3的$LiNi_{0.5}Mn_{1.5}O_4$材料，Al_2O_3包覆层的厚度为20nm，在不影响活性物质脱嵌锂行为的同时，可有效减少活性物质与电解液之间的副反应，因此Al_2O_3包覆后的$LiNi_{0.5}Mn_{1.5}O_4$样品表现出良好的高温循环稳定性（55℃下）。ZnO表面包覆同样能够提升$LiNi_{0.5}Mn_{1.5}O_4$材料的高温循环稳定性。ZnO包覆层可以与$LiPF_6$分解产生的F^-反应生成ZnF_2，从而减少电解液中HF含量，抑制过渡金属离子溶解，因此ZnO表面包覆的$LiNi_{0.5}Mn_{1.5}O_4$在55℃下循环50圈后未观察到明显的容量衰减[128]。在相似的改性机理作用下，CuO[129]、ZrO_2[130]、SnO_2[131]、RuO_2[132]、V_2O_5[133]等金属氧化物也可用来对$LiNi_{0.5}Mn_{1.5}O_4$材料进行表面包覆。复合氧化物的组成和作用机制都较为复杂。例如，$La_{0.7}Sr_{0.3}MnO_3$包覆层能加快锂离子扩散速率，降低界面电荷转移阻抗，显著提高电化学过程的可逆性和稳定性[134]。超导$YBa_2Cu_3O_7$包覆层则能够改善材料颗粒之间的电接触，表现出更高的容量和更好的循环稳定性[135]。目前，这些新型复合氧化物包覆层的作用机制尚处于初步探索中，对$LiNi_{0.5}Mn_{1.5}O_4$材料的改性机理还需要更深入的研究。

金属氟化物能够有效抑制充放电循环过程中HF对活性物质的侵蚀，因此可用作表面包覆材料以改善 $LiNi_{0.5}Mn_{1.5}O_4$ 材料的循环性能，尤其是高温性能。Wu 等[136] 通过溶胶-凝胶法制备出 AlF_3 包覆的 $LiNi_{0.5}Mn_{1.5}O_4$ 材料，并发现适量的 AlF_3 包覆层不仅能够有效改善 $LiNi_{0.5}Mn_{1.5}O_4$ 的循环稳定性，还能增加正极体系整体的热稳定性。Huang 等[137] 制备的 GaF_3 包覆 $LiNi_{0.5}Mn_{1.5}O_4$ 样品，在 60℃ 下经过 300 圈充放电循环后，放电容量仍保持在 $120.4mA \cdot h \cdot g^{-1}$。

含锂化合物通常具有良好的锂离子传输能力，用于表面包覆能够有效提升 $LiNi_{0.5}Mn_{1.5}O_4$ 材料的电化学性能。Chong 等[138] 通过传统固相法制备出 Li_3PO_4 包覆的 $LiNi_{0.5}Mn_{1.5}O_4$，快离子导体 Li_3PO_4 包覆层的厚度为 $5 \sim 6nm$，包覆后的电极材料经过 650 圈循环后容量保持率为 80%，而作为参比的初始 $LiNi_{0.5}Mn_{1.5}O_4$ 材料则在 345 圈循环后容量迅速衰减。该团队还采用固相法制备出 $Li_4P_2O_7$ 包覆的 $LiNi_{0.5}Mn_{1.5}O_4$ 材料，在 893 圈充放电循环后依然表现出 74.3% 的容量保持率[71]。除了锂磷酸盐之外，聚丙烯酸锂[139]、$LiAlO_2$[140]、$Li_2O\text{-}2B_2O_3$[141] 等含锂化合物包覆后的 $LiNi_{0.5}Mn_{1.5}O_4$ 材料也表现出明显改善的离子传输能力和热稳定性，因此电极的倍率性能和高温性能都得到显著提升。

导电聚合物包覆也被视作提升 $LiNi_{0.5}Mn_{1.5}O_4$ 正极材料倍率性能的潜在方法。Gao 等[142] 在 $LiNi_{0.5}Mn_{1.5}O_4$ 材料表面包覆一层厚度为 3nm 的聚吡咯（PPy），PPy 包覆层具有良好的导电性，并能有效抑制过渡金属离子溶解和电解液分解，因此包覆后的样品在高温下表现出更高的放电容量，5%（质量分数）PPy 包覆样品循环 100 圈后的容量保持率达到 91%。Cho 等[143] 设计出一种采用纳米结构聚酰亚胺（PI）凝胶聚合物电解质进行表面改性的 $LiNi_{0.5}Mn_{1.5}O_4$ 正极材料，在 1C 倍率下表现出稳定的循环性能，远胜于未包覆的初始材料。

2.3.4.4　电解液改性

$LiNi_{0.5}Mn_{1.5}O_4$ 正极高达 4.7V 的工作电位，既赋予它作为理想动力材料的巨大潜力，也给它的商业化应用带来挑战。这主要是因为，高电压下（>4.5V）常规碳酸酯类电解液会发生氧化分解，导致 $LiNi_{0.5}Mn_{1.5}O_4$ 电化学性能不稳定、循环性能差等一系列问题。因此，对 $LiNi_{0.5}Mn_{1.5}O_4$ 材料的研究不能局限于材料本身的结构、性质和改性，还需要进行高电压电解液的开发以及电解液/活性材料界面电化学反应机理的研究。

为了保证 $LiNi_{0.5}Mn_{1.5}O_4$ 正极发挥高电压的优势，电解液改性主要包括开发新型耐高压溶剂和高电压电解液添加剂两个方面。新型耐高压溶剂可采用含氟溶剂、砜类溶剂和腈类溶剂等，电解液添加剂则可选用有机添加剂（如联苯、噻吩、琥珀酸酐等）或者无机添加剂（如 Li_2SiO_3、Li_2CO_3 等）。电解液改性与表面包覆的作用机制相似，都是在 $LiNi_{0.5}Mn_{1.5}O_4$ 正极表面形成一个稳定的阻隔层，防止电解液与活性物质直接接触。与表面包覆的不同之处在于，改性电解液所形成的阻隔层是在充放电过程中原位形成 SEI(solid electrolyte interface) 膜，这层 SEI 膜在阻隔与电解液直接接触的同时还能够有效增强 $LiNi_{0.5}Mn_{1.5}O_4$ 的循环性能。由于本书其他部分对电解液的研究进展有详细的介绍，此处不再赘述。

2.4
聚阴离子类正极材料

聚阴离子类正极材料具有稳定的聚阴离子框架结构，因此表现出结构稳定、高安全性、低成本和环境友好等诸多优点，然而其最大缺点是电子电导率低，导致该类正极材料的倍率性能较差。常见的聚阴离子材料除了 2.1 节中介绍的磷酸铁锂 $LiFePO_4$ 外，还包括磷酸锰锂 $LiMnPO_4$、磷酸钒锂 $Li_3V_2(PO_4)_3$ 和硅酸铁锂 Li_2FeSiO_4。

2.4.1 橄榄石型磷酸盐 LiMPO₄ (M= Fe, Mn, Co, Ni)

$LiMPO_4$ 主要包括 $LiFePO_4$、$LiMnPO_4$、$LiNiPO_4$ 和 $LiCoPO_4$ 等代表性正极材料。$LiFePO_4$ 材料已在 2.1 节中介绍，因此不再赘述。此处将重点介绍另一种常见的磷酸盐正极材料 $LiMnPO_4$。$LiMnPO_4$ 材料中的 Mn^{3+}/Mn^{2+} 氧化还原反应相对于 Li^+/Li 的电极电势为 4.1V，表现出较高的放电电压平台。作为一种原料丰富、环境友好、能量密度较高的正极材料，$LiMnPO_4$ 正极材料在电动汽车用锂离子电池领域的应用前景广阔，受到研究者的广泛关注。

理想的 $LiMnPO_4$ 橄榄石结构如图 2-18 所示，在略微扭曲的六方密堆积氧骨架中，Li 和 Mn 分别位于八面体空位 4a 和 4c 位置，P 则占据四面体空位 4c 位置。$LiMnPO_4$ 结构属于 pmna 空间群，晶胞参数为：$a = 0.610nm$，$b = 1.046nm$，$c = 0.4744nm$，$V = 0.3027nm^3$。在该结构中，一个 MnO_6 八面体分别与两个 LiO_6 八面体和一个 PO_4 四面体共边，不存在共边的 MnO_6 八面体，因此无法形成连续的电子传输通道；处于八面体之间的 PO_4 四面体结构非常稳定，限制了 Li^+ 脱嵌过程晶格体积的膨胀/收缩，导致 Li^+ 迁移速率较慢。此外，第一性原理计算结果表明，电子在 $LiFePO_4$ 中发生能级跃迁的能隙为 0.3eV，表现出半导体特征；而在 $LiMnPO_4$ 中能级跃迁的能隙高达 $2eV$，表现出绝缘体特征[144]。因此，$LiMnPO_4$ 正极材料的电子导电性和离子导电性较差，其电导率只有 $LiFePO_4$ 的千分之一。

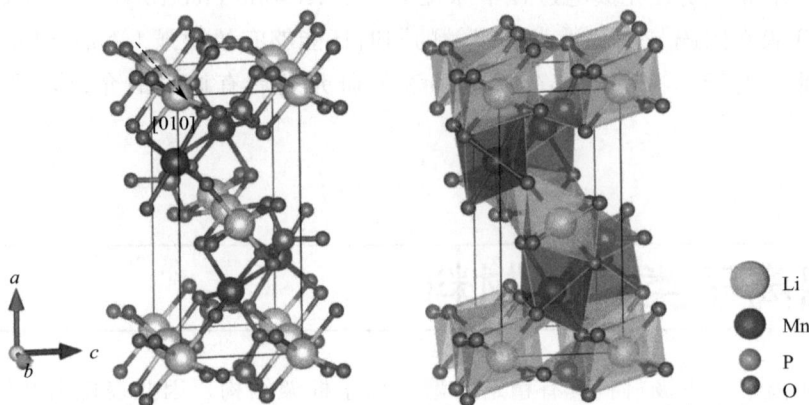

图 2-18 橄榄石型结构 $LiMnPO_4$ 的晶体结构示意图[145]

$LiMnPO_4$ 的充放电过程是一个典型的两相反应过程，即 $LiMnPO_4$ 相和 $MnPO_4$ 相之间的相转化。由于 $MnPO_4$ 相的 Mn^{3+} 会引起有害的 Jahn-Teller 变形，采用深度充放电时材料的循环性能较差，这极大地限制了 $LiMnPO_4$ 的实际放电容量（目前通常为 $120 \sim 140 mA \cdot h \cdot g^{-1}$）。

$LiMnPO_4$ 的结构特征和充放电机制表明，低电子导电率、低离子扩散系数及 Mn^{3+} 导致的 Jahn-Teller 变形是 $LiMnPO_4$ 正极材料进行大规模商业化应用的三大障碍。针对这些问题，研究者通常采用纳米化、碳包覆及金属阳离子掺杂的方式对 $LiMnPO_4$ 材料进行改性[146-148]。纳米化即将 $LiMnPO_4$ 材料的颗粒控制在纳米尺度，通过缩短锂离子在颗粒内部的扩散距离实现锂离子的快速脱嵌，提高大电流下的放电容量；碳包覆能有效提高材料表面电导率，进而实现电子的快速转移，同时，表面均匀的碳包覆层还能阻止颗粒长大，有利于纳米颗粒的形成；Zr^{4+}、Nb^{5+} 等高价阳离子掺杂能提高电子电导率，Mg^{2+}、Ni^{2+}、Cu^{2+} 等二价阳离子掺杂能提高脱锂深度，Fe^{2+} 掺杂能形成稳定的 Fe-O-Mn 键，改善 Mn^{3+}/Mn^{2+} 氧化还原动力学，同时缓解 Jahn-Teller 效应。

$LiMnPO_4$ 的制备方法主要包括高温固相法、水热（溶剂热）法、溶胶-凝胶法、共沉淀法、微波辅助法等。高温固相法是目前生产橄榄石结构磷酸盐系正极材料最常用的方法。该方法的工艺较为简单，将锂源（如氢氧化锂、碳酸锂等）、锰源（如草酸锰、碳酸锰等）和磷源（通常为磷酸铵盐）按照相应化学计量比均匀混合，之后在惰性气氛下高温煅烧数小时即得 $LiMnPO_4$ 产品。在前驱体混合过程中，通常要添加适量的有机碳源，利用碳源在高温惰性气氛下的裂解在颗粒表面均匀生长碳层，以改善材料的导电性。高温固相法得到的产品电化学性能并不理想，这是因为前驱体原料混合不均匀，导致最终 $LiMnPO_4$ 产品存在局部晶体结构不均匀及颗粒粒径不一致等问题。相比之下，水热（溶剂热）法则可以有效控制磷酸锰锂产品的粒径、形貌和晶面取向。用水（或有机试剂）作分散介质，反应容器内高温高压的环境可以增加反应物的溶解度和活性，通过改变反应条件可灵活调节前驱体的形貌，有利于得到粒径均匀的纯相产物，因此该方法得到的 $LiMnPO_4$ 产品通常表现出良好的电化学性能。此外，其他液相方法如溶胶-凝胶法、共沉淀法、微波辅助法等也可制得颗粒较小的 $LiMnPO_4$ 产物。

除了 $LiFePO_4$ 和 $LiMnPO_4$ 之外，橄榄石型磷酸盐 $LiMPO_4$ 材料的类型还有很多，此处不一一列举。也有研究者设计出包含 Fe、Mn、Co 及 Ni 元素中的几种过渡金属元素共存的多元橄榄石型磷酸盐正极材料，但是由于 Mn、Co、Ni 的自身结构缺陷或平台电压过高等原因，其电化学性能仍不是很理想。

2.4.2 NASICON 型磷酸盐 $Li_xM_2(PO_4)_3$ (M= V, Ti, Nb)

NASICON 型结构由 MO_6 八面体和 PO_4 四面体构成骨架，这些四面体和八面体的骨架间隙构成可供离子传输的三维通道。因此，与橄榄石型结构相比 NASICON 型结构更加稳定，并且锂离子在晶格中处于无序状态，因此离子导电性能更好。在 NASICON 型磷酸盐 $Li_xM_2(PO_4)_3$ 的各种材料中，$Li_3V_2(PO_4)_3$ 的氧化还原电位较高、充放电性能好、价格低廉、安全性能佳，且具备较为特殊的三维离子扩散通道，有利于锂离子的嵌入/脱出。近些年来，研究者将 NASICON 型 $Li_3V_2(PO_4)_3$ 作为理想的锂离子电池正极材料进行了广泛的研究，并取得了一定的进展。因此，我们选择 $Li_3V_2(PO_4)_3$ 为代表，对 NASICON 型磷酸盐 $Li_xM_2(PO_4)_3$ 的结构和电化学机制进行介绍。

NASICON 型 $Li_3V_2(PO_4)_3$ 有两种结构，分别属于菱形晶系和单斜晶系[147]。其中属于菱形晶系的 $Li_3V_2(PO_4)_3$ 结构在脱出锂离子后会发生晶型转化，结构可逆性较差，放电容量仅为 $90mA \cdot h \cdot g^{-1}$，电化学性能明显低于单斜晶系的 $Li_3V_2(PO_4)_3$。相比之下，空间群为 $P2_1/n$ 的单斜结构 $Li_3V_2(PO_4)_3$ 热力学性质稳定，每一单位能够可逆脱出/嵌入 3 个 Li^+，表现出更好的电化学性能，成为正极材料的研究热点之一。如图 2-19 所示，单斜结构中 PO_4 四面体与略微扭曲的 VO_6 八面体共用一个氧原子顶点而形成骨架结构，且每个 VO_6 八面体周围有六个 PO_4 四面体，每个 PO_4 四面体被四个 VO_6 八面体包围，形成 A_2B_3 型三维网络结构。Li^+ 则分布在这种网络结构的空隙中，占据的三种晶体学位置分别为：Li(1) 被四个氧原子包围形成了四面体，Li(2) 和 Li(3) 位于扭曲的四面体（与 5 个氧原子配位）中，其 Li-O 键长各不相同。单斜结构 $Li_3V_2(PO_4)_3$ 的晶胞参数为 $a=8.662$Å，$b=8.1624$Å，$c=12.104$Å，$\beta=90.452°$。NASICON 型结构为 Li^+ 提供三维扩散通道，保证 Li^+ 能够向多个方向迁移，因此单斜 $Li_3V_2(PO_4)_3$ 材料大倍率充放电能力较好。当三个 Li^+ 完全脱出后，A_2B_3 型三维骨架仍能保持稳定，因此单斜 $Li_3V_2(PO_4)_3$ 材料表现出良好的循环稳定性和安全性。

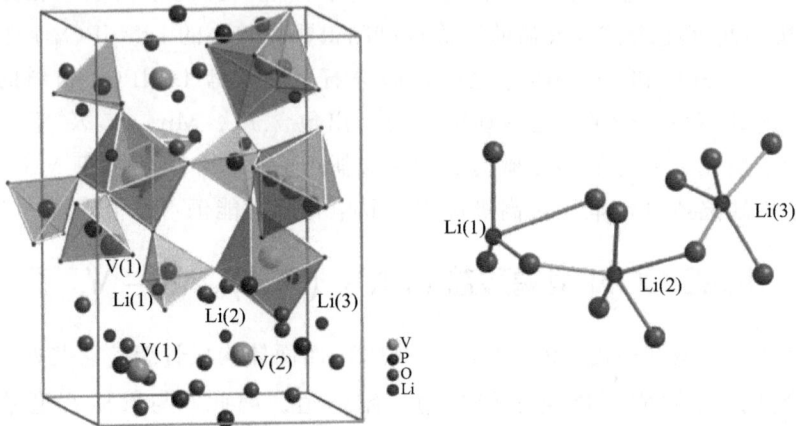

图 2-19　单斜晶系 $Li_3V_2(PO_4)_3$ 的结构示意图[148]

单斜 $Li_3V_2(PO_4)_3$ 的电化学行为比较特殊，在不同的工作电压区间内表现出不同的充放电曲线，如图 2-20 所示。在 3.0～4.8V 的电压区间内，单斜 $Li_3V_2(PO_4)_3$ 的充电曲线表现出四个平台，分别位于 3.6V、3.7V、4.1V 和 4.6V，对应于 $Li_xV_2(PO_4)_3$（$x=3、2.5、2、0$）的相变过程。随着 Li^+ 脱出，结构中的 V(Ⅲ) 被逐渐氧化；充电结束时全部 Li^+ 脱出，生成 V^{4+}/V^{5+} 共存的 $V_2(PO_4)_3$ 结构。在接下来的放电过程中，本体结构随着 Li^+ 的嵌入发生固溶体反应，表现出 S 形的放电曲线，理论比容量为 $197mA \cdot h \cdot g^{-1}$。在 3.0～4.3V 的电压区间内，$Li_3V_2(PO_4)_3$ 正极表现出分别位于 3.6V、3.7V 和 4.1V 的三个充电平台，最终脱出 2 单位 Li^+，生成 $LiV_2(PO_4)_3$ 结构，随后的放电曲线也表现出三个相应的放电平台，说明嵌锂过程不存在固溶体反应，理论容量为 $133mA \cdot h \cdot g^{-1}$。$Li_3V_2(PO_4)_3$ 不同电位处的充电平台与 Li^+ 的晶体学位置相关（如图 2-20 所示）。位于扭曲四面体中的 Li(3) 因能量最高而优先脱出，脱出过程分两步进行，对应于 3.6V 和 3.7V 的充电平台，其相变过程为 $Li_3V_2(PO_4)_3$—$Li_{2.5}V_2(PO_4)_3$—$Li_2V_2(PO_4)_3$。Li(3) 的脱出使 Li(2) 转移到与 Li

(1) 类似的四面体位置，形成 V(III)/V(IV) 共存的 $Li_2V_2(PO_4)_3$ 结构。之后在 4.1V 平台处，Li(1) 开始脱出，对应于 $Li_2V_2(PO_4)_3$—$LiV_2(PO_4)_3$ 的相变过程，V(III) 全部被氧化为 V(IV)，形成稳定的 $LiV_2(PO_4)_3$ 结构。Li(2) 在晶体结构中最稳定，因此脱出电位最高，表现为 4.6V 处的充电平台，对应于相变过程 $LiV_2(PO_4)_3$—$V_2(PO_4)_3$。Li(2) 全部脱出后形成 V(IV)/V(V) 共存的 $V_2(PO_4)_3$ 结构，V 的平均氧化数为 +4.5。锂离子的嵌入过程则有所不同，Li^+ 嵌入 $V_2(PO_4)_3$ 结构可占据两种不同的锂位 Li(1) 和 Li(2)，嵌锂过程为固溶体反应，因此表现出一段典型的 S 形放电曲线。Li^+ 嵌入 $LiV_2(PO_4)_3$ 结构则表现为典型的两相转变机制，逐步出现锂嵌平台。

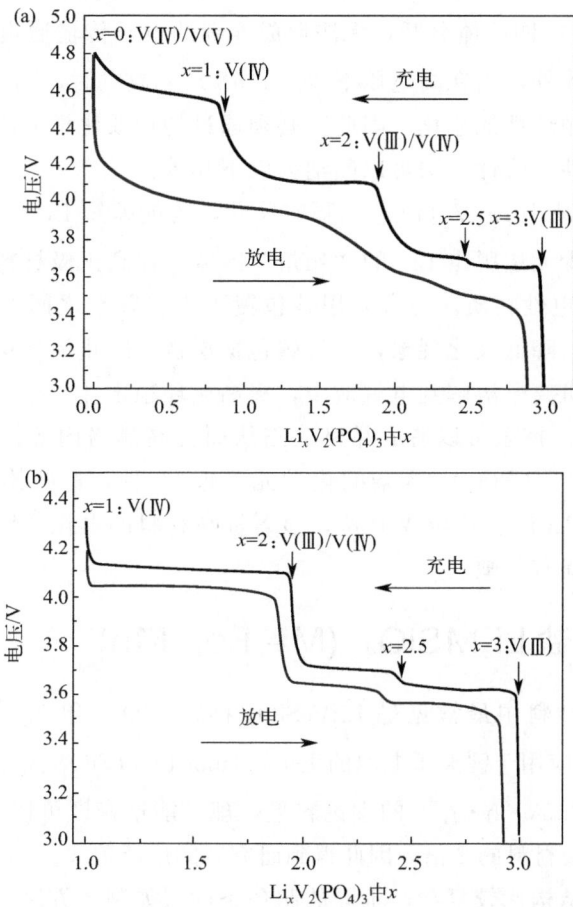

图 2-20　单斜晶系 $Li_3V_2(PO_4)_3$ 在不同电压区间内的充放电曲线[149]

(a) 3.0~4.8V；(b) 3.0~4.3V

$Li_3V_2(PO_4)_3$ 材料最常采用的制备方法是高温固相法，即将锂源（如氢氧化锂、碳酸锂等）、磷源（通常为磷酸铵盐）、钒源（如五氧化二钒、钒酸铵等）和含碳化合物（葡萄糖、乙炔黑等）均匀混合后，在 H_2/Ar 混合气氛下高温烧结制备产品。与 $LiMnPO_4$ 相似，高温固相法得到的 $Li_3V_2(PO_4)_3$ 产品存在晶体结构不均匀、颗粒粒径不一致等问题，电化学性能差强人意。因此，研究者也设计采用水热（溶剂热）法[150-152]、溶胶-凝胶法[153-154]、静电纺丝法[155] 等多种液相方法制备出粒径分布均匀、电化学性能良好的 $Li_3V_2(PO_4)_3$ 材料。这些方法除了钒源的选择外，其他步骤与 $LiMnPO_4$ 的制备工艺多有类似，此处不再一一详述。

虽然 NASICON 型 $Li_xM_2(PO_4)_3$ 正极材料有较高的锂离子扩散系数，但 VO_6 八面体被 PO_4 四面体分开，无法形成连续的电子传输通道，导致材料的电子电导率较低。此外，当在高电压下（>4.5V）充放电时，Li^+ 完全脱出会导致晶体结构改变，循环性能恶化。因此，必须通过物理或化学方法，对钒系磷酸盐正极材料进行改性。改性方法可以归纳为以下几种：

① 纳米化。减小 $Li_3V_2(PO_4)_3$ 颗粒尺寸，既能缩短 Li^+ 在颗粒中的固相扩散距离，又能减少无法脱出 Li^+ 的"死角"区域，提高正极材料的利用率。

② 包覆高导电性物质。通常采用碳包覆手段在颗粒之间形成导电网络，加快电子传输速率，降低极化现象，并且碳包覆层也能阻止活性材料与电解液直接接触，从而抑制钒离子溶解到电解液中，提高循环稳定性。

③ 离子掺杂。掺杂可以造成晶格缺陷从而提高晶格内部的电子电导率，目前报道的用于 $Li_3V_2(PO_4)_3$ 掺杂的化学元素近 30 种，这些掺杂离子可掺杂到 $Li_3V_2(PO_4)_3$ 的 Li 位、V 位或 P 位，显著提高材料的电化学性能，但掺杂改性机制的研究深度尚有欠缺。

2.4.3 硅酸盐 Li_2MSiO_4 (M= Fe, Mn)

硅酸盐正极材料中最常见是 Li_2FeSiO_4 材料。2005 年 Nyten 等首次合成出 Li_2FeSiO_4 并将其应用于锂离子电池的正极。1mol Li_2FeSiO_4 含有 2mol Li^+，若完全脱出可实现 $332mA \cdot h \cdot g^{-1}$ 的理论容量，理论能量密度可以达到 $1200W \cdot h \cdot kg^{-1}$，是传统正极材料的 2 倍，因此得到研究者的广泛关注。

硅酸铁锂的结构比较复杂，不同的制备条件（如制备方法、反应温度、反应时间等）下得到的产物结构不尽相同。目前，报道较多的主要有正交 $Pmn2_1$ 型结构和单斜 $P2_1/n$ 型结构，如图 2-21 所示。

Li_2FeSiO_4 的结构可视作 Li_3PO_4 的衍生结构。在 Li_3PO_4 结构中，氧骨架

(a) 正交$Pmm2_1$型结构

(b) 单斜$P2_1/n$型结构

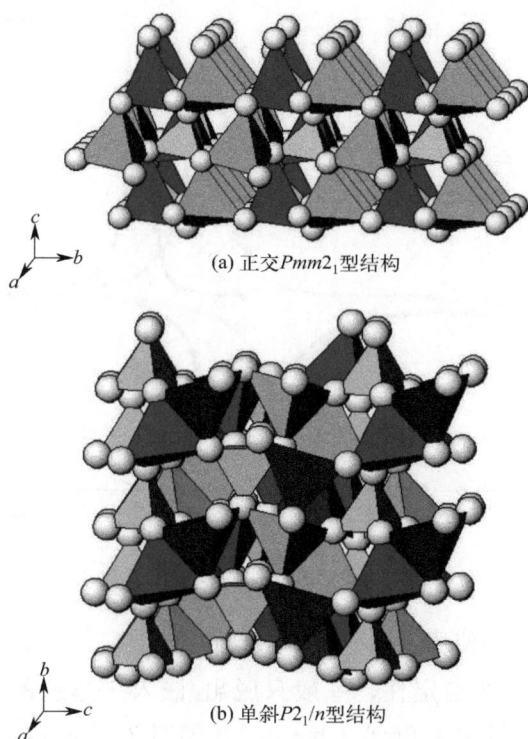

图 2-21　Li_2FeSiO_4 两种晶体结构示意图[156]

为略微扭曲的六方密堆积,阳离子则占据其中一半的四面体空位。相似地,在 Li_2FeSiO_4 结构中,阳离子也占据其中一半的四面体空位,由于 Li_2FeSiO_4 晶格中阳离子(Li^+,Fe^{2+},Si^{4+})排列的多样性,Li_2FeSiO_4 呈现出较为复杂的晶体形态。在正交 $Pmn2_1$ 型结构中,[FeO$_4$] 四面体和 [SiO$_4$] 四面体在 ac 平面上呈波纹状排列,在 b 轴方向与 [LiO$_4$] 四面体通过共顶角的方式相连;而在单斜 $P2_1/n$ 型结构中,[FeO$_4$] 四面体和 [LiO$_4$] 沿着 a 轴呈链状交替排列。事实上,除了上述两种常见的空间群外,研究还发现另外四种空间群,分别为 $P2_1$、$Pmnb$、$Pmn2_1$-mod 和 $Pbn2_1$。六种不同的晶体结构可以分成两类:①具有层状 [FeO$_4$] 四面体和 [SiO$_4$] 四面体的 2D 结构,包括空间群 $Pmn2_1$、$P2_1$ 和 $Pmnb$;②具有 Fe-O-Si 骨架的 3D 网络结构,包括空间群 $P2_1/n$、$Pmn2_1$-mod 和 $Pbn2_1$。

尽管 Li_2FeSiO_4 结构中含有 2 单位的 Li^+,但研究结果表明当结构脱出第二个 Li^+ 时,高价态、小半径的阳离子产生很强的静电作用,将诱发本体结构剧烈扭曲,并且脱出第二个 Li^+ 所对应的 Fe(Ⅲ)/Fe(Ⅳ)氧化还原反应电位较高,超

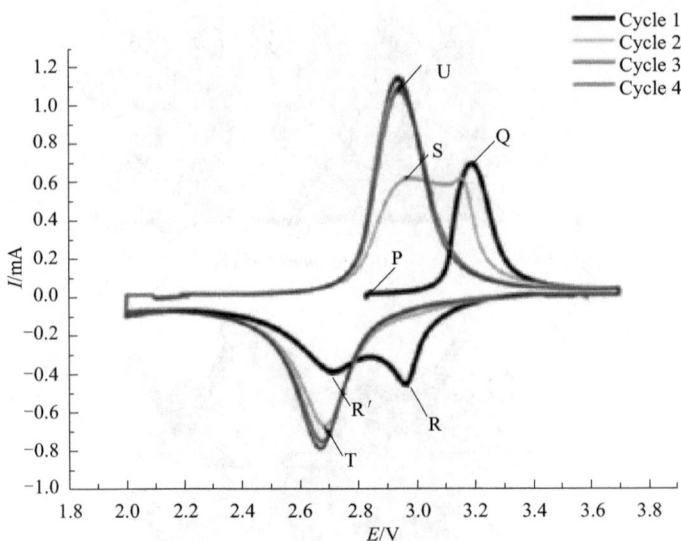

图 2-22　Li_2FeSiO_4 的循环伏安曲线[157]

过了目前商业电解液的使用极限，很难实现可逆循环。因此为了保证 Li_2FeSiO_4 结构在充放电循环中的稳定性，一般只脱出/嵌入 1 单位的 Li^+，这种情况下 Li_2FeSiO_4 的理论容量为 $166mA \cdot h \cdot g^{-1}$。如图 2-22 所示，$Li_2FeSiO_4$ 正极首次循环后电压平台由原来的 3.01V 降为 2.80V，随后稳定在 2.7V 左右，对应于 Fe(Ⅱ)/Fe(Ⅲ)。充放电过程中，Li^+ 在 Li_2FeSiO_4 和 $LiFeSiO_4$ 两相之间发生转移，为两相反应过程。两相的晶胞体积只相差 1% 左右，嵌锂/脱锂过程中晶格变化很小，不会发生颗粒变形或破裂，因此该材料具有很好的循环稳定性。Armstrong 等[158] 对 Li_2FeSiO_4 充放电过程中的结构变化和 Li^+ 迁移路径进行研究发现：初始的 $P2_1/n$ 型结构在充放电循环后转变为 $Pmn2_1$ 型结构，因此，为避免充放电过程中结构的变化，应直接制备循环后的结构（$Pmn2_1$ 结构）；而 Li^+ 在 Li_2FeSiO_4 结构中的迁移是各向异性的，在共顶角的 Li(1) 和 Li(2) 之间呈 Z 字状迁移，因此提高 Li_2FeSiO_4 的电化学性能须通过结构改善来增加 Li^+ 的迁移活性。

　　Li_2FeSiO_4 特殊的结构和充放电行为对合成工艺要求较高。常用于制备其他正极材料的传统高温固相法不再适用于制备 Li_2FeSiO_4 材料：将硅源（如二氧化硅、硅胶等）、锂盐（如碳酸锂、醋酸锂等）、铁源（如草酸亚铁、氧化铁等）充分混合后高温烧结得到的 Li_2FeSiO_4 产物颗粒较大且分布不均匀，存在明显的杂质相，严重影响材料的电化学性能。相较于固相法，溶胶-凝胶法因其在液相分子层次上混合原材料，可得到纯相 Li_2FeSiO_4 产物，产物粒径也更小，因此制备硅酸盐类正极材料时常采用这种方法。文献报道的溶胶-凝胶法制备 Li_2FeSiO_4 工艺大多选用柠檬酸、酒石酸、抗坏血酸等有机酸或聚乙烯醇等聚合物作为螯合剂形成溶胶/凝胶[159-161]。水热（溶剂热）法利用溶解-再结晶机理，将原料离子输运到晶种生长区并进行重结晶，通过控制水热（溶剂热）反应的条件调节产物的颗粒尺寸和形貌，能够在较低的合成温度下得到粒径均匀的纯相产物。除此之外，研究者也采用微波法[162-163]、超临界流体法[164]、静电纺丝法等先进合成技术成功制备出 Li_2FeSiO_4 产物。目前研究者仍然在探索如何以最简单的操作、最低廉的成本合成元素分布均匀、颗粒粒径较小的 Li_2FeSiO_4 材料。

Li_2FeSiO_4 原料丰富价廉，绿色环保，具有较高的理论比容量，比 P-O 键更加稳定的 Si-O 键使其具有更好的安全性能，因此，Li_2FeSiO_4 材料成为替代传统 $LiFePO_4$ 材料的理想候选者。但是，Li_2FeSiO_4 的电子禁带宽度为 0.15eV，电子导电性非常差，而 Li^+ 在 Li_2FeSiO_4 结构中的 Z 字形迁移也导致较低的锂离子扩散系数，因此纯相 Li_2FeSiO_4 的电化学性能不尽如人意，需要进行改性研究。对 Li_2FeSiO_4 材料的改性主要包括三个方面：

① 合成均一的纳米级颗粒。Li_2FeSiO_4 颗粒的粒径应控制在 100nm 以下，通常情况下，形成均匀分散于碳网络中的细小纳米颗粒是实现理想电化学性能的关键。

② 与碳材料复合。在前驱体形成过程中加入蔗糖、柠檬酸等有机碳源，在后续煅烧过程中裂解形成 sp^2 杂化的碳网络，增加纳米颗粒之间的电子导电性。

③ 金属阳离子体相掺杂。构造晶格缺陷，从而提高本体结构的电子电导率及锂离子在晶体内部的扩散系数，如利用 Zn^{2+}、Mg^{2+}、Cr^{3+} 等金属阳离子进行掺杂[165]。

2.5
有机正极材料

目前广泛使用的锂离子正极材料均为无机氧化物，而无机锂过渡金属氧化物作为动力锂离子电池正极材料存在难以突破的发展瓶颈：

① 比容量有限。传统正极材料如 $LiCoO_2$、$LiMn_2O_4$、$LiFeO_4$ 等实际容量无法超过 $200mA \cdot h \cdot g^{-1}$，极大地限制了锂离子电池能量密度的提升。

② 原料资源有限。制备无机锂过渡金属氧化物需要大量开发锂矿、钴矿等天然矿藏，这些资源是不可再生的，开发成本较高，环境污染和能量损耗也较为严重。

③ 安全问题不容忽视。电池过充时无机氧化物正极的过渡金属离子会被氧化为高价态，不稳定的高价态金属阳离子易与有机电解液发生副反应而剧烈放热，同时伴随着氧气的释放，带来极大的安全隐患。

相比较之下，有机正极材料能够进行灵活的结构设计，有望表现出更高的理论比容量和更好的安全性，且原料储量丰富、绿色环保，因此被视作极具潜力的新型锂离子电池正极材料。目前研究较多的新型有机正极材料主要有导电聚合物、有机硫化物、共轭羰基化合物和氮氧自由基化合物等几类。

2.5.1 导电聚合物正极材料

自 1977 年发现以来，导电聚合物就以其电子传导性和氧化还原活性而用作可充电电池的活性材料。早期研究较多的导电聚合物正极材料主要包括聚乙炔（PAc）[166-167]、聚对苯（PPP）[168-169]、聚苯胺（PAn）[170]、聚吡咯（PPy）[171]和聚噻吩（PTh）[172]，它们的本征态结构如图 2-23 所示。这些导电聚合物的氧化还原机制源于其氧化掺杂态与本征态之间的转化，同时伴随着 Cl^-、ClO_4^- 等阴离子的掺杂与脱掺杂，因此导电聚合物正极的理论容量与掺杂度有关。由于掺杂水平较低，PAc、PPP、PPy 和 PTh 的理论容量均小于 $150mA \cdot h \cdot g^{-1}$，而PAn 因其掺杂水平高，理论容量可达 $295mAh \cdot g^{-1}$，但实际容量也很难超过 $150mA \cdot h \cdot g^{-1}$。此外，导电聚合物库仑效率低、循环效率差（导电性逐渐变差而失活）、自放电现象严重，为其在锂离子二次电池中的实际应用带来难以克服的障碍。因此目前导电聚合物多用于传统正极材料的表面修饰或者复合材料的制备，其中聚苯胺（PAn）和聚吡咯（PPy）性能稳定、合成简单，可用来提高无机氧化物正极材料的电子导电性，并抑制活性金属离子溶解。

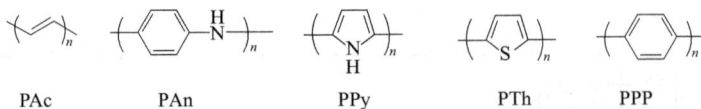

图 2-23　常见的导电聚合物正极材料

2.5.2 有机硫化物正极材料

受到蛋白质中胱氨酸分子 S-S 键可逆开合反应的启发，人们的研究方向逐渐转移至有机硫化物正极材料，此类材料的发展先后经历了几个阶段，不同阶段的代表性材料如图 2-24 所示。

最早提出使用到锂离子电池正极的是有机二硫化物小分子，如 TETD，但该类材料会溶解到电解液中，导致循环性能很差[173]。

　　为了提高能量密度、改善溶解性问题，研究者尝试将 S-S 键引入有机物结构中，形成各种线形、梯形或网状硫化聚合物，其中最典型的是聚二巯基噻二唑（PDMcT）。PDMcT 具有高达 362mA·h·g^{-1} 的理论比容量，受到研究者的青睐。但 PDMcT 的导电性很差，S-S 键的反应动力学很慢，放电后生成的小分子依然会溶解到电解液中，循环性能仍不理想。因此，研究者通常采用碳材料、导电聚合物或金属纳米离子对 PDMcT 进行复合改性[174-178]。例如，Oyama 等对 DMcT/PAn 和 DMcT/PAn/Cu(Ⅱ) 复合材料进行研究，发现 PAn 对 DMcT 的氧化还原反应具有电催化作用而 Cu 对 DMcT 具有稳定作用[179-181]；Pd 纳米粒子与 DMcT 可形成金属有机多硫化物络合物，对 DMcT 的电化学反应具有催化作用[117]；将 DMcT 负载到磺化石墨烯上，可显著改善 DMcT 的电化学活性和循环稳定性[116]。

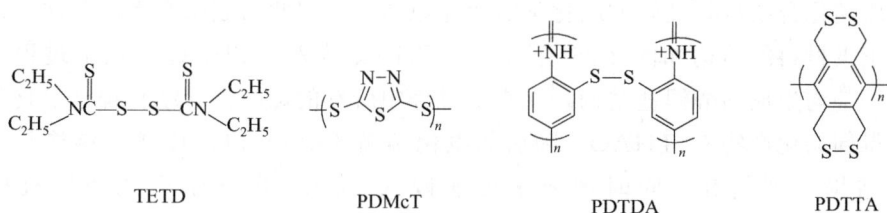

图 2-24　几种有机硫化物正极材料

　　基于线形多硫聚合物复合导电的理念，Naoi 等[182] 设计合成出主链为聚苯胺的梯形结构的聚 2,2-二硫代二苯胺（PDTDA）。PDTDA 的理论比容量约为 420mA·h·g^{-1}，活性 S-S 键被固定在两条长链之间，电化学反应产物 S$^-$Li$^+$ 被长链结构束缚着，不会溶解到电解液中，同时导电聚合物骨架又增加了材料的电子导电性。然而，当放电过程中 S-S 键断裂后，两条长链骨架一旦稍微错位，S-S 键就很难重新复合，因此 PDTDA 循环性能仍不够理想。因此研究者又设计出主链为线形结构的二硫聚合物 PDTTA，同时解决了溶解问题和 S-S 键错位问题，然而 S-S 键反应动力学慢的问题依然无法解决，因此该材料的性能并不能满足实际需求[183]。

　　由此可见，经历了以上三个阶段的发展，有机硫化物正极材料电化学活性和循环稳定性能在一定程度上得到了提高，但循环性能离实际应用仍有差距，难以满足实际应用的需要。目前，有机硫化物正极材料在锂离子电池中的应用仍无突破，而含硫聚合物逐渐成为锂硫电池中的热门研究方向，该方向在此不做介绍。

2.5.3 共轭羰基化合物正极材料

共轭羰基化合物正极材料被视作最具潜力的一类锂离子电池有机正极材料，代表性化合物包括蒽类、共轭酸酐及含共轭结构的有机锂盐等。相较于 S，O 的原子质量更小，氧化性也更强，因此以共轭羰基作为电化学活性基团有望表现出更高的比容量和氧化还原电位。该类有机化合物通过碳基和烯醇结构之间的转化实现锂离子的可逆嵌入/脱出循环：在放电过程中羰基氧原子得到电子，伴随着锂离子嵌入生成烯醇锂盐；在充电过程中，锂离子从结构中脱出，烯醇结构转化为碳基。这种特殊的电化学氧化还原机制给共轭羰基化合物正极材料带来更高的比容量（$200\sim500\mathrm{mA\cdot h\cdot g^{-1}}$）和更快的氧化还原反应动力学。此外，共轭羰基化合物在电化学循环过程中具有更好的结构稳定性，不会像有机硫化物那样发生因 S-S 键断裂而造成的主链错位情况，因此有望获得更好的循环稳定性。

醌类化合物具有良好的电化学氧化还原活性，因此引起研究者的关注。常见醌类正极材料的结构如图 2-25 所示。以 THAQ 为例，THAQ 在放电过程中羰基和羟基均生成烯醇锂盐结构，在充电过程中所有的烯醇锂盐结构都被氧化为羰基，得到氧化产物 O-THAQ，随后的电化学循环中 O-THAQ 羰基结构与烯醇锂盐结构可逆转化，同时锂离子可逆嵌入/脱出，电化学氧化还原过程见图 2-26。由于羰基所占比例增加，O-THAQ 的放电容量显著提高，首次放电容量达到 $250\mathrm{mA\cdot h\cdot g^{-1}}$，但循环 20 圈后仅余 $100\mathrm{mA\cdot h\cdot g^{-1}}$。为了提高醌类正极材料的理论比容量，研究者提出采用羰基含量更高的芳香醌材料 THHQ 和 DBHQ。THHQ 的理论比容量为 $628\mathrm{mA\cdot h\cdot g^{-1}}$，首次放电实际容量为 $341\mathrm{mA\cdot h\cdot g^{-1}}$，100 圈循环后容量可保持在 $100\mathrm{mA\cdot h\cdot g^{-1}}$[184]。DBHQ 的结构和电化学机理则更加复杂，首次放电容量高达 $377\mathrm{mA\cdot h\cdot g^{-1}}$，循环 100 圈后平均能量密度为 $127\mathrm{W\cdot h\cdot kg^{-1}}$[185]。

相似地，共轭酸酐小分子也可提供反应活性基团，如 PTCDA 含有四个共轭羰基，在充放电过程中发生转移 2 个电子的可逆氧化还原反应，理论容量约为 $137\mathrm{mA\cdot h\cdot g^{-1}}$[186]。

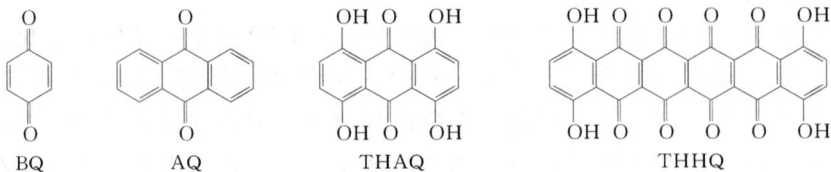

BQ   AQ   THAQ   THHQ

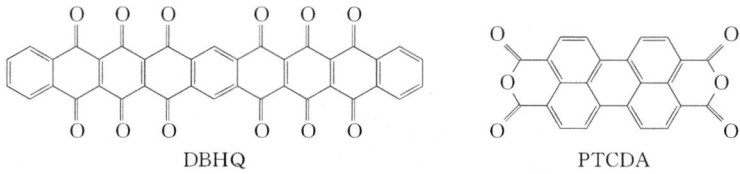

图 2-25　常见的醌类正极材料

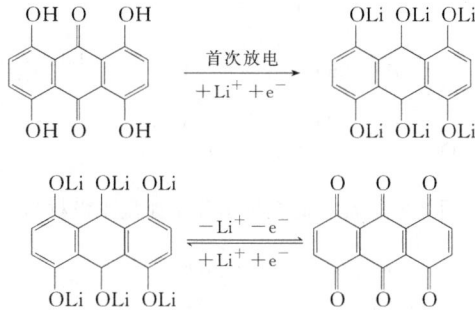

图 2-26　THAQ 电化学反应机制[186]

有机小分子锂盐是共轭羰基化合物正极材料的一个研究热点。通过 O-Li-O 配位键作用可以将有机小分子连接起来,形成配位聚合物结构,能在一定程度上抑制有机小分子在电解液中的溶解,因此这种材料表现出更好的循环性能和倍率性能。但由于 O-Li-O 配位键中的两个氧原子无法参与电化学氧化还原反应,有机小分子锂盐的放电容量比醌类和酸酐类正极稍低。此外,Li^+-O^- 的供电子效应使相应小分子共轭羰基化合物的氧化还原电位下降。常见的有机小分子锂盐正极材料如图 2-27 所示。王维坤等[186] 设计合成出类似苯醌结构的羧酸盐 $Li_4C_8H_2O_6$,并对该材料组成的半电池和全电池进行了电化学性能测试。在 1.8～3.2V 的电压区间,$Li_4C_8H_2O_6$ 半电池表现出 2.6V 的平均放电电压,0.1C 下放电容量为 235mA·h·g^{-1},循环 50 圈后容量保持率为 95％,5C 大电流下仍然表现出 145mA·h·g^{-1} 的放电容量,这些测试结果表明 $Li_4C_8H_2O_6$ 是一种理想的锂离子电池正极材料。将 $Li_4C_8H_2O_6$ 半电池的工作电压区间设置为 1.0～2.7V 时,$Li_4C_8H_2O_6$ 表现出负极材料特性:平均放电电压为 1.8V,放电容量为 254mA·h·g^{-1},同时表现出良好的循环性能和倍率性能。将同种小分子锂盐组装成全电池体系,即正极材料和负极材料都采用 $Li_4C_8H_2O_6$,电解液采用常规的 $LiPF_6$-EC＋DMC 体系,全电池正负极的电化学反应如图 2-28 所示。这种 $Li_4C_8H_2O_6$ 全电池在 1.0～2.7V 的电压范围内表现出 208mA·h·g^{-1} 的放电容量和 1.8V 的放电电压,循环 20 圈后容量保持率为 91％。

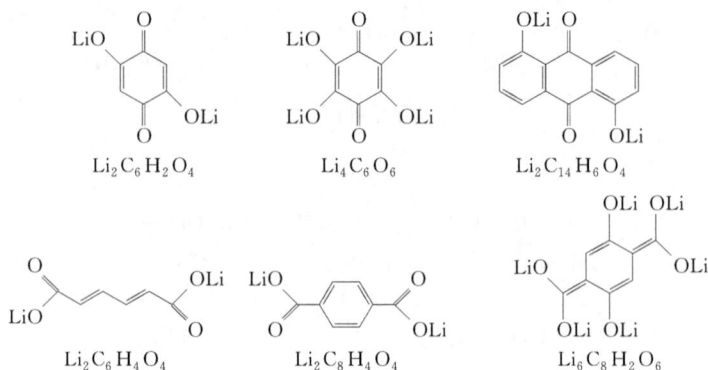

图 2-27　常见的有机小分子锂盐正极材料

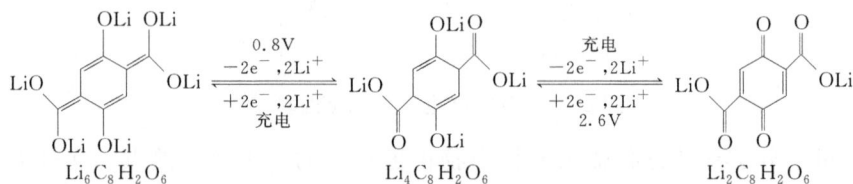

图 2-28　$Li_4C_8H_2O_6$ 作正极和负极的电化学反应机制[186]

由于有机小分子化合物在有机溶剂中有一定的溶解度，随着电化学循环的进行，电极活性物质溶解到电解液中，严重影响电池的循环稳定性[187]。为了抑制这一现象，研究者尝试对共轭羰基化合物进行聚合，以提高其循环稳定性。图 2-29 为几种带有共轭羰基基团的聚合物结构。Song 等[188-190] 对 PAQS 正极的电化学性能进行了系统研究，发现 PAQS 在常规碳酸酯类电解液中的循环稳定性较差，但在 LiTFSI/DOL＋DME 电解液体系中表现出优异的电化学性能：平均放电电压为 2.1V，在 $50mA \cdot g^{-1}$ 的电流密度下放电比容量为 $185mA \cdot h \cdot g^{-1}$，$500mA \cdot g^{-1}$ 的大电流密度下仍表现出 $151mA \cdot h \cdot g^{-1}$ 的放电容量，循环 200 圈后容量无明显衰减。但 PAQS 的电导率极差，需要加入大量的碳作导电剂才能发挥电化学容量，在上述报道中 PAQS 电极的导电剂含量高达 40％，大大降低了电极活性物质的负载量，限制了该材料的应用。为了提高导电性，该研究团队又将 PAQS 与功能化石墨烯（FGS）原位复合，当 FGS 的用量为 26％时，复合材料表现出高容量和高功率的特性：实际放电容量达到理论容量的 95％（理论比容量 $225mA \cdot h \cdot g^{-1}$），100C 下仍表现出 $100mA \cdot h \cdot g^{-1}$ 的放电比容量。

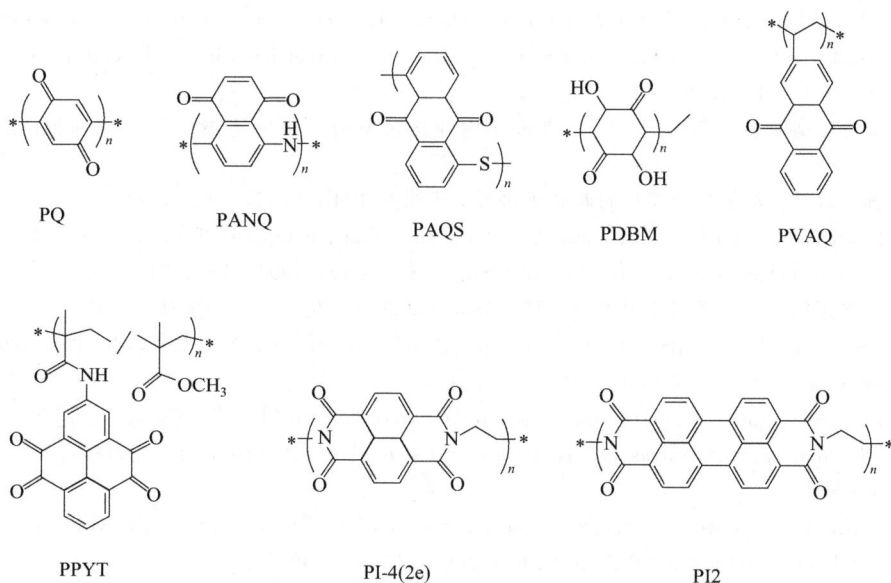

图 2-29 带有共轭羰基基团的聚合物结构

根据目前的研究现状，对共轭羰基化合物进行聚合是获得高容量、高倍率、长循环寿命有机正极材料的最佳方案。然而，含共轭羰基的聚合物依然存在以下三个问题：

① 聚合物中非化学组分含量升高导致理论比容量下降；

② 聚合物单体间较大的静电排斥力导致电荷转移速率较慢；

③ 聚合物的凝聚态结构影响锂离子扩散速率。

为了解决上述问题，未来必须设计结构更为特殊的有机化合物，通过多取代活性点位实现更高的比容量，同时保证锂离子在结构中的可逆嵌入/脱出。例如通过结构优化对本节所述的导电聚合物、有机硫化物和共轭羰基化合物三种有机正极材料进行综合利用，充分扬长避短，确保优化后的新型综合聚合物材料既有良好的导电性又有稳定的循环性能。可以预见，随着锂离子电池生产规模的突飞猛进和各国政府对绿色能源可持续发展的重视，锂离子电池有机正极材料将成为一个持续增长的研究热点。

参考文献

［1］ 吕罡，等. 锂离子电池正极材料的研究进展. 电工材料，2006，1：30-34.

［2］ 吴宇平. 锂离子电池：应用与实践. 北京：化学工业出版社材料科学与工程出版中

心，2004.

[3] Islam M S, Fisher C A J. Lithium and sodium battery cathode materials: computational insights into voltage, diffusion and nanostructural properties. Chemical Society Reviews, 2014, 43: 185-204.

[4] 王玲，高朋召，李冬云，等. 锂离子电池正极材料的研究进展. 硅酸盐通报，2013, 32: 32-35.

[5] 孙玉城. 锂离子电池正极材料技术进展. 无机盐工业，2012, 44: 50-54.

[6] Kanno R, Kubo H, Kawamoto Y, et al. Phase relationship and lithium deintercalation in lithium nickel oxides. Journal of Solid State Chemistry, 1994, 110: 216-225.

[7] 义夫正树，等. 锂离子电池——科学与技术. 北京：化学工业出版社，2017.

[8] Johannes M D, Pillay D. The effect of Al substitution in $LiNi_{1/3}Co_{1/3}Mn_{1/3}O_2$ cathode materials. Ecs Transactions, 2009, 16: 3-8.

[9] Park S. Synthesis and structural characterization of layered Li $[Ni_{1/3}Co_{1/3}Mn_{1/3}]$ O_2 cathode materials by ultrasonic spray pyrolysis method. Electrochimica Acta, 2004, 49: 557-563.

[10] Kim J. Synthesis and electrochemical behavior of Li $[Li0.1Ni_{0.35-x/2}Co_xMn_{0.55-x/2}]$ O_2 cathode materials. Solid State Ionics, 2003, 164: 43-49.

[11] Myung S, et al. Hydrothermal synthesis of layered Li $[Ni_{1/3}Co_{1/3}Mn_{1/3}]$ O_2 as positive electrode material for lithium secondary battery. Electrochimica Acta, 2005, 50: 4800-4806.

[12] Li J, Cameron A R, Li H, et al. Comparison of single crystal and polycrystalline $LiNi_{0.5}Co_{0.3}Mn_{0.2}O_2$ positive electrode aterials for high voltage Li-ion cells. Journal of the Electrochemical Society, 2017, 164: A1534-A1544.

[13] Noh H J, Youn S, Yoon C S, et al. Comparison of the structural and electrochemical properties of layered Li $[Ni_xCo_yMn_z]$ O_2 (x = 1/3, 0.5, 0.6, 0.7, 0.8 and 0.85) cathode material for lithium-ion batteries. Journal of Power Sources, 2013, 233: 121-130.

[14] Park O K, Cho Y, Lee S, et al. Who will drive electric vehicles, olivine or spinel? . Energy & Environmental Science, 2011, 4: 1621-1633.

[15] de Kock A, Ferg E, Gummow R J. The effect of ultivalent cation dopants on lithium manganese spinel cathodes. Journal of Power Sources, 1998, 70: 247-252.

[16] Gnanaraj J S, Pol V G, Gedanken A, et al. Improving the high-temperature performance of $LiMn_2O_4$ spinel electrodes by coating the active mass with MgO via a sonochemical method. Electrochemistry Communications, 2003, 5: 940-945.

[17] Zhang Z, Gong Z, Yang Y. Electrochemical performance and surface properties of bare and TiO_2-coated cathode materials in lithium-ion batteries. The Journal of Physical Chemistry B, 2004, 108: 17546-17552.

[18] Liu H, Tang D. The effect of nanolayer AlF_3 coating on $LiMn_2O_4$ cycle life in high temperature for lithium secondary batteries. Russian Journal of Electrochemistry, 2009, 45: 762-764.

[19] Xie H, Zhou Z T. Physical and electrochemical properties of mix-doped lithium iron

phosphate as cathode material for lithium ion battery. Electrochimica Acta, 2006, 51: 2063-2068.

[20] Juliin M, Jesfis S P, Enrique R C. Antagonistic effects of copper on the electrochemical performance of LiFePO$_4$. Electrochim. Acta, 2007, 53: 920-926.

[21] Tarascon J M, Armand M. Issues and challenges facing rechargeable lithium batteries. Nature, 2001, 414: 359-367.

[22] Kim C W, Park J S, Lee K S. Effect of Fe$_2$P on the electron conductivity and electro-chemical performance of LiFePO$_4$ synthe-sized by mechanical alloying using Fe^{3+} raw material. J Power Sources, 2006, 163: 144-150.

[23] Barker J, Saidi M, Swoyer J L. Lithium iron (Ⅱ) phospho-olivines prepared by a novel carbothermal reduction method. Electrochem. Solid-State Lett, 2003, 6: A53-A55.

[24] Gao J, Li J, He X. Synthesis and electrochemical characteristics of LiFePO$_4$/Ccathode materials from different precursors. Int J Electronchem Soc, 2011, 6: 2818-2825.

[25] Kim T H, Park J S, Chang S K, et al. The current move of lithium ion batteries to-wards the next phase. Advanced Energy Materials, 2012, 2: 860-872.

[26] Numata K, Sakaki C, Yamanaka S. Synthesis of solid solutions in a system of LiCoO$_2$-Li$_2$MnO$_3$ for cathode materials of secondary lithium batteries. Chemistry Letters, 1997, 8: 725-726.

[27] Croy J R, Balasubramanian M, Gallagher K G, et al. Review of the U S Department of Energy's "Deep Dive" effort to understand voltage fade in Li- and Mn-rich cath-odes. Accounts of Chemical Research, 2015, 48: 2813-2821.

[28] Thackeray M M, Kang S H, Johnson C S, et al. Li$_2$MnO$_3$-stabilized LiMO$_2$ (M = Mn, Ni, Co) electrodes for lithium-ion batteries. Journal of Materials Chemistry, 2007, 17: 3112-3125.

[29] Boulineau A, Croguennec L, Delmas C, et al. Structure of Li$_2$MnO$_3$ with different de-grees of defects. Solid State Ionics, 2010, 180: 1652-1659.

[30] Wang R, He X, He L, et al. Atomic structure of Li$_2$MnO$_3$ after partial delithiation and relithiation. Advanced Energy Materials, 2013, 3: 1358-1367.

[31] Lu Z, Dahn J R. Understanding the anomalous capacity of Li/Li [Ni$_x$Li$_{(1/3 - 2x/3)}$-Mn$_{(2/3 - x/3)}$] O$_2$ cells using in situ X-ray diffraction and electrochemical stud-ies. Journal of the Electrochemical Society, 2002, 149: A815-A822.

[32] Jarvis K A, Deng Z, Allard L F, et al. Atomic structure of a lithium-rich layered oxide material for lithium-ion batteries: evidence of a solid solution. Chemistry of Materials, 2011, 23: 3614-3621.

[33] Bareno J, Balasubramanian M, Kang S, et al. Long-range and local structure in the lay-ered oxide Li$_{1.2}$Co$_{0.4}$Mn$_{0.4}$O$_2$. Chemistry of Materials, 2011, 23: 2039-2050.

[34] Lei C, Bareno J, Wen J, et al. Local structure and composition studies of Li$_{1.2}$Ni$_{0.2}$Mn$_{0.6}$O$_2$ by analytical electron microscopy. Journal of Power Sources, 2008, 178: 422-433.

[35] Jiang M, Key B, Meng Y S, et al. Electrochemical and structural study of the layered," Li-excess" lithium-ion battery electrode material Li [Li$_{1/9}$Ni$_{1/3}$Mn$_{5/9}$] O$_2$. Chemistry of Materials, 2009, 21: 2733-2745.

[36] Yu H, Ishikawa R, So Y G, et al. Direct atomic-resolution observation of two phases in the $Li_{1.2}Mn_{0.567}Ni_{0.166}Co_{0.067}O_2$ cathode material for lithium-ion batteries. Angewandte Chemie International Edition, 2013, 52: 5969-5973.

[37] Hy S, Felix F, Rick J, et al. Direct in situ observation of Li_2O evolution on Li-rich high-capacity cathode material, $LiNi_xLi_{(1-2x)/3}Mn_{(2-x)/3}O_2$ ($0 < x < 0.5$). Journal of the American Chemical Society, 2014, 136: 999-1007.

[38] Hong J, Lim H D, Lee M, et al. Critical role of oxygen evolved from layered Li-excess metal oxides in lithium rechargeable batteries. Chemistry of Materials, 2012, 24: 2692-2697.

[39] Armstrong A R, Holzapfel M, Novák P, et al. Demonstrating oxygen loss and associated structural reorganization in the lithium battery cathode Li [$Ni_{0.2}Li_{0.2}Mn_{0.6}$] O_2. Journal of the American Chemical Society, 2006, 128: 8694-8698.

[40] Tran N, Croguennec L, Ménétrier M, et al. Mechanisms associated with the "plateau" observed at high voltage for the overlithiated $Li_{1.12}$ ($Ni_{0.425}Mn_{0.425}Co_{0.15}$)$_{0.88}O_2$ system. Chemistry of Materials, 2008, 20: 4815-4825.

[41] Seo D H, Lee J, Urban A, et al. The structural and chemical origin of the oxygen redox activity in layered and cation-disordered Li-excess cathode materials. Nature Chemistry, 2016, 8: 692-697.

[42] McCalla E, Abakumov A M, Saubanere M, et al. Visualization of O-O peroxo-like dimers in high-capacity layered oxides for Li-ion batteries. Science, 2015, 350: 1516-1521.

[43] Sathiya M, Rousse G, Ramesha K, et al. Reversible anionic redox chemistry in high-capacity layered-oxide electrodes. Nature Materials, 2013, 12: 827-835.

[44] Grimaud A, Hong W T, Yang S H, et al. Anionic redox processes for electrochemical devices. Nature Materials, 2016, 15: 121-126.

[45] Chen H R, Islam M S. Lithium extraction mechanism in Li-rich Li_2MnO_3 involving oxygen hole formation and dimerization. Chemistry of Materials, 2016, 28: 6656-6663.

[46] Li X, Qiao Y, Guo S, et al. Direct visualization of the reversible O^{2-}/O^- redox process in Li-rich cathode materials. Advanced materials, 2018, 30: 1705197.

[47] Yabuuchi N, Yoshii K, Myung S T, et al. Detailed studies of a high-capacity electrode material for rechargeable batteries, Li_2MnO_3-$LiCo_{1/3}Ni_{1/3}Mn_{1/3}O_2$. Journal of the American Chemical Society, 2011, 133: 4404-4419.

[48] Numata K, Sakaki C, Yamanaka S. Synthesis and characterization of layer structured solid solutions in the system of $LiCoO_2$-Li_2MnO_3. Solid State Ionics, 1999, 117: 257-263.

[49] 于凌燕, 仇卫华, 连芳, 等. 锂离子电池正极材料 Li [$Li_{0.167}Mn_{0.583}Ni_{0.25}$] O_2 的合成与性能研究. 电化学, 2008, 14: 135-139.

[50] 王昭, 吴锋, 苏岳锋, 等. 锂离子电池正极材料 $xLi_2MnO_3 \cdot (1-x)Li[Ni_{1/3}Mn_{1/3}Co_{1/3}]O_2$ 的制备及表征. 物理化学学报, 2012, 28: 823-830.

[51] Jin X, Xu Q J, Zhou L Z, et al. Synthesis, characterization and electrochemical performance of Li [$Li_{0.2}Mn_{0.54}Ni_{0.13}Co_{0.13}$] O_2 cathode materials for lithium-ion batter-

ies. Electrochimica Acta，2013，114：605-610.

[52] 任崇，孔继周，周飞，等．锂离子电池富锂锰基正极材料的研究进展．材料导报，2013，7：29-35.

[53] Johnson C S，Li N，Lefief C，et al. Synthesis，characterization and electrochemistry of lithium battery electrodes：$xLi_2MnO_3 \cdot (1-x) LiMn_{0.333}Ni_{0.333}Co_{0.333}O_2$（$0 \leqslant x \leqslant 0.7$）. Chemistry of Materials，2008，20：6095-6106.

[54] Yuan X，Xu Q J，Wang C，et al. A facile and novel organic coprecipitation strategy to prepare layered cathode material Li $[Li_{0.2}Mn_{0.54}Ni_{0.13}Co_{0.13}] O_2$，with high capacity and excellent cycling stability. Journal of Power Sources，2015，279：157-164.

[55] Wei G Z，Lu X，Ke F S，et al. Crystal habit-tuned nanoplate material of $LiLi_{1/3-2x/3}Ni_x$-$Mn_{2/3-x/3}O_2$ for high-rate performance lithium-ion batteries. Advanced Materials，2010，22：4364-4370.

[56] Yang J，Cheng F，Zhang X，et al. Porous $0.2Li_2MnO_3 \cdot 0.8LiNi_{0.5}Mn_{0.5}O_2$ nanorods as cathode materials for lithium-ion batteries. Journal of Materials Chemistry A，2014，2：1636-1640.

[57] Kim M G，Jo M，Hong Y S，et al. Template-free synthesis of Li $[Ni_{0.25}Li_{0.15}Mn_{0.6}]$ O_2 nanowires for high performance lithium battery cathode. Chemical Communications，2009，2：218-220.

[58] Hou M，Guo S，Liu J，et al. Preparation of lithium-rich layered oxide micro-spheres using a slurry spray-drying process. Journal of Power Sources，2015，287：370-376.

[59] 李肖，杨凯，高飞，等．静电纺丝-固相烧结法制备富锂锰基材料 $0.5Li_2MnO_3 \cdot 0.5LiNi_{0.5}Mn_{0.5}O_2$．科技展望，2016，26（5）：37-39.

[60] Wang Z Y，Biao L，Jin M，Xia D G，et al. Molten salt synthesis and high-performance of nanocrystalline Li-rich cathode materials. RSC Advances，2014，4：15825-15829.

[61] Wu Y，Manthiram A. Effect of surface modifications on the layered solid solution cathodes（$1-z$）$LiLi_{1/3}Mn_{2/3}O_2 - zLiMn_{0.5-y}Ni_{0.5-y}Co_{2y}O_2$. Solid State Ionics，2009，180：50-56.

[62] Liu J，Manthiram A. Functional surface modifications of a high capacity layered $LiLi_{0.2}Mn_{0.54}Ni_{0.13}Co_{0.13}O_2$ cathode. Journal of Materials Chemistry，2010，20（19）：3961-3967.

[63] Zheng J，Gu M，Xiao J，et al. Functioning mechanism of AlF_3 coating on the Li- and Mn-rich cathode materials. Chemistry of Materials，2014，26：6320-6327.

[64] Liu X，Huang T，Yu A. Surface phase transformation and CaF_2 coating for enhanced electrochemical performance of Li-rich Mn-based cathodes. Electrochimica Acta，2015，163：82-92.

[65] Lu C，Wu H，Chen B，et al. Improving the electrochemical properties of $Li_{1.2}Mn_{0.52}Co_{0.08}Ni_{0.2}O_2$ cathode material by uniform surface nanocoating with samarium fluoride through depositional-hydro-thermal route. Journal of Alloys and Compounds，2015，634（1）：75-82.

[66] Wu Y，Murugan V A，Manthiram A. Surface modification of high capacity layered Li-$[Li_{0.2}Mn_{0.54}Co_{0.13}Ni_{0.13}] O_2$ cathodes by $AlPO_4$. Journal of the Electrochemical Society，2008，155：A635-A641.

[67] Wang Q Y，Liu J，Murugan A V，et al. High capacity double-layer surface modified Li-[Li$_{0.2}$Mn$_{0.54}$Ni$_{0.13}$Co$_{0.13}$O$_2$] cathode with improved rate capability. Journal of Materials Chemistry，2009，19：4965-4972.

[68] Zhao E，Liu X，Hu Z，et al. Facile synthesis and enhanced electrochemical performances of Li$_2$TiO$_3$-coated lithium-rich layered Li$_{1.13}$Ni$_{0.30}$Mn$_{0.57}$O$_2$ cathode materials for lithium-ion batteries. Journal of Power Sources，2015，294：141-149.

[69] Liu X Y，Su Q L，Zhang C C，et al. Enhanced electrochemical performance of Li$_{1.2}$Mn$_{0.54}$Ni$_{0.13}$Co$_{0.13}$O$_2$ cathode with an ionic conductive LiVO$_3$ coating layer. ACS Sustainable Chemistry & Engineering，2016，4：255-263.

[70] Liu Y，Wang Q，Lu Y，Yang B，et al. Enhanced electrochemical performances of layered cathode material Li$_{1.5}$Ni$_{0.25}$Mn$_{0.75}$O$_{2.5}$ by coating with LiAlO$_2$. Journal of Alloys and Compounds，2015，638：1-6.

[71] Zhang X，Sun S，Wu Q，et al. Improved electrochemical and thermal performances of lay ered Li [Li$_{0.2}$ Ni$_{0.17}$ Co$_{0.07}$ Mn$_{0.56}$] O$_2$ via Li$_2$ZrO$_3$ surface modification. Journal of Power Sources，2015，282：378-384.

[72] Cong L N，Gao X G，Ma S C，et al. Enhancement of electrochemical performance of Li-[Li$_{0.2}$Mn$_{0.54}$Ni$_{0.13}$Co$_{0.13}$] O$_2$ by surface modification with Li$_4$Ti$_5$O$_{12}$. Electrochimica Acta，2014，115：399-406.

[73] Liu J，Wang Q Y，Manthiram A，et al. Carbon-coated high capacity layered Li [Li$_{0.2}$-Mn$_{0.54}$Ni$_{0.13}$Co$_{0.13}$] O$_2$ cathodes. Electrochemistry Communications，2010，12：750-753.

[74] Deng Z Q，Manthiram A. Influence of cationic substitutions on the oxygen loss and reversible capacity of lithium-rich layered oxide cathodes. The Journal of Physical Chemistry C，2011，115：7097-7103.

[75] He Z，Wang Z，Chen H，et al. Electrochemical performance of zirconium doped lithium rich layered Li$_{1.2}$Mn$_{0.54}$Ni$_{0.13}$Co$_{0.13}$O$_2$ oxide with porous hollow structure. Journal of Power Sources，2015，299：334-341.

[76] Zhao Y，Xia M，Hu X，et al. Effects of Sn doping on the structural and electrochemical properties of Li$_{1.2}$Ni$_{0.2}$Mn$_{0.8}$O$_2$ Li-rich cathode materials. Electrochimica Acta，2015，174：1167-1174.

[77] Ma J，Zhou Y N，Gao Y，et al. Feasibility of using Li$_2$MoO$_3$ in constructing Li-rich high energy density cathode materials. Chemistry of Materials，2014，26：3256-3262.

[78] Qiu B，Wang J，Xia Y G，et al. Effects of Na$^+$ contents on electrochemical properties of Li$_{1.2}$Ni$_{0.13}$Co$_{0.13}$Mn$_{0.54}$O$_2$ cathode materials. Journal of Power Sources，2013，240：530-535.

[79] Li Q，Li G S，Fu C C，et al. K$^+$-doped Li$_{1.2}$Mn$_{0.54}$Co$_{0.13}$Ni$_{0.13}$O$_2$：a novel cathode material with an enhanced cycling stability for lithium-ion batteries. ACS Applied Materials & Interfaces，2014，6：10330-10341.

[80] Jin X，Xu Q，Liu H，et al. Excellent rate capability of Mg doped Li [Li$_{0.2}$Ni$_{0.13}$Co$_{0.13}$Mn$_{0.54}$] O$_2$ cathode material for lithium-ion battery. Electrochimica Acta，2014，136：19-26.

[81] Li B，Yan H，Ma J，et al. Manipulating the electronic structure of Li-rich manganese-

based oxide using polyanions: towards better electrochemical performance. Advanced Functional Materials, 2014, 245: 112-5118.

[82] Zhang H Z, Qiao Q Q, Li G R, et al. PO_4^{3-} polyanion-doping for stabilizing Li-rich layered oxides as cathode materials for advanced lithium-ion batteries. Journal of Materials Chemistry A, 2014, 2: 7454-7460.

[83] Johnson C S, Kim J S, Lefief C. The significance of the Li_2MnO_3 component in 'composite' $xLi_2MnO_3 \cdot (1-x) LiMn_{0.5}Ni_{0.5}O_2$ electrodes. Electrochemistry Communications, 2004, 6: 1085.

[84] Yu D W, Yanagida K, Nakamura H. Surface modification of Li-excess Mn-based cathode materials. Journal of the Electrochemical Society, 2010, 157: A1177-A1182.

[85] Zheng J, Deng S N, Shi Z C, et al. The effects of persulfate treatment on the electrochemical properties of $LiLi_{0.2}Mn_{0.54}Ni_{0.13}Co_{0.13}O_2$ cathode material. Journal of Power Sources, 2013, 221: 108-113.

[86] Song B, Liu H, Liu Z, et al. High rate capability caused by surface cubic spinels in Lirich layer-structured cathodes for Li-ion batteries. Scientific Reports, 2013, 3: 3094.

[87] Wu F, Li N, Su Y, et al. Ultrathin spinel membrane-encapsulated layered lithium-rich cathode material for advanced Li-ion batteries. Nano Letter, 2014, 14: 3550-3555.

[88] Liu H, Du C, Yin G, et al. An Li-rich oxide cathode material with mosaic spinel grain and a surface coating for high performance Li-ion batteries. Journal of Materials Chemistry A, 2014, 2: 15640-15646.

[89] Wei Z, Xia Y G, Qiu B, et al. Correlation between transition metal ion migration and the voltage ranges of electrochemical process for lithium-rich manganese-based material. Journal of Power Sources, 2015, 281: 7-10.

[90] Qiu B, Zhang M, Wu L, et al. Gas-solid interfacial modification of oxygen activity in layered oxide cathodes for lithium-ion batteries. Nature Communications, 2016, 7: 12108-12115.

[91] Qiu B, Zhang M, Xia Y, et al. Understanding and controlling anionic electrochemical activity in high-capacity oxides for next generation Li-ion batteries. Chemistry of Materials, 2017, 29: 908-915.

[92] Zhu Z, Kushima A, Yin Z, et al. Anion-redox nanolithia cathodes for Li-ion batteries. Nature Energy, 2016, 8 (1): 16111.

[93] Liu D, Hamel-Paquet J, Trottier J, et al. Synthesis of pure phase disordered $LiMn_{1.45}Cr_{0.1}Ni_{0.45}O_4$ by a post-annealing method. Journal of Power Sources, 2012, 217: 400-406.

[94] Koyama Y, Tanaka I, Adachi H, et al. First principles calculations of formation energies and electronic structures of defects in oxygen-deficient $LiMn_2O_4$. Journal of the Electrochemical Society, 2003, 150: A63-A67.

[95] Kunduraci M, Amatucci G G. The effect of particle size and morphology on the rate capability of 4.7 V $LiMn_{1.5+\delta}Ni_{0.5-\delta}O_4$ spinel lithium-ion battery cathodes. Electrochimica Acta, 2008, 53: 4193-4199.

[96] Kunduraci M, Al-Sharab J F, Amatucci G G. High-power nanostructured $LiMn_{2-x}Ni_xO_4$ high-voltage lithium-ion battery electrode materials: Electrochemical impact of electronic conductivity

and morphology. Chemistry of Materials，2006，18：3585-3592.

[97] Hu E，Bak S M，Liu J，et al. Oxygen-release-related thermal stability and decomposition pathways of $Li_xNi_{0.5}Mn_{1.5}O_4$ cathode materials. Chemistry of Materials，2014，26：1108-1118.

[98] Liu G，Park K S，Song J，et al. Influence of thermal history on the electrochemical properties of Li［$Ni_{0.5}Mn_{1.5}$］O_4. Journal of Power Sources，2013，243：260-266.

[99] Xiao J，Chen X，Sushko P V，et al. High-performance $LiNi_{0.5}Mn_{1.5}O_4$ spinel controlled by Mn^{3+} concentration and site disorder. Advanced Materials，2012，24：2109-2116.

[100] Zheng J，Xiao J，Yu X，et al. Enhanced Li^+ ion transport in $LiNi_{0.5}Mn_{1.5}O_4$ through control of site disorder. Physical Chemistry Chemical Physics，2012，14：13515-13521.

[101] Manthiram A，Chemelewski K，Lee E S. A perspective on the high-voltage $LiMn_{1.5}Ni_{0.5}O_4$ spinel cathode for lithium-ion batteries. Energy & Environmental Science，2014，7：1339-1350.

[102] Gao Y，Myrtle K，Zhang M，et al. Valence band of $LiNi_xMn_{2-x}O_4$ and its effects on the voltage profiles of $LiNi_xMn_{2-x}O_4$/Li electrochemical cells. Physical Review B Condensed Matter，1996，54：16670-16675.

[103] Park S H，Oh S W，Kang S H，et al. Comparative study of different crystallographic structure of $LiNi_{0.5}Mn_{1.5}O_4$-cathodes with wide operation voltage（2.0-5.0V）. Electrochimica Acta，2007，52：7226-7230.

[104] Feng J，Huang Z，Guo C，et al. An organic coprecipitation route to synthesize high voltage $LiNi_{0.5}Mn_{1.5}O_4$. ACS Applied Materials & Interfaces，2013，5：10227-10232.

[105] Liu H，Zhu G，Zhang L，et al. Controllable synthesis of spinel lithium nickel manganese oxide cathode material with enhanced electrochemical performances through a modified oxalate co-precipitation method. Journal of Power Sources，2015，274：1180-1187.

[106] Wang H，Tan T A，Yang P，et al. High-rate performances of the Ru-doped spinel $LiNi_{0.5}Mn_{1.5}O_4$：Effects of doping and particle size. The Journal of Physical Chemistry C，2011，115：6102-6110.

[107] Han C H，Hong Y S，Park C M，et al. Synthesis and electrochemical properties of lithium cobalt oxides prepared by molten-salt synthesis using the eutectic mixture of $LiCl-Li_2CO_3$. Journal of Power Sources，2001，92：95-101.

[108] Wen L，Lu Q，Xu G. Molten salt synthesis of spherical $LiNi_{0.5}Mn_{1.5}O_4$ cathode materials. Electrochimica Acta，2006，51：4388-4392.

[109] Kim J H，Myung S T，Sun Y K. Molten salt synthesis of $LiNi_{0.5}Mn_{1.5}O_4$ spinel for 5 V class cathode material of Li-ion secondary battery. Electrochimica Acta，2004，49：219-227.

[110] Arun N，Aravindan V，Jayaraman S，et al. Exceptional performance of a high voltage spinel $LiNi_{0.5}Mn_{1.5}O_4$ cathode in all one dimensional architectures with an anatase TiO_2 anode by electrospinning. Nanoscale，2014，6：8926-8934.

[111] Yang S，Chen J，Liu Y，et al. Preparing $LiNi_{0.5}Mn_{1.5}O_4$ nanoplates with superior properties in lithium-ion batteries using bimetal-organic coordination-polymers as precursors. Journal of Materials Chemistry A，2014，2：9322-9330.

[112] Hai B，Shukla A K，Duncan H，et al. The effect of particle surface facets on the kinet-

ic properties of $LiMn_{1.5}Ni_{0.5}O_4$ cathode materials. Journal of Materials Chemistry A, 2013, 1: 759-769.

[113] Chemelewski K R, Shin D W, Li W, et al. Octahedral and truncated high-voltage spinel cathodes: the role of morphology and surface planes in electrochemical properties. Journal of Materials Chemistry A, 2013, 1: 3347-3354.

[114] Kuppan S, Duncan H, Chen G. Controlling side reactions and self-discharge in high-voltage spinel cathodes: the critical role of surface crystallographic facets. Physical Chemistry Chemical Physics, 2015, 17: 26471-26481.

[115] Lin H B, Zhang Y M, Rong H B, et al. Crystallographic facet- and size-controllable synthesis of spinel $LiNi_{0.5}Mn_{1.5}O_4$ with excellent cyclic stability as cathode of high voltage lithium ion battery. Journal of Materials Chemistry A, 2014, 2: 11987-11995.

[116] Chen Z, Zhao R, Li A, et al. Polyhedral ordered $LiNi_{0.5}Mn_{1.5}O_4$ spinel with excellent electrochemical properties in extreme conditions. Journal of Power Sources, 2015, 274: 265-273.

[117] Chen Z, Zhao R, Du P, et al. Polyhedral $LiNi_{0.5}Mn_{1.5}O_4$ with excellent electrochemical properties for lithium-ion batteries. Journal of Materials Chemistry A, 2014, 2: 12835-12848.

[118] Schroeder M, Glatthar S, Gebwein H, et al. Post-doping via spray-drying: a novel sol-gel process for the batch synthesis of doped $LiNi_{0.5}Mn_{1.5}O_4$ spinel material. Journal of Materials Science, 2013, 48: 3404-3414.

[119] Mao J, Dai K, Xuan M, et al. Effect of chromium and niobium doping on the morphology and electrochemical performance of high-voltage spinel $LiNi_{0.5}Mn_{1.5}O_4$ cathode material. ACS Applied Materials & Interfaces, 2016, 8: 9116-91124.

[120] Kosova N V, Bobrikov I A, Podgornova O A, et al. Peculiarities of structure, morphology, and electrochemistry of the doped 5-V spinel cathode materials LiNi $LiNi_{0.5-x}Mn_{1.5-y}M_{x+y}O_4$ (M=Co, Cr, Ti; x+y=0.05) prepared bymechanochemical way. Journal of Solid State Electrochemistry, 2016, 20: 235-246.

[121] Xu X X, Yang J, Wang Y Q, et al. $LiNi_{0.5}Mn_{1.5}O_{3.975}F_{0.05}$ as novel 5V cathode material. Journal of Power Sources, 2007, 174: 1113-1116.

[122] Du G, Nuli Y, Yang J, et al. Fluorine-doped $LiNi_{0.5}Mn_{1.5}O_4$ for 5V cathode materials of lithium-ion battery. Materials Research Bulletin, 2008, 43: 3607-3613.

[123] Oh S W, Park S H, Kim J H, et al. Improvement of electrochemical properties of $LiNi_{0.5}Mn_{1.5}O_4$ spinel material by fluorine substitution. Journal of Power Sources, 2006, 157: 464-470.

[124] Sun Y K, Oh S W, Yoon C S, et al. Effect of sulfur and nickel doping on morphology and electrochemical performance of $LiNi_{0.5}Mn_{1.5}O_4 - S$ spinel material in 3-V region. Journal of Power Sources, 2006, 161: 19-26.

[125] Zhang N, Yang T, Lang Y, et al. A facile method to prepare hybrid $LiNi_{0.5}Mn_{1.5}O_4/$ C with enhanced rate performance. Journal of Alloys and Compounds, 2011, 509: 3783-3786.

[126] Fang X, Ge M, Rong J, et al. Free-standing $LiNi_{0.5}Mn_{1.5}O_4$/carbon nanofiber net-

work film as lightweight and high-power cathode for lithium ion batteries. ACS Nano, 2014, 8: 4876-4882.

[127] Huang B, Li X, Wang Z, et al. A novel carbamide-assistant hydrothermal process for coating Al_2O_3 onto $LiNi_{0.5}Mn_{1.5}O_4$ particles used for cathode material of lithium-ion batteries. Journal of Alloys and Compounds, 2014, 583: 313-319.

[128] Xue Y, Wang Z B, Zheng L L, et al. Synthesis and performance of hollow $LiNi_{0.5}Mn_{1.5}O_4$ with different particle sizes for lithium-ion batteries. RSC Advances, 2015, 5: 100730-100735.

[129] Li X, Guo W, Liu Y, et al. Spinel $LiNi_{0.5}Mn_{1.5}O_4$ as superior electrode materials for lithium-ion batteries: Ionic liquid assisted synthesis and the effect of CuO coating. Electrochimica Acta, 2014, 116: 278-283.

[130] Wu H, Belharouak I, Abouimrane A, et al. Surface modification of $LiNi_{0.5}Mn_{1.5}O_4$ by ZrP_2O_7 and ZrO_2 for lithium-ion batteries. Journal of Power Sources, 2010, 195: 2909.

[131] Lee Y, Kim T Y, Kim D W, et al. Coating of spinel $LiNi_{0.5}Mn_{1.5}O_4$ cathodes with SnO_2 by an electron cyclotron resonance metal-organic chemical vapor deposition method for high-voltage applications in lithium ion batteries. Journal of Electroanalytical Chemistry, 2015, 736: 16-21.

[132] Mehtougui N, Rached D, Khenata R, et al. Structural, electronic and mechanical properties of RuO_2 from first-principles calculations. Materials Science in Semiconductor Processing, 2012, 15: 331-339.

[133] Wang J, Yao S, Lin W, et al. Improving the electrochemical properties of high-voltage lithium nickel manganese oxide by surface coating with vanadium oxides for lithium ion batteries. Journal of Power Sources, 2015, 280: 114-124.

[134] Zhao G, Lin Y, Zhou T, et al. Enhanced rate and high-temperature performance of $La_{0.7}Sr_{0.3}MnO_3$-coated $LiNi_{0.5}Mn_{1.5}O_4$ cathode materials for lithium ion battery. Journal of Power Sources, 2012, 215: 63-68.

[135] Lin Y, Yang Y, Yu R, et al. Enhanced electrochemical performances of $LiNi_{0.5}Mn_{1.5}O_4$ by surface modification with superconducting $YBa_2Cu_3O_7$. Journal of Power Sources, 2014, 259: 188-194.

[136] Wu Q, Yin Y, Sun S, et al. Novel AlF_3 surface modified spinel $LiMn_{1.5}Ni_{0.5}O_4$ for lithium-ion batteries: performance characterization and mechanism exploration. Electrochimica Acta, 2015, 158: 73-80.

[137] Huang Y Y, Zeng X L, Zhou C, et al. Electrochemical performance and thermal stability of GaF_3-coated $LiNi_{0.5}Mn_{1.5}O_4$ as 5V cathode materials for lithium ion batteries. Journal of Materials Science, 2013, 48: 625-635.

[138] Chong J, Xun S, Zhang J, et al. Li_3PO_4-coated $LiNi_{0.5}Mn_{1.5}O_4$: A stable high-voltage cathode material for lithium-ion batteries. Chemistry-A European Journal, 2014, 20: 7479-7485.

[139] Zhang Q, Mmei J, Wang X, et al. High performance spinel $LiNi_{0.5}Mn_{1.5}O_4$ cathode material by lithium polyacrylate coating for lithium ion battery. Electrochimica Acta, 2014, 143: 265-271.

[140] Cheng F，Xin Y，Huang Y，et al. Enhanced electrochemical performances of 5V spinel $LiMn_{1.58}Ni_{0.42}O_4$ cathode materials by coating with $LiAlO_2$. Journal of Power Sources，2013，239：181-188.

[141] Chae J S，Yoon S B，Yoon W S，et al. Enhanced high-temperature cycling of Li_2O-$2B_2O_3$-coated spinel-structured $LiNi_{0.5}Mn_{1.5}O_4$ cathode material for application to lithium-ion batteries. Journal of Alloys and Compounds，2014，601：217-222.

[142] Gao X W，Deng Y F，Wexler D，et al. Improving the electrochemical performance of the $LiNi_{0.5}Mn_{1.5}O_4$ spinel by polypyrrole coating as a cathode material for the lithium-ion battery. Journal of Materials Chemistry A，2015，3：404-411.

[143] Cho J H，Park J H，Lee M H，et al. A polymer electrolyte-skinned active material strategy toward high-voltage lithium ion batteries：a polyimide-coated $LiNi_{0.5}Mn_{1.5}O_4$ spinel cathode material case. Energy & Environmental Science，2012，5：7124-7131.

[144] Yamada A，Hosoya M，Chung S C，et al. Olivine-type cathode achievements and problems. Journal of Power Sources，2003，119-121：232-238.

[145] Han J，Yang J，Lu H，et al. Effect of synthesis processes on the microstructure and electrochemical properties of $LiMnPO_4$ cathode material. Industrial & Engineering Chemistry Research，2022，61：7451-7463.

[146] Guo H，Wu C Y，Liao L H，et al. Performance improvement of lithium manganese phosphate by controllable morphology tailoring with acid-engaged nano engineering. Inorganic Chemistry，2015，54：667-674.

[147] Sato M，Ohkawa H，Yoshida K，et al. Enhancement of discharge capacity of Li_3V_2 $(PO_4)_3$ by stabilizing the orthorhombic phase at room temperature. Solid State Ionics，2000，135：137-142.

[148] Huang H，Faulkner T，Barker J，et al. Lithium metal phosphates，power and automotive applications. Journal of Power Sources，2009，189：748-751.

[149] 芮先宏. 锂离子电池正极材料磷酸钒锂的制备及性能研究. 合肥：中国科学技术大学，2010.

[150] Liu H，Wu Y P，Rahm E，et al. Cathode materials for lithium ion batteries prepared by sol-gel methods. Cheminform，2004，35：450-466.

[151] Wang L，Bai J，Gao P，et al. Structure tracking aided design and synthesis of Li_3V_2 $(PO_4)_3$ nanocrystals as high-power cathodes for lithium ion batteries. Chemistry of Materials，2015，44：27-33.

[152] Gao M R，Xu Y F，Jiang J，et al. Nanostructured metal chalcogenides：synthesis，modification，and applications in energy conversion and storage devices. Cheminform，2013，44：2986-3017.

[153] Zhou X，Liu Y，Guo Y. Effect of reduction agent on the performance of Li_3V_2 $(PO_4)_3/C$ positive material by one-step solid-state reaction. Electrochimica Acta，2009，54：2253-2258

[154] Zhang L L，Li Y，Peng G，et al. High-performance Li_3V_2 $(PO_4)_3/C$ cathode materials prepared via a sol-gel route with double carbon sources. Journal of Alloys & Compounds，2012，513：414-419.

[155] Chen Q, Zhang T, Qiao X, et al. $Li_3V_2(PO_4)_3/C$ nanofibers composite as a high performance cathode material for lithium-ion battery. Journal of Power Sources, 2013, 234: 197-200.

[156] Armstrong A R, Kuganathan N, Islam M S, et al. Structure and lithium transport pathways in Li_2FeSiO_4 cathodes for lithium batteries. Journal of the American Chemical Society, 2011, 133: 13031-13035.

[157] 魏雪霞. 钒改性硅酸铁锂正极材料的制备及其钒的分析. 厦门: 厦门大学, 2017.

[158] Armstrong A R, Kuganathan N, Islam M S, et al. Structure and lithiumtransport pathways in Li_2FeSiO_4 cathodes for lithium batteries. Journal of the American Chemical Society, 2011, 133: 13031-13035.

[159] Zhang S, Deng C, Yang S. Preparation of nano-Li_2FeSiO_4 as cathode material for lithium-ion batteries. Electrochemical and Solid-State Letters, 2009, 12: A136-A139.

[160] Deng C, Zhang S, Yang S Y, Fu B L, et al. Synthesis and characterization of $Li_2Fe_{0.97}M_{0.03}SiO_4$ ($M=Zn^{2+}$, Cu^{2+}, Ni^{2+}) cathode materials for lithium ion batteries. Journal of Power Sources, 2011, 196: 386-392.

[161] Wu X, Jiang X, Huo Q, et al. Facile synthesis of Li_2FeSiO_4/C composites with triblock copolymer P123 and their application as cathode materials for lithium ion batteries. Electrochimica Acta, 2012, 80: 50-55.

[162] Peng Z D, Cao Y B, Hu G R, et al. Microwave synthesis of Li_2FeSiO_4 cathode materials for lithium-ion batteries. Chinese Chemical Letters, 2009, 20: 1000-1004.

[163] Rangappa D, Murukanahally K D, Tomai T, et al. Ultrathin nanosheets of Li_2MSiO_4 (M = Fe, Mn) as high-capacity Li-ion battery electrode. Nano Letters, 2012, 12: 1146-1151.

[164] Kojima A, Kojima T, Sakai T. Structural analysis during charge-discharge process of Li_2FeSiO_4 synthesized by molten carbonate flux method. Journal of the Electrochemical Society, 2012, 159: A525-A531.

[165] Zhang S, Deng C, Fu B L, et al. Effects of Cr doping on the electrochemical properties of Li_2FeSiO_4 cathode material for lithium-ion batteries. Electrochim Acta, 2010, 55: 8482-8489.

[166] Sahin Y, Pekmez K, Yildiz A. Electrochemical polymerization of acetylene with copper catalyst on platinum and copper electrodes. Synthetic Metals, 2002, 129: 117-121.

[167] Novoak P, Muller K, Santhanam S V, et al. Electrochemically active polymers for rechargeable batteries. Chemical Reviews, 1997, 97: 207-282.

[168] Fujii M, Kushida K, Ihori H. Learning effect of composite conducting polymer. Thin Solid Films, 2003, 438/439: 356-359.

[169] Yang D H, Gao Z Q. Preparation of polyphenylene film on platinum electrode in molten biphenyl medium by potential cycling method. Synthetic Metals, 2000, 108: 89-94.

[170] Karami H, Mousavi M F, Shamsipur M. A novel dry bipolar rechargeable battery based on polyaniline. Journal of Power Sources, 2003, 124: 303-308.

[171] Gemeay A H. Chemical preparation of manganese dioxide/polypyrrole composites and their use as cathode active materials for rechargeable lithium batteries. Journal of the

Electrochemical Society，1995，142：4190-4195.

[172] Johansson T，Mammo W，Svensson M. Electrochemical bandgaps of substituted poly-thiophenes. Journal of Materials Chemistry，2003，13：1316-1323.

[173] Visco S J，de Jonghe L C. Ionic conductivity of organosulfur melts for advanced storage electrodes. Journal of the Electrochemical Society，1988，755：2905-2909.

[174] Kiya Y，Iwata A，Sarukawa T，et al. Poly[dithio-2,5-(1,3,4-thiadiazole)](PDMcT)-poly(3,4-ethylenedioxythiophene)(PEDOT) composite cathode for high-energy lithi-um/lithium-ion rechargeable batteries. Journal of Power Sources，2007，173：522-530.

[175] Chi T Y，Li H，Li X W，et al. Synthesis and electrochemical performance of hierar-chically porous carbon-supported PDMcT-PANI composite for lithium-ion batter-ies. Electrochimica Acta，2013，96：206-213.

[176] Canobre S C，Almeida D A，Fonseca C P，et al. Synthesis and characterization of hy-brid composites based on carbon nanotubes. Electrochimica Acta，2009，54：6383- 6388.

[177] Jin L F，Wang G C，Li X W，et al. Poly (2, 5-dimercapto-1, 3, 4-thiadiazole)/sul-fonated graphene composite as cathode material for rechargeable lithium batter-ies. Journal of Applied Electrochemistry，2011，41：377-382.

[178] Park J E，Park S G，Koukitu A，et al. Effect of adding Pd nanoparticles to dimercap-tan-polyaniline cathodes for lithium polymer battery. Synthetic Metals，2004，140：121-126.

[179] Oyama N，Pope J M，Sotomura T. Effects of adding copper (Ⅱ) salt to organosulfur cathodes for rechargeable lithium batteries. Journal of the Electrochemical Society，1997，144：L47-L51.

[180] Pope J M，Oyama N. Organosulfur/conducting polymer composite cathodes：Ⅰ. Voltammetric study of the polymerization and depolymerization of 2,5-diniercapto-1,3,4-thiadiazole in acetoni-trile. Journal of the Electrochemical Society，1998，145：1893-1901.

[181] Pope J M，Sato T，Shoji E，et al. Organosulfur/conducting polymer composite cath-odes：Ⅱ. spectroscopic determination of the protonation and oxidation states of 2,5-dimercapto-1, 3, 4-thiadiazole. Journal of the Electrochemical Society，2002，149：A939-A952.

[182] Naoi K，Kawase K，Mori M，et al. Electrochemistry of poly(2,2′- dithiodianiline)：A new class of high energy conducting polymer interconnected with S-S Bonds. Journal of the Electrochemical Society，1997，144 (6)：L173-L175.

[183] Deng S R，Kong L B，Hu G Q，et al. benzene-based polyorganodisulfide cathode mate-rials for secondary lithium batteries. Electrochimica Acta，2006，57：2589-2593.

[184] 张勇勇，王维坤，王安邦，等. 1,4,5,8-四羟基-六苯四醌用作锂二次电池正极材料的研究. 第 15 届全国电化学会议（长春），2009，B-P33.

[185] Boschi T，Pappa R，Pistoia G，et al. On the use of nonylbenzo-hexaquinone as a sub-stitute for monomeric quinones in non-aqueous cells. Journal of Electroanalytical Chemis-try and Interfacial Electrochemistry，1984，176：235-242.

[186] 王维坤，张勇勇，王安邦，等. 锂电池正极材料 1,4,5,8-四羟基-9,10-蒽醌的电化学

性能. 物理化学学报，2010，26：47-50.

[187] Park Y，Shin D S，Woo S H，et al. Sodium terephthalate as an organic anode material for sodium ion batteries. Advanced Materials，2012，24：3562-3567.

[188] Song Z P，Zhan H，Zhou Y H. Anthraquinone based polymer as high performance cathode material for rechargeable lithium batteries. Chemical Communications，2009 (4)：448-450.

[189] Song Z，Zhan H，Zhou Y. Polyimides: Promising energy-storage materials. Angewandte Chemie International Edition，2010，49：8444-8448.

[190] Song Z，Xu T，Gordin M L，et al. Polymer-graphene nanocomposites as ultrafast-charge and discharge cathodes for rechargeable lithium batteries. Nano Letters，2012，12：2205-2211.

第 3 章

先进负极材料

3.1
负极材料概述

锂离子电池负极材料作为储锂载体，在充放电过程中较低电位下实现可逆的存储与释放锂。金属锂具有最低的氧化还原电势，质量最轻，因此能够提供较高的比容量，并与正极匹配构筑高能量密度的电池，被认为是最理想的负极材料。2019 年诺贝尔化学奖得主之一 M. S. Whittingham 于 20 世纪 70 年代在埃克森美孚提出了最早的锂电池模型，即采用金属锂为负极。金属锂负极由于反应活性较高，在可逆沉积/剥离过程中容易产生锂枝晶而刺穿隔膜，造成电池短路等安全问题，同时枝晶的熔断等问题会造成死锂的产生，直接影响了电池效率与使用寿命。以金属锂为负极的电池在最初推向市场过程中，严重的安全问题影响了市场推广。直到 20 世纪 80 年代日本旭化成吉野彰研究小组以 $LiCoO_2$ 为正极、石油焦为负极构筑了最初的锂离子电池模型，解决了以金属锂为负极的电池安全问题，这一工作为锂离子电池的大规模商业化奠定了基础。

在以上工作的基础上，1991 年日本 Sony 公司成功研制了以 $LiCoO_2$ 为正极、层状石墨材料为负极的锂离子电池并成功推向市场，迅速推动了锂离子电池市场的快速发展。其工作原理如图 3-1 所示，伴随着充放电过程中锂离子在正负极之间迁移进行充放电反应。进一步提升电池的能量密度与循环寿命，需要通过进一步提升正负极材料的容量与循环过程中的稳定性来实现。新型电极材料的开发也成为电池开发的重点。

负极材料作为锂离子电池的重要组成，在开发过程中主要关注以下几个方面的特点：

① 具有较低的氧化还原电势；
② 具有稳定的空间结构以保证在锂离子的嵌入过程中不出现结构坍塌；
③ 具有较高的理论容量以及能够进行大功率充放电；
④ 具有与锂离子反应的高度可逆性；
⑤ 具有较好的导电性以及较高的锂离子扩散系数；
⑥ 成本低、来源丰富、环境友好并能够满足大规模生产。

根据负极材料的储锂机制不同，可以分为嵌入型负极材料、转化型负极材料以及合金型负极材料。相应的反应机理如下：

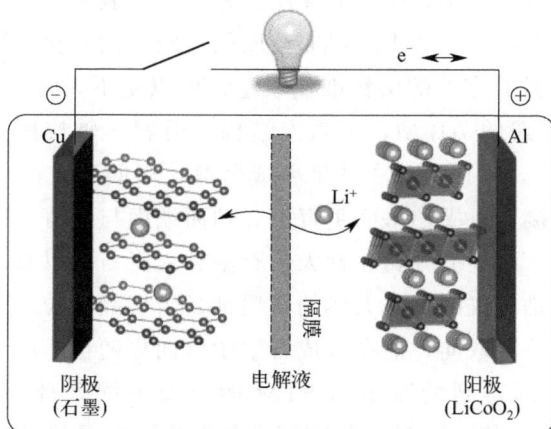

图 3-1 首例商业化锂离子电池（石墨/锂离子电解质/LiCoO$_2$）结构示意图[1]

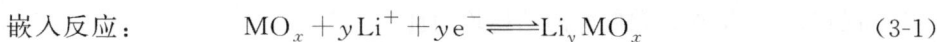

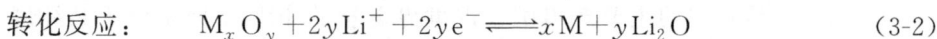

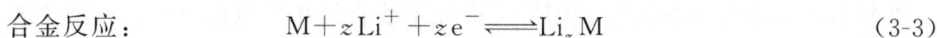

嵌入反应： $\qquad MO_x + yLi^+ + ye^- \rightleftharpoons Li_yMO_x \qquad$ (3-1)

转化反应： $\qquad M_xO_y + 2yLi^+ + 2ye^- \rightleftharpoons xM + yLi_2O \qquad$ (3-2)

合金反应： $\qquad M + zLi^+ + ze^- \rightleftharpoons Li_zM \qquad$ (3-3)

首个商业化的层状石墨基材料是典型的嵌入型负极材料。锂离子在放电过程中嵌入到石墨层间，充电过程中脱出层间跃迁到正极；转化型负极材料主要包括金属氧化物、金属硫化物、金属磷化物等材料；合金型材料主要是一些能够与锂通过合金化反应形成锂合金，充电过程中恢复到原始的金属或者合金状态的材料。本章将主要以碳基材料、钛酸锂和钒酸锂为例介绍嵌入型负极材料；以金属氧化物、金属硫化物为例介绍转化型负极材料；以硅、铝、锡为例介绍合金型负极材料；同时还将对其他新型负极材料展开介绍。

3.2
碳基负极材料

3.2.1 石墨基材料

商业锂离子电池中大部分使用石墨作为负极，因为它们比大多数金属氧化物、硫属元素化合物和合金材料具有更低的氧化还原电位，同时它们的低膨胀性使其比其他几类材料具有更好的循环性能[2-3]。自 1938 年，Rudorff 和 Hofmann[4] 首先提出了石墨可用作可充电电池的离子嵌入型负极材料主体，许多科学家随后对其进行了研究。能够进行可逆锂离子嵌入的碳基材料可以分类为石墨和无定形碳。石墨是具有层状结构的碳质材料，不仅表现出金属的性质，例如良好的导热性和导电性，而且还表现出非金属的性质，例如化学惰性、高耐热性和润滑性等[5]。石墨具有完美的层状堆叠顺序，可以是不太常见的 ABC 型（菱形石墨），也可以是普遍的 AB 型，呈六方结构，沿着 c 轴按照 ABAB 顺序排列。如图 3-2(a) 所示[6]，平面碳原子片堆叠成微晶，层间通过范德华力结合，层内原子通过共价键连接；石墨的基面垂直于 c 轴而端面与 c 轴平行，因而石墨层具有良好的各向异性。石墨的种类包括天然石墨、人工石墨以及改性石墨。除了少数石墨材料，无论是合成的还是天然的石墨都是由多晶颗粒组成的。在天然薄片石墨中，晶粒具有特定取向，而在合成石墨中取向更随机。图 3-2 中(b) 和（c）分别是不同温度处理得到的石墨的 STM 图以及不同处理温度下石墨材料的（001）峰的 XRD 衍射峰[7]。随着处理温度的升高，微晶尺寸逐渐增加，晶界结构变得更加清晰；从 XRD 数据中也可以看出，衍射峰具有良好的对称性，说明所制备的石墨样品皆具有良好的结构均匀性。

　　我国是天然石墨的主要产出国，占世界总量的 40%。但是由于其纯度和结晶度较低，导电性和润滑性能中等，因此不能直接用作电极材料。目前主要用作一次碱性电池中的导电剂和工艺促进添加剂。合成石墨大都在 2500℃ 以上的温度通过处理沥青焦来制备，热处理过程使无序碳层定向转化成有序层状石墨结构。根据所使用的原料和热处理工艺，合成石墨具有不同特性。图 3-3 给出了天然石墨球化后和合成石墨的形貌。可以看出天然石墨球化后具有均一的粒子尺寸，而合成石墨的尺寸分布相对较宽[5]。

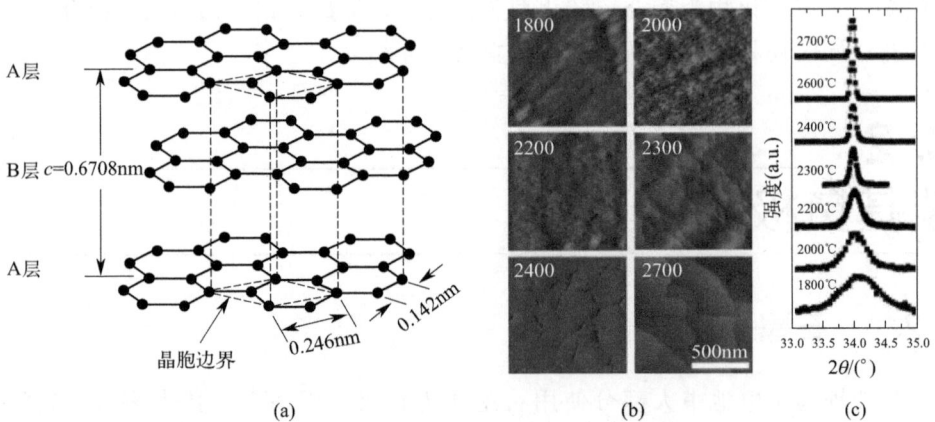

图 3-2　石墨的六方晶系晶胞结构（a），不同温度处理的纳米石墨材料的 STM 图（b）
以及不同温度处理后（001）峰的 XRD 图谱（c）[7]

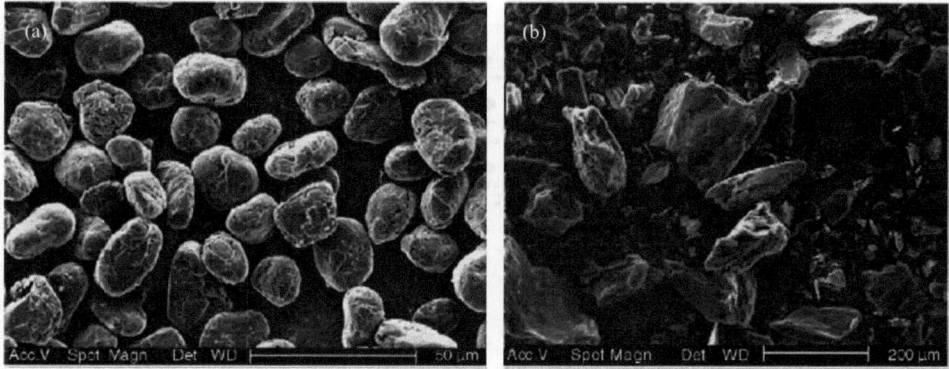

图 3-3　天然石墨球化后的形貌（a）和人工合成石墨电镜形貌（b）[5]

在锂-石墨插层化合物中，脱嵌锂过程中的反应方程式为：$Li_x C_n \rightleftharpoons x Li + x e^- + nC$。电荷由于石墨主体的电化学还原特性，来自电解质的锂离子嵌入到石墨层间进而形成锂-石墨插层化合物 $Li_x C_n$。能够容纳锂的位点数量完全取决于碳基材料的结晶度、微观结构和形态[8]。锂离子通过基面或端面，在棱柱表面的缺陷部位首先发生嵌入反应。在锂嵌入石墨过程中，石墨碳层的堆叠顺序由 ABAB 转变为 AAAA。正如图 3-4(a) 所示，由于锂的嵌入，层间距增加，锂中间层的堆叠顺序为 αα（沿着 c 轴存在 Li-C₆-Li-C₆-Li 链）。在 LiC_6 中，锂以平面分布以避免占据最近的相邻位点，平面图如图 3-4(b) 所示[6]。根据石墨嵌锂后形成稳定 LiC_6 结构特征，石墨储锂的理论能量密度为 $372mA \cdot h \cdot g^{-1}$。图 3-5 为经典石墨材料的充放电曲线，在 $0.2 \sim 0.5V$ 一个较窄的区间有较为平整的平台结构，极化较低，这能够保证与正极匹配后具有较高的工作电压，因此能够实现高能量密度；同时，石墨材料展现出良好的充放电循环稳定性。

在锂离子电池中，大部分电解液的还原电位要高于锂电位，因此，在首圈的充电过程中，部分电解液会在负极材料表面发生分解，而在电极表面生成一层固态电解质膜，也叫 SEI（solid electrolyte interface）膜。SEI 膜能够有效阻挡电极与电解液进一步接触，防止电解液持续分解。高效均匀的 SEI 膜能够促进界面处锂离子的迁移，而不稳定、不均匀的 SEI 膜可能导致金属锂枝晶形成与电解液持续分解，从而造成电池失效[10]。锂离子在电解液中以溶剂化的状态存在于电解液中，其嵌入石墨负极的过程需要在 SEI 膜中完成退溶剂化过程，稳定的 SEI 膜能够促进锂离子退溶剂化，有效降低电荷转移电阻[11]。在充放电过程中，SEI 膜处于一个动态的形成-分解过程，伴随充放电反应的进行，在石墨负极表面逐渐累积新的还原产物，而还原产物的累积能够在一定程度上降低最初形

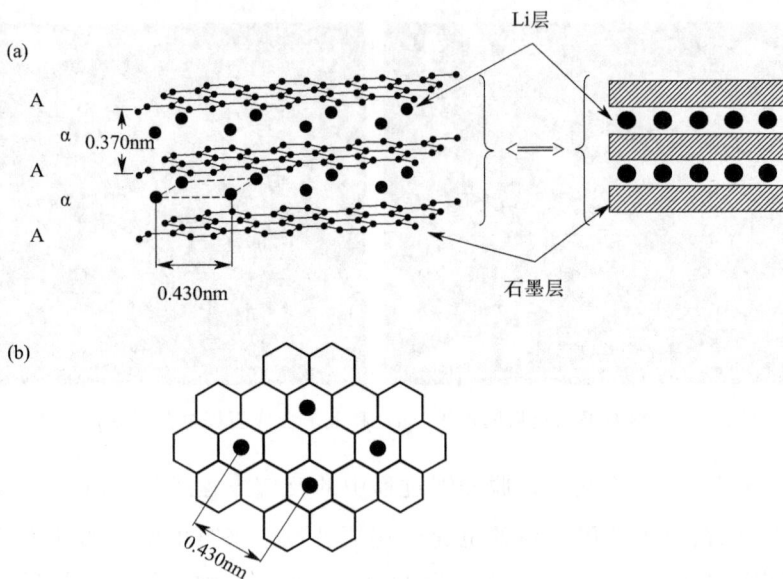

图 3-4   石墨嵌锂的平面结构[6]

（a）插层锂的 AA 层堆积顺序和 αα 层间顺序示意图（左）和简化示意图（右）；（b）LiC$_6$ 基面的俯视图

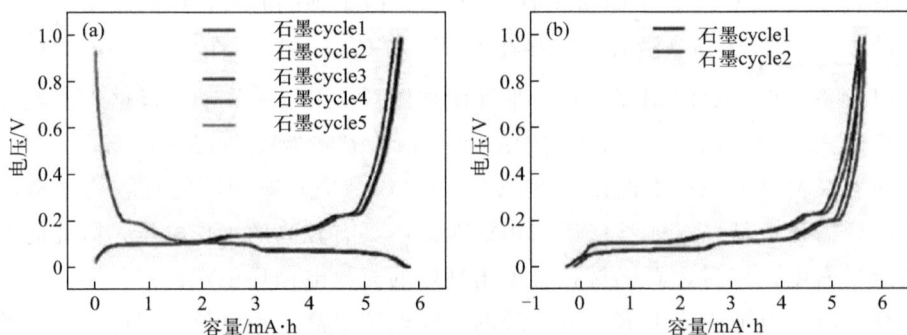

图 3-5   石墨/金属锂片扣式半电池的充放电曲线[9]

成的 SEI 膜中的孔径，导致锂离子嵌入/脱出的动力学性能降低。电池在较高温度下工作和高倍率下充放电时，SEI 膜大部分被分解[2]，在石墨负极上，其与电解质界面处会发生剥落和非晶化。SEI 层与其周围环境从其形成阶段到其最终分解的相互作用如图 3-6 所示，SEI 层的破坏导致溶剂化的锂离子渗透到块状石墨电极材料内，使石墨层膨胀，从而减少电池寿命[12]。坚固有效的 SEI 层不但会抑制溶剂的进一步分解，避免溶剂共嵌入，还能够防止石墨剥落并提高循环效率[13]，显著降低在电池循环过程中的双层电容[14]，相对于无效的 SEI 层可增加电极/电解质界面中的离子导电性[15]。

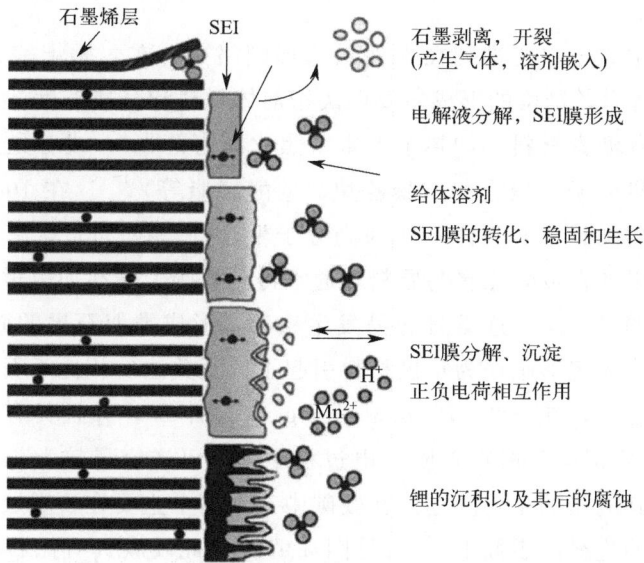

图 3-6　SEI 膜与电解液相互作用的过程示意图[16]

　　石墨作为锂离子电池负极，其原始电极及循环 50 圈以后的电极形貌如图 3-7
所示。原始石墨电极形貌见图 3-7(a)，电池开始循环前，石墨材料呈片状，表面
光滑。充放电循环 50 圈后，图 3-7(b) 中电极表面均匀附着一层 SEI 膜，在大
倍率充放电循环后，SEI 膜出现部分破裂。因此，在石墨负极表面构筑稳固的
SEI 膜是提升其循环寿命的关键。

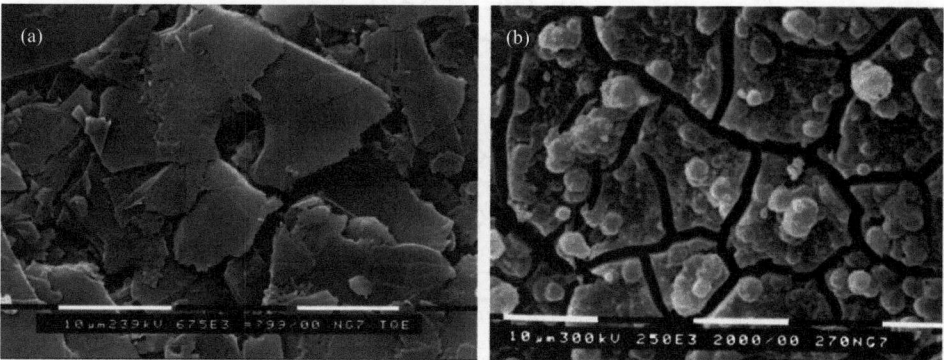

图 3-7　由 SEI 层破裂导致的表面沉积[16]

（a）原始石墨负极上的表面形貌；（b）循环 50 圈后 SEI 层出现破裂

3.2.2 其他碳基负极材料

无定形碳中原子主要排列在平面六边形网络中，在 c 轴上表现出无序化结构，如图 3-8 所示，结构的形成主要取决于前体材料和合成温度。无定形碳的制备前体包括各种沥青材料，如热解沥青、焦化沥青等[17]；或者是各种复杂的有机材料，如有机分子、聚合物（聚乙炔、酚醛树脂等）[18]。在 1000℃ 左右进行碳化，主要得到硬碳，前驱体一般为高分子聚合物。在 2500℃ 左右能够石墨化的无定形碳，以沥青或者焦炭为原料，通常得到软碳。其在加热过程中由于碳层之间的交联很弱进而层间连续且容易发生移动，形成类似石墨的微晶[19]。在过去的几十年里，无定形碳作为负极材料引起了广泛关注。相比于石墨，无定形碳具有更高的比容量，在 $500\sim700\text{mA}\cdot\text{h}\cdot\text{g}^{-1}$ 范围[20]，并且具有良好的循环稳定性[21]。但无定形碳一般在首圈放电过程中，不可逆容量较大、库仑效率较低等问题是限制其应用的主要问题。在硬碳中，锂离子主要在石墨层之间插入或吸附在硬碳微晶的边缘或表面上[22]（见图 3-9），因此硬碳具有比石墨负极更高的容量。软碳的结晶性要略高于硬碳，层间距略小，作为锂离子电池负极表现为首圈效率不高，但循环稳定性较好，无明显充放电平台。目前已经商业化的软碳材料是中间相碳微球（MCMB）[23]。

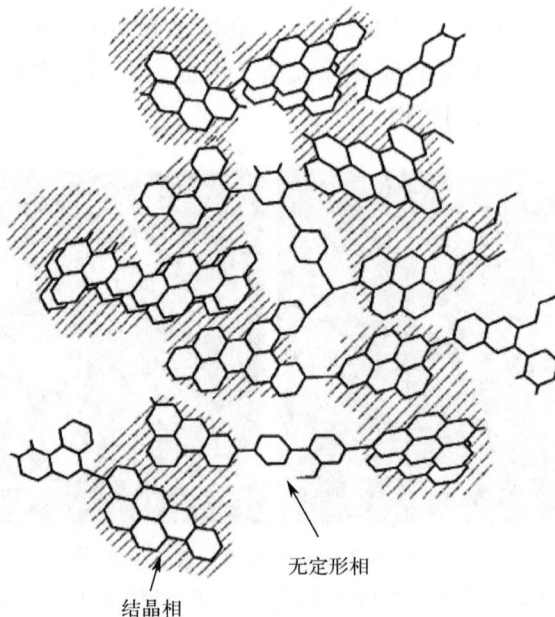

图 3-8 非石墨碳材料结构示意图[6]

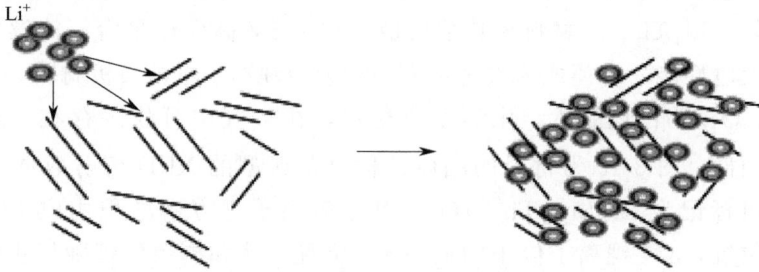

图 3-9　硬碳的锂离子嵌入机制示意图[28]

碳纳米管由日本科学家 Iijima 在 1991 年首次发现[24]，也称为管状富勒烯，是由 sp^2 碳原子组成的圆柱形石墨片。由于存在五元环，这些纳米管是任一端封闭的同心石墨圆柱体。碳纳米管可以是多壁的、具有纳米直径的中心管，被间距约为 0.34nm 的石墨层包围。在单壁碳纳米管中，只有管而没有石墨层[25]。近年来碳纳米管的合成技术得到快速发展，例如，电弧放电、激光蒸发和化学气相沉积等[26]。碳纳米管直接用作负极材料并无显著优势，主要利用其优异的导电性能与力学性能，在柔性电极等方面具有一定潜力。石墨烯首先在 2004 年由石墨机械剥离获得[27]，这种简单、低成本地得到石墨烯薄片的技术受到人们广泛关注，石墨烯因而也成为继富勒烯、碳纳米管后又一研究热点。其在电池负极方面的应用与碳纳米管类似，主要利用其优异的导电性能与形成柔性自支撑电极方面的特性。

3.3
其他嵌入型负极材料

钛酸锂最早在 20 世纪 70 年代作为超导材料进入人们的视野。因为其特殊的晶体结构，20 世纪 80 年代末，曾被考虑用作锂离子电池的正极材料，但是由于其相对其他正极材料较低的放电电位（1.55V）而未受重视。直到 20 世纪末加拿大学者提出与高电压正极材料联合使用，钛酸锂才开始在储能材料领域备受关注。进入 21 世纪后由于钛酸锂相对其他负极材料较高的电位平台（远离析锂电位）和优越的材料结构稳定性而重新成为研究的热点。

与碳基负极材料相比，虽然 $Li_4Ti_5O_{12}$ 的理论比容量仅为 $175mA \cdot h \cdot g^{-1}$，但不可逆容量非常少，而且在锂离子嵌入脱出的过程中材料体积几乎零应变，具有良好的循环稳定性与优异的倍率性能。同时，尖晶石型的钛酸锂材料原料丰富，价格便宜、合成方法简单、对环境无污染等优点成为其大规模商业化的重要优势。另外，$Li_4Ti_5O_{12}$ 材料因其结构稳定和 1.5V 高电压平台，能够很好地实现快速充放电性能，有望成为安全可靠的动力型锂离子电池负极材料。

$Li_4Ti_5O_{12}$ 为白色晶体，化学性质稳定，在空气中可稳定存在。其结构为 $Fd3m$ 空间群，图 3-10 为材料的晶体结构以及典型的 XRD 衍射数据[29-30]。晶胞化学式可标记为 $Li(Li_{1/3}Ti_{5/3})O_4$，其中氧离子立方密堆积构成 FCC 点阵，位于 $32e$ 位置，3/4 锂离子位于四面体 $8a$ 位置，钛和剩余的锂随机占据八面体 $16d$ 的位置，因此单个晶胞的钛酸锂也可以表述为 $[Li]_{8a}[Li_{1/3}Ti_{5/3}]_{16d}[O_4]_{32e}$。Ronci 等人的研究表明，$Li_4Ti_5O_{12}$ 材料的晶胞参数 a 在充放电过程中仅从 $a=0.836nm$ 增加到 $a=0.837nm$，单位晶胞体积的变化小于 1%，因此 $Li_4Ti_5O_{12}$ 也被称为"零应变"电池材料[29]。

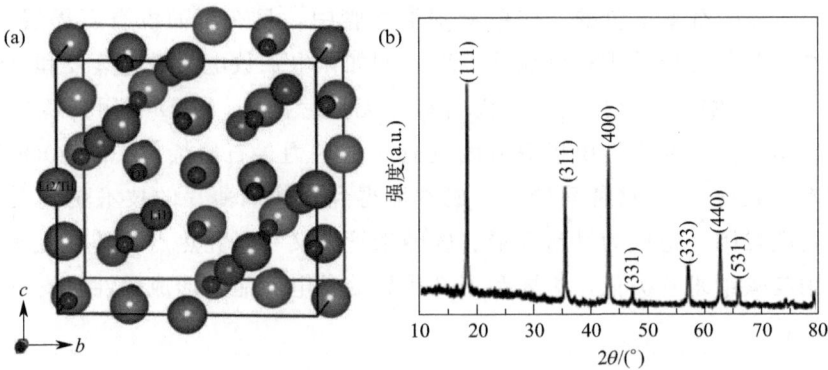

图 3-10 $Li_4Ti_5O_{12}$ 的晶体结构（a）和 XRD 图谱（b）[30]

3.3.1 尖晶石结构 $Li_4Ti_5O_{12}$ 负极材料

图 3-11 为纳米 $Li_4Ti_5O_{12}$ 材料的循环伏安曲线以及不同电流密度下的充放电曲线[31]。$Li_4Ti_5O_{12}$ 材料与大多数尖晶石型材料的嵌锂行为相似，是一种单相离子随机插入化合物的类型，发生的反应为典型的两相反应，因此该类材料在充放电过程中具有唯一的充放电平台。另外 $Li_4Ti_5O_{12}$ 材料的充放电平台十分平坦，这表明锂离子嵌入的过程中结构保持稳定，以 $Li_4Ti_5O_{12}$ 作为电极材料能够避免由于锂离子嵌入/脱出过程造成的结构破坏。

$Li_4Ti_5O_{12}$ 材料在放电时，Li^+ 在嵌入的过程中首先占据 $16c$ 位置，与此同时在晶格中原来位于四面体 $8a$ 位置的 Li^+ 也开始迁移到邻近的 $16c$ 位置，由尖晶石相的 $Li(Li_{1/3}Ti_{5/3})O_4$ 逐渐转变为盐岩结构的 $Li_2(Li_{1/3}Ti_{5/3})O_4$，充电时则

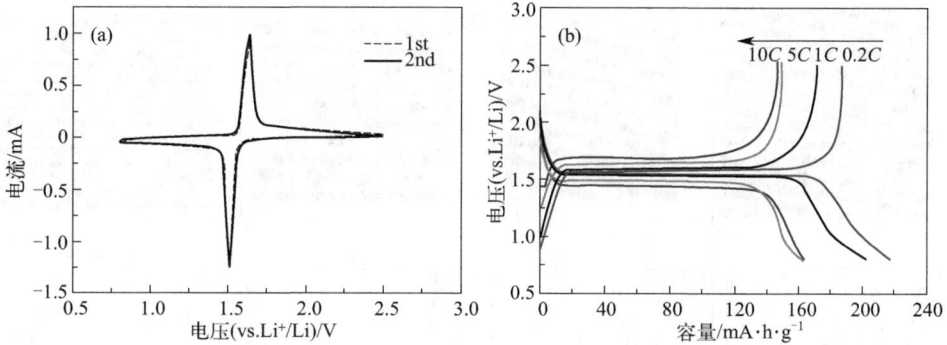

图 3-11　纳米 $Li_4Ti_5O_{12}$ 材料的循环伏安曲线（a）和不同电流密度下的充放电曲线（b）[31]

为该反应的逆过程，反应方程式可表述为：

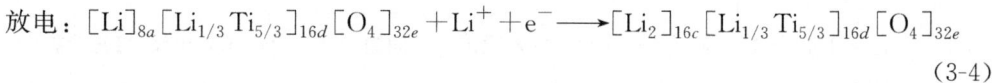

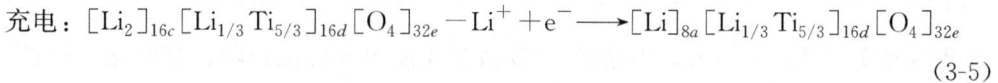

放电：$[Li]_{8a}[Li_{1/3}Ti_{5/3}]_{16d}[O_4]_{32e}+Li^++e^-\longrightarrow[Li_2]_{16c}[Li_{1/3}Ti_{5/3}]_{16d}[O_4]_{32e}$

$$(3\text{-}4)$$

充电：$[Li_2]_{16c}[Li_{1/3}Ti_{5/3}]_{16d}[O_4]_{32e}-Li^++e^-\longrightarrow[Li]_{8a}[Li_{1/3}Ti_{5/3}]_{16d}[O_4]_{32e}$

$$(3\text{-}5)$$

图 3-12 为中国科学院物理研究所胡勇胜团队[32] 对 $Li_4Ti_5O_{12}$ 电极锂化过程的最新研究结果。锂离子主要沿 [110] 晶面嵌入/脱出，不同锂化状态时的球差电镜 ABF 图像、不同荷电状态下的电极材料原子结构图像清晰地表明了伴随着锂离子的脱嵌，钛酸锂结构的变化。他们通过第一性原理计算，清晰地阐明了锂化过程中 $Li_4Ti_5O_{12}$ 电极上的 Li^+ 重排，发现除锂含量变化外，锂离子在嵌入/脱出时发生改变，在 $Li_4Ti_5O_{12}$ 中仅占据 $8a$ 位，在 $Li_7Ti_5O_{12}$ 仅占据 $16c$ 位。此外，根据两种不同的化学状态 Ti^{3+} 和 Ti^{4+} 的原子级电子能量损失光谱（EELS），在锂化时，只有 3/5 的钛被还原为 Ti^{3+}。在电化学锂化 $Li_4Ti_5O_{12}$ 样品的表面和体相中也观察到了相应的界面结构，发现这是一个清晰的相干杂相，这与基于密度泛函理论（DFT）的广义梯度近似（GGA）函数加 U（GGA＋U）计算结果相一致。

目前，尖晶石型 $Li_4Ti_5O_{12}$ 负极材料的合成方法主要包括高温固相合成法、液相法以及气相（蒸气）反应法，其中液相法又包括熔盐法、溶胶-凝胶法。不同的合成方法其产物的特点也不尽相同，各有优缺点。高温固相合成法是最传统也是工业上最常用的制备电极材料的方法，其工序简单，成本低廉，易于放大生产。但是所获得的产物尺寸一般是微米级，而且产物的形貌和均一性也较难控制，容易有杂质掺入；采用液相法中的溶胶-凝胶法，可以实现反应物在原子水平的混合，相比于其他方法而言，溶胶-凝胶法所需的反应温度较低、所获得的

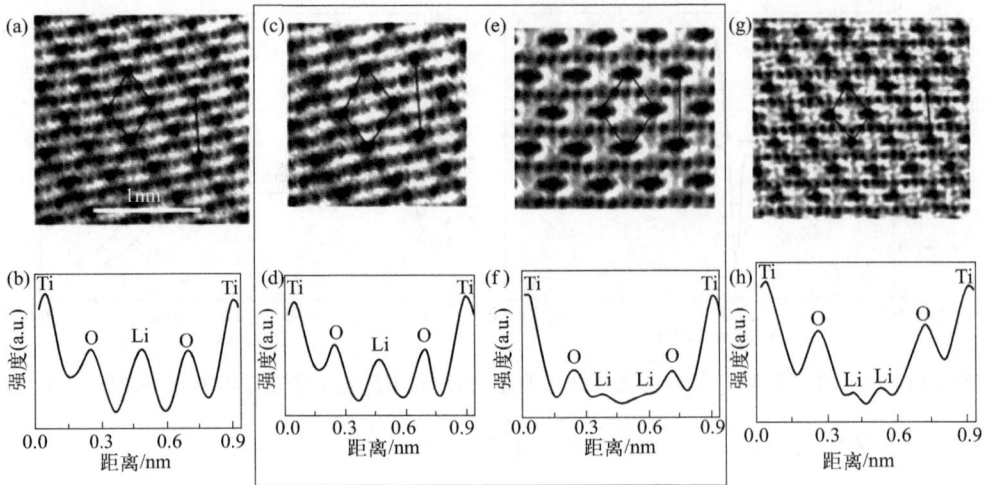

图 3-12 锂离子沿 [110] 轴从 $Li_4Ti_5O_{12}$ 嵌入脱出，不同锂化状态时的球差电镜 ABF 形貌[32]

(a)、(b) 为放电到 1.0V；(c)~(f) 为充电到 85mA·g^{-1}；(g)、(h) 为以电流密度 $C/20$ 充电到 2.2V

产品纯度高而且均一性好，但溶胶-凝胶法需要使用有机化合物，凝胶化时间长，成本较高，有些化合物对环境有害而且在高温煅烧的时候会有气体逸出，因此，现阶段该方法主要适用于实验室科研的小规模合成和精细控制。

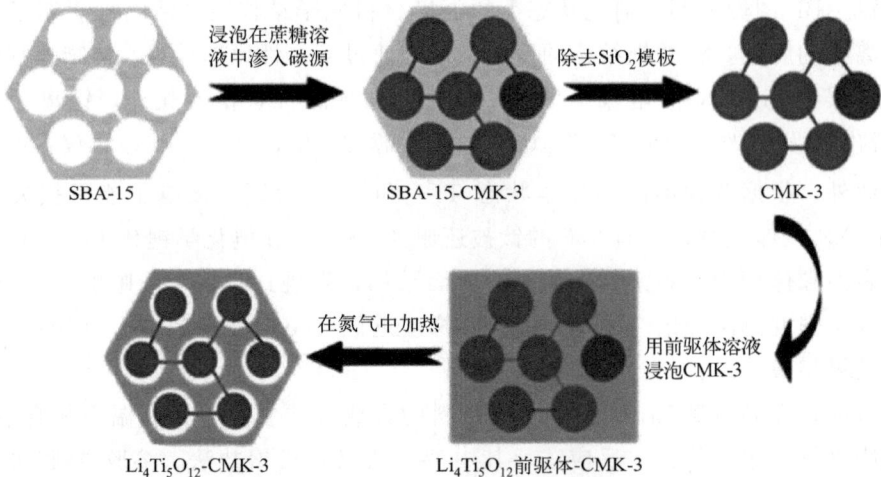

图 3-13 介孔 $Li_4Ti_5O_{12}/C$ 纳米复合材料的合成示意图[30]

文献中也有报道用多孔碳材料 CMK-3 为硬模板合成介孔 $Li_4Ti_5O_{12}/C$ 纳米复合材料。图 3-13 为介孔 $Li_4Ti_5O_{12}/C$ 纳米复合材料的合成过程示意图。采用介孔二氧化硅 SBA-15 复制法进行制备。将制备好的 CMK-3 模板进行浓硝酸处理，在模板表面引入羟基，诱导亲水性，便于水溶液浸渍。随后将改性后的 CMK-3 模板浸在 $Li_4Ti_5O_{12}$ 前驱体溶液中。最后，将浸渍于 $Li_4Ti_5O_{12}$ 的 CMK-3 粉末在氮气中 750℃ 热处理 6h，形成结晶的 $Li_4Ti_5O_{12}/C$ 纳米复合材料。

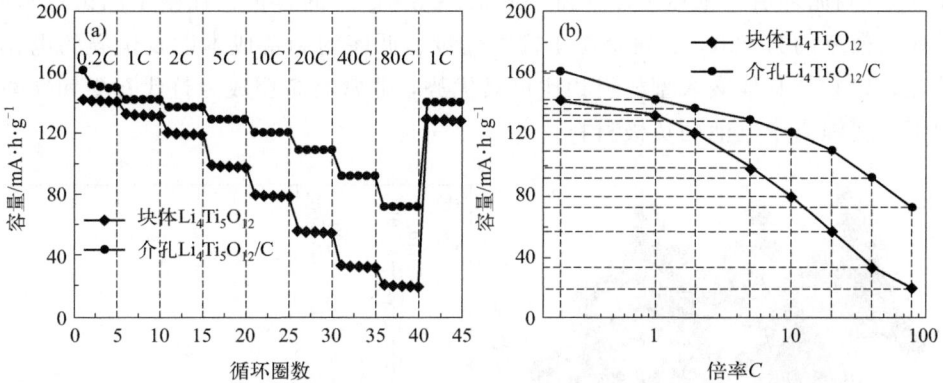

图 3-14 块体 $Li_4Ti_5O_{12}$ 材料和介孔 $Li_4Ti_5O_{12}/C$ 材料的倍率性能和循环性能对比（a），

以及两种材料不同倍率下容量保持率的对比（b）[30]

通过这种方法合成的介孔 $Li_4Ti_5O_{12}/C$ 材料电化学性能如图 3-14。对比块体 $Li_4Ti_5O_{12}$ 材料和介孔 $Li_4Ti_5O_{12}/C$ 纳米复合材料的性能可以发现，介孔 $Li_4Ti_5O_{12}/C$ 纳米复合材料拥有更好的倍率性能，特别是在 80C 的高倍率下，块体 $Li_4Ti_5O_{12}$ 材料的容量只有 $21.3mA \cdot h \cdot g^{-1}$ 而介孔 $Li_4Ti_5O_{12}/C$ 材料则可以达到 $73.4mA \cdot h \cdot g^{-1}$。此外，当充电倍率变回 1C 时，介孔 $Li_4Ti_5O_{12}/C$ 和块体 $Li_4Ti_5O_{12}$ 的可逆容量分别恢复到 $140.5mA \cdot h \cdot g^{-1}$ 和 $129.8mA \cdot h \cdot g^{-1}$，可以看出通过模板法制备的介孔 $Li_4Ti_5O_{12}/C$ 纳米复合材料电化学性能有很大的提升。与微米级 $Li_4Ti_5O_{12}$ 粉末相比，通常认为介孔纳米复合材料的储锂性能大大提高源于其互穿导电碳网络、丰富的介孔结构和小尺寸的 $Li_4Ti_5O_{12}$ 纳米微晶，导致整个电极的离子和电子传导更好，从而展现出更加优异的性能。

3.3.2 嵌入型 Li_3VO_4 材料

Li_3VO_4 是近年来被开发的一种新型钒基嵌入型负极材料，自从 2013 年被首次报道用于锂离子电池负极以来引起了广泛的关注[33]。Li_3VO_4 的电压平台在 0.5～1V 之间，远离析锂电位并能有效地抑制锂枝晶的形成，同时相比于 $Li_4Ti_5O_{12}$ 的 1.5V 平台要低，在电池体系中可以获得更高的能量密度。尽管

Li_3VO_4 的理论容量比合金型负极低，但是随着研究的深入以及对材料性能的不断优化，材料的容量也得到了很大的改善。其容量已经从 $320mA \cdot h \cdot g^{-1}$ 提升至近 $600mA \cdot h \cdot g^{-1}$。在倍率方面，通过材料改性合成的介孔 Li_3VO_4/C 材料在 $50C$（$20A \cdot g^{-1}$）电流密度下，可以实现 $357mA \cdot g^{-1}$ 的初始放电容量[34]。在 5000 圈循环后，依然可以保持 $200mA \cdot h \cdot g^{-1}$ 的容量，在整个测试过程中，其库仑效率约为 100%。钒资源丰富的储量、低廉的制备成本以及优异的电化学性能，使它与其他嵌入型材料相比极具优势，非常有希望成为替代石墨和钛酸锂的下一代锂离子电池的负极材料。

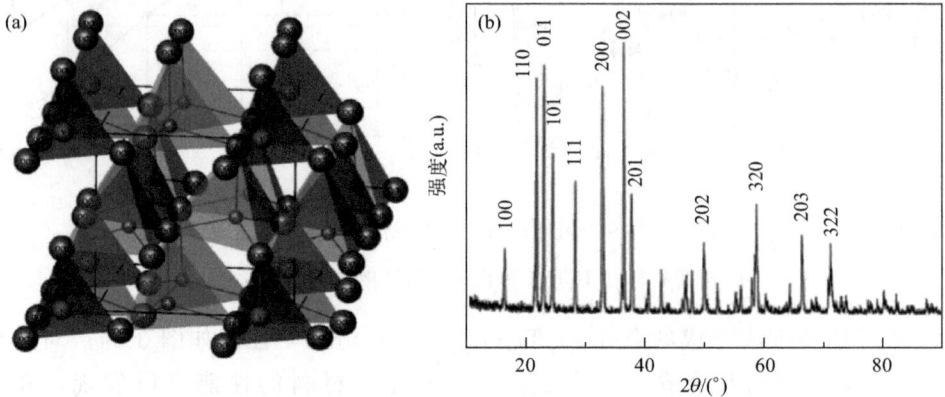

图 3-15　Li_3VO_4 的晶体结构（a）[35] 和 Li_3VO_4 的 XRD 图谱（b）[36]

图 3-15 展示了 Li_3VO_4 材料的晶体结构和典型 XRD 衍射花样。Li_3VO_4 材料一般由共顶角的 VO_4 和 LiO_4 四面体组成，锂离子可逆地嵌入结构中的空位，在脱嵌锂的过程中，尽管难以实现 Li_3VO_4 中 V(V) 的进一步氧化，但通过充电过程可以在结构中插入锂来降低价态变为 V(IV)。从图 3-15(a) 中 Li_3VO_4 的结构示意图可以发现，它由六角形密堆积的氧原子构成；阳离子占据有序的四面体位置。所有四面体都指向沿 c 轴的向上方向，并且仅通过共角连接。在该结构中，Li^+ 占据两个不同的四面体位置，V(V) 占据第三个四面体位置，相对而言，结构中仍有许多空余的阳离子位点能够进一步插入 Li^+。

Li_3VO_4 电极与 Li/Li^+ 的恒流电流充放电曲线如图 3-16(a) 所示，在第一个充放电循环中，Li_3VO_4 电极的放电比容量为 $430mA \cdot h \cdot g^{-1}$，充电比容量为 $302mA \cdot h \cdot g^{-1}$[33]。放电容量大于充电容量，这主要是由于放电过程中电极与电解质之间形成固体电解质膜（SEI）等副反应。第一个循环结束后，电极反应呈现出很高的可逆性，因为第三个循环可以很好地重复第二个循环的曲线形状和特定容量。第二个循环的放电比容量为 $323mA \cdot h \cdot g^{-1}$。图 3-16（b）为

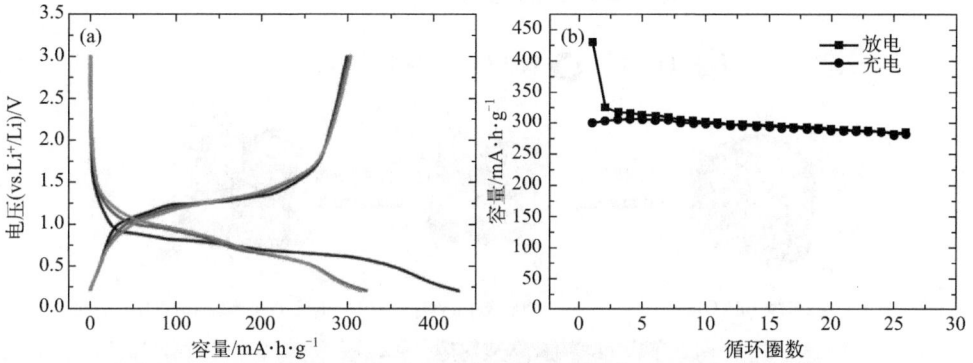

图 3-16 Li₃VO₄ 电极 20mA·g⁻¹ 电流密度下的充放电曲线（a）

和 Li₃VO₄ 电极循环性能曲线[33]

Li₃VO₄ 电极的循环性能曲线，从第二个循环开始，放电容量沿循环数缓慢减小。经过 25 次循环，可获得 283mA·h·g⁻¹ 的放电比容量，约为第二个循环容量的 87%。

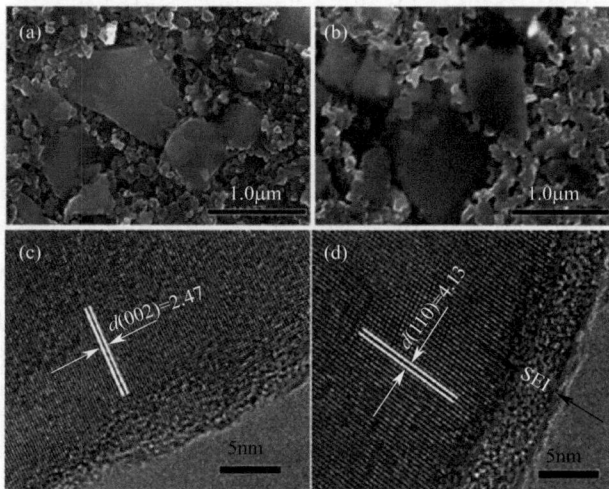

图 3-17 Li₃VO₄ 电极循环前（a）、（c）与循环后（b）、（d）扫描形貌与高分辨透射形貌[33]

利用扫描电镜（SEM）和透射电镜（TEM）研究了充/放电后电极材料形貌的变化。从图 3-17(a) 可以看出，大小不规则的 Li₃VO₄ 颗粒被许多导电炭黑小球包围，电极经过充放电循环后，表面的整体形貌相似，但表面会出现一层 SEI 膜，通过高倍透射电镜（HRTEM）进一步观察后发现，循环后的 Li₃VO₄ 颗粒表面被厚度 3～5nm 的非晶层覆盖，确定了 SEI 膜的存在。通过能谱（EDS）分析，粒子内部区域显示出很强的 V 信号，而表面非晶态层仅显示 C 和 O，几乎没有 V 信号，进一步证实了 SEI 膜的组成。

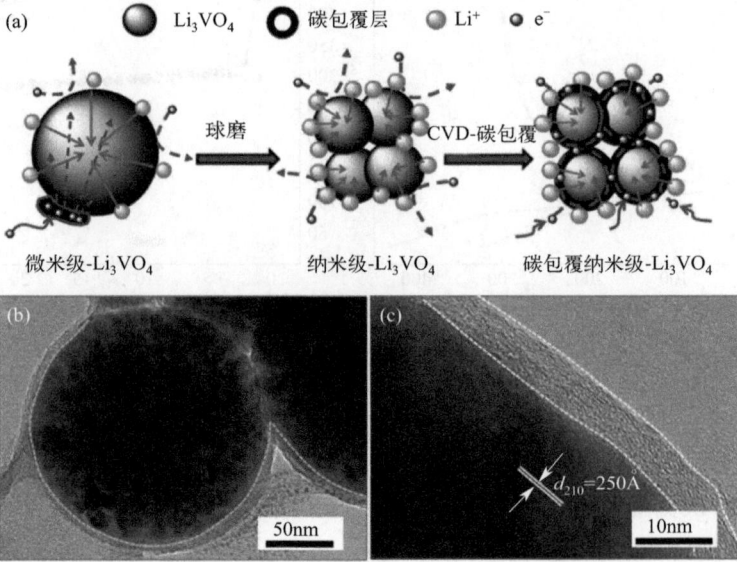

图 3-18　锂离子在微米级 Li_3VO_4、纳米级 Li_3VO_4 和碳包覆纳米级 Li_3VO_4 中的扩散和电子传导示意图（a），以及碳包覆纳米 Li_3VO_4 样品的高分辨电镜形貌（b）、（c）[37]

实线箭头和虚线箭头分别表示锂离子扩散路径和电子传导路径

Li_3VO_4 的改性主要有两种途径：一是表面包覆碳材料来稳定 Li_3VO_4 和电解质间的界面，提高首次库仑效率；二是通过减小颗粒尺寸与加入体积缓冲剂，来减小 Li_3VO_4 在脱嵌锂过程中的结构应力，缓解体积膨胀和粉化等问题，以提高倍率性能和循环稳定性。例如，Shao 等人通过纳米技术结合碳包覆的方法来改善 Li_3VO_4 的电化学性能[37]。他们首先通过高能球磨法减小 Li_3VO_4 颗粒尺寸至纳米级，然后采用化学气相沉积（CVD）的方法在其表面包覆一层碳。如图 3-18(a) 所示，Li_3VO_4 颗粒表面被一层完整的碳层保护，能有效避免颗粒在高温煅烧下的聚集和长大。图 3-18 中（b）和（c）显示颗粒尺寸约 200nm 的 Li_3VO_4 表面包裹着约 3nm 厚的均匀碳层，热重分析结果表明碳含量为 5%。对于大的微米级 Li_3VO_4 微粒，它们只能从电极周围的导电剂中获得电子，而纳米尺寸的 Li_3VO_4 微粒则可以增加比表面积，同时大大缩短 Li^+ 扩散的路径。在包覆碳之后，Li_3VO_4/C 粒度减小、电子传导性改善都有助于获得 Li^+ 嵌入/脱出的高反应活性。因此，"纳米尺寸"与"碳包覆"是一种提高 Li_3VO_4 电化学性能同时保持较低碳含量的有效方法。

3.4
基于转化反应的负极材料

3.4.1 金属氧化物负极

金属氧化物作为锂离子电池负极，通过与锂之间的转化反应实现能量的存储与释放，理论能量密度在 $700mA \cdot h \cdot g^{-1}$ 以上，纳米级的过渡金属氧化物具有较高的容量保持率与快速充放电的能力，成为下一代锂离子电池负极材料的候选。

以金属氧化物 MO 为例，锂化过程伴随锂的嵌入生成氧化锂与相应金属，脱锂过程发生相应的逆反应[38]。以 Co、Ni 或 Fe 的低价氧化物与金属锂组成半电池，电压-容量曲线如图 3-19 所示，在充放电电压平台变化方面三种氧化物并无显著区别，首圈放电时，电压迅速下降到平台附近（电位和幅度取决于金属 M），随后下降至截止电位。以 CoO 为例，平台的振幅和曲线的斜率分别是 2Li/Co 和 0.7Li/Co。在接下来的充电过程中，每个 Co 可以和 2 个 Li 反应，每克 CoO 的可逆容量为 $763mA \cdot h$，这个数值是目前石墨负极的两倍。第二圈的放电曲线与第一圈的放电曲线明显不同，表明首圈放电过程中有电极表面 SEI 膜的形成。

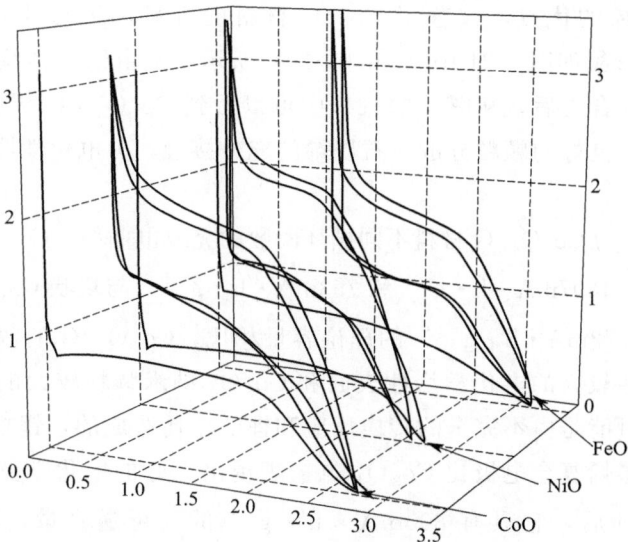

图 3-19 FeO、CoO 和 NiO 电极材料的充放电曲线

在各种金属氧化物负极中，Co_3O_4 的性能尤为突出，也引起了研究者们的广泛关注[39-42]。Co_3O_4 晶体具有反尖晶石结构，按照其晶胞结构可以写成 $Co_t^{3+}[Co^{2+,3+}]_oO^4$。如图 3-20(a) 所示，$t$ 代表的是在四面体中占据的位置，o 代表的是在八面体中占据的位置[43]。图 3-20(b) 为结晶良好的 Co_3O_4 晶体纯相的 XRD 衍射花样[44]。

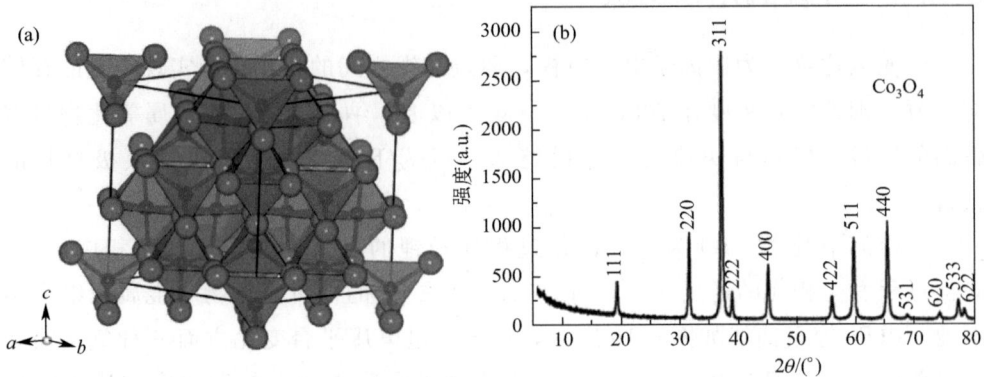

图 3-20 Co_3O_4 的晶体结构（a）和 Co_3O_4 的 XRD 图谱（b）

Co_3O_4 作为锂离子电池负极材料，具有较高的理论比容量与倍率性能，但是充放电过程体积膨胀/收缩严重，导致电极材料粉化并失去粒子间的接触，从而导致不可逆容量损耗大，循环稳定性差。为了改善 Co_3O_4 负极材料的性能，通常将其与石墨烯（G）等具有良好导电性材料进行复合，复合材料结合了 Co_3O_4 和石墨烯的优点，改善了 Co_3O_4 材料的容量和循环稳定性[44]。原始 Co_3O_4 材料的形貌如图 3-21 中（a）和（b）所示，是由纳米颗粒组成的微米颗粒。与石墨烯复合之后，从图 3-21(c) 中可以看到 Co_3O_4 纳米颗粒紧紧附着在石墨烯片表面，良好的颗粒分散与石墨烯的充分接触，为电化学性能的发挥提供了基础。

图 3-22(a) 为 Co_3O_4/G 材料不同循环圈数的充放电曲线。Co_3O_4/G 的首圈放电和充电容量为 1097mA·h·g^{-1} 和 753mA·h·g^{-1}，与块状 Co_3O_4（mA·h·g^{-1}）和石墨（372mA·h·g^{-1}）的理论容量相比，Co_3O_4/G 的额外放电容量有可能来自石墨烯较大的电化学活性表面和 Co_3O_4 纳米颗粒较大的晶面面积。初始的容量损失可能是由不完全的转换反应和锂的损耗造成的，锂损耗是由于 SEI 膜的形成。石墨烯复合电极比 Co_3O_4 电极表现出更好的电化学储锂性能。经过五个充放电循环后，它具有 800mA·h·g^{-1} 的高可逆容量，库仑效率首圈 68.6%，第五圈迅速提高到 97.6%，在接下来的循环中也都超过 98%。

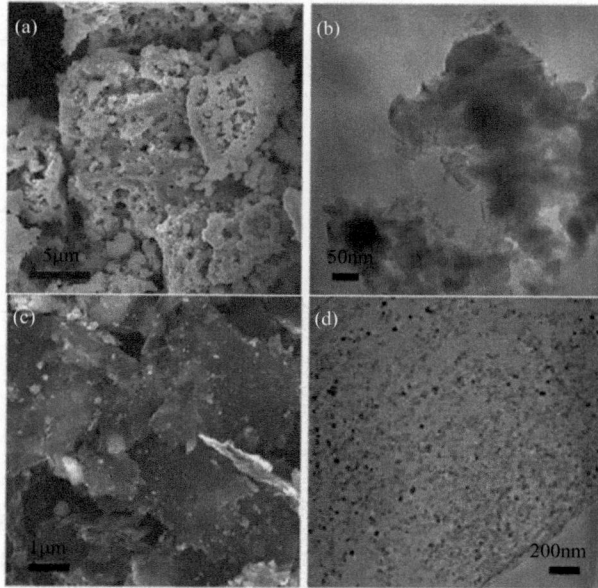

图 3-21 原始 Co_3O_4 材料的扫面电镜（a）和透射电镜（b）形貌，
以及 Co_3O_4/G 材料的扫面电镜（c）和透射电镜（d）形貌

图 3-22(b) 为 Co_3O_4 与 Co_3O_4/G 复合材料的循环伏安曲线对比图。在首圈曲线中，Co_3O_4/G 复合材料的两个阴极峰出现在 0.50V 和 0.36V 的位置，Co_3O_4 材料的两个阴极峰出现在 0.53V 和 0.26V 的位置，这对应着 Co_3O_4 与锂的多步电化学还原（锂化）反应。Co_3O_4/G 复合材料主要的阳极峰在 2.24V，Co_3O_4 材料主要的阳极峰在 2.15V，这是由于 Co_3O_4 的氧化（去锂化）反应。Co、Li_2O 和 Co_3O_4 的反复形成可以用如下电化学转换反应描述：

$$Co_3O_4 + 8Li \underset{充电}{\overset{放电}{\rightleftharpoons}} 4Li_2O + 3Co$$

Co_3O_4 材料低于 0.8V 的阴极峰宽于 Co_3O_4/G 复合物，部分原因是电解质的分解和 SEI 膜的形成。在复合材料电极中，分别在 0.045V 和 0.21V/1.0V 处发现由于锂从石墨烯中的嵌入和脱出产生的很弱却可辨别的还原峰和氧化峰，但在 Co_3O_4 材料中却没有，说明复合材料中的石墨烯在锂存储过程中也具有一定的电化学活性。在第二个循环中，Co_3O_4/G 材料的主要还原峰移至 0.83V，Co_3O_4 材料的主要还原峰移至 0.66V。Co_3O_4/G 材料第三个循环曲线的峰强度和积分面积接近于第二个循环，但 Co_3O_4 材料第三个循环的峰强度和积分面积明显降低，说明 Co_3O_4/G 材料的电化学可逆性是在初始循环后建立起来的，并且比 Co_3O_4 材料有明显改善。

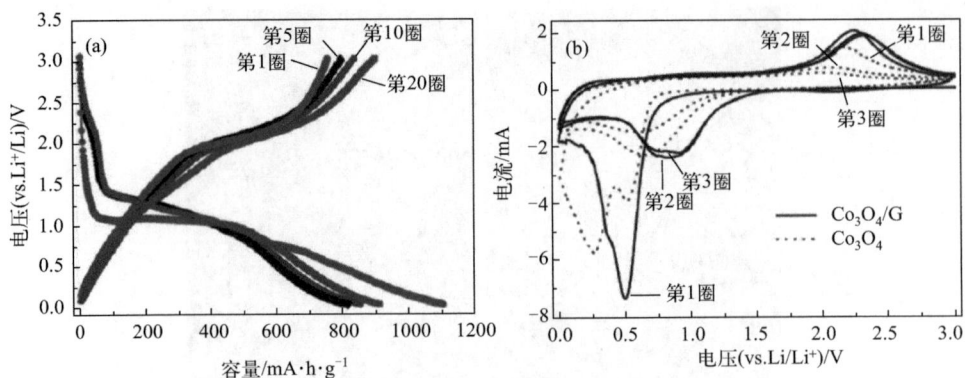

图 3-22　Co_3O_4/G 材料不同圈数的充放电曲线（a）和 Co_3O_4 与
Co_3O_4/G 材料的循环伏安曲线对比图

　　除了 Co、Ni 或 Fe 等过渡金属氧化物可以作为锂离子电池的负极外，部分主族金属氧化物如 SnO_2、GeO_2、Ga_2O_3 等能够与锂发生相应的转化反应，也被用来作为负极材料。此类氧化物材料与过渡金属氧化物相比，由于其中金属组分大多能够与锂进一步发生合金化反应，因而具有更高的比容量[45]。其电化学储锂过程一般也可以认为主要包括转换与合金化两步。图 3-23 中展示了多孔 SnO_2 微球的形貌与结构表征结果。SnO_2 多孔微球采用无表面活性剂的一步水热反应自组装合成，多孔微球的尺寸范围为 500nm～5mm，由宽约 40nm、长约 60nm 的八面体纳米颗粒组成。从 XRD 衍射花样中可以发现，所有衍射峰都能够与 SnO_2 的金红石相对应，表明所获得的材料为纯相结构。

　　SnO_2 作为负极材料与其他金属氧化物面临同样的电极体积膨胀收缩、材料粉化与电解液分解等问题。以羟丙基纤维素连聚丙烯酸（HPC-g-PAA）为模板制备了粒状的聚多巴胺（PDA）包覆的 SnO_2 纳米晶[46]，其电化学性能得到显著改善。从 PDA-SnO_2 电极的伏安循环曲线 ［图 3-24(a)］ 中可以清晰地发现，首圈循环时，0.8～1.2V 的宽峰是由于 SEI 膜形成和 SnO_2 向 Sn 和 Li_2O 转化。大约 0.2V 的弱峰是由于 Sn 和 Li 的合金化反应。在首圈充电时，0.58V 的尖峰对应 Li_xSn 的可逆脱合金反应，而 1.27V 较弱的宽峰归因于 Sn 到 SnO_2 的转化。在接下来的循环中，0.8～1.2V 的宽阴极峰移向更低电位，这是由于 $SnO_2 \rightarrow SnO \rightarrow Sn$ 的转化，而且 0.2V 左右的阴极峰变得更明显。图 3-24(b) 为 PDA-SnO_2 电极不同圈数的充放电曲线，初始库仑效率约为 61.3%（945/1542＝61.3%），这一结果表明，初始放电过程经历的电极反应为 $SnO_2 + 4Li^+ + 4e^- \longrightarrow Sn + 2Li_2O$，随后进行的充电反应过程中 Sn 可以部分转化为 SnO_2。实现充放电反应过程的完全可逆，是主族金属氧化物需要解决的问题。

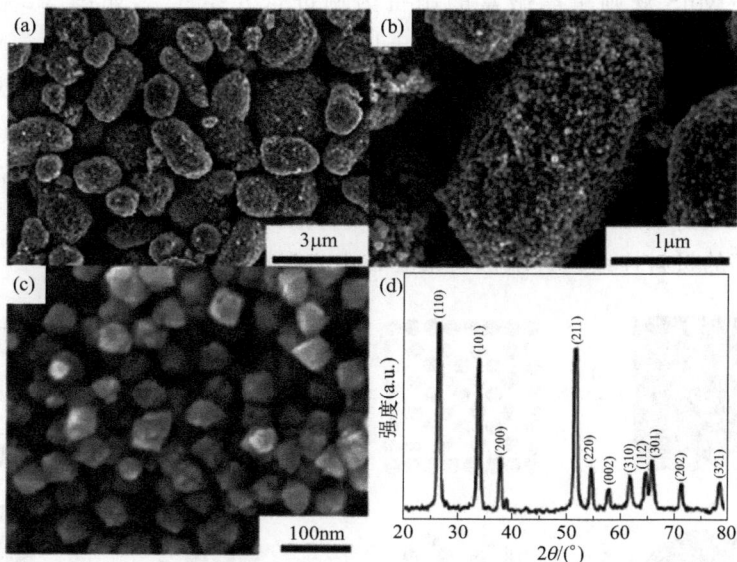

图 3-23　多孔微球 SnO_2 材料不同放大倍数的扫描电镜（a）～（c），
以及多孔微球 SnO_2 材料的 XDR 图谱（d）

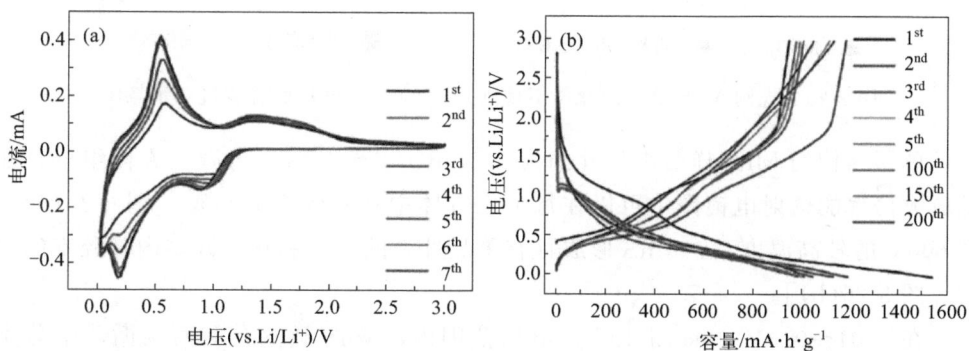

图 3-24　$PDA-SnO_2$ 电极的伏安循环曲线和不同圈数的充放电曲线

3.4.2　金属硫化物负极

　　金属硫化物具有较好的导电性、力学性能和热稳定性，也被用作锂离子电池的负极材料，也是锂电池研究初期被广泛研究的电极材料。目前被广泛研究的金属硫化物电极材料包括过渡金属型硫化物材料如 MnS、CoS_x、FeS_x 等，二维层状硫化物包括 TiS_2、SnS_2、MoS_2、WS_2 等。本节主要以 MnS 和 MoS_2 为例进行介绍。

以空心 MnS 规则单晶微盒的制备为例进行介绍[47]。如图 3-25 所示，在 350℃相对低温下，通过反应 $MnCO_3 + H_2S \longrightarrow MnS + H_2O + CO_2$，$MnCO_3$ 微立方结构开始转化为具有面心立方（FCC）单晶结构的多孔 MnS 微立方结构；随着温度的进一步升高，MnS 纳米晶在多孔微立方的表面长成致密的单晶壳，由于内在的面心立方晶体结构和拓扑效应，单晶壳继承了整体的立方形态。同时，核心区域的 MnS 纳米晶在高温下连续扩散并在单晶壳上重结晶。通过这种机制，内部的材料连续向外疏散，最终在中心形成一个空腔[48-50]。

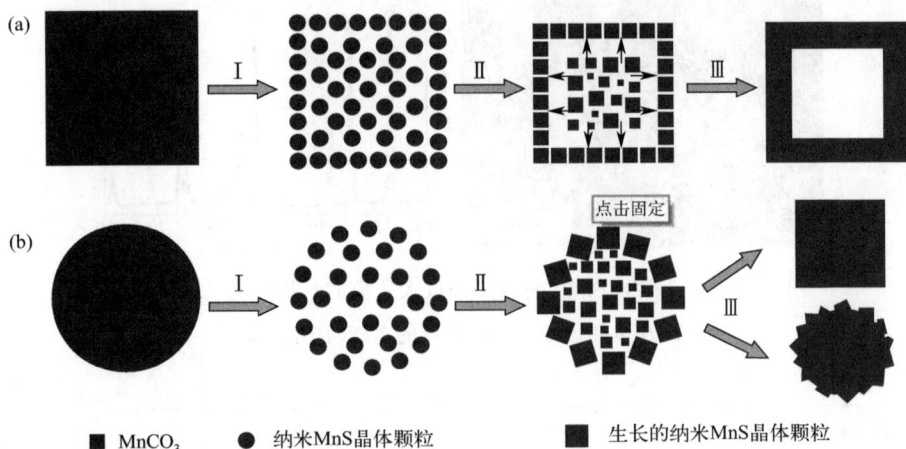

图 3-25　规则 MnS 单晶微盒与不规则 MnS 立方体微粒的合成过程示意图

单晶结构的 MnS 样品由尺寸约为 $2.5\mu m$、未聚合的均匀微立方体组成，在低放大倍率的透射电镜图中可以在每个立方体中观察到立方空隙 [图 3-26(a)]。在 600℃的较高温度下，MnS 形成具有单晶外壳的微盒和具有许多内部腔室的结构 [图 3-26(b)]。

在 $0.01 \sim 0.3V$（vs. Li/Li^+）电压范围内，MnS 微盒在前两圈循环中分别获得 $1117mA \cdot h \cdot g^{-1}$ 和 $759mA \cdot h \cdot g^{-1}$ 的放电容量 [图 3-27(a)]，从第三个循环开始，MnS 微盒具有优异的循环容量保持率，容量稳定在 $500mA \cdot h \cdot g^{-1}$ 左右。从图 3-27(b) 中 MnS 微盒与多孔 MnS 微盒材料的循环曲线对比图可以发现，MnS 微盒在 100 圈充放电循环结束时，仍具有较高的可逆容量 $495mA \cdot h \cdot g^{-1}$，而多孔的 MnS 微盒的放电容量较低，在测试结束时容量下降至 $340mA \cdot h \cdot g^{-1}$。因此，对金属硫化物微观形貌结构的调控是提升其电化学性能的有效途径。

层状金属硫化物中离子存储主要包括两个步骤，首先离子嵌入到层间形成 Li_xMS_2 结构，随着锂的持续嵌入，最终发生转化反应，得到金属单质与 Li_2S

图 3-26　单晶 MnS 微盒的扫描电镜形貌（插图为单个微盒的透射形貌）和多孔 MnS
微盒的扫描电镜形貌（插图为单个多孔微盒的透射形貌）

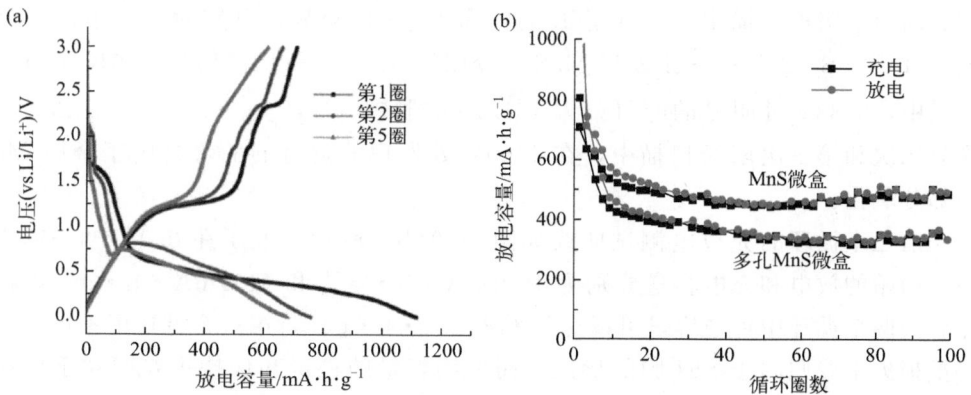

图 3-27　MnS 微盒材料不同圈数的充放电曲线（a），
以及 MnS 微盒与多孔 MnS 微盒材料的循环曲线（b）

的复合物，脱锂过程发生相应的逆反应。MoS_2 层间通过弱的范德华力相结合，控制 Li^+ 在层间脱嵌能够保持材料稳定，获得良好的倍率性能与循环稳定性。但是为了获得更高的比容量，一般 MoS_2 深度嵌锂过程中，材料发生深度转换反应，体积膨胀率在 200% 以上。一般通过设计制备 MoS_2/碳纳米复合材料提升综合性能[51]。图 3-28 为 MoS_2/介孔碳材料的形貌。MoS_2/介孔碳杂化纳米片的厚度约为 7.5nm，相邻 MoS_2 纳米片的层间距离约为 0.98nm，这一层间距较典型的 MoS_2 002 晶面间距要大，主要由于部分 C 嵌入到了 MoS_2 层间，能够显著提升 MoS_2 储锂的倍率性能。

MoS_2/介孔碳材料扫速为 $0.2mV \cdot s^{-1}$ 的循环伏安曲线如图 3-29(a) 所示，在第一次阴极扫描中，在 $0.84V$ 和 $0.55V$ 处有两个还原峰。在 $0.84V$ 处的峰值

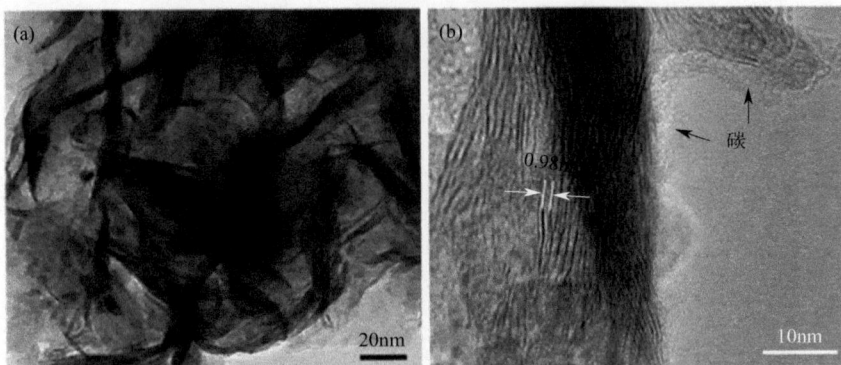

图 3-28　MoS₂/介孔碳材料不同放大倍数的透射电镜形貌

可归因于锂离子嵌入 MoS₂ 晶格中形成 Li_xMoS_2，导致 MoS₂ 从三棱柱到八面体结构的相转变。0.55V 的峰值归因于转化反应：$MoS_2 + 4Li \longrightarrow Mo + 2Li_2S$。在随后的两次阴极扫描中，发现了 1.88V 和 1.0V 两个峰，分别对应以下两个反应：$2Li^+ + S + 2e^- \longrightarrow Li_2S$ 和 $MoS_2 + xLi^+ + xe^- \longrightarrow Li_xMoS_2$。在反向阳极扫描中，2.33V 处明显的峰可归因于 Li_2S 的脱锂（$Li_2S \longrightarrow 2Li^+ + S + 2e^-$）。在第二次和第三次阳极扫描中，在 1.60V 处发现的宽且弱的峰是由于金属 Mo 的部分氧化。

前三个循环的充放电测试曲线如图 3-29（b）所示，电压在 0.01～3.0V 之间。初始的放电和充电容量分别为 $1571mA \cdot h \cdot g^{-1}$ 和 $1191mA \cdot h \cdot g^{-1}$，在随后的两个循环中可逆容量可以达到 $1183mA \cdot h \cdot g^{-1}$，第一个循环中不可逆的容量损失主要归因于 SEI 膜的形成，而后续容量的稳定和保持主要归功于层状 MoS₂/介孔碳独特而稳定的层间结构。提升层状金属硫化物在深度充放电过程中的结构稳定性是推动此类材料应用的重点。

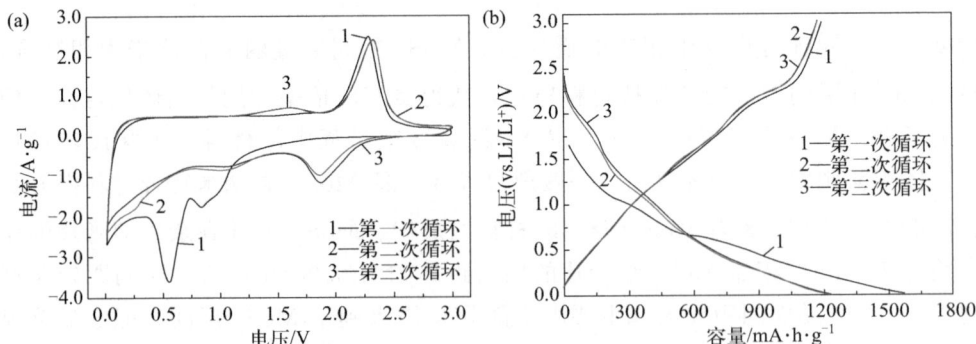

图 3-29　MoS₂/介孔碳材料扫速为 $0.2mV \cdot s^{-1}$ 的循环伏安曲线（a）和在不同圈数的充放电曲线（b）

3.5

合金型负极材料

合金型负极材料是指理论上可以与锂组成合金的金属或类金属材料。近年来由于对锂离子电池容量、能量密度进一步提高的迫切需求，以及锂金属负极的安全隐患，研究人员对合金型负极材料给予了更多的关注。与目前商业广泛使用的石墨基负极材料相比，合金型负极的理论容量为其 2～10 倍，同时具有更高的体积比能量。合金型负极的工作电压高于石墨嵌锂电位，能够降低锂沉积带来的安全隐患。然而合金型材料在反复的嵌/脱锂过程中巨大的体积变化往往会带来材料的粉化，从而导致电池较差的循环性能（图 3-30）。另一个限制合金型负极材料发展的因素是其首圈循环中过大的不可逆容量损失。为了促进合金型负极材料的发展，人们针对上述问题展开了广泛的研究。

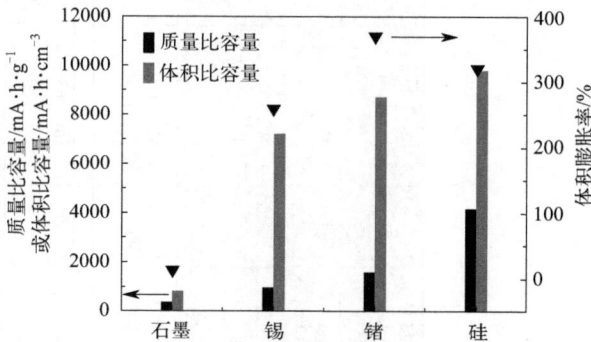

图 3-30 ⅣA 族元素储锂容量以及体积膨胀率对比图

合金型负极材料可以是纯金属，也可以是合金或金属间化合物。许多金属或非金属在室温下都能与锂进行合金化反应（表 3-1），实现锂的可逆存储与释放。从材料的来源、制备成本等方面考虑，目前研究较为广泛的包括 Si 基、Sn 基、Sb 基、Al 基等合金材料。伴随着对合金型负极材料研究的不断深入，许多新型合金型负极材料也被陆续提出。

3.5.1 Si 基负极材料

硅是地壳中储量最为丰富的固体元素，具有来源丰富、环境友好等特点，单个原子与锂化合时可生成具有目前研究中理论容量最高的合金 $Li_{22}Si_5$（对应容量

表 3-1 部分元素室温下最稳定的锂化相及其对应的理论容量

1	2	3	4	5	6	7	8	9	10	11	12	13	14	15	16	17	18
1 H 氢 1.008																	2 He 氦 4.0026
3 Li 锂 6.94	4 Be 铍 9.0122											5 B 硼 10.81	6 C 碳 12.011	7 N 氮 (14.007) NLi₃ 5379.9	8 O 氧 15.999	9 F 氟 18.998	10 Ne 氖 20.180
11 Na 钠 22.990	12 Mg 镁 24.304											13 Al 铝 (26.982) AlLi 2235	14 Si 硅 (28.085) Si₅Li₂₂ 4199	15 P 磷 30.974	16 S 硫 32.06	17 Cl 氯 35.45	18 Ar 氩 39.95
19 K 钾 39.098	20 Ca 钙 (40.078) CaLi₂ 1337	21 Sc 钪 44.956	22 Ti 钛 47.867	23 V 钒 50.942	24 Cr 铬 51.996	25 Mn 锰 54.938	26 Fe 铁 55.845	27 Co 钴 58.933	28 Ni 镍 58.693	29 Cu 铜 63.546	30 Zn 锌 (65.38) ZnLi 410	31 Ga 镓 (69.723) GaLi 769	32 Ge 锗 (72.630) Ge₅Li₂₂ 1624	33 As 砷 74.922	34 Se 硒 (78.971) SeLi₂ 678.7	35 Br 溴 79.904	36 Kr 氪 83.798
37 Rb 铷 85.468	38 Sr 锶 (87.62) Sr₅Li₂₃ 1173	39 Y 钇 88.906	40 Zr 锆 91.224	41 Nb 铌 92.906	42 Mo 钼 95.95	43 Tc 锝	44 Ru 钌 101.07	45 Rh 铑 (102.91) RhLi 260	46 Pd 钯 (106.42) PdLi₃ 1259	47 Ag 银 (107.87) Ag₃Li 82.8	48 Cd 镉 (112.41) CdLi₃ 715.2	49 In 铟 (114.82) In₃Li₁₃ 1011	50 Sn 锡 (118.71) Sn₅Li₂₂ 993	51 Sb 锑 (121.76) SbLi₃ 677.3	52 Te 碲 (127.60) TeLi₂ 420	53 I 碘 126.90	54 Xe 氙 131.29
55 Cs 铯 132.91	56 Ba 钡 137.33	57~71 La~Lu 镧系	72 Hf 铪 178.49	73 Ta 钽 180.95	74 W 钨 183.84	75 Re 铼 186.21	76 Os 锇 190.23	77 Ir 铱 (192.22) IrLi 139	78 Pt 铂 (195.08) PtLi₃ 687	79 Au 金 (196.97) Au₅Li₃ 510	80 Hg 汞 (200.59) HgLi₃ 801.6	81 Tl 铊 (204.38) TlLi₃ 524.5	82 Pb 铅 (207.2) PbLi₃ 517.4	83 Bi 铋 208.98	84 Po 钋	85 At 砹	86 Rn 氡
87 Fr 钫	88 Ra 镭	89~103 Ac~Lr 锕系	104 Rf 𬬻	105 Db 𬭊	106 Sg 𬭳	107 Bh 𬭶	108 Hs 𬭳	109 Mt 鿏	110 Ds 𫟼	111 Rg 𬬭	112 Cn 鿔	113 Nh 鿭	114 Fl 𫓧	115 Mc 镆	116 Lv 𫟷	117 Ts 鿬	118 Og 鿫

57 La 镧 138.91	58 Ce 铈 140.12	59 Pr 镨 140.91	60 Nd 钕 144.24	61 Pm 钷	62 Sm 钐 150.36	63 Eu 铕 151.96	64 Gd 钆 157.25	65 Tb 铽 158.93	66 Dy 镝 162.50	67 Ho 钬 164.93	68 Er 铒 167.26	69 Tm 铥 168.93	70 Yb 镱 173.05	71 Lu 镥 174.97
89 Ac 锕	90 Th 钍 232.04	91 Pa 镤 231.04	92 U 铀 238.03	93 Np 镎	94 Pu 钚	95 Am 镅	96 Cm 锔	97 Bk 锫	98 Cf 锎	99 Es 锿	100 Fm 镄	101 Md 钔	102 No 锘	103 Lr 铹

注：容量单位为 mA·h·g⁻¹。

为 4200mA·h·g^{-1}），十倍于当前商业化石墨材料的容量（LiC$_6$ 为 372mA·h·g^{-1}）。已经成为下一代锂离子电池负极材料的首选。但 Si 基材料循环过程中存在着严重的体积膨胀（420%），从而导致活性材料基底的粉化以及 SEI 的持续破裂和生成，这些问题都会带来严重的性能衰减，是当前需要着力解决的问题。

提升硅基负极材料循环稳定性是推进其应用的首要问题。向硅基材料中引入 Mg、Mn、Cu、Ca 等其他金属元素，与硅形成金属间化合物，从而缓解嵌脱锂过程引起的体积变化；设计制备硅-非金属复合负极材料如 Si/C 二元复合材料也被广泛研究，通过碳涂覆或将硅分散于碳基底中制备硅/碳纳米复合材料，碳基质不仅可以充当体积变化的缓冲剂并改善电极的电导率，同时还具有体积膨胀小、对机械应力的耐受性优异的优点。许多研究表明尺寸减小到纳米级的 Si 材料可以有效减轻循环过程中材料的机械效应，且由于其相对较小的结构优势，纳米硅材料可以适应更大的应力且可实现快速的锂离子传输性能，从而提升硅基负极材料的综合电化学性能。

2012 年，美国桑迪亚国家实验室黄建宇等人使用原位透射电子显微镜实时研究了单个硅纳米颗粒的锂化过程[52]，发现了材料强烈的尺寸依赖性破裂行为，也就是说对于 Si 纳米颗粒存在着约 150nm 的临界粒径，低于该粒径时，粒子在锂化时不会发生破裂，而当粒子因锂化膨胀而大于该粒径时则会发生破裂（图 3-31）。表面开裂归因于环向拉伸应力的不断增加，主要是由于结晶 Si 纳米颗粒独特的锂化机制导致原始 Si 内核和非晶 Li-Si 合金的外壳之间两相界面的运动。同时结果证明，较小尺寸的纳米颗粒的机械强度更优，可以有效减缓破裂的发生。

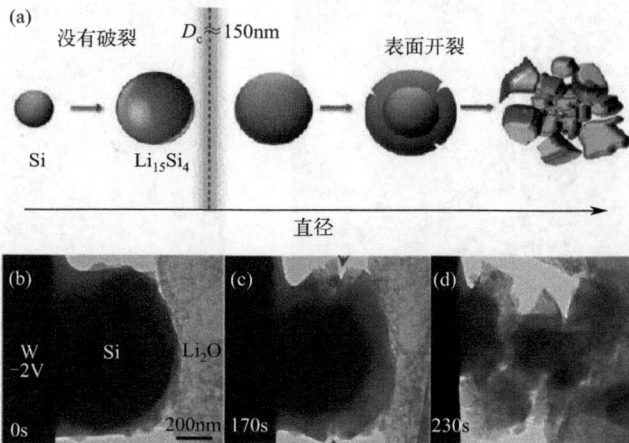

图 3-31　硅纳米粒子临界直径示意图（超过临界直径的硅纳米粒子将会开裂），以及不同锂化状态下硅纳米颗粒（$d \approx 940$nm）的 TEM 图像（b）～（d）

斯坦福大学崔屹课题组在 2014 年研究设计了一种具有"石榴果实"形状的多级纳米结构硅负极材料（图 3-32）[53]。通过一种由下至上的微乳液法合成了直径为 500nm～10mm 的球形硅石榴纳米颗粒，硅纳米颗粒被导电碳骨架独立封装且在硅和碳之间留有足够的膨胀和收缩空间。再将这些纳米复合颗粒整体用较厚

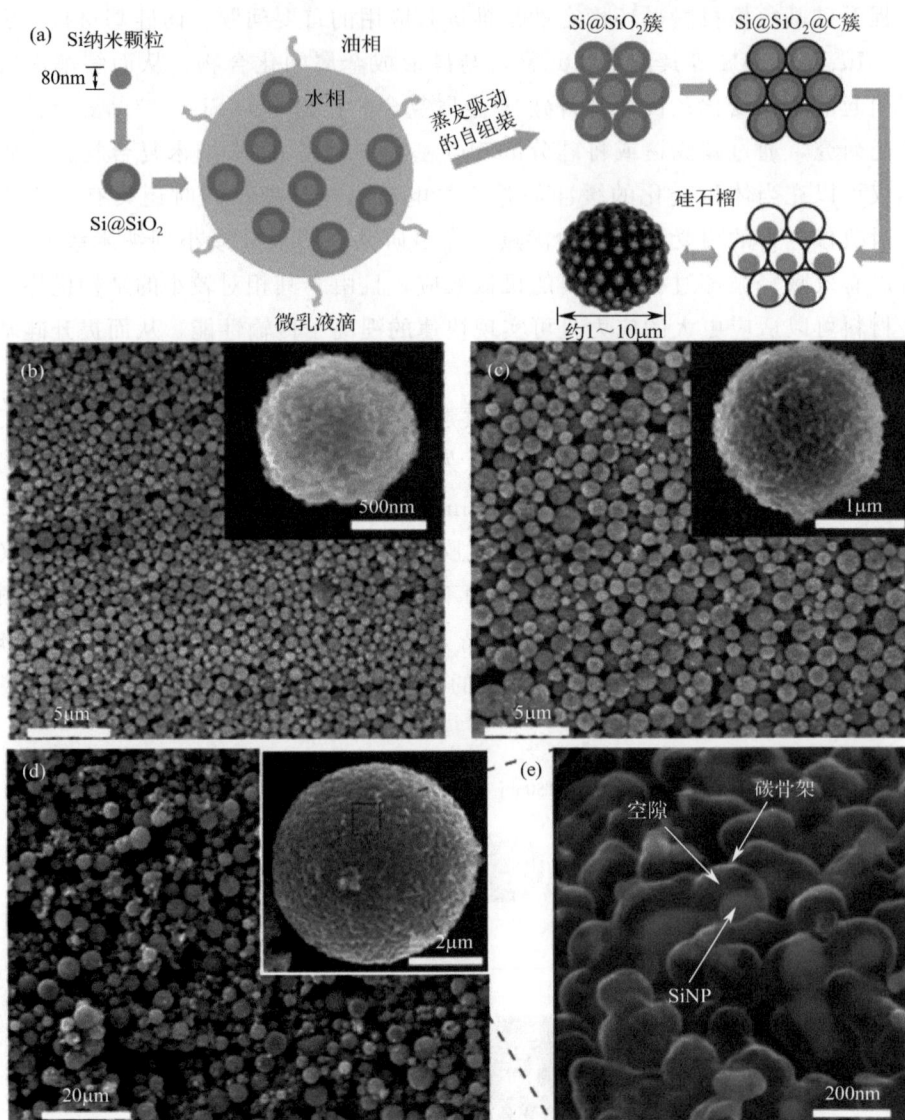

图 3-32　硅石榴制作过程示意图（a），采用微乳液法制备的不同直径的硅纳米粒子团簇 SEM 图像（b）、（c），硅石榴的 SEM 形貌（插图为单个硅石榴形貌）（d），以及单个硅石榴的局部放大图（e）

的碳层包覆在微米尺寸的袋中。首先，纳米复合颗粒中足够的空隙可在不改变二级结构的前提下膨胀，防止了材料的粉化。其次，包覆的碳层提供了机械骨架和电子通道，增强了纳米颗粒电化学稳定性。同时由于碳层完全包覆了整个二级结构，将大部分的 SEI 限制在外层表面而不是内部的单个纳米粒子上，不仅限制了 SEI 的量，还减缓了 SEI 持续的破裂和生成。由于这些独特的性质，该结构表现出优异的循环性能（1000 圈循环后容量保持率为 97%）和较高的体积容量（$1270mA \cdot h \cdot cm^{-3}$）。

3.5.2　Sn 基负极材料

从理论上讲，锡可以与锂形成不同的合金，最大理论容量为 $993mA \cdot h \cdot g^{-1}$（$Li_{4.4}Sn$），长期以来一直被研究人员作为石墨负极和锂负极的替代材料之一。相比于石墨材料，锡基负极材料不会因溶剂的嵌入而导致不可逆容量。其工作电压高于石墨，因此可以提高快速充放电时电池的安全性能。然而，金属锡直接作为负极材料时，大量的锂嵌入/脱出会带来巨大的体积变化，导致材料的粉化破裂，通常几个循环之后就会失效。因此需要对单质锡材料进行优化设计，提升其综合性能。目前研究较多的主要包括锡基合金、纳米结构锡材料以及锡基复合材料。

通过引入第二种元素与锡形成新的合金结构是提升锡基材料性能的主要方法之一。Sb、Cu、Ni、Fe 都能与锡形成合金，提升材料在充放电循环中的稳定性与倍率性能。其设计思路通常是通过引入对锂非活性或活性较低的金属元素来缓解活性金属 Sn 锂化过程中的机械应力与体积变化，从而维持材料在大量嵌锂后的结构稳定结果表明相比于锡及其氧化物，锡基合金的稳定性通常有显著提高，首圈库仑效率也有明显改善。图 3-33 展示了具有微笼结构的 Ni_3Sn_2 作为电极材料的性能。材料由纳米颗粒组成均一微球，尺寸在 $3\mu m$ 左右，从锂化过程示意图中能够发现，储锂惰性 Ni 骨架在锂化过程中保持结构稳定。循环伏安曲线清晰地表明，首圈循环后，曲线高度重合，表明电极达到快速稳定；充放电循环数据表明，在 $1C$ 的倍率下充放电容量在经历 1000 圈循环后仍能保持 90% 以上，较纯 Sn 基材料有显著提升。

纳米结构的锡基材料多是通过降低材料尺寸、更大的比表面积或多孔结构来缓解电化学循环过程中材料的体积膨胀以及促进离子电导率，从而改善电池的循环寿命以及倍率性能。同时，纳米结构的锡基材料通常与其他材料进行复合来达到对性能的进一步提升。在众多的纳米复合材料中，关于锡基材料与碳材料的纳米复合材料的研究最为广泛。由于碳材料本身具有高导电性且化学性质稳定，在电化学循环过程中体积变化小、化学稳定性高且具有形态多变的特点，许多研究

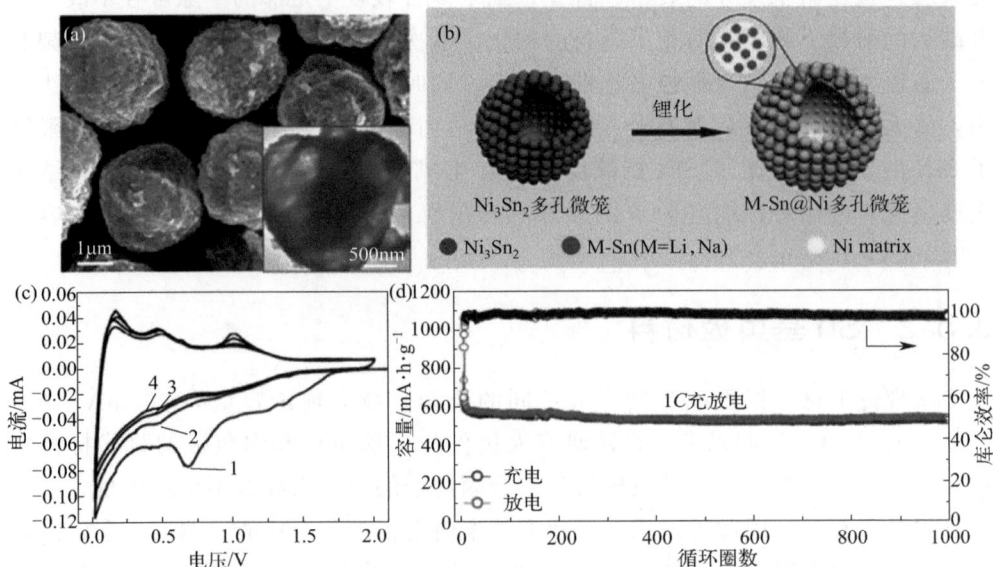

图 3-33 卵黄壳形 Ni-Sn 合金微粒的透射电镜形貌（a），

Ni₃Sn₂ 多孔微笼结构锂化过程示意图（b），Ni₃Sn₂ 多孔微笼材料循环伏安曲线（c），

以及 Ni₃Sn₂ 多孔微笼材料循环性能曲线（d）[54]

都表明 Sn/C 复合材料作为负极材料可以有效改善锡基材料的电化学性能。但合理设计复合材料的结构，为锂化膨胀留有足够的补偿空隙仍然是个难题。同时，由于锡金属的熔点较低，通过科学手段控制纳米锡的尺寸及其在碳基底中的均匀分散也很重要。针对这些问题，人们做了大量的研究工作。如图 3-34 所示，中国科学院化学研究所万立骏等人制备 SnO₂ 球后通过水解、刻蚀、热解等步骤以及最后的原位还原金属锡制备了弹性空心碳球包覆的锡纳米颗粒[55]。这种锡基纳米材料具有高 Sn 含量和适当的可供活性材料锂化膨胀的空隙体积，在电化学测试中表现出优异的电化学性能，在最初的 10 圈循环中具有超 800mA·h·g⁻¹ 的比容量且具有良好的循环性能。

3.5.3 Al 基负极材料

铝金属具有成本低、密度小、自然资源丰富等优点，锂铝合金化发生的电位在 0.5V 附近，因此成为有潜力的负极材料。从锂-铝合金相图（图 3-35）可以看出理论上 Li 和 Al 化合可以生成比容量高达 2234mA·h·g⁻¹ 的 Al₄Li₉，即使控制合金化程度为 AlLi，其理论容量也为 993mA·h·g⁻¹，远高于商业石墨材料。尽管从 20 世纪 70 年代开始锂铝合金就被报道作为锂电池的替代负极材

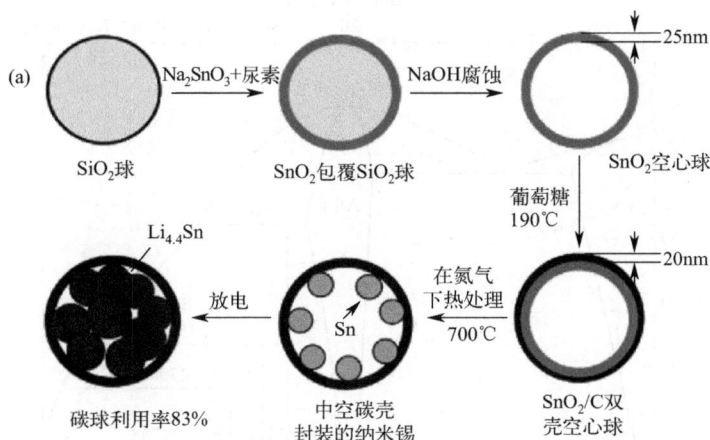

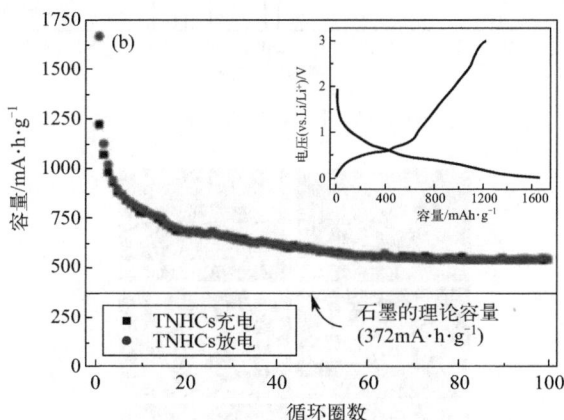

图 3-34　封装的锡纳米颗粒合成过程示意图 (a) 和循环性能图
插图为首圈充放电曲线

料，但目前对 Al 基负极材料的报道并不多。主要是由于金属铝应用于锂离子电池中时会引起强烈的钝化作用和材料的破裂及粉化，虽然其具有宽且平坦的放电平台，但容量迅速下降等问题严重阻碍着其实际应用。因此研究人员多是将其与对锂呈惰性的金属复合，以缓解体积膨胀现象，从而起到提高机械稳定性的作用。

目前报道的铝基合金材料主要有 Al_2Cu、Al_6Mn、$AlSb$ 和 Fe_2Al_5 等。但这些材料均具有较大的不可逆容量且容量衰减迅速，无法实际应用。最近的研究表明，制备纳米铝粉是提升 Al 基负极材料性能的重要手段。图 3-36 展示了不同粒径尺寸的纳米铝粉的形貌与充放电性能。铝粉的储锂性能表现出强烈的尺寸依赖特性，粒子尺寸越低，循环稳定性越好。此外，通过优化电解液中溶剂与盐的成分与比例，也实现了铝基负极材料性能的提升，为相关应用提供了更多的选择。

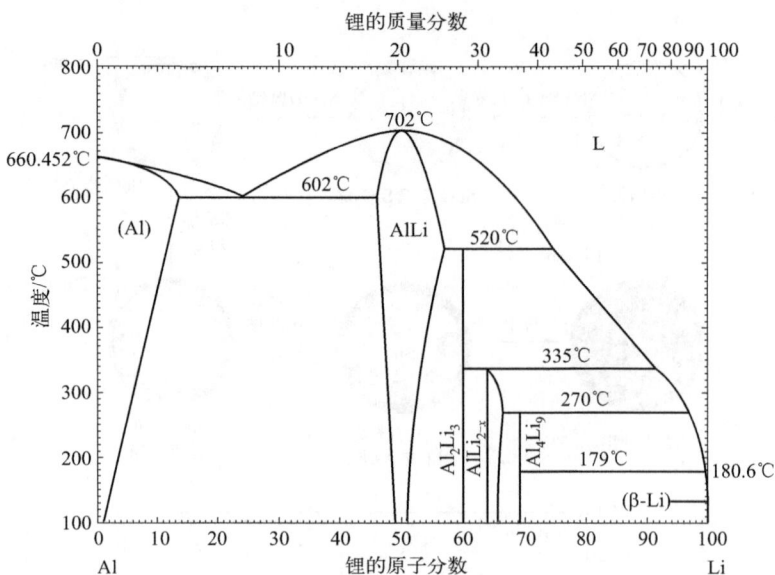

图 3-35　Li-Al 二元相图[56]

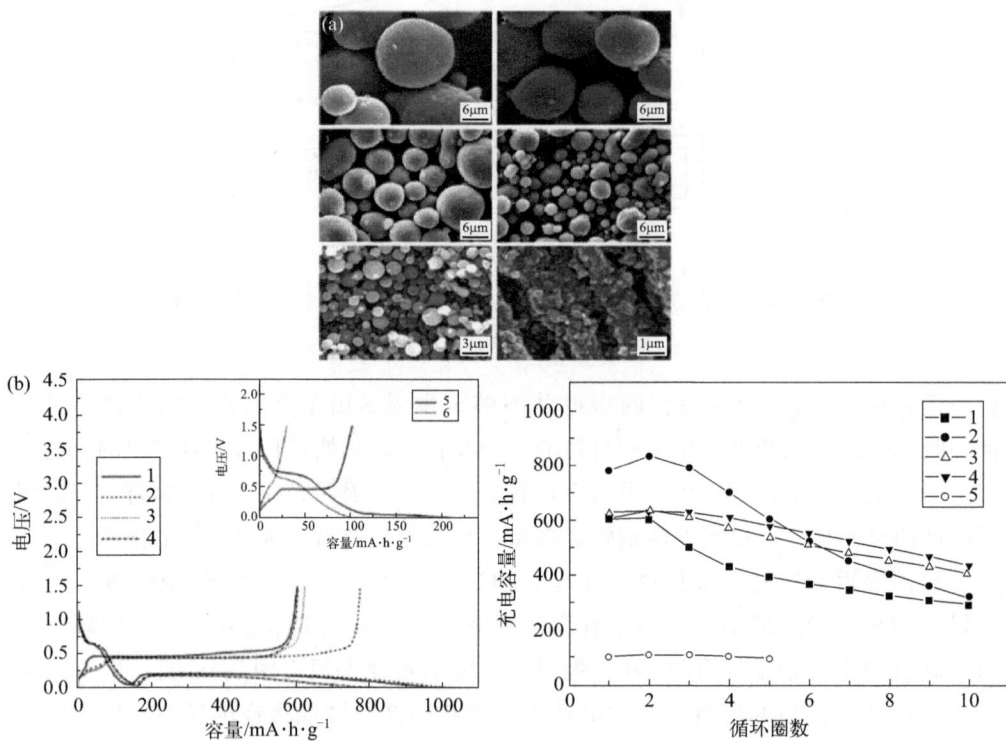

图 3-36　不同粒径的铝纳米颗粒及其电化学性能测试结果[57]

3.6
其他新型负极材料

近年来随着先进材料制备技术与表征技术的发展，从材料结构的精细化设计、新型材料成分调控等方面对负极性能进行优化，为负极材料的发展提供了新的机遇。新型负极材料的开发主要包括具有纳米多孔结构的先进负极材料、液态金属基负极材料以及面向可穿戴电源的柔性电极材料等方向。

3.6.1 具有纳米多孔结构的先进负极材料

合理的纳米结构设计可以使材料在充放电过程中保持良好的结构稳定性与高倍率特性，尤其是结构的纳米多孔化设计，在解决电极体积膨胀/收缩带来的性能衰减方面展现出良好的前景。同时，对纳米多孔金属材料的表面结构进行微纳化处理，可促进电解液在电极表面的浸润，进一步提升电池性能，尤其对于 Si 基、Sn 基、Sb 基等高容量合金负极来说，实现方法简便易行，是近年来先进负极材料的重点研究方向之一。

2019 年华中科技大学霍开富等人报道了一种低成本、可规模化的蚁巢状纳米多孔硅负极材料，如图 3-37 所示[58]。在氮气中对镁-硅合金进行热氮化，再在酸性溶液中去除 Mg_3N_2，得到具有三维互联纳米韧带和类蚁巢的双连续纳米多孔网格 Si 材料。原位透射电镜以及同步辐射断层扫描等结果表明，具有纳米多孔结构的材料可以很好地适应锂化过程的体积膨胀而不发生粉化。在其表面涂覆 5～8nm 厚的碳层增加其导电性后，该复合材料展现出目前 Si 基负极材料报道的最高体积容量（$1712mA \cdot h \cdot cm^{-3}$）。

在制备纳米多孔负极材料的诸多工艺中，化学脱合金法具有操作简单、成本低、可控性强等优点，是当前最常见的制备工艺之一。其原理主要是对多成分合金中的一种或多种元素进行选择性溶解，通过对腐蚀条件的调控得到具有双连续纳米多孔结构的电极材料。如图 3-38 所示，60℃ 条件下用 HCl 对 Ge-Al 合金进行脱合金腐蚀，通过盐酸对 Al 的选择性腐蚀，可以得到具有纳米多孔结构的锗基负极材料，结果表明纳米多孔结构可以有效缓解材料锂化带来的体积膨胀，从而提升材料的电化学性能[59]。

以三元合金 CuSnAl 为原始材料，通过使用碱性水溶液化学脱合金腐蚀可得到具有三维多孔结构的 CuSn 电极材料[60]。如图 3-39 所示，通过优化腐蚀条件

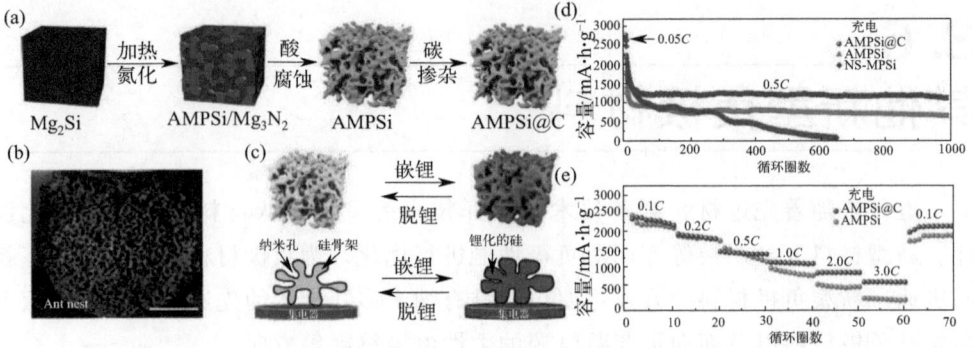

图 3-37　蚁巢状纳米多孔硅的制备过程示意图（a），扫描电子显微镜图像（b）、（c），以及纳米多孔硅及与碳复合后的材料循环性能及倍率性能（d）、（e）

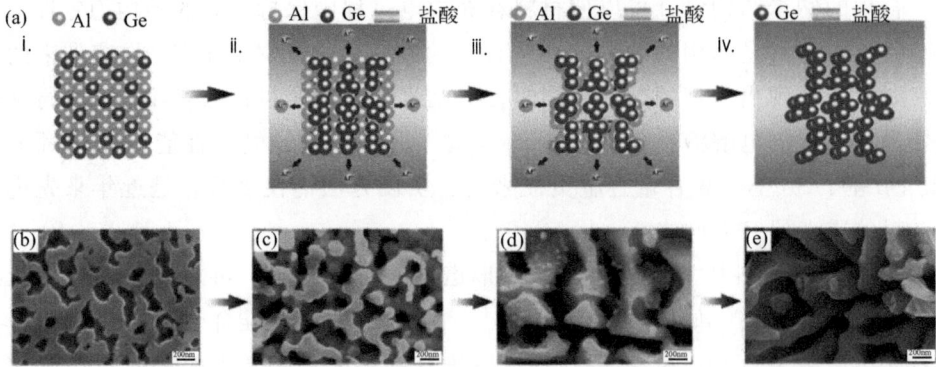

图 3-38　酸腐蚀脱合金法合成纳米多孔锗的过程示意图（a），以及腐蚀 0.5h（b）、2h（c）、6h（e）、10h 对应的扫描电镜图像

可以对脱铝程度进行控制，从而对材料的形貌及结构进行调控。该材料不仅具有传统纳米多孔结构可缓解体积膨胀的优点，导电铜骨架的引入还为其提供了更快捷的电子传输性能，从而使材料的循环性能及倍率性能均获得提升。

3.6.2　液态金属基负极材料

近年来，液态金属基负极材料由于其独特的自修复特性而逐渐被研究人员关注。与美国麻省理工学院（MIT）研发报道的应用于大规模储能的"液态金属电池"不同，这里指的是利用液态金属作为导电介质或负极材料。

液态金属由于是以液态存在，具有流动性以及表面张力，其表面张力可以缓解锂化过程中的体积变化，流动性则可以确保当活性物质的结构完整性受到机械

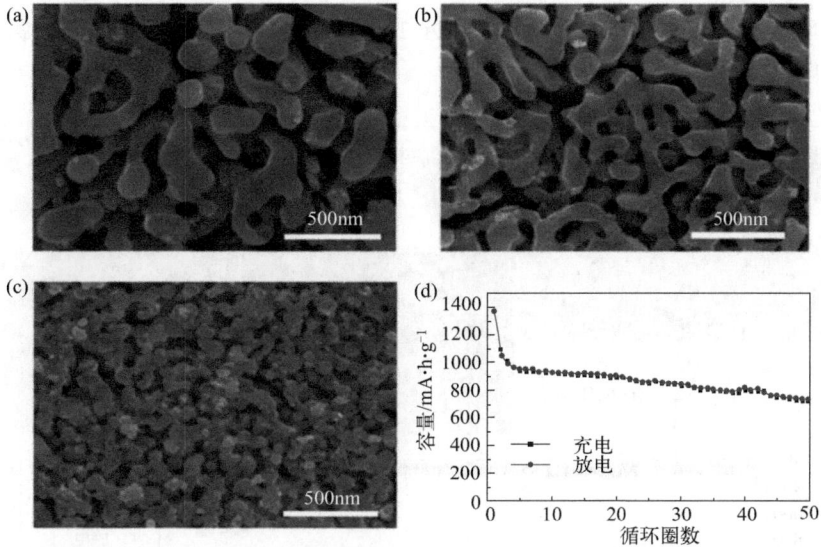

图 3-39 腐蚀 12h（a）、24h（b）和 48h（c）后得到的纳米多孔 CuSn
合金对应的扫描电镜形貌，以及腐蚀 24h 产物对应的循环性能（d）

破坏时自然地修复。室温下呈液态的金属材料由于较大的表面张力，通常呈球形
（图 3-40）。

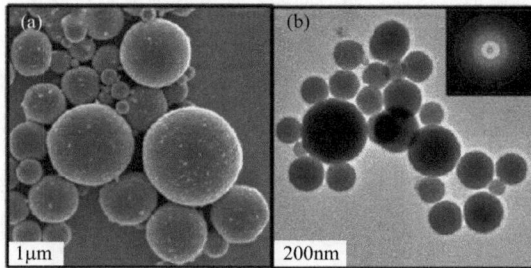

图 3-40 液态金属微球的 SEM 形貌（a）和 TEM 形貌以及选区电子衍射（b）[61]

金属镓熔点为 29.8℃，与 In 和 Sn 形成合金后熔点降低至零下，在室温下
完成呈液态，在环境温度下能够很方便地实现电极加工，在纳米尺度上具有较好
的自修复性能。图 3-41 展示了一种液态金属电极的设计策略[62]。通过向金属镓
中引入金属锡，获得熔点低于室温的液态金属材料，再将其与表面活性剂 3-巯
基-N-壬基丙酰胺混合后超声，制备成液态金属纳米颗粒，最后将其固定在由氧
化还原石墨烯和碳纳米管组成的三维碳骨架中，形成室温下自修复负极材料。得
益于液态金属的自修复特性以及金属镓和锡较高的比容量，将该材料应用于锂离

子电池中时展现出较高的容量（200mA·g^{-1}电流下775mA·h·g^{-1}）以及出色的循环性能（4000圈内循环保持接近100%的容量），体现了液态金属基负极材料的巨大应用潜力。

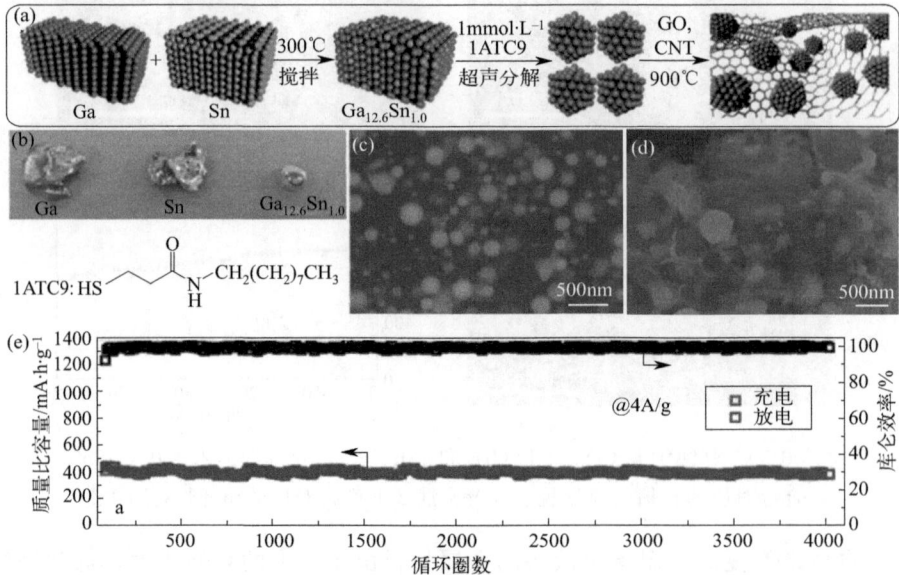

图3-41　以碳纳米管和还原氧化石墨烯为骨架的镓锡液态金属基电极的合成过程示意图（a）；镓、锡和镓锡合金的常温形貌（镓、锡为固态，而合金为液态）以及3-巯基-N-壬基丙酰胺结构式（b）；通过超声得到的液态金属微球的电镜形貌图（c）；液态金属纳米微球嵌入碳骨架中形成的三维结构材料的扫描电镜形貌图（d）；复合材料的循环性能（e）

液态金属材料的另一种使用策略是将其同时作为一种导电介质和活性材料来应用。将硅纳米颗粒与液态 GaInSn 合金复合制备新型自修复纳米复合材料（图3-42），液态金属同时充当一种导电介质的角色来缓解电化学过程中硅纳米颗粒体积膨胀引起的机械应力，其独特的流动特性可以保证硅材料及导电网络在长期循环过程中的结构稳定。报道结果表明，该新型材料具有优异的电化学性能，尤其是首圈库仑效率达到了目前已知硅基材料的最高值[63]。

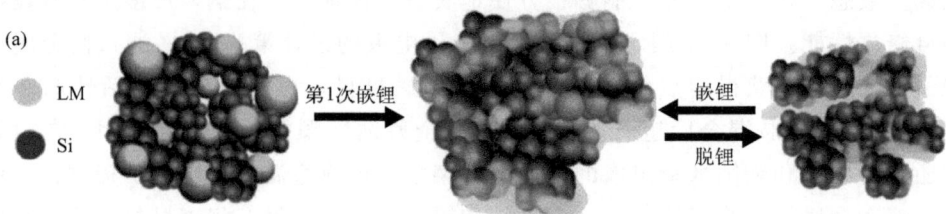

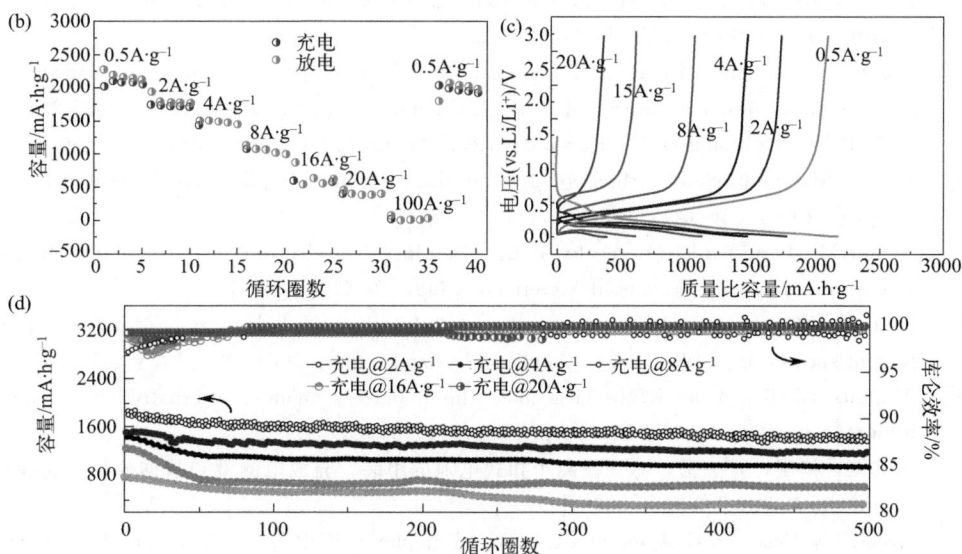

图 3-42　LM/Si 电极充放电过程示意图（a）；LM/Si 电极倍率性能图（b）；
LM/Si 充放电曲线（c）；不同电流密度下 LM/Si 电极的循环性能（d）

3.7
展望

　　大型化、智能化、环境个性化等是锂离子电池发展的重要趋势，同时对负极材料的开发提出了新的个性化要求。目前来说，石墨负极以及石墨与硅碳复合物电极仍然是商业化电池负极材料的主流。要满足新型电池需求，下一代负极材料的研发主要集中在以下几个方面：

　　第一，发展具有更高 Si、Sn 等含量的复合负极材料，提升电极的质量比能量与体积比能量；

　　第二，开发能够抑制低温析锂的高安全负极体系，拓展电池使用温度；

　　第三，面向柔性电源领域的需求，开发具有较强柔性和力学性能，耐弯折、耐扭曲的高比能负极。

参考文献

[1]　Goodenough J B, Park K S. The Li-ion rechargeable battery：a perspective. Journal of the American Chemical Society，2013，135（4）：1167-1176.

[2] Zane D, Antonini A, Pasquali M. A morphological study of SEI film on graphite electrodes. Journal of Power Sources, 2001, 97: 146-150.

[3] Doron A, Mikhail D L, Elena L, Alexander S. Failure and stabilization mechanisms of graphite electrodes. The Journal of Physical Chemistry B, 1997, 101 (12): 2195-2206.

[4] Rudorff W, Hofmann U. Über graphitsalze. Z Anorg Allg Chem, 1938, 238: 150.

[5] Wissler M. Graphite and carbon powders for electrochemical applications. Journal of Power Sources, 2006, 156 (2): 142-150.

[6] Winter M, Besenhard J O, Spahr M E, et al. Insertion electrode materials for rechargeable lithium batteries. Advanced Materials, 1998, 10 (10): 725-763.

[7] Cancado L G, Pimenta M A, Neves B R, et al. Influence of the atomic structure on the Raman spectra of graphite edges. Applied Physics Letters, 2004, 93 (24): 247401.

[8] Fauteux D, Koksbang R. Rechargeable lithium battery anodes: alternatives to metallic lithium. Journal of Applied Electrochemistry, 1993, 23 (1): 1-10.

[9] 王其钰, 褚赓, 张杰男, 等. 锂离子扣式电池的组装, 充放电测量和数据分析. 储能科学与技术, 2018, 7 (02): 327-344.

[10] Safari M, Delacourt C. Aging of a commercial graphite/$LiFePO_4$ cell. Journal of The Electrochemical Society, 2011, 158 (10): A1123-A1135.

[11] Abraham D P, Furczon M M, Kang S H, et al. Effect of electrolyte composition on initial cycling and impedance characteristics of lithium-ion cells. Journal of Power Sources, 2008, 180 (1): 612-620.

[12] Vetter J, Novák P, Wagner M R, et al. Ageing mechanisms in lithium-ion batteries. Journal of Power Sources, 2005, 147 (1-2): 269-281.

[13] Gnanaraj J S, Thompson R W, Iaconatti S N, et al. Formation and growth of surface films on graphitic anode materials for Li-ion batteries. Electrochemical and Solid-State Letters, 2005, 8 (2): A128-A132.

[14] Lu M, Cheng H, Yang Y. A comparison of solid electrolyte interphase (SEI) on the artificial graphite anode of the aged and cycled commercial lithium ion cells. Electrochimica Acta, 2008, 53 (9): 3539-3546.

[15] Rachel N M, Mike S, Thad A, Dale T. Using self-assembled monolayers to inhibit passivation at the lithium electrode/polymer electrolyte interface. Solid State Ionics, 1999, 118 (1-2): 129-133.

[16] Agubra V A, Fergus J W. The formation and stability of the solid electrolyte interface on the graphite anode. Journal of Power Sources, 2014, 268: 153-162.

[17] Takami N, Hara M, Ohsaki T, et al. Rechargeable lithium-ion cells using graphitized mesophase-pitch-based carbon fiber anodes. Journal of the Electrochemical Society, 1995, 142 (8): 2564-2571.

[18] Alamgir M, Zuo Q, Abraham K. The behavior of carbon electrodes derived from poly (p-phenylene) in polyacrylonitrile-based polymer electrolyte cells. Journal of the Electrochemical Society, 1994, 141 (11): L143-L144.

[19] Tatsumi K, Akai T, Imamura T, et al. 7Li-nuclear magnetic resonance observation of lithium insertion into mesocarbon microbeads. Journal of the Electrochemical Society,

1996，143（6）：1923-1930.

[20] Arrebola J C，Caballero A，Hernán L，et al. Improving the performance of biomass-derived carbons in Li-ion batteries by controlling the lithium insertion process. Journal of the Electrochemical Society，2010，157（7）：A791-A797.

[21] Fujimoto H，Tokumitsu K，Mabuchi A，et al. The anode performance of the hard carbon for the lithium ion battery derived from the oxygen-containing aromatic precursors. Journal of Power Sources，2010，195（21）：7452-7456.

[22] Ni J，Huang Y，Gao L J. A high-performance hard carbon for Li-ion batteries and supercapacitors application. Journal of Power Sources，2013，223：306-311.

[23] Wang G X，Yao J，Liu H K. Characterization of nanocrystalline Si-MCMB composite anode materials. Electrochemical and Solid-State Letters，2004，7（8）：A250-A253.

[24] Sumio I. Helical microtubules of graphitic carbon. Nature，1991，345（6348）：56-58.

[25] Ebbesen T W，Ajayan P M. Large-scale synthesis of carbon nanotubes. Nature，1992，358（6383）：220-222.

[26] Kong J，Cassell A M，Dai H. Chemical vapor deposition of methane for single-walled carbon nanotubes. Chemical Physics Letters，1998，292（4-6）：567-574.

[27] Novoselov K S，Geim A K，Morozov S V，et al. Electric field effect in atomically thin carbon films. Science，2004，306（5696）：666-669.

[28] Khosravi M，Bashirpour N，Fatemeh N. Synthesis of hard carbon as anode material for lithium ion battery. Advanced Materials Research，2014，829（21）：922-926.

[29] Kataoka K，Takahashi Y，Kijima N，et al. Single crystal growth and structure refinement of $Li_4Ti_5O_{12}$. Journal of Physics and Chemistry of Solids，2008，69（5-6）：1454-1456.

[30] Shen L，Zhang X，Uchaker E，et al. $Li_4Ti_5O_{12}$ nanoparticles embedded in a mesoporous carbon matrix as a superior anode material for high rate lithium ion batteries. Advanced Energy Materials，2012，2（6）：691-698.

[31] Liu G Y，Wang H Y，Liu G Q，et al. Facile synthesis of nanocrystalline $Li_4Ti_5O_{12}$ by microemulsion and its application as anode material for Li-ion batteries. Journal of Power Sources，2012，220：84-88.

[32] Lu X，Zhao L，He X，et al. Lithium storage in $Li_4Ti_5O_{12}$ spinel：the full static picture from electron microscopy. Advanced Materials，2012，24（24）：3233-3238.

[33] Li H，Liu X，Zhai T，et al. Li_3VO_4：A promising insertion anode material for lithium-ion batteries. Advanced Energy Materials，2013，3（4）：428-432.

[34] Li Q，Wei Q，Sheng J，et al. Mesoporous Li_3VO_4/C submicron-ellipsoids supported on reduced graphene oxide as practical anode for high-power lithium-ion batteries. Advanced Science，2015，2（12）：1500284.

[35] Kim W T，Jeong Y U，Lee Y J，et al. Synthesis and lithium intercalation properties of Li_3VO_4 as a new anode material for secondary lithium batteries. Journal of Power Sources，2013，244：557-560.

[36] Ni S，Lv X，Ma J，et al. Electrochemical characteristics of lithium vanadate, Li_3VO_4 as a new sort of anode material for Li-ion batteries. Journal of Power Sources，2014，248：

122-129.

[37] Shao G, Gan L, Ma Y, et al. Enhancing the performance of Li_3VO_4 by combining nanotechnology and surface carbon coating for lithium ion batteries. Journal of Materials Chemistry A, 2015, 3 (21): 11253-11260.

[38] Poizot P, Laruelle S, Grugeon S, et al. Nano-sized transition-metal oxides as negative-electrode materials for lithium-ion batteries. Nature, 2000, 407 (6803): 496-499.

[39] Binotto G, Larcher D, Prakash A. S, et al. Synthesis, characterization, and Li-electrochemical performance of highly porous Co_3O_4 powders. Chemistry of Materials, 2007, 19 (12): 3032-3040.

[40] Varghese B, Teo C H, Zhu Y, et al. Co_3O_4 nanostructures with different morphologies and their field-emission properties. Advanced Functional Materials, 2007, 17 (12): 1932-1939.

[41] Liu H J, Bo S H, Cui W J, et al. Nano-sized cobalt oxide/mesoporous carbon sphere composites as negative electrode material for lithium-ion batteries. Electrochimica Acta, 2008, 53 (22): 6497-6503.

[42] Reddy M V, Zhang B C, Nicholette L J E, et al. Molten salt synthesis and its electrochemical characterization of Co_3O_4 for lithium batteries. Electrochemical and Solid-State Letters, 2011, 14 (5): A79.

[43] Reddy M V, Subba R G V, Chowdari B V. Metal oxides and oxysalts as anode materials for Li ion batteries. Chem Rev, 2013, 113 (7): 5364-5457.

[44] Wu Z S, Ren W, Wen L, et al. Graphene anchored with Co_3O_4 nanoparticles as anode of lithium ion batteries with enhanced reversible capacity and cyclic performance. ACS Nano, 2010, 4 (6): 3187-3194.

[45] Wang H, Wu Y M, Bai Y S, et al. The self-assembly of porous microspheres of tin dioxide octahedral nanoparticles for high performance lithium ion battery anode materials. Journal of Materials Chemistry, 2011, 21 (27): 10189.

[46] Jiang B, He Y, Li B, et al. Polymer-templated formation of polydopamine-coated SnO_2 nanocrystals: anodes for cyclable lithium-ion batteries. Angew Chem Int Ed Engl, 2017, 56 (7): 1869-1872.

[47] Zhang L, Zhou L, Wu H B, et al. Unusual formation of single-crystal manganese sulfide microboxes co-mediated by the cubic crystal structure and shape. Angew Chem Int Ed Engl, 2012, 51 (29): 7267-7270.

[48] Yang H G, Zeng H C. Preparation of hollow anatase TiO_2 nanospheres via ostwald ripening. Journal of Physical Chemistry B, 2004, 108 (11): 3492-3495.

[49] Lou X W, Wang Y, Yuan C, et al. Template-free synthesis of SnO_2 hollow nanostructures with high lithium storage capacity. Advanced Materials, 2006, 18 (17): 2325-2329.

[50] Fei J B, Cui Y, Yan X H, et al. Controlled preparation of MnO_2 hierarchical hollow nanostructures and their application in water treatment. Advanced Materials, 2008, 20 (3): 452-456.

[51] Jiang H, Ren D Y, Wang H F, et al. 2D monolayer MoS_2-carbon interoverlapped su-

perstructure: engineering ideal atomic interface for lithium ion storage. Advanced Materials, 2015, 27 (24): 3687-3695.

[52] Liu X H, Zhong L, Huang S, et al. Size-dependent fracture of silicon nanoparticles during lithiation. ACS Nano, 2012, 6 (2): 1522-1531.

[53] Liu N, Lu Z, Zhao J, et al. A pomegranate-inspired nanoscale design for large-volume-change lithium battery anodes. Nature Nanotechnology, 2014, 9 (3): 187-192.

[54] Liu J, Wen Y, van Aken P A, et al. Facile synthesis of highly porous Ni-Sn intermetallic microcages with excellent electrochemical performance for lithium and sodium storage. Nano Letters, 2014, 14 (11): 6387-6392.

[55] Zhang W M, Hu J S, Guo Y G, et al. Tin-nanoparticles encapsulated in elastic hollow carbon spheres for high-performance anode material in lithium-ion batteries. Advanced Materials, 2010, 20 (6): 1160-1165.

[56] Okamoto H. Al-Li (Aluminum-Lithium). Journal of Phase Equilibria and Diffusion, 2012, 33 (6): 500-501.

[57] Lei X, Wang C, Yi Z, et al. Effects of particle size on the electrochemical properties of aluminum powders as anode materials for lithium ion batteries. Journal of Alloys and Compounds, 2007, 429 (1): 311-315.

[58] An W, Gao B, Mei S, et al. Scalable synthesis of ant-nest-like bulk porous silicon for high-performance lithium-ion battery anodes. Nature Communications, 2019, 10 (1): 1447-1458.

[59] Liu S, Feng J, Bian X, et al. Nanoporous germanium as high-capacity lithium-ion battery anode. Nano Energy, 2015, 13: 651-657.

[60] Liu X Z, Zhang R E, Yu W, et al. Three-dimensional electrode with conductive Cu framework for stable and fast Li-ion storage. Energy Storage Materials, 2018, 11: 83-90.

[61] Hohman J N, Kim M, Wadsworth G A, et al. Directing substrate morphology via self-assembly: Ligand-mediated scission of gallium-indium microspheres to the nanoscale. Nano Letters, 2011, 11 (12): 5104-5110.

[62] Wu Y, Huang L, Huang X, et al. A room-temperature liquid metal-based self-healing anode for lithium-ion batteries with an ultra-long cycle life. Energy and Environmental Science, 2017, 10 (8): 1854-1861.

[63] Han B, Yang Y, Shi X, et al. Spontaneous repairing liquid metal/Si nanocomposite as a smart conductive-additive-free anode for lithium-ion battery. Nano Energy, 2018, 50: 359-366.

第 4 章

锂离子电池液态电解液

锂离子电池电解液按照其形态可分为液态电解液、凝胶电解液和固态电解液。凝胶电解液和固态电解液中几乎不含游离的液态电解液，具有较高的安全性，因而引起关注。然而，凝胶电解液和固态电解液的大规模使用仍需突破其离子传导速率低以及电极/电解液界面相容性差的问题。因此，目前商业锂离子电池应用最广泛的仍是液态有机电解液。液态有机电解液主要由六氟磷酸锂（$LiPF_6$）导电盐、高纯度混合碳酸酯溶剂 ［包括碳酸乙烯酯（EC）、碳酸丙烯酯（PC）、碳酸二甲酯（DMC）、碳酸二乙酯（DEC）和碳酸甲乙酯（EMC）］ 及多种功能添加剂所组成[1]。

锂离子电池为了满足其在新能源汽车、大规模储能和智能器件等领域的应用，必须在尽可降低生产成本的同时，进一步提高其能量密度、功率密度、安全性能并拓宽其工作温度范围[2-3]。电解液在锂离子电池中虽然不是储存能量的场所，不能决定电池的理论能量密度，但它却在很大程度上决定了电池（电极）的能量密度、功率密度、循环寿命等性能是否能正常（按照所设计的）发挥。例如，根据电池能量密度计算公式，高电压化可以提升锂离子电池的能量密度。然而，高电压锂离子电池的正常充放电必须有耐高电压电解液作为基本保障。又如，高功率密度锂离子电池必须有高离子电导率和具有构筑低电极/电解液界面阻抗的电解液相匹配等。可见，电解液在锂离子电池中并不仅仅起到传导离子的作用，它跟电池的许多关键性能息息相关。

近年来关于电解液的研究热点基本都是围绕如何提升高能量密度锂离子电池的循环寿命、倍率性能、安全性能和进一步拓展电池的工作温度范围而展开的，主要包括以下三方面：①开发新的锂盐，完全或部分取代热稳定性较差、容易产生 HF 的六氟磷酸锂。②开发新的溶剂，完全或部分代替现有的易燃且电化学稳定窗口较窄的碳酸酯溶剂。③开发新型多功能电解液添加剂，弥补或进一步提升电解液的物理化学性质，如通过电解液成膜添加剂提高电极/电解液界面稳定性；通过电解液稳定添加剂提高电解液的热稳定性；通过阻燃添加剂提高电解液的安全性等。由于电解液添加剂的研究涉及的功能和种类较多，这里不对其进行介绍。本章将主要介绍近几年锂盐和溶剂的研究进展。值得一提的是，对于部分新型锂盐或溶剂，由于目前仍存在某些性能缺陷而在短期内无法完全代替现有电解液体系，可改为以添加剂的方式引入电解液体系中，达到显著提高电池性能的效果。另外，也有部分研究通过在电解液中引入添加剂，用来抑制新开发的锂盐或溶剂存在的一些不利副反应。对于这些电解液添加剂，将在本章进行简单的介绍。

4.1
传统锂盐——六氟磷酸锂

在介绍新型锂盐研究进展之前，笔者认为有必要先介绍一下传统的锂盐六氟磷酸锂，特别是近几年关于六氟磷酸锂对电解液电化学稳定性和热稳定性影响机理的研究。认识锂盐对电解液性质的影响机理，特别是一些确实存在但被长期忽略的影响，可为下一代电解液的开发提供非常有意义的指导依据。

$LiPF_6$ 作为锂离子电池电解液锂盐，具有溶解度高、离子电导率高、所组成的电解液能钝化正极集流体铝箔，且能在石墨负极表面构筑稳定的固体电解质界面（SEI）膜等优点。虽然 $LiPF_6$ 热稳定性差，易水解，但其综合性能优于早期开发的锂盐，如六氟砷酸锂、四氟硼酸锂、高氯酸锂等[4]。因此，$LiPF_6$ 于 1990 年被索尼公司率先应用到商业化锂离子电池中，且到目前为止仍是应用最广的锂盐。

4.1.1 $LiPF_6$ 的热分解及水解反应

$LiPF_6$ 固体发生热分解产生 LiF 和 PF_5 气体，与其在电解液中的热分解反应类似。但由于 PF_5 是一种强路易斯酸，因此，当电解液中的 $LiPF_6$ 发生热分解产生 LiF 沉淀和 PF_5 时，后者会迅速催化分解碳酸酯溶剂分子，进而降低电解液的热稳定性。Sloop 等人在他们早期的研究工作中发现，在 EC 和 DMC 混合溶剂中通入 PF_5 气体，会引起溶剂分子的分解，特别是 EC，而且电解液变色和分解产物与含 $LiPF_6$ 锂盐的混合溶剂热储存后的非常接近。因此，他们认为，$LiPF_6$ 热分解产生 PF_5 是导致电解液溶剂分解的直接原因[5]。Aurbach 等人采用加速量热法（ARC）、示差扫描量热法（DSC）和核磁共振（NMR）方法证实，$LiPF_6$ 添加至碳酸酯溶剂中会降低溶剂的热稳定性。在所研究的溶剂体系 EC、DMC 和 DEC 中，DEC 的热稳定性最低。上述电解液体系最终的热分解产物包括 CH_3CH_2F、CH_3F、FCH_2CH_2Y（$Y = OH$、F 等）、HF、CO_2、H_2O 等气体和聚合物固体[6]。

当 $LiPF_6$ 碳酸酯基电解液分别与嵌锂态的石墨和脱锂态的钴酸锂电极接触时，其起始热分解温度均显著下降[7-8]。Chen 等人认为，嵌锂态石墨电极表面 SEI 膜部分组分的溶解（约 57℃），使得电解液可以渗过残留的 SEI 膜与满电

（嵌锂）的石墨电极表面直接接触，从而催化了电解液的热分解反应；而在脱锂态的钴酸锂（$Li_{0.5}CoO_2$）表面，高价态的钴离子和电极材料脱氧可能是催化降低电解液热稳定性的主要因素[8]。该课题组随后又采用原位傅里叶红外光谱法和 C80 量热法研究了脱锂态的 Li_xCoO_2、$Li_xNi_{0.8}Co_{0.15}Al_{0.05}O_2$、$Li_xNi_{1/3}Co_{1/3}Mn_{1/3}O_2$、$Li_xMn_2O_4$、$Li_xNi_{0.5}Mn_{0.5}O_2$、$Li_xNi_{0.5}Mn_{1.5}O_4$ 和 Li_xFePO_4 正极材料对电解液热稳定性的影响[9]。其中 $Li_xNi_{0.5}Mn_{1.5}O_4$ 材料对电解液热分解催化最显著，电解液的热分解起始温度最低，而且释放的热量最高。意外的是，Li_xFePO_4 材料不仅不会催化分解含 $LiPF_6$ 的碳酸酯基电解液，甚至能在一定程度上抑制电解液的热分解。X 射线粉末衍射测试结果表明，Li_xFePO_4 材料本身具有很高的热稳定性。但该高结构稳定性仍不能完全解释其抑制电解液热分解的原因。Li_xFePO_4 材料的这种高稳定特性表明，其非常适用于对锂离子电池安全性能要求高的领域。

Tasaki 等人采用核磁共振（NMR）方法分析通入 PF_5 气体后电解液的分解产物，发现只能检测到含氟产物 POF_3，进一步证明 PF_5 具有非常高的反应活性。一旦将 PF_5 通入电解液中，它便迅速与溶剂分子反应而被消耗完。密度泛函理论（DFT）和分子动力学模拟方法的研究结果表明，溶剂分子极性越大，它们与 $LiPF_6$ 分解产生的初始产物 PF_5 的结合能越强，越容易被催化分解[10]。例如，EC 溶剂分子极性比 DMC 大，PF_5 会倾向与 EC 分子结合形成 PF_5-EC 结构。虽然文章没有进一步研究 PF_5 的结合对 EC 分解反应的影响，但考虑到 PF_5 的强路易斯酸性，应该会催化 EC 的分解。因此，该计算结果从一定程度上解释了 Sloop 等人检测到 EC 和 DMC 的混合溶剂中通入 PF_5 气体后，EC 的分解更加明显的实验结果[5]。Tasaki 等人的模拟结果同时表明，如果溶剂分子的极性足够大，而且溶剂分子体积小，那么该溶剂可以更好地解离 $LiPF_6$，形成溶剂分子隔离的离子对（Li^+ 和 PF_6^- 完全被溶剂分子所隔离），从而可以降低 $LiPF_6$ 的分解及后续的水解反应概率（文献中认为 $LiPF_6$ 的水解反应由 PF_5 引起，PF_5 与 H_2O 反应生成 POF_3 和 HF）。水分子在这两方面的性能均优于碳酸酯溶剂分子，因此 $LiPF_6$ 在水溶液中的水解反应反而低于 PC 基电解液[10]。此后，Kawamura 等人研究了电解液中溶剂分子的介电常数对电解液水解反应速率的影响[11]。他们发现，含 $LiPF_6$ 的碳酸酯基电解液水解反应符合 $-d[H_2O]/dt = k[H_2O]^2[LiPF_6]$ 的关系，其中 k 是电解液水解反应的速率常数。在所研究的溶剂体系中，k 由小至大依次为 EC+DMC<EC+DEC<PC+DMC<PC+DEC，该顺序刚好与溶剂体系的介电常数大小顺序相反。说明介电常数大的溶剂体系，电解液水解反应速率慢。

由上述的研究结果可知，强路易斯酸 PF_5 的产生，是引起电解液后续分解的根本原因。罗德岛大学的 Lucht 等人提出，采用路易斯碱结构的电解液添加剂可以显著提高含 $LiPF_6$ 碳酸酯基电解液的热稳定性[12]。路易斯碱添加剂，如吡啶，与 $LiPF_6$ 的初始分解产物 PF_5 形成稳定的络合物结构，从而抑制 PF_5 与碳酸酯结合及催化分解碳酸酯分子。他们在其后续的工作中发现，添加 5%（质量分数）的双草酸硼酸锂（LiBOB）同样可以提高电解液的热稳定性。他们认为这种效果主要是由于 LiBOB 分解，产生的草酸配体有效络合了 PF_5，从而抑制了其对电解液热分解的催化作用[13]。与此同时，他们发现降低电解液中痕量的质子杂质（如 H_2O、EtOH 等）可提高电解液的热稳定性[14]。Wilken 课题组采用时间分辨核磁共振光谱法详细研究了 $LiPF_6$ 碳酸酯基（EC+DMC）电解液在 85℃ 条件下储存的分解反应，提出质子杂质对电解液热稳定性的影响机理[15]。根据其实验结果，他们提出电解液的热分解可分为两个主要阶段，如图 4-1 所示。第一阶段是电解液热储存初期（储存 30min 后），主要是由电解液中痕量的 HF 和水等杂质引发的"酸性依赖"分解机理；第二阶段是电解液储存后期，主要是碳酸酯溶剂分子的分解和聚合反应，同时产生大量的 CO_2 气体。该研究结果同样表明，稳定 PF_5 以及降低电解液中的质子杂质可以提高电解液的热稳定性。

锂离子电池的正极材料主要是含锂的过渡金属氧化物。这些正极材料中的过渡金属离子在电池的循环过程中，特别是在高电压和高温的条件下，会从材料中溶解出来，导致正极材料界面结构的破坏。同时，溶解的过渡金属离子会在电场的作用下迁移并沉积到负极表面，破坏其界面已有的 SEI 膜结构，进而降低电池的循环稳定性[16-18]。关于溶解的过渡金属离子对电解液稳定性影响的研究几乎没有，这可能是由于前期的研究假设了所溶解的过渡金属离子几乎完全沉积到负极表面。但值得注意的是，电池在高温热储存时也会引起正极材料过渡金属离子的溶出，这些溶出的过渡金属离子在没有电场的作用时，很有可能会残留在电解液中。笔者近期的研究结果表明，沉积在负极表面的过渡金属离子，在负极电极电位上升（脱锂过程）时会部分重新溶解到电解液中[16]。也就是说，即便在电池循环过程中，电解液也会有残留的过渡金属离子。因此，研究溶解的过渡金属离子对电解液稳定性的影响，以及对电池性能的影响是非常有必要的。

基于此，笔者在电解液中引入过渡金属 Mn^{2+}，研究其溶解到电解液中对电解液热稳定性和还原稳定性的影响[17]。分子动力学模拟和 DFT 计算表明，Mn^{2+} 由于带两个正电荷，溶解在电解液中形成比锂离子更大更复杂的溶剂化层结构。更重要的是，它会催化其溶剂化层中 PF_6^- 结构的变化，使得其中一个 P-F 键明显增长，降低 PF_6^- 的热稳定性。随后，笔者对电解液进行热储存并分析储存前后电解液组分的变化，如图 4-2 所示。当电解液中同时存在 Mn^{2+} 和 PF_6^-

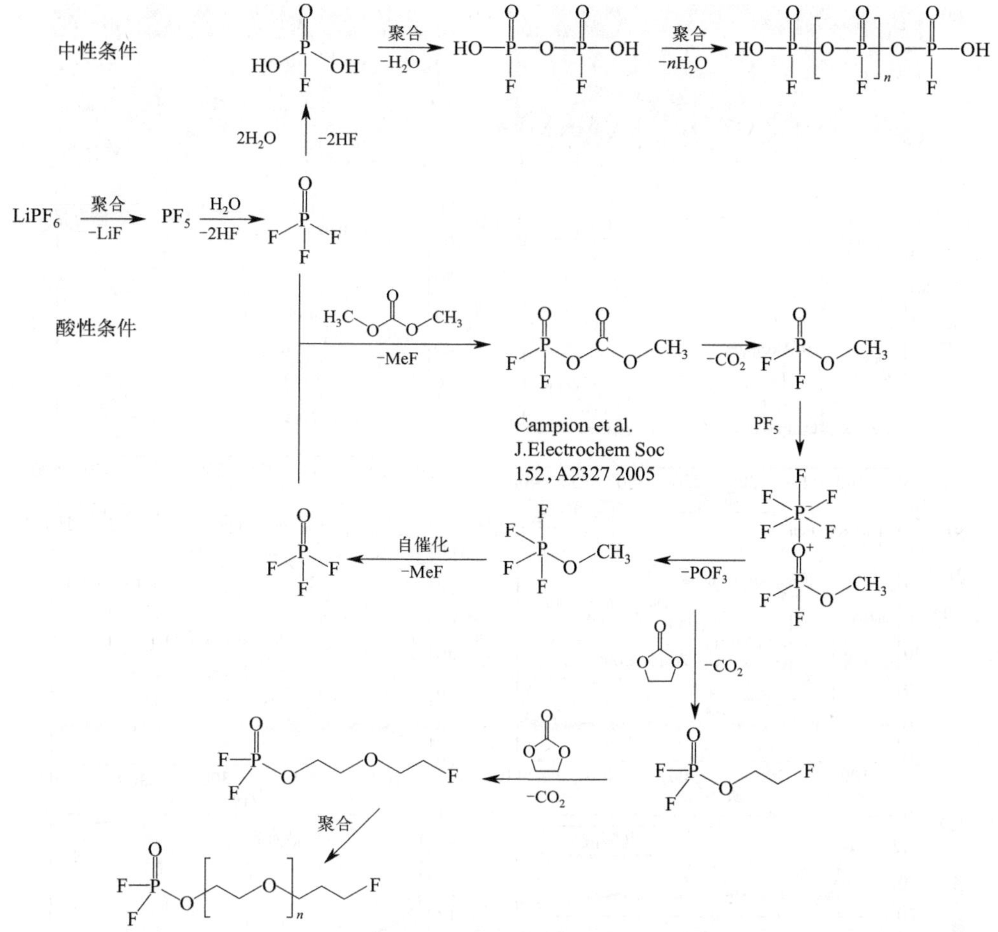

图 4-1　LiPF$_6$（EC＋DMC）电解液的热分解机理[15]

时，即电解液 6 号样品，电解液储存后变色最明显，并且出现很多新的产物，证明其热分解最严重。差示扫描量热曲线［图 4-2(g)］结果同样表明，电解液 6 的热分解起始温度最低，再一次证明，电解液中溶解有 Mn^{2+} 时会显著降低以 LiPF$_6$ 为锂盐电解液的热稳定性。热分解以后的电解液由于产生许多副产物，如 HF 含量明显增加，电池的循环稳定性显著降低，如图 4-2(h) 所示。笔者随后又研究了 Co^{2+} 对电解液稳定性的影响，结果与 Mn^{2+} 类似。笔者认为这主要是由于过渡金属离子大部分带有多电荷，容易诱发 PF$_6^-$ 结构变形进而产生 PF$_5$，从而降低电解液热稳定性。因此，如果能寻找一种电解液添加剂，具有与过渡金属离子形成稳定螯合物/溶剂层的能力，应该可以有效抑制过渡金属离子对电解液的热催化分解。

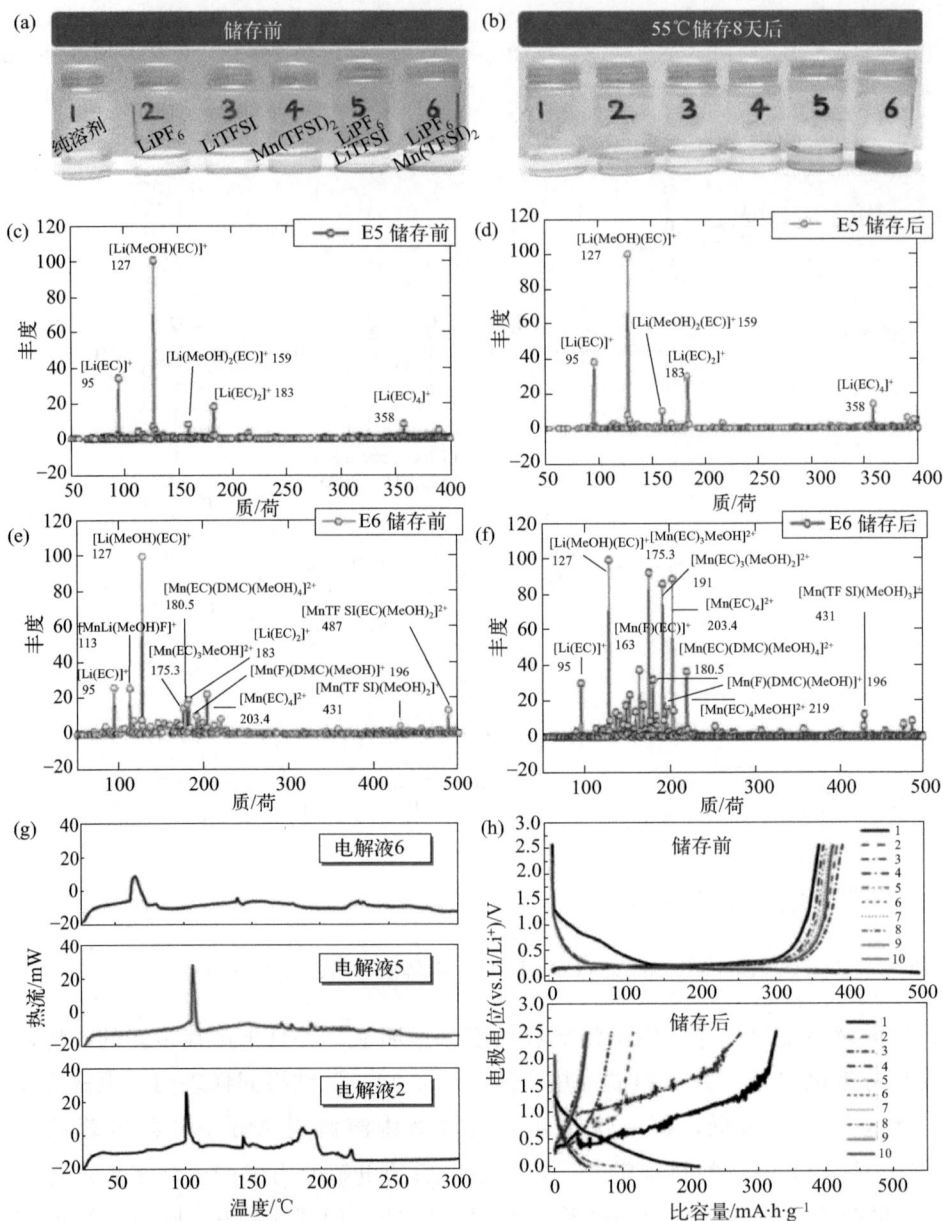

图4-2 Mn²⁺的存在诱发电解液热分解，电解液经过55℃储存8天前（a）后（b）的颜色变化；电解液5和6号样品热储存前（c）、（e）后（d）、（f）的ESI-MS谱图（使用乙醇为稀释剂）；电解液2.5和6号样品的DSC曲线（g）；石墨/Li半电池在新鲜电解液6号（上）和储存后的6号电解液（下）中的充放电曲线（h）

另外，关于过渡金属离子在石墨负极的沉积价态研究一直存在争议。根据理论还原电势，过渡金属离子的还原活性比锂离子强，因此大部分研究者认为，过渡金属离子应在石墨负极嵌锂之前就被还原为 0 价的金属。然而已有的大部分实验检测结果却发现，Mn^{2+} 主要以 +2 价的化合物沉积在石墨负极[18]。研究者认为，这种理论与实验结果的矛盾，可能是由于未考虑溶剂化层对离子还原稳定性的影响。过渡金属离子在电解液中会形成复杂的溶剂化层结构，其还原稳定性可能与孤立的离子不同。因此，研究者采用 DFT 计算研究了 Mn^{2+} 在被 EC 分子溶剂化后的还原活性。结果发现，被溶剂化后的 Mn^{2+} 难以还原，而是倾向于催化还原其溶剂化层中的 EC 分子，即 Mn^{2+} 会降低溶剂分子的还原稳定性，而本身难以被还原。只有在快速脱溶剂化（溶剂化分子少于 2 时）后，Mn^{2+} 才容易被还原。由该结果可见，溶剂化层对离子电化学性能的影响很大，在研究过程中不可忽略。笔者采用类似的方法研究了 Co^{2+} 的沉积，发现相对于 Mn^{2+}，Co^{2+} 在碳酸酯溶剂化层中较容易被还原，因此它在石墨负极的沉积以 +2 价和 0 价两种形式共同存在[16]。有趣的是，在电解液中添加成膜添加剂环丁烯砜，可以通过其优先于 Co^{2+} 还原，使得沉积在石墨负极的 Co^{2+} 都以 +2 价的化合物存在，从而抑制其对石墨负极界面稳定性的破坏。可见，通过调节溶剂化层中的分子，可以抑制甚至把过渡金属离子对石墨负极界面的危害变为有利。

综上所述，寻找能与 PF_5 形成稳定的络合物结构，且自身不被 PF_5 所催化分解的路易斯碱添加剂，可有效提高 $LiPF_6$ 碳酸酯基电解液的热稳定性，并抑制 $LiPF_6$ 的水解反应。另外，降低电解液中 HF 和水等杂质含量可进一步提高电解液的稳定性。最后，电池在循环过程中，特别是高电压和高温条件下，正极材料溶解到电解液中的过渡金属离子会催化 PF_6^- 生成 PF_5，进而显著降低电解液的热稳定性。寻找可以把溶解到电解液中的过渡金属离子"束缚"（例如形成稳定的过渡金属螯合物）的添加剂，可以有效抑制其对电解液热稳定性的影响。

过渡金属离子沉积到石墨负极的价态与过渡金属离子在电解液中所形成的溶剂化层密切相关。例如，在 EC 基电解液中，Mn^{2+} 倾向于催化溶剂化层中的 EC 分解发生还原，而自身以 +2 价化合物沉积到石墨负极；而 Co^{2+} 则相对于 Mn 容易被还原，因此以 +2 价和 0 价两种形式沉积共同存在于石墨负极表面。通过在电解液中引入具有较高还原活性的成膜添加剂，可以与过渡金属离子共同沉积到石墨负极表面，抑制其对石墨负极的破坏，甚至可以共同形成稳定性更高的 SEI 膜。

4.1.2 PF_6^- 对电极/电解液界面稳定性的影响

长期以来人们对 $LiPF_6$ 作为锂盐的研究主要集中在其热分解和水解的问题

上，而忽略了它对电极/电解液界面稳定性的重要影响。随着各种新型高比容量正负极材料和高工作电压正极材料的开发与应用，电极/电解液界面的性质对电池性能影响越来越大，特别是对于高电压锂离子电池（＞4.5V）。电解液在电极表面持续的氧化/还原分解，不仅消耗活性锂离子，引起不可逆容量损失，还会增加电极界面反应电阻，产生气体和热量，最终导致电池循环寿命、倍率性能和安全性能下降。

  LiPF$_6$与同时期报道的锂盐相比较，具有较好的成膜性能。其还原分解产物LiF是构筑稳定固体电解质界面（SEI）膜的主要成分之一[19-20]。由此可见，电解液中的锂盐与溶剂分子共同构筑了SEI膜。然而，受EC和PC基电解液在石墨界面电化学行为差异的影响，对SEI膜形成机理的研究更多集中在溶剂还原分解产物的差异上。石墨是应用最为广泛的锂离子电池负极材料，其嵌脱锂离子的电位为0.005V（vs. Li/Li$^+$）左右，远远低于碳酸酯基电解液的还原稳定窗口。PC基电解液在0.7V（vs. Li/Li$^+$）电位下开始在石墨表面发生持续的还原分解，导致石墨材料无法正常嵌入锂离子。与PC分子结构相差仅一个甲基的EC基电解液，通过在略高于0.7V（vs. Li/Li$^+$）的电位下发生还原分解，且分解产物沉积在石墨电极表面形成稳定的SEI膜，从而有效地抑制电解液的后续分解，使得石墨电极可以可逆地进行嵌脱锂反应[1]。因此，对"EC-PC引起界面差异"的研究主要集中在分析两种溶剂分子的还原分解产物上，而忽略了LiPF$_6$对界面稳定性的重要影响[21-23]。

  近年，Wang等几个研究团队先后报道了高浓度锂盐电解液体系在锂离子电池负极界面所展示的优异稳定性，表明电解液中锂盐阴离子对负极界面稳定性的影响是不容忽视的[24-28]。受上述研究的启发，笔者采用量子化学计算和实验方法相结合，详细研究了EC和PC基电解液中PF$_6^-$阴离子对电解液还原稳定性及分解产物的影响[29]。结果表明，EC和PC分子因为结构中相差一个甲基，烷基官能团电荷密度有所差异，使得其与锂离子所形成的溶剂化层在脱溶剂化时的行为不同。锂离子在EC基电解液中所形成的溶剂化层与PF$_6^-$的结合能强于EC分子，如图4-3(a)左所示，使得其在负极充电（嵌锂）过程中，溶剂化层倾向于脱去EC分子，保留PF$_6^-$，形成离子接触的溶剂化层结构。这种含PF$_6^-$的离子接触的溶剂化层相比于不含PF$_6^-$的溶剂化层具有更高的还原活性，而且形成含LiF的还原分解产物［图4-3(b)］，即EC基电解液的还原分解产物富含SEI膜的主要成分LiF，因此可以有效钝化石墨电极表面。与此相反，PC基电解液中的锂离子溶剂化层中，锂离子与PF$_6^-$和PC分子的结合能力相当，如图4-3(a)中右图所示，因此在脱溶剂化的过程中形成的离子接触溶剂化层结构（即含

PF_6^-）含量要低于 EC 基电解液，直接导致其还原分解产物 LiF 含量远低于 EC 基电解液，因此不能有效钝化石墨电极界面，使得 PC 基电解液持续还原。提高电解液中的锂盐浓度可以有效提高 PC 基电解液在石墨电极界面的锂盐阴离子浓度，即增加电极表面含 PF_6^- 的离子接触溶剂化层的含量，从而增加电解液在石墨电极表面的还原产物 LiF 的含量，达到提高负极界面稳定性的效果。可见，在 EC 和 PC 基电解液中，锂离子溶剂化层的脱溶剂化过程是决定其在石墨负极界面稳定性的关键步骤，PF_6^- 是否能"赢"得在电极表面的"一席之地"决定了电解液还原分解产物对电极的钝化和保护能力。

PF_6^- 不仅影响电池负极界面的稳定性，对正极界面稳定性同样具有非常大的影响[30-32]。分子动力学模拟结果表明，由于静电相互吸引作用，带正电的电极表面锂盐阴离子的浓度高于不带电的电极表面[33-34]。因此，研究"富集"在电极表面的锂盐阴离子对电解液的氧化稳定性的影响非常重要。早期的研究结果表明，分别含有不同锂盐的 PC 基电解液，在石墨电极表面的氧化分解产生气体的量从大到小分依次为：高氯酸锂（$LiClO_4$）＞四氟硼酸锂（$LiBF_4$）＞六氟砷酸锂（$LiAsF_6$）＞$LiPF_6$。该结果表明，在这几种盐中，$LiClO_4$ 对电解液的催化氧化活性最强[30]。随后，Aurbach 等人也发现，锂盐阴离子对 PC 基电解液的氧化分解速率有很大的影响，其中 PF_6^- 的影响大于 ClO_4^- 和 BF_4^-[32]。他们认为，PF_6^- 对电解液的氧化催化作用主要是由于其在电解液中与痕量杂质发生反应，产生 PF_5 和 POF_3 等强氧化剂。然而，这种 PF_6^- 不参与电解液氧化分解的推测却与 Hammami 等人的研究结果相矛盾[35]。后者的实验结果表明，在含 $LiPF_6$ 盐的碳酸酯基电解液热储存分解产物中检测不到含 F 的有机物（由 PF_6^- 与碳酸酯分解形成），而把正极材料与该电解液一同热储存后，则可以检测到含 F 的有机物，表明 $LiPF_6$ 确实参与了电解液的氧化分解，而不仅仅是热分解。

采用密度泛函理论计算方法，研究者详细研究了锂盐阴离子，包括 PF_6^-、ClO_4^- 和 BF_4^- 对 PC 和 EC 氧化稳定性和分解规律的影响[36-37]。计算结果表明，阴离子确实参与电解液的氧化分解，且显著降低碳酸酯溶剂分子的氧化稳定性，改变其分解机理和产物。在所研究的几种锂盐阴离子中，ClO_4^- 与碳酸酯分子共同发生氧化分解，促使碳酸酯分子氧化并发生 H 转移，进而显著降低碳酸酯的氧化稳定性，计算结果与已报道的实验测试结果一致[30]，解释了 $LiClO_4$ 不适合应用在高电压锂离子电池中的根本原因。我们发现 PF_6^- 与碳酸酯共同发生氧化分解时，不仅降低溶剂分子的氧化稳定性，而且发生碳酸酯的质子转移产生 HF。至此，我们提出了含 $LiPF_6$ 的电解液产生 HF 的另一途径。电解液的酸度测试进一步证明，含 $LiPF_6$ 的电解液在氧化时电解液酸度增加[38]。值得一提的

(a) 第 n 个溶剂分子的溶剂化能=(LiPF$_6$:n溶剂)的能量-(LiPF$_6$:n-1溶剂)的能量-溶剂的能量

PF$_6^-$ 与(Li$^+$-n溶剂)所形成的溶剂化能=(LiPF$_6$:n溶剂)的能量-(Li$^+$-n溶剂)的能量-PF$_6^-$的能量

(b)   LiPF$_6$:1个溶剂分子   LiPF$_6$:2个溶剂分子   LiPF$_6$:3个溶剂分子   LiPF$_6$:4个溶剂分子

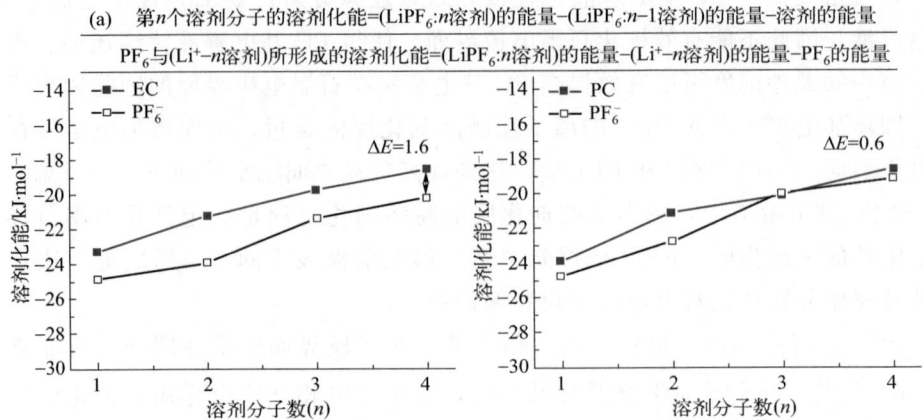

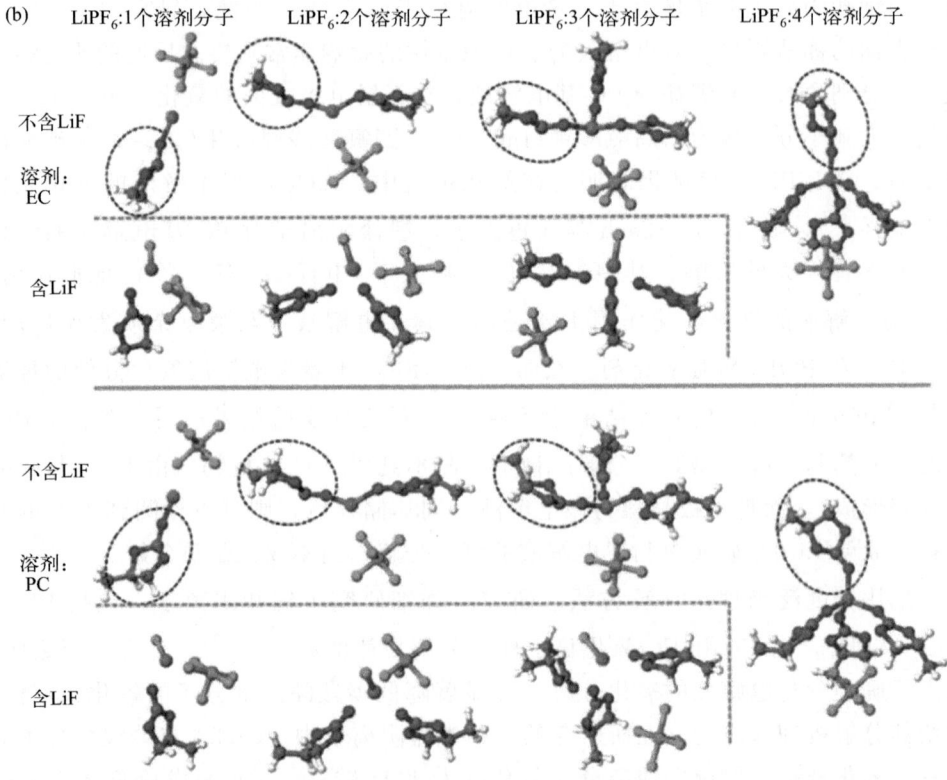

图 4-3   锂离子分别在 EC 和 PC 基电解液中的溶剂化能 (a) 和含 PF$_6^-$ 阴离子的溶剂化层
得到一个电子还原后的优化结构 (b)[32]

是，在没有锂盐阴离子的存在时，单独碳酸酯溶剂分子具有很高的耐氧化稳定
性。因此，设计具有耐氧化稳定性的锂盐或者对 PF$_6^-$ 具有氧化惰性的新型溶剂，
是提高锂离子电池电解液氧化稳定性的一种有效途径。

综上所述，锂盐阴离子对锂离子电池负极和正极的界面稳定性具有非常大的影响。以 $LiPF_6$ 为例，在石墨负极界面，是否有足够浓度的 PF_6^- 参与还原决定了负极界面的稳定性；而在高电压正极表面，界面的 PF_6^- 参与氧化分解，降低碳酸酯氧化稳定性的同时，产生危害电池性能的 HF。因此，在研究锂盐对电池性能的影响，或者设计新型锂盐的时候，不可忽略其对界面稳定性的影响。值得一提的是，超浓电解液（锂盐浓度＞$1mol \cdot L^{-1}$）所展示出来的超常规电化学行为，主要是由于电极/电解液界面锂盐阴离子浓度的变化（或者说界面溶剂化层结构和组分的变化）。

需要注意的是，高盐浓度电解液仅适用于需要界面膜钝化电极表面的体系。对于离子和溶剂分子共嵌入电极的储能电化学体系，提高锂盐的浓度形成界面膜反而会降低其电化学性能。例如，对于钠离子和醚共嵌石墨电极的体系，提高电解液中锂盐的浓度，会使得电解液在石墨电极表面形成富含 NaF 的 SEI 膜，从而阻挡了钠离子和醚的共嵌，降低电池的容量和稳定性。这种体系，适当降低锂盐的浓度反而可以获得更好的电化学性能[39]。

4.2
新型锂盐的研究

$LiPF_6$ 作为应用最为广泛的锂盐具有以下主要优点：
① 在碳酸酯溶剂中具有较高的溶解度及电导率；
② 在石墨负极表面形成稳定的 SEI 膜；
③ 能有效钝化正极材料的铝集流体[40-41]。

然而，$LiPF_6$ 存在热稳定性差、易水解、氧化稳定性差等缺点，使得其在高安全高能量密度下一代锂离子电池中应用的问题日渐暴露。开发新型锂盐迫在眉睫。理想的锂离子电池电解液锂盐应同时符合以下几点要求：
① 高热稳定性和化学稳定性；
② 在非水有机溶剂中具有高的溶解度及电导率（具有较高的锂离子迁移数）；
③ 不会腐蚀 Al 集流体；
④ 锂盐阴离子具有较高的氧化稳定性；
⑤ 在电极表面形成低阻抗高稳定的 SEI 膜；
⑥ 与电池中的其他关键材料具有较高的相容性；
⑦ 环境友好，成本低[41]。

表 4-1　几种传统锂盐的性能比较[42]

性能	优/强→差/弱					
离子迁移率	LiBF$_4$	LiClO$_4$	LiPF$_6$	LiAsF$_6$	LiTfO	LiTFSI
离子对离解	LiTFSI	LiAsF$_6$	LiPF$_6$	LiClO$_4$	LiBF$_4$	LiTfO
溶解度	LiTFSI	LiPF$_6$	LiAsF$_6$	LiBF$_4$	LiTfO	
热稳定性	LiTFSI	LiTfO	LiAsF$_6$	LiBF$_4$	LiPF$_6$	
化学惰性	LiTfO	LiTFSI	LiAsF$_6$	LiBF$_4$	LiPF$_6$	
SEI 成膜性能	LiPF$_6$	LiAsF$_6$	LiTFSI	LiBF$_4$		
钝化铝集流体	LiAsF$_6$	LiPF$_6$	LiBF$_4$	LiClO$_4$	LiTfO	LiTFSI

与 LiPF$_6$ 同时期报道的锂盐包括 LiClO$_4$、LiBF$_4$、LiAsF$_6$、双（三氟甲磺酰基）亚胺锂（LiTFSI）和三氟甲基磺酸锂（LiTfO），它们的性能比较如表 4-1 所示[42]。从表 4-1 中可见，LiPF$_6$ 在溶解度、电导率、SEI 成膜性能和钝化铝集流体方面较好。LiClO$_4$ 在碳酸酯溶剂中具有高的溶解度和离子电导率，而且不易水解。然而，含 ClO$_4^-$ 的电解液氧化稳定性较差，特别是在高温条件下甚至可能引起电池爆炸。因此目前，LiClO$_4$ 仅用于实验室研究[1,43]。LiBF$_4$ 的热稳定性和对水的稳定性略高于 LiPF$_6$[44]。LiBF$_4$ 中的 BF$_4^-$（0.227nm）阴离子团直径比 PF$_6^-$（0.255nm）小，因此在电解液中具有更快的离子迁移速率。但也由于 BF$_4^-$ 较小的体积，导致其与 Li$^+$ 不容易完全解离形成溶剂分子隔离的离子对。LiBF$_4$ 在石墨负极界面形成的 SEI 膜稳定性比较差，特别是在高温条件下，导致电池自放电较严重，循环稳定性较差[45]。LiAsF$_6$ 在碳酸酯中的溶解度和电导率与 LiPF$_6$ 相当，其电解液可以有效地钝化铝集流体，且能在正负极表面形成稳定的界面膜。As—F 键的键能比 P—F 强，因此 LiAsF$_6$ 电解液形成 HF 的概率较低，然而 AsF$_6^-$ 离子易与碳酸酯和醚基溶剂发生反应，产生剧毒的 As^{III} 和 As^0 物质，因此限制了其在锂离子电池中的应用[46]。LiTFSI 盐具有较高的热稳定性，其热分解温度高达 360℃，溶解在碳酸酯溶剂中具有较高的离子电导率，仅略低于 LiPF$_6$。与其他同时期报道的锂盐相比较，含 LiTFSI 盐的碳酸酯基电解液具有较高的氧化稳定性。TFSI$^-$ 离子在石墨类负极表面具有较好的 SEI 成膜性能。然而，TFSI$^-$ 离子与 Al 具有较强的结合作用，在 3.8V（vs Li/Li$^+$）左右时产生易溶的化合物，使得 Al 集流体在该电解液中腐蚀严重[47-48]。LiTfO 在非水有机溶剂中的溶解度和解离度都比其他锂盐低，在极性较弱的溶剂中更甚，例如醚类溶剂。LiTfO 几乎不与金属锂发生反应，因此无法在金属锂电极表面形成保护膜。有趣的是含 LiTfO 盐的碳酸酯基电解液与传统的碳材料负极

表现出较好的相容性，展示出较高的首次库仑效率。TfO^- 的氧化稳定性比 ClO_4^- 略高，但仍低于 BF_4^- 和 PF_6^-。LiTfO 与 LiTFSI 类似，其组成的电解液会腐蚀 Al 集流体[1]。综上所述，$LiClO_4$、$LiBF_4$、$LiAsF_6$、LiTFSI 和 LiTfO，由于它们无法在负极形成稳定的 SEI 膜、无法钝化 Al 集流体或者分解产物有毒等因素，尚未作为单一锂盐在商业化锂离子电池中应用。

鉴于 LiTFSI 优异的热稳定性和负极 SEI 膜成膜性能，近几年关于 LiTFSI 应用的研究主要集中在抑制其对 Al 集流体的腐蚀上。Matsumoto 等人发现，如果将电解液中的 LiTFSI 浓度从 $1mol \cdot L^{-1}$ 提高到 $1.8mol \cdot L^{-1}$，其腐蚀铝集流体的现象基本消失[49]。根据 SEM 和 XPS 测试结果，他们提出，在常规浓度电解液中，电极表面含大量解离的 $TFSI^-$，$TFSI^-$ 发生氧化分解释放的 F^- 容易与同时被氧化的 Al^{3+} 结合，生成 AlF_3。这类产物无法钝化铝集流体，导致铝集流体在循环过程中腐蚀严重。在高盐浓度时，电极界面存在大量未解离的 Li^+-$TFSI^-$ 离子对，这些 Li^+-$TFSI^-$ 离子对发生氧化分解形成一层富含 LiF 的钝化层，可有效保护铝集流体不被电解液腐蚀。LiTFSI 高盐浓度电解液与金属锂负极同样具有很好的相容性，其分解产物 LiF 可以在金属锂表面形成一层保护膜，抑制锂枝晶的形成，进而提高金属锂的循环稳定性[50]。因此，如果不考虑成本，高盐浓度 LiTFSI 电解液应该是高能量密度、高安全性和高循环寿命锂离子电池电解液的首选。

在电解液中添加二草酸硼酸锂（LiBOB）或者二氟草酸硼酸锂（LiDFOB）类添加剂，同样可以通过其提前氧化分解，在 Al 集流体表面形成一层钝化膜，从而抑制 LiTFSI 对 Al 集流体的腐蚀[51-52]。LiTFSI 与 LiBOB 组成的双盐电解液还能有效钝化金属锂电极的表面，抑制金属锂在循环过程中形成锂枝晶[53]。因此相比于高盐浓度，在电解液中添加适量成膜添加剂抑制 LiTFSI 对铝集流体的腐蚀具有更好的应用前景。

LiBOB 由 Xu 等人首次合成并应用在锂离子电池电解液中。他们的实验结果表明，LiBOB 对 Al 集流体的钝化能力优于 $LiPF_6$，而且能分别在石墨负极和过渡金属氧化物正极表面形成稳定的 CEI 膜和正极电解质界面膜（CEI）。LiBOB 在石墨电极表面所构筑的 SEI 膜甚至能有效抑制 PC 溶剂分子在石墨表面的持续还原分解。在相同锂盐浓度条件下，$LiPF_6$ 无法抑制 PC 的持续还原。由于 LiBOB 结构中不含 F 元素，电解液在高温条件下比较稳定，且不会产生 HF。电池在含 LiBOB 电解液中的高温循环稳定性明显高于含 $LiPF_6$ 盐的电解液[54-56]。然而，LiBOB 在碳酸酯基溶剂中的溶解度和离子电导率较低，电池低温性能不佳，而且它与含 Co 的正极材料（如 $LiCoO_2$）相容性较差，会发生分解产生气体，增加电池内压，使得其难以作为单一锂盐在锂离子电池中应用[57]。近年，Fang 等人提出一种以 LiBOB 为锂盐、丁内酯和不可燃的 1,1,2,2-四氟乙基 2,2,3,3-四氟丙醚为溶剂的新型高安全电解液。该电解液具有不燃的高安全性，而且跟石墨负极和镍钴锰三元正极材料具有很好的浸润性和相容性。石墨/镍钴锰三元全电池在该电解液中的高温循环稳定性和倍率性能明显高于商用 $LiPF_6$/碳酸酯基电解液[58]。可见，设计开发合适的溶剂体系也许可以突破 LiBOB 作为单一锂盐在锂离子电池中的应用瓶颈。

Zhang 根据 LiBOB 和 $LiBF_4$ 两种锂盐的结构特点，提出一种结合上述两种盐结构优点的新型锂盐，二氟草酸硼酸锂（LiDFOB）[59-60]。该盐极性比 LiBOB 大，因此在碳酸酯中的溶解度高于前者，表现出更佳的低温性能。由于结构中含有草酸基团，因此具有比 $LiBF_4$ 更好的负极 SEI 膜成膜性能和钝化铝集流体的能力，从而使得电池表现出更长的高温循环寿命和安全性能。Gores 等人随后进一步证实，LiDFOB 作为锂盐具有非常好的负极 SEI 膜、正极 CEI 膜成膜和钝化铝集流体的性能，而且这类锂盐不会发生水解反应产生 HF[61]。Xu 等人将 5% LiODFB 作为添加剂加入 $LiPF_6$ 为锂盐的电解液中，发现电解液的热稳定性得到显著提高[62]。含 LiODFB 添加剂的电解液在 85℃下储存 2 个月仍未见明显的分解。他们认为该电解液在热储存过程中，LiODFB 与 $LiPF_6$ 发生分解产生四氟草酸磷酸锂（$LiPF_4C_2O_4$），草酸基团抑制了高催化活性 PF_5 的生成，进而提高了电解液的热稳定性。该作用机理与 LiBOB 提高电解液热稳定性的机理类似[63]。Lai 等人详细研究了 $LiFePO_4$/人造石墨全电池分别在以 $LiPF_6$ 和 LiDFOB 为锂盐的电解液中的电化学性能。其实验结果表明，LiDFOB 可以分别在 $LiFePO_4$ 和人造石墨电极表面形成致密且阻抗低的 SEI 膜，因此电池性能明显优于 $LiPF_6$ 体系[64]。另外，以 LiDFOB 为锂盐的电池高温循环稳定性和倍率性能均优于含 $LiPF_6$ 锂盐的体系。随后 Lai 等人继续研究了 $LiPF_6$ 和 LiDFOB 的混合盐对 $LiFePO_4$/人造石墨全电池性能的影响[65]。实验结果表明，当 $LiPF_6$ 和 LiDFOB 以摩尔比为 1:4 混合时，$LiFePO_4$/人造石墨全电池展示出比两种单独锂盐体系更好的高温循环性能和倍率性能，特别是与仅以 $LiPF_6$ 为锂盐的体系相比。不过文章并未阐述两种锂盐之间具体协同作用机理。

值得一提的是 LiDFOB 具备 LiBOB 和 $LiBF_4$ 的优点的同时，也保留了 LiBOB 的高温产气问题。因此作为锂盐在软包电池中应用仍存在产气严重的问题。抑制高温产气以及降低成本，有望实现 LiDFOB 作为锂盐在锂离子电池中的大规模应用。

近年关于锂盐的开发和研究主要集中在上述几种，但从实际应用中不难发现，这些新型锂盐由于存在某些问题而未能完全取代 LiPF$_6$。不过也由于这些新型锂盐具备一些优于 LiPF$_6$ 的性能，例如成膜性能，高温稳定性等，而作为电解液添加剂在锂离子电池中得到应用。开发与新型锂盐相匹配的溶剂，或在现有碳酸酯溶剂基础上引入电解液功能添加剂，有望解决目前这些锂盐在大规模应用上存在的缺陷。

4.3
溶剂

碳酸酯是锂离子电池应用最广泛的溶剂，主要包括环状的 EC、PC 和链状的 DEC、DMC 等。这类溶剂具有较好的电化学稳定性、较低的熔点、较高的介电常数和低毒性等优点。环状和链状碳酸酯混合后，溶剂具有较宽的液态温度范围和低黏度等特点。然而，随着锂离子电池的高电压化，以及新型高比容量电极材料的开发与应用，碳酸酯溶剂的电化学稳定窗口，特别是氧化稳定性，已经无法满足应用要求。随着锂离子电池在大规模储能站和电动汽车中的应用，碳酸酯溶剂的易燃易爆安全问题更为凸显。因此，开发具有耐高电压且不燃的新型溶剂迫在眉睫。

4.3.1 氟化溶剂

将碳酸酯中的烷基官能团部分氟化是提高碳酸酯溶剂氧化稳定性的有效途径。Amine 等人研究了部分烷基氟化后对环状碳酸酯、链状碳酸酯和醚的电化学性能的影响[66]。其理论计算结果表明，氟化后的分子氧化稳定性均有提高，如表 4-2 所示。钛酸锂/镍锰酸锂电池在含有氟化溶剂的电解液（1.2mol·L^{-1} LiPF$_6$：F-AEC/F-EMC/F-EPE＝2/6/2）中的高温循环稳定性显著高于常规碳酸酯基电解液（1.2mol·L^{-1} LiPF$_6$：EC/EMC＝3/7）。然而，与氟代碳酸乙烯酯（FEC）不同的是，这类氟化溶剂与石墨负极相容性较差，需要与负极成膜添加剂配合使用才能应用到含石墨负极的电池中[67]。另外，该文章对氟化后电解液的氧化稳定性机理研究较少，仅提供了独立溶剂分子的模拟数据，而对于电解液的影响因素，例如锂盐或共溶剂分子对这些氟化溶剂分子氧化稳定性的影响不清楚。因此其耐高电压的机理值得进一步研究，究竟是由于溶剂具有耐高电压稳定性，还是通过氧化分解形成钝化膜而提高了电极/电解液界面稳定性。

表 4-2　碳酸酯、醚、氟化碳酸酯和氟化醚的结构、计算氧化电位和 HOMO/LUMO 能量

分子	结构	计算氧化电位	HOMO(a. u.)	LUMO(a. u.)
EC		6.91(6.83)	−0.31005	−0.01067
EMC		6.63	−0.29905	0.00251
EPE		5.511	−0.26153	0.00596
F-AEC		6.98	−0.31780	−0.01795
F-EMC		7.01	−0.31946	−0.00363
F-EPE		7.24	−0.35426	−0.00356

　　氟化碳酸酯基电解液应用的另一瓶颈是黏度高，电池低温性能较差。这主要是由于溶剂分子极性大，溶剂分子之间结合能较强，电解液液态温度范围窄。另外，极性大的溶剂分子虽然解离锂盐的能力强，但也由于其与锂离子结合能力强，导致电解液中的锂离子迁移数不高，以及锂离子嵌入电极材料需要克服的界面阻抗较大等。针对氟化有机碳酸酯基电解液存在的上述问题，Wang 等人报道了一种工作温度范围宽（−125～70℃）、离子电导率高和耐高电压（5.6V）的安全不燃氟化碳酸酯基电解液[68]。该电解液 [1.28mol·L^{-1} LiFSI/FEC-甲基三氟乙基碳酸酯（FEMC）-1,1,2,2-四氟乙基-2,2,2-三氟乙基醚（D2）] 是通过在高盐浓度氟化碳酸酯基电解液（4.2mol·L^{-1} LiFSI-FEC/FEMC）中引入低极性、不燃、耐高电压的氟化溶剂 D2 获得的。其研究结果表明，由于 D2 极性低，与锂离子结合能力弱，因此引入 D2 共溶剂不会改变原来电解液（4.2mol·L^{-1} LiFSI-FEC/FEMC）中锂离子的溶剂化层结构，即维持了浓盐电解液的微观结构及其优异的界面电化学性能。D2 溶剂的引入仅仅降低高极性氟化碳酸酯之间的结合能，显著拓宽了电解液的液态温度范围，提高了低温离子电导率，进而提高高电压 LiNi$_{0.8}$Co$_{0.15}$Al$_{0.05}$O$_2$（NCA）/Li 电池的低温放电性能和倍率性能，如图 4-4 所示。然而，D2 溶剂在不改变锂离子溶剂化层的前提下，如何降低锂离子与溶剂化层中溶剂分子的结合能，即降低锂离子脱溶剂化能，仍值得进一步研究。

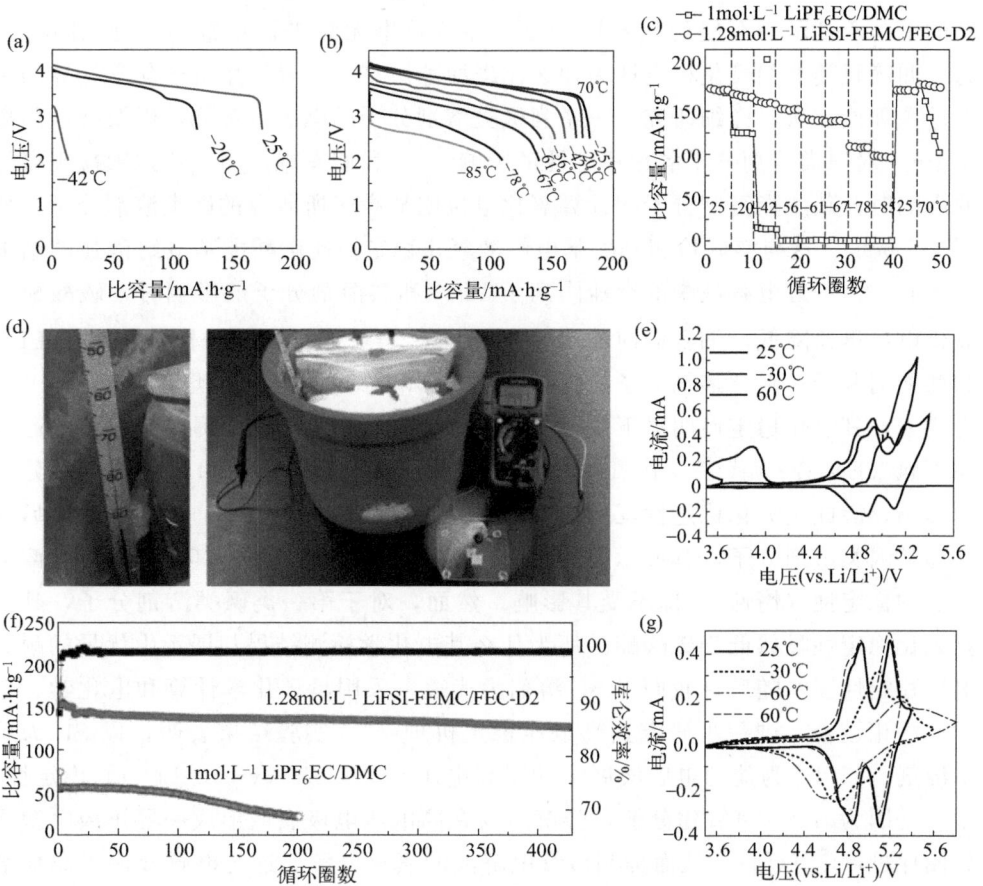

图 4-4　NCA/Li 电池在不同温度和电解液中的电化学行为[68]

（a）NCA/Li 电池用 1mol·L⁻¹ LiPF₆EC/DMC 电解液在不同温度下的放电曲线；（b）1.28mol·L⁻¹
LiFSI/FEC-D2 电解液在不同温度下的放电曲线；（c）NCA/Li 电池在两种电解液中不同温度下的放电容量；

（d）含 1.28mol·L⁻¹ LiFSI/FEC-D2 电解液的 NCA/Li 电池在−95℃下为小风扇供电的照片；

（e）NCA/Li 电池在两种电解液中的低温（−20℃）、1/3C 充放电电流下的循环性能；

（f）LiCoMnO₄/Li 电池在 1mol·L⁻¹ LiPF₆-EC/DMC 电解液中及不同温度的循环伏安曲线；

（g）1.28mol·L⁻¹ LiFSI/FEC-D2 电解液中及不同温度的循环伏安曲线（扫描速度 0.05mV·s⁻¹）

4.3.2　砜类溶剂

砜类溶剂由于具有耐高电压的优点而备受关注。Xu 等人早在 2002 年便详细
探究了一系列链状和环状砜类溶剂的物理化学性质[69]。该工作发现，所研究的
几种砜类溶剂分子均具有较好的耐高电压特性，而且受分子结构影响较小。不过

不同的砜类结构对其与石墨负极的相容性影响很大，其中具有高介电常数和低黏度的甲基乙基砜与石墨的相容性最差，导致石墨无法进行正常的嵌/脱锂反应。为了明确砜类溶剂氧化稳定性为什么比碳酸酯更高，笔者采用量子化学计算的密度泛函理论方法，详细研究了一系列砜类溶剂分子的电子亲和能，以及锂盐阴离子 PF_6^- 对砜类溶剂分子氧化稳定性的影响[70]。我们发现，当不考虑锂盐阴离子的影响时，碳酸酯溶剂分子的计算氧化电位明显高于所研究的砜类溶剂分子，如图 4-5 所示。这与实验检测到砜基电解液氧化稳定性比碳酸酯基电解液强的结果相矛盾。当考虑电解液中的锂盐阴离子 PF_6^- 和共溶剂分子的影响时，碳酸酯的氧化电位迅速降低，如我们前期所报道的结果[36]。不同的是，锂盐阴离子 PF_6^- 和共溶剂分子对砜类溶剂分子氧化稳定性的影响分为两类。一类以环丁砜（SL）为代表，其氧化稳定性明显下降，且低于相应的碳酸酯体系。另一类以甲基乙基环丁砜（EMS）为代表，其氧化稳定性几乎不受锂盐阴离子和其他共溶剂分子的影响，因此其氧化稳定性反而变得显著高于碳酸酯溶剂分子。因此，对于后面这一类砜类溶剂分子，其展示出的耐高电压稳定性主要归结于其对锂盐和共溶剂分子的稳定性（惰性），即不受其影响。然而，对于第一类砜类溶剂分子，其计算氧化稳定性显然低于碳酸酯。那为什么其电化学检测结果却展示出优异的耐高电压稳定性呢？随后，我们以 SL 溶剂为代表，采用量子化学计算和电化学、谱学方法相结合，进一步研究其高电压稳定机理[71]。实验结果表明，以 SL 为单一溶剂、$LiPF_6$ 为盐的电解液展示的耐高电压 [$>5.0V$（vs. Li/Li^+）] 稳定性，主要是因为 SL 发生氧化分解，分解产物在高电压电极表面形成一层正极电解质界面保护（CEI）膜，从而抑制后续电解液的氧化分解。这与电解液成膜添加剂的作用机理类似。由此可见，砜类溶剂的耐高电压稳定性有两种机理：一种是砜类溶剂的氧化稳定性不受锂盐阴离子和共溶剂分子的影响，具有不容易发生氧化的耐高电压稳定性；另一种机理与成膜添加剂机理类似，即砜基溶剂分子的氧化稳定性其实比碳酸酯低，它们会提前参与氧化分解，在电极表面形成一层 CEI 膜，抑制电解液后续的氧化分解。

砜类溶剂分子通常黏度较大，需要与链状碳酸酯混合使用以降低电解液的黏度。值得注意的是，与链状碳酸酯的混合并未降低电解液的耐高电压稳定性，也未改善砜类溶剂与石墨的相容性，即砜基和碳酸酯基混合溶剂的电解液中，电极/电解液界面性质所展示的与砜基极为相似，未受碳酸酯溶剂的影响。为了明确这一现象的原因，笔者以溶解 $1mol \cdot L^{-1}$ $LiPF_6$ 的环丁砜（TMS）和 DMC 混合溶剂电解液为研究对象，采用分子动力学模拟的方法详细研究了该电解液的电极/电解液界面组分与电极电位的关系[72]。从模拟结果中我们发现，由于 TMS 的极性比 DMC 大，而且 TMS 与锂离子的结合能更强，石墨负极界面

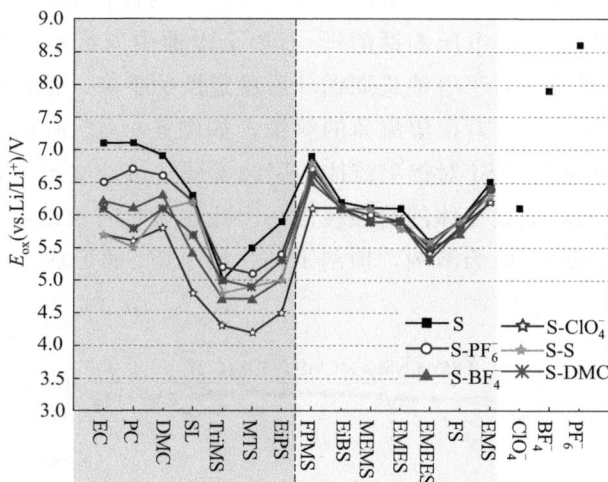

图 4-5   砜类溶剂分子和碳酸酯溶剂分子的计算氧化电位比较图[70]

TMS 的含量随着电极电势的下降而增加，且明显高于 DMC 的含量。这就解释了为什么 DMC 的加入无法改善 TMS 与石墨相容性差的问题。在正极的表面，TMS 的含量与 DMC 相当，不同的是 TMS 的═O 基团紧靠电极表面，而 DMC 的碳基基团相对于 TMS 远离电极表面。即靠近电极表面的是氧化稳定性较高的 TMS 分子，而氧化稳定性较低的 DMC（特别是容易失电子的碳基基团）则较为远离电极表面。该结果解释了 DMC 共溶剂的加入不会降低 TMS 高电压稳定性的现象。通过该分子动力学模拟结果可知，对于黏度比较高的溶剂，可以通过寻找合适的低黏度溶剂作为共溶剂分子，在降低本体电解液黏度的同时保持该体系的电极/电解液界面性质。

Xu 等人曾报道过，将砜类溶剂分子进行氟化，可以改善它们与石墨负极界面的相容性，提高其电解液的电导率[69]。然而，Zhang 等人发现，对于甲基乙基砜和甲基异丙基砜，氟化以后的电解液电导率反而降低[73]。他们还发现，砜类分子结构中的烷基基团对其氧化稳定性有较大的影响，这与 Chagnes 的研究结论一致[74]。重要的是，Zhang 等发现氟化（以—CF$_3$ 取代—CH$_3$ 结构）砜类溶剂分子可以提高其与隔膜的浸润性，降低其黏度和沸点，并提高其高电压稳定性。不过，氟化的砜类溶剂分子与石墨负极的相容性仍需进一步提高[73]。

Meng 和 Xu 等人通过提高电解液中 LiFSI 盐的浓度（＞3mol·L^{-1}）来解决以环丁砜（SL）为唯一溶剂的电解液与石墨界面相容性差的问题[75]。该电解液具有高离子传导速率、宽温度范围和不燃的优点。电解液中含有高浓度的 LiFSI 锂盐，在石墨电极表面形成一层富含 LiF 的 SEI 膜，可抑制环丁砜在石墨电极表面的持续还原。另外，他们认为，提高锂盐的浓度可以促使环丁砜的氧化分解聚合反应，从而提高其在高电压正极表面构筑的保护膜的稳定性。如图 4-6 (a) 所示，该电解液在高电压镍锰酸锂/石墨全电池中所展示的循环稳定性明显优于碳酸酯基电解液。对于电池长期循环后稳定性的下降，他们认为主要是由于高浓度的 LiFSI 盐电解液对铝集流体的腐蚀，如图 4-6(d) 所示。这与前期报道的高盐浓度可以抑制 LiFSI 对铝集流体的腐蚀不同。该论文提出，有可能是由于高盐条件下电解液对铝集流体的腐蚀缓慢，因此在短时间难以发现。也有可能是由于使用高极性的环丁砜为溶剂，抑制了钝化层 AlF_3 的形成。具体的原因还有待进一步研究。

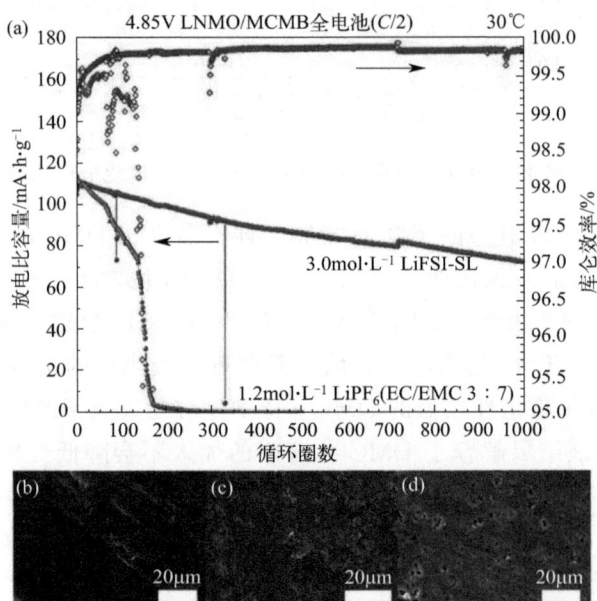

图 4-6 电池在 30℃温度下的恒流充放电循环性能 (a)，新鲜的铝集流体 (b)，以及在 3mol·L^{-1} LiFSI-SL 电解液中经过 50 圈 (c) 和 1000 圈 (d) 循环后的照片（与涂布活性物质同侧）

　　随后，Zhang 和 Xu 等人提出一种局部浓盐砜基电解液。该电解液是在高盐砜基电解液（LiFSI：环丁砜＝1：3）中引入一种稀释剂 1,1,2,2-四氟乙基-2,2,3,3-四氟丙基醚（TTE），从而形成与浓盐电解液（LiFSI：环丁砜＝1：3）中一致的锂离子溶剂化层均匀分布在 TTE 溶剂中的稳定局部浓盐电解液体系[76]。由于引入的 TTE 溶剂分子介电常数较低，不会参与到锂离子的溶剂化层中，不会改变高盐浓度电解液的锂离子溶剂化层结构。与高盐浓度电解液相比较，局部浓盐电解液钝化铝集流体的能力显著增高，而且后者展示出比前者更低的黏度、更高的电导率以及与隔膜更好的浸润性，因此赋予电池更高的倍率性能和低温性能。更重要的是，该局部浓盐电解液能在金属锂负极和高电压电极表面形成更加稳定的界面保护膜。TTE 的引入能促进 LiFSI 锂盐在金属锂电极表面形成富含 Li_3N 的 SEI 膜，有利于锂离子在 SEI 膜中的扩散，降低界面反应电阻。值得一提的是，稀释溶剂的选择对介电常数有较为严格的要求。介电常数太低，则无法形成稳定的局部浓盐电解液，溶剂会出现分层（难以互溶）；介电常数太高，则引入的溶剂会参与到锂离子的溶剂化层中，形成均匀的普通混合电解液。值得一提的是，Wang 等人在高盐浓度氟化碳酸酯基电解液中引一种低极性、高电化学惰性的共溶剂，同样达到了降低电解液黏度、拓宽电解液低温性能的效果[68]。由此可见，引入电化学惰性、低极性的共溶剂分子，可以在维持原来电解液电化学性能的同时，改善电池的界面性能和低温性能。

4.3.3 二腈类溶剂

以二腈类为溶剂的电解液，具有沸点高、闪点高和蒸气压低的高安全特性，且具有电化学稳定性高（约 6V，vs. Li/Li^+）、热稳定性高（＞120℃）和离子电导率高的突出优点，因而引起广泛关注。然而，二腈基电解液无法在石墨电极表面形成有效的 SEI 膜。选择嵌锂电位较高的非碳材料，如 $Li_4Ti_5O_{12}$，可避开腈基电解液无法形成 SEI 膜的问题。例如，Lemordant 报道，$Li_4Ti_5O_{12}/LiNi_{1/3}Co_{1/3}Mn_{1/3}O_2$ 电池在 LiTFSI/己二腈（AND）电解液中展示出优异的倍率性能和循环稳定性[77]。

以石墨为负极材料时，腈基电解液需选择有成膜功能的碳酸酯为共溶剂，或与负极成膜添加剂混合使用，以解决负极界面问题。Paillard 等人研究了分别以 $LiPF_6$、LiFSI 和 LiDFOB 为锂盐的 AND/DMC 基电解液与石墨负极的相容性[78]。其实验结果表明，以 LiDFOB 为锂盐的腈基电解液与石墨负极的相容性最佳，石墨半电池库仑效率可以达到 99.9％，以 LiFSI 为盐的腈基电解液则需要添加成膜添加剂以进一步提高其与石墨负极的相容性；以 LiDFOB 为锂盐的腈基电解液在石墨电极表面构筑的 SEI 膜热稳定性（263℃）明显高于 LiFSI（213℃）电解液，可进一步提高锂离子电池的安全性能。

FEC 是一种应用广泛的高效 SEI 膜成膜添加剂之一。Ghamouss 等人详细研究了添加剂 FEC 对 $1mol \cdot L^{-1}$ LiTFSI-AND 电解液与石墨负极相容性的影响[79]。他们认为 AND 的还原分解产物传导离子性能很差。这类传导离子性能差的产物堆积在石墨电极表面，使得电极表面阻抗大，锂离子不能进行可逆的脱/嵌反应。在电解液中添加 2％（质量分数）的 FEC 添加剂，可以在 AND 分解以前就形成一层薄且均匀的高锂离子传导速率的 SEI 膜，从而抑制 AND 的分解，降低电极/电解液界面阻抗，使得锂离子可以可逆地在石墨电极中嵌入和脱出。

截至目前，关于腈基电解液的耐高电压机理研究较少。腈基电解液的电化学稳定窗口测试结果表明，腈物质仅作为添加剂（含量低）引入电解液中时，电解液在高电压条件下均无发现明显的氧化峰可归属腈类溶剂/添加剂的提前氧化[80-81]。量子化学的计算结果发现，腈类分子的最高占据分子轨道（HOMO）能量和电子亲和能（或相应获得的氧化电位）均表现出比碳酸酯溶剂分子更高的氧化稳定性[82]。因此，大部分研究认为，腈基电解液通过在高电压电极表面吸附一层抗氧化的溶剂分子层，达到电解液在高电压电极表面不被氧化的效果。然而，在电化学测试中未检测到氧化/还原峰电流，未必说明体系没有发生氧化/还原反应。未检测到峰电流也有可能是体系的电化学反应速率较慢，反应不受物质扩散限制，因此未出现峰电流。一部分电解液成膜添加剂在电池首圈充电过程中未呈现氧化/还原峰，但却被证明确实发生提前氧化/还原分解，并在电极表面形成钝化膜抑制后续电解液的分解[83]。例如，碳酸亚乙烯酯（VC）是一种应用非常广泛的负极 SEI 膜添加剂，但在线性扫描和循环伏安测试中却未发现其还原峰电流。另外，值得一提的是，已有的理论研究获得腈类溶剂分子的氧化稳定性的结论是在未考虑锂盐阴离子影响的情况下，而在真正的电化学体系中，其氧化稳定性可能受到锂盐阴离子的影响而显著降低。基于这一问题，我们采用量子化学计算和实验相结合，系统地研究了含有丁二腈（SN）电解液的耐高电压机理[84]。我们发现，SN 分子的计算氧化电位确实明显高于碳酸酯溶剂分子，如图 4-7（a）所示。当在研究体系中引入锂盐阴离子 PF_6^- 或者共溶剂分子时，SN 的氧化电位下降比碳酸酯溶剂分子还明显，且最终得到的氧化电位明显低于碳酸酯体系。该结果说明在实际电解液中，SN 应该优先于碳酸酯溶剂分子发生氧化反应。SN 与 PF_6^- 结合发生氧化反应时，SN 分子中 CH_2 基团上的一个 H 转移到邻近的 N 上，导致氧化电位明显下降［图 4-7（b）］。与碳酸酯-PF_6^- 发生氧化的 H 转移不同的是，SN 的 H 不会与邻近的 PF_6^- 中的 F 结合产生 HF。HF 的产生会降低电极/电解液界面稳定性。因此，氧化分解副产物不含 HF 是腈类电解液的另一优势。另外，值得注意的是，虽然 SN 分子氧化稳定性比碳酸酯溶剂分子高，但是 SN 与碳酸酯共同失去一个电子发生氧化时，失去电子的却是 SN 溶剂分子。这可能是由于碳酸酯的存在会催化 SN 发生 H 转移，导致其氧化稳定性降低。该结果进一步说明，在含有 LiPF₆ 或者电解液中含有碳酸酯共溶剂时，SN 的氧化稳定性大大降低，且会优先于碳酸酯发生氧化分解。因此，含 SN 的腈类电解液所表现的优异氧化稳定性，如图 4-7（c）所示，应该归因于其优先氧化分解，并在电极表面形成一层钝化膜抑制电解液在后续高电压的分解［图 4-7（d）］。该机理被我们所设计的一系列实验进一步证实。

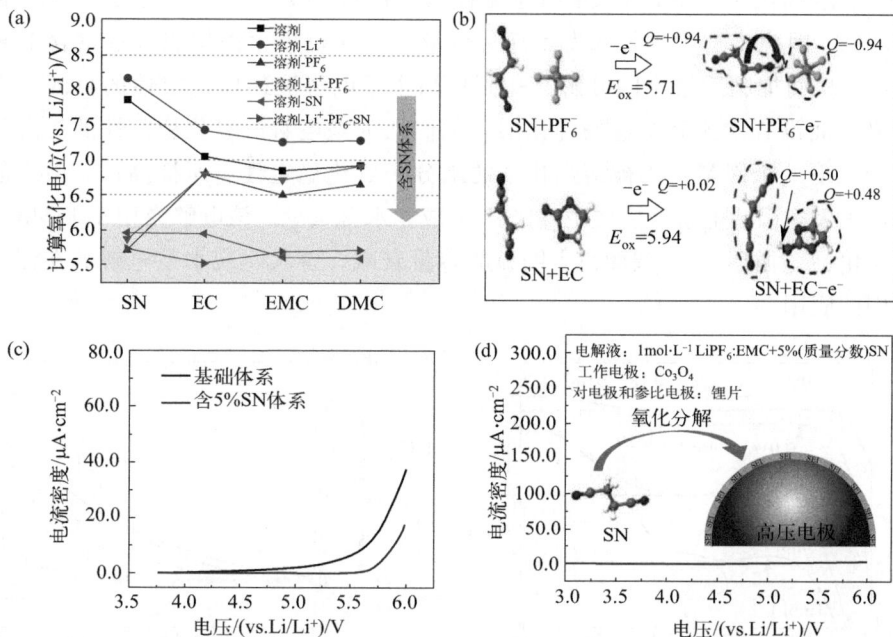

图 4-7　SN 和碳酸酯分子的计算氧化电位，及锂盐和共溶剂分子对其氧化电位的影响（a）；
SN＋PF$_6^-$ 和 SN＋EC 氧化前后结构及电荷的变化（b）；含与不含 SN 两种电解液在 Pt 电极
上的线性扫描曲线（c）；含 SN 电解液的耐高电压机理（d）[84]

4.3.4　水溶剂

水系电解液具有低成本、无污染和不燃的优点，在镍氢电池、锌锰电池和铅
酸蓄电池中得到广泛的应用。然而，由于其电化学稳定窗口窄（1.2V），在早期
的研究中被认为不可能作为锂离子电池的电解液。不仅如此，锂离子电池中若存
在少量的水，不仅会降低电解液的电化学窗口，还会诱发锂盐 LiPF$_6$ 发生水解
产生 HF 等副反应，导致电池综合性能下降。这也使得锂离子电池的整个制造过
程需要在无水环境中进行，生产设备、环境和成本高。

近年，随着锂离子电池在储能和新能源汽车领域的大规模使用，由碳酸酯基
电解液带来的电池易燃易爆问题越来越凸显。高安全的水系电解液重新引起关
注。Xu 和 Wang 等人受碳酸酯基电解液在石墨负极表面构筑 SEI 膜以提高还原
稳定性的启发，提出一种"盐包水"（water-in-salt）的水基电解液，将水基电解
液的电化学稳定窗口拓宽至 3.0V，如图 4-8 所示[85]。在这种水系电解液中，锂
盐 LiTFSI 的浓度高达 21mol·L^{-1}，水溶剂分子几乎都被包含在锂离子溶剂化
层中，其电化学反应活性被大大降低。在高盐浓度条件下所形成的 Li$_2$（TFSI）

（H_2O）$_x$ 溶剂化结构中，TFSI 还原活性（2.7～2.9V）高于单独的 TFSI⁻ 和水（2.63V），因此，它优先于水发生还原分解，并在负极表面构筑一层富含 LiF 的 SEI 膜，从而抑制后续水的分解，达到提高水系电解液还原稳定性的目的。由于在正极表面没有检测到明显的钝化层，他们认为该电解液氧化稳定性的提高可能归因于以下两个因素：①被溶剂化了的水分子氧化稳定性有所提高；②由于静电作用，正极表面层电解液主要由 TFSI⁻ 构成，水含量少。该电解液用于 $LiMn_2O_4$/Mo_6S_8 电池，循环 1000 圈而没有明显的容量衰减，首次实现水系电解液在锂离子电池中的应用。

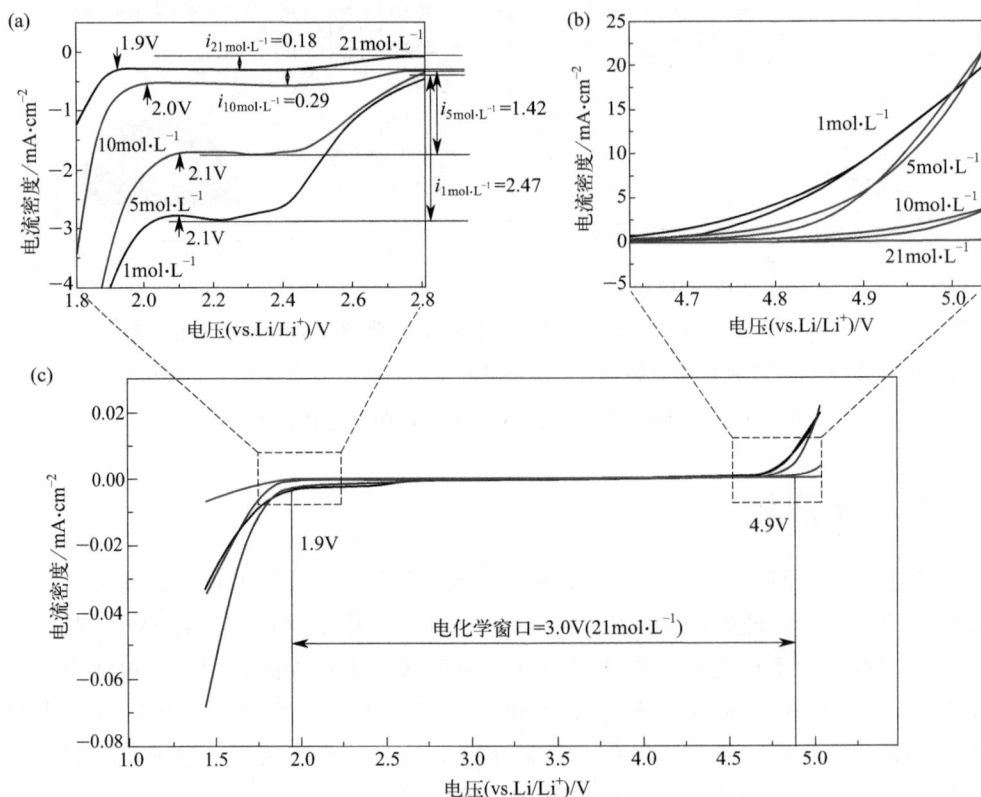

图 4-8　LiTFSI-H_2O 电解液在不锈钢电极上测试得到的电化学稳定窗口[85]

　　然而，仅靠高浓度 TFSI⁻ 分解所构筑的 SEI 膜无法抑制水分子在更低嵌锂电位负极材料表面的分解，如 $Li_4Ti_5O_{12}$。随后，Xu 和 Wang 等人在"盐包水"的高浓锂盐水基电解液中引入具有形成 SEI 膜功能的 DMC 共溶剂，形成具有 4.0V 电化学稳定窗口的水/非水混合电解液[86]。该电解液兼具水基电解液的不燃和有机碳酸酯电解液的高电化学稳定窗口的优势。低极性有机 DMC 溶剂与水溶剂原本不相溶，但是在高导电盐 LiTFSI 浓度条件下两者可以很好地互溶。分子动力学模拟和核磁共振研究表明，两种溶剂分子均出现在锂离子的溶剂化层中。这种水/非水混合电解液，既保留了原来"盐包水"电解液具有高还原活性的 $Li_2(TFSI)$ 结构，也出现了同样具有高还原活性的 $Li_2^+(DMC)$ 结构。这两种溶剂化层结构的主要还原产物 LiF 和 Li_2CO_3 共同构筑了新的 SEI 膜，使得锂离子可以在 $Li_4Ti_5O_{12}$ 材料中可逆嵌脱，赋予了 $Li_4Ti_5O_{12}/LiNi_{0.5}Mn_{1.5}O_4$ 电池在 3.2V 条件下循环超过 1000 圈。

由上述工作可知，不牺牲安全性的前提下，在高盐水基电解液中引入具有成膜功能的共溶剂或者添加剂组分，可进一步拓宽电解液的电化学稳定窗口。受上述工作以及 Yan 等人工作的启发[87]，笔者在"盐包水"电解液中引入极性高、电化学稳定窗口宽和液态温度范围宽的乙腈（AN）溶剂，形成一种新的水/非水混合高盐电解液（BSiS-$A_{0.5}$）[88]。分子动力学模拟结果表明，AN 共溶剂可降低负极/电解液界面水分子的含量，这在一定程度上降低了水分子在负极表面的分解概率。另外，AN 与锂离子的结合能力较 DMC 和 H_2O 弱，因此，AN 的加入会促进水分子与锂离子的结合。与 DMC-H_2O 共混体系（BSiS-$D_{0.28}$）[86] 相比较，BSiS-$A_{0.5}$ 电解液中形成 $Li^+(H_2O)_4$ 溶剂化层结构的比例更高，因此有利于降低电解液中水分子的电化学活性，进而抑制水分子的还原分解。在 BSiS-$A_{0.5}$ 电解液中，AN 主要通过与 TFSI 共享锂离子形成 $Li^+(AN)_x(TFSI)_{4-x}$ 溶剂化层。理论模拟和实验表征结果表明，BSiS-$A_{0.5}$ 电解液中存在还原活性比 $Li_2^+(DMC)$ 高的 $Li_2^+(AN)$ 结构，且其还原分解产物构筑了具有更高稳定性的内层富含腈基和磺酰氨基的有机层、外层富含 LiF 的无机层的 SEI 膜。该 SEI 膜可有效抑制电解液在更低电极电位的还原，进而将电解液的电化学稳定窗口扩宽至 4.5V。得益于 AN 共溶剂所构筑的高稳定负极/电解液界面，以及 BSiS-$A_{0.5}$ 电解液在室温和低温条件下比 BSiS-$D_{0.28}$ 电解液更高的离子电导率（AN 溶剂具有冰点低和黏度低的优点），$Li_4Ti_5O_{12}/LiMn_2O_4$ 电池展示出比 BSiS-$D_{0.28}$ 体系更优异的循环稳定性和倍率性能，如图 4-9 所示。虽然该电解液也能在更高工作电压的电池 $Li_4Ti_5O_{12}/LiNi_{0.8}Co_{0.15}Al_{0.05}O_2$ 中循环，但其循环性能离应用要求还有较大的距离。

结合上述工作，不难发现，在保持电解液不燃的前提下，引入合适的有机共溶剂，可以改善水系电解液的物理化学性质。这是因为有机共溶剂可以改变电解液中锂离子的溶剂化层结构，从而降低其冰点，拓宽液态温度范围，降低电解液黏度等。此外，有机共溶剂还可以协同构筑稳定的 SEI 膜，提高电极/电解液界面稳定性，并拓宽水系电解液的电化学稳定窗口。引入合适的共溶剂甚至有可能降低水系电解液中锂盐的浓度而不牺牲电化学性能，降低成本，有望突破水系锂离子电池的应用瓶颈。

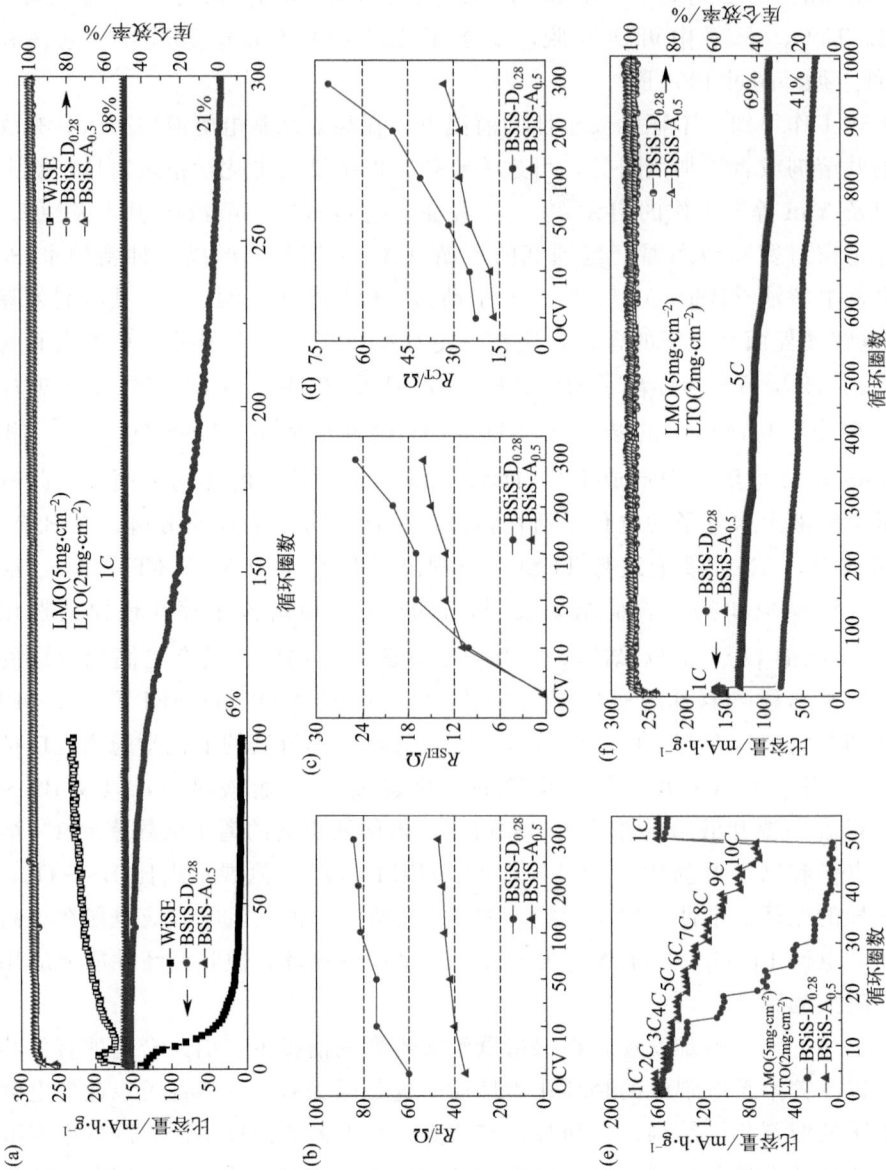

图 4-9　$Li_4Ti_5O_{12}/LiMn_2O_4$ 电池在室温 $1C$ 条件下的循环稳定性和库仑效率（a），及其在循环过程中交流阻抗的拟合结果（b）~（d）；$Li_4Ti_5O_{12}/LiMn_2O_4$ 电池在不同倍率下的放电容量（e）以及在室温 $5C$ 条件下的循环稳定性和库仑效率（f）[88]

4.4

小结

电解液在锂离子电池中不仅起到传导离子的作用，其还通过影响电极/电解液界面性质，决定了电池的能量密度、功率密度和寿命是否能正常发挥。另外，电解液的本体物理化学性质，如黏度、液态温度范围、电导率、可燃性同样影响着电池的功率密度、循环寿命和安全性能。因此，新型电解液的设计和开发必须与各类高比容量电极材料的研究齐头并进，有机结合，才能真正实现下一代锂离子电池拥有高能量密度、高功率密度、长循环寿命、高安全和低成本的目标。

只有充分认识电解液微观结构、微观组分对电解液宏观物理化学性质的影响机制，进而对电池性能的影响机理，才能实现真正意义上有的放矢地根据电池性能的需求去设计和优化电解液。例如，只有认识锂离子溶剂化层的结构对电极/电解液界面性质的影响，才能通过调控宏观电解液组分去获得所需要的锂离子溶剂化层结构，进而达到提高电极/电解液界面性质的目的。另外，研究电解液的电化学稳定性时，不能仅研究某单一溶剂分子，否则有可能得到错误的结论而误导后面的研究。应该考虑电解液中其他组分以及杂质的影响。例如电解液中的锂盐对大部分溶剂分子电化学稳定性具有非常大的催化作用，会降低所研究对象的氧化/还原稳定性；又如正极材料中所溶解的过渡金属离子，不仅会影响电解液的热稳定性，也对电解液的还原稳定性具有很大的催化作用。

目前电解液添加剂种类很多，由于篇幅的关系，本章未对电解液添加剂的研究工作进行详细介绍。但电解液添加剂的作用非常大，甚至有些时候它们能够决定一个电解液体系能否达到实际应用要求。这部分内容以后有机会再进行详述。

参考文献

［1］ Xu K. Nonaqueous liquid electrolytes for lithium-based rechargeable batteries. Chem Rev，2004，104：4303-4417.

［2］ Xu K. Electrolytes and interphases in Li-ion batteries and beyond. Chem Rev，2014，114：11503-11618.

［3］ Haregewoin A M，Wotango A S，Hwang B J. Electrolyte additives for lithium ion battery electrodes：progress and perspectives. Energy Environ Sci，2016，9：1955-1988.

［4］ Xia L，Yu L，Hu D，et al. Electrolytes for electrochemical energy storage. Materials Chemistry Frontiers，2017，1（4）：584-618.

［5］ Sloop S E，Pugh J K，et al. Chemical reactivity of PF_5 and $LiPF_6$ in ethylene carbonate/

dimethyl carbonate solutions. Electrochemical and Solid-State Letters, 2001, 4: A42-A44.

[6] Gnanaraj J S, Zinigrad E, Asraf L, et al. A detailed investigation of the thermal reactions of LiPF$_6$ solution in organic carbonates using ARC and DSC. Journal of the Electrochemical Society, 2003, 150: A1533-A1537.

[7] Jiang J, Dahn J R. Comparison of the thermal stability of lithiated graphite in LiBOB EC/DEC and in LiPF$_6$ EC/DEC. Electrochemical and Solid-State Letters, 2003, 6 (9): A180-A182.

[8] Wang Q, Sun J, Yao X, et al. Thermal stability of LiPF$_6$/EC + DEC electrolyte with charged electrodes for lithium ion batteries. Thermochimica Acta, 2005, 437: 12-16.

[9] Xiang H F, Wang H, Chen C H, et al. Thermal stability of LiPF$_6$-based electrolyte and effect of contact with various delithiated cathodes of Li-ion batteries. Journal of Power Sources, 2009, 191: 575-581.

[10] Tasaki K, Kanda K, Nakamura S, et al. Decomposition of LiPF$_6$ and stability of PF$_5$ in Li-ion battery electrolytes. Journal of the Electrochemical Society, 2003, 150 (12): A1628-A1636.

[11] Kawamura T, Okadaa S, Yamaki J. Decomposition reaction of LiPF$_6$-based electrolytes for lithium ion cells. Journal of Power Sources, 2006, 156: 547-554.

[12] Li W, Campion C, Lucht B L, et al. Additives for stabilizing LiPF$_6$-based electrolytes against thermal decomposition. Journal of the Electrochemical Society, 2005, 152 (7): A1361-A1365.

[13] Xiao A, Yang L, Lucht B L. Thermal reactions of LiPF$_6$ with added LiBOB: Electrolyte stabilization and generation of LiF$_4$OP. Electrochemical and Solid-State Letters, 2007, 10 (11): A241-A244.

[14] Campion C L, Li W, Lucht B L. Thermal decomposition of LiPF$_6$-based electrolytes for lithium-ion batteries. Journal of the Electrochemical Society, 2005, 152 (12): A2327-A2334.

[15] Wilken S, Treskow M, Scheers J, et al. Initial stages of thermal decomposition of LiPF$_6$-based lithium ion battery electrolytes by detailed Raman and NMR spectroscopy. RSC Adv, 2013, 3: 16359-16364.

[16] Wang K, Xing L, Xu K, et al. Understanding and suppressing the destructive cobalt (II) species in graphite interphase. ACS Appl Mater Interfaces, 2019, 11: 31490-31498.

[17] Wang C, Xing L, Vatamanu J, et al. Overlooked electrolyte destabilization by manganese (II) in lithium-ion batteries. Nat Commun, 2019, 10: 3423.

[18] Zhan C, et al. Mn (II) deposition on anodes and its effects on capacity fade in spinel lithium manganate-carbon systems. Nat Commun, 2013, 4: 2437.

[19] An S J, Li J, Daniel C, et al. The state of understanding of the lithium-ion-battery graphite solid electrolyte interphase (SEI) and its relationship to formation cycling. Carbon, 2016, 105: 52-76.

[20] Wang A, Kadam S, Li H, et al. Review on modeling of the anode solid electrolyte inter-

phase (SEI) for lithium-ion batteries. npj Comput Mater，2018，4：15.

[21] Besenhard J O，Winter M，Yang J，et al. Filming mechanism of lithium-carbon anodes in organic and inorganic electrolytes. J Power Sources，1995，54：228-231.

[22] Xu K. "Charge-Transfer" process at graphite/electrolyte interface and the solvation sheath structure of Li^+ in nonaqueous electrolytes. J Electrochem Soc，2007，154：A162-A167.

[23] Wagner M R，Albering J H，Moeller K C，et al. XRD evidence for the electrochemical formation of in PC-based electrolytes. Electrochem Commun，2005，7：947-952.

[24] Nie M Y，Abraham D P，Sco D M，et al. Role of solution structure in solid electrolyte interphase formation on graphite with $LiPF_6$ in propylene carbonate. J Phys Chem C，2013，117：25381-25389.

[25] Yamada Y，Furukawa K，Sodeyama K，et al. Unusual stability of acetonitrile-based superconcentrated electrolytes for fast-charging lithium-ion batteries. J Am Chem Soc，2014，136：5039-5046.

[26] Suo L M，Borodin O，Gao T，et al. "Water-in-Salt" Electrolyte Enables High-Voltage Aqueous Lithium-Ion Chemistries. Science，2015，350：938-943.

[27] Jeong S K，Inaba M，Iriyama Y，et al. Electrochemical Intercalation of Lithium Ion within Graphite from Propylene Carbonate Solutions. Electrochem. Solid-State Lett，2003，6：A13-A15.

[28] Jeong S K，Inaba M，Iriyama Y，et al. Interfacial Reactions Between Graphite Electrodes and Propylene Carbonate-Based Solutions：Electrolyte-Concentration Dependence of Electrochemical Lithium Intercalation Reaction. J. Power Sources，2008，175：540-546.

[29] Xing L，Zheng X，Schroeder M，et al. Deciphering the Ethylene Carbonate-Propylene Carbonate Mystery in Li-Ion Batteries. Acc Chem Res，2018，51：282-289.

[30] Arakawa M，Yamaki J. Anodic oxidation of propylene carbonate and ethylene carbonate on graphite electrodes. J Power Sources，1995，54：250-254.

[31] Moshkovich M，Cojocaru M，Gottlieb H E，et al. The study of the anodic stability of alkyl carbonate solutions by in situ FTIR spectroscopy，EQCM，NMR and MS. J Electroanal Chem，2001，497：84-96.

[32] Aurbach D，Markovsky B，Levi M D，et al. New insights into the interactions between electrode materials and electrolyte solutions for advanced nonaqueous batteries. J Power Sources，1999，81，82：95-111.

[33] Xing L，Vatamanu J，Borodin O，et al. Electrode/ Electrolyte Interface in Sulfolane-Based Electrolytes for Li Ion Batteries：A Molecular Dynamics Simulation Study. J Phys Chem C，2012，116：23871-23881.

[34] Vatamanu J，Borodin O，Smith G D. Molecular dynamics simulation studies of the structure of a mixed carbonate/$LiPF_6$ electrolyte near graphite surface as a function of electrode potential. J Phys Chem C，2012，116：1114-1121.

[35] Hammami A，Raymond N，Armand M. Runaway risk of forming toxic compounds. Nature，2003，424：635-636.

［36］ Xing L，Borodin O，Smith G D，et al. Density Functional Theory Study of the Role of Anions on the Oxidative Decomposition Reaction of Propylene Carbonate. J Phys Chem A，2011，115：13896-13905.

［37］ Li T T，Xing L D，Li W S，et al. How does lithium salt anion affect oxidation decomposition reaction of ethylene carbonate：a density functional theory study. J Power Sources，2013，244：668-674.

［38］ Zhu Y M，Luo X Y，Zhi H Z，et al. Structural exfoliation of layered cathode under high voltage and its suppression by interface film derived from electrolyte additive. ACS Appl Mater Interfaces，2017，9：12021-12034.

［39］ Liu M，Xing L，Xu K，et al. Deciphering the paradox between the Co-intercalation of sodium-solvent into graphite and its irreversible capacity. Energy Storage Materials，2020，26：32-39.

［40］ Goodenough J B，Kim Y. Challenges for rechargeable Li batteries. Chem Mater，2010，22：587.

［41］ Aravindan V，Gnanaraj J，Madhavi S，et al. Lithium-ion conducting electrolyte salts for lithium batteries. Chem Eur J，2011，17：14326-14346.

［42］ Mauger A，Julien C M，Paolella A，et al. A comprehensive review of lithium salts and beyond for rechargeable batteries：Progress and perspectives. Materials Science & Engineering R，2018，134：1-21.

［43］ Aurbach D，Ein-Eli Y，Markovsky B，et al. The study of electrolyte solutions based on ethylene and diethyl carbonates for rechargeable Li batteries Ⅱ. Graphite electrodes. J Electrochem Soc，1995，142：2882.

［44］ Zhang S S，Xu K，Jow T R. Study of $LiBF_4$ as an electrolyte salt for a Li-ion battery. J Electrochem Soc，2002，149（5）：A586-A590.

［45］ Ue M，Fujii T，Zhou Z，Takeda M，Kinoshita S. Electrochemical properties of Li $[C_nF_{2n+1}BF_3]$ as electrolyte salts for lithium-ion cells. Solid State Ionics，2006，177：323.

［46］ Li Q，Chen J，Fan L，et al. Progress in electrolytes for rechargeable Li-based batteries and beyond. Green Energy & Environment，2016，1（1）：18-42.

［47］ Yang H，Kwon K，Devine T，Evans J. Aluminum corrosion in lithium batteries——an investigation using the electrochemical quartz crystal microbalance. Journal of the Electrochemical Society，2000，147：4399.

［48］ Li Y，Zhang X W，Khan S A，et al. Attenuation of aluminum current collector corrosionin LiTFSI electrolytes using fumed silica nanoparticles. Electrochemical and Solid-State Letters，2004，7（8）：A228-A230 .

［49］ Matsumoto K，Inoue K，Nakahara K，et al. Suppression of aluminum corrosion by using high concentration LiTFSI electrolyte. Journal of Power Sources，2013，231：234-238.

［50］ Nilsson V，Kotronia A，Lacey M，et al. Highly concentrated LiTFSI-EC electrolytes for lithium metal batteries. ACS Appl Energy Mater，2020，3：200-207.

［51］ Chen X，et al. Mixed salts of LiTFSI and LiBOB for stable $LiFePO_4$-based batteries at elevated temperatures. J Mater Chem A，2014，2：2346.

[52] Yan G，Li X，Wang Z，et al. Lithium difluoro（oxalato）borate as an additive to suppress the aluminum corrosion in lithium bis（fluorosulfony）imide-based nonaqueous carbonate electrolyte. J Solid State Electrochem，2016，20：507.

[53] Xiang H，Shi P，Bhattacharya P，et al. Enhanced charging capability of lithium metal batteries based on lithium bis（trifluoromethanesulfonyl）imide-lithium bis（oxalato）borate dual-salt electrolytes. Journal of Power Sources，2016，318：170-177.

[54] Xu K，Zhang S，Jow T R，et al. LiBOB as salt for lithium-ion batteries a possible solution for high temperature operation. Electrochemical and Solid-State Letters，2002，5：A26-A29.

[55] Xu K，Zhang S S，Lee U，et al. LiBOB：Is it an alternative salt for lithium ion chemistry? Journal of Power Sources，2005，146：79-85.

[56] Xu K，Zhang S，Jow T R. LiBOB as additive in $LiPF_6$-Based lithium ion electrolytes. Electrochemical and Solid-State Letters，2005，8（7）：A365-A368.

[57] Jiang J，Dahn J. ARC studies of the thermal stability of three different cathode materials：$LiCoO_2$；Li［$Ni_{0.1}Co_{0.8}Mn_{0.1}$］O_2；and $LiFePO_4$，in $LiPF_6$ and LiBoB EC/DEC electrolytes. Electrochemistry Communications，2004，6：39.

[58] Shi P，Fang S，Huang J，et al. A novel mixture of lithium bis（oxalato）borate，gamma-butyrolactone and non-flammable hydrofluoroether as a safe electrolyte for advanced lithium ion batteries. J Mater Chem A，2017，5：19982-19990.

[59] Zhang S S. An unique lithium salt for the improved electrolyte of Li-ion battery. Electrochemistry Communications，2006，8：1423-1428.

[60] Zhang S S. Electrochemical study of the formation of a solid electrolyte interface on graphite in a $LiBC_2O_4F_2$-based electrolyte. Journal of Power Sources，2007，163：713-718.

[61] Zugmann S，Moosbauer D，Amereller M，et al. Electrochemical characterization of electrolytes for lithium-ion batteries based on lithium difluoromono（oxalato）borate. Journal of Power Sources，2011，196：1417-1424.

[62] Xu M，Zhou L，Hao L，et al. Investigation and application of lithium difluoro（oxalate）borate（LiDFOB）as additive to improve the thermal stability of electrolyte for lithium-ion batteries. Journal of Power Sources，2011，196：6794-6801.

[63] Xiao A，Yang L，Lucht B L. Thermal reactions of $LiPF_6$ with added LiBOB electrolyte stabilization and generation of LiF_4OP. Electrochem. Solid State Lett，2007，10：A241.

[64] Li J，Xie K，Lai Y，et al. Lithium oxalyldifluoroborate/carbonate electrolytes for $LiFePO_4$/artificial graphite lithium-ion cells. Journal of Power Sources，2010，195：5344-5350.

[65] Zhang Z，Chen X，Li F，et al. $LiPF_6$ and lithium oxalyldifluoroborate blend salts electrolyte for $LiFePO_4$/artificial graphite lithium-ion cells. Journal of Power Sources，2010，195：7397-7402.

[66] Zhang Z，Hu L，Wu H，et al. Fluorinated electrolytes for 5 V lithium-ion battery chemistry. Energy Environ Sci，2013，6：1806-1810.

[67] Hu L，Zhang Z，Amine K. Fluorinated electrolytes for Li-ion battery：An FEC-based

electrolyte for high voltage $LiNi_{0.5}Mn_{1.5}O_4$/graphite couple. Electrochemistry Communications, 2013, 35: 76-79.

[68] Fan X, Ji X, Chen L, et al. All-temperature batteries enabled by fluorinated electrolytes with non-polar solvents. Nature Energy, 2019, 4: 882-890.

[69] Xu K, Angell A. Sulfone-based electrolytes for Lithium-ion batteries. Journal of the Electrochemical Society, 2002, 149 (7): A920-A926.

[70] Wang Y, Xing L, Li W, et al. Why do sulfone-based electrolytes show stability at high voltages? Insight from density functional theory. J Phys Chem Lett, 2013, 4: 3992-3999.

[71] Xing L, Tu W, Vatamanu J, et al. On anodic stability and decomposition mechanism of sulfolane inhigh-voltage lithium ion battery. Electrochimica Acta, 2014, 133: 117-122.

[72] Xing L, Vatamanu J, Borodin O, et al. Electrode/ electrolyte interface in sulfolane-based electrolytes for Li ion batteries: A molecular dynamics simulation study. J Phys Chem C, 2012, 116: 23871-23881.

[73] Su C C, He M, Redfern P C, et al. Oxidatively stable fluorinated sulfone electrolytes for high voltage high energy lithium-ion batteries. Energy Environ. Sci., 2017, 10: 900-904.

[74] Flamme B, Haddad M, Phansavath P, et al. Anodic stability of new sulfone-based electrolytes for lithium-ion batteries. Chem Electro Chem, 2018, 5: 2279-2287.

[75] Alvarado J, Schroeder M A, Zhang M, et al. A carbonate-free, sulfone-based electrolyte for high-voltage Li-ion batteries. Materials Today, 2018, 21: 341-353 .

[76] Ren X, Chen S, Lee H, et al. Localized high-concentration sulfone electrolytes for high-efficiency lithium-metal batteries. Chem, 2018, 4: 1-16.

[77] Farhat D, Ghamouss F, Maibach J, et al. Adiponitrile-LiTFSI solution as alkylcarbonate free electrolyte for LTO/NMC Li-ion batteries. ChemPhysChem, 2017, 18: 1333-1344.

[78] Ehteshami N, Eguia-Barrio A, Meatza I, et al. Adiponitrile-based electrolytes for high voltage, graphite-based Li-ion battery. Journal of Power Sources, 2018, 397: 52-58.

[79] Farhat D, Maibach J, Eriksson H, et al. Towards high-voltage Li-ion batteries: Reversible cycling of graphite anodes and Li-ion batteries in adiponitrile-based electrolytes. Electrochimica Acta, 2018, 281: 299-311.

[80] Abu-Lebdeh Y, Davidson I. High-voltage electrolytes based on adiponitrile for Li-ion batteries. J Electrochem Soc, 2009, 156: A60-A65.

[81] Kim Y S, Kim T H, Lee H, et al. Electronegativity-induced enhancement of thermal stability by succinonitrile as an additive for Li ion batteries. Energy Environ Sci, 2011, 4: 4038-4045.

[82] Kirshnamoorthy A N, Oldiges K, Winter M, et al. Electrolyte solvents for high voltage lithium ion batteries: Ion correlation and specific anion effects in adiponitrile. Phys Chem Chem Phys, 2018, 20: 25701-25715.

[83] Chen J, Xing L, Yang X, et al. Outstanding electrochemical performance of high-voltage $LiNi_{1/3}Co_{1/3}Mn_{1/3}O_2$ cathode achieved by application of $LiPO_2F_2$ electrolyte additive.

Electrochimica Acta，2018，290：568-576.

[84] Zhi H，Xing L，Zheng X，et al. Understanding how nitriles stabilize electrolyte/electrode interface at high voltage. J Phys Chem Lett，2017，8：6048-6052.

[85] Suo L，Borodin O，Gao T，et al. "Water-in-salt" electrolyte enables high-voltage aqueous lithium-ion chemistries. Science，2015，350：938-943.

[86] Wang F，Borodin O，Ding M S，et al. Hybrid aqueous/non-aqueous electrolyte for safe and high-energy Li-ion batteries. Joule，2018，2（10）：927-937.

[87] Dou Q，Lei S，Wang D，et al. Safe and high-rate supercapacitors based on "acetonitrile/water in salt" hybrid electrolyte. Energy Environ Sci，2018，11：3212.

[88] Chen J，Vatamanu J，Xing L，et al. Improving electrochemical stability and low-temperature performance with water/acetonitrile hybrid electrolytes. Adv Energy Mater，2019，10（3）：1902654.

第 5 章

凝胶聚合物电解质、隔膜、黏结剂

5.1
锂离子电池凝胶聚合物电解质的种类、要求和性能

由于凝胶的液固二元特性，即同时具有液体的流动性和固体的刚性，介于液体电解液和纯固态聚合物电解质（SPE，solid polymer electrolyte）之间的凝胶聚合物电解质（GPE，gel polymer electrolyte），能在改善电池安全性的同时保持较好的离子传输特性[1]。一般而言，凝胶聚合物电解质包含聚合物基体、液体增塑剂、锂盐和添加剂等。离子传导主要依靠溶解在液体增塑剂中的锂盐离子，聚合物基体则提供机械强度和准固态形态，从而在保证离子传导特性的同时尽可能减少因电解液泄漏导致的电池安全问题。在电池循环过程中，液体增塑剂会参与电极表面固态电解质界面膜（SEI，solid electrolyte interface）生成的反应过程，而聚合物基体则不参与 SEI 膜的生成。

制备性能优异的凝胶聚合物电解质，需要选择合适的聚合物基体、溶剂、电解质盐等，并通过合适的溶液或熔融的方法，如流延、原位聚合、相反转、抽提活化等，将这些材料复合在一起。为了能满足实际应用的要求，凝胶聚合物电解质需要同时满足以下基本要求：①高离子电导率，尤其是室温条件下的离子电导率；②高锂离子迁移数；③与正负极良好的界面相容性；④化学、电化学和热稳定性；⑤高机械强度及柔性。

从所用的基体聚合物来看，一般凝胶聚合物电解质包括聚氧化乙烯（PEO）、聚甲基丙烯酸甲酯（PMMA）、聚丙烯腈（PAN）、聚偏氟乙烯（PVDF）或聚偏氟乙烯-六氟丙烯共聚物（PVDF-HFP）等。此外，还有一大类天然聚合物基体 GPE 也被广泛研究[2]。

由于对锂盐有着优异的溶解能力和与锂金属等负极具有良好的界面相容性，PEO 基凝胶聚合物电解质一直以来被广泛研究，并着重针对其因溶剂增塑导致的机械强度恶化的性能改进开展了大量研发工作。如将 PEO 与力学性能较好的 PVDF 进行联合电纺，利用 PVDF 提供机械强度[3]，或通过形成交联结构的 PEO 并与 PAN 构建互穿网络可以显著改善 PEO 基凝胶聚合物电解质的吸液率（约 425%）、室温离子电导率（$1.06 \sim 8.21 \times 10^{-3} \mathrm{S \cdot cm^{-1}}$）和机械强

度[4]。通过紫外光引发聚合三丙烯酸三羟甲基丙酯于交联 PEO 骨架中，可以显著改善凝胶聚合物电解质的力学性能和热稳定性，该聚合物电解质还表现出优异的室温离子电导率（3.3×10^{-3} S·cm^{-1}）和锂离子迁移数（0.76）[5]。通过电子束辐照技术进一步交联同轴电纺丝方法制备的以 PAN 为核、PEO 为壳的多孔纤维膜不仅可以获得高离子电导率和锂离子迁移数，也可以获得较好的电化学稳定性[6]。

由于相似的酯类官能团，聚甲基丙烯酸甲酯与碳酸酯类电解液具有良好的相容性，但聚甲基丙烯酸甲酯基凝胶聚合物电解质的机械强度与高离子电导率很难平衡。为了改善由于增塑导致的机械强度的下降，需要利用共混、共聚和引入纳米填料等方法。有研究者利用原子转移自由基聚合方法制备 PMMA 和聚苯乙烯（PS，polystyrene）的嵌段共聚物，利用共聚物骨架中 PS 的刚性为 GPE 提供机械强度和热稳定性，PMMA 与增塑剂的相亲性提供较高的离子电导率，并可通过调节共聚组分的摩尔比在性能之间进行调谐[7]。将聚碳酸酯［PPC，poly（propylene carbonate）］与 MMA 单体通过溶剂聚合后涂覆在 Celgard 的商业 PE 隔膜上形成 GPE，可利用 PE 的机械支撑叠加 GPE 较高的室温离子电导率（1.71×10^{-3} S·cm^{-1}），磷酸铁锂半电池测试表现出良好的倍率性能和循环稳定性[8]。将多面寡聚倍半硅氧烷或称笼形倍半硅氧烷（POSS，poly-hedral oligomeric silsesquioxane）作为填料添加到 PMMA 中，POSS 由三维 Si-O 短链形成无机骨架（内核）和完全覆盖其上的有机取代基（外壳）组成，因此，内核可以增加聚合物的刚性而外壳表现出与 PMMA 较好的相容性，当添加量为 8% 时，室温离子电导率可以达到 10^{-3} S·cm^{-1}，并兼具良好的热稳定性和机械强度[9]。

聚丙烯腈（PAN）是一类具有良好物理、化学性能的无定形聚合物，耐热性能和阻燃性能较好，被广泛应用于各种纤维制品的生产，PAN 基 GPE 也展现出了较好的电化学和力学性能，但大量文献报道，PAN 会对锂金属表面产生钝化，这主要是由于 PAN 结构上的极性—CN 官能团与电极的静电作用使 PAN 基 GPE 与电极的相容性较差，这往往会造成较大的界面阻抗，并随时间快速增大，对电池的循环寿命产生较大影响。此外，相邻 PAN 分子链上强极性—CN 基团的相互作用导致 PAN 较强的结晶性，影响 PAN 基 GPE 中锂离子的传导，进而会影响 GPE 的电化学性能。与 PEO、PMMA 等基材相类似，改性工作也主要集中在共混、共聚、填料添加等方面，如将 PAN 与 PVDF 等共混，或者从单体出发利用 AN 与 MMA、POSS 等共聚形成 P（MMA-AN）、P（AN-POSS）等共聚物体系，通过第二相聚合物的引入，或使 PAN 刚性链段的氢键作用减弱而促进锂离子的迁移，或改善电极/电解质界面而削弱极性氰基不利的影响。

偏氟乙烯（PVDF）和偏氟乙烯-六氟丙烯共聚物（PVDF-HFP）体系因其优异的机械强度和高介电常数，是目前研究最多的 GPE 基体。PVDF 是以 —CH_2—CF_2— 为重复单元的结晶性高分子，具有较高的热分解温度，热稳定性良好，—CF_2 链段的高介电常数有利于锂盐的解离，提高 GPE 中的载流子浓度。PVDF-HFP 是在 PVDF 中引入一定的六氟丙烯链段，从而打破 PVDF 链段的规整性，降低其结晶度，HFP 相凝胶形成性好，提高了吸附液体电解质溶液的能力。该体系 GPE 的研究工作除了集中在共混、填料添加等传统改进策略之外，由于 PVDF 和 PVDF-HFP 基聚合物较好的力学性能，为了增加增塑剂与聚合物之间相互作用的比表面积，研究者也通过构筑微孔结构形成微孔凝胶聚合物电解质，这部分内容将在 GPE 制备方法部分详述。

除了合成高分子之外，来源丰富、成本低廉、生物可降解的天然聚合物也可以作为 GPE 的基体材料。比如，自然界广泛存在的纤维素具有大量羟基官能团，有极好的热稳定性，表现出与商业电解液良好的浸润性。因此，各种形态和组成的纤维素被广泛研究，传统纤维素、纳米晶纤维素、纤维素纤维、细菌纤维素以及各类纤维素衍生物（醋酸纤维素、甲基纤维素、羧甲基纤维素、羟乙基纤维素等）[10]。将水溶性的甲基纤维素通过流延的方法制备 GPE，离子电导率达到 $2\times 10^{-4} S\cdot cm^{-1}$ 且具有较高的锂离子迁移数，但由于大量羟基的存在，电池的容量保持率和倍率性能较差[11]。通过 GPE 的结构构筑策略加以改进，如外侧两层由 PVDF 组成、内侧层由甲基纤维素组成的三明治结构可以有效改善纤维素基 GPE 的循环稳定性。此外，纤维素多孔膜还被广泛作为其他 GPE 基体的填充载体，可以充分发挥其机械强度高、热稳定性好和丰富的表面官能团的优势[12-13]。

无论是纯固态还是凝胶聚合物电解质，都有通过添加无机物作为填料改进聚合物电解质性能的策略，也有研究者将其命名为有机无机复合聚合物电解质（CPE，composite polymer electrolyte）。添加的无机物类型主要有：①氧化物，如 ZrO_2、MgO、ZnO、SiO_2、TiO_2、Al_2O_3 等，以及各类沸石分子筛，如 SBA-15、介孔分子筛 MCM241 等；②铁电性无机物，如 $BaTiO_3$；③含锂化合物，如 $LiAlO_2$、$Li_{4-x}Mg_xSiO_4$、$Li_{4-x}Ca_xSiO_4$ 等。研究认为，无机填料的引入可以通过与聚合物链段形成以填料为中心的物理交联网络体系，增强聚合物分散应力的能力，提高聚合物电解质的力学性能及热稳定性[14]。另外，填料中的阳离子可以充当路易斯酸，与 Li^+ 竞争，代替 Li^+ 与聚合物链段上的 O 等基团发生路易斯酸碱作用，不仅抑制了聚合物的重结晶、降低了聚合物的结晶度[15]，还促进了 Li 盐的解离，增大了自由载流子的数目。填料上的 O 等则充当路易斯碱，与路易斯酸 Li$^+$ 发生相互作用，形成填料/富 Li$^+$ 相，并形成了 Li$^+$ 迁移的新通道，因而获得较高的室温离子电导率和 Li$^+$ 迁移数。无机填料能捕捉残留在电解质中的杂质，如氧气、痕量的水等，以稳定电解质/电极界面，保护锂电极[16]。对凝胶聚合物电解质而言，无机填料的加入还会提高其保液能力，防止液体电解质的渗漏[17]。研究表明，填料的作用与其粒径有很大关系[18]，纳米粒子的比表面积大，可以与聚合物产生更为充分的相互作用。对于 CPE 体系而言，纳米级填料所具有的表面效应可以促进填料与聚合物链段及 Li$^+$ 间的相互作用。随着粒径的减小，纳米粒子的表面原子数、比表面积迅速增大。表面原子处于裸露状态，周围缺少相邻的原子，存在剩余键力，易与其他原子结合而稳定，具有较高的化学活性。有研究者提出有效媒介理论（effective medium theory）来解释无机粒子添加对聚合物电解质的影响[19]，对于纳米粒子得到更好的印证。无机纳米粒子加入后，减小了聚合物体系中晶区的尺寸，在体系中形成了更多更小的相区。在这种多相体系的界面处，形成填料/富 Li$^+$ 相，离子传递得更快，即填料的存在使复合聚合物电解质中形成了许多高电导率的相界面，增加了离子传输的通道，允许离子以较低的迁移活化能通过。在此种体系中，聚合物电解质的电导率由以下三部分组成：本体的电导率；分散的无机纳米粒子的电导率；分散的无机纳米粒子表面的高电导覆盖层的电导率。电导率得到很大的提高。但随着粒径的减小，纳米粒子表面能迅速增大，在聚合物体系分散的纳米粒子极易团聚，抑制了其作用的发挥。因此，抑制纳米粒子在有机无机复合聚合物电解质体系中的团聚非常重要。无机填料的作用还与其晶型及表面官能团有关。比如，由于高相容性，α-LiAlO$_2$ 的加入可以提高电解质与锂电极的界面稳定性，而 γ-LiAlO$_2$ 的加入对提高力学性能更有效[20]。SiO$_2$ 表面修饰三甲基与硅氧烷大骨架基团后，由于后者抑制了填料与聚合物的相互作用，因而电导率的提高并不明显，前者则改善了 SiO$_2$ 与聚合物的相容性[21]。一般认为，在无机填料表面修饰与聚合物基体结构相类似的低聚物，可以改善无机填料本身与聚合物的相容性，从而使体系获得较好的热力学稳定性。

GPE 的制备方法主要包括物理方法和化学方法[22]，制备方法的差异在很大程度上影响 GPE 的性能，比如不同制备方法可以获得不同的聚合物膜的结构，原位聚合等方法还可以调谐聚合物链段的组成，不同的制备方法也会影响添加剂如填料等在聚合物体系的分散性能和作用机制等。因此，即便是相同的聚合物基体形成的 GPE，其性能也会呈现显著差异。

在物理方法中，一般过程就是将聚合物基体及无机填料等其他成分溶解或分散在有机溶剂中，流延成膜后挥发溶剂得到干态聚合物膜，再通过含有锂盐的电解液或增塑剂增塑得到 GPE[23]。具体地，物理制备法又可以大致分为流延法[24]、相反转法[25]、静电纺丝法[26] 等。一般地，在物理方法制备的 GPE 中，聚合物链段仅能通过弱的物理相互作用形成物理交联结构，在高温和时间作用下，聚合物链段在电解液中发生溶胀乃至溶解，仍然会导致液体泄漏引发安全问题[27]。GPE 的化学制备也称为原位制备方法，将聚合物单体、交联剂溶解在一定的溶剂中（甚至可以直接溶解在增塑剂中），在一定条件下引发聚合反应制备 GPE。丙烯酸酯类单体[28] 和氧化乙烯单体[29] 是最常用的单体或交联剂，偶氮化合物（偶氮二异丁腈，AIBN）[30] 和过氧化合物（过氧化苯甲酰，BPO）[31] 是较为常用的引发剂。一般而言，原位聚合过程可以根据引发条件的不同分为热引发[32]、辐照引发[33-34] 和电化学引发[35] 等。由于原位聚合过程形成基于化学键的化学交联，大大提高了 GPE 的热稳定性和保持电解液的能力。原位化学合成过程还有可能使 GPE 的制备与电池的组装同时完成，提高了生产效率。但不得不提的是，尽管原位方法可能带来生产效率的提高和生产成本的下降，但是在原位聚合过程中未反应的单体、交联剂和引发剂也会对电池的电化学性能产生严重影响。未聚合的单体有可能在电极表面分解或沉积，显著增加电极/电解质界面阻抗，恶化电池性能，尤其是在低温和高倍率条件下的循环性能。原位聚合过程产生的气体在电池使用过程中难以排出，气泡会造成离子传输路径的阻碍。这些都限制了原位化学方法的应用。

一类与结构相关的 GPE 不得不单独提出来，即微孔凝胶聚合物电解质（PPE，porous polymer electrolyte），其构想来源于液体电解质体系中使用的多孔隔膜材料。但与隔膜材料中仅依靠相分离的液体相实现离子传导不同，在 PPE 中存在三相结构：吸附在微孔中的电解质溶液、被电解质溶液溶胀的聚合物基体所形成的凝胶、聚合物基体（其结构如图 5-1 所示）。三相结构不仅保证了较高的锂离子电导率、良好的力学性能，还提高了体系的保液能力，抑制了电解液的泄漏。研究的微孔型聚合物电解质体系主要为共聚物体系，如 P（VDF-HFP）、P（MMA-AN）等[36-38]。共聚物组分中一般一相具有较好的结构稳定性，一相在电解液中具有较高的溶胀能力[39]。12％HFP 取代 PVDF 的 PVDF-HFP 就是其中的典型。

微孔聚合物电解质的制备方法主要包括 Bellcore 法[40-42]、相反转法（phase inversion process）[43] 及静电纺丝法（electrospinning）等。Bellcore 法是 Bellcore 公司在 1995 年提出的，将 P（VDF-HFP）和成孔剂邻苯二甲酸二丁酯（DBP，dibutyl phthalate）溶解于 N-甲基吡咯烷酮（NMP）中，流延成膜，真空中挥发 NMP 得到聚合物"干"膜，高沸点的 DBP 留存于膜中，用乙醚抽提

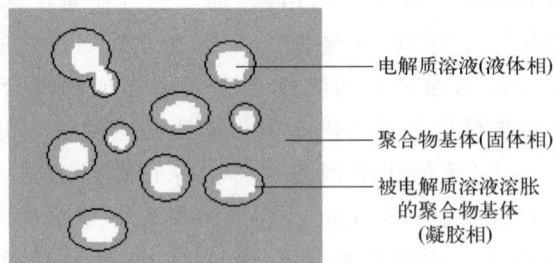

图 5-1　PPE 微观结构示意图

DBP 得到微孔聚合物膜。该方法的思路是基于共混"占位"原理，成膜过程中在聚合物骨架体系中混入与其相容性较好的第二相，第二相由于高沸点等因素留存在体系中，成膜后再将第二相除去从而在基体中构造孔隙结构。该方法的优点是制备过程较简单，但溶剂 NMP 的蒸发以及 DBP 的抽取，均用到了大量易燃的有机化合物，增加成本且存在安全隐患，残留的溶剂也不易完全除掉，合格率很难控制[44]。基于该原理的体系还包括 PVA/PVC 体系[45]、P（VDF-HFP）/PVA 等[46]。对于该方法而言，造孔剂与聚合物基材的相容性及用量对微孔结构有决定性的影响。有研究者曾系统研究以 DBP、PEG200、PVP（聚乙烯吡咯烷酮）为造孔剂，以 P（VDF-HFP）制备微孔聚合物膜，溶剂及萃取剂分别为丙酮和甲醇[47]。相比 DBP 及 PEG200，PVP 的分子量较高，且黏度较大，因而与甲醇的物质交换过程较慢，抑制了交换速率过快所产生的膜不均匀收缩，进而获得孔径均匀的微孔结构，且孔隙率最高。

相反转法是一类经典的制备微孔聚合物膜的方法[48]，其原理是在聚合物溶液中引入非溶剂形成热力学不稳定体系，通过溶剂和非溶剂的不断交换或者溶剂的逸出而发生液-液相分离，形成聚合物的贫相和富相，聚合物富相发生固化形成聚合物骨架，聚合物贫相则形成微孔[49]，具体形式包括浸没沉淀相反转法（immersion precipitation phase inversion method）[50]、溶剂挥发相反转法（solvent evaporation phase inversion method）[51]、热致相分离法（thermally induced phase separation method）等。浸没沉淀相反转法是将聚合物溶液流延成膜后浸入非溶剂浴中发生快速的溶剂-非溶剂交换；溶剂挥发相反转法则是利用聚合物溶液中溶剂的挥发速度大于非溶剂，聚合物在非溶剂中析出形成微孔结构；热致相分离法则是在高温下把聚合物溶于高沸点、低挥发性的稀释剂中，形成均一溶液，然后降温冷却，导致溶液产生相分离，从而获得一定结构形状的微孔膜。相反转法中，热力学不稳定体系的性质[52]及传质过程（溶剂-非溶剂的交换）[53-54]对最终形成的微孔结构起决定性作用，具体体现在制备条件上，包括温度、湿度、聚合物溶液的浓度[55]、溶剂与非溶剂的种类及配比等[56]。如果降低交换过程的速率，如用水蒸气浴代替水浴，也可以获得孔径较小且较均匀的微孔结构[57]。采用超临界 CO_2 作为非溶剂[58]，与聚合物溶液进行交换，由于在超临界状态下，气液界面消失和传质速度大大提高，交换生成海绵状微孔，通过聚合物溶液浓度、操作压力、温度等可控制孔径及孔隙率[59-60]。静电纺丝技术制备微孔膜将在隔膜一节详述。此外，还可以通过发泡法来制备微孔聚合物膜，其原理是将发泡剂、聚合物基体溶解分散后挥发溶剂，并加热到一定温度使发泡剂产生气体，从而获得微孔结构。发泡剂可以是有机发泡剂如水杨酸[61]、尿素[62] 等，也可以是无机发泡剂如碳酸氢钠等，有文献利用泡腾片中崩解剂的主要成分碳酸氢钠和柠檬酸，通过微波辅助使水分子进入疏水的 PVDF-HFP 引发崩解反应，产生大量气体和具有丰富连通孔的微孔结构[63-64]。

随着研究范围的拓展和应用要求的提高，对 GPE 也提出了除解决安全性问题之外的更高要求，即充分利用聚合物丰富的结构与性能有针对性地解决锂离子电池等电化学储能体系在实际应用中存在的诸多瓶颈。比如针对尖晶石锰酸锂中 Mn^{2+} 溶出的问题，有研究者采用与锰有较强相互作用力的 α-氰基丙烯酸乙酯聚合后灌注多孔纤维素膜中应用于锰酸锂电池，聚 α-氰基丙烯酸乙酯可以抑制锰离子的溶出从而改善锰酸锂正极的循环稳定性[65]。基于具有交联结构的聚（丙烯腈-co-丙烯酸甲酯）共聚物 GPE，其电化学稳定窗口可以达到 5V，且由于 $O=C—O—M$（$M=Mn$，Ni）键的生成，可在高电压正极材料 $LiNi_{0.5}Mn_{1.5}O_4$ 表面形成刚性钝化膜，在实现锂离子传输的同时抑制电解液分解与金属离子的溶出[66]。GPE 的功能化还体现在多个方面，下面将对几类较为系统的功能化 GPE 进行介绍。

由于 GPE 往往是由电解液增塑得到，因此其离子传导与电解液相类似是双离子体系，即 GPE 中同时包含锂离子和阴离子的移动。但是由于阴离子并不参与锂离子电池的嵌入/脱出电化学反应过程，因此会在电极表面形成浓差极化，造成内阻增大、电压损失和界面副反应如相变或盐的偏析等[67]。一般而言，溶剂化锂离子的迁移速度较阴离子慢，因而大多数双离子电解质体系的锂离子迁移数都小于 0.5。为了减弱阴离子的影响，其在 GPE 中的迁移应被限制，因此，将阴离子固定的单离子 GPE 概念应运而生，有研究表明，当锂离子迁移数接近于 1 时，即使在很高的电流下充放电，由于溶液相不存在浓度梯度，电极活性材料的利用率仍然可以达到 100%，根据 Chazalviel 模型，锂枝晶的生长也会被抑制[68-69]。也有计算结果表明，即使在离子电导率低一个数量级的情况下，单离子传导聚合物电解质也会表现出与双离子传导体系的电解质相近似的电化学性能[70]。

一般而言，单离子策略可以包括将阴离子固定在聚合物/无机物骨架或在GPE 中添加阴离子捕捉剂。但对真实的单离子传导而言，我们更倾向于阴离子固定的单离子策略。将阴离子固定在聚合物骨架主要是将锂盐单体聚合或者含有阴离子官能团的结构接枝到聚合物主链上去，合成的方法包括传统的自由基聚合、可控自由基聚合，如原子转移自由基聚合（ATRP, atom transfer radical polymerization）[71]、可逆加成-裂解链转移（RAFT, reversible addition-frag-mentation chain transfer）[72] 以及阴离子嵌段共聚等[73]。对于可聚合的锂盐单体而言，一般包含功能化阴离子基团和可聚合官能团，其结构如图 5-2 所示。可聚合官能团一般具有（甲基）丙烯酸或苯乙烯结构；间隔臂结构用来改善链段柔性，一般是低聚的聚乙烯或者氧化乙烷官能团；阴离子中心主要集中在羧酸盐、磺酸盐和磺酰亚胺结构[74-75]，一般认为，阴离子离域化程度越高，越有利于锂离子与阴离子的解离。将阴离子官能团接枝到现有聚合物主链上的优势在于可选择具有明确分子结构、分子量和构型的聚合物主链，但由于聚合物主链的分子量较高，因而反应活性较低，随之而来的是接枝率低导致的载流子浓度偏低[34]。

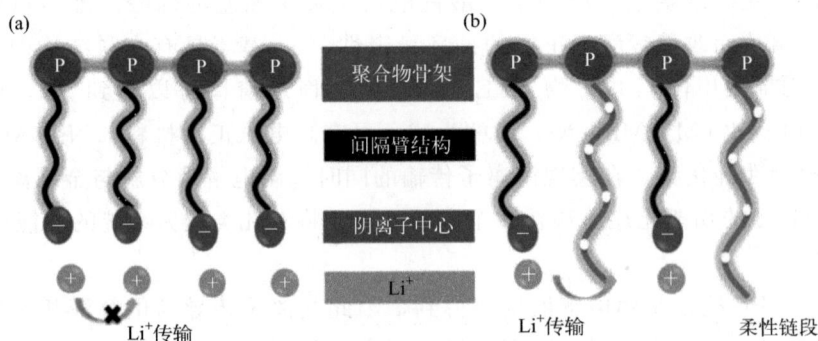

图 5-2　单离子导体聚合物电解质的官能结构示意图[76]

智能器件由于应用场景的特殊性，对化学电源的功能性提出更高的要求，相应地，其中的电解质材料也需特定的功能化，如热响应、自愈合等。

智能热响应主要通过 GPE 的相分离或溶胶-凝胶转化来实现。例如同时具有可逆相分离和离子传导功能的 GPE，当温度达到聚合物相分离的温度时，电极之间的离子传导通路因相分离而被切断，当温度下降到相分离温度点以下，聚合物重新溶解在溶剂中，从而恢复电解质的功能。如 N-异丙基丙烯酰胺（NI-PAM，N-isopropylacrylamide）与丙烯酸共聚物中 NIPAM 可以提供温度响应功能，丙烯酸则提供离子传导功能，当温度达到 50℃，共聚物经热活化相分离过程改变丙烯酸官能团周围的化学环境，从而降低离子浓度和电导率[77]。对于溶胶-凝胶转化类型的热响应 GPE 而言，当温度上升，电解质由溶液相转变为凝胶相，从而切断离子传输，关闭电池反应，例如聚（N-异丙基丙烯酰胺-丙烯酰胺）共聚物体系[78]。

由于聚合物骨架往往具有相对较低的熔点（如 PEO 熔点为 65℃），这导致 GPE 往往热稳定性较差，因此限制了电池的工作温度范围。但在诸如耐热的智能机器人、电动汽车等应用场景都需要电池在较高温度下工作，因此发展高热稳定性的 GPE 也成为研究的热点，一般的方式主要是在 GPE 中引入各种高热稳定的有机或无机填料以及发展离子液体基的 GPE。自 1992 年第一个在空气中稳定的离子液体被发现之后，离子液体因其特殊的物理化学性能作为电解液溶剂或 GPE 的增塑剂就被广泛研究。离子液体往往具有较高的离子电导率和热稳定性，据报道，某些离子液体的热稳定性甚至可以达到 400℃。因此，可聚合的离子液体被用来改善 GPE 的热稳定性，如具有交联结构的乙基咪唑基离子液体等[79]。

随着近年来智能穿戴设备和柔性电池的发展，自愈合 GPE 应运而生，智能穿戴设备和柔性电池需要降低电解质的厚度从而尽可能提供柔性，但是由此可能带来电解质膜在复杂变形下完全断裂使电池不能工作甚至引发安全事故。自愈合材料可以修复自身内在或外在的应力，弥补断裂的界面，从而满足在智能电子皮肤、柔性机器人以及柔性电池中 GPE 的潜在应用。目前，基于可选材料的限制，研究主要集中在超级电容器[80] 和水系锂离子电池等水系 GPE 体系，比如物理交联的 CMC 与 Li_2SO_4 体系，可在弯折条件下工作若干循环[81]。

5.2
锂离子电池隔膜的种类、要求和性能

电池隔膜是电池中的重要组成部分，其在正负极之间的阻隔作用既是分离正极与负极的电子得失，建立化学能与电能转化的必要条件，在实际应用中，也是防止电池内部短路的发生、保证电池安全的关键。同时，隔膜还必须保证其孔隙内的电解液中锂离子在正极和负极之间自由传导，实现电荷平衡。基于此，虽然隔膜不参与实际的电化学反应和能量转换过程，但其特性对电池性能产生重要的影响。一般而言，隔膜材料必须是电子绝缘性，在任何条件下能始终隔绝正负极，并对电极和电解液保持化学和电化学稳定；在结构上，应具有一定的孔隙率能够存储电解液以保证正负极之间的离子传导。具体地，对于商业化的锂离子电池隔膜，还需要满足以下基本要求[82]：

① 化学稳定性：隔膜材料必须与电解液和电极材料不发生化学反应，尤其是在满充电条件下负极侧强还原和正极侧强氧化的化学环境下仍然保持稳定且不降低机械强度。

② 厚度：从提高电池能量密度的角度，应尽可能降低隔膜的厚度；但同时，为了保证机械强度和安全性能，又需要保持一定的厚度。目前，商业化锂离子电池中大多采用 $25\mu m$ 以下厚度的隔膜材料。此外，厚度的一致性会影响锂离子传输进而影响电池的循环寿命。

③ 孔隙率与孔径：锂离子电池所使用隔膜的孔隙率大致在 40%。孔隙率较低，保持的电解液较少，离子电导率偏低；孔隙率过高，膜的力学性能较差。因此，孔隙率控制是隔膜制备工艺中的一个关键。为了防止由于颗粒穿透导致的电池微短路，隔膜的孔径应比电极极片组成材料的孔径要小。在实际应用中，具有一定曲率亚微米尺度的孔径被认为可以有效阻止颗粒的穿透。此外，孔隙结构也会对电池性能产生非常大的影响，导通性好的隔膜有利于电解液中的离子传输，而孔隙分布不均匀则会造成电流密度分布不均匀，导致电极加速老化。具有一定弯曲结构的微孔可以抑制枝晶的生长，有利于防止电池安全问题的发生。

④ 气体渗透性或 MacMullin 值：一般而言，隔膜的使用会使电解液的电阻增加 4~5 倍以上，而隔膜对电解液阻抗的影响可以用 MacMullin 值表征，即填充满电解液的隔膜的阻抗除以电解液本身的阻抗，目前商业化锂离子电池隔膜的 MacMullin 值大约为 8。MacMullin 值可以大致用气体渗透性表征隔膜，即一定量的空气在单位压力下透过单位面积隔膜所需的时间，也被称为 Gurley 值。对于孔隙率和厚度固定的隔膜而言，Gurley 主要受到隔膜中孔结构曲率的影响。实际上，Gurley 也是隔膜离子电导率的间接反映，因此，不均匀的气体渗透性将导致不均匀的离子传导和电流密度，这也被认为是负极侧析锂产生枝晶的主要原因。

⑤ 机械强度：为了满足电池在装配和使用过程中的要求，隔膜必须具有较强的机械强度，隔膜的机械强度主要用拉伸强度和穿刺强度来表征。对于 $25\mu m$ 厚度的隔膜而言，需要达到的拉伸强度和穿刺强度应大于 $1000 kg \cdot cm^{-2}$ 和 300g。

⑥ 润湿性：隔膜需要易被电解液润湿并具有保持电解液的能力，以有利于电池制造过程中的注液工艺和电池循环寿命的延长。

⑦ 维度稳定性和热收缩：隔膜在电解液浸润条件下应仍能保持平整，并在较宽的温度范围内保持维度的稳定。对于聚烯烃材料而言，即便孔隙率很低的条件下，一旦达到软化点，由于晶相和无定形相密度的差异，隔膜会发生收

缩。比如，对于聚乙烯隔膜而言，当在 120℃ 放置 10min，就会发生 10％ 的收缩。

⑧ 热关闭功能：所谓的热关闭功能是指在电池发生热失控的温度之下关闭电池防止热失控发生的功能[83]。其机制主要是利用不同聚合物的熔点差异以及多层结构。最为典型的是 Celgard 公司 PP/PE/PP 三层复合隔膜，当短路或过充发生时，系统急速升温，当升温到 PE 的熔化温度（约 130℃）时，PE 熔化，堵塞隔膜中的微孔，离子传导通路被切断，电池内阻急剧增加（图 5-3），阻止反应的进一步发生，同时熔点较高的 PP（约 155℃）保持维度稳定性，防止正负极接触，从而抑制热失控的发生。需要指出的是，热关闭功能是一种不可逆机制，在热关闭触发之后，电池也会因为隔膜闭孔而失效。

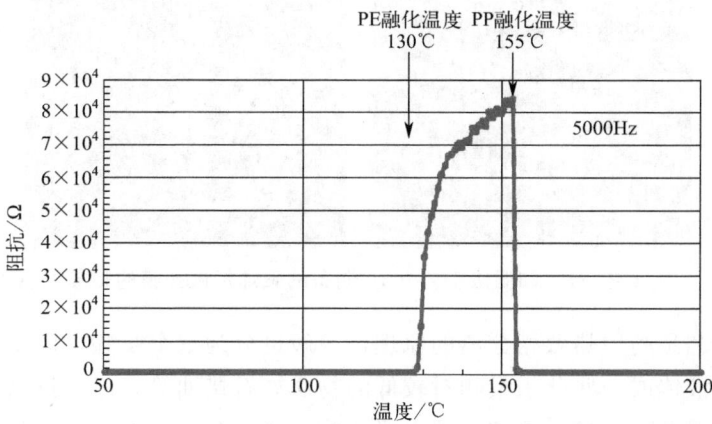

图 5-3　Celgard 三层隔膜阻抗与温度关系图（升温速度为 $3℃ \cdot min^{-1}$）[84]

实际上，隔膜的性能很难同时满足，比如，从提高电池能量密度的角度需要降低隔膜的厚度，但是厚度的降低会带来机械强度和维度稳定性的下降，从而可能引发安全问题；再如，减少隔膜对电解液中离子传输的阻力有望改善电池功率特性，在这样的要求下，隔膜应减薄并具有高孔隙率和直通孔结构，但高孔隙率和直通孔结构不仅会降低隔膜的机械强度，也可能导致电池自放电和锂枝晶穿透等问题，亦会触发电池安全问题。基于此，应针对不同应用场景，有侧重性地开发相应的隔膜材料以满足不同的性能需求[85]。

电池隔膜大致可以分为聚合物微孔膜、无纺布纤维膜和无机复合膜等大类。目前，商业化的电池隔膜主要集中在基于半晶聚烯烃材料的聚合物微孔膜，主要包括聚乙烯（PE，polyethylene）、聚丙烯（PP，polypropylene）的单层、双层或多层结构的微孔膜。

聚烯烃微孔隔膜的制备方法可以分为干法工艺和湿法工艺（图 5-4）。干法工艺制备的隔膜一般具有直通的狭缝孔形态，而湿法工艺制备的隔膜则具有相互连通的球形或椭球形形态。干法工艺一般包含三个步骤，即挤出—退火—拉伸。该工艺是将高分子聚合物、添加剂等原料混合形成均匀熔体，挤出时在拉伸应力下形成片晶结构的基膜，在低于树脂熔点的温度热处理片基膜调谐片晶结构，之后在一定的温度下拉伸形成狭缝状微孔，热定型后制得微孔膜。目前干法工艺主要包括单向拉伸和双向拉伸两种工艺。

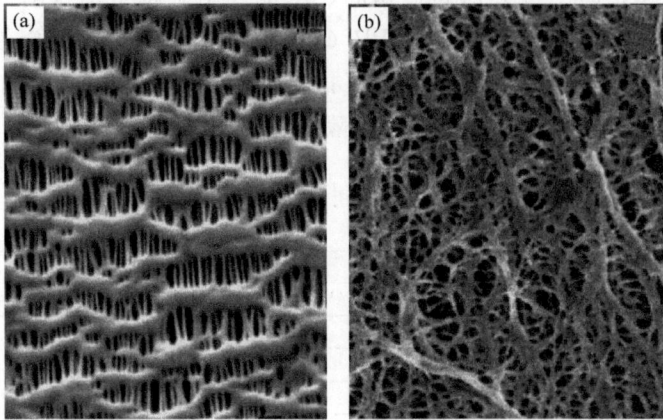

图 5-4　干法工艺（a）和湿法工艺（b）制备的聚烯烃微孔膜的扫描电镜照片[82]

　　湿法工艺是利用热致相分离的原理，一般也分为三个步骤，即将增塑剂（高沸点的烃类液体或一些分子量相对较低的物质如石蜡油等，以及抗氧化剂等）与聚烯烃树脂混合形成均匀溶液，挤出形成胶体膜，利用熔融混合物降温过程中发生固-液相或液-液相分离的现象，压制膜片，加热至接近熔点温度后拉伸使分子链取向一致，最后用易挥发溶剂（例如二氯甲烷和三氯乙烯）将增塑剂从薄膜中萃取出来，进而制得相互贯通的亚微米尺寸微孔膜材料。根据拉伸时取向是否同时，湿法工艺也可以分为双向异步拉伸工艺以及双向同步拉伸工艺两种。湿法工艺同时适用于晶态或无定形聚合物，制备的微孔膜在孔结构和拉伸强度上无取向性，而干法工艺制备的隔膜力学性能表现出高度的取向性及较低的 Gurley值。从应用的角度来看，低 Gurley 值直通的干法隔膜较适合功率型电池，而曲率较大的湿法隔膜更适合长寿命电池，高曲率和连通孔结构有助于避免石墨负极在快速和低温下充电析锂的枝晶生长问题。总体而言，湿法工艺适合生产较薄的单层 PE 隔膜，是一种隔膜产品厚度均匀性更好、理化及力学性能更好的制备工艺。

　　尽管已经实现大规模商业应用，但聚烯烃隔膜仍存在两个明显的缺点。首先，由于聚烯烃本身的疏水性和较低的表面能，聚烯烃微孔膜与锂离子电池电解液的溶剂如碳酸乙烯酯、碳酸二甲酯等表现出较差的浸润性；其次，由于聚烯烃较低的熔点，其在一定温度下会发生明显的收缩甚至破膜，从而丧失作为隔膜材料阻隔正负极的基本功能，存在极大的安全隐患。因此，发展新型隔膜也是锂离子电池领域研发的热点。除了聚烯烃微孔膜以外，可以作为锂离子电池隔膜的还包括无纺布纤维膜、无机复合膜等。但由于受到各种因素的制约，目前还没有大规模应用，这里进行简单的介绍。

无纺布纤维膜是一种由大量纤维通过化学、物理或机械的方法黏合在一起形成的纤维毡形态的隔膜材料，天然和人造材料都可以用来制备无纺布，如天然纤维素及其衍生物[86-88]、聚烯烃[89-91]、聚酰胺[92-93]、聚四氟乙烯[94]、聚偏氟乙烯[95]、聚氯乙烯[95]、聚醚等[96-97]。主要的黏合方法包括树脂黏合和热塑性纤维黏合，通过将树脂喷在纤维网基材上或是将其与熔点较低的热塑性纤维共混并热压形成无纺布纤维膜。纤维网基材既可以通过造纸工艺、溶液挤出工艺等湿法技术制备，也可以通过熔喷等干法工艺制备。例如，广为使用的静电纺丝就是通过在聚合物溶液毛细管射流与纤维收集基板之间施加高电压制备高孔隙率无纺布隔膜，其中，纤维的直径、纤维膜的厚度和孔隙率等可以通过改变聚合物溶液的浓度、喷头与基板的距离、施加的电场强度等调控。无纺布纤维膜具有典型的高孔隙率（60%～80%）和大孔径特征（20～50μm），为了抑制由于孔结构特征导致的电池自放电，无纺布隔膜的厚度往往超过 100μm。因此，无纺布作为隔膜主要应用于碱性二次电池，如镍铬电池、金属氢化物镍电池等，在锂离子电池中则更多作为凝胶聚合物电解质的支撑骨架。

无机复合膜或称为"陶瓷膜"，是超细无机颗粒如 Al_2O_3、MgO、$\gamma\text{-}LiAlO_2$ 等与少量黏结剂制成的微孔膜材料，由于超细无机颗粒的超亲水性和高比表面积特征，该类无机隔膜表现出与有机溶剂优异的浸润性，尤其是非极性聚烯烃隔膜较难润湿的碳酸乙烯酯、碳酸丙烯酯等高介电常数的环状碳酸酯。此外，这类隔膜还由于无机材料本身的特点，展现出优异的热稳定性，即使在很高的温度下也不会发生收缩。事实上，在锂离子电池尤其是大型动力电池中，与温度相关的安全问题大多与隔膜的收缩或熔化导致正负极直接接触引发的热失控分不开，因此，无机复合膜也被认为是解决由于高分子隔膜热稳定性差所导致电池安全问题的有效手段。有研究者曾采用以 PVDF 为黏结剂的 Al_2O_3 无机复合膜为模型，系统研究无机复合膜中的组成与其性能的相互关系，结果表明无机膜中的孔径大致与所用的无机颗粒的粒径相当，小粒径无机颗粒和高无机颗粒/黏结剂质量比有利于提高电解液保持能力和透气度。例如，使用 10nm Al_2O_3 的无机复合膜表现出与商业化 PE 隔膜相近的电化学性能[98]。不同的无机材料也可以发挥不同的功能，如选择碱性的 $CaCO_3$ 颗粒制备无机复合膜，则可以减少电解液中因

$LiPF_6$ 水解产生 HF 导致的正极材料金属溶出的问题[99-100]。通过溶胶-凝胶等合成过程的运用，可以降低无机复合隔膜的厚度，如有研究者采用勃姆石水溶胶与聚乙烯醇按照 10∶1 混合后涂覆在 PET 基板上，在 130℃ 下烘干后浸入水-异丙醇混合溶液中即可获得复合膜，可通过涂覆次数调节膜的厚度，单次涂覆的膜厚仅为 12.5μm，表观孔隙率可达到 65％[101]。但是，无机复合隔膜往往表现出较强的刚性，不利于电池在装配过程中的卷绕等工序。为了解决这一问题，Degussa 公司发展了一系列将聚合物无纺布与无机陶瓷材料相结合的 Separion 隔膜[102-103]，此系列隔膜将无机陶瓷粉体经过硅溶胶水解黏结到聚对苯二甲酸乙二酯（polyethylene terephthalate，PET）无纺布上，然后经过 200℃ 高温固化制得。PET 无纺布被大量无机陶瓷颗粒所覆盖，PET 纤维与陶瓷颗粒之间存在大量的孔隙，用于储存电解液。Separion 隔膜最高使用温度可达 210℃，显著高于聚烯烃微孔膜的最高使用温度（135/163℃）；其热收缩率也明显低于聚烯烃隔膜，且具有优异的电解液亲和性能。这些优点使 Separion 隔膜具备应用于动力电池的良好前景。

通过电纺技术也可以制备无机复合隔膜，甚至是不含聚合物的纯无机隔膜。通过将亲水氧化铝纳米颗粒分散在经硅酸乙酯水解的溶胶中并将其电纺后高温烧结，可以获得氧化硅纳米线与氧化铝纳米颗粒复合纤维膜，该复合膜在无黏结剂的条件下表现出较好的自支撑性，孔隙率达到 79％，在 800℃ 内不发生分解和收缩[104]。同样地，也可以通过溶胶-凝胶和电纺技术相结合制备无机陶瓷固态电解质纤维膜[105]。

隔膜在电池中发挥着重要作用，往往占到电池材料成本的 10％～15％，对于电池的影响表现在多方面，比如电池生产工艺及流程、电池性能、可靠性与寿命、电池安全等[106]。

在电池生产工艺和流程方面，尤其在圆柱电池的卷绕工艺中，隔膜的机械强度如弹性和杨氏模量等参数会产生极大的影响。由于施加于隔膜的应力与其受力的速度和均匀性相关，因此，需降低卷绕速度以保证在生产过程中的应力不会显著增加隔膜的孔径以及后续干燥和使用过程中的热收缩率。因此，提高隔膜的机械强度对提高电池生产效率十分有益。另外，电池装配过程也会显著受到干燥过程中隔膜收缩的影响，这是由于电池最终除水的最高干燥温度往往受到电池各组成部件中热稳定性最差材料的限制，目前，影响这一温度上限的材料基本是聚烯烃隔膜，如能提高隔膜的热稳定温度，则可减少干燥室等投资，进一步降低锂离子电池的生产成本。

在电池性能方面，一方面，由于隔膜作为惰性材料不参与能量转换，在提高能量密度的要求下，对隔膜材料应尽可能在保证功能的前提下减重减薄，据计算，当隔膜厚度由 $30\mu m$ 下降到 $20\mu m$，高功率电池能量密度可提高 2%，高能量电池能量密度可提高 10%。另一方面，电池的功率特性极大程度上受制于锂离子在隔膜孔隙中运动的阻力，可以近似地认为与受隔膜微孔结构和孔隙率影响的离子传输路径相关的欧姆阻抗相关，因此，孔隙率和孔径等参数是调谐电池性能的关键。此外，隔膜孔隙率还应保证与电池中所需要的电解液的量相匹配以保证电池全使用周期不会发生隔膜的干化，隔膜的不完全润湿在锂离子电池负极一侧尤其是低温条件下会产生极化造成析锂，从而导致电池出现容量损失和安全问题。

在电池可靠性和寿命方面，隔膜的孔隙率、厚度、剪切强度、弯曲强度等要素的局部偏差会造成枝晶、穿刺和热收缩等不利影响。因此，与隔膜相关的引起电池失效的机制主要包括使用和装配过程中热的作用、与电极相关的不均匀的化学或电化学环境的作用、作用于隔膜的应力等单个或多个要素的叠加造成的隔膜参数的不均匀，比如热作用产生的热收缩等会破坏隔膜孔结构，导致阻抗增大甚至内部短路造成电池失效。

电池安全对锂离子电池的应用起决定性作用，而提高电池安全性最有效的策略也许就是抑制电池内部短路的发生，而这恰恰是隔膜的基本功能，即如何保证隔膜无论是在大电流还是高温度的热效应及强应力等条件下始终保持正极与负极绝对阻隔。

提高聚烯烃隔膜的耐热性、增大聚烯烃隔膜热闭孔温度与破膜温度的温度差是提高聚烯烃隔膜性能的重要途径。陶瓷涂覆隔膜就是基于此原理在聚烯烃微孔膜基础上发展起来的新型高安全隔膜材料，它是在聚烯烃隔膜或其他聚合物微孔膜的单面或双面涂布以 Al_2O_3、SiO_2、勃姆石、硫酸钡等为代表的无机陶瓷材料所形成的一种有机无机复合的功能性隔膜材料。陶瓷涂覆隔膜耦合了传统聚烯烃隔膜较好的力学性能，以及陶瓷填料良好的耐温性能和电解液亲和性能；显著提高了隔膜的高温尺寸稳定性和保液性能，同时保持了较好的力学性能。特别对于以聚烯烃微孔膜为基材的陶瓷隔膜，具有更为优异的机械强度和隔膜热关闭作用，更适用于大容量锂离子动力电池的制造和使用。目前，在动力电池中使用的聚烯烃隔膜材料都含有单层或双层的无机陶瓷涂覆层。

陶瓷涂层的结构（包括连续性、孔隙率、孔径等）与成分对隔膜性能起到关键作用。陶瓷涂层由陶瓷粉体构成，因此，微观的粉体结构会直接影响宏观的陶瓷涂层结构进而对其性能产生影响。一般而言，粒径较小的陶瓷粉体较易获得相对较好的电化学性能[107]，而具有特殊形态的陶瓷粉体，如一维纳米线则可以形成三维堆积结构，更好地分散应力和传热，进一步改善陶瓷涂覆隔膜的性能[108]。陶瓷粉体往往具有亲水的表面，因此与疏水性的聚烯烃基材相容性差。

通过形成陶瓷/聚合物的有机无机复合结构，不仅可以改善陶瓷粉体与聚烯烃基材的相容特性，而且由于引入具有不同性能的聚合物，赋予陶瓷粉体新的功能和特性。在 SiO_2 表面包覆聚苯乙烯磺酸锂，在 PE 隔膜上形成 $9\mu m$ 的改性陶瓷层，隔膜在 130℃ 保持 30min 的热收缩率从 16.3% 下降到 4.0%，并表现出更好的电解液吸附能力，且由于壳层中 Li^+ 的引入，室温离子电导率由 0.39mS·cm^{-1} 提高到 0.75mS·cm^{-1}[109]，在电池中使用该种陶瓷涂覆隔膜，可以获得更好的倍率性能。将与碳酸酯类电解液相容性好的聚甲基丙烯酸甲酯与 SiO_2 形成核壳结构，将其应用于陶瓷涂覆改性隔膜，具有良好耐热性的 SiO_2 陶瓷粉末有效地防止了隔膜的热收缩；而聚甲基丙烯酸甲酯经电解液活化后形成凝胶态物质，降低了碳酸酯在高温下的挥发速度，使得改性隔膜具备凝胶聚合物电解质稳定电解液的功能特性，从而可以从隔膜和电解液两个维度改善电池的安全性能[110]。同样地，黏结剂也是陶瓷涂层中的重要组成部分，会对陶瓷涂覆隔膜的性能产生重要的影响。有研究者从黏结剂本身的熔点出发，系统筛选了有机系黏结剂陶瓷涂覆隔膜物理化学性能的影响因素，验证了陶瓷隔膜热稳定性与黏结剂自身热稳定性的关系，选择聚酰亚胺等高耐热聚合物作为陶瓷涂覆隔膜的黏结剂可以进一步降低热收缩率[111]。利用仿生材料——聚多巴胺对陶瓷涂覆隔膜进行进一步的功能化修饰，设计开发出的一种具备高安全特性的隔膜材料。利用多巴胺的自氧化聚合反应，将陶瓷涂覆隔膜在多巴胺溶液中过夜浸泡之后，聚多巴胺在陶瓷涂层和聚烯烃基膜上形成连续完整的成膜包覆层，使得陶瓷层和基膜成为一个整体。由于聚多巴胺本身具有良好的耐热性能，耦合聚多巴胺和陶瓷粉体的功能之后，复合隔膜展示出优异的热稳定性，其不仅在超过 200℃ 的温度下不会有任何收缩，而且在 230℃ 之前都可以保持良好的力学性能，这对于保证电池安全具有非常重要的意义。开路电压测试结果也显示，复合隔膜可以保证电池在高温下的安全性。该种设计的隔膜，在需要高安全特性的动力锂离子电池中具有良好的应用前景[112]。

可以看到，聚合物改性对隔膜性能提升亦表现出极大的作用，聚合物改性还可以通过提高隔膜与电解液的亲和能力，改善聚烯烃隔膜的电化学特性。之前提到，由于聚烯烃非极性和低的表面能，其与碳酸酯类电解液的浸润性较差。因此，可在聚烯烃隔膜表面涂覆一层可在电解液中凝胶化的聚合物层，利用聚烯烃较好的机械强度，耦合凝胶聚合物电解质快速离子传导和高电解液保液能力，可以改善电极/隔膜界面特征，提高电池在循环过程中的倍率特性和循环稳定性[113]。凝胶化的聚合物改性层多为前文提到的凝胶聚合物电解质的基材，如聚丙烯腈（PAN）、聚甲基丙烯酸甲酯（PMMA）、聚偏氟乙烯（PVDF）、聚偏氟乙烯-六氟丙烯共聚物（PVDF-HFP）等。在 PE 隔膜表面浸渍涂布 PMMA/

PVDF-HFP 共混聚合物层后，隔膜吸液率超过 300％，离子电导率可以达到 10^{-3} S·cm^{-1}，远高于未改性隔膜，并具有较好的保持电解液能力[114]。进一步的研究表明，在 PVDF-HFP 表面修饰层中添加 AlF$_3$ 等无机填料，有利于在电极活性物质表面生成保护层，从而减少电解液的分解，使电池在大倍率条件下获得更高的容量保持率[115]。通过热致相分离法（thermally-induced phase separation，TIPS）制备高密度聚乙烯、聚乙二醇-乙烯共聚物共混的微孔聚合物膜[116]，聚醇链段增大了微孔膜的比表面积，因而有效地增加了与电解液的亲和能力，共聚物的存在还提高了隔膜的离子电导率和保持电解液的能力，使改性隔膜某种程度上成为"活性隔膜"（类似凝胶聚合物电解质），相对较低的界面阻抗还改善了电池的循环特性。预先对聚烯烃隔膜辐照处理，再进行接枝改性，可以提高聚合物涂覆层的稳定性。通过 γ 射线对 PE 隔膜进行辐照处理[117]，处理后的 PE 隔膜的熔化温度与辐照强度正相关，经过 200kGy 射线辐照过的 PE 隔膜的热闭孔温度和熔化温度分别由 133℃ 和 146℃ 提高到 136℃ 和 166℃，在 120℃ 时的热收缩率也显著下降。经 FT-IR 确认，这主要归因于 γ 射线辐照使 PE 链段间产生了交联结构，从而提高了隔膜的热稳定性。通过辐照接枝聚合在 PE 隔膜表面接枝 PMMA，当接枝度达到 70％ 以上时，隔膜热稳定性显著提高[118]，并提高了隔膜的电化学稳定性，电化学窗口达到 5V（vs. Li/Li$^+$），随着隔膜接枝度的提高，界面阻抗亦明显降低。通过辐照在 PE 隔膜表面接枝 PVDF-HFP[119]，研究发现在辐照过程中，PE 隔膜界面的碳链上由于自由基的氧化产生了羰基，这被认为有利于与电解液发生相互作用，从而提高隔膜的吸液率和离子电导率。经辐照处理接枝改性隔膜热稳定性显著改善。将经过电子束辐照的 PE 隔膜浸入 PVDF-HFP 和聚乙二醇二甲基丙烯酸酯 ［poly（ethyleneglycol）dimethacrylate，PEGDA］的共混溶液中进行接枝改性[120]，改性隔膜的热稳定性、离子传导特性等都有明显的改善。

　　为提高电池的安全性，种类丰富的改性隔膜或者新型隔膜被开发和应用，其中高温稳定的静电纺丝无纺布作为隔膜应用于锂电池的研究也越来越多。与传统聚烯烃隔膜相比，无纺布隔膜具有较大的孔隙率，与电解液有极好的亲和性，并且具有较高的离子电导率，因此以无纺布为隔膜的电池通常表现出较好的容量保持能力和倍率性能。另外，通过基础材料的选择，可以有效控制无纺布的熔化温度，比如直接采用耐高温的聚酰亚胺（Polyimide，PI）[121-124] 及其衍生物聚醚酰亚胺（polyetherimide，PEI）[125-126]、聚芳醚砜酮 ［poly（phthalazinone ether sulfone ketone），PPESK］[127]、聚对苯二甲酸乙二醇酯 ［poly（ethylene terephthalate），PET］[128-129] 等，可以耐受超过 200℃ 的温度，足以满足锂离子电池的应用需求。但是无纺布也同样存在诸多缺点，如：①孔隙率较高，虽然能够有效地增加隔膜的吸液率，提高无纺布离子电导率，但是较高的孔隙率也导致了无纺布的机械强度较低，难以满足隔膜卷绕和锂电池组装的需求。②通过基础材料的选择，可以有效地控制无纺布的热稳定性，提高应用无纺布作为锂电池隔膜的电池的安全性能，但是无纺布并没有聚烯烃隔膜的自我保护机制（热关闭），不能够有效地抑制隔膜内部热量的上升。③无纺布孔径通常为数微米，过大的孔径虽然提高了吸液率和离子电导率等特性，但是同时也增加了电池微短路的风险。

因此，广泛的做法也是将各类无机物颗粒等涂覆或浸入到无纺布的表面或孔结构中，同样可以改进无纺布隔膜的性能[130-135]。更进一步，也可以将具有温敏特性的聚合物涂覆在耐高温无纺布上，发展具有热关闭功能的复合无纺布隔膜，例如在耐高温的聚酰亚胺无纺布表面涂覆 PE 颗粒，研究结果表明，该复合隔膜不仅保留了 PI 隔膜极好的热稳定性，还增加了热关闭功能。复合隔膜在230℃的高温保温半小时，热收缩率仍小于 10%，机械强度也高于 10MPa，而其热关闭功能的温度区间可根据 PE 颗粒的分子量进行调谐[136]。在 PVDF-HFP无纺布隔膜纤维表面原位包覆一层聚多巴胺（PDA）颗粒，还可以进一步提高无纺布的机械强度。此类方法相比于简单复合方法的优点为：①小分子化合物盐酸多巴胺同时具有酚和胺（赖氨酸）两个基团，而仿贻贝足蛋白的这两个基团非常容易在几乎所有的材料表面聚集，形成具有多种功能的一层聚多巴胺颗粒层。②PDA 与 PVDF-HFP 纺丝形成统一的整体，不会由于溶胀或者黏附力等原因导致分离。③包覆的整个反应过程都在水溶液中进行，对大气无污染，废水易于处理。用此种方法制作的聚多巴胺包覆的 PVDF-HFP 复合无纺布（PVDF-HFP-PDA）的机械强度、拉伸强度和韧性都得到了明显的提升，这对隔膜卷绕和应用此隔膜的电池的制作以及长时间使用都极为重要，相对于 PVDF-HFP 无纺布，由于孔隙率下降等原因，PVDF-HFP-PDA 的离子电导率有所下降，但远远高于聚烯烃隔膜。应用了 PVDF-HFP-PDA 复合无纺布的锂电池表现出了稳定的循环性能和倍率性能[137]。

事实上，尽管开展了很多基于高安全性隔膜材料的研究工作，但除了基于聚烯烃隔膜的改性策略之外，大多数性能优异的材料或改进方法成本都十分高昂，与美国先进电池联盟（USABC，United States Advanced Battery Consortium）设立的每平方米 0.6 美金的价格标准差距较大[138]，难以满足实际应用的需要[139]。有研究者对电仿丝技术制备的电池隔膜材料的应用表示担忧，纤维堆积的掩蔽作用会导致锂离子在电极/电解液界面的不均匀分布，针孔结构则会产生自放电乃至枝晶生长导致电池内部短路[140]。

通过在隔膜孔隙或表面引入具有化学或电化学活性的物质，赋予其相应的功

能，进而改善电池的电化学性能，也是目前研究的热点。以色列科学家
D. Aurbach教授团队开发了一系列针对锰系正极材料的功能隔膜，利用与Mn^{2+}
具有螯合作用的材料修饰在隔膜表面，抑制在常温尤其是高温下从锰酸锂正极溶
出的Mn^{2+}在石墨负极的沉积，稳定了负极表面的固态电解质界面膜（SEI，sol-
id electrolyte interphase），这一类材料包括乙烯与马来酸二锂的交替共聚物，聚
二吡啶胺、苯乙烯-二乙烯基苯与聚（乙烯亚胺）共聚物、乙二胺四乙酸四钠盐、
聚（4-乙烯基吡啶）等[141-142]。聚（4-乙烯基吡啶）功能隔膜对镍钴锰622在
55℃的容量保持亦有显著作用[143]。通过在商品化隔膜基材上浸渍具有电化学活
性的聚3-癸基噻吩［poly（3-decylthiophene），P3DT］[144]，发展出具有过充保
护功能的电压敏感隔膜。由于填充在隔膜微孔中的电活性聚合物在3.7V和
3.5V可以分别发生PF_6^-的可逆嵌入和脱出，使隔膜在电子导电态和绝缘态之间
可逆的转换，因此，赋予了隔膜电压敏感功能。当过充发生时，电压敏感隔膜因
呈电子导电态而旁路掉充电电流，从而防止电池电压的上升。具有更高钳制电势
的聚对苯（p-polyphenyl，PPP）/聚苯胺复合膜（polyaniline，PAn）[145]则可以
为4.2V级锂离子电池提供过充保护。在正常充放电条件下，复合隔膜为电子绝
缘体，隔膜中只发生离子传导；当过充发生时，PPP和PAn先后发生p型掺杂，
成为电子导体，因此，隔膜发挥类似氧化还原穿梭电对的作用，抑制过充的进一
步发生。此外，聚三苯胺（polytriphenylamine，PTPAn）[146-147]修饰隔膜也有
相似的过充保护作用。

5.3
锂离子电池黏结剂的种类、要求和性能

黏结剂在电极上主要作用是将活性材料和导电剂固定在集流体上，使它们之
间具有整体的连接性，维持电极片结构稳定，防止其从集流体上脱落造成电极容
量损失，并减小集流体与电极材料之间的阻抗。因此，黏结剂性能的优劣直接影
响电极片结构的稳定性，从而影响成品电池的循环稳定性及安全性能。其在电池
循环过程中所发挥的功能可以归纳为：①作为分散剂和增稠剂保证电极极片中电
极活性材料、导电剂等的均匀分布；②将电极活性材料、导电剂等颗粒与颗粒之
间、颗粒与集流体之间通过机械力、分子间作用力与化学键等黏合在一起，保持
电极极片的结构稳定；③电子通过或靠近聚合物链段隧穿保持极片中的电接触；
④改善电解液的润湿性以利于锂离子在电极活性材料颗粒表面与电解液界面的
输运[148]。

按照不同的分类方法，黏结剂可以分为不同的种类。按照来源分，可以分为天然黏结剂和合成黏结剂。按照是否参与电化学反应可以分为反应型和非反应型。

黏结剂需要长时间处于强极性溶剂、强氧化/还原电位等工况条件下，必须能够抵挡各种环境的影响。

黏结剂的物理化学性质是影响电极极片的电化学性能的基础。黏结剂的物理性能主要包括热性能、力学性能、电导率和分散性能等；化学性能主要包括化学和电化学稳定性。这些性能都与黏结剂的分子量、密度、聚合度、结晶度和官能团等有关。

① 热性能：黏结剂的热性能主要包括热稳定性、传热系数和热膨胀速率等，主要与黏结剂的黏结力和分子量等有关[149]。黏结剂的热性能差异很大，比如在相同的测试条件下，阿拉伯胶在210℃开始炭化，但羧甲基纤维素钠在235℃仍不发生变化[150]。在常用的PVDF、CMC和聚丙烯酸体系中，PVDF具有最大的热膨胀速率，而聚丙烯酸具有最大的传热系数。由于在电极制备中的黏结剂固化、溶剂挥发和电池应用过程中都可能发生温度变化，因此，黏结剂的热性能和稳定性对电池组装和运行至关重要。

② 力学性能：黏结剂在电池装配和使用过程中所需要的力学性能包括强度、弹性、柔性、硬度和与材料的黏合性等[151-152]。黏结剂在拉伸或压缩过程中所表现的强度主要与材料的特性（摩尔质量和官能团等）和形貌（如晶粒边界、裂纹等）相关。一般而言，聚乙烯[153]、聚氨酯[154]和羧甲基纤维素[155]具有较高的强度，因此，CMC-SBR体系表现出比PVDF更高的强度[156]。黏结剂的弹性（材料在压力下恢复初始状态的能力）和柔性（材料弯曲而不发生破裂的程度）同样与聚合物的摩尔质量和官能团相关，海藻酸盐和CMC具有比PVDF更好的弹性和柔性。黏合性主要用来表征电极片与集流体之间的黏结强度，在电池使用中，反复剧烈的体积膨胀（如硅基负极等）和弯曲（可穿戴设备等场景）等是电极极片失去良好接触的主要原因，可以提供强氢键或化学键作用而黏结性较好的海藻酸盐、CMC和聚丙烯酸等可以有效应对电极的体积变化，从而保证电极极片颗粒之间的良好接触，减少循环过程中的容量损失，改善循环性能[157]。

③ 电导率：含有π共轭的聚合物在特定条件下可能表现出电子传导特性[158]，如聚吡咯、聚噻吩、聚苯胺等，而合适导电聚合物的使用可以减少电极极片中的导电剂，从而提高电池的能量密度。聚合物的离子传导特性主要源于溶剂化离子在聚合物链段中的移动，结晶度、孔隙率和黏度等都会显著影响其离子电导率。壳聚糖、瓜尔豆胶、聚氧化乙烯等多种聚合物都被用于改善电极的离子

传导特性进而提高电池的功率密度。

④ 分散性能：聚合物分散性能的好坏是表征在其溶液中分散电极活性物质并抑制团聚得到均匀复合物的能力。聚合物黏结剂往往既可以发挥黏结作用，又可以在电极装配过程的合浆工艺中充当有效的分散助剂，如 CMC-SBR、PVP、聚丙烯酸等。聚合物的分散性能与其电荷密度、链柔性和静电作用力等有关，也与电极活性材料的性质有关[159]。

⑤ 化学稳定性：黏结剂必须具有足够的化学稳定性以耐受电解液和电化学反应的腐蚀。化学稳定性主要与黏结剂的组成、结构和化学环境有关[160-161]。比如，在一定温度条件下，PVDF 会与锂化的石墨和锂金属反应生成氟化锂和氢气，此外，PVDF 也会在电解液中发生溶胀（图 5-5）[160,162]。由于黏结剂发生副反应会导致电极性能恶化和安全隐患，黏结剂的化学稳定性对电池的电化学性能和循环寿命至关重要。对于少数体系而言，亦希望黏结剂与电极材料发生一定的反应以改善其电化学性能，如硅基负极材料和硫正极等[163-164]。

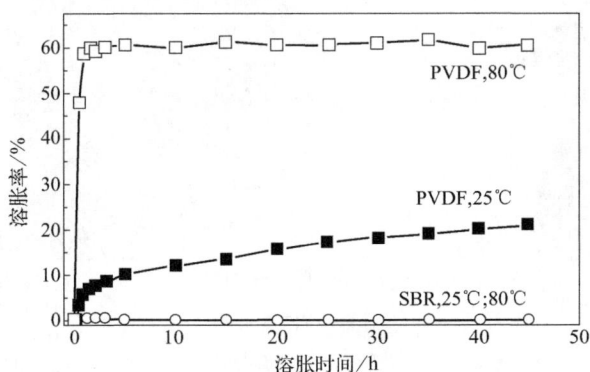

图 5-5　不同温度下 SBR 和 PVDF 在 PC 中的溶胀率与时间的关系图[165]

⑥ 电化学稳定性：当锂离子电池在一个较宽的电压窗口范围工作的时候，也需要黏结剂保持足够的电化学稳定性，即不会被氧化和还原。电化学反应受Nernst 方程和 Arrhenius 公式的限制，同样地，活化能是黏结剂电化学稳定性的一个决定因素。尽管现有黏结剂都表现出较好的电化学稳定性，但是高电压正极材料如尖晶石 $LiNi_{0.5}Mn_{1.5}O_4$[166]、富锂层状氧化物材料[167] 和固态电解质体系等对黏结剂的电化学窗口提出了新的挑战。

此外，考虑到实际应用，黏结剂还应具备价格低廉、环境友好且安全的特点。

一个有效的黏结过程一般可以分为两步[168-169]：脱溶/扩散/渗透过程与硬化过程，即溶解的黏结剂先润湿基底表面并渗透进电极活性材料颗粒的孔隙中，并通过不同的机制硬化黏结（如非反应型黏结剂的干燥和反应型黏结剂的聚合反应等）。一般认为，聚合物黏结剂与颗粒接触时存在三种形式：键合聚合物层、固定聚合物层和延伸聚合物层（图 5-6）。延伸聚合物层是包围于固定聚合物表面的自由聚合物，其强度小于固定聚合物层。延伸聚合物层和固定聚合物层的特性主要取决于聚合物黏结剂的本征特性，而界面结构则与聚合物和黏结颗粒的性质有关。黏结强度同样与电极材料的表面形貌有关。有研究表明，增加电极表面的粗糙度可以增大电极颗粒的表面积从而产生更高的剥离强度。因此，为了保证有效的机械黏结，可采取的策略包括：a. 增加电极材料的表面粗糙度和孔隙率从而获得更多的黏结位点；b. 选择合适的黏结体系；c. 制备具有合适黏度的黏结剂溶液以保证有效的混合、分散和注入。

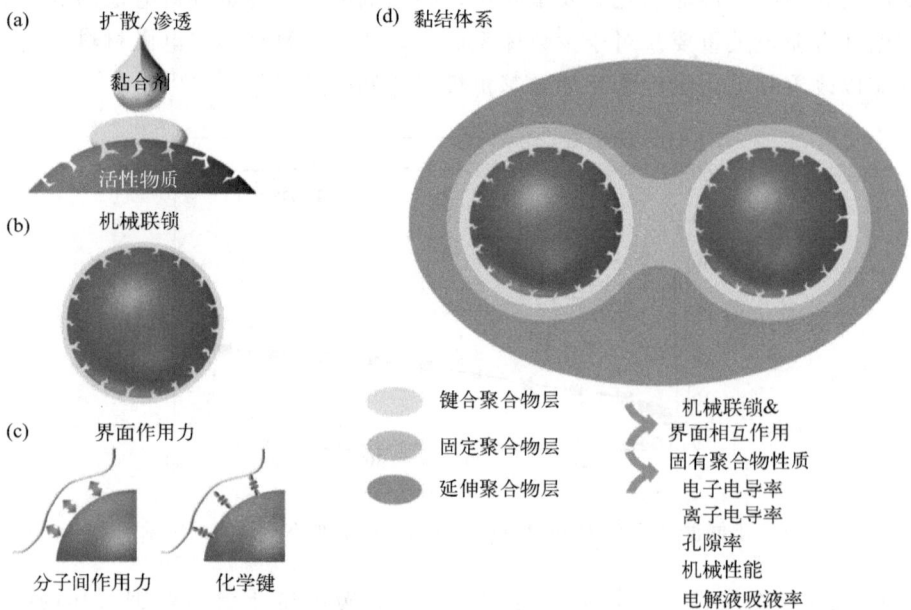

图 5-6　黏结机制过程示意图[168]

文献中报道的黏结理论有很多，可以归纳为七种模型，包括：机械联锁理论（mechanical interlocking theory）[170]、电子或静电理论（electronic or electrostatic theory）[171-172]、吸附（热力学）或润湿理论［adsorption（thermodynamic）or wetting theory］[173]、扩散理论（diffusion theory）[174]、化学键合理论（chemical bonding theory）[175]、酸碱理论（acid-base theory）[176]、弱边界层理论（theory of weak boundary layers）[177]。需要注意的是，这些理论在不同场景可能同时发挥作用。其中，机械联锁理论、热力学理论和化学键合理论最为常用[178-180]。简而言之，机械联锁理论类似于胶水粘在木头表面粗糙的不规则处使之黏结；热力学理论专注于界面的平衡过程，黏合过程并不需要黏结聚合物中的化学键合位点；化学键合理论最被广为接受用于解释两个靠近表面的黏结，化学键合包括来源于公用原子、给予/接受或离域电子的共价键、离子键和金属键，通过将原子连接形成分子的化学力完成黏结作用。

在实际应用中，电极片中黏结剂的分布状况等将直接影响电极片的结构稳定性和电化学性能，其分布状况主要受以下几方面影响：首先是黏结剂与电极活性物质及导电剂表面基团的适配性，适配性较好的黏结剂易于浸润或包覆电极活性物质及导电剂颗粒，有利于促进黏结剂在电极片中的分布均匀性。大部分电极活性物质表面呈极性，故极性聚合物黏结剂与之在一定条件下与被黏物形成化学键，提高黏结强度和对活性物质的分散性，具有更好的黏结性能，如含羧基、羟基和异氰酸酯基团等极性基团的聚合物。例如：黏结剂上极性基团的种类及数量对电极材料的黏结性的影响不同。如 Si 负极表面含有极性基团 SiO_x 及—OH，当含有极性结构单元的 CMC 作为黏结剂时，则 CMC 中大量的羟基和羧基等极性基团可与 Si 表面的—OH 或 SiO_x 形成共价键及氢键，故对 Si 的黏结性极高，极大提高了电极的比容量和电化学循环稳定性[181]。同时，含不同极性基团的聚合物也可通过极性基团间的协同作用提高黏结力。如 CMC 链上引入聚丙烯酸钠（NaPAA-g-CMC），聚丙烯酸（PAA）或海藻酸钠（SA）中引入支链多巴胺，均可极大提高聚合物的黏结性能和硅负极的电化学循环稳定性。聚合物链结构也会影响黏结剂的黏结性能，线型结构聚合物如聚丙烯酸（PAA）、CMC 和 SA 等对电极活性物质具有较好的黏结性，但是线型结构的分子链之间易于滑动，受力后易发生永久变形，导致活性物质团聚，降低极片的比容量。体型聚合物即交联聚合物分子链不易滑动，变形后可以恢复到原状，因此交联聚合物具有更强的黏结性。影响黏结性能的因素还有电极制备浆料中黏结剂的浓度和用量以及电极片制备过程中的烘干工艺条件等，如烘干的温度和速度等[182]。黏结剂的黏结性与电极片的干燥条件和电极活性物质的负载量等密切相关。由于电极片干燥时，表面张力作用使溶剂分子向极片表面运动，造成极片表面黏结剂较多而靠近集流体部分黏结剂较少，黏结力差。升高温度时，分子运动速度加快，增加了黏结剂的分布不均匀性，造成黏结性降低。研究表明，即便通过碾轧工艺可以改善电极片的黏结性能，但也不会抵消在干燥过程中诸因素的影响[183]。

使用最佳种类、最优化量的黏结剂并使其在电极片中合理分布，可以促进活性物质最大限度发挥高容量，同时使电极片结构稳定，并获得较低的内阻和较长的循环寿命，这对提高成品电池的快速充放电能力、循环寿命以及降低电池内压等具有促进作用。电极片中的黏结剂分布可以通过 X 射线光电子能谱（X-ray photoelectron spectroscopy，XPS)[184]、紫外光谱、傅里叶变换衰减全反射红外光谱（FTIR-ATR）[185]、拉曼光谱[186]、冷冻扫描电镜（Cryo-SEM）[187] 等方法进行分析和表征。

按照分散介质的不同，锂离子电池黏结剂可以分为水性黏结剂和油性黏结剂两类，在工业生产中目前主要使用的是油性黏结剂聚偏氟乙烯（PVDF）。PVDF优势在于极好的电化学稳定性和黏结性。

油性黏结剂的分散介质主要是有机化合物，其中最有代表性的就是 PVDF，它也是目前商用电池中使用最为广泛的黏结剂。PVDF 是一种半结晶聚合物，杨氏模量在 1.5～2.5GPa 范围内，具有良好的耐高低温性能和电化学稳定性，并且黏结强度也较高。但是在高温下，含氟的 PVDF 可能与锂化石墨发生反应，Li_xC_6 和金属通过放热反应形成更稳定的 LiF 和不饱和的碳碳双键，存在热失控的风险。PVDF 易被非水液体电解液溶胀，发生凝胶化或溶解，导致活性物质脱落，使循环性能变差。另外，由于 PVDF 柔韧性低，在电池发生持久的膨胀收缩过程中活性材料与导电碳之间的键会发生断裂，不能满足电池长循环寿命的要求。PVDF 的结晶性会阻碍锂离子在电池中的传输，使充放电的负荷变大。PVDF 的成本也较高，并且在电极极片制备过程中需要使用大量有机溶剂（如NMP），造成成本进一步上升和环境污染。

因此，针对以上问题，黏结剂的改进策略主要包括：①接枝活性官能团形成强的分子间作用力或化学键以提高界面作用力，改善黏结性能；②降低黏结剂及其黏结工艺的成本；③开发生态和环境友好的黏结剂及黏结工艺；④加快电子和离子在极片中的传输；⑤改善黏结剂的弹性和柔性，以应对某些活性材料在循环过程中巨大的体积变化和满足未来在智能穿戴设备等应用场景中的使用要求；⑥提高电解液的吸液率和改善其分散活性材料和导电剂的能力；⑦研究黏结剂的新功能或新机制，如自修复的聚合物黏结剂应用于体积变化较大的电极材料等。

可以通过将 PVDF 直接改性或者与其他单体进行共聚、共混等方法提高其黏结性能。将马来酸酐接枝到 PVDF 上并与 PVDF 按照 1∶4 共混，由于接枝降低了 PVDF 的结晶性，提高了极片的电解液吸液率，因而降低了电极/电解液的界面阻抗和钴酸锂电极的内阻，进而改善了电极的倍率特性和循环稳定性[188]。通过石墨烯对 PVDF 进行改性用作 $Li_4Ti_5O_{12}$ 电极的黏结剂，研究结果表明由于 PVDF 与石墨烯之间存在氢键相互作用，形成的网络结构有利于锂离子的扩散，石墨烯的增加能够明显改善 PVDF 的结晶性能、导电性能和导热性能[189]。

实际上，锂离子在多孔电极中的传输与其在电极/电解液界面和电极活性材料内部的输运同样重要，通过在黏结剂中引入具有锂离子传导能力的组分形成离子复合黏结剂，也是改善电池性能的有效手段，尤其是电子导电性差，需要在极片制造过程中加入大量导电剂的电极活性材料，往往大量导电剂的使用会阻碍电极极片中的锂离子传输。将锂化聚（全氟烷基磺酰）亚胺与 PVDF 共混用作磷酸铁锂正极黏结剂，结果显示该离子复合黏结剂可以形成锂离子传输的纳米通道，从而有效改善正极极片中的锂离子输运路径，进而改善磷酸铁锂循环的可逆性和大倍率充放电特性，并显著提高磷酸铁锂的放电电位平台，使磷酸铁锂电池表现出更高的能量密度[190]。

通过功能团的键合作用增强黏结剂的机械强度和黏结效果，实际有赖于润湿面积和黏结剂有效地浸入电极活性材料等的内部微结构，因此，增大黏结剂与电极活性物质的界面接触也是改善黏结剂性能的有效手段。这主要通过控制电极极片的制备过程，尤其是针对黏结剂体系的合浆工艺来实现。尤为重要的是溶剂的选择，对于目前商业化应用最广的以 PVDF 为代表的油性黏结剂而言，除了 NMP 之外，二甲基乙酰胺、二甲基甲酰胺、二甲基亚砜、丙酮、二甲醚、乙醇、乙腈等也被广泛选择。PVDF 在应用中一方面其自身的离子导电性能差，另一方面有机溶剂 NMP 和 DMF 毒性大，易挥发，会严重污染环境。此外，PVDF 在满足高比容量电极材料的应用方面也遇到明显的瓶颈，如循环过程中体积变化巨大的硅基负极材料等。因此人们已经开始尝试研究新型的无毒无污染的水性黏结剂。采用水作为溶剂的水系黏结剂由于含有大量亲水性基团，如羧基、羟基等，可以在水中很好地分散。羧甲基纤维素（CMC）是由纤维素和氯乙酸反应得到的，羧甲基基团取代了纤维素中羟基的氢原子。CMC 常与苯乙烯-丁二烯-橡胶（SBR）混合使用，SBR 是一种高弹性的乳液黏结剂，在水中分散成小颗粒，CMC 可以增加浆料的分散稳定性，同时提高浆料的黏度，目前该体系已广泛应用于锂离子电池负极极片的制备工艺中。除此之外，还有大量的水系黏结剂体系，如 CMC 基、聚丙烯酸基、壳聚糖基、海藻酸盐基、β-环糊精聚合物基以及大量的天然胶衍生物基聚合物，包括阿拉伯胶、瓜尔豆胶、结冷胶、黄原胶、卡拉胶等。水系黏结剂大部分是天然黏结剂，主要来源于自然界可获得的有机物资源。天然黏结剂往往含有多糖、糖蛋白等多种结构或官能团，可以发挥协同作用提高黏结效果，有望获得较好的机械性能和电化学性能。此外，天然黏结剂还具有来源丰富、可持续性、成本低、环境友好和水溶性等特点，因此成为研究的热点。

如果以萜烯树脂乳液（terpene resin emulsion）作为增稠剂与 PAALi 配合用作 LiFePO₄ 的黏结剂，不仅可以达到与 PVDF 相近的黏结力，在循环 100 圈之后，电极极片并未发现在其他水系黏结剂制备的极片中普遍存在的由导电炭黑团聚形成的突起，这是由于该复合黏结剂的高弹特性可以有效保持极片的电子通路和锂离子传输通道，从而保证电极极片良好的电化学性能[191]。阿拉伯胶含有多糖和糖蛋白两种官能团，长的可旋转的糖蛋白链可以发挥类似纤维的作用机制从而改善机械强度，因此可以用来改善硅基负极材料因循环过程中的体积变化导致的极片结构恶化产生的循环恶化问题［图 5-7（a）］。交联结构也常用来增强黏结剂的机械强度，如 Ca^{2+} 引发交联的海藻酸盐黏结剂（Alg-Ca），Ca^{2+} 引起的静电交联可以改善海藻酸盐黏结剂体系的刚性、韧度及对电解液溶胀的适应性[192]。若增加 $CaCl_2$ 的浓度提高交联度，可以进一步提高该体系的机械强度[193]。

交联结构也可以通过将"软""硬"聚合物结合在一起改善黏结剂的柔性，如图 5-7（b）所示，聚氨酯共聚物中，刚性的亚甲基二苯基异氰基基团间可以通过氢键相互作用提高整体聚合物的机械强度，而含有柔性氧原子的聚四亚甲基醚二醇和聚乙二醇单元则提供柔性和可伸缩能力。高弹性黏结剂还可以通过拓扑学来设计，拓扑网络聚合物是一类通过特征网络交联点定义的新型聚合物，最初来源于聚乙二醇和 α-环糊精形成的大环化合物[194]。有研究者利用分子滑轮设计的原理［图 5-7（c）］，利用 α-环糊精与氨基功能化的聚乙二醇骨架形成类似滑环的结构，再结合 α-环糊精与聚丙烯酸形成的共价键合协同解决硅基负极在循环过程中因体积变化造成的电化学性能恶化问题[195]。

通过构筑黏结剂与电极活性材料之间强的相互作用力，如氢键、静电力甚至是化学键，显然是增强黏结性的有效措施。PVDF 中 H—F 键的非反应活性造成其很难通过强有力的化学键而只能通过弱的范德华力与活性材料之间形成相互作用，这是造成 PVDF 基黏结剂的黏结效果不佳的主要原因。

通过在黏结剂中引入具有反应活性的官能团如羟基、羧基等，构建分子间相互作用力是较为常用的手段，水系黏结剂如 CMC、聚丙烯酸、瓜尔豆胶等往往含有丰富的羟基、羧酸酯基等基团，可以与电极活性材料发生氢键、离子-偶极相互作用及化学键，改善黏结强度并避免电极材料发生界面副反应，提高其结构稳定性[196-197]。对于锂离子电池正极材料而言，该策略有利于获得更好的传荷以及更高的首圈库仑效率、可逆容量和循环稳定性[198-200]；对于负极材料而言，这类黏结剂体系可以提供较高的弹性模量，从而容纳石墨和硅基负极的体积变化，有利于稳定的固体电解质界面膜的生成。比如，CMC 黏结剂可以吸附在疏水的石墨负极表面，并利用羧酸酯基团稳定其界面[201]。有研究者在聚丙烯酸和海藻酸盐黏结剂中引入邻苯二酚官能团，研究表明，功能化的黏结剂可以通过氢键与邻苯二酚结构与硅负极形成双重黏合机制，改善黏结剂与颗粒之间黏结的弹

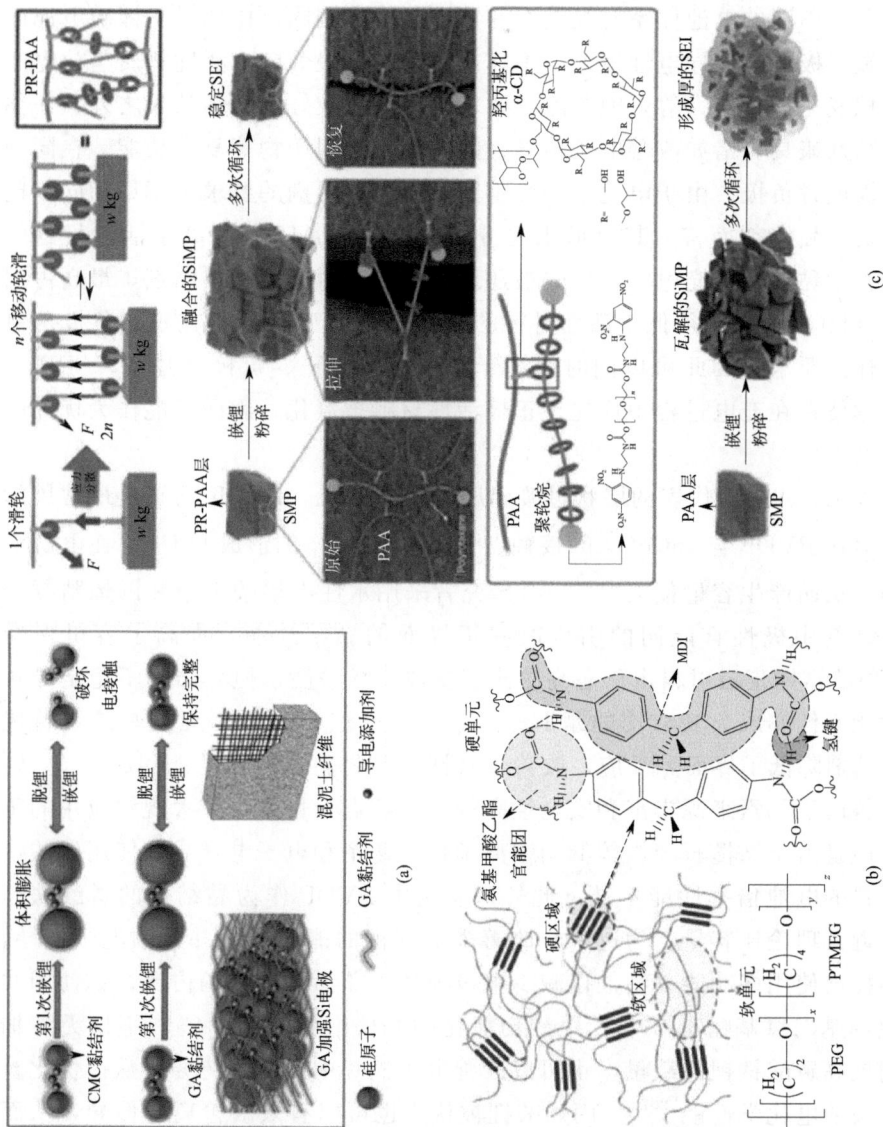

图 5-7 双官能团阿拉伯胶黏结剂应对电极材料体积变化的原理示意图(a)[150]；含有"软""硬"单元的聚氨酯结构示意图[194](b)；分子滑轮设计机制示意图(c)[195]

性[202]。含有羟基、羧基和氨基三官能团的羧甲基壳聚糖在硅负极中也表现出类似作用[203]。相比线型聚合物，支化聚合物，如星形聚合物、接枝聚合物、树枝形聚合物等，可以通过形成多维度接触面和链内相互作用分散外部的应力，从而提高黏结力。

实际上，不同的电池体系对黏结剂的要求也不尽相同，比如对于锂硫电池而言，由于硫正极的电子导电性极差，中间产物存在穿梭效应，活性物质与放电产物间的体积变化差异较大等，因此除了要求黏结剂有较好的黏结效果之外，往往还需要黏结剂兼具有诸如改善电子传导、静电吸附中间产物等复合功能。在同一电池的正极或者负极，由于电化学环境不同，对于黏结剂的要求也不尽相同。比如，对于负极黏结剂而言，其最低未占分子轨道（LUMO）须高于活性材料的化学势，否则黏结剂在充电时将优先被还原；反之，对于正极黏结剂，最高占据分子轨道（HOMO）则须低于活性材料的化学势。由于 PVDF 在正、负极两侧均满足这样的要求，因此可以同时应用于锂离子电池正、负极极片中，SBR 上存在的双键使它在充电过程中优先于正极活性材料被氧化，因而仅能作为优异的负极黏结剂[204]。

对于以 $LiCoO_2$ 为代表的层状过渡金属氧化物来说，PVDF 仍然是最常用的黏结剂，但在 PVDF 与 $LiCoO_2$ 的接触点会加速 Co_3O_4 的形成和 Co^{2+} 在电解液中的溶解，从而产生容量损失[205]。有研究者采用水性丙烯酸丁酯和丙烯腈复合体系，黏结剂中极性官能团的引入改善了界面的黏结性能，提高了容量保持率[206]。层状富锂正极材料由于超高的比容量被广泛关注，但其结构不稳定导致的循环性能不佳亦成为其应用的掣肘。通过使用天然水性瓜尔豆胶黏结剂替代 PVDF 黏结剂降低了界面副反应，改善了富锂正极材料的循环性能问题[197]。磷酸铁锂材料由于元素来源丰富和安全性高等显著特点，也是目前大规模应用的正极材料，但是由于橄榄石结构较低的锂离子扩散速率和电子电导导致使用磷酸铁锂正极材料的电池倍率性能不佳。此外，应用中 PVDF 作为黏结剂的磷酸铁锂电池已接近其理论比容量，为进一步改善磷酸铁锂的能量密度并兼顾电子电导，有研究者提出使用多功能黏结剂以减少电极极片中非活性材料的占比，如使用共轭 3,4-亚丙基二氧基噻吩-2,5-二甲酸功能化的海藻酸钠（图 5-8），不仅无需加入导电剂提高磷酸铁锂的载量，也可以改善电极极片中的离子传导，从而优化磷酸铁锂正极的电化学性能[207]。丙烯酸锂被认为也可以有效改善离子传导，从而提高活性材料的载量。

需要指出的是，虽然现有的合浆工艺大多需要用到溶剂，但无溶剂的电极制备过程也在不断研发和探索，从而降低使用溶剂及其回收所耗费的大量成本，目前主要采用脉冲激光和溅射沉积的方法，这也提示我们，发展通过原位反应实现

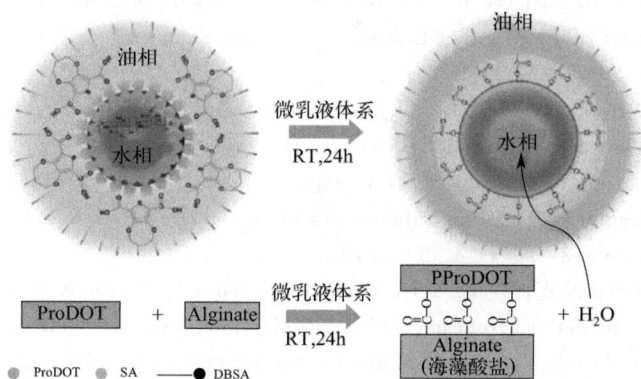

图 5-8　共轭 3,4-亚丙基二氧基噻吩-2,5-二甲酸功能化的海藻酸钠黏
结剂结构及作用示意图[207]

硬化过程的非溶剂型黏结剂体系也是未来可开展的研发方向。

参考文献

[1]　Song J Y，Wang Y Y，Wan C C. Review of gel-type polymer electrolytes for lithium-ion batteries. Journal of Power Sources，1999，77：183-197.

[2]　Zhu M，Wu J，Wang Y，Song M，Long L，Siyal S H，Yang X，Sui G. Recent advances in gel polymer electrolyte for high-performance lithium batteries. Journal of Energy Chemistry，2019，37：126-142.

[3]　Li W，Wu Y，Wang J，Huang D，Chen L，Yang G. Hybrid gel polymer electrolyte fabricated by electrospinning technology for polymer lithium-ion battery. European Polymer Journal，2015，67：365-372.

[4]　Kuo P L，Wu C A，Lu C Y，Tsao C H，Hsu C H，Hou S S. High performance of transferring lithium ion for polyacrylonitrile-interpenetrating crosslinked polyoxyethylene network as gel polymer electrolyte. ACS Appl Mater Interfaces，2014，6：3156-3162.

[5]　Tsa C H，Kuo P L，Poly (dimethylsiloxane) hybrid gel polymer electrolytes of a porous structure for lithium ion battery. J Membr Sci，2015，489：36-42.

[6]　Zhang Z，Sui G，Bi H，Yang X. Radiation-crosslinked nanofiber membranes with well-designed core-shell structure for high performance of gel polymer electrolytes. J Membrane Sci，2015，492：77-87.

[7]　Guan X，Chen F，Li Z，Zhou H，Ma X. Influence of a rigid polystyrene block on the free volume and ionic conductivity of a gel polymer electrolyte based on poly (methyl methacrylate) -block-polystyrene. J Appl Polym Sci，2016，133：43901.

[8]　Huang X，Xu D，Chen W，Yin H，Zhang C，Luo Y，Huang X，Xu D，Chen W，Yin H，Zhang C，Luo Y. Preparation，characterization and properties of poly (propylene carbonate) /poly (methyl methacrylate) -coated polyethylene gel polymer electrolyte for lithium-ion batteries. J Electroanal Chem，2017，804：133-139.

[9] Huang Y, Liu B, Cao H, Lin Y, Tang S, Wang M, Li X. Novel gel polymer electrolyte based on matrix of PMMA modified with polyhedral oligomeric silsesquioxane. J Solid State Electrochem, 2017, 21: 2291-2299.

[10] Sheng J, Tong S H, He Z B, Yang R D. Recent developments of cellulose materials for lithium-ion battery separators. Cellulose, 2017, 24: 4103-4122.

[11] Xiao S Y, Wang F X, Yang Y Q, Chang Z, Wu Y P. An environmentally friendly and economic membrane based on cellulose as a gel polymer electrolyte for lithium ion batteries. RSC Advances, 2014, 4 (1): 76-81.

[12] Li M X, Wang X W, Wang Y F, Chen B W, Wu Y P, Holze R. Nanocomposite polymer membrane derived from nano TiO_2-PMMA and glass fiber nonwoven: high thermal endurance and cycle stability in lithium ion battery applications. Rsc Advances, 2015, 5: 52382-52387.

[13] Li M X, Wang X W, Yang Y Q, Chang Z, Wu Y P, Holze R. A dense cellulose-based membrane as a renewable host for gel polymer electrolyte of lithium ion batteries. Journal of Membrane Science, 2015, 476: 112-118.

[14] Chung S H, Wang Y, Persi L, Croce F, Greenbaum S G, Scrosati B, Plichta E. Enhancement of ion transport in polymer electrolytes by addition of nanoscale inorganic oxides. J Power Sources, 2001, 97-98: 644-648.

[15] Xi J Y, Tang X Z. Investigations on the enhancement mechanism of inorganic filler on ionic conductivity of PEO-based composite polymer electrolyte: The case of molecular sieves. Electrochim Acta, 2006, 51: 4765-4770.

[16] Li Q, Sun H Y, Takeda Y, Imanishi N, Yang J, Yamamoto O. Interface properties between a lithium metal electrode and a poly (ethylene oxide) based composite polymer electrolyte. J Power Sources, 2001, 94: 201-205.

[17] Kim K M, Park N G, Ryu K S, Chang S H. Characterization of poly (vinylidenefluoride-co-hexafluoropropylene)-based polymer electrolyte filled with TiO_2 nanoparticles. Polym, 2002, 43: 3951-3957.

[18] Capiglia C, Yang J, Imanishi N, Hirano A, Takeda Y, Yamamoto O. Composite polymer electrolyte: the role of filler grain size. Solid State Ionics, 2002, 154-155: 7-14.

[19] Abraham K M, Alamgir M. Li^+-conductive solid polymer electrolytes with liquid-like conductivity. J Electrochem Soc, 1990, 137: 1657-1658.

[20] Wen Z Y, Itoh T, Ikeda M, Hirata N, Kubo M, Yamamoto O. Characterization of composite electrolytes based on a hyperbranched polymer. J Power Sources, 2000, 90: 20-26.

[21] Kim J W, Ji K S, Lee J P, Park J W. Electrochemical characteristics of two types of PEO-based composite electrolyte with functional SiO_2. J Power Sources, 2003, 119-121: 415-421.

[22] Zhou D, Shanmukaraj D, Tkacheva A, Armand M, Wang G, Polymer electrolytes for lithium-based batteries: Advances and prospects. Chem, 2019, 5: 2326-2352.

[23] Quartarone E, Mustarelli P. Electrolytes for solid-state lithium rechargeable batteries: recent advances and perspectives. Chem Soc Rev, 2011, 40: 2525-2540.

[24] Osada I, de Vries H, Scrosati B, Passerini S. Ionic-liquid-based polymer electrolytes for battery applications. Angew Chem Int Ed, 2016, 55: 500-513.

[25] Zhang J, Sun B, Huang X, Chen S, Wang G. Honeycomb-like porous gelpolymer electrolyte membrane for lithium ion batteries with enhanced safety. Sci Rep, 2014, 4: 6007.

[26] Zhu Y, Xiao S, Shi Y, Yang Y, Hou Y, Wu Y. A composite gel polymer electrolyte with high performance based on poly (vinylidene fluoride) and polyborate for lithium ion batteries. Adv Energy Mater, 2014, 4: 1300647.

[27] Zhou D, Fan L Z, Fan H, Shi Q. Electrochemical performance of trimethylolpropane trimethylacrylate-based gel polymer electrolyte prepared by in situ thermal polymerization. Electrochim Acta, 2013, 89: 334-338.

[28] Ha H J, Kil E H, Kwon Y H, Kim J Y, Lee C K, Lee S Y. UV-curable semi-interpenetrating polymer network integrated, highly bendable plastic crystal composite electrolytes for shape conformable all-solid-state lithium ion batteries. Energy Environ Sci, 2012, 5: 6491-6499.

[29] Li H, Ma X T, Shi J L, Yao Z K, Zhu B K, Zhu L P. Preparation and properties of poly (ethylene oxide) gel filled polypropylene separators and their corresponding gel polymer electrolytes for Li-ion batteries. Electrochim. Acta, 2011, 56: 2641-2647.

[30] Zhou D, Liu R, Zhang J, Qi X, He Y B, Li B, Yang Q H, Hu Y S, Kang F. In situ synthesis of hierarchical poly (ionic liquid) -based solid electrolytes for high-safety lithium-ion and sodium-ion batteries. Nano Energy, 2017, 33: 45-54.

[31] Susan M A B H, Kaneko T, Noda A, Watanabe M. Ion gels prepared by in situ radical polymerization of vinyl monomers in an ionic liquid and their characterization as polymer electrolytes. J Am Chem Soc, 2005, 127: 4976-4983.

[32] Lin Z, Guo X, Yu H. Amorphous modified silyl-terminated 3D polymer electrolyte for high-performance lithium metal battery. Nano Energy, 2017, 41: 646-653.

[33] Zhou Y F, Xie S, Ge X W, Chen C H, Amine K. Preparation of rechargeable lithium batteries with poly (methyl methacrylate) based gel polymer electrolyte by in situ g-ray irradiation-induced polymerization. J Appl Electrochem, 2004, 34: 1119-1125.

[34] Ding Y, Shen X, Zeng J, Wang X, Peng L, Zhang P, Zhao J. Pre-irradiation grafted single lithium-ion conducting polymer electrolyte based on poly (vinylidene fluoride). Solid State Ionics, 2018 (323): 16-24.

[35] Wei S, Choudhury S, Xu J, Nath P, Tu Z, Archer L A. Highly stable sodiumbatteries enabled by functional ionic polymer membranes. Adv Mater, 2017, 29: 1605512.

[36] Wu G, Yang H Y, Chen H Z, Yuan F, Yang L G, Wang M, Fu R J. Novel porous polymer electrolyte based on polyacrylonitrile. Materials Chemistry and Physics, 2007, 104: 284-287.

[37] Subramania A, Kalyana Sundaram N T, Kumar G V. Structural and electrochemical properties of micro-porous polymer blend electrolytes based on PVdF-co-HFP-PAN for Li-ion battery applications. Journal of Power Sources, 2006, 153: 177-182.

[38] Zhou D Y, Wang G Z, Li W S, Lib G L, Tan C L, Rao M M, Liao Y H. Preparation

and performances of porous polyacrylonitrile-methyl methacrylate membrane for lithium-ion batteries. Journal of Power Sources，2008，184：477-480.

[39] Rao M M，Liu J S，Li W S，Liang Y，Zhou D Y. Preparation and performance analysis of PE-supported P（AN-co-MMA）gel polymer electrolyte for lithium ion battery application. Journal of Membrane Science，2008，322：314-319.

[40] Gozdz A S，Schmutz C N，Tarascon J M，et al. Polymeric electrolytic cell separator membrane：U S Patent 5418091. 1995-5-23.

[41] Tarascon J M，Gozdz A S，Schmutz C，et al. Performance of Bellcore's plastic rechargeable Li-ion batteries. Solid State Ionics，1996，86：49-54.

[42] Gozdz A S，Schmutz C N，Tarascon J M，Warren P C. Lithium secondary battery extration method：US Patent 5540741，1997.

[43] Kataoka H，Saito Y，Sakai T. Conduction mechanisms of PVDF-type gel polymer electrolytes of lithium prepared by a phase inversion process. J Phys Chem B，2000，104：11460-11464.

[44] 李朝晖，张汉平，张鹏，吴宇平. 偏氟乙烯-六氟丙烯共聚物基微孔-凝胶聚合物电解质的研究进展. 高分子通报，2007，7：8-16.

[45] Subramania A，Sundaram N T K，Sukumar N. Development of PVA based micro-porous polymer electrolyte by a novel preferential polymer dissolution process. Journal of Power Sources，2005，141：188-192.

[46] Sundaram N T K，Subramania A. Microstructure of PVdF-co-HFP based electrolyte prepared by preferential polymer dissolution process. Journal of Membrane Science，2007，289：1-6.

[47] Cao J H，Zhu B K，Xu Y Y. Structure and ionic conductivity of porous polymer electrolytes based on PVDF-HFP copolymer membranes. Journal of Membrane：Science，2006，281：446-453.

[48] Kesting R E，Synthetic polymeric membranes. New York：Wiley，1985.

[49] Young T H，Chen L W. Pore formation mechanism of membranes from phase inversion process. Desalination，1995，103：233-247.

[50] Magistris A，Mustarelli P，Parazzoli F，Quartarone E，Piaggio P，Bottino A. Structure，porosity and conductivity of PVDF films for polymer electrolytes. J Power Sources，2001，97-98：657-660.

[51] Pu W，He X，Wang L，Jiang C，Wan C. Preparation of PVDF-HFP microporous membrane for Li-ion batteries by phase inversion. Journal of Membrane Science，2006，272：11-14.

[52] Altena F W，Smolders C A. Calculation of liquid-liquid phase separation in a ternary system of a polymer in a mixture of a solvent and a nonsolvent. Macromolecules，1982，15（6）：1491-1497.

[53] Young T H，Chen L W. Roles of bimolecular interaction and relative diffusion rate in membrane structure control. Journal of Membrane Science，1993，83（2）：153-166.

[54] Lee K W，Seo B K，Nam S T，Han M J. Trade-off between thermodynamic enhancement and kinetic hindrance during phase inversion in the preparation of polysulfone mem-

branes. Desalination, 2003, 159: 289-296.

[55] van de Witte P, Dikijkstra P J, van den Berg J W A, Feijen J. Phase separation processes in polymer solution in relation to membrane formation. J Membr Sci, 1996, 117: 1.

[56] Kumar G G, Nahm K S, Elizabeth R N. Electro chemical properties of porous PVdF-HFP membranes prepared with different nonsolvents. Journal of Membrane Science, 2008, 325: 117-124.

[57] Li G C, Zhang P, Zhang H P, Yang L C, Wu Y P, A porous polymer electrolyte based on P (VDF-HFP) prepared by a simple phase separation process. Electrochemistry Communications, 2008, 10: 1883-1885.

[58] Dixon D J, Johnston K P, Bodmeier R. Polymeric materials formed by precipitation with a compressed fluid antisolvent. AIChE J, 1993, 39: 127-139.

[59] Matsuyama H, Yano H, Maki T, Teramoto M, Mishima K, Matsuyama K. Formation of porous flat membrane by phase separation with supercritical CO_2. Journal of Membrane Science, 2001, 194: 157-163.

[60] Reverchon E, Cardea S, Rappo E S. Production of loaded PMMA structures using the supercritical CO_2 phase inversion process. Journal of Membrane Science, 2006, 273: 97-105.

[61] Zhang H P, Zhang P, Li G C, Wu Y P, Sun D L. A porous poly (vinylidene fluoride) gel electrolyte for lithium ion batteries prepared by using salicylic acid as a foaming agent. Journal of Power Sources, 2009, 189: 594-598.

[62] Li Z H, Cheng C, Zhan X Y, Wu Y P, Zhou X D. A foaming process to prepare porous polymer membrane for lithium ion batteries. Electrochimica Acta, 2009, 54: 4403-4407.

[63] Zhang P, Li G C, Zhang H P, Yang L C, Wu Y P. Preparation of porous polymer electrolyte by a microwave assisted effervescent disintegrable reaction. Electrochemistry Communications, 2009, 11: 161-164.

[64] Zhang P, Yang L C, Li L, Qu Q T, Wu Y P, Shimizu M. Effects of preparation conditions on porous polymer membranes by microwave assisted effervescent disintegrable reaction and their electrochemical properties. Journal of Membrane Science, 2010, 362: 113-118.

[65] Ma Y, Ma J, Chai J, et al. Two players make a formidable combination: in situ generated poly (acrylic anhydride-2-methyl-acrylic acid-2-oxirane-ethyl ester-methyl methacrylate) cross-linking gel polymer electrolyte toward 5 V high-voltage batteries. ACS Applied Materials & Interfaces, 2017, 9 (47): 41462-41472.

[66] Seh Z W, Sun Y, Zhang Q, Cui Y. Designing high-energy lithium-sulfur batteries. Chemical Society Reviews, 2016, 45 (20): 5605-5634.

[67] Sun X G, Kerr J B. Synthesis and characterization of network single ion conductors based on comb-branched polyepoxide ethers and lithium bis (allylmalonato) borate. Macromolecules, 2006, 39 (1): 362-372.

[68] Rosso M, Brissot C, Teyssot A, et al. Dendrite short-circuit and fuse effect on Li/polymer/Li cells. Electrochimica Acta, 2006, 51 (25): 5334-5340.

[69] Brissot C, Rosso M, Chazalviel J N, et al. Dendritic growth mechanisms in lithium/pol-

ymer cells. Journal of Power Sources, 1999, 81: 925-929.

[70] Doyle M, Fuller T F, Newman J. The importance of the lithium ion transference number in lithium/polymer cells. Electrochimica Acta, 1994, 39 (13): 2073-2081.

[71] Rolland J, Poggi E, Vlad A, et al. Single-ion diblock copolymers for solid-state polymer electrolytes. Polymer, 2015, 68: 344-352.

[72] Jangu C, Savage A M, Zhang Z, et al. Sulfonimide-containing triblock copolymers for improved conductivity and mechanical performance. Macromolecules, 2015, 48 (13): 4520-4528.

[73] Ryu S W, Trapa P E, Olugebefola S C, et al. Effect of counter ion placement on conductivity in single-ion conducting block copolymer electrolytes. Journal of the Electrochemical Society, 2004, 152 (1): A158.

[74] Tsuchida E, Ohno H, Kobayashi N, et al. Poly [(ι-carboxy) oligo (oxyethylene) methacrylate] as a new type of polymeric solid electrolyte for alkali-metal ion transport. Macromolecules, 1989, 22 (4): 1771-1775.

[75] Ji P Y, Fang J, Zhang Y Y, Zhang P Zhao J B. Novel single lithium-ion conducting polymer electrolyte based on poly (hexafluorobutyl methacrylate-co-lithium allyl sulfonate) for lithium-ion batteries. ChemElectroChem, 2017, 4: 2352-2358.

[76] Zhang H, Li C, Piszcz M, Coya E, Rojo T, Rodriguez-Martinez L M, Armand M, Zhou Z. Single lithium-ion conducting solid polymer electrolytes: advances and perspectives. Chemical Society Reviews, 2017, 46: 797-815.

[77] Kelly J C, Pepin M, Huber D L, et al. Reversible control of electrochemical properties using thermally-responsive polymer electrolytes. Advanced Materials, 2012, 24 (7): 886-889.

[78] Yang H, Liu Z, Chandran B K, et al. Self-protection of electrochemical storage devices via a thermal reversible sol-gel transition. Advanced Materials, 2015, 27 (37): 5593-5598.

[79] Nakajima H, Ohno H. Preparation of thermally stable polymer electrolytes from imidazolium-type ionic liquid derivatives. Polymer, 2005, 46 (25): 11499-11504.

[80] Shi Y, Wang M, Ma C, et al. A conductive self-healing hybrid gel enabled by metal-ligand supramolecule and nanostructured conductive polymer. Nano Letters, 2015, 15 (9): 6276-6281.

[81] Zhao Y, Zhang Y, Sun H, et al. A self-healing aqueous lithium-ion battery. Angewandte Chemie International Edition, 2016, 55 (46): 14384-14388.

[82] Zhang S S. A review on the separators of liquid electrolyte Li-ion batteries. Journal of Power Sources, 2007, 164: 351-364.

[83] Arora P, Zhang Z M. Battery Separators. Chemical Reviews, 2004, 104: 4419-4462.

[84] Roth E P, Doughty D H, Pile D L. Effects of separator breakdown on abuse response of 18650 Li-ion cells. Journal of Power Sources, 2007, 174: 579-583.

[85] Zhang H, Zhou M Y, Lin C E, Zhu B K. Progress in polymeric separators for lithium ion batteries. Rsc Advances, 2015, 5: 89848-89860.

[86] SchortmannW F. Nonwoven laminate with wet-laid barrier fabric and related method: US5204165. 1993-04-20.

［87］ Law S J，Street H，Askew G J. Method of manufacture of nonwoven fabric：US6358461. 2002-03-19.

［88］ Audebert J F，Feistner H J，Frey G，et al. Nonwoven separator for electrochemical cell：WO 03/043103. 2003-05-22.

［89］ Ashida T，Tsukuda T. Nonwoven fabric for separator of non-aqueous electrolyte battery and non aqueous electrolyte battery using the same：US6200706. 2001-3-13.

［90］ Pekala R W，Khavari M. Freestanding microporous separator including a gel-forming polymer：US6586138. 2023-07-01.

［91］ Tanaka M ，Yamazaki H，Kondo Y，et al. Battery separator：US6586137. 2003-07-01.

［92］ Benson A L，JordanD A. Nonwoven fibrous substrate for battery separator：US4279979. 1980-03-03.

［93］ Schwobel R P，Hoffmann H. Hydrophilized separator material of nonwoven fabric for electrochemical cells and a method for its production：US5401594. 1995-03-28.

［94］ Sassa R，Winkelmayer Jr R. Static dissipative nonwoven textile material：US5324579. 1994-06-28.

［95］ Mathur A. Recyclable thermoplastic moldable nonwoven liner for office partition and method for its manufacture：US6517676. 2003-02-11.

［96］ Kritzer P. Nonwoven support material for improved separators in Li-polymer batteries. Journal of Power Sources，2006，161 (2)：1335-1340.

［97］ Takahashi T，Terazono S，Kamei R，et al. Nonwoven polyester fabric：US5525409，1996-06-11.

［98］ Takemura D，Aihara S，Hamano K，et al. A powder particle size effect on ceramic powder based separator for lithium rechargeable battery. Journal of Power Sources，2005，146 (1-2)：779-783.

［99］ Zhang S S，Xu K，Jow T R. Alkaline composite film as a separator for rechargeable lithium batteries. Journal of Solid State Electrochemistry，2003，7：492-496.

［100］ Zhang S S，Xu K，Jow T R. An inorganic composite membrane as the separator of Li-ion batteries. Journal of Power Sources，2005，140 (2)：361-364.

［101］ Carlson S A，Ying Q，Deng Z，et al . Separators for electrochemical cells：US6306545. 2001-10-23.

［102］ Augustin S，Hennige V，Hörpel G，et al. Ceramic but flexible：new ceramic membrane foils for fuel cells and batteries. Desalination，2002，146 (1-3)：23-28.

［103］ Augustin S，Hennige V D，Horpel G，et al. Performance of saphion type batteries using SEPARION separators. ECS Meeting Abstracts，2005，02 (2)：80.

［104］ Zaidi S D A，Wang C，Shao Q，Gao J，Zhu S，Yuan H，Chen J. Polymer-free electrospun separator film comprising silica nanofibers and alumina nanoparticles for Li-ion full cell. Journal of Energy Chemistry，2020，42：217-226.

［105］ Monaca A L，Paolella A，Guerfi A，Rosei F，Zaghi K. Electrospun ceramic nanofibers as 1D solid electrolytes for lithium batteries. Electrochemistry Communications，2019，104：106483.

［106］ Weber C J，Geiger S，Falusi S，Roth M. Material review of Li ion battery separators. AIP Conference Proceedings, 2014, 1597: 66.

[107]   Takemura D, Aihara S, Hamano K, Kise M, Nishimura T, Urushibata H, Yo-shiyasu H. A powder particle size effect on ceramic powder based separator for lithium rechargeable battery. Journal of Power Sources, 2005, 146: 779-783.

[108]   Zhang P, Chen L, Shi C, Yang P, Zhao J. Development and characterization of silica tube-coated separator for lithium ion batteries. Journal of Power Sources, 2015, 284: 10-15.

[109]   Shin W K, Kim D W. High performance ceramic-coated separators prepared with lithi-um ion-containing SiO_2 particles for lithium-ion batteries. Journal of Power Sources, 2013, 226: 54-60.

[110]   Yang P, Zhang P, Shi C, Chen L, Dai J, Zhao J. The functional separator coated with core-shell structured silica-poly（methylmethacrylate）sub-microspheres for lithium-ion batteries. Journal of Membrane Science, 2015, 474: 48-155.

[111]   Shi C, Dai J, Shen X, Peng L, Li C, Wang X, Zhang P, Zhao J. A high-tempera-ture stable ceramic-coated separator prepared with polyimide binder/Al_2O_3 particles for lithium-ion batteries. Journal of Membrane Science, 2016, 517: 91-99.

[112]   Dai J, Shi C, Li C, Shen X, Peng L, Wu D, Sun D, Zhang P, Zhao J. A rational design of separator with substantially enhanced thermal features for lithium-ion batteries by the polydopamine-ceramic composite modification of polyolefin membranes. Energy Environ Sci, 2016, 9: 3252-3261.

[113]   Jeong Y B, Kim D W. Cycling performances of Li/$LiCoO_2$ cell with polymer-coated sep-arator. Electrochimica Acta, 2004, 50: 323-326.

[114]   Xiong M, Tang H L, Wang Y D, Lin Y, Sun M L, Yin Z F, Pan M. Expanded polytetrafluoroethylene reinforced polyvinylidenef-luoride-hexafluoropropylene separator with high thermal stability for lithium-ion batteries. Journal of Power Sources, 2013, 241: 203-211.

[115]   Eo S M, Cha E, Kim D W. Effect of an inorganic additive on the cycling performances of lithium-ion polymer cells assembled with polymer-coated separators. Journal of Power Sources, 2009, 189: 766-770.

[116]   Shi J L, Fang L F, Li H, Liang Z Y, Zhu B K, Zhu L P. Enhanced performance of modified HDPE separators generated from surface enrichment of polyether chains for lithium ion secondary battery. Journal of Membrane Science, 2013, 429: 355-363.

[117]   Kim K J, Kim Y H, Song J H, Jo Y N, Kim J S, Kim Y J. Effect of gamma ray ir-radiation on thermal and electrochemical properties of polyethylene separator for Li ion batteries. Journal of Power Sources, 2010, 195: 6075-6080.

[118]   Gwona S J, Choi J H, Sohn J Y, Lim Y M, Nho Y C, Ihm Y E. Battery performance of PMMA-grafted PE separators prepared by pre-irradiation grafting technique. Journal of Industrial and Engineering Chemistry, 2009, 15: 748-751.

[119]   Kim K J, Kim J H, Park M S, Kwon H K, Kim H, Kim Y J. Enhancement of elec-trochemical and thermal properties of polyethylene separators coated with polyvinylidene fluoride-hexafluoropropylene co-polymer for Li-ion batteries. Journal of Power Sources,

2012, 198: 298-302.

[120] Sohn J Y, Im J S, Gwon S J, Choi J H, Shin J, Nho Y C. Preparation and character-ization of a PVDF-HFP/PEGDMA-coated PE separator for lithium-ion polymer battery by electron beam irradiation. Radiation Physics and Chemistry, 2009, 78: 505-508.

[121] Choi E S, Lee S Y. Particle size-dependent, tunable porous structure of a SiO_2/poly (vinylidene fluoride-hexafluoropropylene) -coated poly (ethylene terephthalate) non-woven composite separator for a lithium-ion battery. Journal of Materials Chemistry, 2011, 21 (38): 14747-14754.

[122] Zhai Y, Xiao K, Yu J, et al. Fabrication of hierarchical structured SiO_2/polyetherim-ide-polyurethane nanofibrous separators with high performance for lithium ion batter-ies. Electrochimica Acta, 2015, 154: 219-226.

[123] Ding J, Kong Y, Yang J R. Preparation of polyimide/polyethylene terephthalate composite membrane for Li-ion battery by phase inversion. Journal of the Electrochemical Society, 2012, 159 (8): A1198-A1202.

[124] Ding J, Kong Y, Li P. Polyimide/poly (ethylene terephthalate) composite membrane by electrospinning for nonwoven separator for lithium-ion battery. Journal of the Electro-chemical Society, 2012, 159 (9): A1474-A1480.

[125] Huang X S. A lithium-ion battery separator prepared using a phase inversion process. Journal of Power Sources, 2012, 216: 216-221.

[126] Stawski D, Halacheva S, Bellmann C, Simon F, Połowinski S, Price G. Deposition of poly (ethyleneimine) /poly (2-ethyl-2-oxazoline) based comb-branched polymers onto polypropylene nonwoven fabric using the layer-by-layer technique. Selected properties of the modified materials. Journal of Adhesion Science and Technology, 2011, 25: 1481-1495.

[127] Qi W, Lu C, Chen P, Han L, Yu Q, Xu R Q. Electrochemical performances and thermal properties of electrospun Poly (phthalazinone ether sulfone ketone) membrane for lithium-ion battery. Materials Letters, 2012, 66: 239-241.

[128] Lee J R, Won J H, Kim J H, Kim K J, Lee S Y. Evaporation-induced self-assembled silica colloidal particle-assisted nanoporous structural evolution of poly (ethylene tereph-thalate) nonwoven composite separators for high-safety/high-rate lithium-ion batter-ies. Journal of Power Sources, 2012, 216: 42-47.

[129] Jeong H S, Choi E S, Jong H K, Lee S Y. Potential application of microporous struc-tured poly (vinylidene fluo-ride-hexafluoropropylene) /poly (ethylene terephthalate) composite nonwoven separators to high-voltage and high-power lithium-ion batter-ies. Electrochimica Acta, 2011, 56: 5201-5204.

[130] Cheng Q, He W, Zhang X. Lia M, Song X. Recent advances in composite membranes modified with inorganic nanoparticles for highperformance lithium ion batteries. RSC Adv, 2016, 6: 10250-10265.

[131] Croce F, Scrosati B. Nanocomposite lithium ion conducting membranes. Annals of the New York Academy of Sciences, 2003, 984 (1): 194-207.

[132] Shanmukaraj D, Murugan R. Characterization of PEG: $LiClO_4$ + $SrBi_4Ti_4O_{15}$ nano-

composite polymer electrolytes for lithium secondary batteries. Journal of Power Sources, 2005, 149: 90-95.

[133] Sethupathy M, Sethuraman V, Manisankar P. Preparation of PVDF/SiO$_2$ composite nanofiber membrane using electrospinning for polymer electrolyte analysis. Soft Nanoscience Letters, 2013, 3: 37-43.

[134] Tao L, Huo Z, Pan X, et al. Development and application of low molecular mass organogelators in quasi-solid-state dye-sensitized solar cells. Progress in Chemistry, 2013, 25 (06): 990.

[135] Xi J, Qiu X, Cui M, et al. Enhanced electrochemical properties of PEO-based composite polymer electrolyte with shape-selective molecular sieves. J Power Sources, 2006, 156 (2): 581-588.

[136] Shi C, Zhang P, Huang S, He X, Yang P, Wu D, Sun D, Zhao J. Functional separator consisted of polyimide nonwoven fabrics and polyethylene coating layer for lithium-ion batteries. Journal of Power Sources, 2015, 298: 158-165.

[137] Shi C, Dai J, Shen X, Peng L, Li C, Wang X, Zhang P, Zhao J. A simple method to prepare a polydopamine modified core-shell structure composite separator for application in high-safety lithium-ion batteries. Journal of Membrane Science, 2016, 518: 168-177.

[138] United States Automotive Batteries Consortium. USABC separator gap chart Southfield, MI, USA, 2014.

[139] Susai F A, Sclar H, Shilina Y, et al. Horizons for Li-ion batteries relevant to electromobility: High-specific-energy cathodes and chemically active separators. Adv Mater, 2018, 30: 1801348.

[140] Banerjee A, Shilina Y, Ziv B, et al. Multifunctional materials for enhanced Li-ion batteries durability: a brief review of practical options. Journal of The Electrochemical Society, 2017, 164 (1): A6315.

[141] Banerjee A, Ziv B, Luski S, et al. Increasing the durability of Li-ion batteries by means of manganese ion trapping materials with nitrogen functionalities. Journal of Power Sources, 2017, 341: 457-465.

[142] Banerjee A, Ziv B, Shilina Y, et al. Multifunctional manganese ions trapping and hydrofluoric acid scavenging separator for lithium ion batteries based on poly (ethylene-alternate-maleic acid) dilithium salt [J]. Advanced Energy Materials, 2017, 7 (3): 1601556.

[143] Banerjee A, Ziv B, Shilina Y, et al. Acid-scavenging separators: a novel route for improving li-ion batteries' durability. ACS Energy Letters, 2017, 2 (10): 2388-2393.

[144] Li S L, Xia L, Zhang H Y, Ai X P, Yang H X, Cao Y L. A poly (3-decyl thiophene) -modified separator with self-actuating overcharge protection mechanism for LiFePO$_4$-based lithium ion battery. Journal of Power Sources, 2011, 196: 7021-7024.

[145] Xiao L F, Ai X P, Cao Y L, Wang Y D, Yang H X. A composite polymer membrane with reversible overcharge protection mechanism for lithium ion batteries. Electrochemistry Communications, 2005, 7: 589-592.

[146] Li S L, Ai X P, Yang H X, Cao Y L. A polytriphenylamine-modified separator with

reversible overcharge protection for 3.6 V-class lithium-ion battery. Journal of Power Sources, 2009, 189: 771-774.

[147] Feng J K, Ai X P, Cao Y L, Yang H X. Polytriphenylamine used as an electroactive separator material for overcharge protection of rechargeable lithium battery. Journal of Power Sources, 2006, 161: 545-549.

[148] Chen H, Ling M, Hencz L, Ling H Y, Li G, Lin Z, Liu G, Zhang S. Exploring chemical, mechanical, and electrical functionalities of binders for advanced energy-storage devices. Chem Rev, 2018, 118: 8936-8982.

[149] Mark J E. Physical properties of polymers handbook. Berlin: Springer, 2007.

[150] Ling M, Xu Y, Zhao H, Gu X, Qiu J, Li S, Wu M, Song X, Yan C, Liu G. Dual-functional gum arabic binder for silicon anodes in lithium ion batteries. Nano Energy, 2015, 12: 178-185.

[151] Nunes R W, Martin J R, Johnson J F. Influence of molecular weight and molecular weight distribution on mechanical properties of polymers. Polym Eng Sci, 1982, 22: 205-228.

[152] Balani K, Verma V, Agarwal A, Narayan R. Biosurfaces: A materials science and engineering perspective. Hoboken: John Wiley & Sons, 2015.

[153] Perkins W G, Capiati N J, Porter R S. The effect of molecular weight on the physical and mechanical properties of ultra-drawn high density polyethylene. Polym Eng Sci, 1976, 16: 200-203.

[154] Park G, Park Y, Park J, Lee J. Flexible and wrinkle-free electrode fabricated with polyurethane binder for lithium-ion batteries. RSC Adv, 2017, 7: 16244-16252.

[155] Dadfar S M M, Kavoosi G. Mechanical and water binding properties of carboxymethyl cellulose/multiwalled carbon nanotube nanocomposites. Polym Compos, 2015, 36: 145-152.

[156] Li J, Lewis R, Dahn J. Sodium carboxymethyl cellulose a potential binder for Si negative electrodes for Li-ion batteries. Electrochem Solid-State Lett, 2007, 10: A17-A20.

[157] Yook S H, Kim S H, Park C H, Kim D W. Graphite-silicon alloy composite anodes employing cross-linked poly (vinyl alcohol) binders for high-energy density lithium-ion batteries. RSC Adv, 2016, 6: 83126-83134.

[158] Shi Y, Peng L, Ding Y, Zhao Y, Yu G. Nanostructured conductive polymers for advanced energy storage. Chem Soc Rev, 2015, 44: 6684-6696.

[159] Su H, Barragan A A, Geng L, Long D, Ling L, Bozhilov K N, Mangolini L, Guo J. Colloidal synthesis of silicon @ carbon composite materials for lithium-ion batteries. Angew Chem, 2017, 129: 10920-10925.

[160] du Pasquier A, Disma F, Bowmer T, Gozdz A, Amatucci G, Tarascon J M. Differential scanning calorimetry study of the reactivity of carbon anodes in plastic Li-ion batteries. J Electrochem Soc, 1998, 145: 472-477.

[161] Maleki H, Deng G, Anani A, Howard J. Thermal stability studies of Li-ion cells and components. J Electrochem Soc, 1999, 146: 3224-3229.

[162] Maleki H, Deng G, Kerzhner-Haller I, Anani A, Howard J N. Thermal stability studies of

binder materials in anodes for lithium-ion batteries. J Electrochem Soc, 2000, 147: 4470-4475.

[163] Heine J, Rodehorst U, Badillo J P, Winter M, Bieker P. Chemical stability investigations of polyisobutylene as new binder for application in lithium air-batteries. electrochem Acta, 2015, 155: 110-115.

[164] Barsykov V, Khomenko V. The influence of polymer binders on the performance of cathodes for lithium-ion batteries. Scientific Journal of Riga Technical University Material Science and Applied Chemistry, 2010, 21: 67-71.

[165] Liu W R, Yang M H, Wu H C, Chiao S, Wu N L. Enhanced cycle life of Si anode for Li-ion batteries by using modified elastomeric binder. Electrochem Solid-State Lett, 2005, 8: A100-A103.

[166] Shi J L, Xiao D D, Ge M, Yu X, Chu Y, Huang X, Zhang X D, Yin Y X, Yang X Q, Guo Y G. High-capacity cathode material with high voltage for Li-ion batteries. Adv Mater, 2018, 30: 1705575.

[167] Zhao E, Chen M, Hu Z, Chen D, Yang L, Xiao X. Improved cycle stability of high-capacity Ni-rich $Li-Ni_{0.8}Mn_{0.1}Co_{0.1}O_2$ at high cut-off voltage by Li_2SiO_3 coating. J Power Sources, 2017, 343, 345-353.

[168] Venables J. Adhesion and durability of metal-polymer bonds. J Mater Sci, 1984, 19: 2431-2453.

[169] Burkstrand J M. Metal-polymer interfaces: Adhesion and X-ray photoemission studies. J Appl Phys, 1981, 52: 4795-4800.

[170] McBain J, Hopkins D. On adhesives and adhesive action. J Phys Chem, 1924, 29: 188-204.

[171] Derjaguin B, Aleinikova I, Toporov Y P. On the role of electrostatic forces in the adhesion of polymer particles to solid surfaces. Powder Technol, 1969, 2: 154-158.

[172] Deryagin B V, Krotova N A. Elektricheskaya teoriya adgezii (prilipaniya) plenok K tverdym poverkhnostyam. Doklady Akademii Nauk SSSR, 1948, 61 (5): 849-852.

[173] Sharpe L H, Schonhorn H. Theory gives direction to adhesion work. Chemical and Engineering News, 1963, 41 (15): 67-68.

[174] Voyutskii S S, Margolina Y L. * O prirode samoslipaniya (autogezii) vysokomolekulyarnykh veshchestv. Uspekhi Khimii, 1949, 18 (4): 449-461.

[175] Pizzi A, Mtsweni B, Parsons W. Wood-induced catalytic activation of PF adhesives autopolymerization vs PF/wood covalent bonding. J Appl Polym Sci, 1994, 52: 1847-1856.

[176] Drago R S, Vogel G C, Needham T E. Four-parameter equation for predicting enthalpies of adduct formation. J Am Chem Soc, 1971, 93: 6014-6026.

[177] Bikerman J J. The science of adhesive joints. New York: Elsevier, 2013.

[178] Léger L, Creton C. Adhesion mechanisms at soft polymer interfaces. Philos Trans R Soc A, 2008, 366: 1425-1442.

[179] Shi Q, Wong S C, Ye W, Hou J, Zhao J, Yin J. Mechanism of adhesion between polymer fibers at nanoscale contacts. Langmuir, 2012, 28: 4663-4671.

[180] Briggs D. XPS studies of polymer surface modifications and adhesion mechanisms. J Adhes, 1982, 13: 287-301.

[181] Hochgatterer N S, Schweiger M R, Koller S, et al. Silicon/graphite composite electrodes for

high-capacity anodes: influence of binder chemistry on cycling stability. Electrochem Solid State Lett, 2008, 11 (5): A76-A80.

[182] Müller M, Pfaffmann L, Jaiser S, et al. Investigation of binder distribution in graphite anodes for lithium-ion batteries. Journal of Power Sources, 2017, 340: 1-5.

[183] Baunach M, Jaiser S, Schmelzle S, et al. Delamination behavior of lithium-ion battery anodes: Influence of drying temperature during electrode processing. Drying Technology, 2016, 34 (4): 462-473.

[184] Zang Y H, Du J, Du Y, Wu Z, Cheng S, Liu Y. The migration of styrene butadiene latex during the drying of coating suspensions: when and how does migration of colloidal particles occur? Langmuir, 2010, 26, 18331-18339.

[185] Chattopadhyay R, Bousfield D W, Tripp C P. ATR-IR spectroscopy for dynamically measuring the effect of drying on binder migration. //Proc 12th TAPPI Adv Coat Fundam Symp, 2012: 239-249.

[186] Bitla S, Trip C P, Bousfield D W. A raman spectroscopic study of migration in paper coatings. J Pulp Pap Sci, 2003, 29: 382-385.

[187] Indrikova M, Grunwald S, Golks F, Netz A, Westphal B, Kwade A. The morphology of battery electrodes with the focus of the conductive additives paths. J Electrochem Soc, 2015, 162: A2021-A2025.

[188] Fu Z, Feng H L, Xiang X D, Rao M M, Wu W, Luo J C, Chen T T, Hu Q P, Feng A B, Li W S, Journal of Power Sources, 2014, 261, 170-174.

[189] Han S W, Kim S J, Oh E S. Significant performance enhancement of $Li_4Ti_5O_{12}$ electrodes using a graphene-polyvinylidene fluoride conductive composite binder. Journal of the Electrochemical Society, 2014, 161 (4): A587.

[190] Shi Q, Xue L, Wei Z, et al. Improvement in $LiFePO_4$-Li battery performance via poly (perfluoroalkylsulfonyl) imide (PFSI) based ionene composite binder. Journal of Materials Chemistry A, 2013, 1 (47): 15016-15021.

[191] He J, Zhong H, Zhang L. Water-soluble binder PAALi with terpene resin emulsion as tackifier for $LiFePO_4$ cathode. Journal of Applied Polymer Science, 2018, 135 (14): 46132.

[192] Yoon J, Oh D X, Jo C, Lee J, Hwang D S. Improvement of desolvation and resilience of alginate binders for Si-based anodes in a lithium ion battery by calcium-mediated cross-linking. Phys Chem Chem Phys, 2014, 16: 25628-25635.

[193] Zhang L, Zhang L, Chai L, Xue P, Hao W, Zheng H A. Coordinatively cross-linked polymeric network as a functional binder for high-performance silicon submicro-particle anodes in lithium-ion batteries. J Mater Chem A, 2014, 2: 19036-19045.

[194] Fleury G, Schlatter G, Brochon C, Travelet C, Lapp A, Lindner P, Hadziioannou G. Topological polymer networks with sliding cross-link points: The "sliding gels" relationship between their molecular structure and the viscoelastic as well as the swelling properties. Macromolecules, 2007, 40: 535-543.

[195] Kwon T W, Choi J W, Coskun A. The emerging era of supramolecular polymeric binders in silicon anodes. Chem Soc Rev, 2018, 47: 2145-2164.

[196] Zhang Z, Zeng T, Lai Y, Jia M, Li J. A comparative study of different binders and their effects on electrochemical properties of LiMn$_2$O$_4$ cathode in lithium ion batteries. J Power Sources, 2014, 247: 1-8.

[197] Zhang T, Li J, Liu J, Deng Y, Wu Z, Yin Z, Guo D, Huang L, Sun S. Suppressing the voltage-fading of layered lithium-rich cathode materials via an aqueous binder for Li-ion batteries. Chem Commun, 2016, 52: 4683-4686.

[198] Zhang Z, Zeng T, Qu C, Lu H, Jia M, Lai Y, Li J. Cycle performance improvement of LiFePO$_4$ cathode with polyacrylic acid as binder. Electrochim Acta, 2012, 80: 440-444.

[199] Cai Z, Liang Y, Li W, Xing L, Liao Y. Preparation and performances of LiFePO$_4$ cathode in aqueous solvent with polyacrylic acid as a binder. J Power Sources, 2009, 189: 547-551.

[200] Lux S F, Balducci A, Schappacher F M, Passerini S, Winter M. Na-CMC as possible binder for LiFePO$_4$/C composite electrodes: The role of the drying procedure. ECS Trans, 2009, 25: 265-270.

[201] Lee J H, Lee S, Paik U, Choi Y M. Aqueous processing of natural graphite particulates for lithium-ion battery anodes and their electrochemical performance. J Power Sources, 2005, 147: 249-255.

[202] Ryou M H, Kim J, Lee I, Kim S, Jeong Y K, Hong S, Ryu J H, Kim T S, Park J K, Lee H. Mussel-inspired adhesive binders for high-performance silicon nanoparticle anodes in lithium-ion batteries. Adv Mater, 2013, 25: 1571-1576.

[203] Yue L, Zhang L, Zhong H. Carboxymethyl chitosan: A new water soluble binder for Si anode of Li-ion batteries. J Power Sources, 2014, 247: 327-331.

[204] Yoshio M, Brodd R J, Kozawa A. Lithium-ion batteries. New York: Springer, 2009.

[205] Markevich E, Salitra G, Aurbach D. Influence of the PVDF binder on the stability of LiCoO$_2$ electrodes. Electrochem Commun, 2005, 7: 1298-1304.

[206] Lee J T, Chu Y J, Peng X W, Wang F M, Yang C R, Li C C. A novel and efficient water-based composite binder for LiCoO$_2$ cathodes in lithium-ion batteries. J Power Sources, 2007, 173: 985-989.

[207] Ling M, Qiu J, Li S, Yan C, Kiefel M J, Liu G, Zhang S. Multifunctional SA-PProDOT binder for lithium ion batteries. Nano Lett, 2015, 15: 4440-4447.

第 6 章

电极材料电化学机制与计算设计

6.1
离子电极材料电化学反应机制

　　离子电池本质上是离子浓差电池，其主要工作机理在本节中将从微观电子结构的角度说明。以石墨-钴酸锂电池为例，在充电过程中，Li^+ 从正极 $LiCoO_2$ 八面体位置脱出，Co 从 +3 价被氧化为 +4 价，Li^+ 经过电解液向负极材料迁移。同时电子的补偿电荷通过外电路转移至负极，维持正负极各自的电荷平衡。在放电过程中，Li^+ 从负极迁移至正极，同时正极材料从外电路中得到一个电子，Co^{4+} 被还原为 Co^{3+}。以正极材料的充电过程为例，随着锂离子不断脱出，体系的电子数逐步减少。若结构在此过程中未发生相变或其他类型重排，可近似认为体系的能带结构保持不变，同时费米面不断向深能级移动[1-2]。

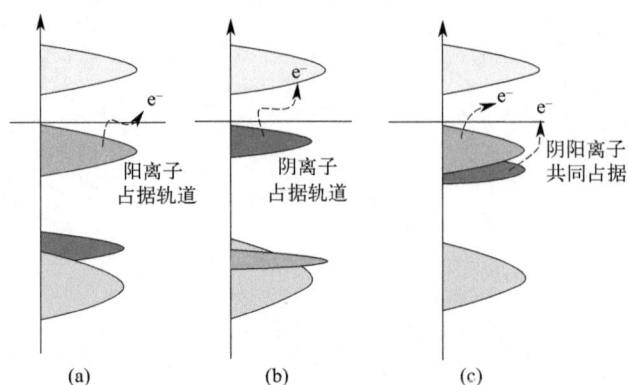

图 6-1　按电荷转移来源区分的电化学过程

（a）阳离子电化学过程；（b）阴离子电化学过程；（c）阴阳离子协同的电化学过程

　　如图 6-1 所示，按电荷转移的来源可将电化学反应分为三类，分别为阳离子电化学过程、阴离子电化学过程和阴阳离子协同的电化学过程。传统正极材料主要基于阳离子电化学反应实现能量存储，其微观电化学机制是费米能级附近阳离子 d 电子数的变化；当耗尽或不存在阳离子的可变价电子后，阴离子开始参与电化学反应，并可能造成结构相变、骨架坍塌、释放气体等循环性能的不可逆恶化[3]；当阴阳离子在费米能级附近发生 p-d 轨道杂化时，阴阳离子将共同参与电化学反应，一定程度上提升正极材料的可逆储能容量，而深度充电也同样可能触发不可逆的阴离子电化学反应，使材料的循环稳定性降低[4]。

6.2
能量密度

能量密度决定电池容量，在锂离子电池中通常用单位体积或单位质量的能量作为电池储能能力的衡量标准。能量密度通常由电池电压和比容量共同决定，本节将从理论角度出发，详细介绍与电压、比容量相关的物理参数。

6.2.1 电池电压

6.2.1.1 热力学函数

热力学，全称热动力学（thermodynamics），是研究热现象中物态转变和能量转换规律的学科；它着重研究物质的平衡状态以及与准平衡态的物理、化学过程。热力学定义宏观的物理量（如温度、内能、熵、压强等），描述各物理量之间的关系。热力学描述数量非常多的微观粒子的平均行为，其定律可以用统计力学推导而得[5]。

热力学可以总结为三条定律。

① 热力学第一定律：非绝热过程中内能的变化。

其中，内能分为绝热和非绝热过程：

绝热过程：外界做功完全转化为系统内能变化量。$U_b - U_a = W$；

非绝热过程：内能变化等于系统跟外界热交换 Q 与做功的总和（$U_b - U_a = Q + W$）。

② 热力学第二定律：热现象具有方向性。热力学第二定律阐明了热反应的方向。热力学第二定律可以有下列两种表述形式：

a. 克劳修斯表述：不可能把热量从低温端传到高温端而不引起其他变化。

b. 开尔文表述：不可能把体系吸收的热量完全转化为有用功。

③ 热力学第三定律：不可能通过有限过程使系统冷却到绝对零度（$T = 0\text{K}$），即绝对零度时，完美晶体的熵值为零，绝对零度不可达到。

如果存在某一过程可使系统与外界完全复原，即回到初始状态，则称该过程可逆。

熵的定义：

$$Q \leqslant T(S_b - S_a) \tag{6-1}$$

将热力学第一定律（$Q=U_b-U_a-W$）代入上式得到：

$$-W \leqslant (U_a-U_b)-T(S_a-S_b) \tag{6-2}$$

定义新的状态函数——亥姆霍兹自由能 F：

$$F=U-TS \tag{6-3}$$

即

$$-W \leqslant F_a-F_b \tag{6-4}$$

在等温等容条件下：

$$F_b-F_a \leqslant W=0 \tag{6-5}$$

系统自由能永不增加，且向亥姆霍兹自由能减小方向进行。

在等温等压条件下：

$$-W=p(V_b-V_a) \leqslant F_a-F_b \tag{6-6}$$

定义新的状态函数——吉布斯自由能 G：

$$G=F+pV=U-TS+pV \tag{6-7}$$

故上述不等式可表达为：

$$G_b-G_a \leqslant 0 \tag{6-8}$$

等温等压条件下，系统吉布斯自由能永不增加；在等温等压条件下系统中发生的不可逆过程总是向吉布斯自由能减小的方向进行。

④ 热力学基本方程

a. 内能

$$U=TS-pV \tag{6-9}$$

微分形式：

$$dU=TdS-pdV \tag{6-10}$$

b. 焓

$$H=U+pV \tag{6-11}$$

微分形式：

$$\begin{aligned} dH &= dU+Vdp+pdV \\ &= TdS-pdV+pdV+Vdp \\ &= TdS+Vdp \end{aligned} \tag{6-12}$$

c. 亥姆霍兹自由能

$$F=U-TS \tag{6-13}$$

微分形式：

$$dF=-SdT-pdV \tag{6-14}$$

d. 吉布斯自由能

$$G=U-TS+pV \tag{6-15}$$

微分形式：
$$dG = -SdT + Vdp \qquad (6\text{-}16)$$

6.2.1.2 形成焓

形成焓由以下公式确定：
$$\Delta H(x) = E_{A_x B_{1-x} C} - (1-x)E_{BC} - xE_{AC} \qquad (6\text{-}17)$$

式中，ΔH 为固溶体系的形成焓；$E_{A_x B_{1-x} C}$ 为无序固溶结构的体系总能量；E_{BC} 和 E_{AC} 分为 BC 和 AC 的总能量。形成焓的计算可以确定不同浓度下固溶结构的热力学稳定性。如果形成焓为负值，说明该固溶结构稳定，不会产生分相。将不同浓度 x 的形成焓的最低点用直线连接即可得到其基态能-浓度曲线。形成焓的最低点对应的浓度 x 即为该元素固溶最稳定的状态。这种状态的空间结构可能在实际合成过程中很难得到或者根本不存在，但是它为实际试验提供了一定的理论方向。通过计算形成焓、构型熵以及不同温度下的基态能，可以进一步得到相图，从而为实际试验提供很好的理论依据。

6.2.1.3 电池电压计算

在理论计算中，电压为材料重要的电化学性能之一。它的定义如下：
$$V = -E_{M+nLi} - nE_{Li} + E_M \qquad (6\text{-}18)$$

式中，E_M 为材料计算所得能量；E_{Li} 为 Li 金属中单个 Li 原子的能量；n 为材料嵌入 Li 原子的个数；E_{M+nLi} 为材料 M 嵌入 n 个 Li 之后计算所得能量。

6.2.2 比容量

除电池热力学状态和电压以外，比容量也是衡量电池性能的重要指标。比容量分为两种，一种是质量比容量，即单位质量的电池或活性物质所能放出的电量（$A \cdot h \cdot kg^{-1}$）；另一种是体积比容量，即单位体积的电池或活性物质所能放出的电量（$A \cdot h \cdot m^{-3}$）。

6.2.2.1 理论容量

理论容量是指电池中活性材料参加电化学反应时能够给出的电量，其理论值可通过以下公式计算：
$$C_t = \frac{Ne_0}{3.6} \times \frac{n_e}{M} \qquad (6\text{-}19)$$

式中，C_t 是电池的理论容量，$mA \cdot h \cdot g^{-1}$；N 是阿伏伽德罗常数，mol^{-1}；e_0 是元电荷量，$C(1C = 1A \cdot s = \frac{1000}{3600} mA \cdot h = \frac{1}{3.6} mA \cdot h)$；$n_e$ 是电化学反应中

活性材料转移的电子数；M 是活性材料的摩尔质量，$g \cdot mol^{-1}$。

6.2.2.2 电子结构、态密度及其投影

在电子能级为准连续分布的情况下，单位能量间隔内的电子数目称为电子态密度。若用 dZ 表示能量在 E 与 $E+dE$ 间隔内的电子态数目，则能态密度函数 $N(E)$ 可表示为 $N(E) = \dfrac{dZ}{dE}$。

设晶体的体积为 V_c，则单位波矢 k 空间体积内的波矢数目为 $V_c/(2\pi)^3$，若考虑电子的自旋，波矢数目为 $V_c/4\pi^3$，记 E 与 $E+dE$ 两等能面间的垂直距离为 $dk_{\perp}$，在两等能面间取体积元 $d\tau = dS \times dk_{\perp}$，$dS$ 为体积元在等能面上的横截面（图 6-2）。由梯度的定义可知：$dE | \nabla_k E | \times dk_{\perp}$。因此体积元可简化

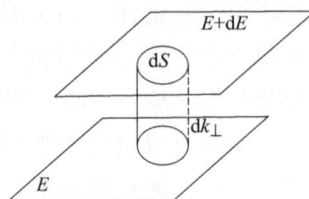

图 6-2　波矢空间内两等能面间体积元

为 $d\tau = \dfrac{dS dE}{| \nabla_k E |}$，则在 E 与 $E+dE$ 间隔内的电子态数

目 dZ 为 $dZ \dfrac{V_c}{4\pi^3} \displaystyle\int d\tau = \dfrac{V_c}{4\pi^3} \displaystyle\int \dfrac{dS dE}{| \nabla_k E |}$，进一步求得能态密度：

$$N(E) = \frac{dZ}{dE} = \frac{V_c}{4\pi^3} \int \frac{dS}{| \nabla_k E |} \tag{6-20}$$

对于自由电子，等能面是一个球面，能量梯度的模 $| \nabla_k E | \dfrac{\hbar^2 k}{m}$，代入公式（6-20）得到：

$$N(E) = \frac{V_c}{2\pi^2} \left(\frac{2m}{\hbar^2} \right)^{\frac{3}{2}} E^{1/2} \tag{6-21}$$

总电子态密度（TDOS）为：

$$N(E) = \frac{1}{N} \sum_n \sum_{k \in BZ} \delta(E - E_{nk}) \tag{6-22}$$

式中，E_{nk} 是 Kohn-Sham 的本征值[6]。

局域态密度（LDOS）：是将总态密度分解到每一个原子球上某个半径的分波态密度：

$$N_{P_R}(E) \frac{1}{N} \sum_n \sum_{k \in BZ} A_{nk} \delta(E - E_{nk}) \tag{6-23}$$

式中，P_R 表示 P 点的原子，在以半径为 R 的球内进行态密度分解。相应权重 A_{nk} 的定义为在以 P 点为中心、半径为 R 的球内对波函数进行积分，其表达式为：

$$A_{nk} \int_{r \in P_R} |\Psi_{nk}(r)|^2 \mathrm{d}r \qquad (6\text{-}24)$$

通过分析电子态密度图我们可以区分绝缘体和导体：若费米能级处导带底和价带顶存在能带带隙，则该体系是半导体或绝缘体；若态密度跨越费米能级，或费米能级处无带隙，则该体系是导体。此外，电子态密度还可以给出原子间作用力的强弱信息。如相邻原子的局域态密度（LDOS）在同一个能量上同时出现尖峰，则该原子团可能处于杂化状态，并形成杂化峰（hybridized peak），因此能够为电化学活性和结构稳定性的分析提供有力的理论支撑。

6.2.2.3　晶体轨道哈密顿布居数（COHP）

晶体轨道哈密顿布居数（crystal orbital hamiltonian population，以下简称COHP）分析是一种用来检测固体（晶体、无定形材料、纳米结构，甚至分子结构）键合的理论工具[7]。COHP图表示成键态和反键态对能带结构能量的贡献，它通常与电子态密度DOS图一起绘制，其中DOS图显示电子占据的位置，而COHP图表示电子之间键合的性质；DOS的积分数表示体系内的电子数，COHP的能量积分数表示特定的结合（"键"）对能带的贡献，即COHP的积分表示键合的强度，它以eV或kJ·mol^{-1}为单位[8]。

通过分析简单"一维"固体的能带结构，可以很容易地理解COHP（或COOP）的概念[9]。以氢原子的直线链为例，像H_2的一维周期类似物，沿着这条链每个H原子携带一个1s原子轨道，如图6-3所示。这些1s轨道的理想组合肯定是所有具有相同加号/减号的（通过类似着色可视化），这是H-H键合（同相）晶体轨道，其特征在于正重叠群。在高能量下，我们在相邻的原子轨道之间找到交替的正/负号，这是具有负重叠群的H-H反键合（异相）组合。

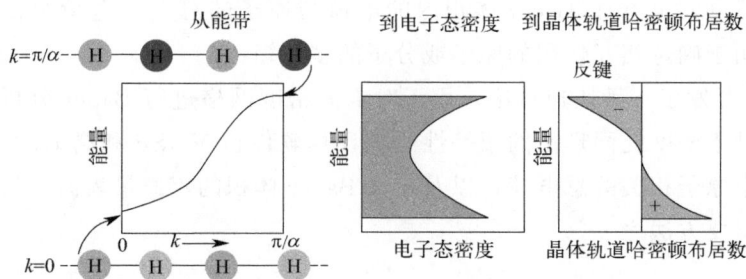

图6-3　一维周期H_2的COHP和DOS图

图6-3中间的电子态密度（DOS）图为左侧能带结构的反向斜率。有趣的是，量子化学家将能量绘制为DOS的函数，虽然从物理学家的角度来看这根本

没有意义（DOS 是能量的函数，反之亦然），但化学家们希望看到 DOS 如何从能带中脱颖而出。

6.2.2.4 电荷布居分析

在量子化学中，定义分子中原子的子空间是划分电子分布在空间内不同区域的关键，研究多原子分子体系中各原子的电子结构和电荷分布，对从化学角度来分析分子波函数以及理解化学变化的本质具有重要作用。

布居分析可以清楚直观地给出材料体系中各原子或原子团的电荷得失情况，从而判断体系中原子的价态、电负性、材料的电化学反应过程等微观状态。目前，布居分析主要有 Mulliken 方法、Bader 方法和 ESP 方法等。Mulliken 方法将波函数投影在原子轨道上，即某一电子态可以通过原子轨道的线性组合得到，其系数对应该原子的电子占据数；利用更复杂原子轨道基矢的 NBO 方法本质上也属于 Mulliken 方法；麦克马斯特大学的 Bader 认为电荷应从波函数的节点处进行划分，即节点处是局部电荷密度的最小点，是原子相互分离的电荷中心点[10]。本小节将着重讲解 Bader 方法。

Richard Bader 对原子的定义纯粹基于电子电荷密度，用所谓的零磁通表面来划分原子，零磁通的 2D 表面上电荷密度垂直于表面，通常在分子系统中，电荷密度在原子之间达到最小值处是将原子彼此分开的最佳位置。Bader 将原子电荷定义为这些 Bader 体积上的积分，每个 Bader 体积包含单个电子密度最大值，并通过电子密度梯度的零磁通表面与其他 Bader 体积分离，即 $\nabla \rho(\vec{r}) \cdot \hat{n} = 0$，其中 $\rho(\vec{r})$ 是电子密度，$\hat{n}$ 是在任一表面点 $\vec{r}\Omega_\rho$ 垂直于分割面的单位向量[11]。每个体积 Ω_ρ 由一组点定义，这一组点遵循电子密度 ρ 最大化的轨迹达到相同且唯一的最大值（固定点）。Bader 体积内的电荷与原子的总电子电荷很接近，其电荷分布可用于确定相互作用的原子或分子的多极矩。

Bader 开发了一种快速算法，用于对电荷密度网格进行 Bader 分析，该程序可以读取基于密度泛函理论的第一性原理计算软件包 VASP 和高斯的电荷密度，输出与每个原子相关的总电荷，以及定义 Bader 体积的零通量表面，是电化学活性分析的重要方法之一。

6.2.2.5 自然键轨道分析

自然键轨道分析是一种研究多原子分子体系中杂化和共价效应的方法，由 Reed、Weinstock 和 Weinhold 在 1985 年提出[12]。自然键轨道（NBO）与自然原子轨道（NAO）、自然杂化轨道（NHO）、自然局域分子轨道（NLMO）构成自然局域轨道集。这些自然局域轨道集介于基本原子轨道（AO）和分子轨道（MO）之间，其顺序为 AO→NAO→NHO→NBO→NLMO→MO[13]。NBO 方法通过将密度矩阵分解成一个原子轨道基组和一个离域电子基组的线性组合，得到自然键轨道，描述了分子中化学键的形成和性质。自然杂化轨道介于自然原子轨道和自然键轨道之间，用于解释分子中的杂化现象。自然局域分子轨道描述了分子中的局域化电子，用于解释分子中的反应机理和电子转移等现象。因此，自然键轨道分析是一种重要的计算电化学方法，用于理解分子中的化学键和电子分布等现象。

对于原子 A 和原子 B 之间的局域 σ 键，NBO 表示为[14]

$$\sigma_{AB} = c_A h_A + c_B \hbar_B \tag{6-25}$$

其极化系数 c_A 和 c_B 满足：

$$c_A^2 + c_B^2 = 1 \tag{6-26}$$

依据这些系数值，一个成键 NBO 可能处于共价键（$c_A = c_B$）和离子键（$c_A \gg c_B$）状态之间。然而，在高极化（$c_A \gg c_B$）的双中心 σ_{AB} 和单中心 n_A（$c_A = 1$，$c_B = 0$）之间没有明显区别。在 NBO 程序中当一个单中心上的电子密度达到了 95% 或者 $c_A^2 \geq 0.95$ 时，认定高极化 σ_{AB} 为孤对 n_A。

每一个价键 σ 必须与相应价键的反键合 σ^* 配对，即价层杂化 h_A 和 $\hbar_B$ 必须由相应的外部反键 σ_{AB}^* 正交地补充：

$$\sigma_{AB}^* = c_A h_A - c_B \hbar_B \tag{6-27}$$

σ_{AB} 属于"Lewis"轨道型，而价层的反键 σ_{AB}^* 为非"Lewis"轨道型，σ_{AB}^* 代表相应原子未用的价层容量，未被共价形式饱和。在理想化的路易斯结构中，被占满的路易斯轨道（两个电子）由形式上空的非路易斯轨道补充，价层反键的弱占据数表明不可减少偏离理想化的局部 Lewis 结构，这意味着真正的"离域效应"。总之，σ_{AB}^* 的形状和能量是理解超出理想的"Lewis"结构描述的"非共价"和"离域"现象的关键[13]。

6.2.2.6 计算举例

（1）比容量计算[15]

如图 6-4，根据比容量的计算公式 $C_t (\text{mA} \cdot \text{h} \cdot \text{g}^{-1}) = \dfrac{n \times 26801}{M_w} (\text{mA} \cdot \text{h} \cdot \text{g}^{-1})$，可得 Si_2BN 的储锂和储钠比容量分别是 1158.5 $\text{mA} \cdot \text{h} \cdot \text{g}^{-1}$ 和 993.0 $\text{mA} \cdot \text{h} \cdot \text{g}^{-1}$。

（2）DOS 和 COHP 计算[16]

该计算结果表明，物质 $LiNi_2O_3$ 的带隙在 0.7~1.2eV 之间，Li_2CrO_3 的总

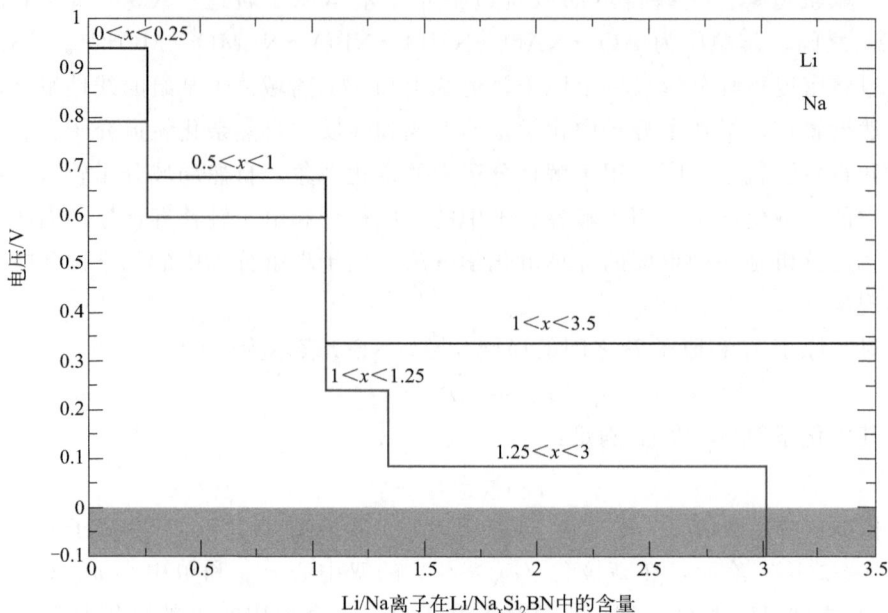

图 6-4 Li/Na 插入到层状 Si$_2$BN 内的个数以及相应的电压曲线图[15]

态密度和局域态密度（DOS）如图 6-5（d）所示。表明 Cr-3d 态主要接近费米能级。晶体轨道哈密顿群（COHP）和积分的 COHP（iCOHP）计算用于获得两种结构中不同类型原子之间键合强度的定量值，结果如图 6-5（e）、（f）所示。从 COHP 可计算得到 Ni-O（$\delta = 2.07$Å，$-$iCOHP $= 1.51$eV）以及 Cr-O（$\delta = 2.06$Å，$-$iCOHP $= 1.46$eV）之间最强相互作用的数值，并且可得到 LiNi$_2$O$_3$ 中 Li-O 之间的相互作用（$\delta = 2.06$Å，$-$iCOHP $= 0.23$eV）和 Li$_2$CrO$_3$ 中 Li-O 之间的相互作用（$\delta = 2.07$Å，$-$iCOHP $= 0.20$eV），相对 Ni-O 和 Cr-O 都要弱一点。

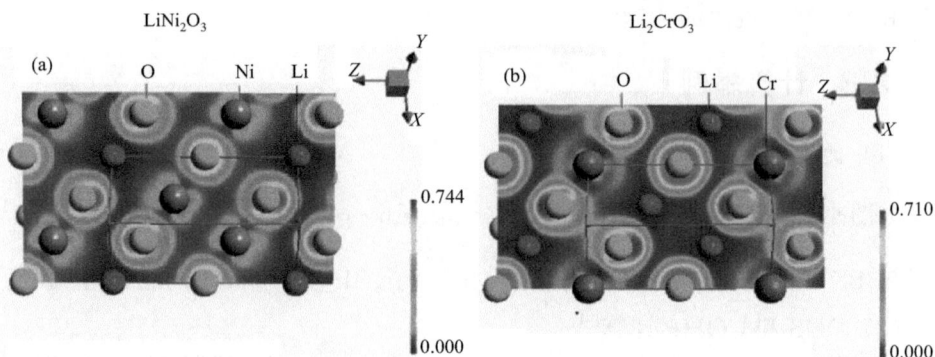

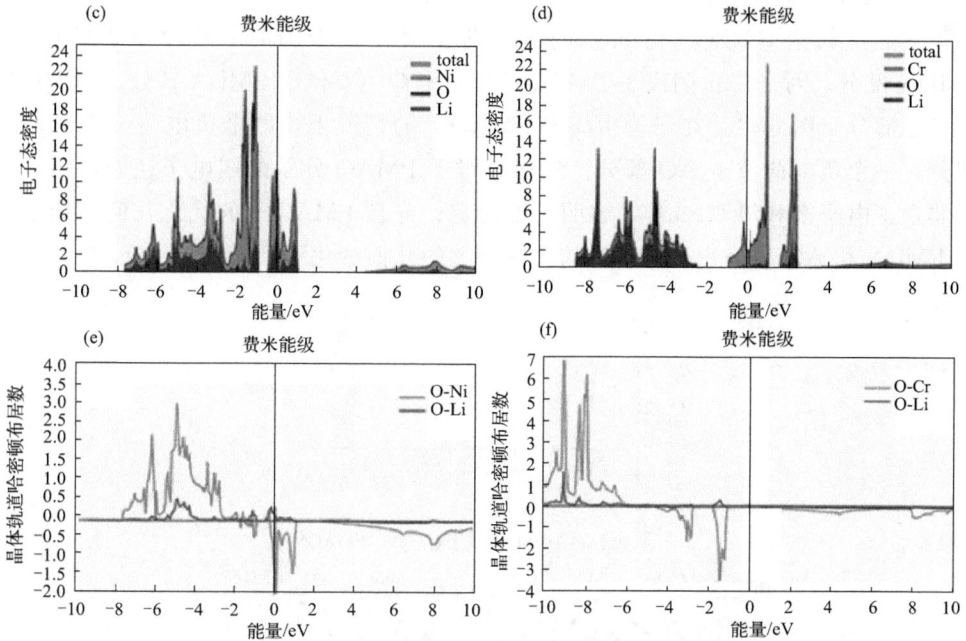

图 6-5　通过 TB-LMTO-ASA 计算分别得到 LiNi₂O₃ 和 Li₂CrO₃ 的电子局域函数(a)、(b)，电子态密度(c)、(d)以及晶体轨道哈密顿群(e)、(f)

（3）Bader 电荷布居分析[17]

如图 6-6，通过 Bader 电荷可知嵌入钠离子个数在 $X = 2 \sim 4$ 时，主要是羧酸上的碳原子 C1 得到电荷；嵌入钠离子个数在 $X = 4 \sim 8$ 时，主要是苯环上的碳原子 C3、C6、C7 得到电荷；通过 Bader 电荷分析得到了氧化反应的中心。

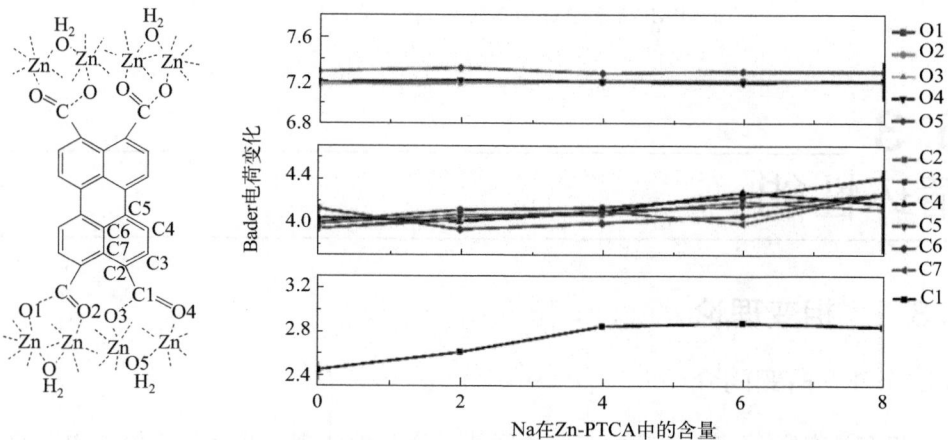

图 6-6　通过 VASP 计算得到的 Zn-PTCA 在嵌入钠离子过程中的 Bader 电荷变化[17]

（4）NBO 电荷分析[18]

自然键轨道（NBO）分析表明负电荷主要存在于阴离子自由基 PMAQ 的 PMDA 部分。对于二价阴离子 PMAQ^{2-}，负电荷主要位于 PMDA 部分，而少量位于 AQ 部分（图 6-7）。在三价阴离子 PMAQ^{3-} 的情况下，两个负电荷位于 PMDA 部分，一个负电荷位于 AQ 部分。然而，对于 PMAQ 分子的四电子还原，由于具有非常正电子亲和势 6.89eV，表明它不稳定；并且 PMAQ^{4-} 的优化几何结构也表明 PMDA 和 AQ 部分几乎是垂直的，这种大的几何变化不利于四电子还原。

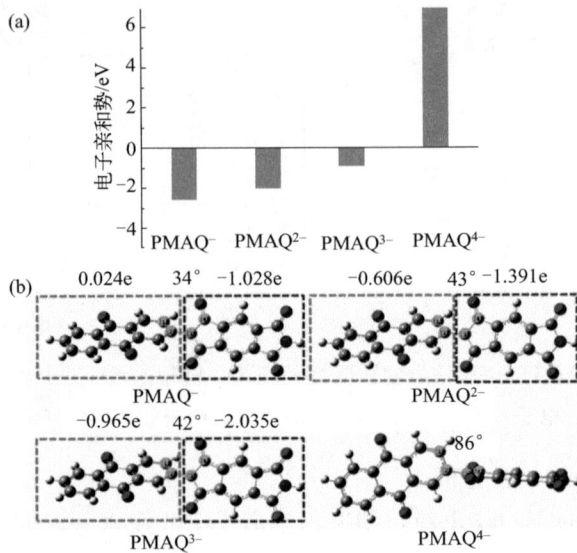

图 6-7　通过 B3LYP/6-31+G（d，p）计算得到 PMAQ 离子的电子亲和势（a）；
PMAQ 离子的优化结构、构成 PMAQ 的 PMDA 和 AQ 分子之间的二面角以及
PMDA 和 AQ 中 NBO 电荷分布（b）[18]

6.3
循环性能

6.3.1　相变理论

6.3.1.1　相变简介

相变是有序/无序、有序/有序之间能量竞争的体现。相互作用促进物质的有

序，热运动带来物质的无序。随着温度变化，当某一相互作用的特征能量和热运动能相当时，物质的宏观状态发生突变，即发生相变。新相往往带来各种物化性质的急剧变化。

除温度外，其他参数也可以控制材料的相变。通常将宏观物理量分为两类：一类与物质的总质量相关，具有加和性，称作广度量，如总体积 V、总粒子数 N 和总能量 U 等；另一类与物质总质量无关，不具有加和性，称为强度量，比如压力 p、温度 T 和密度 ρ 等。

广度量和强度量往往成对出现，如体积和压力、熵和温度等。因为它们之间的标量积都具有能量量纲，因此将该类成对出现的变量称为"共轭"变量。强度量通常是控制宏观系统发生相变的参数。

长期以来，人们使用"平均场理论"来描述连续相变。平均场理论以某一独立粒子为中心、所有其他粒子对它产生的作用可以用一个平均场给出，从而将复杂的多体问题近似地简化为了单体问题。最初，该理论在一定程度上可以很好地解释相变，但随着测量设备和技术的不断发展，越来越多的情况表明，平均场理论的预测与实验差异较大。尽管如此，平均场理论的描述比较直观，有助于快速理解材料相变。

厄伦菲斯（Ehrenfest）最早对相变现象进行了系统分类，其分类标志是热力学势及其导数的连续性。自由能、内能都属于热力学函数，它们的一阶导数可以是压力、体积、熵或者温度等，二阶导数可以是比热、磁化率、膨胀率或压缩率等。热力学势连续，而一阶导数不连续的状态突变，称为"一级相变"（不连续相变），通常伴随着明显的体积变化和热量的吸放；热力学势和它的一阶导数连续，而它的二阶导数不连续的状态突变，称为"二级相变"（连续相变），此时没有体积变化和热量的吸放，但存在某些二阶物理量的跃变和无穷尖峰（图 6-8）。

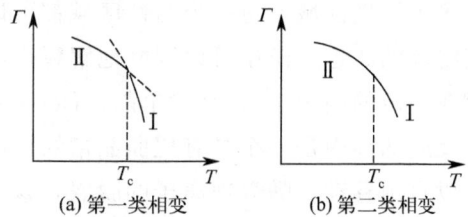

(a) 第一类相变   (b) 第二类相变

图 6-8　相变示意图

序参量在相变理论中扮演着非常重要的角色。它描述了物理系统的有序化程度和伴随的对称性质，比如气液相变中两相的密度差 $\rho_{液} - \rho_{气}$。在连续相变中，它主要表现为在相变点从零（无序）到非零（有序）的变化（或反过程）。因此，找出连续相变中的序参量，研究它的变化规律，是相变理论的首要任务。

序参量往往可以与一定的外场发生耦合。这样的外场称为"对偶场"。序参量和对偶场是一对热力学共轭变量。对偶场往往可以从外部控制。对偶场为零时，序参量在临界点自发出现，使对称破缺。

6.3.1.2　电池中的相变

离子电池在充放电的过程中，正极材料会因为阳离子的嵌入和脱出而发生晶体结构的变化，从而引起相变。所以研究正极材料在充放电过程中的相变现象，有助于加深我们对电池工作机制的理解，研发稳定性更高的电极材料。

磷酸铁锂是一种典型的锂离子电池正极材料，其在锂离子的脱嵌过程中，受锂离子运动速度的限制，会产生两相共存的反应过程。对磷酸铁锂的相变过程，已经有了比较广泛和深入的研究，提出了多个模型，包括核壳模型、收缩核模型、马赛克模型、多米诺关联模型等[19]。

Padhi等人发现磷酸铁锂可以作为电池正极材料，并提出了核壳模型。在电池放电过程中，锂离子会先嵌入磷酸铁锂的表面，形成磷酸铁和磷酸铁锂的相界。随着锂离子的不断嵌入，相界会向球核内部移动，直至锂离子的嵌入速度无法继续维持外部电流[20]。Srinivasan等人在核壳模型的基础上进一步发展，提出了收缩核模型。他们认为放电初期在电极内部先发生固溶反应，当锂的嵌入量达到一定程度后，电极内部的贫锂层和电极外部的富锂层再发生两相反应。随着锂的不断嵌入，贫锂相和富锂相的界面向内移动，导致贫锂层不断收缩，直至其完全消失。最后电极再由富锂相通过固溶反应生成磷酸铁锂[21]。Andersson等对上述两个模型进一步改进，提出了马赛克模型。他们认为在磷酸铁锂颗粒中存在多个活性区域，每一个活性区域都可以看作一个收缩核，即电极是由多个收缩核组成的。这些模型可以很好地解释多晶电极中的反应，但对于单晶电极的解释存在一定的问题[22]。针对单晶，Delmas等提出了多米诺关联模型。他们认为两相反应的界面是一个具有扭曲晶格结构的区间，在这个区间内部，锂离子和电子可以自由移动。随着锂离子的脱嵌，这个扭曲区间会沿着平行于锂离子运动的方向运动[23]。

6.3.2　结构搜索和常用的算法

微观结构是材料最基本的信息，也是研究材料性质的基础。微观结构特征往往直接决定了材料的宏观性质，因此确定材料的基本晶格结构具有重要的意义。根据普适的能量最低原理，在特定化学组分和确定外场条件下，结构采取全局能量最低的原子构型进行排列。因此，结构搜索即是从已知化学组分出发，在一定条件下找到结构相空间中热力学能量稳定或亚稳定的点。

随着物理学原胞中原子数的增加，材料在结构相空间中的排列数目呈指数增长。若一个体积为 V、具有 N 个同一原子的立方格子，结构的构型数可以表示为[25]：

$$C = \frac{1}{(V/\delta^3)!} \times \frac{(V/\delta^3)!}{[(V/\delta^3) - N]! \, N!} \tag{6-28}$$

其中，δ 为原子占据在格子中的网格大小。若 δ 取原子间键长（$\delta \approx 1\text{Å}$），构型数 C 可通过自由能的局部极小值来估算。若材料中原子种类增加，则不同结构的数量将显著增加。假设某材料中原子体积为 10Å^3，并取斯特林近似 $n! \approx \sqrt{2\pi n}\left(\frac{n}{e}\right)^n$，若原胞内含有 10 个原子，单质 A 和化合物 AB 的构型数分别达到 10^{11} 个和 10^{14} 个；若原胞内含有 20 个原子，A 和 AB 的构型数约为 10^{25} 个和 10^{30} 个；若原胞内含有 30 个原子，A 和 AB 的构型数则达到 10^{39} 个和 10^{47} 个。因此对于一般体系，逐点探测相空间的自由能几乎不可能实现。

从理论出发建立高效的结构搜索算法用以探寻未知材料具有巨大的挑战性。目前国内外已有多个研究小组开发并实现了一系列结构预测算法和程序包。算法主要包含遗传算法、粒子群算法、蒙特洛方法和数据驱动机器学习算法等。

其中遗传算法的思想基于生物进化理论，即借鉴进化生物学中的遗传、突变、选择、杂合等思想来不断筛选最优结构。结合第一性原理计算，其工作流程如图 6-9 所示，首先随机产生 N 个试验结构，经过局部结构优化后选取能量较低的一部分构型，并淘汰能量较高的构型；在剩下的构型中通过"突变""杂合"等方式产生下一代构型。新一代和上一代构型存在一定差别，整体向能量最低的方向发展，重复此迭代过程进行相空间势能面的搜索，直到满足收敛条件。基于

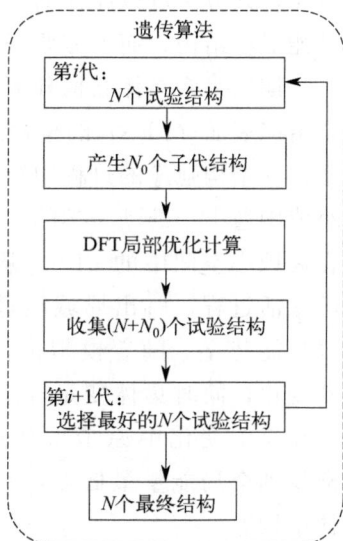

图 6-9　遗传算法流程图

该算法的代表性软件为 Oganov 等人开发的 USPEX 软件包，也是第一个可普遍适用于晶体结构预测的程序。USPEX 软件包不依赖于经验参数，只需给定元素组成和外界条件即可结合第一性原理计算开展结构搜索。其开源性允许用户根据自身情况适当修改代码，增加了用户的自由度和软件的灵活度。

另一类常见的结构搜索方法为粒子群优化算法（particle swarm optimization，简称 PSO）[26]。该方法是一种随机的全局优化方法，其灵感来自鸟群的集体活动规律，可以看作一种多维度分布式的行为算法。根据粒子群优化算法，每

个构型的行为都受到局部最优或全局最优构型的影响，如相空间中不同位置的演化方向和演化速度。因此，群体中所有构型都可以通过群体行为，快速收敛至全局或局部最优位置，从而找到能量较低的热力学稳定结构。吉林大学马琰铭教授等人以此为基础开发出了 CALYPSO 软件包。使用该软件包预测晶体结构主要包括四个步骤，分别是：①生成对称性约束的随机结构；②结构的局部优化；③利用几何结构参数识别局部能量极值点；④通过粒子群优化算法产生新的结构用于迭代。

6.3.3 有序结构演化与无序结构设计

6.3.3.1 准动力学模拟

准动力学（Metadynamics）是一种基于动力学和进化算法的晶体结构预测新方法，该方法可以在任何 p-T 条件下预测给定化合物的最稳定晶体结构和一些低能亚稳结构，而不需要任何实验输入[27]。

长期以来，晶体结构预测一直是物理科学中的主要基础挑战，稳定的结构对应自由能表面（FES）的全局最小值。然而，传统的 DFT 算法通常是一种局部弛豫，在结构弛豫的过程中结构容易回落到附近的某个低能点，且难以从该局域极小值中逸出。准动力学的方法是通过指定充分描述系统的集体变量 h，然后扰乱在局域小空间中的 FES，从而加速穿越的激活过程，跳出局域能量最小值和跨越高能势垒。随着模拟的深入，FES 不断变化，同时集体变量经历一系列变化，在每个变化中原子重新达到平衡，逐渐找到全局能量最低点，并产生新的晶体结构。

自由能面的维数庞大，对于单位晶胞中具有 n 个原子的晶体，自由度的数量为 $3n+3$，其中 6 个维度用来代表系统 h 的 6 个集体变量，剩余 $3n-3$ 个维度描述原子位置。通过给定的 h 来确定全局能量最小值，将全局优化、晶格动力学与群论结合，如果结构不稳定，则通过额外引入的软模算符将结构向软模方向移动，以获得能量更低的结构。其算法流程见图 6-10。

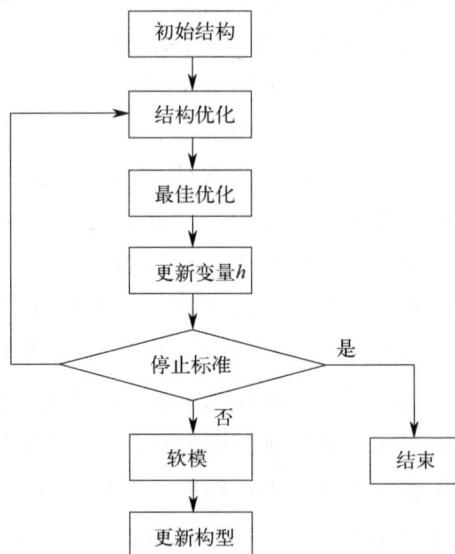

图 6-10 准动力学计算原理流程图

6.3.3.2　库仑力场

真实存在的化合物中都存在一定的无序或缺陷特征，很难达到理想的晶体结构，固体材料的许多独特性能只出现在无序和/或缺陷状态，在实际化合物中存在的不同长度尺度的各种无序类型中，局部原子杂质、取代和/或空位是最重要的缺陷类型[28-29]，缺陷的存在对生成焓、构型熵、稳定性、熔点、硬度、介电、空间电荷层等热力学性质以及输运、储存、相变、激发、反应等动力学过程均有显著影响。半导体材料中的缺陷可能提高电子和空穴的浓度，提高电子的迁移率，缺陷结构的存在还可能提供额外的储锂位点，以提升材料理论容量。因此，通过可控地增加或减少材料中的缺陷，有针对性地调控材料中离子输运、储能容量、结构稳定性等，实现无序材料的高性能设计[30-31]。

若仍使用第一性原理计算来模拟具有缺陷的超胞结构，不仅计算量庞大，而且无法保证组合出所有可能的低能结构。由于电池电极结构中空位缺陷的主要来源为充放电过程中 Li/Na 等离子的脱嵌。Li/Na 等离子与骨架结构的相互作用可以简化为库仑相互作用，因此可将势函数简化为库仑相互作用。利用 Ewald 求和法可以快速估算某一充电结构的所有可能构型的库仑能，并以此筛选出低能结构用于后续精确计算[32]。该类方法在"Supercell"软件包中可以实现[33]。此外，该方法可以快速描述周期性有序（晶体）材料中的空位或替代缺陷，通过结构操作、超胞生成、原子排列和空位排列、电荷平衡、对称等效结构检测、库仑能量计算和采样输出混杂等方法实现无序结构的构建，并寻找最合适的模型匹配实验中的材料。

通过排列组合和穷举法可对可能的原子排列进行全空间枚举。原子在一组或多组无序晶体位置上的组合数 P 可以通过多组置换公式计算：

$$P(k_1,k_2,\cdots,k_N)=\frac{(k_1+k_2+\cdots+k_N)!}{k_1!\ k_2!\ \cdots k_N!}=\frac{\left(\sum\limits_{i=1}^{N}k_i\right)!}{\prod\limits_{i=1}^{N}k_i!} \tag{6-29}$$

利用 Ewald 求和法计算每一构型的库仑能：

$$U=\frac{1}{2}\sum_{i=1}^{N}\sum_{j=1}^{N}\frac{q_iq_j}{4\pi\varepsilon_0 r_{ij}}(i\neq j) \tag{6-30}$$

$$U=\frac{1}{2}\sum_{\vec{n}}\sum_{i=1}^{N}\sum_{j=1}^{N}\frac{q_iq_j}{4\pi\varepsilon_0(\vec{r}_{ij}+\vec{n})} \tag{6-31}$$

式中，i、j 表示晶胞中不同的原子。式（6-30）表示在单个晶胞中原子间的库仑相互作用，式（6-31）表示考虑周期性边界条件下整个晶格的库仑能。

该方法筛选结构由四个主要步骤组成：指定晶体中原子位置和原子组合、生成无序晶胞、对缺陷或替代原子的占位进行调整、计算库仑能和存储构型。在筛选结构的过程中，该方法根据给定原子的氧化态（电荷）计算原子间的库仑相互作用，得到每个构型的静电能，根据这些能量来排列结构，虽然该方法的估算是粗略的，但是在离子晶体中具有一定的有效性和高效性[33-35]。

6.3.3.3　特殊准随机结构（SQS）

特殊准随机结构（special quasirandom structure，SQS）方法可以快速构建无序体系中的初始结构模型[36]。1990 年 Zunger 提出了 SQS 方法，实现了在较小晶胞和周期性条件下，模拟完全无序体系[37]。特殊准随机结构方法的核心思想是通过选取一个特殊的小周期性单元来模拟无序系统中最近邻原子的相关函数，并通过如下相关函数来判定选取的周期性结构与无序结构之间的差异：

$$\langle P\rangle_R - P(S) = \sum\nolimits'_{k,m} D_{k,m}\left[(2x-1)^k - \overline{\prod_{k,m}(S)}\right]p_{k,m}$$

6.3.3.4　集团展开法

集团展开法（CE）是一种可以高效表示材料的物理性质和其对应构型关系的理论方法[38]。该方法在 1984 年由 Sanchez 提出，其主要原理为在指定位置（构型）上任何物化性质都可以用每个位置的基矢函数来扩展表示[39-41]。

对于一个包含 N 个位点的晶胞，每个位点都可能被 m 种不同的元素占据。构型变量 σ_i 可以表示晶格中位点的占据情况。例如在二元体系材料中，可以用构型变量 $\sigma_i = \{1, -1\}$ 表示占据位点的元素，1 表示位点被 A 占据，而 -1 表示位点被 B 占据，同理，三元体系中，可以用 $\sigma_i = \{1, 0, -1\}$ 分别表示位点被 A、B 和 C 占据。这样，该系统所有构型都可以通过一个 N 维矢量 $\sigma = \{\sigma_1, \cdots, \sigma_N\}$ 来表示。

对于二元体系，定义两个基矢函数 $\phi_0^n(\sigma_n)$ 和 $\phi_1^n(\sigma_n)$ 即可描述位点的占位情况。根据 Sanchez 基于标量积构建的基矢函数，二元体系中位点基矢函数分别为 $\phi_0^n(\sigma_n) = 1$ 和 $\phi_1^n(\sigma_n) = \sigma_n$。这些基矢函数只和构型相关。扩展到 M 种组分的无序体系，可以定义一系列合适的基矢函数 $\phi_m^n(\sigma_n)$，其中 $m = 0, \cdots, M-1$。通过上述基矢函数，可以构建构型空间的基矢函数 $\phi_{\vec{m}}(\vec{\sigma})$，通过构建所有位点基矢函数的张量积来表示：

$$\phi_{\vec{m}}(\vec{\sigma}) = \prod_{n=1}^{N} \phi_{m_n}^n(\sigma_n) \tag{6-32}$$

式中，$\vec{m} = (m_1, \cdots, m_n, \cdots, m_N)$。在二元体系中总共有 2^N 种不同的基矢函

数，每个 m 可以取 1 或 0。考虑所有位点 $m_n = 0$，则 $\phi_0^n(\sigma_n) = 1$，相应的 $\phi_{\vec{m}=(0,\cdots,0,\cdots,0)}(\vec{\sigma}) = 1$。若存在一个位点为 $m_i = 1$，其他位点都为 $m_n = 0$，那么 $\phi_{\vec{m}=(0,\cdots,1,\cdots,0)}(\vec{\sigma}) = \sigma_i$。该情况基矢函数的值只和 $m_i = 1$ 的位点相关。以此类推，二元体系的公式可以简写为下式：

$$\phi_\alpha(\vec{\sigma}) = \prod_{i \in \alpha} \sigma_i \tag{6-33}$$

式中，α 取代 $\vec{m}$，表示 $\vec{m}$ 中不等于 0 的值，其可以表示任何点，原子对或三元集团。该基矢函数具有正交完备性。因此，任何依赖于构型 σ 的性质，如晶体的弛豫能，都可以表示为基矢函数的线性展开，如

$$E(\vec{\sigma}) = J_i + \sum_i J_i \sigma_i + \sum_{i,j} J_{i,j}\sigma_i\sigma_j + \sum_{i,j,k} J_{i,j,k}\sigma_i\sigma_j\sigma_k + \cdots \tag{6-34}$$

式中，J 为有效集团相互作用参数（ECIs），可以看作集团内相互作用对总能的贡献；J_i、$\sum_i J_i\sigma_i$、$\sum_{i,j} J_{i,j}\sigma_i\sigma_j$ 等分别表示单体、所有近邻原子对、三元集团的相互作用参数。

在实际使用中，通常取有限集团扩展组合就可以高精度描述体系的性质，而无需对所有集团进行处理。结合第一性原理计算提供的能量，拟合得到上述展开式的 ECI 参数。该方法可扩展到多元化合物或多子晶格体系，如复杂氧化物[42]、无序合金[40] 等。

利用统计力学，配分函数可以写为：

$$Z = \sum_\sigma e^{-E_\sigma/k_B T} \tag{6-35}$$

因此自由能 F 可以用各集团表示，并写为：

$$F = -k_B T \ln Z \tag{6-36}$$

通过集团展开式，可以快速准确地模拟任何构型的系统能量。在半巨正则系综下，固定化学势改变温度或是恒温条件下改变化学势，都能很好地确定相界，从而构建相图[43]。

6.3.4　晶格振动谱

凝聚态物理和材料科学的理论描述主要分为两部分，即声子和电子。声子与材料体系中的原子和晶格直接关联。体系的基态能量 E 可在其平衡位置附近展开成 Taylor 级数，小振动近似可将能量只保留至二阶，即在简谐近似的框架下，略去三阶及以上高阶相互作用的能量，可表示为：

$$E[r(n,\mu),\cdots,r(m,\nu),\cdots] = E_0 + \frac{1}{2}\sum_{n,\mu,m,\nu}\Phi\begin{pmatrix} n & \mu \\ m & \nu \end{pmatrix}U(n,\mu)U(m,\nu)$$

$$\tag{6-37}$$

其中 $r(n, \mu)$ 表示第 n 个原胞中原子 μ 的位置。$\Phi\begin{pmatrix} n & \mu \\ m & \nu \end{pmatrix}$ 是力常数矩阵，其与原子位置 r 之间的关系为：

$$\Phi_{i,j}\begin{pmatrix} n & \mu \\ m & \nu \end{pmatrix} = \frac{\partial^2 E}{\partial r_i(n,\mu) \partial r_j(m,\nu)} \tag{6-38}$$

通过 Fourier 变换，波矢空间的动力学矩阵元可以写为：

$$D(q,\mu,\nu) = \frac{1}{\sqrt{M_\mu M_\nu}} \sum_m \Phi\begin{pmatrix} 0 & \mu \\ m & \nu \end{pmatrix} \exp\{-2\pi i q \cdot [r(0,\mu) - r(m,\nu)]\}$$

$$\tag{6-39}$$

式中，M 为原子质量；q 是波矢。晶格动力学的核心是求解晶格振动的本征方程[44-45]。动力学矩阵与其能量本征值有如下关系：

$$D(q)e(q,i) = \omega^2(q,i)e(q,i) \tag{6-40}$$

通过此关系式，可解出动力学矩阵在 q 点处晶格振动的频率 $\omega(q, i)$ 与其对应的极化矢量 $e(q, i)$ 等信息。其中极化矢量满足正交归一性条件：

$$\sum_j e_i^*(q,j,\mu) \cdot e_l(q,j,\nu) = \delta_{i,l}\delta_{\mu,\nu} \tag{6-41}$$

$$\sum_i \sum_\mu e_i^*(q,j,\mu) \cdot e_i(q,j',\mu) = \delta_{j,j'} \tag{6-42}$$

需要特别指出的是，若本征值 $\omega^2(q, i)$ 出现负数，则对应的振动频率 ω 为虚频。当体系出现虚频或软模时，往往预示着当前体系动力学不稳定，沿着虚频 q 方向存在更低能的稳定结构[46-47]。软模出现很可能预示着相变或结构的不可逆调整，是结构衍变的依据[48-51]。

6.3.5 相场理论

6.3.5.1 相场简介

在电池材料循环充放电的过程中，通常在微观尺度上会出现晶体结构和物理性质的改变，例如电极-电极、电极-电解液之间的相变或化学反应，从而导致在更大尺度上直接改变材料的组成和形貌，进一步影响其宏观力学性能。相场方法作为材料计算模拟分支中的重要组成部分，可以有效地模拟各种材料在不同的工艺参数下的微观组织演化，对材料的相变研究具有重要意义。

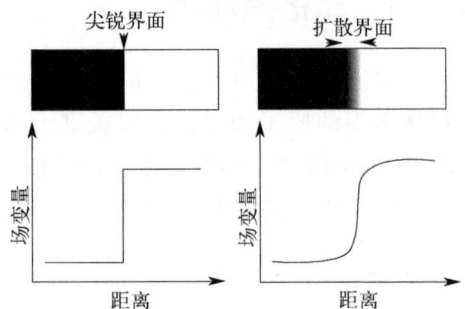

图 6-11 相场变量变化情况

在相场方法中，微观组织是通过一系列连续场来表示的。人们用一系列特征物理量表示某个特定的场，将这些特征物理量统一称为场变量。在远离界面、畴壁的相或畴的内部，场是均一稳定的，场变量的数值也是相同的。不同的相区或者畴具有不同的物理性质，用不同场变量表示。如图 6-11 所示，传统相态演变认为不同相间的交界面为尖锐界面，需建立相应数学函数对界面位置进行追踪；而相场模型为扩散界面模型，在相界或者畴界的区域，场变量的值连续变化，即在相场方法中界面是渐变的，并存在一定宽度。

6.3.5.2　相场变量

在相场法中，通常场变量可分为两类，即保守场与非保守场。保守场是指满足局域守恒条件的场变量，如摩尔分数变化和摩尔浓度变化。非保守场则是指不满足局域守恒条件的场变量。具体可分为序参数 $\eta(r)$ 和场变量 $\Phi(r)$。序参数 $\eta(r)$ 通常用来描述有序相间的结构差异，$\eta = 0$ 表示无序相态，而 $\eta = \pm 1$ 表示有序相态。场变量 $\Phi(r)$ 通常用来描述材料共存相态变化特征，如在液体凝固中，通常以 $\Phi = 1$ 表示固态，$\Phi = 0$ 表示液态，$\Phi = 0 \sim 1$ 表示固液交界面。在相场法中，体系的瞬时状态可由相应的场变量进行描述，那么体系的时间演化就需要通过这些序参数的演化获得。在保守场中，可以采用扩散方程来描述其随时间、空间的演化；而在非保守场中，一般采用弛豫方程来表述[52]。

6.3.5.3　自由能函数的选择

材料的微观组分、结构总是向着总自由能最小的方向进行演变，体系内自由能的降低为微观相态演变提供驱动力。在相场理论中，一个非均质微结构的总自由能一般可以写为[53]：

$$F = \int_V f_{local} + f_{gra} + f_{appl} \, dV + \iint_{V, V'} f_{nonlocal} \, dV \, dV' \tag{6-43}$$

式中，f_{local} 是局部化学自由能密度，它是一系列序参数的函数，如成分 c_i、长程有序参数 η_i、电极化强度 p_i、磁化强度 m_i、应变 ε_{ij} 以及描述晶粒、位错等其他场自变量的序参数 Φ_i；f_{gra} 是梯度能密度，表示能量在描述非均质有序参量的场中补偿，其数值仅在界面附近有非零值，因此该物理量描述了界面或畴壁对总能的能量贡献；f_{appl} 是外应力、电场或磁场等外场的关联势能对总能的贡献；$f_{nonlocal}$ 是内在的长程相互作用，如弹性、静电和静磁相互作用。不同物理现象中各项的竞争也直接导致了在相变过程中丰富的微观组织形貌的产生。

6.3.5.4　相场动力学方程

在相场理论中，相场变量在时间、空间上的演变进程可用相场动力学方程描述。按相场变量类型，相场动力学方程具体可分为：用于描述保守场变量演变进程的 Cahn-Hilliard 方程 [式(6-44)] 和用于描述非保守场变量演化进程的 Allen-Cahn 型方程 [式(6-45)]。

$$\frac{\partial c(r,t)}{\partial t} = \nabla \cdot \left[M \nabla \frac{\delta F_{tot}}{\delta c(r,t)} \right] \tag{6-44}$$

$$\frac{\partial \eta(r,t)}{\partial t} = -L \frac{\delta F_{tot}}{\delta \eta(r,t)} \tag{6-45}$$

式中，F_{tot} 为系统总自由能；M 和 L 分别是描述组分扩散和结构松弛的动力学系数。相场动力学方程的求解可以确定相场变量随时间、空间的演变进程，进而可实现材料微观组分、结构、取向变化情况的精确模拟[53]。

6.4
倍率性能

倍率性能在宏观上表现为离子嵌入脱出的速率，在微观上则体现为离子从某一格点位置跃迁到另一位置的势垒高低。因此在本节中，我们主要介绍与势垒相关的动力学计算方法。

6.4.1 迁移势垒

理论化学和凝聚态物理中常见且重要的问题是确定一组原子从某一稳定构型演变为另一稳定构型的最低能量路径。该路径通常被称为"最小能量路径"（minimum energy path，MEP）。它常用于过渡态的"反应坐标"，如化学反应、分子构象的变化或固体中的扩散过程。沿着 MEP 势能最大值是鞍点能量，它对应于体系的激活能垒。对应的构型为过渡态结构，表示反应的中间态，又称为鞍点（saddle point）[54]。

微动弹性带（nudged elastic band，NEB）方法是一种通过已知反应物和产物来寻找鞍点和 MEP 的方法。该方法首先需要确定体系的目标函数：

$$\vec{F}_i = -\vec{\nabla} V(\vec{R}_i) + \vec{F}_i^S \tag{6-46}$$

式中，i 表示 NEB 计算中产生的第 i 个结构；$\vec{R}_i$ 为第 i 个结构的坐标；$V(\vec{R}_i)$ 为 $\vec{R}_i$ 处的势能；$\vec{F}_i^S$ 表示第 i 个结构受到的弹性力，表示为：

$$\vec{F}_i^S \equiv k_{i+1}(\vec{R}_{i+1} - \vec{R}_i) - k_i(\vec{R}_i - \vec{R}_{i-1}) \tag{6-47}$$

式中，k 为弹性常量，其在同一体系中通常可视为常量。

由上述目标函数可以确定 NEB 计算中每一种中间态受到的作用力，但由此会出现错过鞍点的情况，其原理如图 6-12 所示。

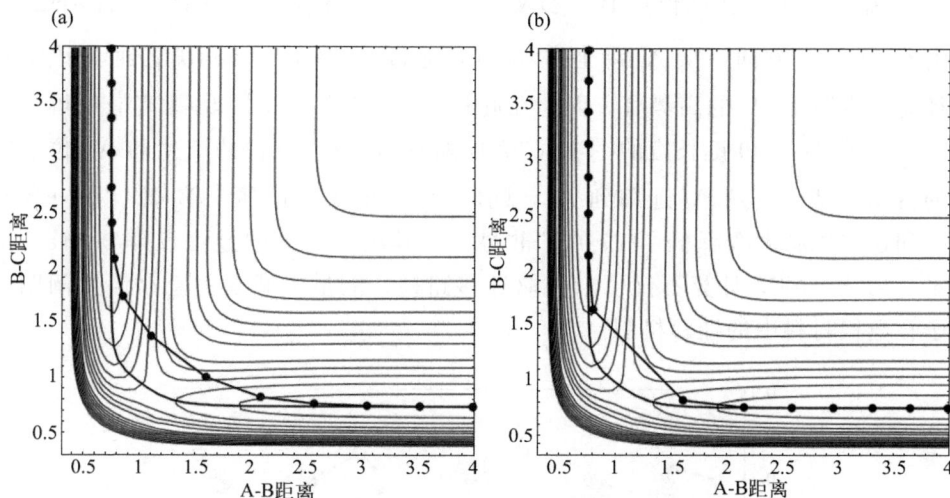

图 6-12　NEB 计算原理图

由上述目标函数可以确定 NEB 计算中每一过渡态受到的作用力，但可能会产生错过鞍点的能量路径。如图 6-12(b) 所示，若取弹性常数 $k=10$，则所得过渡态在经过中间鞍点附近时出现了切角，反应的过渡中间态被忽略，因此无法获取准确的 MEP。若取弹性常数 $k=0.1$，结果如图 6-12(a) 所示，切角得到缓解，然而仍无法准确得到鞍点结构。

出现切角的原因在于相邻中间态之间的弹性力较大，其会产生垂直于反应路径的分力，从而将中间点拉向能量较低的区域，因此无法确定能量最高点（鞍点）的位置。与此同时由势能产生的平行于路径方向的力 $\vec{\nabla} V(\vec{R}_i)$ 也导致了中间态从势能高点滑落。因此，若需得到准确的 MEP，首先可以通过增加中间态的数量，提高路径分辨率，提升找到过渡态的概率。其次通过修正目标函数，引入切向和法向作用对势能和弹性力的影响：

$$\vec{F}_i^0 = -\vec{\nabla} V(\vec{R}_i)|\perp + \vec{F}_i^S \cdot \hat{\tau}_\parallel \hat{\tau}_\parallel \tag{6-48}$$

式中，$\hat{\tau}_\parallel$ 为相邻中间态的单位切向量，$-\vec{\nabla} V(\vec{R}_i)|\perp = \vec{\nabla} V(\vec{R}_i) - \vec{\nabla} V(\vec{R}_i) \cdot \hat{\tau}_\parallel \hat{\tau}_\parallel$。目标函数 $\vec{F}_i^0$ 由势能 $\vec{\nabla} V(\vec{R}_i)$ 在法相上的分量和 $\vec{F}_i^S \cdot \hat{\tau}_\parallel \hat{\tau}_\parallel$ 在切向上弹性力共同组成，从而确保 NEB 计算中不会出现切角现象。

离子迁移问题在电极材料尤其是固体电解质和界面传输中尤为重要。在锂离子充放电过程中，SEI 膜的产生会恶化电极材料的使用寿命，因此探清锂离子在

SEI 膜中的传输机制对电池的优化与设计至关重要。图 6-13 列举了 Li 原子在 SEI（Li_2CO_3）内部的扩散模型。Li^+ 出现在间隙位置 A_i 处，导致非扭曲位点 A_h 经过弛豫后变为扭曲位点 B_d。此处考虑了两种可能的 Li^+ 扩散路径：①Li 直接沿着 $[01\bar{1}]$ 方向，从 A_i 跳至 B_i 位点，通过 NEB 的计算可知若通过该扩散路径需要克服 10eV 的高势垒，因为在此过程中，Li^+ 与 O^{2-} 的距离最近可达到 0.862Å（典型 Li-O 键长度的一半）。②伴随着 B_d 位点空位的产生和 A_h 位点空位的占据，即 Li^+ 从 A_i 迁移到 A_h，同时 B_d 处的 Li^+ 迁移至 B_i 处（$B_d \rightarrow B_i$）。该协同迁移机制大幅降低了 Li 的扩散势垒，其敲出空位的过程仅需 0.31eV 的能量。因此，NEB 计算不仅可以获取迁移路径、能量等微观信息，还可阐明锂离子在电极材料中的迁移机制。

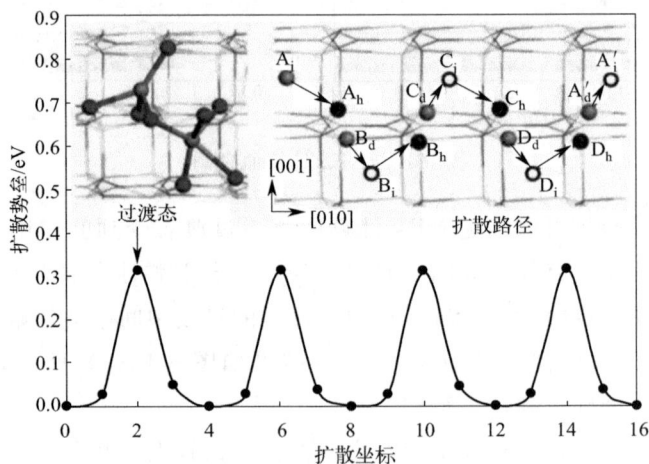

图 6-13　NEB 迁移势垒算例

黑色空心球表示 Li^+ 在扩散过程中经过的位点。下标 i、d 和 h 分别表示间隙、扭曲晶格和非扭曲晶格位点

6.4.2　分子动力学

为了模拟更大体系的动力学过程，并在一定程度上忽略电子结构的影响，可以使用分子动力学方法。分子动力学的模拟具有描述体系大、计算速度快等优点。这种方法可以在拉格朗日力学和哈密顿力学的框架下，将原子运动与其轨迹关联在一起。

经典分子动力学成功地描述了多体系统，甚至是大分子体系。然而，利用经典分子动力学的前提是描述好原子间的相互作用，即需要预先给定经验势函数才能进行体系的模拟。一般来说，一组相互作用可以被拆解为两体和多体相互作用，也可被拆解为长程和短程相互作用、静电和非静电相互作用等。然而在引入这些经验势时，往往忽略甚至丢失了局域电子间的关联信息，即在考虑原子运动的过程中无法获得电子的信息。

R. Car 和 M. Parrinello 等人于 1985 年提出了第一性原理分子动力学，首次将电子和原子统一考虑，即在经典分子动力学的基础上，从非相对论性量子力学出发，利用密度泛函理论来计算所需的积分，并自洽求解原子间的相互作用[55]。这种方法克服了经典分子动力学中经验势不够精确的问题，目前已广泛应用于凝聚态科学的诸多领域。其不仅可以处理半导体和金属的问题，还可处理有机物和化学反应过程。在绝热近似下，原子核每运动一次，电子密度也实时更新，系统的拉氏量可以表示为：

$$L = \frac{1}{2}\sum_I m_I \dot{r}_I^2 + \frac{1}{2}\sum_i \mu_I |\dot{\psi}_i|^2 - E[\{\psi_i\},\{r_I\}] + C \qquad (6-49)$$

式中，前两项分别为体系离子和电子的动能；第三项是虚拟系统中离子-电子耦合势；最后一项是为了保证 $\{\psi_i\}$ 满足正交性条件而引入的束缚条件。从拉格朗日方程中可以得到两个耦合的运动方程，即离子的运动方程

$$m_I \ddot{r}_I^2 = -\frac{\partial E}{\partial \boldsymbol{R}_I} \qquad (6-50)$$

和电子的运动方程

$$\mu \ddot{\psi}_i = -\frac{\partial E}{\partial \psi_i} + \sum_j \lambda_{i,j}\psi_j \qquad (6-51)$$

式中，$\lambda_{i,j}$ 是拉格朗日乘子。关于电子运动过程的描述是虚拟的，但可以作为动态退火模拟的工具。当 $\ddot{\psi}_i$ 和 $\ddot{r}_I$ 都很小时，等价于系统中温度 T 的下降。直到温度 $T=0$ 时，系统达到能量 E 的最小平衡态。此外，系统处于平衡态时，方程简化为 Kohn-Sham 方程。该方法有效地描述了有限温度下凝聚态系统的动力学特征和电子性质，极大降低了由传统分子动力学中势函数不够精确造成的误差。

分子动力学计算的流程（图 6-14）大致可以描述为：通过势函数和一定的外场条件（温度、压强）建立体系的运动方程，然后对系统中每一原子/原子团运动方程进行数值求解，得到每一时刻下每一原子/原子团的空间位置和速度，即相空间的轨迹。利用统计平均的方法可得到该体系的静态和动态特性，并进一步获得该模拟系统的宏观性质。

6.4.3　离子电导率

电池材料中，利用分子动力学模拟可以将材料的宏观性能（电导率）与微观

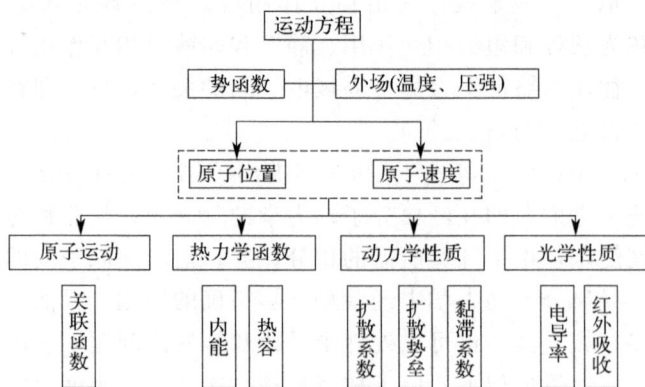

图 6-14　分子动力学计算流程图

机制（离子的扩散路径）相联系。统计分析原子的扩散路径，可以得到离子电导率所对应的微观尺度下的动态性能。均方位移（mean square displacement，MSD）表征原子的位移情况随时间的变化，定义如下：

$$\langle \boldsymbol{r}^2(t) \rangle = \frac{1}{n_t} \sum_{j=1}^{n_t} \left[\boldsymbol{r}(t_j + t) - \boldsymbol{r}(t_j) \right]^2 \tag{6-52}$$

式中，$\boldsymbol{r}(t_j)$ 为原子 j 在 t 时刻的位置矢量。均方位移可以给出离子振动及其迁移等动态性质。对于固态电解质材料，导电离子围绕其平衡位置小幅或大幅振动，其均方位移随时间涨落。基于第一性原理分子动力学的模拟，并结合 Einstein 关系，可通过下式得到离子的扩散系数 D：

$$D = \frac{\mathrm{MSD}(\Delta t)}{2dt} \tag{6-53}$$

式中，d 为维数；MSD 为离子的总均方位移。根据 Nernst-Einstein 关系式，离子电导率表示如下：

$$\sigma = \frac{N q^2 D}{V k_B T} \tag{6-54}$$

式中，N 为离子个数；q 为离子电荷量；V 为体积；k_B 为 Boltzmann 常数；T 为温度。

以 $Li_{1.33}Al_{0.33}Ti_{1.67}(PO_4)_3$（LATP）电解质为例，其均方位移随时间的关系曲线如图 6-15 所示。均方位移与时间的线性关系只在一定时间段内成立，而在整个时间段呈现明显的非线性。分段拟合后可以得到不同的动力学过程，点划线区间内锂离子振动与简谐振动模型一致，具有局域振动的特征；虚线区称为弹道区，在该时间段内，锂离子在其平衡位置附近大幅散射和振动，而非从某一局域平衡位置迁移到另一局域位置的动力学过程[56]。

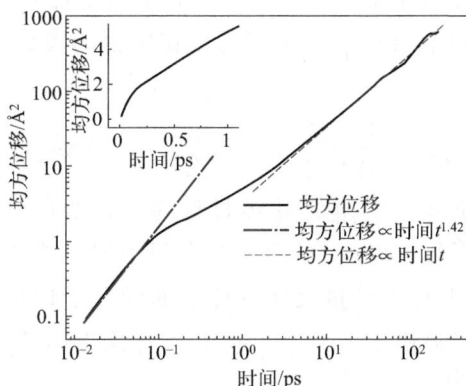

图 6-15　1200K 时，基于第一性原理分子动力学计算 LATP 中锂离子的 MSD
虚线对应扩散位移，点划线表示局域的离子振动[56]

6.5
固体电解液中的反应和界面

目前，绝大多数液体电解液含有易燃的有机溶剂，锂离子电池在实际使用过程中存在很大的安全隐患。固体电解液的提出很大程度上避免了这个问题，然而其存在电解液与电极之间界面电阻高、界面不相容、界面不稳定等问题，直接影响了从正极到负极整个电池的电化学性能[57]。

如图 6-16 所示，在充电过程中，正极材料与固体电解液发生元素互扩散和电化学反应，从而引起界面处的分解和形成界面相。此外，由于正极材料充放电过程带来体积和界面结构的变化，引起正极-固体电解液界面处应力的增强和减弱，界面结构发生畸变，导致电荷迁移阻力增大、电池循环性能下降。

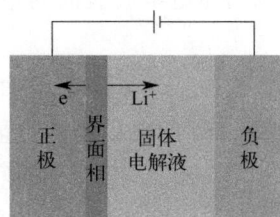

图 6-16　正极界面示意图

若负极采用锂金属，则与固态电解液接触时可能会形成三种类型的界面：①热力学稳定界面，电极与电解液不发生反应，同时阻挡电子和离子的传导，阻碍电化学反应的发生；②混合反应界面，电极与电解液发生反应，既有电子传导又有离子传导，产生电池自放电现象，导致电池失效；③亚稳界面（SEI 层），固态电解液分解形成只能通过离子不能通过电子的界面，可以作为保护电解液的钝化层阻止进一步分解，然而 SEI 层的厚度难以控制，也会引起较大的界面阻抗，影响循环性能[58]。

采用第一性原理计算和设计界面时，热力学稳定性是体系合理存在的前提，表面能 $\gamma_{表面}$ 定义了将块体化学键分离以形成特定密勒指数（hkl）表面所产生的能量：

$$\gamma_{表面} = \frac{1}{2A}\left[G_{表面} - G_{块体} - \sum_i^{物质}\Delta n_i\mu_i\right] \tag{6-55}$$

式中，A 是表面面积；$G_{块体}$ 是块体材料的吉布斯自由能；一般采用平板模型建立表面，等效于平行（hkl）晶面的几个原子层形成周期性排列的薄膜，其能量用 $G_{表面}$ 表示；在非化学计量表面（即表面的化学计量数与块体不相等）的情况下，需要考虑化学势修正 $\Delta n_i\mu_i$。定义 $\gamma_{界面}$ 用以描述两种材料 A 和 B 形成 A/B 界面时的相互作用：

$$\gamma_{界面} = \lim_{N\to\infty}\frac{G_{界面}(N) - N_A G_{块体A} - N_B G_{块体B}}{2A_{界面}} \tag{6-56}$$

式中，$G_{表面}$、$G_{块体A}$、$G_{块体B}$ 分别表示界面系统、块体 A 和块体 B 的吉布斯自由能；N_i 是界面中 i 的单元数；$\gamma_{表面}$ 一般为正值，但 $\gamma_{界面}$ 有可能为负，在热力学上表示 A/B 异质界面可能比相互独立的块体单元更加稳定。

在锂离子电池中，电解液最大的氧化势（相对于正极）和最小的还原势（相对于负极）之间的区域称为电化学窗口。当电化学窗口超过正负极电位时，电解液可以相对于电极保持稳定，即要求电解液的 HOMO（最高占据分子轨道）低于正极费米能级，LUMO（最低未占据分子轨道）高于负极费米能级[59]。

Zhu[60] 和 Richards 等人[61] 开发了一种基于第一性原理 DFT 计算的方法来评估巨势并绘制固体电解液与电极接触时产生分解物的电化学窗口图，从而可以判断电解液表面的稳定性。

$$\Phi[c,\mu_{Li}] = G[c] - n_{Li}[c]\mu_{Li} \tag{6-57}$$

式中，$G[c]$ 是 Li 含量为 c 的相的吉布斯自由能；n_{Li} 和 μ_{Li} 分别是 Li 原子个数和 Li 的化学势；含量为 c 的相在巨势 Φ 范围内是热力学稳定的。图 6-17 描绘了 LGPS 的电化学窗口以及分解相（如 Li_3P、Li_2S 和 LiGe 化合物等）[62]。LGPS 的还原始于 1.71V，此时 LGPS 被锂化生成 Li_4GeS_4、P 和 Li_2S。超过 2.14V 时，LGPS 被氧化分解为 Li_3PS_4、S 和 GeS_2。高于 2.31V 时，Li_3PS_4 进一步被氧化分解为 S 和 P_2S_5。因此，热力学计算结果表明，LGPS 的电化学窗口在 1.7～2.1V 范围内。

Richards 等人以表面稳定性为基础，提出了从界面平衡热力学入手的方法来探究界面稳定性[61]。该方法在巨正则系综下通过构建正极和电解质材料间的巨势（grand-potential）相图来寻找形成最大热力学驱动力的反应系数，并描述界面反应，得到相应的反应产物，最终确定界面的稳定性。相应的公式如下：

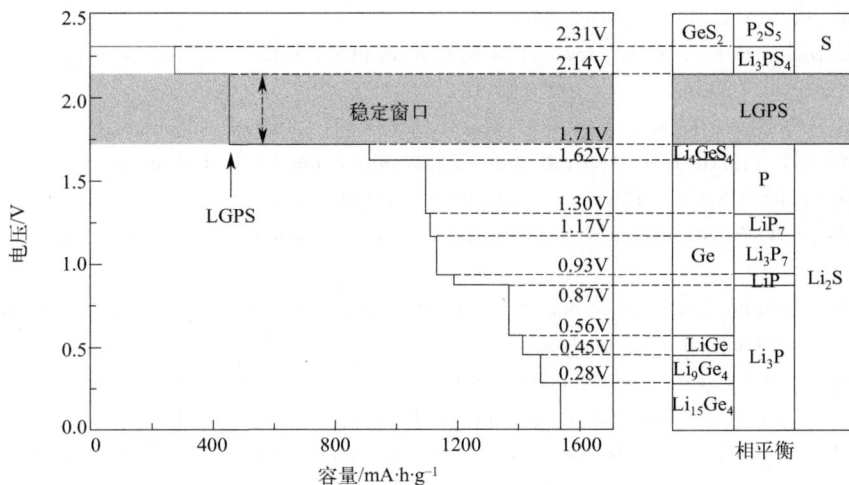

图 6-17　LGPS 的电化学窗口[62]

$$\Phi_{pd}\left[c, \mu_{Li}\right] = \min_{n_{Li}}\{E_{pd}\left[c + n_{Li}\right] - n_{Li}\left[c\right]\mu_{Li}\} \tag{6-58}$$

$$\Delta\Phi\left[c_{正极}, c_{电解液}, \mu_{Li}\right] = \min_{x \in [0,1]}\{\Phi_{pd}\left[xc_{正极} + (1-x)c_{电解液}, \mu_{Li}\right] - x\Phi\left[c_{正极}, \mu_{Li}\right] - (1-x)\Phi\left[c_{电解液}, \mu_{Li}\right]\} \tag{6-59}$$

式中，$\Phi_{pd}\left[c, \mu_{Li}\right]$ 描述了在组成 c 和 Li 化学势 μ_{Li} 下由巨势相图决定的基态结构或相平衡处的能量。上式描述了界面区巨势的变化，$\Delta\Phi$ 的大小最终决定界面的热力学稳定性。

参考文献

[1]　Armand M，Tarascon J M，Building better batteries. Nature，2008，451：652-657.

[2]　Assat G，Tarascon J M，Fundamental understanding and practical challenges of anionic redox activity in Li-ion batteries. Nature Energy，2018，3：373-386.

[3]　Rouxel J. Anion-cation redox competition and the formation of new compounds in highly covalent systems. Chemistry-A European Journal，1996，2：1053-1059.

[4]　Sathiya M，Rousse G，Ramesha K，et al. Reversible anionic redox chemistry in high-capacity layered-oxide electrodes. Nature Materials，2013，12：827-835.

[5]　McQuarrie D. Statistical Mechanics. New York：Harper and Row，1976.

[6]　Stowasser R，Hoffmann R. What do the Kohn-Sham orbitals and eigenvalues mean? Journal of the American Chemical Society，1999，121：3414-3420.

[7]　Dronskowski R，Blochl P E. Crystal orbital hamilton populations (COHP) energy-resolved visualization of chemical bonding in solids based on density-functional calculations. Journal of Physical Chemistry，1993，97：8617-8624.

[8]　Deringer V L，Tchougreeff A L，Dronskowski R. Crystal orbital Hamilton population (COHP) analysis as projected from plane-wave basis sets. The Journal of Physical Chem-

istry A，2011，115：5461-5466.

［9］ Hoffmann R. How chemistry and physics meet in the solid state. Angewandte Chemie-International Edition，1987，26：846-878.

［10］ Bader R F. Atoms in Molecules（A Quantum Theory）. Oxford：Clarendon Press，1990.

［11］ Yu M，Trinkle D R. Accurate and efficient algorithm for Bader charge integration. The Journal of Chemical Physics，2011，134：064111.

［12］ Reed A E，Weinstock R B，Weinhold F. Natural population analysis. The Journal of Chemical Physics，1985，83：735-746.

［13］ Weinhold F，Landis C R. Natural bond orbitals and extensions of localized bonding concepts. Chemical Education Research，2001，2：91-104.

［14］ Mulliken R S. Electronic structures of molecules XI electroaffinity，molecular orbitals and dipole moments. The Journal of Chemical Physics，1935，3：573-585.

［15］ Shukla V，Araujo R B，Jena N K，et al. The curious case of two dimensional Si_2BN：A high-capacity battery anode material. Nano Energy，2017，41：251-260.

［16］ Misztal R，Balińska A，Kulawik D，et al. Chromium substitution effect on structural and electrochemical behavior of Li-Cr-Ni-O oxides. Ionics，2015，21：3039-3049.

［17］ Liu Y，Zhao X，Fang C，et al. Activating aromatic rings as Na-ion storage sites to achieve high capacity. Chem，2018，4：2463-2478.

［18］ Wu H P，Yang Q，Meng Q H，et al. A polyimide derivative containing different carbonyl groups for flexible lithium ion batteries. Journal of Materials Chemistry A，2016，4：2115-2121.

［19］ Malik R，Zhou F，Ceder G. Kinetics of non-equilibrium lithium incorporation in $LiFePO_4$. Nature Materials，2011，10：587-590.

［20］ Padhi A K，Nanjundaswamy K S，Goodenough J B. Phospho-olivines as positive-electrode materials for rechargeable lithium batteries. Journal of the Electrochemical Society，1997，144：1188-1194.

［21］ Srinivasan V，Newman J. Discharge model for the lithium iron-phosphate electrode. Journal of the Electrochemical Society，2004，151：A1517-A1529.

［22］ Andersson A S，Kalska B，Häggström L，et al. Lithium extraction/insertion in $LiFePO_4$：an X-ray diffraction and Mössbauer spectroscopy study. Solid State Ionics，2000，130：41-52.

［23］ Delmas C，Maccario M，Croguennec L，et al. Lithium deintercalation in $LiFePO_4$ nanoparticles via a domino-cascade model. Nature Materials，2008，7：665-671.

［24］ Wu S Q，Ji M，Wang C Z，et al. An adaptive genetic algorithm for crystal structure prediction. Journal of Physics：Condensed Matter，2014，26：035402.

［25］ Oganov A R，Glass C W. Crystal structure prediction using ab initio evolutionary techniques：principles and applications. The Journal of Chemical Physics，2006，124：244704.

［26］ Wang Y，Lv J，Zhu L，et al. Crystal structure prediction via particle-swarm optimization. Physical Review B，2010，82：094116.

［27］ Zhu Q，Oganov A R，Lyakhov A O. Evolutionary metadynamics：a novel method to predict crystal structures. CrystEngComm，2012，14：3596.

[28] Koketsu T, Ma J, Morgan B J, et al. Reversible magnesium and aluminium ions insertion in cation-deficient anatase TiO_2. Nature Materials, 2017, 16: 1142-1148.

[29] Ardo S, Meyer G J. Photodriven heterogeneous charge transfer with transition-metal compounds anchored to TiO_2 semiconductor surfaces. Chemical Society reviews, 2009, 38: 115-164.

[30] Li W, Corradini D, Body M, et al. High substitution rate in TiO_2 anatase nanoparticles with cationic vacancies for fast lithium storage. Chemistry of Materials, 2015, 27: 5014-5019.

[31] Chen J, Luo B, Chen Q, et al. Localized electrons enhanced ion transport for ultrafast electrochemical energy storage. Advanced Materials, 2020, 32: e1905578.

[32] Toukmaji A Y, Jr J A B. Ewald summation techniques in perspective: a survey. Computer Physics Communications, 1996, 95: 73-92.

[33] Okhotnikov K, Charpentier T, Cadars S. Supercell program: a combinatorial structure-generation approach for the local-level modeling of atomic substitutions and partial occupancies in crystals. Journal of Cheminformatics, 2016, 8: 17.

[34] Lu P, Qiu W, Wei Y, et al. The order-disorder transition in Cu_2Se and medium-range ordering in the high-temperature phase. Acta Crystallographica Section B, 2020, 76: 201-207.

[35] Qiu W, Li Z, Chen K, et al. Stabilizing low-coordinated O ions to operate cationic and anionic redox chemistry of Li-ion battery materials. ACS Applied Materials & Interfaces, 2019, 11: 37768-37778.

[36] van de Walle A, Tiwary P, de Jong M, et al. Efficient stochastic generation of special quasirandom structures. CALPHAD: Computer Coupling of Phase Diagrams and Thermochemistry, 2013, 42: 13-18.

[37] Zunger A, Wei S, Ferreira L G, et al. Special quasirandom structures. Physical Review Letters, 1990, 65: 353-356.

[38] Sanchez J M, Ducastelle F, Gratias D. Generalized cluster description of multicomponent systems. Physica, 1984, 128A: 334-350.

[39] Sanchez J M, Mohri T. Approximate solutions to the cluster variation free energies by the variable basis cluster expansion. Computational Materials Science, 2016, 122: 301-306.

[40] Sanchez J M. Cluster expansion and the configurational theory of alloys. Physical Review B, 2010, 81: 224202.

[41] Puchala B, Van der Ven A. Thermodynamics of the Zr-O system from first-principles calculations. Physical Review B, 2013, 88: 094108.

[42] Urban A, Lee J, Ceder G. The configurational space of rocksalt-type oxides for high-capacity lithium battery electrodes. Advanced Energy Materials, 2014, 4: 1400478.

[43] Chang J H, Kleiven D, Melander M, et al. CLEASE: a versatile and user-friendly implementation of cluster expansion method. Journal of Physics: Condensed Matter, 2019, 31: 325901.

[44] Togo A, Oba F, Tanaka I. First-principles calculations of the ferroelastic transition between rutile-type and $CaCl_2$-type SiO_2 at high pressures. Physical Review B, 2008, 78: 134106.

［45］ Hellman O，Steneteg P，Abrikosov I A，et al. Temperature dependent effective potential method for accurate free energy calculations of solids. Physical Review B，2013，87：104111.

［46］ Qiu W，Lu P，Yuan X，et al. Structure family and polymorphous phase transition in the compounds with " soft" sublattice：Cu_2Se as an example. The Journal of Chemical Physics，2016，144：194502.

［47］ Lu P，Liu H，Yuan X，et al. Multiformity and fluctuation of Cu ordering in Cu_2Se thermoelectric materials. Journal of Materials Chemistry A，2015，3：6901-6908.

［48］ Qiu W，Xi L，Wei P，et al. Part-crystalline part-liquid state and rattling-like thermal damping in materials with chemical-bond hierarchy. Proceedings of the National Academy of Sciences of the United States of America，2014，111：15031-15035.

［49］ Qiu W，Wu L，Ke X，et al. Diverse lattice dynamics in ternary Cu-Sb-Se compounds. Scientific Reports，2015，5：13643.

［50］ Budai J D，Hong J，Manley M E，et al. Metallization of vanadium dioxide driven by large phonon entropy. Nature，2014，515：535-539.

［51］ Hellman O，Abrikosov I A，Simak S I. Lattice dynamics of anharmonic solids from first principles. Physical Review B，2011，84：180301（R）.

［52］ 于志生，刘平，龙永强. 基于 Ginzburg Landau 理论的相场法研究进展. 材料热处理技术，2008，37：94-98.

［53］ 胡明君，孙钟良，张言，等. 基于相场理论的沥青自愈合微观进程与机理研究进展. 石油沥青，2018，32：10-21.

［54］ Qian G R，Dong X，Zhou X F，et al. Variable cell nudged elastic band method for studying solid-solid structural phase transitions. Computer Physics Communications，2013，184：2111-2118.

［55］ Car R，Parrinello M. Unified approach for molecular dynamics and density-functional theory. Physical Review Letters，1985，55：2471-2474.

［56］ He X，Zhu Y，Epstein A，et al. Statistical variances of diffusional properties from ab initio molecular dynamics simulations. npj Computational Materials，2018，4：18.

［57］ Han F，Westover A S，Yue J，et al. High electronic conductivity as the origin of lithium dendrite formation within solid electrolytes. Nature Energy，2019，4：187-196.

［58］ Wenzel S，Leichtweiss T，Krüger D，et al. Interphase formation on lithium solid electrolytes——An in situ approach to study interfacial reactions by photoelectron spectroscopy. Solid State Ionics，2015，278：98-105.

［59］ Goodenough J B，Kim Y. Challenges for rechargeable Li batteries. Chemistry of Materials，2010，22：587-603.

［60］ Zhu Y，He X，Mo Y. Origin of outstanding stability in the lithium solid electrolyte materials：Insights from thermodynamic analyses based on first-principles calculations. ACS Applied Materials & Interfaces，2015，7：23685-23693.

［61］ Richards W D，Miara L J，Wang Y，et al. Interface stability in solid-state batteries. Chemistry of Materials，2015，28：266-273.

［62］ Han F，Zhu Y，He X，et al. Electrochemical stability of $Li_{10}GeP_2S_{12}$ and $Li_7La_3Zr_2O_{12}$ solid electrolytes. Advanced Energy Materials，2016，6：1501590.

第 7 章

无机固态电解质

经过几十年的发展，锂离子电池已经广泛应用于小型的电子设备，例如手机、手提电脑、相机等，极大地改变了人们的生活。近来，锂离子电池也被作为电动汽车的动力而广泛研究。一般的锂离子电池采用有机液体作为电解质，但常用的有机溶剂易挥发、易燃、有较低的闪点，这为锂离子电池带来了安全隐患。采用固态电解质制备全固态电池将有望大大提高锂离子电池的安全性。

7.1
无机固态电解质概述

固态电解质是全固态电池里最重要的组分，需要满足以下条件：①较高的离子电导率（$>10^{-4}\,S\cdot cm^{-1}$）、低的电子导电率（$<10^{-12}\,S\cdot cm^{-1}$），以保证全固态电池能够在大电流充放的条件下使用；②高的化学稳定性，不与电极材料发生化学反应；③高的热稳定性，能够在宽的温度范围内工作；④较宽的电化学窗口。

无机电解质包括晶体电解质和玻璃态（非晶态）电解质。晶体电解质中的晶界带来很多缺陷结构，对于体相离子电导率高的导体，晶界的出现会阻碍离子在晶体间的传输；对于体相电导率低的晶体，晶界可以提供离子传输的通道，可能会提高整体电导率。玻璃态电解质不存在晶界，具有较均一的离子电导率。

7.1.1　无机固态电解质的基础导电理论

理解无机电解质的离子输运机制是认识无机电解质的基础。实际的无机电解质都不是理想的晶体，存在着缺陷。传统理论认为，在有 Scottky 类型缺陷的晶体中，离子从其晶格位置跳跃到附近的空位进行传输［图 7-1(a)］；在 Frenckel 类型缺陷的晶体中，离子通过间隙位进行传输［图 7-1(b)］。另外，还存在比较复杂的传输机制，如集体（collective）输运机制和间隙-空位交换"knock-off"机制等。根据下式可知，离子电导率 $б$ 取决于离子浓度（n）、活化能（E_a）和离子迁移率（μ）：

$$б = nq\mu \tag{7-1}$$

$$\mu \propto \exp(-E_a/K_B T) \tag{7-2}$$

式中，q 代表迁移离子的电荷数；K_B 表示玻尔兹曼常数。从公式可知，提高离子电导率，需要提高离子浓度和降低离子的迁移活化能[2]。在一个无机固态电解质中有离子传输通道，该通道包含相互连接的空位和间隙缺陷，离子在这些缺陷间传输的活化能较低。

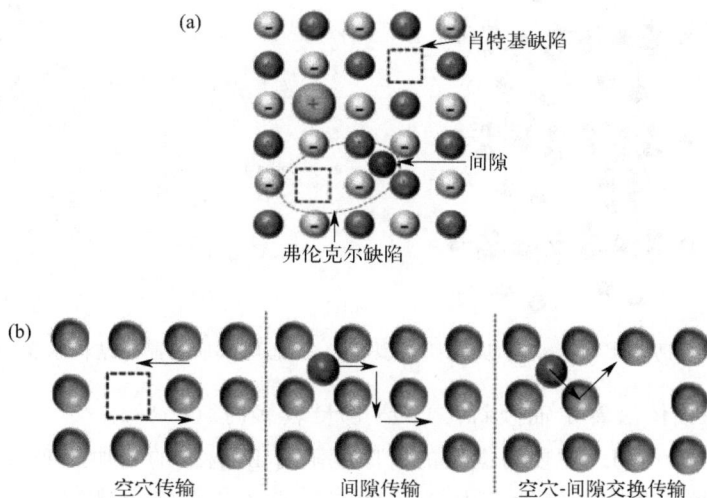

图 7-1　空穴（schottky）和间隙（interstitial）缺陷示意图（a）以及空穴传输、

间隙传输和空穴-间隙交换传输机制示意图（b）[1]

7.1.2　氧化物固态电解质

锂离子晶态电解质包括金属氧化物、金属硫化物、磷酸盐、氮化物和卤素化合物等。其中 LiI、Li_3N、LiSICON 和 $Li-\beta''-Al_2O_3$ 是最早研究的晶态电解质。Li_3N 的单晶具有较高的离子电导率（室温下 $10^{-3}S \cdot cm^{-1}$），但是 Li_3N 的分解电压很低（0.44V，$vs \cdot Li/Li^+$），并且对水分极其敏感，因此很难大规模应用。单晶的 $Li-\beta''-Al_2O_3$ 室温下也具有较高的离子电导率（$3 \times 10^{-3}S \cdot cm^{-1}$），但该材料也极易吸潮。随后研究的晶态固体电解质主要包括金属氧化物和硫化物。氧化物固态电解质包括以下种类：钙钛矿型、反钙钛矿型、LiSICON 型、NaSICON 型、石榴石型、LiPON 型等。

7.1.2.1　钙钛矿型固态电解质

钙钛矿型固态电解质一般可以写作 $Li_{3x}La_{2/3-x}Ti_{1/3-2x}TiO_3$（LLTO，$0.04 < x < 0.17$），它的体相离子电导率比较高（约 $10^{-3}S \cdot cm^{-1}$），一般情况下电子电导率可以忽略不计，并且该材料具有较宽的电化学窗口（>8V），这些特性使钙钛矿得到了广泛的关注。

该材料具有钙钛矿（ABO_3）的结构，其中 A 位部分由 Li 或 La 占据，B 位由 Ti 占据 [图 7-2(a)]。当 Li 含量较少时（$0.04 < x < 0.1$），该材料为正交晶

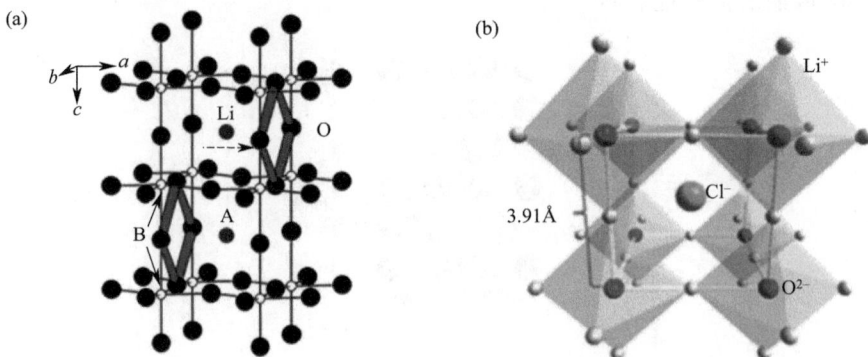

图 7-2 钙钛矿型 (a) 和反钙钛矿型 (b) 固态电解质的晶体结构示意图[3-4]

系，TiO_6 八面体沿着 b 轴倾斜；当 Li 含量较多时（$0.1 < x < 0.167$），该材料变为四方晶系，且 La 主要占据层的有序度随着 Li 含量的增加而变差。锂离子的电导率与锂离子浓度和钙钛矿中 A 位的空位有关。在锂含量较少的 LLTO 中，锂离子只能在 La 占据较少层进行二维方向移动，在锂含量较多的 LLTO 中，La 的占据位较少，有较多的空位，锂离子可以进行三维方向移动。通过掺杂的方式可以提高 LLTO 的离子电导率，包括替换 A 位的 La^{3+} 或者替换 B 位的 Ti^{4+}。研究表明用 Sr^{2+}、Ba^{2+}、Nd^{3+} 掺杂替换 La^{3+}、用 Al^{3+}、Ge^{4+} 掺杂替换 Ti^{4+}，可以提高 LLTO 的体相离子电导率[5-7]。

尽管 LLTO 的体相离子电导率较高，但其晶界处的电导率仅为 $10^{-5} \sim 10^{-4} S \cdot cm^{-1}$，比体相离子电导率低 1~2 个数量级。研究发现，在晶界处主要是 Ti-O 键，缺乏 La^{3+} 和 Li^+[8]。通过在 LLTO 晶界处引入其他锂离子导体，如 Li_2O、LiF、Li_3BO_3 等，可以增加其晶界的离子电导率。在 LLTO 中加入其他如 SiO_2、Al_2O_3 等，惰性氧化物，这些氧化物可以从 LLTO 中吸收 Li 形成锂化的 SiO_2、Al_2O_3 氧化物，也可以提高 LLTO 的晶界离子电导率。

LLTO 在 1.8V（vs·Li/Li^+）电位处不稳定，容易发生还原反应把 Ti^{4+} 还原为 Ti^{3+}，使得 LLTO 与绝大多数负极材料接触不稳定，极大地限制了 LLTO 作为固态电解质的应用[9-11]。通过在 LLTO 表面包覆固态聚合物电解质可以避免 LLTO 和负极的直接接触，以解决该问题[12]。

7.1.2.2 反钙钛矿型固态电解质

反钙钛矿物质的分子式可以写作 $Li_3OX(X = Cl^-$、Br^-、I^- 等)。该类物质具有低成本、较宽的电化学窗口（>5V）、很好的热稳定性，最重要的是，对锂金属稳定。但该材料对水分非常敏感。

反钙钛矿结构的固态电解质与钙钛矿结构物质具有同样的空间群（立方、$Pm3m$）和相似的结构特征，但是阳离子和阴离子的位置互换了。在 Li_3OX 中，X^- 占据了立方体的角落位置，O^{2-} 占据了体中心位置，Li^+ 组成了八面体和四面体结构 [图 7-3(b)]，形成了富 Li 结构[4]。该结构使反钙钛矿型固态电解质具有较高的离子电导率，如 Li_3OCl 在室温下的离子电导率为 $8.5×10^{-5}S \cdot cm^{-1}$。通过离子掺杂，如用二价金属离子（如 Ca^{2+}、Mg^{2+}）取代 Li^+，室温离子电导率可以达到 $2.5×10^{-2}S \cdot cm^{-1}$[13]。用较大的 Br^- 或 I^- 等取代 Cl^-，Li_3OCl 的电导率可以达到 $1.94×10^{-3}S \cdot cm^{-1}$[14]。

7.1.2.3　NaSICON 型固态电解质

NaSICON 是钠超离子导体（Na super ion conductor）的简称，其分子式可以写作 $Na_{1+x}Zr_2Si_{2-x}P_xO_{12}$（$0<x<0.17$），由 Goodenough 在 1976 年首次报道，该材料由高温固相法合成得到[15]。该固态电解质是将 $NaZr_2(PO_4)_3$ 中的 P 用 Si 部分取代，并且用过量的 Na 来进行电荷平衡。NaSICON 结构是由 MO_6 八面体和 PO_4 四面体构成的骨架组成，Na 离子占据了间隙位，沿着 c 轴传输。通过 Li 取代 NaSICON 的 Na，可以得到锂离子固态电解质 $LiM_2(PO_4)_3$ 并保持其原来结构。$LiM_2(PO_4)_3$（$M=Ti$、Ge）是三角晶系，Li 位于与六个 O 配位的 M_1（$6b$）位置或两个 M_1 之间与 10 个 O 配位的 M_2（$18e$）位置。对于 M 是较大的四价阳离子，如 $LiM_2(PO_4)_3$（$M=Zr$、Hf、Sn），该材料是三斜晶系，其中锂位于 M_1 和 M_2 中间更为稳定的与 4 个 O 配位的 M_{12} 位置。

锂离子在 NaSICON 材料中的电导率取决于材料的通道尺寸，只有当通道尺寸和离子大小相匹配时，才能得到较高的离子电导率[16]。在所研究的 $LiM_2(PO_4)_3$ 固态电解质中，$LiTi_2(PO_4)_3$ 具有最适合锂离子传输的晶体结构 [图 7-3(a)]，但该材料具有较高的孔隙率，如 $LiTi_2(PO_4)_3$ 在热压下的孔隙率约为 95%，室温电导率仅为 $2×10^{-7}S \cdot cm^{-1}$[17]。将 Ti^{4+} 用三价离子（如 Al^{3+}、Sc^{3+}、Ga^{3+}、Fe^{3+}、In^{3+}）部分取代，可以增加可移动离子的浓度，降低离子间隙迁移的活化能，同时减小材料的孔隙率，达到提高材料体相和晶界[18] 离子电导率的目的。其中 Al 取代的 $Li_{13}Al_{03}Ti_{17}(PO_4)_3$（简称 LATP）的室温电导率可以达到 $10^{-4}S \cdot cm^{-1}$ 量级。尽管 LATP 有高的离子电导率，但它在 2.5V（vs. Li/Li^+）的电位容易发生 Ti^{4+} 还原的反应，因此 LATP 和很多负极材料（如锂金属）不相容[19]。有较高离子电导率（约 $10^{-4}S \cdot cm^{-1}$）和较宽电化学窗口的 $Li_{1+x}Al_xGe_{2-x}(PO_4)_3$（简称 LAGP）也被广泛研究[20]。$Li_{1.5}Al_{0.5}Ge_{1.5}(PO_4)_3$ 的电化学窗口为 $0.85～7V$（vs. Li/Li^+），低于 0.8V 时，该材料会被还原生成 Ge、Li_3PO_4 和 $AlPO_4$ 等产物，并且发生 Ge 的可逆嵌脱锂[21]。LAGP 是一个很有潜力的固态电解质，但其合成原材料之一 GeO_2 价格较贵，需要采用其他元素取代 Ge，并且实现较高的离子电导率。常见的 NaSICON 型固态电解质的电导率见图 7-3(b)。

通过在 $LiM_2(PO_4)_3$ 中引入另外一种含 Li 化合物，如 Li_2O、$LiNO_3$、Li_3PO_4、$Li_4P_2O_7$、Li_3BO_3、LiF 等，这些含 Li 化合物可以很好地连接晶界，提高所得陶瓷的密度，增加离子导电性[2]。例如在 $LiTi_2(PO_4)_3$ 中增加 20% 的 Li_2O，其电导率可以提高至 $5 \times 10^{-4} S \cdot cm^{-1}$[22-23]。

玻璃态/晶态的 LATP 和 LAGP 超快离子导体可以通过优化热处理参数得到，相比于晶态固体电解质，玻璃态 LATP 和 LAGP 在室温下具有很高的电导率（$10^{-4} S \cdot cm^{-1}$），在煅烧过程中，在晶界的表面会聚集副产物 Li_2O 和 $AlPO_4$[24]。$AlPO_4$ 浓度或者晶体大小对离子电导率会有正向或者负向的影响[25]。

综上所述，NaSICON 结构的锂离子固态电解质在室温下具有较高的离子电导率、较好的化学稳定性和较宽的电化学窗口。

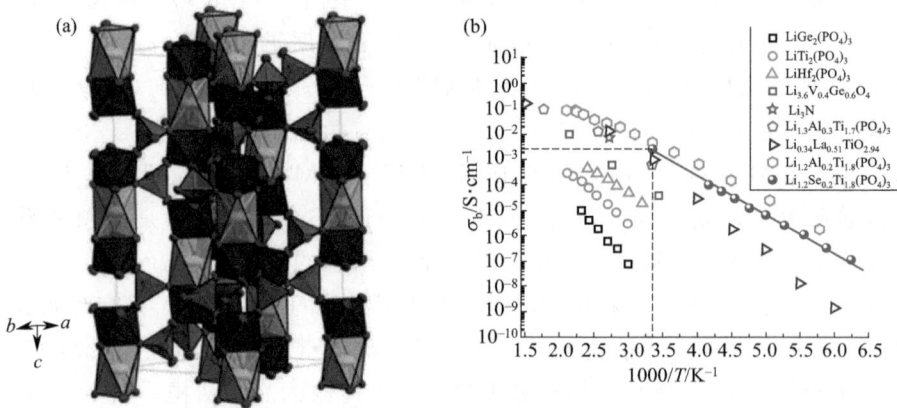

图 7-3 $LiTi_2(PO_4)_3$ 的晶体结构示意图 (a)[26] 和

不同 NaSICON 结构的锂离子固态电解质的离子电导率 (b)[18]（彩图见文前）

黄色拉长的八面体中心由 Li^+ 占据，蓝色的八面体由 Ti^{4+} 占据，绿色的四面体由 P^{5+} 占据。红色代表氧元素

7.1.2.4 石榴石型固态电解质

石榴石型固态电解质的分子式是 $Li_{3+x}A_3B_2O_{12}$（$A = Y^{3+}$、Pr^{3+}、Nd^{3+}、Sm^{3+}），其中 A 和 B 分别占据八配位和六配位的位置。当 $x = 0$ 时，Li 被束缚在四面体位置（$24d$），不能自由移动，离子电导率也较低，当 x 增加，四面体位无法给 Li 提供足够的空间，多余的锂离子占据了六配位的位置（八面体位或者三角棱柱位，$48g/96h$），得到较高的离子电导率。石榴石型锂离子固态电解

质是由 Thangadurai 等人首次报道，他们得到的 $Li_5La_3M_2O_{12}$（M＝Nb 或者 Ta）在室温下的离子电导率可以达到约 $10^{-6}S \cdot cm^{-1}$[27]。$Li_5La_3Ta_2O_{12}$ 比 $Li_5La_3Nb_2O_{12}$ 的电导率稍微高一些，且 $Li_5La_3Ta_2O_{12}$ 对熔融态的锂金属稳定，这主要是因为相对于其他过渡金属（如 Ti、Nb），Ta 不容易被还原。

用碱土金属部分取代石榴石型固态电解质的 La，可以得到类石榴石型结构的固态电解质 $Li_6ALa_2M_2O_{12}$（A＝Ca^{2+}、Sr^{2+}、Ba^{2+}，M＝Nb^{5+}、Ta^{5+}），其中 $Li_6BaLa_2Ta_2O_{12}$ 的室温电导率为 $4 \times 10^{-5}S \cdot cm^{-1}$[4]，该材料在电压达到 6V（vs. Li/Li^+）时依然有很好的电化学稳定性，且对熔融态金属 Li 稳定。$Li_6BaLa_2Nb_2O_{12}$ 与熔融锂金属接触后颜色变暗，表明该材料被还原，进一步说明 Ta 是能够保障氧化物固态电解质稳定性的重要元素。

利用四价金属元素来取代 M，可以得到富锂的石榴石型固态电解质 $Li_7La_3M_2O_{12}$（M＝Zr、Sn、Hf）[28]。石榴石型固态电解质中，最受人瞩目的是 $Li_7La_3Zr_2O_{12}$（简写为 LLZO）。LLZO 包含高温的立方相和低温的四方相两种。立方相 LLZO 的整体离子电导率和体相电导率在一个数量级，在室温下有较高的电导率（＞$10^{-4}S \cdot cm^{-1}$），有较宽的电化学窗口，对 Li 有很好的化学稳定性。在 LLZO 中，Li 在四面体 $24d$ Li（1）、八面体 $48g$ 和 $96h$ Li（2）的位置无序分布[29]。四方相的 LLZO 热力学性能更为稳定，但电导率较立方相 LLZO 低 1～2 个数量级，这是因为在四方相中锂离子更有序地排列在四面体 $8a$ 位和八面体的 $16f$ 和 $32g$ 位置[30]。四方相和立方相 LLZO 的转化温度为 100～150℃[31]。因此如何在室温下稳定立方相 LLZO 就十分有意义。通过用 Al^{3+} 取代 Li^+，可以减少 Li 的量或产生锂空位，起到稳定立方相 LLZO 的作用[32]。加入 Al^{3+} 或 Si^{4+} 可以在材料表面形成 $LiAlSiO_4$ 纳米晶，减少晶界阻抗，提高材料的致密度，并且提高材料的离子电导率（$6.8 \times 10^{-4}S \cdot cm^{-1}$）[33]。通过用 Ga^{3+} 取代锂离子，也可以提高材料的离子电导率[34-35]。用 Sb^{5+}、Nb^{5+}、Ta^{5+}、Te^{6+}、W^{6+} 等来取代 Zr^{4+}，同样也可以提高离子电导率。如用 Ta 和 Te 进行掺杂，电导率可以达到 $1.0 \times 10^{-3}S \cdot cm^{-1}$[36-37]。一些掺杂的 LLZO 的离子电导率参见图 7-4[2]。

石榴石型锂离子固态电解质是一种非常有潜力的固态电解质，但该类材料对水和 CO_2 非常敏感[38-39]，需要进一步提高该材料在空气中的稳定性。

7.1.2.5 LiSICON 型固态电解质

与 NaSICON 相似，LiSICON 是 lithium super ionic conductor 的缩写。LiSICON 的晶体结构与 γ-Li_3PO_4 相关。在 γ-Li_3PO_4 中，没有锂离子占间隙位，锂离子的传输靠形成的空位，所以 γ-Li_3PO_4 的离子电导率很低。第一个报道的

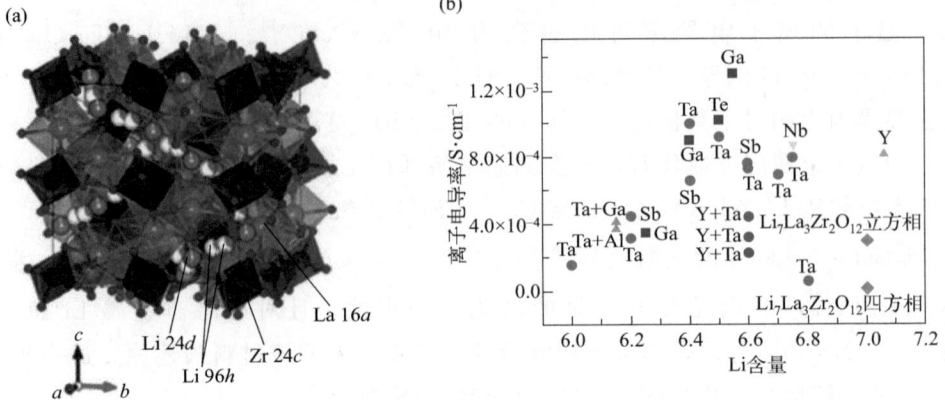

图 7-4　立方相石榴石型 LLZO 的晶体结构 (a)[13] 和不同掺杂的 LLZO 的电导率 (b)[2]

LiSICON 固态电解质是 $Li_{14}Zn(GeO_4)_4$，用 Ge 取代 $\gamma\text{-}Li_3PO_4$ 中所有的 P^{5+}，Zn 取代部分 Li^+ 得到[40]。在 $[Li_{11}Zn(GeO_4)_4]^{3-}$ 的堆积结构中，三个锂离子占据了间隙位。因此在 $Li_{14}Zn(GeO_4)_4$ 中，锂离子可以通过间隙和空位来传输，得到了较 $\gamma\text{-}Li_3PO_4$ 高的离子电导率（约 $10^{-6}S\cdot cm^{-1}$）[41-42]。

　　尽管还有一些新的 LiSICON 结构的氧化物固态电解质被开发出来，但它们的离子电导率都比较低（约 $10^{-6}S\cdot cm^{-1}\sim10^{-5}S\cdot cm^{-1}$），影响了它们作为固态电解质的应用[43]。用 S^{2-} 取代 O^{2-}，得到的含硫的 LiSICON 结构固态电解质在室温下具有很高的电导率，我们将在 7.1.3 着重介绍。

7.1.2.6　LiPON 型固态电解质

　　LiPON 型固态电解质是 lithium phosphorus oxynitride 的缩写，是在高纯的 N_2 气氛中射频磁控溅射 Li_3PO_4 靶得到的一种玻璃态的固态电解质，25℃时离子电导率为 $2\times10^{-6}S\cdot cm^{-1}$[44]。LiPON 薄膜一般采用磁控溅射的方法制得，一般厚度在 $1\mu m$ 以下，电阻较小。LiPON 与锂金属接触不发生反应，其电化学窗口为 $0\sim5.5V$（vs. Li/Li^+），可以和绝大多数电极材料组成薄膜固态电池。通过提高 LiPON 中 N 的含量，可以提高其离子导电率，N 元素取代 Li_3PO_4 中的氧原子，形成缺陷结构，使 LiPON 中自由的锂离子增多，进而提高薄膜的离子电导率，但是过量的 N 含量会破坏磷酸盐结构，阻塞锂离子的传输通道，导致薄膜的离子电导率下降[45]。通过掺杂过渡金属元素（如 Ti、Al 等）或者非金属元素（如 S、B、Si 等），也可以提高 LiPON 薄膜固态电解质的离子电导率[46]。LiPON 尽管作为薄膜固态锂电池的电解质具有很好的前景，但由于其较低的离子电导率，很难用于非薄膜的固态锂电池。

综上所述，氧化物固态电解质的离子电导率相对较低，界面接触差，一般用于固液混合体系。

7.1.3 硫化物固态电解质

相比氧化物固态电解质，硫化物固态电解质具有更高的离子电导率，部分硫化物固态电解质的离子电导率已经超过商用电解液。这主要是因为硫的电负性较氧低，与锂离子的作用较小；硫离子半径较大，形成的硫化物具有更大的离子通道[47]。硫化物固态电解质合成温度低，延展性较好，具有较小的晶界阻抗，通过冷压的方式即可得到与电极较好的接触。以上优点使硫化物固态电解质成为领域内的研究焦点，主要包括 Thio-LiSICON 型，Li_2S-P_2S_5、Li_2S-SiS_2 体系，及硫银锗矿等硫化物固态电解质。

7.1.3.1 Thio-LiSICON 型硫化物固态电解质

在 7.1.2 节我们介绍过 LiSICON 结构氧化物固态电解质，Thio-LiSICON型硫化物固态电解质即把 LiSICON 中的 O^{2-} 用 S^{2-} 代替得到。Thio-LiSICON型硫化物固态电解质由 Kanno 首次提出，其表达式为 $Li_{4-x}A_{1-x}B_xS_4$（A＝Si、Ge、Zr，B＝P、Al、Zn、Ga）[48-49]。该课题组在 2011 年报道的 $Li_{10}GeP_2S_{12}$ 具有优异的电化学性能。$Li_{10}GeP_2S_{12}$ 在室温下离子电导率达到 $1.2\times10^{-2}S\cdot cm^{-1}$[50]，这个数值可以比肩有机电解液的离子电导率。$Li_{10}GeP_2S_{12}$ 在低温下也表现出很好的离子电导率，在－30℃和－35℃的离子电导率分别为 $1\times10^{-3}S\cdot cm^{-1}$ 和 $4\times10^{-4}S\cdot cm^{-1}$。$Li_{10}GeP_2S_{12}$ 优异的离子传输性能源于它的结构，如图 7-5 所示，其三维结构由 $(Ge_{0.5}P_{0.5})S_4$ 四面体、PS_4 四面体、LiS_4 四面体和 LiS_6 八面体组成。$(Ge_{0.5}P_{0.5})S_4$ 四面体和 LiS_6 八面体相互连接组成了沿 c 轴的一维链状结构，这些链状结构由 PS_4 四面体连接 [图 7-5(b)]。LiS_4 四面体通过共用边形成一维四面体链，这些四面体链又通过 LiS_4 四面体的共用点而彼此连接。LiS_4 四面体位于 $16h$ 和 $8f$ 的锂离子形成了一维的传输通道 [图 7-5(c)]，中子衍射研究结果表明，$Li_{10}GeP_2S_{12}$ 具有一维的锂离子通道。同时，$Li_{10}GeP_2S_{12}$ 在 5V（vs. Li/Li$^+$）以内稳定，组成的 $In/Li_{10}GeP_2S_{12}/LiCoO_2$ 全固态电池在 2011 年报道时可以循环 8 圈[50]。用 Se 取代 $Li_{10}GeP_2S_{12}$ 中的 S 可以得到更大的晶胞参数，但是离子电导率并没有提高很多，且 Se 的价格较贵[51]。用 O 元素取代 S元素得到 $Li_{10}GeP_2S_{12-x}O_x$（$0<x<0.9$），当 $x=0.3$、0.6 时，其室温离子电导率分别为 $1.03\times10^{-3}S\cdot cm^{-1}$、$8.43\times10^{-3}S\cdot cm^{-1}$，比 $Li_{10}GeP_2S_{12}$ 低，但氧取代后电化学稳定性得到了提高[52]。用 Cl 取代 S，用 Si 取代 Ge，得到的

$Li_{9.54}Si_{1.74}P_{1.44}S_{11.7}Cl_{0.3}$ 具有较高的室温离子电导率（$2.5 \times 10^{-2}\,S \cdot cm^{-1}$）。

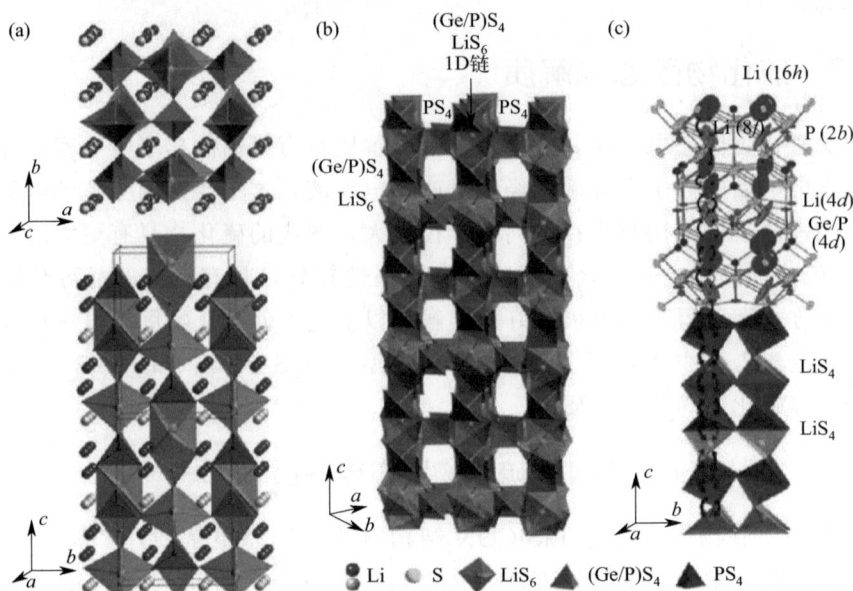

图 7-5 $Li_{10}GeP_2S_{12}$ 的晶体结构图（a）、$Li_{10}GeP_2S_{12}$ 沿 c 轴的
一维链状结构（b）和 $Li_{10}GeP_2S_{12}$ 中锂离子的传输通道（c）

7.1.3.2 Li_2S-P_2S_5 及 Li_2S-SiS_2 体系

玻璃相和玻璃陶瓷相的 Li_2S-P_2S_5 体系固态电解质很早就引起了研究者的关注。玻璃相固态电解质一般由混合均匀的前驱体（包含 Li_2S、P_2S_5 等）进行球磨或熔融淬火方法得到。玻璃相的开放式结构使其中的离子传输呈现各向同性，由于没有晶粒和晶界，没有晶界阻抗。因此，玻璃相硫化物固态电解质的离子电导率较晶体相高。

在玻璃态硫化物固态电解质 $xLi_2S \cdot (100-x)P_2S_5$ 中，P_2S_5 等物质形成玻璃态网络结构，Li_2S 提供离子传输。其中 Li_2S 的含量不同，电解质材料的组成结构也不同[53]。当 $x \leqslant 60$ 时，电解质中含有比较多的双四面体 $P_2S_7^{4-}$ 单元，每个单元包含一个桥连 S 原子和三个终端 S 原子；当 $x \geqslant 70$ 时，结构中多含单四面体 PS_4^{3-} 单元，在该结构中仅含有终端 S 原子。当 $x = 75$ 时，$75Li_2S \cdot 25P_2S_5$ 具有该系列电解质中最高的离子电导率（$2.8 \times 10^{-4}\,S \cdot cm^{-1}$）。当 x 继续增大时，在材料中容易形成低电导率的晶体 Li_2S，降低电导率[54]。

掺杂改性是提高 Li_2S-P_2S_5 固态电解质离子电导率的有效方法，包含掺杂锂盐和形成混合网络两种方法。掺杂锂盐，增加载流子的浓度，可以用来提高该体系电解质的离子电导率。如 $77(75Li_2S \cdot 25P_2S_5) \cdot 23LiBH_4$ 的离子电导率可以达到 $1.6 \times 10^{-3} S \cdot cm^{-1}$，且电化学窗口可以达到 5V（vs. Li/Li$^+$）[55]。添加 30%（摩尔分数）的 LiI 时，$75Li_2S \cdot 25P_2S_5$ 的离子电导率可以达到 $1.8 \times 10^{-3} S \cdot cm^{-1}$[56]。引入混合网络体，如 B_2S_3，得到的 $0.33[(1-y)B_2S_3 - yP_2S_5] - 0.67Li_2S$ 的离子电导率要高于单一网络结构的 $(1-x)B_2S_3 - xLi_2S$ 和 $(1-x)P_2S_5 - xLi_2S$[57]。

玻璃陶瓷相固态电解质中既包含晶相也包含玻璃相，其制备采用和玻璃相一样的前驱体，通过不同的热处理，使最后产物部分结晶。玻璃陶瓷相中亚稳态陶瓷晶体具有较高的离子电导率，同时晶体之间通过玻璃态相连接，消除了晶界阻抗，因此玻璃陶瓷相固态电解质的离子电导率要较晶体相和玻璃相高。Mizuno 报道的玻璃陶瓷相 $70Li_2S-30P_2S_5$ 的室温离子电导率为 $3.2 \times 10^{-3} S \cdot cm^{-1}$，远远高于玻璃相的 $5.4 \times 10^{-5} S \cdot cm^{-1}$ 和晶相的 $2.6 \times 10^{-8} S \cdot cm^{-1}$[58]。通过拉曼检测可以发现，在玻璃陶瓷相中含有 $Li_4P_2S_7$ 相，通过固相法合成的晶相为离子电导率较低的 $Li_4P_2S_6$ 和 Li_3PS_4。$Li_4P_2S_7$ 相仅能通过玻璃相晶体化得到，不能直接从固相法中得到。Hayashi 报道的玻璃陶瓷相 $80Li_2S-20P_2S_5$ 的室温离子电导率为 $9 \times 10^{-4} S \cdot cm^{-1}$，比其玻璃相（$2 \times 10^{-4} S \cdot cm^{-1}$）要高。在玻璃陶瓷相中检测到 Li_7PS_6 相，而热力学稳定的 Li_7PS_6 晶体室温离子电导率仅为 $8 \times 10^{-5} S \cdot cm^{-1}$，由此可以判断玻璃陶瓷相中的 Li_7PS_6 为热力学不稳定的高温相，该高温相具有高的离子电导率[59]。玻璃陶瓷的离子电导率与形成的高温相息息相关，前驱体的锂含量和热处理温度决定了最终形成的高温相[60]。

Li_2S-SiS_2 体系固态电解质也被广泛研究。通过球磨 60:40（摩尔比）的 Li_2S 和 SiS_2 前驱体 20h，其电导率可以达到约 $10^{-4} S \cdot cm^{-1}$[61]。和改善 $Li_2S-P_2S_5$ 体系电解质相似，也可以通过掺杂锂盐来提高 Li_2S-SiS_2 体系固态电解质的离子电导率，如在 Li_2S-SiS_2 中加入 Li_3PO_4、Li_4SiO_4 或者 Li_4GeO_4，Li_2S-SiS_2 固态电解质的离子电导率达到约 $10^{-3} S \cdot cm^{-1}$[62-63]。

硫化物固态电解质尽管具有较高的离子电导率，但是暴露在空气中容易与水反应生成 H_2S。Li_2S-SiS_2 体系固态电解质在空气分解成 SiO_2 和 H_2S；$67Li_2S-33P_2S_5$ 玻璃相中的 $P_2S_7^{4-}$ 遇水极容易分解生成 H_2S；$75Li_2S-25P_2S_5$ 玻璃相和玻璃陶瓷相固态电解质，含有较多的化学稳定性高的 PS_4^{3-}，暴露在空气中几乎不会产生结构的变化。在 $Li_2S-P_2S_5$ 体系电解质中加入金属氧化物（如氧化铁、氧化锌等），可以吸收遇水产生的 H_2S[64]。因此进一步提高硫化物固态电解质的稳定性需要进一步优化体系的组分[65]。

7.1.3.3 硫银锗矿

第一个报道的立方相硫银锗矿的分子式为 Ag_8GeS_6[66-67]。由于该材料中正离子高度非有序分布，硫银锗矿具有非常高的 Ag^+ 离子电导率。用 Cu 部分取代 Ag 后，依然能够保持材料原有的结构。受 Ag_8GeS_6 的结构和高 Ag^+ 电导率的启发，Deiseroth 在 2008 年报道了硫银锗矿锂离子固态电解质，该材料用 Li^+ 取代了 Ag^+，用卤素部分取代了硫元素，得到与 Ag_8GeS_6 结构相同的 Li_6PS_5X (X=Cl、Br、I)[68]。

Li_6PS_5X 的结构如图 7-6 所示。Li_6PS_5X 结构中，由 X^- 组成一个面心立方结构，X^- 占据 $4a$ 或 $4c$ 位，P 占据 $4b$ 位，S 占据四面体空心位和 PS_4^{3-} 的八面体位，Li^+ 占据 $48h$ 和 $24g$ 位（$48h$ 是平衡位，具有最低的能量；$24g$ 是 $48h$ 之间的间隙位）。12 个占据 $48h$ 的 Li^+ 围绕 $4c$ 位，形成了一个笼状结构 [图 7-6(b)]。Li^+ 有三种传输方式：$48h$—$24g$—$48h$ (doublet jump)、笼内的 $48h$—$48h$ (intracage jump)、笼间的 $48h$—$48h$ (intercage jump)[69]。理论计算表明硫银锗矿笼间的 Li^+ 迁移较慢，会限制材料整体的离子电导率。当用卤素取代硫元素后，产生了锂空位。卤素的分布决定了锂空位的分布和区域内锂离子的传输。I 取代后，得到 Li_6PS_5I，I 只占据 $4a$ 位，形成了有序分布的结构，而用 Cl、Br 取代后，由于 Cl^-、Br^- 的离子半径分别为 181pm、196pm，与 S^{2-} 的离子半径相近（184pm），卤素在 $4a$ 和 $4c$ 位呈现非有序分布结构，有利于锂离子的迁移，因此 Li_6PS_5Br 和 Li_6PS_5Cl 较 Li_6PS_5I 有更高的离子电导率[70]。Li_6PS_5Cl、Li_6PS_5Br 的室温离子电导率为 $10^{-4} \sim 10^{-3} S \cdot cm^{-1}$，而 Li_6PS_5I 的室温离子电导率约为 $10^{-7} S \cdot cm^{-1}$[69]。

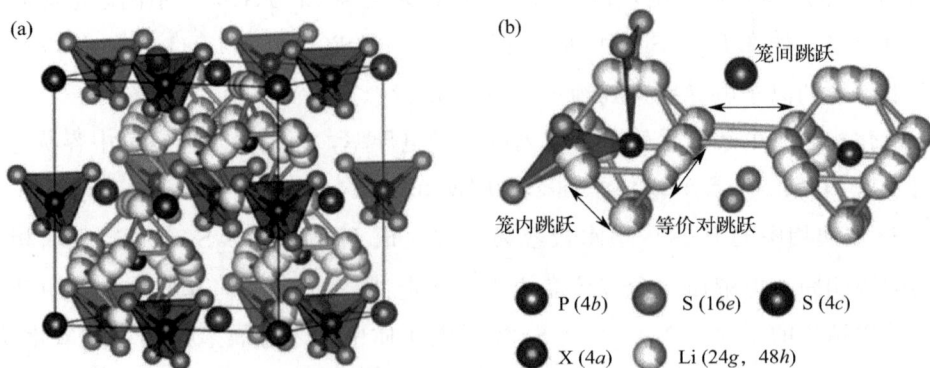

图 7-6　Li_6PS_5X(X=Cl、Br、I) 的晶体结构示意图 (a) 与锂离子在其中的传输示意图 (b)[69]

通过用 Si^{4+} 部分取代 P^{5+}，晶胞体积得到扩大，有利于锂离子的迁移，得到的 $Li_{6.35}P_{0.65}Si_{0.35}S_5Br$ 的室温电导率为 $2.4\times10^{-3}S\cdot cm^{-1}$[71]。通过用 Ge^{4+} 取代 Li_6PS_5I 中的 P^{5+}，当 Ge^{4+} 的取代量超过 20%（原子分数），出现了 I^-/S^{2-} 的非有序分布，间隙位的 Li^+ 占据量增多，笼间的 Li^+ 传输距离减小，$Li(48h)S_3I$ 四面体和 $Li(24g)S_3$ 三面体的晶胞体积变大，更有利于锂离子传输。$Li_{6.6}P_{0.4}Ge_{0.6}S_5I$ 的室温离子电导率可以达到 $5.4\times10^{-3}S\cdot cm^{-1}$[72]。

硫银锗矿固态电解质具有较好的电化学性能，但是同其他硫化物固态电解质一样，硫银锗矿固态电解质在空气中不稳定，这在很大程度上限制了它的应用。

综上所述，对于氧化物固态电解质，钙钛矿型固态电解质的离子电导率还有待提高；反钙钛矿型固态电解质具有较高的离子电导率，但是对水极其敏感，需要在惰性气氛下进行操作；NaSICON 型 LAGP 具有较好的离子电导率和电化学稳定性，但其原材料之一 GeO_2 的价格较高，需要降低其制备成本；石榴石型 LLZO 有较好的离子电导率和对 Li 金属的稳定性，但对空气中 CO_2 和水敏感；LiSICON 的离子电导率较低；LiPON 型固态电解质的离子电导率较低，仅适合制备薄膜型全固态电解质。对于硫化物固态电解质，其电导率一般较高，且有较好的延展性，但它们在空气中不稳定。因此，尽管目前在氧化物和硫化物固态电解质方面进行了较多的研究，但依然存在很多挑战[43]。

7.2
固态电解质与电极的界面性质与改性

尽管使用固态电解质可以提高电池的安全性，但实现全固态电池的应用还存在很多挑战。除了上文中提到的固态电解质的离子电导率、其本身的化学和电化学稳定性之外，由于全固态电池结构的特殊性（图 7-7）[73]，固态电解质与电极材料之间的界面问题也是急需解决的关键问题，这些界面包含正极、负极与固态电解质之间的界面和电极内颗粒之间的界面。本节内容着重介绍正极、负极与固态电解质之间的界面性质，主要表现为：①物理接触，固态电解质与电极之间是点接触，限制了锂离子在电解质和电极之间的传输；电极材料在循环过程中的体积变化影响了电解质和电极界面的结构稳定性。②化学接触，某些电极材料与固态电解质接触后或在循环过程中会发生副反应，影响锂离子在界面的传输，增大了界面阻抗[46]。固态电解质与电极材料之间的界面问题是影响固态电池功率密度、能量效率的主要因素之一。

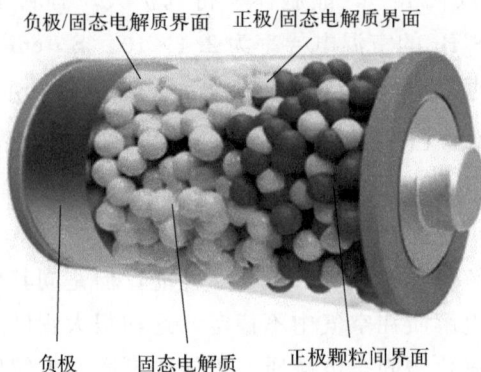

负极/固态电解质界面　正极/固态电解质界面

负极　　固态电解质　　正极颗粒间界面

图 7-7　固态锂电池以及电池内部各种界面的示意图[73]

7.2.1　固态电解质与正极的界面性质与改性

固态锂电池正极的活性材料有：$LiCoO_2$、$LiNiO_2$、$LiNi_{0.8}Co_{0.15}Al_{0.05}O_2$、$LiNi_{0.33}Co_{0.33}Mn_{0.33}O_2$、$LiMn_2O_4$、$LiNi_{0.5}Mn_{1.5}O_4$ 等。固态锂电池的正极包括活性材料、一定量的固态电解质（离子导体）、导电碳（电子导体）和黏结剂。

7.2.1.1　固态电解质与正极的界面性质

7.2.1.1.1　氧化物固态电解质与正极的界面性质

氧化物固态电解质在高电位时一般比较稳定，因此具有比较好的电化学和化学稳定性。但氧化物的质地一般比较硬，因此当电极材料在循环过程中发生体积变化时，就会出现固态电解质和电极界面电阻增大的问题。

对于氧化物固态电解质，一般采用高温煅烧的方法以得到较好的固态电解质/电极界面，但在高温下界面离子互溶现象变得显著，在固态电解质和电极界面之间会生成界面产物，界面产物里包含不含 Li 的化合物，一般会阻碍锂离子的传输，引起界面阻抗的增大。Ogumi 等在 2011 年通过 TEM 检测发现，在得到的 $LiCoO_2$/LLZO 界面生成了厚度为 50nm 的 La_2CoO_4 过渡层［图 7-8(a) 和图 7-8(b)］，这个过渡层是由电极和电解质的离子相互迁移引起的[74]。这层较厚的 La_2CoO_4 过渡层阻碍了锂离子的嵌入和脱出，影响了材料的电化学性能。在 700℃ 下，$LiCoO_2$ 和 Al 掺杂的立方 LLZO 界面，Al 离子从 LLZO 中迁移至 $LiCoO_2$ 中，Al^{3+} 的迁移会使立方相 LLZO 转变成离子电导率较差的四方相，进而影响固态电池的电化学性能[75]。LATP 与正极氧化物材料接触后，在高温下生成热稳定的不含 Li 的物质和 Li_3PO_4[76]。因此如何能够在较低温度下得到固态电解质与正极材料的良好接触是解决该问题的关键。

除了上述界面阻抗，对于某些氧化物固态电解质，循环过程中也可能发生副反应，形成引起阻抗增大的界面层。当石榴石型氧化物固态电解质 LLZO 和 Li-CoO_2 接触后，在 3.0V（vs. Li/Li$^+$）左右会发生不可逆的分解反应[75]。在 $LiMn_{1.5}Ni_{0.5}O_4$/LLZO 界面，当电位高于 3.8V（vs. Li/Li$^+$），会形成含有 Li_2MnO_3、$(Li_{0.35}Ni_{0.05})NiO_2$ 等新相的界面层[77]。

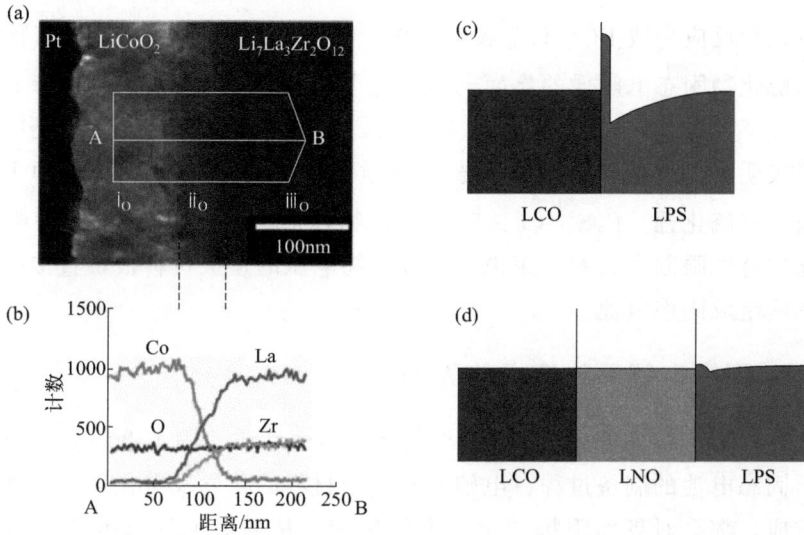

图 7-8　$LiCoO_2$/LLZO 界面截面的 TEM 图（a）、图（a）中从 A 点至 B 点的元素分布图（b）[74]，以及计算得到的平衡状态下 $LiCoO_2$/β-Li_3PS_4（c）和 $LiCoO_2$/$LiNbO_3$/β-Li_3PS_4（d）界面的 Li$^+$ 浓度分布图[78]

7.2.1.1.2　硫化物固态电解质与正极的界面性质

硫化物固态电解质质地较软，在外界压力下，可以与电极材料形成良好的接触。对于硫化物固态电解质，引起界面阻抗增大的主要原因之一是空间电荷层效应。由于在硫化物固态电解质和电极材料中 Li$^+$ 的化学势不同，O^{2-} 与 Li$^+$ 的作用力较 S^{2-} 强，当硫化物固态电解质与电极材料紧密接触时，Li$^+$ 从电解质中迁移至氧化物正极材料中，当正极材料为离子和电子混合导体时，界面形成的 Li$^+$ 浓度梯度由电子补偿，使 Li$^+$ 持续从电解质中迁移至氧化物正极材料，形成更厚的空间电荷层，造成界面处硫化物电解质一端锂浓度减少，产生更大的界面阻抗［图 7-8(c)］，通过增加一层缓冲层，可以缓解空间电荷层产生的界面阻抗 ［图 7-8(d)］，这将在 7.2.2 进行详细介绍。空间电荷层效应被 Yamamoto 等证实，他们通过电子全息成像技术发现，在正极材料和硫化物固态电解质界面存在较大的电压降[79]。

在硫化物固态电解质和正极的界面，经过循环后，容易发生离子共溶的现象。用 TEM 对 $LiCoO_2$ 与 $Li_2S-P_2S_5$ 电解质界面进行观测发现，在循环过程中，界面处出现了 Co、P、S 的共溶现象，引起了界面阻抗增加[80]。

相比氧化物固态电解质，硫化物固态电解质不稳定，循环过程中容易被正极氧化物氧化。理论计算预测，由于 $LiCoO_2$ 和 $LiNiO_2$ 等层状氧化物具有较高的电压和较高的氧化学势，与硫化物固态电解质很容易发生副反应，如 PS_4 基团与正极氧化物反应生成 PO_4 和金属氧化物[81]。$LiFePO_4$ 具有较低的氧化还原电位，但与硫化物固态电解质的界面也不稳定[81]。硫银锗矿 Li_6PS_5Cl 与 $LiCoO_2$、$LiNi_{0.33}Co_{0.33}Mn_{0.33}O_2$、$LiMn_2O_4$ 接触时，俄歇电子能谱和 X 射线光电子能谱检测结果表明，经过循环后，在固态电解质和正极材料界面，Li_6PS_5Cl 被氧化成硫单质、多硫化锂、P_2S_x（$x \geqslant 5$）、硫化物和 $LiCl$[82]。硫化物固态电解质极易被氧化的特性限制了相对应正极的选择，高电压的正极材料很难直接与硫化物固态电解质组成固态电池[83]。

7.2.1.2　固态电解质与正极的界面改性

7.2.1.1 小节介绍了固态电解质与正极的界面性质。固态电解质与正极的接触性质、固态电池的制备过程、电解质和正极材料的化学及电化学稳定性、空间电荷层效应，都会对界面阻抗产生极大的影响，从而影响固态电池的电化学性质。全固态电池的界面阻抗是阻碍其发展的重要因素。构建稳定的固态电解质/正极界面、减小界面阻抗，对发展全固态锂离子电池意义重大。

7.2.1.2.1　氧化物固态电解质与正极的界面改性

氧化物固态电解质和正极界面阻抗的主要来源是物理接触问题和离子互溶现象。引入人工缓冲层是提高固态电解质和正极的接触性能、增强界面稳定性的有效策略。主要包括无机缓冲层、聚合物缓冲层和有机物缓冲层。

固态电解质和正极之间的无机缓冲层应具备不易燃、热稳定、好的力学性能等特性，并且具有较好的锂离子传输性能，与正极材料反应活性低[84]。用射频溅射的方法在 $LiCoO_2$ 和 LLZO 之间嵌一层约 10nm 的 Nb 金属薄膜，形成了无定形的 Li-Nb-O 锂离子导体界面膜，有效地阻止了电极和固态电解质之间的离子共溶，并填充了 $LiCoO_2$ 和 LLZO 之间的接触空隙，界面阻抗从 $2600\Omega \cdot cm^{-2}$ 降至 $150\Omega \cdot cm^{-2}$，提高了固态电池的容量和倍率性能[85]。在沉积 LiPON 之前，在 $LiCoO_2$ 电极上溅射沉积一层 Al_2O_3，表面分析结果表明在 $LiCoO_2$ 和 LLZO 之间形成了 $LiCo_{1-y}Al_yO_2$，有利于提高固态电池的电化学性能[86]。Li_2BO_3 由于其较低的熔点（约 700℃），也被用作氧化物固态电解质和正极之间的缓冲物，以提高两者之间的物理接触。在 $LiCoO_2$ 和 Nb 掺杂的 $Li_7La_3Zr_2O_{12}$ 之间加入 Li_2BO_3，通过热处理得到的固态电池具有较小的界面阻抗，25℃、$10\mu A \cdot cm^{-2}$（0.05C）下充放电容量为理论容量的 74%[87]。当电位比较高的 $LiCr_{0.05}Ni_{0.45}Mn_{1.5}O_{4-\delta}$ 与 Li-PON 接触后，由于电极和电解质之间较大的电势差，产生了空间电荷层效应，Li-PON 一端锂离子浓度减少，产生了较大的界面电阻，组成的固态电池几乎没有电化学活性 [图 7-9(a)]。通过电喷雾的方法在 $LiCr_{0.05}Ni_{0.45}Mn_{1.5}O_{4-\delta}$ 与 LiPON 之间沉积一层电介质材料 $BaTiO_3$，调节了 $LiCr_{0.05}Ni_{0.45}Mn_{1.5}O_{4-\delta}$ 与 LiPON 的界面电场，在 $LiCr_{0.05}Ni_{0.45}Mn_{1.5}O_{4-\delta}$、LiPON 和 $BaTiO_3$ 之间形成了 Li^+ 的通道 [图 7-9(b)]，大大减小了界面阻抗，提高了固态电池的电化学性能[88]。通过在有 Li_2CO_3 包覆的 $LiCoO_2$ 和 LLZO 界面引入 $Li_{2.3}C_{0.7}B_{0.3}O_3$，经过 700℃ 热处理后，得到了高离子电导率、良好界面润湿性能的 $Li_{2.3-x}C_{0.7+x}B_{0.3-x}O_3$（LCBO）界面层 [图 7-9(c)]。改性后的 $Li/LLZO/LiCoO_2$ 固态电池的界面电阻较小，在 25℃ 和 0.05C 下循环 100 圈后，容量保持在 $94mA \cdot h \cdot g^{-1}$[89]。

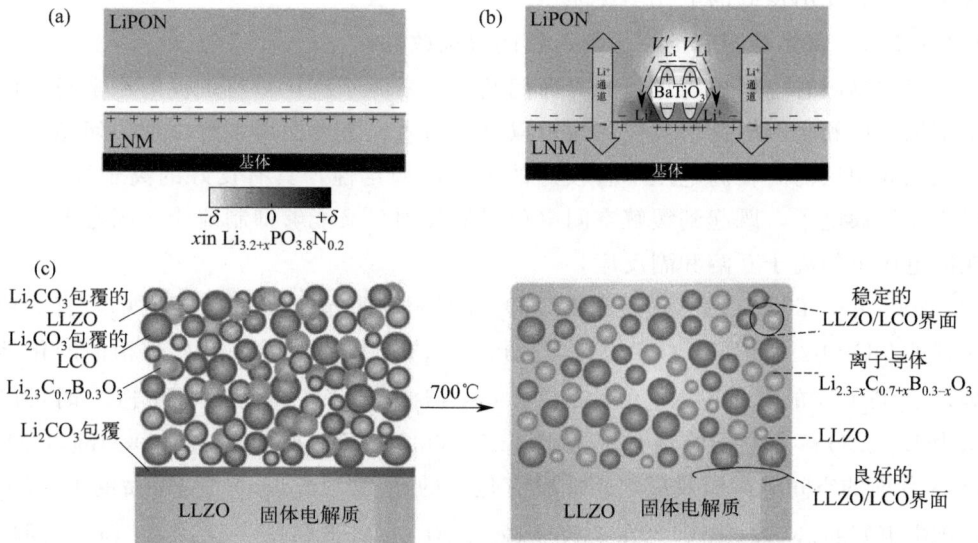

图 7-9 $LiCr_{0.05}Ni_{0.45}Mn_{1.5}O_{4-\delta}$（简写为：LNM）与 LiPON 界面（a）、

$BaTiO_3$ 改性后的 LNM 与 LiPON 界面在开路电压下的锂离子分布图（b）[88]，以及

$Li_{2.3-x}C_{0.7+x}B_{0.3-x}O_3$（LCBO）改性 $LiCoO_2$ 和 LLZO 界面的示意图（c）[89]

聚合物也可以作为人工界面缓冲层，与氧化物固态电解质形成复合电解质，不仅能够克服聚合物力学性能差的问题，同时又能提高固态电解质与正极的接触性能，发挥了聚合物和无机固态电解质的优点。另外，复合电解质也有利于提高

电解质的离子电导率。采用聚乙二醇甲醚丙烯酸酯液体作为前驱体，在 LLZO 和 LiFePO$_4$ 电极之间原位形成聚合物缓冲层，能够有效地减小界面电阻。在 0.2C、55℃下的 Li/LiFePO$_4$ 固态电池首圈放电容量为 160.6mA·h·g^{-1}，循环 120 圈后容量为 151.2mA·h·g^{-1}[90]。PEO 基复合电解质在与层状氧化物正极材料接触时在高电压下（＞4.0V）不稳定[91]，但被广泛用来作为以 LiFePO$_4$ 为正极的电池的固态电解质成分。通过热压不同比例的 PEO、Li$_{6.4}$La$_3$Zr$_{1.4}$Ta$_{0.6}$O$_{12}$（LLZTO）、LiTFSI 可以得到"聚合物包陶瓷"（ceramic in polymer）和"陶瓷包聚合物"（polymer in ceramic）两类固态电解质，对于陶瓷包聚合物的固态电解质，需要另外添加聚乙二醇来增加其力学性能。当 PEO-LLZTO-PEG 的重量比为 10∶85∶5，LiTFSI 的比例为 60%（质量分数）时，该固态电解质具有较好的热稳定性和界面性能，组成的 Li/LiFePO$_4$ 固态电池在 55℃、0.2C 的倍率下首圈容量可以达到 122.5mA·h·g^{-1}，50 圈循环后放电容量为 127mA·h·g^{-1}[92]。通过进一步在 PEO-LLZTO 复合电解质表面加入离子液体进行润湿，可以使 Li/LiFePO$_4$ 和 Li/LiFe$_{0.15}$Mn$_{0.85}$PO$_4$ 固态电池在室温下表现出良好的电化学性能[93]。

7.2.1.2.2 硫化物固态电解质与正极的界面改性

硫化物固态电解质与正极的界面问题主要来源于硫化物与正极的化学与电化学不稳定性和空间电荷层效应，也可以通过引入人工界面层来解决这一问题。这一人工界面层需要在高电压下有较好的电化学稳定性，具有良好的离子导电性，但不能导通电子，既起到缓解空间电荷层的作用，又能够抑制硫化物固态电解质在高电压下的离子互溶和副反应。

2006 年，Takada 等人通过在 LiCoO$_2$ 正极材料上包覆一层 Li$_4$Ti$_5$O$_{12}$，有效地缓解了 LiCoO$_2$/thio-LiSICON 的界面阻抗。Li$_4$Ti$_5$O$_{12}$ 与 LiCoO$_2$ 具有相似的化学势，Li$_4$Ti$_5$O$_{12}$ 的氧化还原电位约 1.5V（vs. Li/Li$^+$），在高电位（约 4V）时可以认为 Li$_4$Ti$_5$O$_{12}$ 为电子绝缘体，因此 Li$_4$Ti$_5$O$_{12}$ 很好地抑制了 LiCoO$_2$/thio-LiSICON 界面的空间电荷层效应，相比没有包覆的样品，Li$_4$Ti$_5$O$_{12}$ 包覆后的 LiCoO$_2$ 表现出更好的倍率性能[94]。在 LiNi$_{0.8}$Co$_{0.15}$Al$_{0.05}$O$_2$ 上包覆一层 Li$_4$Ti$_5$O$_{12}$，同样也可以减小 LiNi$_{0.8}$Co$_{0.15}$Al$_{0.05}$O$_2$ 与玻璃陶瓷相 70Li$_2$S-30P$_2$S$_5$ 固态电解质的界面阻抗，提高正极材料的倍率性能[95]。Li$_4$Ti$_5$O$_{12}$ 的离子电导率较低，用较高离子电导率的无定形 LiNbO$_3$ 包覆 LiCoO$_2$，与 thio-LiSICON 组成的固态电解质表现出更好的电化学性能[96]。用溶胶-凝胶法在 LiNi$_{0.33}$Mn$_{0.33}$Co$_{0.33}$O$_2$ 表面包覆一层锂离子导体 LiAlO$_2$，有效地改善了 LiNi$_{0.33}$Mn$_{0.33}$Co$_{0.33}$O$_2$ 与 Li$_3$PS$_4$ 固态电解质的界面性质，当包覆量为 1%（摩尔分数）时，所得到的固态电池在室温下、

$11mA \cdot g^{-1}$ 的电流密度下首圈放电容量为 $134mA \cdot h \cdot g^{-1}$，循环 400 圈后，容量为 $124mA \cdot h \cdot g^{-1[97]}$。通过旋涂的方法在 $LiCoO_2$ 表面包覆一层纳米片 TaO_3，由于 TaO_3 的电子导电性很差（禁带宽度为 5.3eV），同时 TaO_3 的网格结构为锂离子提供了较好的传输通道，可以很好地减小 $LiCoO_2$/thio-LiSICON 的界面阻抗[98]。Li_3BO_3 的离子电导率较低（室温下约 $10^{-9}S \cdot cm^{-1}$），利用 Li_3BO_3 与 $LiCoO_2$ 表面的 Li_2CO_3 杂质反应，可以得到较高离子电导率的 $Li_{3-x}B_{1-x}C_xO_3$（$6 \times 10^{-7}S \cdot cm^{-1}$，$x=0.8$，30℃）包覆的 $LiCoO_2$。这层包覆物质可以有效抑制 Li_2CO_3 和硫化物固态电解质 Li_6PS_5Cl 的直接接触副产物 Co_3S_4 产生，提高了固态电解质和正极材料的界面稳定性，得到了较好的容量和倍率性能[99]。

7.2.2 固态电解质与负极的界面性质与改性

金属锂具有很高的理论容量（$3860mA \cdot h \cdot g^{-1}$）和很低的氧化还原电位（$-3.07V$，vs. SHE），作为理想的固态电池负极材料被广泛研究。除了锂金属，碳族的碳基、硅基和锡基也是全固态电池中很重要的负极材料。下面对固态电池中固态电解质与负极的界面性质和改性做一介绍。

7.2.2.1 固态电解质与锂金属的界面性质

高性能的全固态电池需要负极和固态电解质界面具有良好的化学、电化学稳定性和很好的物理接触，这样可以减小界面阻抗，避免锂枝晶生成，实现长循环和高安全的全固态电池。

7.2.2.1.1 固态电解质与锂金属的界面化学稳定性

由于 Li 具有很强的还原性，绝大多数固态电解质和锂热力学不稳定。与锂接触不稳定的固态电解质一般含有高价的阳离子，与锂接触后，被还原成低价的氧化物或金属单质。如在 7.1 提到的 NASICON 结构的磷酸钛铝锂（LATP）和磷酸锗铝锂（LAGP），当与金属锂接触后，四价的 Ge^{4+} 和 Ti^{4+} 被还原。钙钛矿锂镧钛氧（LLTO）中也含有 Ti^{4+}，与锂接触后形成了 Ti_2O_3、TiO 和金属 $Ti^{[11]}$。硫化物固态电解质与金属锂接触也极不稳定，如 $Li_{10}GeP_2S_{12}$（LGPS）/Li 界面生成了 Li_2S、Li_3P、Ge 和 $Li_{15}Ge_4^{[100]}$。这些还原产物的生成，增加了固态电解质和锂金属界面的电子电导，进一步加剧了电解质和锂金属的反应，使反应界面层逐渐增厚，阻碍了离子的正常传输，对固态电池的电化学性能产生很大的影响。用不同的 NASICON 固态电解质与锂组成对称电池，在室温下放置不同时间后采集的电化学阻抗（EIS）图谱可以看出（图 7-10），随着放置时间的增加，含磷酸锗钛铝锂（LATGP）和磷酸钛铝锂（LATP）的阻抗增加，磷酸钽钛铝锂（LATTP）的阻抗也比刚组装好有所增加，表明锂金属和固态电解质界面不稳定，阻碍了电荷传质[101]。

$Li_7La_3Zr_2O_{12}$（LLZO）由于不容易被还原，被认为是与锂接触相对热力学稳定的材料。但 Nb 掺杂的 LLZO 与 Li 金属接触后，Nb^{5+} 会被还原为 Nb^{4+} 和 Nb^{3+}，LLZO 中小部分的 Zr^{4+} 也被还原为 Zr^{2+}，而 Ta 掺杂的 LLZO 与 Li 金属的界面比较稳定[102]。在硫化物固态电解质中，$\beta\text{-}Li_3PS_4$ 与 $Li_7P_3S_{11}$ 可以与 Li 金属形成稳定的界面，这主要是因为 Li 与这两类固态电解质反应，在界面形成了 Li_2S 钝化层，类似于液态电解质中的 SEI 膜，可以抑制电解质的进一步还原，保证了界面的稳定性[100,103]。LiPON 与金属接触时，在界面生成 Li_3PO_4、Li_3P、Li_3N 和 Li_2O

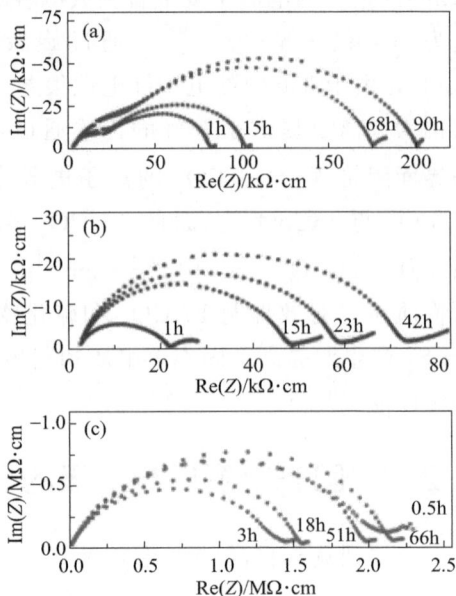

图 7-10　不同 NASICON 结构固态电解质与锂组成的对称电池在室温下放置不同时间的阻抗图[101]

(a) LATGP；(b) LAGP；(c) LATTP

等钝化层，也可以阻止电解质和金属的持续反应，得到稳定的电解质/Li 金属界面[104]。

Janek 等把固态电解质与锂金属的界面分成了三类[11]：①热力学稳定的界面，这种界面化学稳定性较好，如 LLZO/Li；②离子/电子混合导体界面，该界面可以同时传输离子和电子，但也更容易导致固态电解质和锂金属的持续反应，如前面提到的 LAGP/Li、LATP/Li 界面；③离子导体界面，该界面层与液态锂离子电池中 SEI 的概念相似，可以使离子通过，不可以传输电子，但阻止了固态电解质与 Li 进一步发生反应，如 $\beta\text{-}Li_3PS_4$/Li 界面。与混合导体界面相比，离子导体界面更薄。这三类固态电解质/Li 金属界面会对电化学性能产生较大影响，将在下一节进行详细介绍。

7.2.2.1.2　固态电解质与锂金属的界面电化学稳定性

固态电解质与锂金属的界面电化学稳定性主要涉及的是循环过程中锂枝晶的形成和生长。一般认为，由于固态电解质较好的力学性能，采用固态电解质可以很大程度上抑制锂枝晶的生长，避免循环过程中短路的发生，增加电池使用的安全性。与预期不同，在固态电池的循环过程中，经常可以在固态电解质/电极界面、固态电解质内部的晶界和空隙等处发现锂枝晶的生成，锂负极在固态电解质中锂枝晶生长的趋势甚至比在液态电解质中还要严重。恒电流测试中的临界电流密度是衡量电解质/锂金属界面锂枝晶形成和生长的指标，即锂枝晶产生并穿过电解质导致电池短路的最小电流密度。$Li_7La_3Zr_2O_{12}$（LLZO）和 $Li_2S-P_2S_5$ 的临界电流密度分别为 $0.05 \sim 0.9mA \cdot cm^{-2}$ 和 $0.4 \sim 1.0mA \cdot cm^{-2}$，而液态电解质的临界电流密度为 $3 \sim 10mA \cdot cm^{-2}$[105]。锂枝晶的形成和生长不仅会降低锂金属的利用率，降低电池的库仑效率，更会造成电池短路，导致安全隐患。

在固态电解质中锂枝晶产生的原因可以概括为以下几个原因[83,106]。

（1）不均匀的固态电解质/锂金属界面

固态电解质（如 LLZO）与环境中氧气或水分发生副反应，在表面生成不均匀分布的 LiOH 或 Li_2CO_3，这些杂质的离子电导率较低，会导致循环过程中锂在界面的不均匀沉积和生长 [图 7-11(a)][107]。由于固态电解质坚硬的特质，在电解质/锂金属界面或附近容易出现空隙或裂纹，由于在空隙或裂纹区域电场较大，很容易有锂沉积和生长的现象。在裂纹区域内生长的锂枝晶引起该区域内压强增大，导致进一步产生裂纹和持续的枝晶生长，直至引起电池短路[108]。锂金属在界面附近产生的空隙也是引起锂枝晶生长的原因。在锂不断进行剥离/沉积的过程中，在锂金属/固态电解质界面容易形成空隙，一旦形成锂空隙，在后续过程中，锂更容易在电解质、锂金属和空隙的接触点同时接收离子和电子，进而优先沉积在这三相交界处并产生枝晶[109]。这一现象在含无锂正极的电池中更为常见，如固态 Li-S、$Li-O_2$、$Li-FeS_2$ 电池等。

（2）固态电解质晶界

固态电解质的晶界具有和体相不一样的性质，比如原子结构、密度、剪切模量等。分子动力学模拟结果表明，晶界处的剪切模量较体相降低 50%。较软的晶界特性使 Li 更倾向于在电极/晶界的连接点沉积，并沿着晶界处生长 [图 7-11(b)][107]。锂在固态电解质晶界进行沉积的另一原因是某些固态电解质的晶界离子电导率较体相低，Li^+ 迁移需要克服较高的活化能，导致 Li 更容易沿着晶界生长[110]。

（3）离子/电子电导率

锂沉积过程需要锂离子和电子共同参与完成，因此固态电解质和电解质/电极界面的离子和电子电导率对锂枝晶有很大影响。当固态电解质的电子电导率较大时，锂金属可以在固态电解质内部沉积，形成枝晶。研究人员对比了三种电解质（LLZO、Li_3PS_4 和 LiPON）中锂枝晶生长的行为，发现 LLZO 和 Li_3PS_4 电解质内部发现锂枝晶生成，而 LiPON 内部不容易有锂枝晶生成，他们将这一现

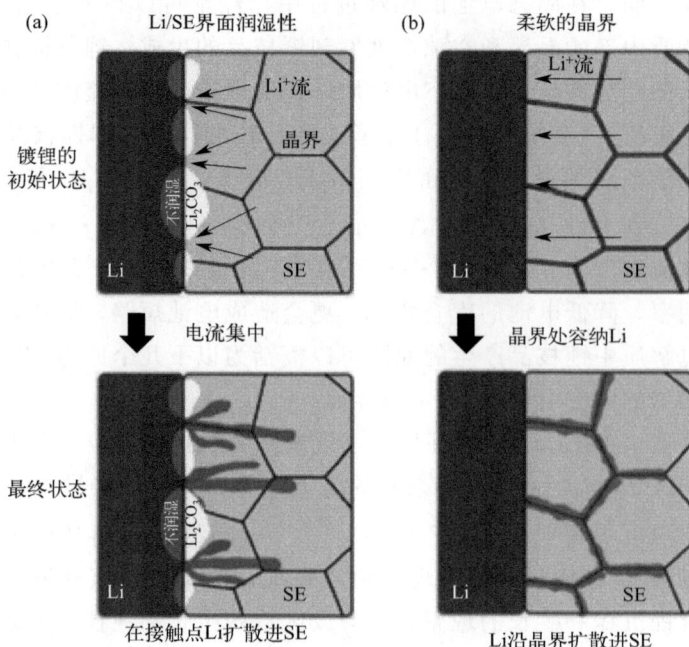

図 7-11　不同的固态电解质微结构对不均匀锂沉积的影响示意图[106-107]

（a）固态电解质表面有不均匀分布的杂质；（b）锂在固态电解质的晶界处沉积

象归因于 LLZO 和 Li_3PS_4 电解质具有的电子电导率比 LiPON 高几个数量级[105]。这可以解释在单晶的 LLZO 中，依然发现有锂枝晶生成的现象[111]。

除了固态电解质本征的离子/电子电导率，固态电解质/锂金属界面的离子/电子电导率对锂枝晶的生长也直接相关。理想的电解质/锂金属界面应该具备高的离子电导率和低的电子电导率。7.2.2.1.1 小节中提到固态电解质与锂接触后的三种界面热力学稳定的界面、混合导体界面、离子导体界面。对于第一类界面的情况，可能由于固态电解质的本征特征[105] 或与锂金属界面的缺陷，出现了锂枝晶的生长。对于第二、三类界面，沉积的 Li 会与固态电解质发生反应而被消耗，抑制了枝晶的生成。混合导体界面随着循环反应进行，界面层持续增厚，最终导致电池不能工作；离子导体界面是比较理想的界面，可以维持电解质/Li 金属界面的稳定性，并且抑制锂枝晶生长[83]。

7.2.2.2　固态电解质与锂金属的界面改性

要实现固态电池良好的电化学性能，必须得到稳定的固态电解质/锂金属界面，为此研究人员开展了大量界面优化工作。对于氧化物和硫化物固态电解质，可以通过施加较高的外部压力[112] 和加热预处理[113]，来改善物理接触问题，减小界面阻抗。但该方法依然不能解决固态电解质/锂片界面副反应和锂枝晶生长的问题，尤其对于疏锂性的 LLZO，降低界面阻抗的效果也很有限[114]。

在锂金属和固态电解质之间引入改性层，可以很有效地增加界面润湿性、降低界面阻抗、减少界面副反应和抑制锂枝晶的生成。这些改性层主要包括：可以与锂形成合金的物质（金属、氧化物、石墨等）、聚合物、有机电解液等。

7.2.2.2.1　与锂形成合金物质界面修饰

为了克服锂枝晶和固态电解质接触差、界面阻抗大的问题，可以在锂金属和固态电解质之间引入可以与锂形成合金的物质，形成离子/电子混合导体界面。通过在 LLZO 表面引入 Li-Al 合金[115]、Si[116]、Ge[117] 等可以与 Li 形成合金的物质，在疏锂的 LLZO 上修饰亲锂界面，降低固态电解质/锂金属的界面阻抗。通过在 LLCZN（$Li_{6.75}La_{2.75}Ca_{0.25}Zr_{1.75}Nb_{0.25}O_{12}$）表面通过原子沉积法修饰一层 ZnO，基于 ZnO 与 Li 的反应，增加了固态电解质与锂的润湿性，减小了界面阻抗[118]。在 LLZTO 表面溅射一层 Cu_3N，在高温下与熔融锂反应生成含 Li_3N 和 Cu 的离子/电子混合导体，也可以有效地增加固态电解质界面的亲锂性，抑制枝晶的生成，临界电流密度可以达到 $1.2mA \cdot cm^{-2}$，以锂为工作电极组装得到的对称电池可以在 $0.1mA \cdot cm^{-2}$ 下循环超过 1000h[119]。上述修饰氧化物固态电解质的方法主要是基于物理或化学沉积，比较复杂。Shao 等通过在 $Li_{59}Al_{02}La_3Zr_{175}W_{025}O_{12}$（LALZWO）表面用铅笔涂一层石墨 ［图 7-12（a）］，由于石墨具有嵌锂的特性，与锂反应得到的 LiC_6 是一个很好的离子/电子混合导体，用这一简便的涂画方法，可以很好地增加石榴石型固态电解质与锂的润湿性 ［图 7-12（b）］，大大降低界面阻抗，由改性前的 $1350\Omega \cdot cm^{-2}$ 下降为 $105\Omega \cdot cm^{-2}$。对以 Li/石墨修饰的石榴石型固态电解质/$LiNi_{0.5}Co_{0.2}Mn_{0.3}O_2$（正极中含离子液体作为润湿剂、炭黑为导电添加剂）组装的全电池 ［图 7-12（c）］进行测试，正极在 $0.1C$、$3C$ 的容量分别为 $175mA \cdot h \cdot g^{-1}$、$141mA \cdot h \cdot g^{-1}$，在 $0.5C$ 下循环 500 圈，容量保持率为 80% ［图 7-12（d）］[120]。

在硫化物固态电解质 $Li_{1.5}Al_{0.5}Ge_{0.5}P_3O_{12}$（LAGP）表面溅射一层无定形 Ge，既可以抑制 Ge^{4+} 与锂之间的副反应，也可以在 LAGP/Li 间形成紧密的界面层，减小界面阻抗。组装的对称电池可以在 $0.1mA \cdot cm^{-2}$ 下稳定循环 100 圈[121]。

7.2.2.2.2　锂离子导体界面修饰

在氧化物固态电解质和锂金属的界面引入离子导体，是有效地减小界面阻抗和提高界面稳定性的有效方法，这类离子导体界面层类似于液态电解质体系中的 SEI 膜。通过原子沉积法把 Al_2O_3 修饰在 $Li_{6.75}La_{2.75}Ca_{0.25}Zr_{1.75}Nb_{0.25}O_{12}$（LLCZN）表面，$Al_2O_3$ 可以增加锂在氧化物固态电解质表面的润湿性，锂化的

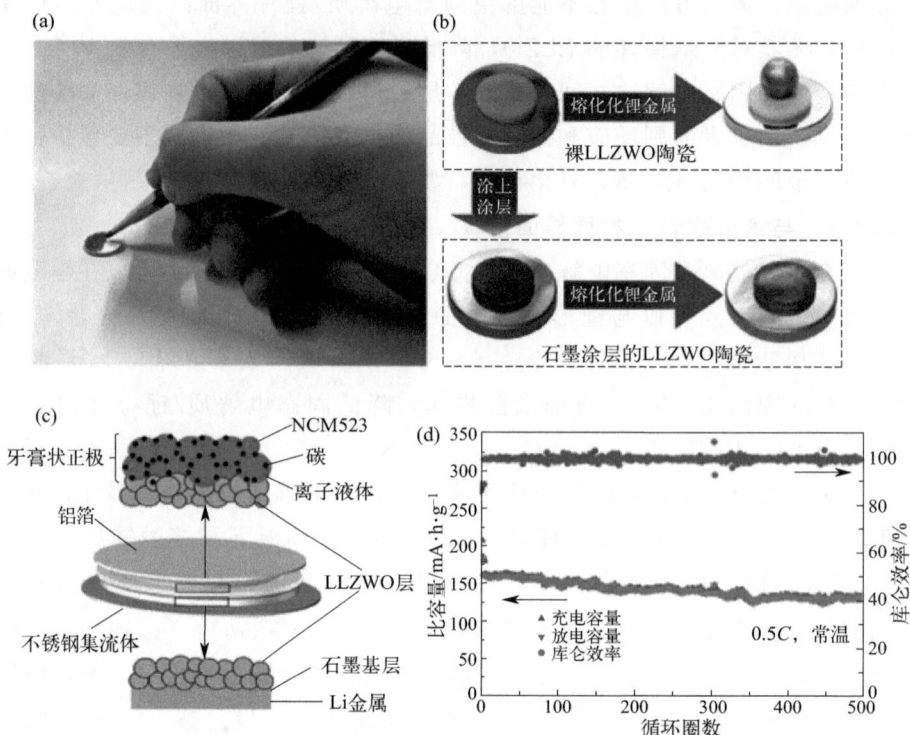

图 7-12　用铅笔涂画的方法在 LLZWO 表面修饰一层石墨（a）；石墨修饰前后的 LLZWO
与 Li 金属的润湿性（b）；Li/石墨修饰的石榴石型固态电解质/LiNi$_{0.5}$Co$_{0.2}$Mn$_{0.3}$O$_2$
全电池的示意图（c）；全电池在 0.5C 下的循环示意图（前三圈的倍率为 0.1C）（d）[120]

Al$_2$O$_3$ 也可以提供很好的锂离子通道，室温界面阻抗由修饰前的 1710$\Omega \cdot$ cm^{-2}
下降为 1$\Omega \cdot$ cm^{-2}[114]。将 Li$_{6.5}$La$_3$Zr$_{1.5}$Ta$_{0.5}$O$_{12}$（LLZT）表面的 Li$_2$CO$_3$ 杂质
先通过碳煅烧的方法去除，再通过等离子增强化学气相沉积法（plasma en-
hanced chemical vapor deposition）在 LLZT 表面修饰一层 Li$_3$N，Li$_3$N 具有较高
的锂离子电导率（约 10^{-3}S $\cdot$ cm^{-1}），可以很好地增强锂与固态电解质的润湿
性，抑制副反应的发生，提高界面稳定性。以锂为负极、LiFePO$_4$ 为正极得到
的固态电池可以在 40℃ 下循环 300 圈[122]。固态电解质的室温锂离子电导率不
高，但由于其良好的力学性能，也可以用作氧化物固态电解质和锂金属界面之间
的修饰层，起到保护和缓冲的作用。例如聚氧化乙烯（PEO-LiTFSI）可以用来
提高 Li$_{1.5}$Al$_{0.5}$Ge$_{1.5}$（PO$_4$）$_3$（LAGP）固态电解质和锂的界面性能[123]。通过
旋涂法在 LAGP 上修饰一层含 1%（质量分数）的 Li$_2$S-P$_2$S$_5$-P$_2$O$_5$（75∶24∶1）
的 PEO 基复合电解质，提高了 LAGP/Li 界面的化学和电化学稳定性[124]。在锂

与固态电解质的界面加入少量有机电解液，由于电解液的分解反应，可以原位在界面生成锂离子导体修饰层。如在 $Li_7La_3Zr_{1.5}Ta_{0.5}O_{12}$ 与锂界面之间加入碳酸酯类电解液和少量正丁基锂（n-BuLi），可以减小循环过程中阻抗的增加，提高界面的稳定性。采用这一策略，组装得到的 $Li/LiFePO_4$ 固态电池可以在室温下电流密度 $100\sim200\mu A\cdot cm^{-2}$ 循环 400 圈[125]。使用这一策略对界面进行改性，需要在保证界面稳定性的同时，控制加入的电解液越少越好，否则依然会有安全性问题。在锂金属表面直接修饰一层人工 SEI 也可以改善锂金属和电解质的界面性质，如把抛光后的锂金属浸入聚磷酸（PPA）的 DMSO 溶液中，可以在锂金属表面形成一层 Li_3PO_4 并抑制锂枝晶的生长，阻止与有机电解液的副反应[126]。把 Li_3PO_4 修饰的锂片用于以 NASICON $Li_{1.3}Al_{0.3}Ti_{1.7}(PO_4)_3$（LATP）为电解质的固态电池中，也可以很好地抑制锂金属与 LATP 的还原反应[127]。

通过在锂表面电化学原位分解修饰一层含有无机物（LiF、-NSO$_2$-Li、Li_2O）和有机物 [LiO-$(CH_2O)_n$-Li] 的纳米复合物，可以很好地稳定锂与还原性硫化物固态电解质 $Li_{10}GeP_2S_{12}$ 的界面，减少界面副反应和阻抗，可以使锂稳定地进行可逆溶解和沉积高达 3000h[128]。在 $Li_7P_3S_{11}$ 和 Li 界面之间引入 LiF，并将甲基九氟丁醚溶剂渗透入固态电解质内部，可以很好地抑制锂枝晶的生长，即使锂沉积过程中穿透了 LiF 界面层，甲基九氟丁醚溶剂也可以消耗锂生成 LiF，阻止锂枝晶在电解质内部生长。采用这一方法组装得到的 $LiNbO_3@Li$-$CoO_2/Li_7P_3S_{11}/Li$ 固态电池在室温、$0.1mA\cdot cm^{-2}$ 的电流密度下循环 100 圈后正极容量为 $96.8mA\cdot h\cdot g^{-1}$[129]。

从以上介绍可知，离子/电子混合导体和离子导体都可以用来修饰固态电解质和锂金属的界面，起到降低界面阻抗、抑制锂枝晶生成和提高界面稳定性的作用。除此之外，设计三维的锂金属负极可以有效地缓解充放电过程中的体积变化和枝晶生成问题，但在三维的锂金属负极中构建离子/电子混合导体网络是更有效利用锂负极的关键[130]。

7.3
全固态薄膜锂（离子）电池

上述介绍的全固态锂离子电池是基于粉体电池材料制备而成的，全固态薄膜锂（离子）电池是另外一种固态电池形式。与一般的固态电池制备方法不一样的是，全固态薄膜电池一般是将电池材料气化，并以原子或分子沉积的方式镀膜进行制备，可以实现紧密的电极/电解质界面和高效的离子传输。

常见的全固态薄膜锂（离子）电池结构示意图如图 7-13 所示[131]，包括集流体、正极、负极、电解质和封装保护膜，不含液态或高分子电解质。其中固态电解质层代替了传统锂离子电池中的电解液和隔膜，将正负极完全隔开，无漏液、漏气现象，更加安全。全固态薄膜的厚度一般不超过 $50\mu m$，其中大多数固态电解质厚度为 $2\sim3\mu m$ 甚至更小。除了更高的安全性外，薄膜锂（离子）电池具有以下优点[132]：高的能量密度和倍率性能，更长的循环寿命，45000 圈循环后容量保持率为 95%，更宽的工作温度范围（$-40\sim150℃$），应用范围更广，如高温探测器、石油勘探和空间军事领域等国家安全领域。由于薄膜电极到集流体的距离较短，充放电过程中电极材料的电势统一性好，可以减少电子导电添加剂的使用。但薄膜电池也有它的缺点，如单电芯的能量较小，固态电解质电导率较低，高倍率循环时电压降较大。

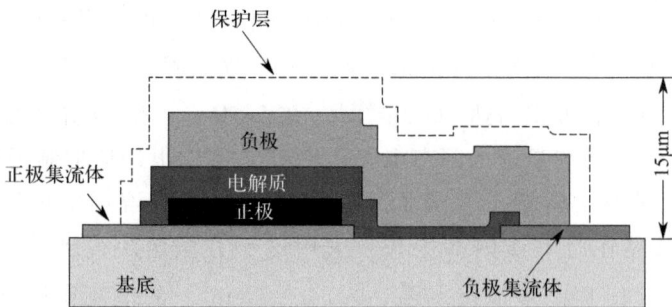

图 7-13　薄膜锂（离子）电池的剖面结构示意图[131]

目前全固态薄膜锂（离子）电池中电解质最好的选择是 LiPON 薄膜，一般采用溅射的方法制备。相较于其他固态电解质，LiPON 具有良好的热稳定性、高的致密度和优异的机械稳定性，可以减少在循环过程中的枝晶、裂化和粉化现象。全固态薄膜锂（离子）电池的电极材料要求比容量高，电极结构稳定，在充放电过程中不发生结构坍塌。正极材料包括 $LiCoO_2$、$LiMn_2O_4$、$LiFePO_4$ 和三元材料等，负极材料包括锂金属、钛氧化物（如 $Li_4Ti_5O_{12}$）、合金（Si、Ge、Sn 等）和金属氧化物、氮化物。

全固态薄膜锂（离子）电池的集流体厚度为数十到数百纳米，对于电子电导率较低的正极来说，Pt 是集流体的最佳选择，但 Pt 价格昂贵，也可以使用 Pt/Cr、Pt/Ti 合金。对于锂金属合金、氧化物等负极材料，由于其离子和电子的传输能力比较强，对集流体要求比较低。薄膜电池需要在衬底上进行制备，要求衬底表面平整，容易加工，比较常见的包括刚性无晶面取向衬底（Si、SiO_2、ITO 玻璃等）、刚性有晶面取向衬底（MgO、$SrTiO_3$ 等）和柔性衬底（碳管等）[133]。

制备全固态薄膜锂（离子）电池的方法包括物理法和化学法。其中物理法有磁控溅射法、激光脉冲沉积法、静电喷雾法，化学法包括溶胶-凝胶法、化学气相沉积法。物理法制备单芯的锂电池工艺，依据多层膜结构，利用掩膜版进行制备，即在衬底上先沉积正负极集流体，而后沉积正极、固态电解质和负极薄膜，最后在薄膜电池表面涂上保护层，以防止空气对电池材料的污染。

为了提高固态薄膜锂（离子）电池的能量密度，拓宽应用范围，一些特殊结构的固态薄膜锂（离子）电池也备受关注，包括 3D 薄膜锂电池、柔性全固态薄膜锂电池和串并联电池组。通过 3D 结构设计，使正极/电解质/负极的接触面积增大，较图 7-13 所示的平板电池，可以存储更高的能量，展现出更好的倍率性能和功率性能[134]。将薄膜电池与衬底剥离后，转移到聚二甲基硅氧烷（PDMS）基片上，可以得到柔性薄膜电池[135]。这类柔性全固态薄膜电池可以应用于信息、医疗、能源、国防等领域。通过串并联电池组设计，可以得到高容量、高能量的全固态薄膜电池[136]。

全固态薄膜锂（离子）电池经过 30 余年的发展，在材料、制备工艺、电池结构上都取得了很好的进展。全固态薄膜电池在固相和界面的离子传输速率低，电极/电解质的界面稳定性还需提高。进一步开发界面和失效分析方法，研发高性能的电极材料和固态电解质材料，是推动全固态薄膜电池快速发展的关键。

参考文献

[1] Gao Z，Sun H，Fu L，et al. Promises，challenges，and recent progress of inorganic solid-state electrolytes for all-solid-state lithium batteries. Advanced Materials，2018，30（17）：1705702.

[2] Zhang Z，Shao Y，Lotsch B，et al. New horizons for inorganic solid state ion conductors. Energy & Environmental Science，2018，11（8）：1945-1976.

[3] Stramare S，Thangadurai V，Weppner W. Lithium lanthanum titanates：a review. Chemistry of Materials，2003，15（21）：3974-3990.

[4] Thangadurai V，Weppner W. $Li_6ALa_2Ta_2O_{12}$（A＝Sr，Ba）：novel garnet-like oxides for fast lithium ion conduction. Advanced Functional Materials，2005，15（1）：107-112.

[5] Morata-Orrantia A，García-Martín S，Alario-Franco M Á. New $La_{2/3-x}Sr_xLi_xTiO_3$，solid solution：Structure，microstructure，and Li^+ conductivity. Chemistry of Materials，2003，15（1）：363-367.

[6] Chung H T，Kim J G，Kim H G. Dependence of the lithium ionic conductivity on the B-site ion substitution in $(Li_{0.5}La_{0.5})Ti_{1-x}M_xO_3$（M＝Sn，Zr，Mn，Ge）. Solid State Ionics，1998，107（1）：153-160.

[7] Teranishi T，Yamamoto M，Hayashi H，et al. Lithium ion conductivity of Nd-doped（Li，La）TiO_3 ceramics. Solid State Ionics，2013，243：18-21.

[8] Ma C，Chen K，Liang C，et al. Atomic-scale origin of the large grain-boundary resistance

in perovskite Li-ion-conducting solid electrolytes. Energy & Environmental Science, 2014, 7 (5): 1638-1642.

[9] Yao X, Huang B, Yin J, et al. All-solid-state lithium batteries with inorganic solid electrolytes: Review of fundamental science. Chinese Physics B, 2015, 25 (1): 018802.

[10] Chen C, Amine K. Ionic conductivity, lithium insertion and extraction of lanthanum lithium titanate. Solid State Ionics, 2001, 144 (1-2): 51-57.

[11] Wenzel S, Leichtweiss T, Krüger D, et al. Interphase formation on lithium solid electrolytes—An in situ approach to study interfacial reactions by photoelectron spectroscopy. Solid State Ionics, 2015, 278: 98-105.

[12] Aono H, Sugimoto E, Sadaoka Y, et al. Ionic conductivity and sinterability of lithium titanium phosphate system. Solid State Ionics, 1990, 40-41: 38-42.

[13] Braga M, Ferreira J A, Stockhausen V, et al. Novel Li_3ClO based glasses with superionic properties for lithium batteries. Journal of Materials Chemistry A, 2014, 2 (15): 5470-5480.

[14] Zhao Y, Daemen L L. Superionic conductivity in lithium-rich anti-perovskites. Journal of the American Chemical Society, 2012, 134 (36): 15042-15047.

[15] Goodenough J B, Hong H P, Kafalas J. Fast Na^+-ion transport in skeleton structures. Materials Research Bulletin, 1976, 11 (2): 203-220.

[16] Thangadurai V, Weppner W. Recent progress in solid oxide and lithium ion conducting electrolytes research. Ionics, 2006, 12 (1): 81-92.

[17] Shannon R D, Taylor B E, English A D, et al. New Li solid electrolytes. Electrochimica Acta, 1977, 22 (7): 783-796.

[18] Kahlaoui R, Arbi K, Sobrados I, et al. Cation miscibility and lithium mobility in NASICON $Li_{1+x}Ti_{2-x}Sc_x$ $(PO_4)_3$ $(0 \leqslant x \leqslant 0.5)$ Series: A combined NMR and impedance study. Inorganic Chemistry, 2017, 56 (3): 1216-1224.

[19] Aatiq A, Ménétrier M, Croguennec L, et al. On the structure of Li_3Ti_2 $(PO_4)_3$. Journal of Materials Chemistry, 2002, 12 (10): 2971-2978.

[20] Lang B, Ziebarth B, Elsaesser C. Lithium ion conduction in $LiTi_2$ $(PO_4)_3$ and related compounds based on the NASICON structure: a first-principles study. Chemistry of Materials, 2015, 27 (14): 5040-5048.

[21] Feng J, Lu L, Lai M. Lithium storage capability of lithium ion conductor $Li_{1.5}Al_{0.5}Ge_{1.5}$ $(PO_4)_3$. Journal of Alloys and Compounds, 2010, 501 (2): 255-258.

[22] Aono H, Sugimoto E, Sadaoka Y, et al. Ionic conductivity of the lithium titanium phosphate $(Li_{1+x}M_xTi_{2-x}$ $(PO_4)_3$, M=Al, Sc, Y, and La) systems. Journal of the Electrochemical Society, 1989, 136 (2): 590-591.

[23] Aono H, Sugimoto E, Sadaoka Y, et al. The electrical properties of ceramic electrolytes for $LiM_xTi_{2-x}(PO_4)_{3+y}Li_2O$, M=Ge, Sn, Hf and Zr systems. Journal of the Electrochemical Society, 1993, 140 (7): 1827.

[24] Thokchom J S, Kumar B. Composite effect in superionically conducting lithium aluminium germanium phosphate based glass-ceramic. Journal of Power Sources, 2008, 185 (1): 480-485.

[25] Thokchom J S, Kumar B. The effects of crystallization parameters on the ionic conductivity of a lithium aluminum germanium phosphate glass-ceramic. Journal of Power Sources, 2010, 195 (9): 2870-2876.

[26] Giarola M, Sanson A, Tietz F, et al. Structure and vibrational dynamics of NASICON-type LiTi$_2$ (PO$_4$)$_3$. The Journal of Physical Chemistry C, 2017, 121 (7): 3697-3706.

[27] Thangadurai V, Kaack H, Weppner W J. Novel fast lithium ion conduction in garnet-type Li$_5$La$_3$M$_2$O$_{12}$ (M= Nb, Ta). Journal of the American Ceramic Society, 2003, 86 (3): 437-440.

[28] Murugan R, Thangadurai V, Weppner W. Fast lithium ion conduction in garnet-type Li$_7$La$_3$Zr$_2$O$_{12}$. Angewandte Chemie International Edition, 2007, 46 (41): 7778-7781.

[29] Jalem R, Yamamoto Y, Shiiba H, et al. Concerted migration mechanism in the Li ion dynamics of garnet-type Li$_7$La$_3$Zr$_2$O$_{12}$. Chemistry of Materials, 2013, 25 (3): 425-430.

[30] Awaka J, Kijima N, Hayakawa H, et al. Synthesis and structure analysis of tetragonal Li$_7$La$_3$Zr$_2$O$_{12}$ with the garnet-related type structure. Journal of Solid State Chemistry, 2009, 182 (8): 2046-2052.

[31] Geiger C A, Alekseev E, Lazic B, et al. Crystal chemistry and stability of "Li$_7$La$_3$Zr$_2$O$_{12}$" garnet: a fast lithium-ion conductor. Inorganic Chemistry, 2011, 50 (3): 1089-1097.

[32] Buschmann H, Dölle J, Berendts S, et al. Structure and dynamics of the fast lithium ion conductor "Li$_7$La$_3$Zr$_2$O$_{12}$". Physical Chemistry Chemical Physics, 2011, 13 (43): 19378-19392.

[33] Kumazaki S, Iriyama Y, Kim K H, et al. High lithium ion conductive Li$_7$La$_3$Zr$_2$O$_{12}$ by inclusion of both Al and Si. Electrochemistry Communications, 2011, 13 (5): 509-512.

[34] Hubaud A A, SchroedeR D J, Key B, et al. Low temperature stabilization of cubic (Li$_{7-x}$Al$_{x/3}$) La$_3$Zr$_2$O$_{12}$, role of aluminum during formation. Journal of Materials Chemistry A, 2013, 1 (31): 8813-8818.

[35] Jalem R, Rushton M, Manalastas J R W, et al. Effects of gallium doping in garnet-type Li$_7$La$_3$Zr$_2$O$_{12}$ solid electrolytes. Chemistry of Materials, 2015, 27 (8): 2821-2831.

[36] Li Y, Han J T, Wang C A, et al. Optimizing Li$^+$ conductivity in a garnet framework. Journal of Materials Chemistry, 2012, 22 (30): 15357-15361.

[37] Deviannapoorani C, Dhivya L, Ramakumar S, et al. Lithium ion transport properties of high conductive tellurium substituted Li$_7$La$_3$Zr$_2$O$_{12}$ cubic lithium garnets. Journal of Power Sources, 2013, 240: 18-25.

[38] Larraz G, Orera A, Sanjuan M. Cubic phases of garnet-type Li$_7$La$_3$Zr$_2$O$_{12}$: the role of hydration. Journal of Materials Chemistry A, 2013, 1 (37): 11419-11428.

[39] Xia W, Xu B, Duan H, et al. Reaction mechanisms of lithium garnet pellets in ambient air: The effect of humidity and CO$_2$. Journal of the American Ceramic Society, 2017, 100 (7): 2832-2839.

[40] Hong H P. Crystal structure and ionic conductivity of Li$_{14}$Zn (GeO$_4$)$_4$ and other new Li$^+$ superionic conductors. Materials Research Bulletin, 1978, 13 (2): 117-124.

[41] Alpen U, Bell M, Wichelhaus W, et al. Ionic conductivity of Li$_{14}$Zn (GeO$_4$)$_4$ (Lisi-

con). Electrochimica Acta, 1978, 23 (12): 1395-1397.

[42] Mazumdar D, Bose D, Mukherjee M. Transport and dielectric properties of lisicon. Solid State Ionics, 1984, 14 (2): 143-147.

[43] Zheng F, Kotobuki M, Song S, et al. Review on solid electrolytes for all-solid-state lithium-ion batteries. Journal of Power Sources, 2018, 389: 198-213.

[44] Bates J, Dudney N, Gruzalski G, et al. Fabrication and characterization of amorphous lithium electrolyte thin films and rechargeable thin-film batteries. Journal of Power Sources, 1993, 43 (1-3): 103-110.

[45] Suzuki N, Inaba T, Shiga T. Electrochemical properties of LiPON films made from a mixed powder target of Li_3PO_4 and Li_2O. Thin Solid Films, 2012, 520 (6): 1821-1825.

[46] 陈龙, 池上森, 董源, 等. 全固态锂电池关键材料——固态电解质研究进展. 硅酸盐学报, 2018, 46 (1): 21-34.

[47] Zheng N, Bu X, Feng P. Synthetic design of crystalline inorganic chalcogenides exhibiting fast-ion conductivity. Nature, 2003, 426 (6965): 428-432.

[48] Kanno R, Hata T, Kawamoto Y, et al. Synthesis of a new lithium ionic conductor, thio-LISICON-lithium germanium sulfide system. Solid State Ionics, 2000, 130 (1-2): 97-104.

[49] Kanno R, Murayama M. Lithium ionic conductor thio-LISICON: the $Li_2SGeS_2P_2S_5$ system. Journal of the Electrochemical Society, 2001, 148 (7): A742.

[50] Kamaya N, Homma K, Yamakawa Y, et al. A lithium superionic conductor. Nature Materials, 2011, 10 (9): 682-686.

[51] Ong S P, Mo Y, Richards W D, et al. Phase stability, electrochemical stability and ionic conductivity of the $Li_{10\pm1}MP_2X_{12}$ (M= Ge, Si, Sn, Al or P, and X= O, S or Se) family of superionic conductors. Energy & Environmental Science, 2013, 6 (1): 148-156.

[52] Sun Y, Suzuki K, Hara K, et al. Oxygen substitution effects in $Li_{10}GeP_2S_{12}$ solid electrolyte. Journal of Power Sources, 2016, 324: 798-803.

[53] Dietrich C, Weber D A, Sedlmaier S J, et al. Lithium ion conductivity in LiS-P_2S_5 glasses-building units and local structure evolution during the crystallization of superionic conductors Li_3PS_4, $Li_7P_3S_{11}$ and $Li_4P_2S_7$. Journal of Materials Chemistry A, 2017, 5 (34): 18111-18119.

[54] Hayashi A, Hama S, Morimoto H, et al. Preparation of Li_2S-P_2S_5 amorphous solid electrolytes by mechanical milling. Journal of the American Ceramic Society, 2001, 84 (2): 477-479.

[55] Yamauchi A, Sakuda A, Hayashi A, et al. Preparation and ionic conductivities of $(100-x)$ $(0.75 Li_2S \cdot 0.25 P_2S_5) \cdot xLiBH_4$ glass electrolytes. Journal of Power Sources, 2013, 244: 707-710.

[56] Han F, Yue J, Zhu X, et al. Suppressing Li dendrite formation in Li_2S-P_2S_5 solid electrolyte by LiI incorporation. Advanced Energy Materials, 2018, 8 (18): 1703644.

[57] Zhang Z, Kennedy J H. Synthesis and characterization of the B_2S_3, Li_2S, the P_2S_5,

Li$_2$S and the B$_2$S$_3$, P$_2$S$_5$, Li$_2$S glass systems. Solid State Ionics, 1990, 38 (3-4): 217-224.

[58] Mizuno F, Hayashi A, Tadanaga K, et al. New, highly ion - conductive crystals precipitated from Li$_2$S-P$_2$S$_5$ glasses. Advanced Materials, 2005, 17 (7): 918-921.

[59] Hayashi A, Hama S, Morimoto H, et al. High lithium ion conductivity of glass-ceramics derived from mechanically milled glassy powders. Chemistry Letters, 2001, 30 (9): 872-873.

[60] Hayashi A, Hama S, Minami T, et al. Formation of superionic crystals from mechanically milled Li$_2$S-P$_2$S$_5$ glasses. Electrochemistry Communications, 2003, 5 (2): 111-114.

[61] Morimoto H, Yamashita H, Tatsumisago M, et al. Mechanochemical synthesis of new amorphous materials of 60Li$_2$S · 40SiS$_2$ with high lithium ion conductivity. Journal of the American Ceramic Society, 1999, 82 (5): 1352-1354.

[62] Tatsumisago M, Hirai K, Minami T, et al. Superionic conduction in rapidly quenched Li$_2$S-SiS$_2$-Li$_3$PO$_4$ glasses. Journal of the Ceramic Society of Japan, 1993, 101 (1179): 1315-1317.

[63] Tatsumisago M, Hirai K, Hirata T, et al. Structure and properties of lithium ion conducting oxysulfide glasses prepared by rapid quenching. Solid State Ionics, 1996, 86: 487-490.

[64] Hayashi A, Muramatsu H, Ohtomo T, et al. Improvement of chemical stability of Li$_3$PS$_4$ glass electrolytes by adding M$_x$O$_y$ (M= Fe, Zn, and Bi) nanoparticles. Journal of Materials Chemistry A, 2013, 1 (21): 6320-6326.

[65] Muramatsu H, Hayashi A, Ohtomo T, et al. Structural change of Li$_2$S-P$_2$S$_5$ sulfide solid electrolytes in the atmosphere. Solid State Ionics, 2011, 182 (1): 116-119.

[66] Winkler C. Germanium, Ge, ein neues, nichtmetallisches element. Berichte der deutschen chemischen Gesellschaft. Januar-Juni, 1886, 19 (1): 210-211.

[67] Gaudin E, Deiseroth H. Zaiß T. The argyrodite γ-Ag$_9$AlSe$_6$: a non-metallic filled Laves phase. Zeitschrift für Kristallographie-Crystalline Materials, 2001, 216 (1): 39-44.

[68] Deiseroth H J, Kong S T, Eckert H, et al. Li$_6$PS$_5$X: a class of crystalline Li-rich solids with an unusually high Li$^+$ mobility. Angewandte Chemie, 2008, 120 (4): 767-770.

[69] Kraft M A, Culver S P, Calderon M, et al. Influence of lattice polarizability on the ionic conductivity in the lithium superionic argyrodites Li$_6$PS$_5$X (X= Cl, Br, I). Journal of the American Chemical Society, 2017, 139 (31): 10909-10918.

[70] de Klerk N J, Rosłoń I, Wagemaker M. Diffusion mechanism of Li argyrodite solid electrolytes for Li-ion batteries and prediction of optimized halogen doping: the effect of Li vacancies, halogens, and halogen disorder. Chemistry of Materials, 2016, 28 (21): 7955-7963.

[71] Minafra N, Culver S P, Krauskopf T, et al. Effect of Si substitution on the structural and transport properties of superionic Li-argyrodites. Journal of Materials Chemistry A, 2018, 6 (2): 645-651.

[72] Kraft M A，Ohno S，Zinkevich T，et al. Inducing high ionic conductivity in the lithium superionic argyrodites $Li_{6+x}P_{1-x}Ge_xS_5I$ for all-solid-state batteries. Journal of the American Chemical Society，2018，140（47）：16330-16339.

[73] Xu L，Tang S，Cheng Y，et al. Interfaces in solid-state lithium batteries. Joule，2018，2（10）：1991-2015.

[74] Kim K H，Iriyama Y，Yamamoto K，et al. Characterization of the interface between $LiCoO_2$ and $Li_7La_3Zr_2O_{12}$ in an all-solid-state rechargeable lithium battery. Journal of Power Sources，2011，196（2）：764-767.

[75] Park K，Yu B C，Jung J W，et al. Electrochemical nature of the cathode interface for a solid-state lithium-ion battery: Interface between $LiCoO_2$ and garnet-$Li_7La_3Zr_2O_{12}$. Chemistry of Materials，2016，28（21）：8051-8059.

[76] Gellert M，Dashjav E，Grüner D，et al. Compatibility study of oxide and olivine cathode materials with lithium aluminum titanium phosphate. Ionics，2018，24（4）：1001-1006.

[77] Hänsel C，Afyon S，Rupp J L. Investigating the all-solid-state batteries based on lithium garnets and a high potential cathode-$LiMn_{1.5}Ni_{0.5}O_4$. Nanoscale，2016，8（43）：18412-18420.

[78] Haruyama J，Sodeyama K，Han L，et al. Space-charge layer effect at interface between oxide cathode and sulfide electrolyte in all-solid-state lithium-ion battery. Chemistry of Materials，2014，26（14）：4248-4255.

[79] Yamamoto K，Iriyama Y，Asaka T，et al. Dynamic visualization of the electric potential in an all-solid-state rechargeable lithium battery. Angewandte Chemie International Edition，2010，49（26）：4414-4417.

[80] Sakuda A，Hayashi A，Tatsumisago M. Interfacial observation between $LiCoO_2$ electrode and $Li_2S-P_2S_5$ solid electrolytes of all-solid-state lithium secondary batteries using transmission electron microscopy. Chemistry of Materials，2010，22（3）：949-956.

[81] Richards W D，Miara L J，Wang Y，et al. Interface stability in solid-state batteries. Chemistry of Materials，2016，28（1）：266-273.

[82] Auvergniot J，Cassel A，Ledeuil J B，et al. Interface stability of argyrodite Li_6PS_5Cl toward $LiCoO_2$，$LiNi_{1/3}Co_{1/3}Mn_{1/3}O_2$，and $LiMn_2O_4$ in bulk all-solid-state batteries. Chemistry of Materials，2017，29（9）：3883-3890.

[83] Chen R，Li Q，Yu X，et al. Approaching practically accessible solid-state batteries: stability issues related to solid electrolytes and interfaces. Chemical Reviews，2019，120（14）：6820-6877.

[84] Du M，Liao K，Lu Q，et al. Recent advances in the interface engineering of solid-state Li-ion batteries with artificial buffer layers: challenges, materials, construction, and characterization. Energy & Environmental Science，2019，12（6）：1780-1804.

[85] Kato T，Hamanaka T，Yamamoto K，et al. In-situ $Li_7La_3Zr_2O_{12}/LiCoO_2$ interface modification for advanced all-solid-state battery. Journal of Power Sources，2014，260：292-298.

[86] Jeong E，Hong C，Tak Y，et al. Investigation of interfacial resistance between $LiCoO_2$ cathode and LiPON electrolyte in the thin film battery. Journal of Power Sources，2006，

159 (1): 223-226.

[87]　Ohta S, Komagata S, Seki J, et al. All-solid-state lithium ion battery using garnet-type oxide and Li_3BO_3 solid electrolytes fabricated by screen-printing. Journal of Power Sources, 2013, 238: 53-56.

[88]　Yada C, Ohmori A, Ide K, et al. Dielectric modification of 5V-class cathodes for high-voltage all-solid-state lithium batteries. Advanced Energy Materials, 2014, 4 (9): 1301416.

[89]　Han F, Yue J, Chen C, et al. Interphase engineering enabled all-ceramic lithium battery. Joule, 2018, 2 (3): 497-508.

[90]　Duan H, Yin Y X, Shi Y, et al. Dendrite-free Li-metal battery enabled by a thin asymmetric solid electrolyte with engineered layers. Journal of the American Chemical Society, 2018, 140 (1): 82-85.

[91]　Wetjen M, Kim G T, Joost M, et al. Thermal and electrochemical properties of PEO-LiTFSI-Pyr14TFSI-based composite cathodes, incorporating 4 V-class cathode active materials. Journal of Power Sources, 2014, 246: 846-857.

[92]　Chen L, Li Y, Li S P, et al. PEO/garnet composite electrolytes for solid-state lithium batteries: From "ceramic-in-polymer" to "polymer-in-ceramic". Nano Energy, 2018, 46: 176-184.

[93]　Huo H, Zhao N, Sun J, et al. Composite electrolytes of polyethylene oxides/garnets interfacially wetted by ionic liquid for room-temperature solid-state lithium battery. Journal of Power Sources, 2017, 372: 1-7.

[94]　Ohta N, Takada K, Zhang L, et al. Enhancement of the high-rate capability of solid-state lithium batteries by nanoscale interfacial modification. Advanced Materials, 2006, 18 (17): 2226-2229.

[95]　Seino Y, Ota T, Takada K. High rate capabilities of all-solid-state lithium secondary batteries using $Li_4Ti_5O_{12}$-coated $LiNi_{0.8}Co_{0.15}Al_{0.05}O_2$ and a sulfide-based solid electrolyte. Journal of Power Sources, 2011, 196 (15): 6488-6492.

[96]　Ohta N, Takada K, Sakaguchi I, et al. $LiNbO_3$-coated $LiCoO_2$ as cathode material for all solid-state lithium secondary batteries, Electrochemistry Communications, 2007, 9 (7): 1486-1490.

[97]　Okada K, Machida N, Naito M, et al. Preparation and electrochemical properties of Li-AlO_2-coated Li ($Ni_{1/3}Mn_{1/3}Co_{1/3}$) O_2 for all-solid-state batteries. Solid State Ionics, 2014, 255: 120-127.

[98]　Xu X, Takada K, Fukuda K, et al. Tantalum oxide nanomesh as self-standing one nanometre thick electrolyte. Energy & Environmental Science, 2011, 4 (9): 3509-3512.

[99]　Jung S H, Oh K, Nam Y J, et al. Li_3BO_3-Li_2CO_3: rationally designed buffering phase for sulfide all-solid-state Li-ion batteries. Chemistry of Materials, 2018, 30 (22): 8190-200.

[100]　Wenzel S, Weber D A, Leichtweiss T, et al. Interphase formation and degradation of charge transfer kinetics between a lithium metal anode and highly crystalline $Li_7P_3S_{11}$ solid electrolyte. Solid State Ionics, 2016, 286: 24-33.

[101] Hartmann P，Leichtweiss T，Busche M R，et al. Degradation of NASICON-type materials in contact with lithium metal：formation of mixed conducting interphases（MCI）on solid electrolytes. The Journal of Physical Chemistry C，2013，117（41）：21064-21074.

[102] Zhu Y，Connell J G，Tepavcevic S，et al. Dopant-dependent stability of garnet solid electrolyte interfaces with lithium metal. Advanced Energy Materials，2019，9（12）：1803440.

[103] Liu Z，Fu W，Payzant E A，et al. Anomalous high ionic conductivity of nanoporous β-$Li_3 PS_4$. Journal of the American Chemical Society，2013，135（3）：975-978.

[104] Schwöbel A，Hausbrand R，Jaegermann W. Interface reactions between LiPON and lithium studied by in-situ X-ray photoemission. Solid State Ionics，2015，273：51-54.

[105] Han F，Westover A S，Yue J，et al. High electronic conductivity as the origin of lithium dendrite formation within solid electrolytes. Nature Energy，2019，4（3）：187-196.

[106] Liu H，Cheng X B，Huang J Q，et al. Controlling dendrite growth in solid-state electrolytes. ACS Energy Letters，2020，5（3）：833-843.

[107] Yu S，Siegel D J. Grain boundary softening：A potential mechanism for lithium metal penetration through stiff solid electrolytes. ACS Applied Materials & Interfaces，2018，10（44）：38151-38158.

[108] Kerman K，Luntz A，Viswanathan V，et al. Practical challenges hindering the development of solid state Li ion batteries. Journal of the Electrochemical Society，2017，164（7）：A1731.

[109] Kasemchainan J，Zekoll S，Jolly D S，et al. Critical stripping current leads to dendrite formation on plating in lithium anode solid electrolyte cells. Nature Materials，2019，18（10）：1105-1111.

[110] Ishiguro K，Nemori H，Sunahiro S，et al. Ta-doped $Li_7 La_3 Zr_2 O_{12}$ for water-stable lithium electrode of lithium-air batteries. Journal of the Electrochemical Society，2014，161（5）：A668.

[111] Porz L，Swamy T，Sheldon B W，et al. Mechanism of lithium metal penetration through inorganic solid electrolytes. Advanced Energy Materials，2017，7（20）：1701003.

[112] Rangasamy E，Sahu G，Keum J K，et al. A high conductivity oxide-sulfide composite lithium superionic conductor. Journal of Materials Chemistry A，2014，2（12）：4111-4116.

[113] Wan Z，Lei D，Yang W，et al. Low resistance-integrated all-solid-state battery achieved by $Li_7 La_3 Zr_2 O_{12}$ nanowire upgrading polyethylene oxide（PEO）composite electrolyte and PEO cathode binder. Advanced Functional Materials，2019，29（1）：1805301.

[114] Han X，Gong Y，Fu K K，et al. Negating interfacial impedance in garnet-based solid-state Li metal batteries. Nature Materials，2017，16（5）：572-579.

[115] Lu Y，Huang X，Ruan Y，et al. An in situ element permeation constructed high endurance Li-LLZO interface at high current densities. Journal of Materials Chemistry A，2018，6（39）：18853-18858.

[116] Luo W，Gong Y，Zhu Y，et al. Transition from superlithiophobicity to superlithiophilicity of garnet solid-state electrolyte. Journal of the American Chemical Society，2016，

138 (37): 12258-12262.

[117] Luo W, Gong Y, Zhu Y, et al. Reducing interfacial resistance between garnet - structured solid - state electrolyte and Li - metal anode by a germanium layer. Advanced Materials, 2017, 29 (22): 1606042.

[118] Wang C, Gong Y, Liu B, et al. Conformal, nanoscale ZnO surface modification of garnet-based solid-state electrolyte for lithium metal anodes. Nano Letters, 2017, 17 (1): 565-571.

[119] Huo H, Chen Y, Li R, et al. Design of a mixed conductive garnet/Li interface for dendrite-free solid lithium metal batteries. Energy & Environmental Science, 2020, 13 (1): 127-134.

[120] Shao Y, Wang H, Gong Z, et al. Drawing a soft interface: an effective interfacial modification strategy for garnet-type solid-state Li batteries. ACS Energy Letters, 2018, 3 (6): 1212-1218.

[121] Liu Y, Li C, Li B, et al. Germanium thin film protected lithium aluminum germanium phosphate for solid-state Li batteries. Advanced Energy Materials, 2018, 8 (16): 1702374.

[122] Xu H, Li Y, Zhou A, et al. Li_3N-modified garnet electrolyte for all-solid-state lithium metal batteries operated at 40℃. Nano Letters, 2018, 18 (11): 7414-7418.

[123] Wang C, Yang Y, Liu X, et al. Suppression of lithium dendrite formation by using LAGP-PEO (LiTFSI) composite solid electrolyte and lithium metal anode modified by PEO (LiTFSI) in all-solid-state lithium batteries. ACS Applied Materials & Interfaces, 2017, 9 (15): 13694-13702.

[124] Zhang Z, Zhao Y, Chen S, et al. An advanced construction strategy of all-solid-state lithium batteries with excellent interfacial compatibility and ultralong cycle life. Journal of Materials Chemistry A, 2017, 5 (32): 16984-16993.

[125] Xu B, Duan H, Liu H, et al. Stabilization of garnet/liquid electrolyte interface using superbase additives for hybrid Li batteries. ACS Applied Materials & Interfaces, 2017, 9 (25): 21077-21082.

[126] Zhang H, Shi T, Wetzel D J, et al. 3D scaffolded nickel-tin Li-ion anodes with enhanced cyclability. Advanced Materials, 2016, 28 (4): 742-747.

[127] Liu J, Liu T, Pu Y, et al. Facile synthesis of NASICON-type $Li_{1.3}Al_{0.3}Ti_{1.7}(PO_4)_3$ solid electrolyte and its application for enhanced cyclic performance in lithium ion batteries through the introduction of an artificial Li_3PO_4 SEI layer. RSC Advances, 2017, 7 (74): 46545-46552.

[128] Gao Y, Wang D, Li Y C, et al. Salt-based organic-inorganic nanocomposites: Towards a stable lithium metal/$Li_{10}GeP_2S_{12}$ solid electrolyte interface. Angewandte Chemie International Edition, 2018, 57 (41): 13608-13612.

[129] Xu R, Han F, Ji X, et al. Interface engineering of sulfide electrolytes for all-solid-state lithium batteries. Nano Energy, 2018, 53: 958-966.

[130] Cheng X B, Zhao C Z, Yao Y X, et al. Recent advances in energy chemistry between solid-state electrolyte and safe lithium-metal anodes. Chem, 2019, 5 (1): 74-96.

[131] Dudney N J. Solid-state thin-film rechargeable batteries. Materials Science and Engineering: B, 2005, 116 (3): 245-249.

[132] 陈牧, 颜悦, 刘伟明, 等. 全固态薄膜锂电池研究进展和产业化展望. 航空材料学报, 2014, 34 (6): 1-20.

[133] 吴勇民, 吴晓萌, 朱蕾, 等. 全固态薄膜锂电池研究进展. 储能科学与技术, 2016, 5 (5): 678-701.

[134] Moitzheim S, Put B, Vereecken P M. Advances in 3D thin-film Li-ion batteries. ACS Applied Materials & Interfaces, 2019, 6 (15): 1900805.

[135] Koo M, Park K I, Lee S H, et al. Bendable inorganic thin-film battery for fully flexible electronic systems. Nano Letters, 2012, 12 (9): 4810-4816.

[136] Baba M, Kumagai N, Fujita H, et al. Multi-layered Li-ion rechargeable batteries for a high-voltage and high-current solid-state power source. Journal of Power Sources, 2003, 119: 914-917.

第 8 章

水系锂离子电池

自 1991 年，有机系锂离子电池（一般称为锂离子电池，英文简写 LIBs）实现商品化以来，锂离子电池以其高电压、高能量密度和长循环寿命等优点，被广泛应用在便携式设备和电动汽车中。然而，锂离子电池也面临着如装配条件要求高（无水、无氧环境）、生产成本高；有机电解液有毒且易燃，具有较大的安全隐患等问题，因而限制了其在大型储能系统中的应用。为了从本质上缓解或解决这些问题，科研工作者提出了用水系电解液代替传统有机电解液的水系锂离子电池（ALIB）[1]。与传统锂离子电池相比，水系锂离子电池具有以下优势：

① 采用水和价格较低的锂盐，如 $LiNO_3$、Li_2SO_4 代替有毒、易燃的 $LiPF_6$ 有机电解液，更加环保、价廉和安全；

② 装配工艺简单，对生产环境要求较低，进一步降低了生产成本；

③ 水系电解液黏度小，离子电导率明显高于有机电解液，具有更优异的倍率性能；

④ 具有本征安全性，不易发生着火或爆炸等问题；

⑤ 绿色高效、可回收再利用。

8.1
水系锂离子电池原理及其发展

8.1.1 水系锂离子电池基本原理

水系锂离子电池采用嵌锂化合物作为电极，一定浓度的锂盐水溶液作为电解液。Li^+ 通过电解液在正负极之间传输，外电路传输电子。在理想条件下，电极材料与水不发生反应，其充放电原理基于"摇椅式电池"概念，以 VO_2 为负极，$LiMn_2O_4$ 为正极，$5mol \cdot L^{-1}$ $LiNO_3$ 为电解液为例，电极反应如下。

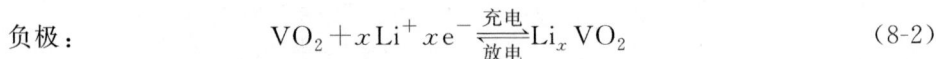

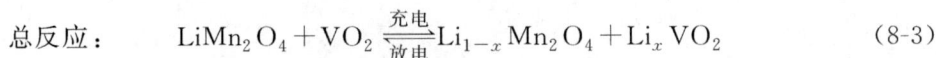

正极：
$$LiMn_2O_4 \underset{\text{放电}}{\overset{\text{充电}}{\rightleftharpoons}} Li_{1-x}Mn_2O_4 + xLi^+ + xe^- \tag{8-1}$$

负极：
$$VO_2 + xLi^+ + xe^- \underset{\text{放电}}{\overset{\text{充电}}{\rightleftharpoons}} Li_xVO_2 \tag{8-2}$$

总反应：
$$LiMn_2O_4 + VO_2 \underset{\text{放电}}{\overset{\text{充电}}{\rightleftharpoons}} Li_{1-x}Mn_2O_4 + Li_xVO_2 \tag{8-3}$$

在正极，Li^+ 和 $Mn^{3+/4+}$ 分别占据立方密堆氧分布中的四面体 $8a$ 位置和八面体 $16d$ 位置，充电时，Li^+ 从四面体位置脱出，释放一个电子，Mn^{3+} 氧化成 Mn^{4+}；放电时，Mn^{4+} 还原为 Mn^{3+}，得到一个电子。在负极，充电时，VO_2 得到电子还原为 Li_xVO_2，放电时与之相反。水系锂离子电池充放电机理与有机系锂离子电池相似。与有机系锂离子电池相比，水系锂离子电池的问题主要有以下几方面：

① 电化学稳定窗口窄。不考虑过电位的情况下，水系电解液的稳定电化学窗口一般在 1.23V 左右，超过此窗口，易发生析氢或析氧反应，严重影响水系锂离子电池的能量密度。

② 电极材料与电解液的副反应较多，合适的电极材料有限。水系锂离子电池在充放电过程中易伴随质子的脱出、嵌入反应；电极材料，尤其是嵌锂态负极材料可能被电解液中溶解氧氧化，这些反应会导致电池性能急剧恶化。

③ 循环稳定性差。电极材料与电解液发生副反应以及电极材料溶解等问题都会降低电池的循环稳定性。

8.1.2　水系锂离子电池电极材料选择

水系锂离子电池的基础是在水系电解液中，Li^+ 能够在电极材料中可逆脱嵌。为了实现 Li^+ 的可逆脱嵌，Li^+ 在电极中的嵌入/脱出电位必须在水系电解液的稳定电化学窗口内。超过此电化学窗口，电解液易发生析氢、析氧反应，如金属锂在水性电解液中，与水直接发生化学反应生成氢气。部分适用于有机系锂离子电池的电极材料会与水系电解液发生副反应或者溶解到水系电解液中，因而不适合作为水系锂离子电池的电极材料。

锂过渡金属氧化物在空气和水中的稳定性取决于 Li^+ 能否紧紧束缚在嵌锂主体材料中。比如，$Li_2Mn_2O_4$ 在空气中不稳定，因为 Li^+ 与嵌锂主体材料结合不够紧密，不能阻止 Li^+ 脱出与空气中 H_2O、O_2 和 CO_2 发生反应生成 $LiOH$、Li_2O、Li_2CO_3 和 $LiMn_2O_4$。而 $LiCoO_2$ 在空气中能够稳定存在，因为 Li^+ 与嵌锂主体材料的结合能较反应产物 Li_2O、$LiOH$ 和 Li_2CO_3 大。锂//锂过渡金属氧化物电池的电压是衡量锂原子在锂过渡金属氧化物中结合能大小的有效方法。如，$Li//Li_{2-x}Mn_2O_4$ 电池电压约 2.9V（$x \geqslant 0$），$Li//Li_{1-x}CoO_2$ 电池电压约 4.0V（$x \geqslant 0$），更高的电压意味着更大的结合能。假设由 Li 与 H_2O、O_2 和 CO_2 形成 $LiOH$、Li_2O 和 Li_2CO_3 产物，其形成自由能分别是 $-51kcal \cdot mol^{-1}$、$-134kcal \cdot mol^{-1}$ 和 $-176kcal \cdot mol^{-1}$，根据电子伏特（eV）与能量单位焦耳（J）的换算公式（$1eV = 1.602 \times 10^{-19}J$），其形成自由能分别是 $-2.22eV/Li$ 原子、$-2.91eV/Li$ 原子和 $-3.82eV/Li$ 原子。因此，当嵌锂化合物的电压大于 3.9V（vs. Li/Li^+）时，其在热力学上是稳定的。空气中，CO_2 含量很少，根据经验，材料的电压大于 $(3.3\pm0.2)V$（vs. Li/Li^+）时，在空气中能够稳定存在[2]。

Li 等[2] 在理论上分析了嵌锂化合物在水系电解液中的稳定性。嵌入 Li^+ 在

嵌锂化合物 $[Li_x(H)]$ 中的化学势 (μ_{Li}^{in}) 定义如下：

$$\mu_{Li}^{in}(x) = \frac{1}{N_A} \left[\frac{\delta G_{Li_x(H)}^{\ominus}}{\delta x} \right]_{T,p} \tag{8-4}$$

式中，$G_{Li_x(H)}^{\ominus}$ 表示 1mol 标准态（固态）$Li_x(H)$ 的吉布斯自由能；N_A 表示阿伏伽德罗常数（6.022×10^{23}）。积分计算得到：

$$G_{Li_x(H)}^{\ominus} = G_{(H)}^{\ominus} + \int_0^x N_A \mu_{Li}^{in}(x) dx \tag{8-5}$$

式中，$G_{(H)}^{\ominus}$ 表示嵌锂基质（嵌锂主体材料）在标准态下的吉布斯自由能。$Li/Li_x(H)$ 电池的电压 $V(x)$ 为：

$$V(x) = -\frac{1}{e} \left[\mu_{Li}^{in}(x) - \mu_{Li}^{\ominus} \right] \tag{8-6}$$

式中，$\mu_{Li}^{\ominus}$ 代表 Li 在锂金属中的化学势 $[\mu_{Li}^{\ominus} = (\partial G_{Li}^{\ominus}/\partial N)_{T,p}]$；$e$ 代表电子电荷数。假设包含 Li 的嵌锂化合物 $[Li_x(H)]$ 的化学势为 $\mu_{Li}^{in}(x)$，将其置于水溶液中。同时，假设相对于水溶液，$Li_x(H)$ 完全过量，当嵌锂化合物与水发生反应时，x 不变，即 $\mu_{Li}^{in}(x)$ 不变。由于嵌入锂与水反应，水溶液中的 Li^+ 浓度和 pH 均增大，当 pH 到达一定值后，反应达到平衡，如下所示：

$$Li(嵌入锂) + H_2O \Longleftrightarrow Li^+ + OH^- + \frac{1}{2}H_2 \tag{8-7}$$

假设 H_2 在材料表面生成量很小，即 H_2 基本处于 1 个大气压。在平衡态时：

$$\mu_{Li}^{in}(x) + \mu_{H_2O}^{\ominus} = \mu_{OH^-} + \mu_{Li^+} + \frac{1}{2}\mu_{H_2}^{\ominus} \tag{8-8}$$

式中，$\mu_{H_2O}^{\ominus}$ 表示标准状态下水的化学势；μ_{OH^-} 和 μ_{Li^+} 分别表示溶液中 OH^- 和 Li^+ 的化学势；$\mu_{H_2}^{\ominus}$ 为 H_2 在标准状态下的化学势。根据电荷守恒定律：

$$[Li^+] + [H^+] = [OH^-] \tag{8-9}$$

式中，$[Li^+]$、$[H^+]$、$[OH^-]$ 分别表示 Li^+、H^+ 和 OH^- 的浓度。假设电解液为 LiOH 溶液，Li^+ 浓度远远大于 H^+ 浓度，与 OH^- 浓度相近。

根据能斯特方程，Li^+ 和 OH^- 的化学势取决于其浓度，即：

$$\mu_{Li^+} = \mu_{Li^+}^{\ominus} + kT\ln[Li^+] \tag{8-10}$$

$$\mu_{OH^-} = \mu_{OH^-}^{\ominus} + kT\ln[OH^-] \tag{8-11}$$

式中，$\mu_{Li^+}^{\ominus}$ 和 $\mu_{OH^-}^{\ominus}$ 分别表示 Li^+ 和 OH^- 在 $1mol \cdot L^{-1}$ 溶液中的化学势；K 表示玻尔兹曼常数；T 表示热力学温度。根据式(8-8)～式(8-11) 可得：

$$2kT\ln[OH^-] = \mu_{Li}^{in}(x) + \mu_{H_2O}^{\ominus} - \mu_{OH^-}^{\ominus} - \mu_{Li^+}^{\ominus} - 1/2\mu_{H_2}^{\ominus} \tag{8-12}$$

根据 pH 定义，$pH = -\log_{10}[H^+]$，$[H^+][OH^-] = 10^{-14}$。即

$$0.118\mathrm{pH}=1.657+\mu_{\mathrm{Li}}^{\mathrm{in}}(x)+\mu_{\mathrm{H_2O}}^{\ominus}-\mu_{\mathrm{OH^-}}^{\ominus}-\mu_{\mathrm{Li^+}}^{\ominus}-1/2\mu_{\mathrm{H_2}}^{\ominus} \qquad (8\text{-}13)$$

换算可得，在 25℃下，$kT=0.0257\mathrm{eV}/$原子，公式中的单位均为 eV/原子，可以通过热力学表查询计算。根据公式(8-6)：

$$\mu_{\mathrm{Li}}^{\mathrm{in}}(x)=\mu_{\mathrm{Li}}^{\ominus}-e\mathrm{V}(x) \qquad (8\text{-}14)$$

代入公式(8-13)，可得：

$$0.118\mathrm{pH}=1.657-e\mathrm{V}(x)+\mu_{\mathrm{Li}}^{\ominus}+\mu_{\mathrm{H_2O}}^{\ominus}-\mu_{\mathrm{OH^-}}^{\ominus}-\mu_{\mathrm{Li^+}}^{\ominus}-\frac{1}{2}\mu_{\mathrm{H_2}}^{\ominus} \qquad (8\text{-}15)$$

式中，$\mu_{\mathrm{Li}}^{\ominus}+\mu_{\mathrm{H_2O}}^{\ominus}-\mu_{\mathrm{OH^-}}^{\ominus}-\mu_{\mathrm{Li^+}}^{\ominus}-\frac{1}{2}\mu_{\mathrm{H_2}}^{\ominus}$ 表示公式：$\mathrm{Li(s)}+\mathrm{H_2O(l)}\longrightarrow\mathrm{LiOH}$ $(\mathrm{aq},1\mathrm{mol}\cdot\mathrm{L^{-1}})+\frac{1}{2}\mathrm{H_2}(\mathrm{g,STP})$的自由能变化，其值为 $-51.23\mathrm{kcal}\cdot\mathrm{mol^{-1}}$，或 $-2.228\mathrm{eV}/$原子。代入公式(8-13)，可得：

$$V(x)=3.885-0.118\mathrm{pH} \quad (\mathrm{vs.}\ \mathrm{Li/Li^+}) \qquad (8\text{-}16)$$

在 LiOH 溶液中的方程式可以表示为：

$$V(x)=2.23-2kT\ln[\mathrm{Li^+}] \quad (\mathrm{vs.}\ \mathrm{Li/Li^+}) \qquad (8\text{-}17)$$

式(8-16) 和式(8-17) 表示嵌锂化合物与水反应产生氢气的电位，可以据此选择合适的水系锂离子电池电极材料，以及通过调节电解液 pH 值避免电极材料与水发生反应。表 8-1 列出了嵌锂化合物与水在不同 pH 值下的平衡电位。当嵌锂化合物的电位（vs. Li/Li$^+$）大于此平衡电位时，嵌锂化合物不与水发生反应，能够作为水系锂离子电池电极材料。

表 8-1　嵌锂化合物与水在不同 pH 下的平衡电位（LiOH 溶液作为电解液，$[\mathrm{Li^+}]=[\mathrm{OH^-}]$）

pH	平衡电位/V
9	2.818
10	2.700
11	2.582
12	2.464
13	2.346
14	2.228

电极电势反映了材料的氧化还原能力，可以借此判断电化学反应进行的可能性。对于由 OH$^-$ 或 H$^+$ 参与的反应，其电极电势与溶液 pH 值有关。纯水体系存在 H$_2$O、H$_2$ 和 O$_2$ 三种组分，可能发生以下反应：

$$2\mathrm{H^+}+2e^-\longrightarrow\mathrm{H_2}\uparrow \qquad (8\text{-}18)$$

$$2\mathrm{H_2O}\longrightarrow\mathrm{O_2}\uparrow+4\mathrm{H^+}+4e^- \qquad (8\text{-}19)$$

上述反应在 25℃，$p_{H_2} = p_{O_2} = 101325Pa$ 条件下的平衡条件为：

$$\varphi_{H^+/H_2} = \varphi^{\ominus}_{H^+/H_2} - 0.05916pH \qquad \varphi^{\ominus}_{H^+/H_2} = 0$$

$$\varphi_{O_2|H^+,H_2O} = \varphi^{\ominus}_{O_2|H^+,H_2O} - 0.05916pH \qquad \varphi^{\ominus}_{O_2|H^+,H_2O} = 1.229V$$

根据上述方程式，在电势-pH 坐标系中作图，即得到水的电势-pH 图，水的电势-pH 图反映了水的热力学稳定区间，以及水分解成氢气和氧气所要满足的热力学条件。如图 8-1 所示，工作电压在析氢和析氧电压之间的材料，理论上都能作为水系锂离子电池电极材料。另外，由于 pH 值对析氢和析氧电位都有很大影响，选择电极材料时需要考虑电解液 pH 值的影响。一般认为电位在 3~4V（vs. Li/Li$^+$）的材料可以作为水系锂离子电池正极材料，如 LiCoO$_2$、LiMn$_2$O$_4$、LiFePO$_4$ 等。一般嵌锂电位在 2~3V（vs. Li/Li$^+$）的电极材料，可作为水系锂离子电池的负极材料，如 VO$_2$（B）、LiV$_3$O$_8$、LiTi$_2$（PO$_4$）$_3$ 等作为水系锂离子电池负极材料表现出较好的性能。

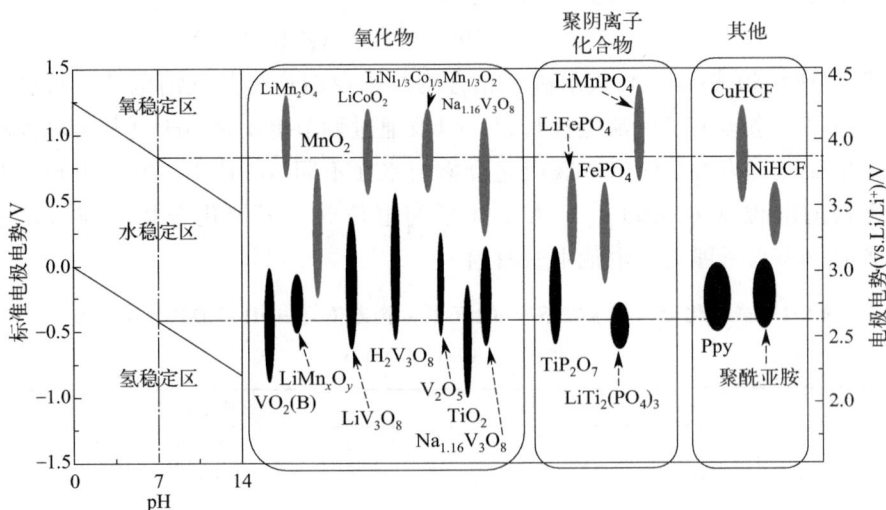

图 8-1　在 25℃，$p_{H_2} = p_{O_2} = 101325Pa$ 条件下，水的电势-pH 图（左）和当 Li$^+$ 浓度为 1mol·L^{-1} 时，几种嵌锂化合物的嵌锂电位（右）[3]

8.1.3　Li$^+$ 扩散动力学研究

Li$^+$ 扩散动力学的研究是基于假设 Li$^+$ 在电极材料中的扩散是以 Li$^+$ 嵌入/脱出反应作为速度控制步骤。在 Li$^+$ 传输过程中，电极材料与电解液可能发生副反应，造成电解液 pH 等性质改变。然而，电极材料在电化学窗口内工作良好，一般认为此副反应不会影响 Li$^+$ 的传输性能。电池的倍率性能很大程度上取决于电荷转移步骤，因此对 Li^+ 扩散动力学的研究是研究水系锂离子电池的重要内容。Lee 和 Pyun 等认为电池阻抗是影响 Li^+ 传输的关键因素[4]。在水系电解液中，交流阻抗谱在高频区只出现一个半圆，对应电荷转移电阻。电极表面一般不形成 SEI 膜，其电荷转移电阻比在有机电解液电池中更小。其主要原因是电极材料与电解液直接接触，有利于电荷在电极/电解液界面的转移。水系电解液的高电导率和快速的电荷转移动力学是水系电池阻抗小的主要原因。Nakayama 等采用以下公式分别计算了 $LiMn_2O_4$ 在电极/水系电解液和电极/有机电解液界面的 Li^+ 界面转移反应的活化能[5]。

$$T/R_{ct} = A\exp^{(-E_a/RT)} \tag{8-20}$$

式中，E_a 为活化能；T 为热力学温度；R 为摩尔气体常数；R_{ct} 为界面电荷转移电阻；A 为指前因子。

计算结果显示，在 $1mol \cdot L^{-1}$ $LiNO_3$ 水溶液中，活化能为 $24kJ \cdot mol^{-1}$，而在有机电解液中，活化能为 $50kJ \cdot mol^{-1}$，表明水系电解液有利于 Li^+ 在电极/电解液界面上的传输。

此外，在电极材料表面易出现吸附现象，造成表面形态变化，直接影响 Li^+ 的传输性能。例如，Nakayama 等发现 Cu^{2+} 会增大 Li^+ 传输过程的电阻，降低电荷转移反应动力学[6]。原因是 Cu^{2+} 吸附在电极材料表面，影响水合锂离子与电极表面的相互作用。因此，在实际应用中，水系电解液中需要完全去除 Cu^{2+}，以提高电池的倍率性能。

8.1.4 水系锂离子电池的发展

1994 年，加拿大 Dahn 等率先提出并研究了水系锂离子电池，该课题组以 $LiMn_2O_4$ 为正极，VO_2(B) 为负极，$5.0mol \cdot L^{-1}$ $LiNO_3$ 和 $0.001mol \cdot L^{-1}$ LiOH 水溶液为电解液，组装水系锂离子电池，电池平均工作电压为 1.5V，能量密度为 $75W \cdot h \cdot kg^{-1}$[1]。然而，水系锂离子电池的电化学稳定窗口较窄，电池的能量密度较低，且 $VO_2//LiMn_2O_4$ 电池的循环性能很差，使得水系锂离子电池在发明之初受到的关注较少。之后，与 $VO_2//LiMn_2O_4$ 水系锂离子电池体系相似，多种不同类型如 $LiV_3O_8//LiNi_{0.81}Co_{0.19}O_2$、$LiV_3O_8//LiCoO_2$、$TiP_2O_7//LiMn_2O_4$、$LiTi_2(PO_4)_3//LiMn_2O_4$ 等水系锂离子电池体系被相继研究，然而电池的循环稳定性和倍率性能较差，同时能量密度也较低。

尽管水系锂离子电池有很多突出的优点，但其电化学稳定窗口较窄是阻碍其实际应用的最大问题。目前，大部分已报道的研究工作是基于相同的电解液体系，研究用于水系锂离子电池的正极和负极材料的性能。

在 2000 年之后，由于水系电解液不存在有机物分解等问题，水系锂离子电池的基础研究又受到了很大的关注，使水系锂离子电池得到了较大的发展。2007年，夏永姚课题组设计了一系列具有较好循环稳定性的水系锂离子电池，如 $LiTi_2(PO_4)_3/Li_2SO_4/LiMn_2O_4$ 水系锂离子电池[7]。随后，通过电解液除氧、调节电解液 pH 值、使用碳包覆电极材料等策略，采用 Li_2SO_4 水溶液为电解液，制备的 $LiTi_2(PO_4)_3//LiFePO_4$ 电池具有良好的循环稳定性，在 1000 圈循环后，容量保持率可达到 90%[8]。

2015 年，索鎏敏老师提出超高浓度双（三氟甲磺酰基）亚胺锂（LiTFSI）作为水系锂离子电池电解液，电解液的电化学稳定窗口可达到 $3V$[9]。传统的电极材料基本上能够直接用于此电解液中，使得高电压水系锂离子电池成为可能，引起了世界各国研究工作者的广泛关注。高电压水系锂离子电池以其更加价廉、本征高安全等优势，在某些领域，如大型储能领域和动力电池应用方面，有望可以与传统的有机系锂离子电池竞争。

8.2
水系锂离子电池电极材料概述

电极材料作为 Li^+ 嵌入/脱出主体，是水系锂离子电池最主要的组成部分，直接影响电池的电化学性能，开发新型、合适的电极材料，以及对现有电极材料的改性研究和机理研究，是水系锂离子电池研究的最主要方向，本节将简介电极材料设计和容量衰减机理。

8.2.1 电极材料设计

目前，水系锂离子电池的正极材料主要有层状结构材料，如 $LiCoO_2$ 和 $LiNi_{1/3}Co_{1/3}Mn_{1/3}O_2$；尖晶石结构材料，如 $LiMn_2O_4$；橄榄石结构材料，如 $LiFePO_4$；普鲁士蓝衍生物材料等。负极材料主要包括钒系化合物，如 VO_2（B）、LiV_3O_8 等；聚阴离子化合物，如 $LiTi_2(PO_4)$、TiP_2O_7；金属负极、有机电极材料等。

电极材料的优化设计是改善水系锂离子电池性能的重要途径，主要包括对电极材料的组成、形貌、晶体结构、比表面积、导电性等方面的调控。对于特定晶体结构材料，其设计优化方案主要包括以下几个方面：

（1）改进合成方法，优化材料结构、形貌

相比于固相法，溶胶-凝胶法更易得到颗粒尺寸小、分布均匀、团聚较轻的材料。如分别通过溶胶-凝胶法和固相法合成的 $LiNi_{1/3}Co_{1/3}Mn_{1/3}PO_4$ 材料，溶胶-凝胶法制备的材料具有更加均匀的粒径分布和更轻的团聚现象，首圈放电比容量为 $45mA\cdot h\cdot g^{-1}$，20圈后上升到 $60mA\cdot h\cdot g^{-1}$；而固相法合成的材料在第10圈和第20圈的放电比容量仅分别为 $30mA\cdot h\cdot g^{-1}$ 和 $20mA\cdot h\cdot g^{-1}$[10]。

有一种观点认为，溶胶-凝胶法之所以能改善材料的电化学性能，除了上述的原因外，还由于螯合剂的分解在材料表面形成了碳包覆层，提高了材料的电子导电性和 Li^+ 扩散系数。

（2）纳米结构设计

纳米材料具有更大的比表面积、更短的 Li^+ 扩散距离和更高的电子/离子电导率，有利于 Li^+ 嵌入/脱出反应。然而，更大的比表面积意味着与电解液的接触面积更大，电极材料与电解液更易发生副反应。因此，对材料的纳米结构设计需要综合考虑各方面影响因素。总体来说，纳米结构设计有利于提高材料的倍率性能。如 $LiCoO_2$ 纳米颗粒在70C电流密度下，放电比容量高达 $133mA\cdot h\cdot g^{-1}$，而 $LiCoO_2$ 微米颗粒，在20C电流密度下，放电比容量仅为 $95mA\cdot h\cdot g^{-1}$[11-12]。

（3）多孔结构设计

多孔结构能够提高材料与电解液接触面积，降低 Li^+ 的扩散距离，缓解充放电过程中材料体积变化，有利于改善材料的倍率性能和循环性能。如制备的多孔 $LiMn_2O_4$ 电极材料，在 $100mA\cdot g^{-1}$ 电流密度下，首圈放电比容量达到 $118mA\cdot h\cdot g^{-1}$，而非多孔 $LiMn_2O_4$ 材料首圈放电比容量只有 $80mA\cdot h\cdot g^{-1}$[13]。

另外，通过选择合适的合成方法，调控合成条件，能够制备出具有特殊结构和形貌的材料，如暴露（100）晶面的纳米线结构 LiV_3O_8、海胆状微纳米结构 V_2O_3[15] 以及具有通心粉结构的 $Li_{1.2}V_3O_8$[16] 等，均表现出较好的电化学性能[14]。

（4）包覆改性

包覆改性，常采用碳、导电聚合物或金属氧化物来包覆活性电极材料，缓解活性材料与电解液之间可能发生的副反应，改善材料的导电性，提高其稳定性。如碳包覆的 $LiFePO_4$ 颗粒，能够有效解决其电子导电性差、Li^+ 扩散系数低的问题[17-18]。采用碳包覆前、后的 $LiMn_2O_4$ 为正极，$LiV_3O_8//LiMn_2O_4$ 水系锂离子电池最高放电比容量从 $100.29mA\cdot h\cdot g^{-1}$ 提高到 $110.66mA\cdot h\cdot g^{-1}$，42圈循环的容量保持率从 78.7% 提高到 83.27%[19]。

（5）掺杂改性

通过掺杂改性，调控材料的微结构，能够提高材料的结构稳定性。如对

$LiMn_2O_4$ 进行掺杂处理，可以有效缓解姜-泰勒（Jahn-Teller）效应；掺杂微量导电金属元素，能够提高 $LiTi_2(PO_4)_3$ 电导率等。

8.2.2　电极材料容量衰减分析

导致水系锂离子电池容量衰减的主要原因包括：Li^+ 嵌入/脱出正极材料的过程中伴随着质子的嵌入/脱出反应；电极活性材料与水或溶解氧发生副反应；电化学析氢、析氧反应；电极材料溶解；集流体腐蚀等。

8.2.2.1　质子与锂离子共嵌

正极材料在水溶液中一般是化学稳定的。然而，在水溶液中，Li^+ 具有强水合作用，导致其半径过大，使得具有较小离子半径的离子 H^+ 可能会同 Li^+ 一起嵌入晶体中。H^+ 嵌入会降低 Li^+ 的嵌入量，从而降低材料的放电比容量。

H^+ 的共嵌行为主要与电极材料的晶体结构以及电解液的 pH 值相关。据报道，三种常见晶型的 H^+ 嵌入行为如下[7,20-22]：

① 层状结构材料，如 Li_2MnO_3 和 $LiCoO_2$ 很容易发生质子嵌入反应；

② 尖晶石结构材料，如 $LiMn_2O_4$ 不易发生质子嵌入反应；

③ 橄榄石结构材料，如 $LiFePO_4$ 基本不发生质子嵌入反应。

密排层状结构具有较好的灵活性，Li^+ 或 H^+ 的嵌入不会对金属氧化物八面体结构造成严重的破坏、变形，有利于 H^+ 嵌入；与之相反，嵌入 H^+ 会导致橄榄石结构 $LiFePO_4$ 的铁、磷配位多面体产生严重畸变，基本不发生 H^+ 嵌入反应[22]。

少量 H^+ 的嵌入对正极材料电化学性能的影响不大。然而，当 H^+ 嵌入量随着循环圈数的增加而不断加大后，会进一步阻塞 Li^+ 的扩散通道，使得 Li^+ 扩散势垒成倍增大，导致电池的电化学性能降低。

电解液的 pH 值反映了电解液中 H^+ 的浓度，直接影响 H^+ 共嵌反应。可以通过调节电解液的 pH 值调控 H^+ 嵌入的电位。如，在低 pH 值下，深度脱锂后，层状材料 $LiCoO_2$ 和 $LiNi_{1/3}Co_{1/3}Mn_{1/3}O_2$ 晶格中存在大量质子；而在高 pH 值（pH＞9）下，材料能够发生稳定的 Li^+ 嵌入/脱出反应。

在酸性溶液中，200℃水热处理，层状材料 $LiCoO_2$ 发生 H^+/Li^+ 交换反应，最终可以转变成 $HCoO_2$，即使在常温下，也能发生质子嵌入反应，生成 $Li_{1-x-y}H_yCoO_2$[23-24]。$LiMn_2O_4$ 在酸性溶液中也不稳定，会发生以下化学反应[25-26]：

$$2LiMn_2O_4 \longrightarrow Li_2O + 3MnO_2 + MnO \tag{8-21}$$

$LiCoO_2$、$LiNi_{1/3}Co_{1/3}Mn_{1/3}O_2$ 只能在微碱性溶液中发生稳定的 Li^+ 嵌入/

脱出反应，而尖晶石结构 $LiMn_2O_4$ 能够在中性溶液中发生稳定的 Li^+ 嵌入/脱出反应[27]。嵌入的质子不能在充电过程中完全脱出，会阻碍 Li^+ 的嵌入/脱出通道，增大电极的极化电阻，导致电池容量衰减。随着 pH 值增加，质子的嵌入电位负移，电极材料在水溶液中的电化学稳定性增大。考虑到 $LiMn_2O_4$、$LiCoO_2$ 和 $LiNi_{1/3}Co_{1/3}Mn_{1/3}O_2$ 电极材料的嵌锂电位、充电时的析氧反应和嵌入/脱出反应的稳定性，一般认为 $LiMn_2O_4$、$LiCoO_2$、$LiNi_{1/3}Co_{1/3}Mn_{1/3}O_2$ 分别适合在 pH 值为 7~11、11~12、11~13 的溶液中进行充放电。

8.2.2.2 电极材料与 H_2O 或 O_2 之间的副反应

当材料电位大于 3.3V（vs. Li/Li^+）时，电极材料基本是稳定的[2,8,28-29]。而水系锂离子电池负极材料的 Li^+ 嵌入电位一般低于 3.3V（vs. Li/Li^+），因而嵌锂态负极材料可能被水或溶解氧氧化。水系锂离子电池，尤其是在空气中组装的电池，其电解液中溶解氧含量更高，可能发生以下反应[8]：

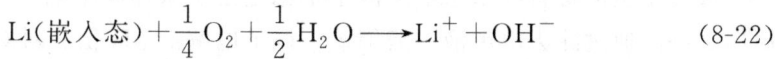

$$Li(嵌入态)+\frac{1}{4}O_2+\frac{1}{2}H_2O \longrightarrow Li^+ + OH^- \tag{8-22}$$

根据 8.1.2 节所述，嵌锂态化合物的电位为：

$$V(x)=-\frac{1}{e}\left[\mu_{Li}^{in}(x)-\mu_{Li}^{\ominus}\right]$$

假设嵌锂化合物完全过量，当嵌锂化合物与水或溶解氧反应时，x 值不变，即可认为 $\mu_{Li}^{in}(x)$ 不变。同时假设嵌锂化合物表面氧产生量少，即 O_2 处在标准状态。在平衡态时：

$$\mu_{Li}^{in}(x)+\frac{1}{2}\mu_{H_2O}^{\ominus}+\frac{1}{4}\mu_{O_2}^{\ominus}=\mu_{OH^-}+\mu_{Li^+}=\mu_{OH^-}^{\ominus}+KT\ln[OH^-]+\mu_{Li^+}^{\ominus}+KT\ln[Li^+]$$

$$\tag{8-23}$$

以 $1mol \cdot L^{-1}Li_2SO_4$ 水溶液作为电解液，电解液 pH 通过加入 LiOH 溶液调节，则 $[Li^+] \approx 2mol \cdot L^{-1}$：

$$KT\ln2+KT\ln[OH^-]=\mu_{Li}^{\ominus}-eV+\frac{1}{2}\mu_{H_2O}^{\ominus}+\frac{1}{4}\mu_{O_2}^{\ominus}-\mu_{OH^-}^{\ominus}-\mu_{Li^+}^{\ominus} \tag{8-24}$$

式中，$\mu_{Li}^{\ominus}+\frac{1}{2}\mu_{H_2O}^{\ominus}+\frac{1}{4}\mu_{O_2}^{\ominus}-\mu_{OH^-}^{\ominus}-\mu_{Li^+}^{\ominus}$ 为反应式（8-22）的摩尔自由能变化量的负值，等于 $-3.446eV$/原子，代入得到方程：

$$V(x)=4.268-0.05916pH \tag{8-25}$$

当电解液中不存在溶解氧时，以 $1mol \cdot L^{-1}Li_2SO_4$ 作为电解液，根据 8.1.2 节所述

$$V(x)=3.039-0.05916pH \tag{8-26}$$

表 8-2　嵌锂化合物与不同 pH 水溶液的平衡电位（1mol·L^{-1}Li$_2$SO$_4$ 作为电解液）[8]

pH	平衡电位/V	
	存在溶解氧	不存在溶解氧
7	3.855	2.626
8	3.796	2.567
9	3.737	2.508
10	3.678	2.449
11	3.619	2.390
12	3.560	2.331
13	3.501	2.272
14	3.442	2.213

　　嵌锂化合物与不同 pH 水溶液的平衡电位见表 8-2。从上述分析可知，当电解液中存在大量溶解氧时，理论上，基本所有的水系锂离子电池负极材料的嵌锂态都要与电解液发生副反应。当电解液中不存在溶解氧时，通过调节电解液 pH 值，部分嵌锂态负极材料将不会被水氧化。

　　嵌锂态负极材料在水系电解液中不稳定是水系锂离子电池容量衰减的最主要原因之一。通过除去电解液中溶解氧、调节电解液 pH 值、对电极材料进行包覆处理，能够改善电池的电化学性能[8]。

8.2.2.3　析氢/析氧反应

　　水系电解液中可能发生的析氢/析氧反应是水系锂离子电池需要考虑的基本问题之一。热力学上分析，水的电化学稳定窗口为 1.23V，动力学因素的影响可能使其扩展到 2V。为了提高水系锂离子电池的能量密度，在析氢/析氧电势之间，电极材料的容量需得到最大限度地释放。析氢/析氧反应，一方面会持续消耗电池电解液，产生大量气体；另一方面可能会改变电极附近的 pH 值，影响活性材料的稳定性。通过降低电池充放电深度、对电极材料进行改性处理、在电解液中添加特定添加剂等策略，能够避免电池发生析氢/析氧反应或减少析氢/析氧反应带来的负面影响。

8.2.2.4　电极材料在电解液中溶解

　　电极材料在电解液中溶解是水系锂离子电池容量衰减的一个重要原因。水分子具有强极性，部分电极材料易溶于水；水系锂离子电池在充放电循环过程中，在电极表面一般不形成 SEI 膜，对电极材料不能起到有效的保护作用。电极材料的溶解与活性材料的表面积有很大关系，颗粒越小，比表面积越大，与电解液接触面积越大，越易溶解。如在低温条件下制备的 LiV$_3$O$_8$、VO$_2$、LiV$_2$O$_5$ 等材料，通常具有相对较大的表面积，在水系电解液中常常具有较强的溶解性。纳米颗粒具有较

短的 Li^+ 扩散路径，有利于 Li^+ 传输，然而，与电解液接触面大，需充分考虑其溶解问题。针对电极活性材料的溶解问题，选择颗粒大小适中、比表面积小的电极材料或者对电极材料进行全包覆处理，是缓解电极材料溶解问题的有效途径。

8.3
水系锂离子电池负极材料

理想的水系锂离子电池负极材料需尽可能满足下面的要求：①化学结构稳定和良好的热稳定性；②比容量高；③可逆性好；④高的电子和离子电导率；⑤工作电压平台较低，与正极材料具有较大的电压差；⑥储存丰富，成本低廉，生产工艺简单；⑦安全环保。

自 1994 年首次提出水系锂离子电池以来，研究者已经对多种负极材料开展了研究，包括氧化物如 VO_2（B）[1,2,28,30-32]、γ-LiV_3O_8[33-39]、$H_2V_3O_8$[40]、$Na_{1+x}V_3O_8$[41-42]、磁铁钒矿 VO_2[43-44]、V_2O_5[45-47] 和锐钛矿 TiO_2[48-49] 等；聚阴离子化合物如焦磷酸盐 TiP_2O_7 和钠超离子导体（NASICON）型 $LiTi_2(PO_4)_3$[7,50-53]；聚合物负极如聚吡咯[54]、聚酰亚胺[55]、聚苯胺[56] 等材料；直接采用金属单质作为水系锂离子电池负极材料，如金属锂、金属锌等。

最初的研究表明，大部分负极材料均表现出较差的循环稳定性和低放电比容量，其在水系电解液中稳定性较差是水系锂离子电池稳定性差的主要原因。造成负极材料容量衰减的原因主要包括：活性物质的溶解；活性材料发生不可逆结构转变；与电解液发生副反应等。如钠超离子导体结构 $LiTi_2(PO_4)_3$、$Li_3Fe_2(PO_4)_3$ 等在嵌锂态时，一般具有很强的还原性，易被水氧化。

针对水系锂离子电池负极材料循环稳定性差的问题，一方面可以对负极材料进行包覆处理，避免电极活性物质与电解液直接接触，从而缓解活性材料溶解以及与电解液发生副反应；另一方面，可以对电解液的锂盐浓度、pH 值、溶解氧浓度、添加剂种类等进行调控，提高电池电化学稳定窗口，避免电解液与活性物质发生副反应，缓解电极材料结构退化。

8.3.1　钒系化合物

8.3.1.1　单斜 VO_2（B）

8.3.1.1.1　VO_2(B)结构

VO_2 具有多种同质异形体，分属不同晶系，已知的有以下六种：四方晶系

$VO_2(R)$、单斜晶系 $VO_2(M)$、三斜晶系 $VO_2(T)$、四方晶系 $VO_2(A)$、单斜晶系 $VO_2(B)$、四方晶系 $VO_2(C)$。其中，$VO_2(M)$ 和 $VO_2(B)$ 是常温下较稳定的常见结构。1994 年，Dahn 等[1] 首次制备水系锂离子电池时，使用的负极材料即为单斜结构 $VO_2(B)$。$VO_2(B)$ 由两个不同的 VO_6 八面体层构成，层间通过桥氧原子沿 [001] 连接，具有典型的层状结构，能够允许 Li^+ 可逆脱嵌。此外，具有切变结构的 $VO_2(B)$ 能够提高材料在循环过程中的晶格剪切阻力，提高材料结构稳定性。然而，$VO_2(B)$ 作为亚稳态物相，在热处理和溶液反应中易形成基本无电化学活性的 $VO_2(M)$ 或 $VO_2(R)$ 相。因此，能否获得纯相的 $VO_2(B)$ 很大程度上决定了材料相应的电化学性能。

8.3.1.1.2 VO₂(B)制备

$VO_2(B)$ 的制备方法有水热法[30]、热解法[28]、溶胶-凝胶法[57-58]、化学气相沉积法[59-60]、电沉积法[61] 等。水热法由于过程简单、容易控制、可以适应大规模生产而备受关注，是制备 $VO_2(B)$ 的最主要手段。将钒氧化物（如 V_2O_5）或偏钒酸盐（如偏钒酸铵），与还原剂（如草酸、硫酸肼）在一定温度如 150～180℃ 下水热处理一定时间，即可得到特定形貌的 $VO_2(B)$ 颗粒。其他方法，如热解法，在氨气气氛下，330℃ 热解 NH_4VO_3 即得到 $VO_2(B)$ 颗粒[28]。

8.3.1.1.3 VO₂(B)电化学性能

$VO_2(B)$ 的还原电位为 -0.43V（vs. SHE）。考虑到电解液 pH=7.29 时，析氢电位为 -0.43V（vs. SHE），嵌锂态 $VO_2(B)$ 在 pH 值大于 7.29 的电解液中热力学稳定，可以作为水系锂离子电池负极材料，其充放电反应为 Li^+ 嵌入/脱出反应：

$$VO_2(B) + xLi^+ + xe^- \Longleftrightarrow Li_xVO_2(B) \tag{8-27}$$

$VO_2(B)$ 作为水系锂离子电池负极材料，表现出很差的循环稳定性，主要是由于活性材料溶解到电解液中。Zhang 等研究了 $VO_2(B)$ 在不同 pH 值（6～11.3）电解液中的稳定性。当 pH 大于 10 时，材料容量衰减迅速，降低电解液 pH 能够缓解 $VO_2(B)$ 的溶解，改善材料循环稳定性，但过低的 pH 值会导致电解液发生析氢反应。对 $VO_2(B)$ 电极，电解液的最佳 pH 值范围为 8～10[28]。除了上述问题外，$VO_2(B)$ 还存在合成过程烦琐；长期暴露在空气中会与氧气发生反应等问题[30,62]。

8.3.1.1.4 VO₂(B)改性研究

通过优化材料纳米结构，能够提高 $VO_2(B)$ 的电化学性能。Yu 等通过一步水热法，以 NH_4VO_3 和草酸为原材料合成了具有纳米棒、纳米片和纳米花状不

同形貌的 $VO_2(B)$，并比较了不同形貌 $VO_2(B)$ 作为水系锂离子电池负极的电化学性能。结果发现，纳米花状 $VO_2(B)$ 具有最佳的性能，主要是由于纳米花状结构具有更大的机械强度，能够缓冲制备过程和水溶液对材料结构的破坏；比表面积更大，具有更高的 Li^+ 扩散系数和循环稳定性[32]。Zhang 等进一步分析了纳米花状 $VO_2(B)$ 的电化学性能，该材料由厚度为 $20\sim30nm$ 的单晶纳米片组成，球直径为 $1\sim1.5\mu m$。材料首圈放电比容量为 $74.9mA\cdot h\cdot g^{-1}$。通过煅烧改善材料结晶度后，材料放电比容量提高到 $81.3mA\cdot h\cdot g^{-1}$，50 圈循环后，其放电比容量为 $54.8mA\cdot h\cdot g^{-1}$[31]。

针对 $VO_2(B)$ 在水系电解液中容易发生溶解的问题，利用碳材料对 $VO_2(B)$ 进行包覆处理形成核壳结构，能够改善其电化学性能。碳材料一方面能够提高材料的电子导电性，另一方面能够避免电极和水的直接接触，缓解电极材料的溶解，从而提高材料的循环性能。$C/VO_2(B)$ 核壳结构微米球材料，在电流密度为 $0.15mA\cdot g^{-1}$ 下，50 圈循环后，容量保持率可提高到 51%，而本体 $VO_2(B)$ 材料在 15 圈循环后，容量保持率低于 30%[63]。

8.3.1.2　LiV_3O_8

8.3.1.2.1　LiV_3O_8 结构

层状化合物 LiV_3O_8 一般为非化学计量比的 $Li_{1+x}V_3O_8$ 或 LiV_3O_{8-y}（x，$y<1$），其中包含了少量的 V^{4+}，一般写成 LiV_3O_8，忽略 V^{4+} 的影响。LiV_3O_8 属于单斜晶系，$P2_1/m$ 空间群。由 VO_6 八面体和 VO_5 三角双锥通过共边和共顶角组成 $V_3O_8^-$ 层，其中 VO_6 八面体和 VO_5 三角双锥比例为 $2:1$，LiV_3O_8 本身的 Li^+ 处于层间八面体位置，以离子键与层间紧密相连，连接相邻层，起到支撑材料结构和平衡电荷的作用，不参与嵌入/脱出反应，使得 $Li_{1+x}V_3O_8$ 在嵌入/脱出 Li^+ 过程中，保持相对稳定的晶体结构，具有较好的循环稳定性。参与嵌/脱反应的 Li^+ 位于层间四面体位置，LiV_3O_8 可以可逆地嵌入/脱出 3 个 Li^+ 以上（$V^{5+}\rightarrow V^{4+}\rightarrow V^{3+}$），且 Li^+ 从一个四面体位置向相邻四面体位置跃迁不存在障碍，使得材料具有较高的 Li^+ 扩散系数（$10^{10}\sim10^8cm^2\cdot s^{-1}$）。材料嵌/脱锂反应如下：

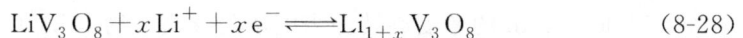

$$LiV_3O_8 + xLi^+ + xe^- \Longrightarrow Li_{1+x}V_3O_8 \tag{8-28}$$

8.3.1.2.2　LiV_3O_8 制备

LiV_3O_8 的制备方法主要有固相法[19]、液相法[64]、溶胶-凝胶法[65-67]、静电纺丝法[14] 和喷雾热解法[68] 等。

固相法是合成 LiV_3O_8 材料的常用方法，将锂的碳酸盐（或氢氧化物、硝酸盐、乙酸盐等）与 V_2O_5 混合，在高温如 $600\sim700℃$ 下煅烧一定时间，即得到 LiV_3O_8。固相法具有简单方便、适合工业化生产等优点。但是，固相法也存在能耗大、时间长、粉体材料容易发生聚集、产物尺寸和均匀性不易控制、锂和钒高温挥发使得产物计量比较难控制等缺点。

液相法制备过程简单且烧结温度低、能耗低。如以 $LiOH$ 和 V_2O_5 为原材料制备 LiV_3O_8，其反应方程式如下：

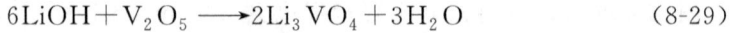

$$6LiOH + V_2O_5 \longrightarrow 2Li_3VO_4 + 3H_2O \tag{8-29}$$

$$2Li_3VO_4 + 2V_2O_5 \longrightarrow 6LiVO_3 \tag{8-30}$$

$$6LiVO_3 + 6V_2O_5 \longrightarrow 6LiV_3O_8 \tag{8-31}$$

$50℃$ 下，将 $3mol$ V_2O_5 加入含 $2mol$ $LiOH$ 的溶液中，不断搅拌，直到黄色溶液完全转变为红棕色溶液，此过程大约需要 $24\sim30h$，过滤，并使用甲醇和去离子水清洗，真空干燥即得到非晶 LiV_3O_8 材料。

溶胶-凝胶法是制备纳米材料或薄膜材料的常用手段，产物一般尺寸较小、均一性较好、纯度较高；缺点是中间水解和缩聚过程难控制，且不利于大规模生产。将锂的碳酸盐（或氢氧化物、硝酸盐）与钒氧化物（或钒酸盐）溶液混合，加入螯合剂（如柠檬酸）混合蒸干形成凝胶，再在一定温度下，如 $400\sim600℃$ 经热分解形成 LiV_3O_8 材料。利用溶胶-凝胶法合成的 LiV_3O_8，作为水系锂离子电池负极材料，在 $20mA\cdot g^{-1}$ 的电流密度下，首圈放电比容量能达到 $72mA\cdot h\cdot g^{-1[67]}$。

静电纺丝法是在静电纺丝机上，通过喷丝孔将具有一定黏度的纺丝溶液挤成液态细流，凝固后形成纤维的方法。通常应用于纤维状或者中空纤维状电极材料制备。该方法在纤维材料的制备中具有显著优势，但是需要特殊的设备，对于纺丝溶液的要求也很高，若想获得结晶度较高的产物，需要结合热处理工艺。Xie等采用静电纺丝方法制备 LiV_3O_8 纳米纤维[14]。$3.2g$ 聚乙烯醇（PVA，$M_w = 80000$），$1.76g$ 偏钒酸铵（NH_4VO_3）和 $0.54g$ 乙酸锂（$CH_3COOLi\cdot H_2O$）溶解到 $50mL$ 去离子水中，并加热到 $98℃$，搅拌 $3h$ 后，得到黏稠的淡黄色溶液作为前驱体。然后用注射泵将前驱体溶液以 $20mL\cdot h^{-1}$ 的恒定流速转移到注射器中。注射器的金属端与高压电源连接，接地线筒距针头约 $15cm$。滚筒与电机相连，以 $300r/min$ 的速度旋转。当电场足够高（约 $15kV$）时，带电溶胶射流从喷丝器中喷射出来，形成一种纤维状的产物落在旋转收集器上。之后在 $450℃$ 下煅烧 $6h$ 得到 LiV_3O_8 纳米纤维。以 $LiMn_2O_4$ 作为正极，LiV_3O_8 纳米纤维作为负极，$5mol\cdot L^{-1}$ $LiNO_3$ 和 $0.001mol\cdot L^{-1}$ $LiOH$ 溶液作为电解液，首圈放电比容量为 $103.3mA\cdot h\cdot g^{-1}$，50 圈后，放电比容量仍有 $72mA\cdot h\cdot g^{-1}$。

8.3.1.2.3 LiV₃O₈ 电化学性能

如图 8-2(a) 所示，以 pH＝6.2 的 $1\text{mol} \cdot L^{-1}Li_2SO_4$ 溶液为电解液，Ag/AgCl 电极为参比电极，铂网为对电极，LiV_3O_8 电极为工作电极的 CV 测试结果表明，LiV_3O_8 的嵌锂电位位于 −0.35V（vs. SHE），脱锂电位位于 ＋0.1V（vs. SHE）。析氢电位位于 −0.6V（vs. SHE）以下，表明 LiV_3O_8 可以作为水系锂离子电池负极材料。如图 8-2(b) 所示，以 $LiNi_{0.81}Co_{0.19}O_2$ 为正极，LiV_3O_8 为负极，$1\text{mol} \cdot L^{-1}Li_2SO_4$ 为电解液，电流密度为 $1\text{mA} \cdot cm^{-2}$，充电截止电压为 1.3V 时，电池放电比容量（基于正负极总质量）只有 $20\text{mA} \cdot h \cdot g^{-1}$ 左右，循环 100 圈后，容量保持率约为 40%。当充电截止电压提高到 1.9V 后，电池放电比容量达到 $40\sim45\text{mA} \cdot h \cdot g^{-1}$，电池循环 100 圈后容量保持率仅为 25%。高电压诱发了更多的副反应，使得电池库仑效率和循环稳定性明显降低[33-36,54,69]。另如复旦大学的吴宇平教授等以 LiV_3O_8 为负极，饱和 $LiNO_3$ 为电解液，$LiCoO_2$ 为正极的水系锂离子电池，在 1C 倍率和 $0.5\sim1.5V$ 条件下，平均工作电压 1.05V，首圈放电比容量约 $33\text{mA} \cdot h \cdot g^{-1}$，100 圈循环后，容量保持率为 36%[35]。如图 8-2(c) 所示，非原位 XRD 分析显示，首圈充放电结束后，LiV_3O_8 的晶体结构在一定程度上遭到了破坏，在 100 圈循环后，虽然材料还保持着主体结构完整，但是 XRD 分析显示有新相形成，如 LiV_2O_5 和 V_2O_5[34]。

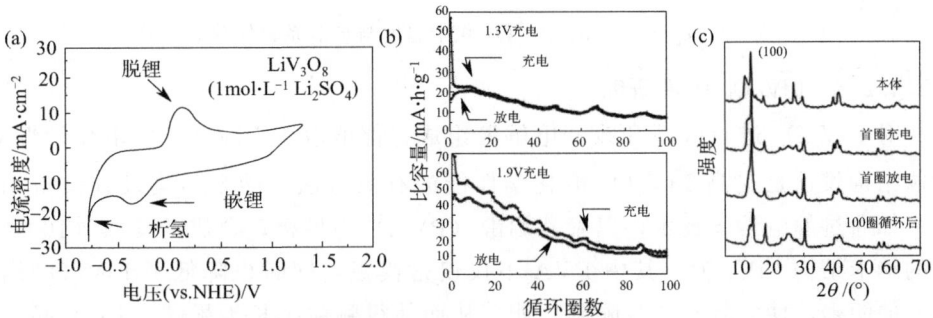

图 8-2　LiV_3O_8 电极的循环伏安曲线（a）；$LiV_3O_8//LiNi_{0.81}Co_{0.19}O_2$ 电池在充电截止电压为 1.3V 和 1.9V 时的循环性能对比（b）；LiV_3O_8 在不同状态下的 XRD 图谱（c）[34]

如图 8-3 所示，LiV_3O_8 的充放电性能受温度和电流密度的影响较大。在小电流和高的测试温度时，材料放电比容量较高。根据 Kawakita 的分析，当 $x<1.5$ 时，Li^+ 在嵌锂态 $Li_{1+x}V_3O_8$ 中能够快速扩散，该过程与温度无关；当 $x>1.5$ 时，材料中生成新相 $Li_4V_3O_8$，$Li_4V_3O_8$ 相 Li^+ 扩散系数偏低，且受温度影响大，降低了 $Li_{1+x}V_3O_8$ 材料的 Li^+ 扩散性能[70]。也有部分研究者认为，在

$x=2$ 时，出现 $Li_4V_3O_8$ 相，研究者们将 $Li_{1+x}V_3O_8$ 的嵌锂步骤大致分为三部分：①$0<x<2$，LiV_3O_8 单相反应；②$2.0<x<3.2$，生成新相 $Li_4V_3O_8$，形成 LiV_3O_8 和 $Li_4V_3O_8$ 两相反应区；③$3.2<x<4.0$，LiV_3O_8 消失，全部生成 $Li_4V_3O_8$ 的单相反应区。虽然脱锂反应是可逆反应，但是生成的 LiV_3O_8 晶体结构与初始 LiV_3O_8 相比，有一定变化。需要指出的是晶态 $Li_{1+x}V_3O_8$，最多可嵌入 4 个 Li^+，而非晶态 $Li_{1+x}V_3O_8$，最多可嵌入 9 个 Li^+，表现出更大的理论比容量，且非晶态 $Li_{1+x}V_3O_8$ 相对具有更短的 Li^+ 扩散路径，能够实现更加快速的嵌/脱锂反应。

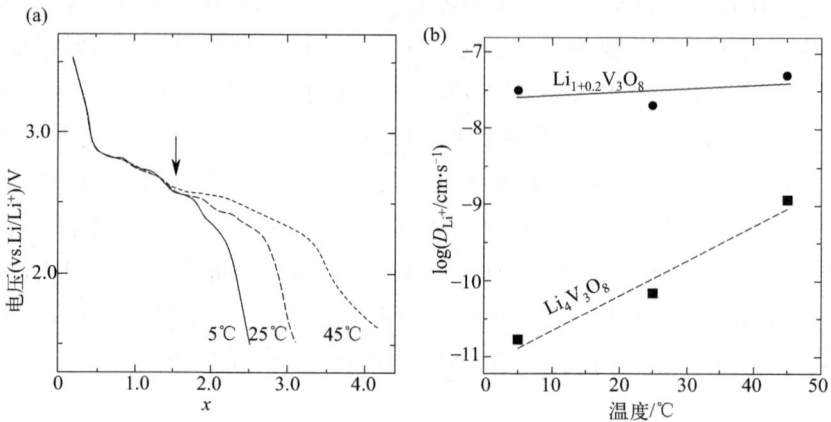

图 8-3 LiV_3O_8 在 $100\mu A\cdot cm^{-2}$ 电流密度和不同温度下的放电曲线（a）；

$Li_{1+x}V_3O_8(x=0.2)$ 和 $Li_4V_3O_8$ 相中温度与扩散系数的关系（b）[70]

8.3.1.2.4　LiV_3O_8 改性研究

对 LiV_3O_8 进行改性和改变电解液组成，都能改善 LiV_3O_8 的电化学性能。特殊结构设计是提高 LiV_3O_8 电化学性能的有效方法。纳米结构设计是常用手段，如通过静电纺丝技术，以聚乙烯醇（PVA）为模板，合成的暴露（100）晶面的纳米结构 LiV_3O_8，其中 PVA 不仅仅是模板，同时也降低了 LiV_3O_8 纳米粒子的团聚，使之具有自我限制功能，从而使得颗粒生长为暴露（100）晶面的纳米结构材料，有利于 Li^+ 嵌入/脱出。同时，（100）晶面具有更小和更少的通道，能够有效阻止质子共嵌入到电极材料中，使电极具有较高的放电比容量和较好的稳定性，其最高放电比容量达到 $105.2mA\cdot h\cdot g^{-1}$，50 圈放电后其比容量为 $72mA\cdot h\cdot g^{-1}$，与首圈放电比容量相比，容量保持率达到 69.7%[14]。Cheng 等利用 β-环糊精作为模板剂合成具有通心粉结构的 $Li_{1.2}V_3O_8$ 材料。SEM 和 TEM 分析显示，材料由空心粉结构的纳米颗粒构成，具有多孔结构。以 $1mol\cdot L^{-1}Li_2SO_4$ 作为电解液，材料在 $0.1C$、$0.5C$ 和 $1C$ 倍率下的首圈放

电比容量分别是 $189mA \cdot h \cdot g^{-1}$、$140mA \cdot h \cdot g^{-1}$ 和 $101mA \cdot h \cdot g^{-1}$，具有较好的电化学性能[16]。

Caballero 等进一步分析了 LiV_3O_8 作为水系锂离子电池负极材料容量衰减的原因。锂离子水合作用强，水分子可能在层状结构中共嵌入，导致电极材料膨胀，由此产生的应力可能超过材料结构的可承受性，导致结构坍塌，从而促进其溶解，使得 LiV_3O_8 在常规电池环境中（$1mol \cdot L^{-1} LiNO_3$ 作为电解液）不稳定。如图 8-4，电化学循环一定圈数后，电解液呈黄色，表明钒化合物溶解到了电解液中[69]。

图 8-4　电解液颜色变化[69]（彩图见文前）
(a) 循环伏安测试前；(b) 循环伏安测试后

表面包覆是缓解 LiV_3O_8 电极材料溶解，提高材料电化学性能的有效手段。其中，导电聚合物包覆如聚苯胺（PANI）、聚吡咯（PPy）能够有效缓解电极材料的溶解，同时提高材料的导电性能[45,71]。PPy 是最合适的导电聚合物之一，PPy 不仅可以单独作为水系锂离子电池的电极材料（实际放电比容量可以达到 $80mA \cdot h \cdot g^{-1}$，并表现出较好的循环性能），还可以作为导电介质，增强颗粒之间的接触，提高材料整体的导电性，同时作为保护层，缓解活性材料溶解。如 PPy 包覆 LiV_3O_8，其放电比容量、循环稳定性和倍率性能相对未包覆材料均得到了明显改善。以 $0.5mol \cdot L^{-1} Li_2SO_4$ 为电解液，在 $-0.6 \sim 0.2V$（vs. SCE）电压范围内，$125mA \cdot cm^{-2}$、$250mA \cdot cm^{-2}$ 和 $500mA \cdot cm^{-2}$ 电流密度下，PPy 包覆与未包覆 LiV_3O_8 的放电比容量（$mA \cdot h \cdot g^{-1}$）分别为 108、92、80 和 75、63、40[72]。

优化水系锂离子电池的电解液组成、浓度，去除电解液中溶解氧，能够缓解 LiV_3O_8 与电解液发生副反应以及抑制钒化合物的溶解。Zhao 等采用高浓度锂盐溶液（$9mol \cdot L^{-1} LiNO_3$）作为电解液，并去除电解液中溶解氧，改善了 $LiV_3O_8//(LiFePO_4/C)$水系锂离子电池的电化学性能，在 10C 倍率下循环 100 圈后，放电比容量仍有 $88.7mA \cdot h \cdot g^{-1}$，50C 倍率下循环 500 圈后，容量还有

$60 \text{mA} \cdot \text{h} \cdot \text{g}^{-1}$ 左右[39]。

8.3.1.3 其他钒系材料

8.3.1.3.1 V_2O_5

V_2O_5 为层状结构，属于正交晶系，$pmmn$ 空间群，晶胞参数 $a = 11.510\text{Å}$，$b = 3.563\text{Å}$，$c = 4.369\text{Å}$。层间钒氧键较弱，金属离子、水等小分子能够在层间脱/嵌。V 与 5 个 O 组成一个畸变的三角双锥体。多面体通过共边，沿 b 轴方向形成 $(V_2O_4)_n$ 锯齿形双链，并在 a 轴方向交联，在 ab 晶面形成层状结构[73]。

V_2O_5 的制备方法很多，传统的方法为固相法，一般是将钒酸铵进行热分解制备，在制备过程中常会形成缺氧的非计量化合物 V_2O_{5-x}。其他如沉淀法[74]、水热法[47,75] 等也是合成 V_2O_5 常用的方法。

沉淀法具有操作简单、能耗较低的优点。通常是将沉淀剂如 NH_4OH 滴加到钒盐溶液如三氯氧化钒溶液中，得到具有一定形貌、结构的前驱体，再通过适当的温度如 300℃ 进行热处理，得到最终产物。一般情况下，得到的产物尺寸比较大，可加入模板剂或极性溶剂来调控产物的尺寸及形貌。

水热法也是另一种常用方法。利用高温和高压条件，制备具有特殊结构或者微观形貌的材料。产物多为纳米结构或者多维的组装结构。如将 0.1856g 乙酰丙酮氧钒加入 20mL 酒精溶剂中，室温搅拌 30min 后滴加到 15mL H_2O_2（30%）水溶液中。转入水热反应装置，150℃ 反应 24h 后即得到前驱体，400℃ 热处理 2h 得到 V_2O_5 颗粒。

V_2O_5 作为水系锂离子电池负极材料，已知的反应机理为 Li^+ 脱/嵌反应[76]：

$$x\text{Li}^+ + V_2O_5 + x\text{e}^- \Longleftrightarrow \text{Li}_xV_2O_5 \tag{8-32}$$

V_2O_5 嵌入 2 个 Li^+（$V^{5+} \rightarrow V^{4+}$）和 4 个 Li^+（$V^{5+} \rightarrow V^{3+}$）对应的理论放电比容量分别为 $294\text{mA} \cdot \text{h} \cdot \text{g}^{-1}$ 和 $441\text{mA} \cdot \text{h} \cdot \text{g}^{-1}$。嵌锂过程中，经历了从 $\alpha\text{-Li}_xV_2O_5$ 到 $\varepsilon\text{-Li}_xV_2O_5$，再到 $\delta\text{-Li}_xV_2O_5$ 的转变，一般来说，这些相转变是可逆的，可以回到 V_2O_5 相；当进一步增大嵌锂量，形成 $\gamma\text{-Li}_xV_2O_5$（$1 < x < 2$）时，该 γ 相可以在 $0 < x < 2$ 的范围内循环，结构并不改变；再进一步增大放电深度，会生成更多的 V^{3+}，产生 $\omega\text{-Li}_3V_2O_5$，形成盐岩相结构，导致不可逆相转变，加速 V_2O_5 溶解，并且更多的 Li^+ 进入晶格内部，降低 Li^+ 扩散速率，最终降低材料的循环和倍率性能[77]。

以 $5\text{mol} \cdot \text{L}^{-1} \text{LiNO}_3$（pH=11）溶液作为电解液，正极 $LiNi_{1/3}Co_{1/3}Mn_{1/3}O_2$ 和负极 $Li_xV_2O_5$ 的第二圈 CV 曲线如图 8-5 所示。负极 $Li_xV_2O_5$ 的氧化还原峰分

别位于 $-0.4V$ 和 $-0.2V$ （vs. SHE），对应于 Li^+ 嵌入/脱出反应。在此过程中，没有观测到析氢与析氧峰，表明 V_2O_5 可以作为水系锂离子电池负极材料使用。然而，V_2O_5 材料作为水系锂离子电池负极表现出很差的循环稳定性，40 圈循环后，容量保持率只有约 15%[71]。

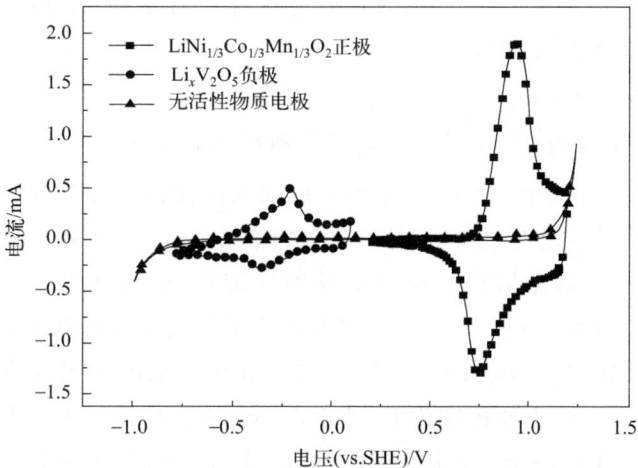

图 8-5　$LiNi_{1/3}Co_{1/3}Mn_{1/3}O_2$ 正极，$Li_xV_2O_5$ 负极以及无活性物质电极的第二圈 CV 曲线[71]

电解液为 $5mol \cdot L^{-1} LiNO_3$（pH=11）水溶液，扫描速率 $0.5mV \cdot s^{-1}$

　　钒系材料容量衰减的主要原因是在电化学循环过程中，钒离子溶解，伴随着晶体结构转变以及晶体结构无定形化。采用导电聚合物包覆，如聚吡咯、聚苯胺等，能够提高电极材料导电性并抑制电极材料溶解[45,47,71]。

　　Wang 等分别采用 PPy 和 PAN 包覆 $Li_xV_2O_5$ 材料，材料循环稳定性得到了明显的改善（PPy 包覆 $Li_xV_2O_5$，40 圈循环后容量保持率 86%；PAN 包覆 $Li_xV_2O_5$，40 圈循环后容量保持率为 80%）[45,71]。复旦大学的吴宇平教授等采用 PPy 包覆 V_2O_5 纳米线和多壁碳纳米管（MWCNTs）的复合物作为负极，以 $0.5mol \cdot L^{-1} Li_2SO_4$ 为电解液，$LiMn_2O_4$ 为正极组装电池，电池循环 500 圈后，容量基本没有衰减[47]。

8.3.1.3.2　$Li_{0.3}V_2O_5$

　　$Li_{0.3}V_2O_5$ 具有三维隧道结构，具有高电子和离子导电性。以 $LiCoO_2$ 为正极，$5mol \cdot L^{-1} LiNO_3$ 和 $0.001mol \cdot L^{-1} LiOH$ 为电解液，$Li_{0.3}V_2O_5$ 为负极，$60mA \cdot g^{-1}$ 的电流密度下，电池首圈放电比容量达到 $182mA \cdot h \cdot g^{-1}$，且在 $180mA \cdot g^{-1}$ 的电流密度下，放电比容量还能保持 $112mA \cdot h \cdot g^{-1}$[78]。

8.3.1.3.3　$H_2V_3O_8$

　　$H_2V_3O_8$ 结构与 γ-LiV_3O_8 接近，混合价态 V（Ⅳ）/V（Ⅴ）的存在，使

之具有高电子导电性，结构水通过氢键将 VO_x 层连接在一起，使材料结构在 Li^+ 嵌入/脱出过程中保持稳定，具有一定的应用前景。但是，由于其是混合价态，合成过程较难准确调控。Li 等通过水热法合成宽度为 50nm 左右的单晶 $H_2V_3O_8$ 纳米线，以 $5mol \cdot L^{-1}$ $LiNO_3$ 和 $0.001mol \cdot L^{-1}$ $LiOH$ 水溶液作为电解液，在电流密度为 $0.1A \cdot g^{-1}$ 时，放电比容量可达到 $234mA \cdot h \cdot g^{-1}$，50 圈循环后容量保持率约 72%[40]。

8.3.1.3.4　$Na_{1+x}V_3O_8$

$Na_{1+x}V_3O_8$ 结构与 γ-LiV_3O_8 接近，利用 Na^+ 取代 $Li_{1+x}V_3O_8$ 中的 Li^+，在 Li^+ 嵌入/脱出过程中，Na^+ 稳定处于层间八面体位，作为支撑离子提高材料充放电过程中的结构稳定性，从而使得材料表现出较好的循环稳定性。Nair 等通过低温水热结合高温煅烧，合成单晶纳米带状 $Na_{1.16}V_3O_8$，纳米带宽度为 $75\pm5nm$，长度约为 $5\mu m$。以该材料同时作为工作电极和对电极，饱和甘汞电极 (SCE) 作为参比电极，$4mol \cdot L^{-1}$ $LiCl$ 水溶液作为电解液组装成全电池，在电流密度为 $5A \cdot g^{-1}$ 和电压范围为 $0\sim1.9V$ (vs. SCE) 条件下，电池首圈放电比容量约 $152.42mA \cdot h \cdot g^{-1}$，100 圈循环后，容量保持率大于 75%[41]。

$Na_2V_6O_{16} \cdot 0.14H_2O$ 纳米线作为水系锂离子电池负极材料，也表现出较好的性能。以 $LiMn_2O_4$ 为正极，中性 Li_2SO_4 溶液为电解液组装成电池，$60mA \cdot g^{-1}$ 电流密度下，首圈放电比容量为 $122.7mA \cdot h \cdot g^{-1}$；在 $300mA \cdot g^{-1}$ 的电流密度下，其放电比容量为 $83mA \cdot h \cdot g^{-1}$，100 圈循环后容量保持率 80.1%，200 圈循环后容量保持率为 77%[42]。

8.3.1.3.5　P-VO_2

斜方晶系的 P-VO_2（磁铁钒矿 VO_2）具有 1×2 隧道结构（$2.851\text{Å}\times4.946\text{Å}$），能够容纳 Li^+ 嵌入/脱出，且材料具有高的电子电导率（常温电子电导率为 $1.02S \cdot cm^{-1}$），能够作为水系锂离子电池负极材料[43-44]。Wu 等通过水热法，以硫代乙酰胺和原钒酸钠（$Na_3VO_4 \cdot 12H_2O$）为原材料，合成 P-VO_2 作为水系锂离子电池负极材料[43]。以 $LiMn_2O_4$ 作为正极，$5mol \cdot L^{-1}$ $LiNO_3$ 和 $0.001mol \cdot L^{-1}$ $LiOH$ 水溶液作为电解液，P-VO_2 作为负极，电池首圈放电比容量为 $61.9mA \cdot h \cdot g^{-1}$，首圈工作电压在 $1.3\sim1.6V$，第二圈平均工作电压即降到 $1.0\sim1.2V$。在 $60mA \cdot g^{-1}$ 电流密度和 $0.5\sim1.7V$ 电压范围内，50 圈循环后放电比容量为 $45.96mA \cdot h \cdot g^{-1}$，容量保持率约为 74%。

8.3.1.3.6　V_2O_3

V_2O_3 在室温下为灰黑色金属光泽粉末，V（Ⅲ）位于 6 个 O^{2-} 所形成的畸变八面体的中心位置，具有三维 V-V 框架提供的隧道结构。一般认为 V_2O_3 具有两种同质异形体，即高温菱形结构 V_2O_3（R）和低温单斜结构 V_2O_3（M），前者在大约 155K 时转变为后者[79]。V_2O_3 在空气中不稳定，在潮湿的空气中将被缓慢氧化为 VO_2，在空气中加热猛烈燃烧。V_2O_3 为碱性氧化物，不溶于水和碱，但能溶于酸生成三价钒盐。

Xie 等采用亚稳态多孔海胆状微纳米结构 V_2O_3 作为水系锂离子电池负极材料[15]。采用溶剂热法，以 NH_4VO_3 和 $NH_2OH \cdot HCl$ 为原材料制备钒乙烯乙醇酸（VEG）作为前驱体，之后在惰性气氛下将其热解，制备出具有体心立方铁锰矿（β-Fe_2O_3）结构的亚稳态 V_2O_3（C），空间群为 $Ia\bar{3}$。分析表明，在 510℃ 以上热处理，亚稳态 V_2O_3（C）会向热力学稳定的菱形 V_2O_3（R）转变。作为锂离子电池负极，其独特的微观晶体结构和多孔、高比表面积的三维框架，使其表现出较好的电化学性能。以 $5mol \cdot L^{-1} LiNO_3$ 和 $0.001mol \cdot L^{-1} LiOH$ 水溶液作为电解液，V_2O_3（C）//$LiMn_2O_4$ 水系锂离子电池的平均放电电压约 1V，V_2O_3（C）首圈放电比容量为 $61.7mA \cdot h \cdot g^{-1}$，50 圈循环后放电比容量为 $33.6mA \cdot h \cdot g^{-1}$；而 V_2O_3（R）首圈放电比容量为 $35.2mA \cdot h \cdot g^{-1}$，50 圈循环后放电比容量为 $22.3mA \cdot h \cdot g^{-1}$。

此外，Xie 等[80] 以 $VOCl_3$ 和苯乙醇为原材料，采用溶剂热法合成了一种有序片层状有机-无机交织的 V_2O_3 纳米棒，纳米棒宽 60nm 左右，长几百纳米，其中的纳米片层厚度只有 0.65nm，乙酸苯酯类物质处于厚度约 1.3nm 的层间，形成有机-无机交织结构，此结构重复单元厚度约 1.95nm。得益于其超薄 V_2O_3 层以及有序的有机-无机复合层宏观结构和微观隧道晶体结构，电解液更易渗透，电极/电解液接触面积更大，锂离子传输距离更短。此外，复合结构的存在，还减小了电极在充放电过程中的体积变化率，保证了结构的稳定。以 $5mol \cdot L^{-1} LiNO_3$ 和 $0.001mol \cdot L^{-1} LiOH$ 水溶液作为电解液，过量 $LiMn_2O_4$ 作为正极，V_2O_3 为负极组装成水系锂离子电池。材料的放电比容量可达 $131mA \cdot h \cdot g^{-1}$，50 圈循环后容量保持率达到 88%，远高于普通 V_2O_3 晶体（10nmV_2O_3 纳米颗粒放电比容量为 $90mA \cdot h \cdot g^{-1}$，50 圈循环后容量保持率为 64%；粒径为 2μm 的 V_2O_3 颗粒放电比容量为 $73.9mA \cdot h \cdot g^{-1}$，50 圈循环后容量保持率为 41%）。

8.3.2 锐钛矿 TiO_2

钛离子灵活的电子结构和开放的晶体结构，使得 TiO_2 能够接受外来电子和离子，并为阳离子（如 Li^+、Na^+、H^+ 等）的嵌入提供空间。在嵌锂过程中，TiO_2 从四方晶系转变为 $Li_x TiO_2$ 正交晶系，结构变化较小，其嵌/脱锂反应方程式如下：

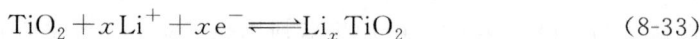

$$TiO_2 + xLi^+ + xe^- \rightleftharpoons Li_x TiO_2 \tag{8-33}$$

式中，x 表示嵌锂系数，其大小与材料微结构、形貌、表面缺陷等有关，此反应的可逆性与材料的循环性能密切相关。

8.3.2.1 TiO_2 结构

TiO_2 为白色固体或粉末状的两性氧化物，分子量 79.9，密度 3.8～3.9g·cm^{-3}，具有无毒、性质稳定等优点。TiO_2 一般分锐钛矿型、金红石型、板钛矿型和 TiO_2-B 四种晶型，其中用于水系锂离子电池负极材料的 TiO_2 主要为锐钛矿型 TiO_2，这里主要介绍锐钛矿型 TiO_2。锐钛矿型 TiO_2 属于四方晶系，$I4_1/amd$ 空间群，晶胞参数 $a = 3.79\text{Å}$，$b = 9.51\text{Å}$，4 个 TiO_2 分子组成一个晶胞。晶体结构以 TiO_6 八面体为基础，通过共边和共顶点连接而成。锐钛矿 TiO_2 存在沿 a 和 b 轴的双向隧道结构，为 Li^+ 传输提供了良好的路径，具有较高的嵌锂容量。随着 Li^+ 嵌入，逐渐形成具有四方晶系结构的贫锂相 $Li_{0.01}TiO_2$ 和具有正交晶系结构的富锂相 $Li_{0.6}TiO_2$，达到两相平衡，Li^+ 可在两相之间流动，嵌锂电位保持恒定。同时随着 Li^+ 嵌入，材料晶体结构不可避免地发生变化，导致材料容量衰减，且其脱锂过程并不能实现完全脱锂，部分锂会残留在晶格中，导致材料首次充放电效率偏低。

8.3.2.2 TiO_2 制备

作为广泛应用的工业材料，TiO_2 的制备方法很多，工业上常采用钛铁矿为原料制备 TiO_2。将磨细的钛铁矿和硫酸（浓度 $\geqslant 80\%$，温度 343～353K）在不断通入空气条件下，不断搅拌，并加入铁粉，使得 Fe^{3+} 还原为 Fe^{2+}，制得可溶性硫酸盐，反应方程式如下：

$$FeTiO_3 + 2H_2SO_4 \Longrightarrow TiOSO_4 + FeSO_4 + 2H_2O \tag{8-34}$$

$TiOSO_4$ 水解生成 H_2TiO_3，再通过高温煅烧得到 TiO_2。

其他制备 TiO_2 的方法还包括溶胶-凝胶法、液相沉积法、喷雾干燥法、水热法、模板法、电沉积法等。以电沉积法为例，在不锈钢箔（2cm×2cm）的两侧直接沉积氧化钛薄膜。电镀液为 0.25mol·$L^{-1}TiCl_3$ 溶液，在室温和氮气气氛下，通过 Na_2CO_3 溶液调节电镀液 pH 维持在约 2.5；阳极电流密度为 0.15mA·cm^{-2}，沉积时间约 20min，电沉积结束后，在 400℃ 热处理 3h 得到

纳米 TiO_2 膜，作为水系锂离子电池负极材料，表现出较好的电化学性能[81]。

8.3.2.3 TiO_2 电化学性能

以 TiO_2 电极为工作电极，锌箔为对电极，饱和甘汞（SCE）为参比电极，LiOH 溶液为电解液，组装三电极测试系统。如图 8-6 所示，通过材料 CV 曲线分析锐钛矿 TiO_2 的氧化还原行为。阴极峰由多个峰组成，其中主峰位于 $-396mV$ 和 $-496mV$，而阳极只有一个峰位于 $-200mV$ 左右，说明 TiO_2 的还原作用机制不止一种，但只有一种还原产物能发生可逆氧化。XRD 分析显示还原产物包括 Li_xTiO_2、Ti_2O_3、Ti_2O 和 TiO。在充放电过程中，只有 Li_xTiO_2 可逆地出现和消失，表明 Li^+ 能够在 TiO_2 晶格中实现可逆脱/嵌反应。然而，其他物质的存在降低了 TiO_2 材料的可逆性。不同相的形成，主要是由于锂离子和质子共嵌入 TiO_2 晶格中[49]。

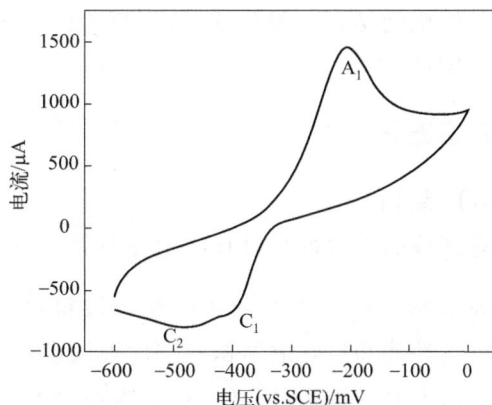

图 8-6　TiO_2 的 CV 曲线（扫速为 $25\mu V \cdot s^{-1}$）[49]

8.3.2.4 TiO_2 改性研究

纳米结构设计能够大幅改善 TiO_2 作为水系锂离子电池负极材料的电化学性能。Wu 等采用阳极电沉积策略合成纳米 TiO_2 膜[81]。该薄膜由直径为 $15\sim25nm$ 的颗粒组成。以 LiOH 溶液为电解液，该 TiO_2 薄膜电极在 CV 曲线中，阴极峰和阳极峰分别位于 $-1.06V$ 和 $-0.82V$（vs. SCE），对应于 Li^+ 可逆地嵌入/脱出，没有其他杂峰存在，表现出较好的可逆性能。由于嵌锂过程中形成强 Li-O 键，材料在还原过程中的 Li^+ 扩散系数（$1.6\times10^{-15}cm^2 \cdot s^{-1}$）比阳极氧化过程的 Li^+ 扩散系数（$9.4\times10^{-16}cm^2 \cdot s^{-1}$）更大。Gao 等采用 TiO_2 纳米管阵列作为负极，$Ni(OH)_2$ 作为正极，$1.5mol \cdot L^{-1}$ LiOH 和 $4mol \cdot L^{-1}$ KOH 混合溶液作为电解液，组装水系锂离子电池。TiO_2 纳米管阵列负极在 CV 曲线上的阴极峰和阳极峰分别位于 $-1.39V$ 和 $-1.11V$（vs. Hg/HgO），电池在 $1.77mA \cdot cm^{-2}$ 的电流密度下，最高放电比容量接近 $70mA \cdot h \cdot g^{-1}$，工作电压达到 $1.7V$，100 圈循环后容量保持率为 94.6%[82]。值得注意的是，纳米结构 TiO_2 材料的氧化还原峰电位均低于大颗粒 TiO_2 材料，可为水系锂离子电池提供更高的工作电压[49,81-82]。

8.3.3 聚阴离子化合物

作为水系锂离子电池负极材料的聚阴离子化合物主要为钠超离子导体（NASICON）结构的 TiP_2O_7 和 $LiTi_2(PO_4)_3$。聚阴离子化合物是由含有八面体或四面体聚阴离子结构单元 $(AO_x)^{y-}$（A＝P、Si、S、As、Mo 等）组成的化合物的总称。由于聚阴离子基团具有 M-O-A（M 表示过渡金属，A 表示 P、S、As 等）键形成的稳定的三维框架结构，发生嵌/脱锂反应时，材料结构不易发生重排，能够保持良好的稳定性。

8.3.3.1 结构和制备方法

8.3.3.1.1 $LiTi_2(PO_4)_3$ 结构

$LiTi_2(PO_4)_3$ 具有开放的三维框架结构，属于钠超离子导体（NASICON），$R\bar{3}c$ 空间群，是最具发展潜力的水系锂离子电池负极材料之一，具有稳定的电压平台、快速的 Li^+ 传输性能和良好的结构稳定性等优点，其缺点是电子导电性较差。$LiTi_2(PO_4)_3$ 为六方晶系结构，TiO_6 八面体和 PO_4 四面体通过共用顶点的氧原子连接，形成 $[Ti_2(PO_4)_3]^-$ 菱面体，作为 $LiTi_2(PO_4)_3$ 的基本单位；每个 TiO_6 八面体与六个 PO_4 四面体通过共顶点相连接，每个 PO_4 四面体与四个 TiO_6 八面体通过共顶点相连接。在三维刚性骨架 $[Ti_2(PO_4)_3]^-$ 中存在两种 Li^+ 间隙位：Li1 位，Wyckoff 位置 $6b$，（$x=0$；$y=0$；$z=0$），位于两个 TiO_6 八面体之间，周围被 6 个氧原子包围，并位于反演中心，基本被 Li^+ 完全填充；Li2 位，Wyckoff 位置 $18e$，（$x=0.667$，$y=0$，$z=0.25$），具有不规则的 10 倍氧配位，对称地分布在三轴周围，为空位。Li^+ 通过在两个间隙位之间迁移传递。由于中心原子之间重叠部分较小，材料电子导电性较低，但三维空间结构为其提供了高的离子电导率。

$LiTi_2(PO_4)_3$ 的充放电反应是在 $LiTi_2(PO_4)_3$ 和 $Li_3Ti_2(PO_4)_3$ 两相之间进行，充放电反应方程式如下：

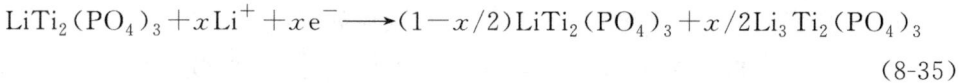

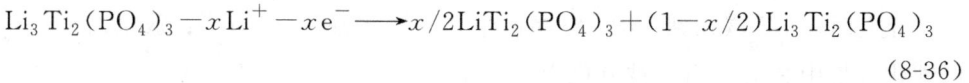

$$LiTi_2(PO_4)_3 + xLi^+ + xe^- \longrightarrow (1-x/2)LiTi_2(PO_4)_3 + x/2Li_3Ti_2(PO_4)_3$$

$$(8-35)$$

$$Li_3Ti_2(PO_4)_3 - xLi^+ - xe^- \longrightarrow x/2LiTi_2(PO_4)_3 + (1-x/2)Li_3Ti_2(PO_4)_3$$

$$(8-36)$$

放电时 Li^+ 嵌入 $LiTi_2(PO_4)_3$ 中形成具有相似结构的 $Li_3Ti_2(PO_4)_3$ 相,充电时 Li^+ 从 $Li_3Ti_2(PO_4)_3$ 中脱出形成 $LiTi_2(PO_4)_3$ 相。充放电过程中尽管存在相变化,但材料体积变化较小(约 6.6%),使得材料能够维持较好的循环稳定性。

8.3.3.1.2 $LiTi_2(PO_4)_3$ 制备方法

$LiTi_2(PO_4)_3$ 的传统制备方法为高温固相法;其他如溶胶-凝胶法、微波法、水热法等也是制备 $LiTi_2(PO_4)_3$ 的常用方法。

高温固相法,直接将锂源(Li_2CO_3 、LiOH 或 CH_3COOLi 等锂盐)与钛源(TiO_2)、磷源($NH_4H_2PO_4$ 等磷酸铵盐)按化学计量比混合,在一定温度下,如 1000℃ 煅烧即可得到 $LiTi_2(PO_4)_3$ 材料。高温固相法由于前驱体分散度较差,且合成时温度较高、煅烧时间过长,合成的 $LiTi_2(PO_4)_3$ 颗粒尺寸较大,一般为微米级颗粒,且高温会造成锂挥发,较难精确控制产物的化学计量比。该方法优点是操作简单,成本低廉[83]。

溶胶-凝胶法通常采用钛的金属醇盐,可溶性的锂盐和磷盐作为原材料,分散在溶剂中,形成溶胶前驱体,并通过加热等手段形成凝胶前驱体,最后高温煅烧一段时间,得到颗粒细小的 $LiTi_2(PO_4)_3$ 材料。该方法煅烧温度低、时间短、产物结晶性良好、颗粒尺寸细小且均匀。

水热法是在水热环境中用钛化合物(如 TiO_2)、磷酸和锂盐(如 Li_2CO_3 、LiOH、 CH_3COOLi 等)为原料,在高温、高压环境下合成 $LiTi_2(PO_4)_3$ 。水热法能够制备具有特殊结构和形貌的 $LiTi_2(PO_4)_3$ 颗粒。缺点是需要高温高压设备,反应时间相对较长,产物较少,不易实现工业化。

8.3.3.1.3 TiP_2O_7 结构

TiP_2O_7 具有三维框架结构,由 TiO_6 八面体和 PO_4 四面体构成。两个 PO_4 四面体通过一个桥氧原子连接起来,形成焦磷酸根基团($P_2O_7^{4-}$)。 TiP_2O_7 结构类似于 NaCl 排列结构, TiO_6 八面体占据 Na 的位置, $P_2O_7^{4-}$ 基团占据 Cl 的位置。在此三维网络框架结构中,四面体 PO_4 和八面体 TiO_6 共顶点, $P_2O_7^{4-}$ 基团连接到八面体 TiO_6 上。每个 TiO_6 八面体与六个 PO_4 四面体通过共顶点氧原子相连,而每个 PO_4 四面体与三个 TiO_6 八面体通过三个共顶点氧原子相连,构成框架结构。最近的研究表明,室温下 TiP_2O_7 属于 $Pa\bar{3}$ 空间群,结构是立

方 $3 \times 3 \times 3$ 超结构[84]。TiP_2O_7 的 Li^+ 嵌/脱反应如下：

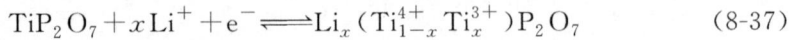

$$TiP_2O_7 + xLi^+ + e^- \rightleftharpoons Li_x(Ti_{1-x}^{4+}Ti_x^{3+})P_2O_7 \qquad (8-37)$$

充电时，Li^+ 嵌入到 TiP_2O_7 晶格中，Ti^{4+} 被还原为 Ti^{3+}；放电时，Li^+ 从嵌锂化合物中脱出，Ti^{3+} 被氧化为 Ti^{4+}。

8.3.3.1.4 TiP_2O_7 制备方法

合成 TiP_2O_7 的方法包括溶胶-凝胶法、共沉淀法、水热法、高温固相法等。

溶胶-凝胶法，以磷源（如 $NH_4H_2PO_4$、H_3PO_4、PCl_3 等）和钛源（如钛酸四异丙酯、钛酸四丁酯、TiO_2 等）为原材料，将其溶解在蒸馏水中形成混合溶液，在一定温度如 80℃ 下恒温搅拌，直至形成凝胶。一定温度干燥后，高温如 900℃ 下煅烧一定时间，即制备出纯相的 TiP_2O_7[85]。

共沉淀法，以异丙醇钛、磷酸、盐酸作为原材料制备 TiP_2O_7。将稀释后的磷酸和盐酸溶液滴加到异丙醇钛溶液中，70℃ 下持续搅拌 10h，过滤洗涤、干燥后，在 CO_2 气氛下，800℃ 煅烧 3h 得到 TiP_2O_7 材料[86]。

水热法，以锐钛矿 TiO_2 为钛源，浓磷酸（85%）为磷源，混合均匀后加入水热反应釜中，200℃ 反应 3h。过滤、洗涤、烘干后，得到前驱体。将前驱体在 700℃ 下煅烧 3h，得到高结晶度 TiP_2O_7。通过水热法制备出的前驱体颗粒均匀且细小[84]。

高温固相法，以 $NH_4H_2PO_4$ 为磷源，TiO_2 为钛源，按照一定的比例充分混合，加热至 1000℃ 煅烧，得到非均一的 TiP_2O_7 结块颗粒，粒径大于 $2\mu m$。高温固相法虽然工艺简单，但制备出的产物颗粒不均匀，粒径较大且容易结块[87]。

8.3.3.2 电化学性能

2007 年，TiP_2O_7 和 $LiTi_2(PO_4)_3$ 首次用作水系锂离子电池负极材料，图 8-7(a) 显示 TiP_2O_7 材料嵌锂/脱锂峰分别位于 $-0.38V$ 和 $-0.26V$（vs. SHE）；由于过电位的原因，析氢电位位于 $-0.6V$（vs. SHE）。对于 $LiTi_2(PO_4)_3$，其嵌锂/脱锂峰分别位于 $-0.52V$ 和 $-0.36V$（vs. SHE），析氢电位位于 $-0.7V$（vs. SHE）。CV 曲线表明 TiP_2O_7 和 $LiTi_2(PO_4)_3$ 作为水系锂离子电池负极材料，在中性电解液中，不会产生严重的析氢问题。$TiP_2O_7//5mol \cdot L^{-1}LiNO_3//LiMn_2O_4$ 电池首圈放电比容量约为 $42mA \cdot h \cdot g^{-1}$（基于正负极质量，基于负极质量时 $100mA \cdot h \cdot g^{-1}$），平均工作电压为 1.4V，10 圈循环后，容量保持率只有 85%；$LiTi_2(PO_4)_3//5mol \cdot L^{-1}LiNO_3//LiMn_2O_4$ 电池的首圈放电比容量约 $45mA \cdot h \cdot g^{-1}$（基于正负极质量，基于负极质量时 $115mA \cdot h \cdot g^{-1}$），平均工作电压 1.5V，10 圈循环后，容量保持率只有 75%。

非原位 XRD 分析显示，正极 LiMn$_2$O$_4$ 循环一定圈数后，材料结构稳定，电池循环稳定性衰减的原因是负极材料结构退化以及新相的生成；非原位扫描电子显微镜分析显示，循环后，TiP$_2$O$_7$ 材料表面形貌被破坏[53,88]。

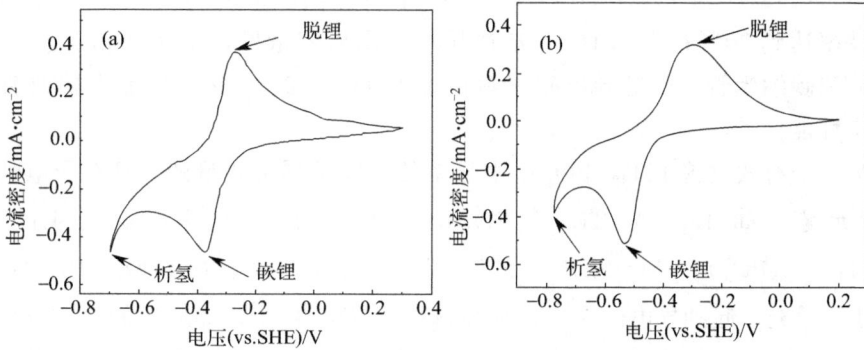

图 8-7　TiP$_2$O$_7$ 在 $-0.7\sim0.30$V（vs. SHE）（a）和 LiTi$_2$(PO$_4$)$_3$ 在 $-0.80\sim0.20$V

（vs. SHE）（b）的 CV 曲线[53]

其中电解液为 5mol·L^{-1}LiNO$_3$ 溶液，参比电极为 Hg/Hg$_2$Cl$_2$ 电极，对电极为铂电极，

扫描速率为 0.2mV·s^{-1}

8.3.3.3　改性研究

低电子导电性是聚阴离子化合物的主要缺点之一，通过碳包覆能够提高材料电子导电性并抑制电极材料与电解液发生副反应，从而改善材料的循环稳定性[7,51,89-90]。通过多孔结构设计，增大材料比表面积，能够降低 Li$^+$ 扩散路径，常常与碳包覆策略协同改善材料的电化学性能。如 Luo 等采用聚乙烯醇（PVA）辅助的溶胶-凝胶法制备了具有多孔结构的 LiTi$_2$(PO$_4$)$_3$ 颗粒，空隙在 $100\sim$ 400nm 之间，比表面积达到 0.7m^2·g^{-1}，并采用化学气相沉积（CVD）技术在 LiTi$_2$(PO$_4$)$_3$ 颗粒表面均匀地沉积一层 10nm 左右的无定形碳层。以 1mol·L^{-1}Li$_2$SO$_4$ 溶液为电解液，LiMn$_2$O$_4$ 为正极，碳包覆 LiTi$_2$(PO$_4$)$_3$ 为负极组装电池。电池放电容量为 40mA·h·g^{-1}，输出电压为 1.5V，比能量约 60W·h·kg^{-1}（基于正负极活性物质），电池在 200 圈循环后容量保持率约 82%[7]。碳包覆对负极材料 LiTi$_2$(PO$_4$)$_3$ 性能具有显著的影响，而碳源分散的均匀程度则是制约碳包覆效果的关键因素。

通过表面杂原子（如 N、B、O）修饰，可以进一步提高材料表面碳层的电子导电性，改善碳包覆效果。如具有介孔结构的 LiTi$_2$(PO$_4$)$_3$ 和氮掺杂碳复合物表现出优异的倍率性能，10C 放电容量达到 103mA·h·g^{-1}；0.2C 下循环

100 圈容量保持率约 91.2%；1C 下循环 400 圈容量保持率为 90.4%[91]。

通过电解液除氧、调整电解液 pH 结合碳包覆可协同改善材料电化学性能，电解液除氧以及电解液 pH 对负极材料的影响请参考 8.2.2 节内容。在 6C 电流密度下，$LiTi_2(PO_4)_3//Li_2SO_4//LiFePO_4$ 水系锂离子电池循环 1000 圈后，容量保持率达到 90%；在 0.1C 下充放电，50 圈后容量保持率达到 85%[8]。石墨烯[92] 和碳纳米管[93] 等导电碳材料修饰 $LiTi_2(PO_4)_3$ 材料也能大幅改善材料电化学性能。

另一个有效改善 $LiTi_2(PO_4)_3$ 电导率的方式是掺杂微量的、具有导电性能的金属元素。如 $Li_{1+x}M_xTi_{2-x}(PO_4)_3$（$M = Al^{3+}$、$Sc^{3+}$、$Y^{3+}$、$La^{3+}$）或 $LiM_xTi_{2-x}(PO_4)_3$（$M=Sn^{4+}$、Zr^{4+}）中，掺杂金属离子能够使结构中的部分空位被 Li^+ 填充，起到导电的作用，提高材料的导电性[94]。如通过静电纺丝技术制备 Sn 掺杂 $LiSn_{0.2}Ti_{1.8}(PO_4)_3/C$ 纳米纤维复合物，Sn^{4+} 占据 Ti^{4+} 的 12c 位，得益于 Sn^{4+}（0.69Å）更大的离子半径（$Ti^{4+}=0.605$Å），材料晶胞参数 a、b、c 和晶胞体积均增大。作为水系锂离子电池负极材料，$LiSn_{0.2}Ti_{1.8}(PO_4)_3/C$ 纳米纤维复合物表现出较好的电化学性能。以饱和 $LiNO_3$ 溶液作为电解液，$LiTi_{1.8}Sn_{0.2}(PO_4)_3/C//LiMn_2O_4$ 在电流密度为 20mA·g^{-1}、200mA·g^{-1}、400mA·g^{-1} 和 1000mA·g^{-1} 时，放电比容量分别为 86.3mA·h·g^{-1}、77.5mA·h·g^{-1}、64.7mA·h·g^{-1} 和 39.2mA·h·g^{-1}[95]。

Na 掺杂 $LiTi_2(PO_4)/C$ 复合物制备 $Li_{0.97}Na_{0.03}Ti_2(PO_4)/C$ 复合物，能够增大材料的晶胞体积和 Li^+ 扩散通道，从而增大材料的 Li^+ 扩散系数，在 0.2C 和 15C 下放电比容量分别为 98.5mA·h·g^{-1} 和 45mA·h·g^{-1}。2C 倍率下循环 300 圈，容量保持率为 90.4%[96]。

通过 F 掺杂能够增大嵌锂电位，抑制析氢反应，同时增大材料的电子导电性。相较于 PO_4^{3-}，F^- 具有更强的电负性，可以增强阴离子诱导效应。M—F 键（M 代表过渡金属离子）越多，反键 M-d 轨道的能量越稳定，嵌入电势越大。以 CH_3COOLi、钛酸四丁酯、H_3PO_4、LiF 为原材料，柠檬酸作为螯合剂和碳源，采用溶胶-凝胶法制备碳包覆 $LiTi_2(PO_4)_{3-x}F_x$（$x=0,0.06,0.12,0.18$）材料。

图 8-8(a) $LiTi_2(PO_4)_3$ 具有两对氧化还原峰，分别对应于 Li^+ 嵌入 $LiTi_2(PO_4)_3$ 中两个不同的锂位。如图 8-8(b)，F 掺杂后，材料嵌锂电位升高，脱锂电位降低，使得材料具有更高的动力学性能，同时降低发生析氢反应的风险。图 8-8(c) 显示 $LiTi_2(PO_4)_{2.88}F_{0.12}//LiMn_2O_4$ 电池具有更高的放电平台和更低的充电平台，意味着电池具有更高的能量密度。在功率密度达到 2794W·kg^{-1} 时，能量密度达到 43.7W·h·kg^{-1}；在 1.3A·g^{-1} 电流密度下，循环 200 圈

容量保持率约 85%[97]。

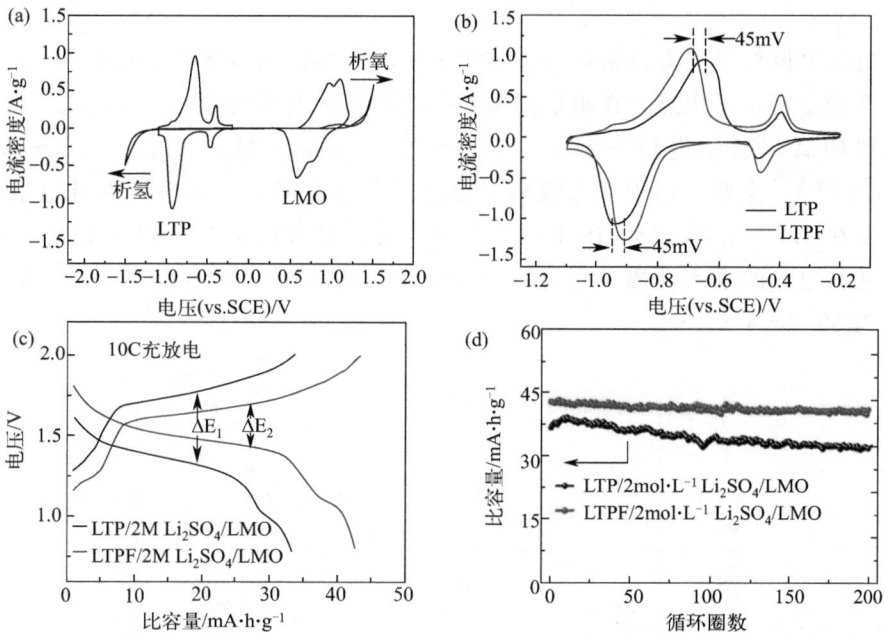

图 8-8　电解液为 $2mol \cdot L^{-1} Li_2SO_4$ 溶液，$LiTi_2(PO_4)_3$ 和 $LiMn_2O_4$ 电极的 CV 曲线（a）；
$LiTi_2(PO_4)_3$ 和 $LiTi_2(PO_4)_{2.88}F_{0.12}$ 的 CV 曲线（b）；$LiTi_2(PO_4)_3//LiMn_2O_4$ 和
$LiTi_2(PO_4)_{2.88}F_{0.12}//LiMn_2O_4$ 电池的首圈充放电曲线（c）；$LiTi_2(PO_4)_3//LiMn_2O_4$ 和
$LiTi_2(PO_4)_{2.88}F_{0.12}//LiMn_2O_4$ 电池的循环性能（d）[97]

综上所述，可以通过以下几种措施改善 $LiTi_2(PO_4)_3$ 材料的性能：

① 微纳米化。材料颗粒越小，比表面积越大，与电解液接触越充分，Li^+ 扩散路径越短，然而需要注意电极材料溶解以及与电解液发生副反应等问题。

② 添加具有导电性的物质，如表面包覆碳、导电聚合物等。

③ 微量掺杂，提高材料电导率。

TiP_2O_7 由于容量偏低，且循环性能和倍率性能较差，起初并没有受到很大关注。后来研究者通过表面修饰和降低颗粒尺寸改善了材料的电子导电性，从而提高了材料的电化学性能，使得 TiP_2O_7 作为水系锂离子电池负极材料成为可能。如碳包覆 TiP_2O_7 与 $LiMn_2O_4$ 组装成水系锂离子电池，在 $0.25C$ 和 $10C$ 电流密度下，放电比容量分别达到 $86mA \cdot h \cdot g^{-1}$ 和 $40mA \cdot h \cdot g^{-1}$，100 圈循环后，容量保持率达 85%[98]。Wu 等利用高能球磨技术制备 C/TiP_2O_4 复合物，在 $0.1C$ 倍率下，材料首圈放电比容量为 $91mA \cdot h \cdot g^{-1}$，$0.5C$ 循环 150 圈后，容量保持率为 91%[99]。

8.3.4 有机电极材料

有机电极材料具有价格低廉、结构多样、其共轭化学键能够储存 Li^+、可能具有高能量密度等优点，在水系锂离子电池体系中也得到了一定的关注。由于有机材料的氧化还原电位一般在 $-0.8 \sim 0.3V$（vs. SHE）左右（$2.2 \sim 3.3V$，vs. Li/Li^+），主要应用于水系锂离子电池的负极。其中，共轭羰基化合物，由于电压在 $1.5 \sim 3.0V$（vs. Li/Li^+）之间，受到最大的关注。如以 $LiMn_2O_4$ 和聚苯胺为电极的水系锂离子电池，其放电电压为 1.1V，150 圈循环后，放电比容量为 $89.9mA \cdot h \cdot g^{-1}$[56]。

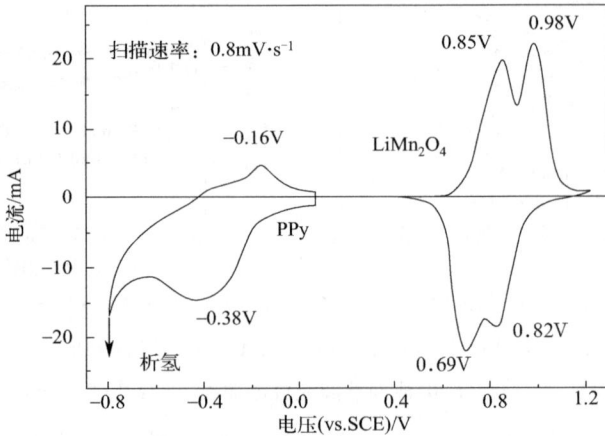

图 8-9　PPy 和 $LiMn_2O_4$ 在饱和 Li_2SO_4 水溶液中的 CV 曲线[54]

饱和甘汞电极（SCE）作为参比电极，镍作为对电极

PPy 也是较早用作水系锂离子电池负极材料之一，如图 8-9 所示，复旦大学吴宇平教授等研究发现，PPy 的氧化还原峰分别位于 $-0.16V$ 和 $-0.38V$，平均氧化还原电位 $-0.27V$（vs. SCE），析氢电位位于 $-0.8V$（vs. SCE），PPy//$LiMn_2O_4$ 水系电池在前 22 圈循环中基本无容量衰减[54]。以 PPy 为负极，Li-CoO_2 为正极，饱和 Li_2SO_4 溶液为电解液组装电池，电池平均放电电压约 0.85V，放电比容量约为 $48mA \cdot h \cdot g^{-1}$，120 圈循环后，除了前两圈外，容量基本无衰减[100]。如图 8-10 所示，在水系电解液体系中，PPy 发生 p 型掺杂和去掺杂反应实现充放电，反应方程式如下：

$$(Py)_n + nyA^- \underset{\text{去掺杂}}{\overset{\text{掺杂}}{\rightleftharpoons}} (Py^{y+}yA^-)_n + nye^- \tag{8-38}$$

式中，Py 表示电化学活性聚合物重复单体；A^- 表示电解液中的阴离子。放电时，Li^+ 嵌入正极，电解液中阴离子掺杂进负极（PPy），达到电荷平衡；充电时，与之相反。

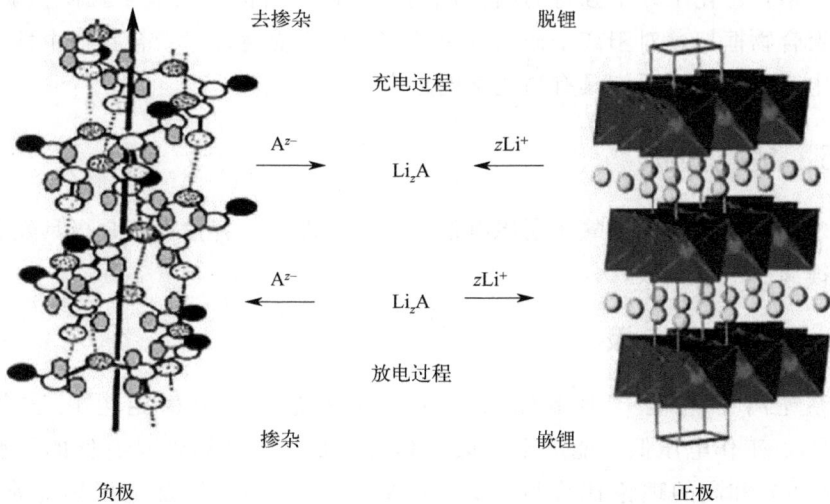

图 8-10 PPy//$LiCoO_2$ 水系锂离子电池充放电示意图[100]

A^{z-} 代表阴离子

Qin 等采用 1,4,5,8-萘四甲酸酐（NTCDA）合成得到聚酰亚胺，作为水系锂离子电池负极材料。聚酰亚胺的储能机理称为"烯醇化作用"，代表了芳香分子中共轭羰基内 $[(C\!=\!O)_{2n}]$ 电荷重分布还原过程中锂离子的存储。以聚酰亚胺为负极，$LiCoO_2$ 为正极，$5mol \cdot L^{-1} LiNO_3$ 为电解液组装水系锂离子电池，在 $100mA \cdot g^{-1}$ 的电流密度下，电池放电比容量为 $71mA \cdot h \cdot g^{-1}$，平均工作电压为 1.12V，其中，负极聚酰亚胺的放电比容量可达到 $160mA \cdot h \cdot g^{-1}$。在电流密度为 $500mA \cdot g^{-1}$ 下，电池放电比容量为 $70mA \cdot h \cdot g^{-1}$，200 圈循环后，容量保持 $56mA \cdot h \cdot g^{-1[55]}$。

部分有机电极材料能够抑制电极与电解液中水和氧气的副反应。如聚酰亚胺（PNTCDA）作为水系锂离子电池负极材料，具有良好的储锂能力，且锂化聚酰亚胺可以被电解液中 O_2 可逆氧化成聚酰亚胺本身，能够自行去除电解液中的 O_2。在 2C 倍率下，PNTCDA-AC//$LiMn_2O_4$ 电池 1000 圈循环后容量保持率可达到 95%[101]。

随后开发了全有机水系锂离子电池，以聚三苯胺（PTPAn）作为正极，1,4,5,8-萘四甲酸酐（NTCDA）合成得到聚酰亚胺（PNTCDA）作为负极，采用盐包水电解液。电池最高工作电压达到 2.1V，最高能量密度为 $52.8W \cdot h \cdot kg^{-1}$，功率密度可达到 $32000W \cdot kg^{-1}$，在 700 圈循环后容量保持率仍有 85%[102]。

有机聚合物作为水系锂离子电池负极材料，表现出较好的循环稳定性，其主要原因包括：①化学键中独特的储锂机制，对材料结构损伤最小且体积膨胀小；②柔性聚合物框架，对阳离子插入反应具有机械耐受性；③聚合物在中性或酸性电解液中对氧化还原反应具有高化学电阻率。

8.3.5　金属负极

由于金属在水溶液中氧化还原电位稳定，且理论比容量大，是极具发展前景的水系锂离子电池负极材料。

8.3.5.1　金属锂负极

水系锂离子电池有很多优点，但也有缺点，其中稳定电化学窗口低（1.229V）、工作电压低、能量密度低是其主要缺点。金属锂具有低的平衡电位（－3.045V）和高的理论比容量（3860mA·h·g^{-1}），但是金属锂非常活泼，遇水直接发生反应。在水系锂离子电池体系中，需要将金属锂与水系电解液隔离开，才能将金属锂作为电池负极材料使用。

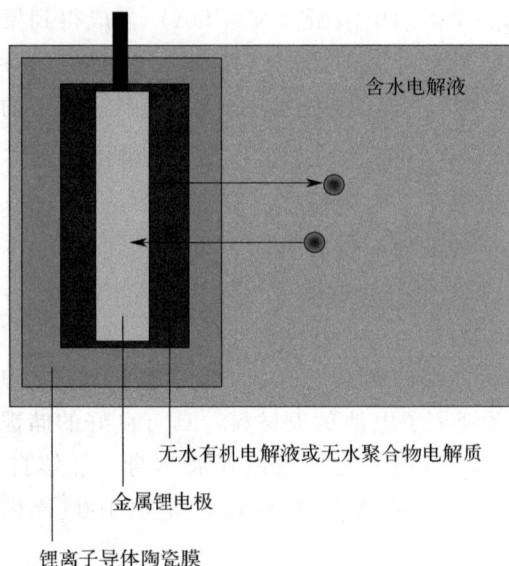

图 8-11　锂离子导体陶瓷膜保护的金属锂负极的结构示意图[103]

锂离子导体陶瓷膜（LISICON）具有很高的 Li$^+$ 电导率（0.1mS·cm^{-1}），且质子、水、含水溶剂化离子都不能穿过 LISICON 膜，使得 LISICON 膜能够作为分离材料，将水与金属锂分开。然而，由于氧化还原反应，LISICON 膜与锂金属直接接触不稳定。如图 8-11 所示，为了防止 LISICON 膜被金属锂还原，需要用无水（含锂离子）有机电解液或者无水（含锂离子）聚合物电解质将锂金属和 LISICON 膜分离，一般采用凝胶聚合物电解质（GPE），以避免锂金属与 LISICON 膜的直接接触。使用凝胶聚合物电解质和 LISICON 膜包覆的金属锂，能够在水系电解液中作为负极材料，与合适的正极材料相组合，构成新型的高能量密度的水系锂离子电池。正极材料如 $LiMn_2O_4$[104]、$LiCoO_2$[105]、$LiFePO_4$[106]、$NiOOH$[107] 等可与此负极相匹配，均表现出较好的电化学性能。以 $LiMn_2O_4$ 为正极，$0.5mol \cdot L^{-1}$ 的 Li_2SO_4 为电解液为例，该电池体系的工作电压高达 4V 左右。如图 8-12 所示，由于 LISICON 膜的存在，Li^+ 交替传递，与传统利用过电位增大电解液的电化学稳定窗口不同，LISICON 膜与细胞膜相似，由于细胞膜的作用，在细胞内外呈现出截然不同的电位。电池的能量密度接近 $450W \cdot h \cdot kg^{-1}$，且具有优异的循环稳定性，库仑效率除首圈外接近 100%，10000 次循环后，容量保持率约 93%。GPE 和 LISICON 膜的存在，抑制了锂枝晶的形成，保证了电池的循环稳定性和安全性。即使 GPE 和 LISICON 膜破损，锂金属与电解液直接接触，反应形成不溶物和气体，由于体系中气体较易散发出去，电池也不会发生危险。同时，水的高热容保证了电池系统温度的稳定。这些优点使其在大型储能或电动车领域具有良好的应用前景[104]。

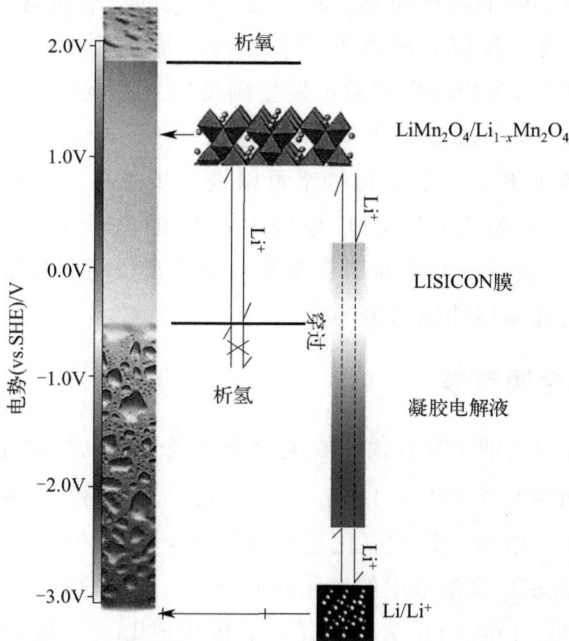

图 8-12　Li^+ 在 $LiMn_2O_4$ 正极、水系电解液和包覆锂金属之间的迁移示意图[104]

然而，金属锂在水系电解液中的实际应用还十分遥远，完全防水的玻璃状陶瓷膜制备困难。据悉，只有日本的 Ohara 公司制备出了这类产品，其基本组成为 $Li_{1+x+y}Al_xTi_{2-x}Si_yP_{3-y}O_{12}$（LATSP）。该类电池的主要问题包括：①复杂的电解液体系在实际应用中会明显加大电池组装的难度；②增大了电池重量，限制了电池实际的能量密度；③LISICON 膜在水溶液中的稳定性还需要进一步提高，LATSP 中的铝、硅元素会逐步溶解到水溶液中，破坏了 LATSP 的完整性[108]；④LATSP 的离子电导率偏低，机械强度低；⑤多界面意味着更大的界面电阻；⑥LISICON 膜两侧的阴阳离子聚集会形成局部电场，影响电池性能。

8.3.5.2　金属锌负极

Zn 在中性水溶液中的氧化还原反应是可逆的，其电化学溶解/沉积反应发生在 0V（vs. Zn/Zn^{2+}）左右，且具有较高的析氢过电位。因此，将 Zn 作为水系锂离子电池负极，嵌锂材料作为正极，能够为水系锂离子电池提供较高的工作电压。同时，Zn 的理论比容量可达 $820mA \cdot h \cdot g^{-1}$，远大于其他水系锂离子电池负极材料。以金属锌为负极，$LiMn_2O_4$ 为正极，微酸性 $ZnCl_2$ 和 LiCl 混合溶液为电解液，组装水系锂离子电池[109]。充放电过程中，负极 Zn 发生沉积/溶解反应，正极 $LiMn_2O_4$ 发生 Li^+ 脱出/嵌入反应。电解液不但传导离子，还作为锌源，在循环过程中不断消耗和补充。此电池与传统的"摇椅电池"不同，只有正极发生 Li^+ 脱出/嵌入反应。该电池的工作电压能达到 2V 左右，能量密度在 $50\sim80W \cdot h \cdot kg^{-1}$。负极与电解液不发生副反应且在电解液中稳定存在，电池循环稳定性良好，1000 圈循环后，容量保持率约 90%。此外，通过对正极 $LiMn_2O_4$ 进行掺杂处理，其容量保持率可以进一步提高，4000 圈循环后，容量保持率可达 95%。在 $Zn//LiMn_2O_4$ 电池中，Zn 的离子和电子导电性都明显优于 $LiMn_2O_4$ 材料，表明该电池的倍率性能主要受正极材料性能的影响，改善正极的性能是提高电池整体性能的关键。

8.3.5.3　其他金属负极

$PbSO_4$ 在中性水溶液中具有很好的电化学可逆性，也可以作为水系锂离子电池负极材料。以 $PbSO_4$ 为负极，$LiMn_2O_4$ 作为正极，中性 Li_2SO_4 溶液作为电解液，组装水系锂离子电池。其主氧化还原峰位于 $-0.6V/-0.36V$（vs. SCE），对应 $PbSO_4/Pb$ 在 Li_2SO_4 水溶液中的氧化还原反应。充电过程中，$PbSO_4$ 得到两个电子还原为金属 Pb，$LiMn_2O_4$ 失去电子，脱锂生成 $Li_{1-x}Mn_2O_4$；放电时，与之相反。电池平均工作电压为 1.3V，能量密度可达到 $68W \cdot h \cdot kg^{-1}$（基于双电极材料)。与 Zn 作为负极不同，$PbSO_4$ 作为水系锂离子电池负极，不存在相变以及枝晶问题，使得电池能够表现出较好的循环性能，电池在 $400mA \cdot g^{-1}$ 的电流密度下循环 110 圈，每圈循环的容量衰减低于 1%。

其他金属，如 Fe、Co、Ni 和 Cu 等，理论上也可以作为水系锂离子电池负极材料[110]。

8.3.6 其他负极材料

尖晶石结构 $Li_2Mn_4O_9$ 或者 $Li_4Mn_5O_{12}$ 也可以作为水系锂离子电池负极材料。以 $6mol \cdot L^{-1} LiNO_3$ 和 $0.0015mol \cdot L^{-1} LiOH$ 为电解液，组装 $Li_2Mn_4O_9$/$LiNO_3$/$LiMn_2O_4$ 和 $Li_4Mn_5O_{12}$/$LiNO_3$/$LiMn_2O_4$ 电池，放电比容量均接近 $100mA \cdot h \cdot g^{-1}$，工作电压 $1 \sim 1.1V$[62]。对尖晶石结构锂锰氧化合物作为水系锂离子电池负极材料的研究较少，主要原因包括：①Mn^{3+} 的姜-泰勒效应导致材料主体结构扭曲，造成材料容量衰减；②Mn^{3+} 发生歧化反应生成 Mn^{2+}，Mn^{2+} 易溶解到电解液中；③理论比容量偏低（小于 $200mA \cdot h \cdot g^{-1}$）；④$Mn^{4+}$/$Mn^{3+}$ 氧化还原电对的电位较其他负极材料高。

α-MoO_3 属于正交晶系，层状结构。商品化 MoO_3 在 $-0.72/-0.6V$（vs. SCE）有一对氧化还原峰，而纳米片状的 MoO_3 具有两对氧化还原峰，分别位于 $-0.39/-0.32V$ 和 $-0.75/-0.59V$（vs. SCE），对应于 Li^+ 嵌入/脱出 MoO_3 晶体以及赝电容。纳米结构设计可以提高金属氧化物的电化学活性，同时也会加速活性金属离子的溶解[111-113]。在纳米结构设计的基础上，对材料进行包覆处理是改善材料电化学性能的有效途径，如利用导电聚合物 PPy 包覆 MoO_3 纳米片[111]。PPy 一方面缓解活性材料溶解，缓冲材料充放电过程中的体积变化，一方面增加了颗粒之间的联系，降低了颗粒之间的电阻，增强了材料的导电性。以 $LiMn_2O_4$ 作为正极，PPy 包覆 MoO_3 作为负极，$0.5mol \cdot L^{-1} Li_2SO_4$ 作为电解液，电池在功率密度为 $350W \cdot kg^{-1}$ 时，能量密度为 $45W \cdot h \cdot kg^{-1}$，在功率密度达到 $6000W \cdot kg^{-1}$ 时，能量密度还能保持 $38W \cdot h \cdot kg^{-1}$；本体 MoO_3 材料，在循环 15 圈后，容量保持率低于 50%，而 PPy 包覆 MoO_3 材料在 150 圈循环后，容量保持率大于 90%。

8.4
水系锂离子电池正极材料

由于水系锂离子电池充放电机理与锂离子电池相似，锂离子电池的正极材料大部分被尝试用作水系锂离子电池的正极材料。这些材料的嵌入/脱出锂电位必须低于析氧电位，以保证电解液的稳定，同时为了尽量提高电池的能量密度，又需要使得正极材料的嵌入/脱出锂电位尽量高，且考虑到电极材料在溶液中的稳定性，如溶解以及与水发生副反应等问题，目前常见的氧化物正极材料包括 $LiMn_2O_4$[4,7,114]、$LiCoO_2$[33]、$LiNi_{1/3}Co_{1/3}Mn_{1/3}O_2$（NCM）[71,115]、$MnO_2$[116]、$Na_{1.16}V_3O_8$[41]；聚阴离子化合物正极材料包括 $LiFePO_4$[117-119]、$LiMnPO_4$[120]、$Li（Fe，Mn）PO_4$[121]、$LiCoPO_4$[122]、$LiNiPO_4$[123]、$LiCo_{1/2}Ni_{1/2}PO_4$[124]、$FePO_4$[125]；MnO_2 以及普鲁士蓝类正极材料等[126]。其中 $LiMn_2O_4$、$LiCoO_2$ 和 NCM 材料具有高的工作电压即高的能量密度，而成为较受关注的水系锂离子电池的正极材料。$LiMn_2O_4$ 由于价廉、安全等优点而更受关注。橄榄石结构的 $LiFePO_4$ 是另一种具有很大发展潜力的材料，具有放电比容量高、环境友好、价廉等优点。然而，材料的工作电压偏低，且循环稳定性较差，尤其是当电解液中存在溶解氧时，会加速 $LiFePO_4$ 分解。普鲁士蓝类材料放电容量偏低，且同 MnO_2、$FePO_4$ 等不含 Li^+ 的化合物作为水系锂离子电池正极材料一样，在实际应用中，要求负极材料预先部分或全部锂化。

一般而言，常规正极材料在有机电解液和水系电解液中的电化学行为比较相似，但是部分材料在不同电解液中的电化学行为也会存在一些差异。比如通过不同方法制备的 $LiNi_{0.5}Mn_{1.5}O_4$ 材料，在有机电解液中表现出明显不同的电化学行为，但是在水系电解液中，其电化学行为基本相同[127]。所以，在有机系电解液中不具备良好电化学性能的阴极材料，在水系电解液中有可能表现出良好的电化学性能。同时电极材料的颗粒尺寸、形貌等特征，材料的表面修饰，体相掺杂以及导电物质复合改性等，都会直接影响材料在水系电解液中的电化学性能。通过碳或有机物等对材料进行包覆处理等是改善材料循环性能的常用手段。

正极材料放电比容量低和容量衰减的原因参见 8.2.2 节，主要包括：①H^+ 共嵌入材料结构中；②循环过程中，Li^+/H^+ 发生离子交换；③水分子渗透进材料结构中；④活性材料溶解到电解液中。对正极材料的改性研究主要包括掺杂和复合导电物质，以及通过包覆控制电极/电解液的界面，改变电解液的组成等。同时，通过多孔纳米结构设计等策略可以降低材料极化，缓解由于应力变化导致的材料结构畸变。

8.4.1 $LiMn_2O_4$

自从 1994 年，Dahn 提出 VO_2 作为负极、$LiMn_2O_4$ 作为正极的水系锂离子电池以来，已经开发出多种水系锂离子电池正极材料。其中，尖晶石结构的

$LiMn_2O_4$ 具有资源丰富、价格低廉、放电电压高、倍率充放电能力强、安全性好、良好的热稳定性和耐过充性能等优点，被认为是理想的水系锂离子电池正极材料，受到了广泛而深入的研究。

8.4.1.1 $LiMn_2O_4$ 结构

$LiMn_2O_4$ 具有典型的三维隧道尖晶石型结构，属于立方晶系，具有四方对称性，空间群为 $Fd\bar{3}m$，图 8-13 为其结构示意图。$LiMn_2O_4$ 一个晶胞含有 8 个 $LiMn_2O_4$ 单元，即 8 个锂、16 个锰和 32 个氧原子。其中，Mn^{4+} 和 Mn^{3+} 各占 50%，O 形成面心立方密堆积结构，晶格中共 64 个氧四面体中心位置：$8a$、$8b$ 和 $48f$，32 个氧八面体位置：$16c$ 和 $16d$。O^{2-} 位于八面体顶角 $32e$ 位置，Li^+ 和 Mn^{3+}/Mn^{4+} 分别占据四面体 $8a$ 位和八面体 $16d$ 位。故其结构式可以表示为 $Li_{8a}[Mn_2]_{16d}[O_4]_{32e}$，四面体和八面体相互连接，形成 $Mn_2O_4^-$ 框架结构，具有由四面体晶格 $8a$、$48f$ 和八面体晶格 $16c$ 共面的三维 Li^+ 扩散通道，Li^+ 扩散路径为 $8a \rightarrow 16c \rightarrow 8a$ 位。当单位脱/嵌锂量小于 1 时，Li^+ 在 $8a$ 位置脱嵌，充电时，Mn^{3+} 氧化成 Mn^{4+}，Li^+ 从晶格位置 $8a$ 位脱出；放电时，Mn^{4+} 还原为 Mn^{3+}，Li^+ 嵌入晶格 $8a$ 位。其充放电反应方程式如下：

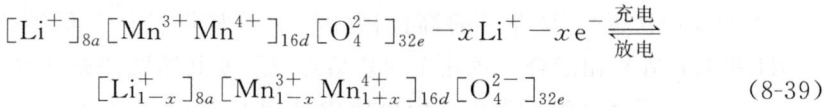

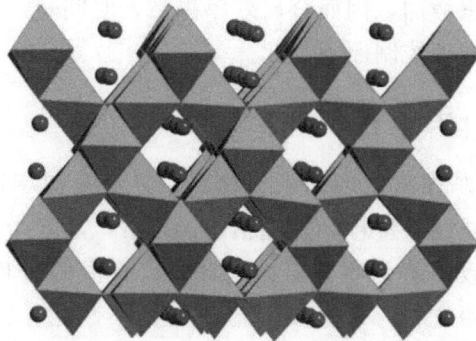

$$[Li^+]_{8a}[Mn^{3+}Mn^{4+}]_{16d}[O_4^{2-}]_{32e} - xLi^+ - xe^- \underset{\text{放电}}{\overset{\text{充电}}{\rightleftharpoons}}$$

$$[Li_{1-x}^+]_{8a}[Mn_{1-x}^{3+}Mn_{1+x}^{4+}]_{16d}[O_4^{2-}]_{32e} \qquad (8-39)$$

图 8-13 尖晶石 $LiMn_2O_4$ 的晶体结构示意图

球形为 Li^+，八面体为 MnO_6 结构

当单位嵌锂量大于 1 时，Li^+ 可以进一步占据 $16c$ 位，导致协同的姜-泰勒畸变效应，致使材料由立方相（$Fd\bar{3}m$）向四方相（$I4_1/amd$，$c/a=1.16$）转变，引起材料容量的迅速衰减，其反应方程式如下：

$$[Li^+]_{8a}[Mn^{3+}Mn^{4+}]_{16d}[O_4^{2-}]_{32e} + xLi^+ + xe^- \underset{\text{充电}}{\overset{\text{放电}}{\rightleftharpoons}}$$

$$[Li^+]_{8a}[Li_x^+]_{16c}[Mn_{1+x}^{3+}Mn_{1-x}^{4+}]_{16d}[O_4^{2-}]_{32e} \qquad (8\text{-}40)$$

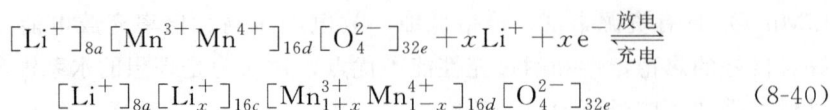

8.4.1.2 $LiMn_2O_4$ 制备

$LiMn_2O_4$ 的制备方法包括固相法[128-131]、熔融浸渍法、溶胶-凝胶法[132]、水热法[133-135]、模板法[13] 等。其中，商品化 $LiMn_2O_4$ 主要采用固相法制备，溶胶-凝胶法和水热法一般用来制备纳米级材料，模板法可以制备多孔结构等特殊结构的材料。

固相法是直接将锂盐（$LiOH$、Li_2CO_3、$LiNO_3$ 等）与含锰材料（锰的氧化物、碳酸盐、氢氧化物等）混合煅烧一定时间，煅烧温度通常在 $700 \sim 900℃$，即可得到尖晶石 $LiMn_2O_4$。以 MnO_2 为例，其反应方程式如下：

$$4LiOH + 8MnO_2 \longrightarrow 4LiMn_2O_4 + 2H_2O + O_2 \uparrow \qquad (8\text{-}41)$$

$$2Li_2CO_3 + 8MnO_2 \longrightarrow 4LiMn_2O_4 + 2CO_2 + O_2 \uparrow \qquad (8\text{-}42)$$

固相法制备的 $LiMn_2O_4$ 存在的主要问题包括：粒度分布广，形貌不规则，晶界尺寸较大，由于混合不均匀或原材料未充分接触导致产物物相、局部结构不均匀等。

熔融浸渍法属于改进后的高温固相法，通常将锰盐与低熔点的锂盐（如 $LiOH$ 和 LiF 等）相混合，预热至锂盐熔点以上使其熔融并充分浸渍到锰盐颗粒的孔隙中，然后在高温下发生反应生成尖晶石 $LiMn_2O_4$ 正极材料。由于浸渍后的反应物有效接触面积增加，因而合成效率提高，时间短。但是，该方法操作复杂，条件苛刻，不易准确控制原料配比。

8.4.1.3 $LiMn_2O_4$ 电化学性能

$LiMn_2O_4$ 作为水系锂离子电池正极材料，具有资源丰富、制备简单、比容量高等优点，但是在充放电过程中，晶格中的 Mn^{3+} 易发生歧化反应生成 Mn^{2+} 而溶于电解液中，导致严重的容量衰减。此外，在嵌锂过程中，$LiMn_2O_4$ 易发生畸变形成不稳定的四方相，进一步降低材料循环性能。$LiMn_2O_4$ 在水系电解液中的嵌/脱锂行为与在有机电解液中相似，理论比容量为 $148mA \cdot h \cdot g^{-1}$。由于水溶液具有较高的离子电导率，水溶液中的电流响应和氧化还原行为的可逆性要比有机电解液中好，$LiMn_2O_4$ 在水系电解液中表现出更佳的倍率性能。

1994 年，Dahn 首次采用 $LiMn_2O_4$ 作为正极，VO_2 作为负极，$5mol \cdot L^{-1} LiNO_3$ 和 $0.001mol \cdot L^{-1} LiOH$ 作为电解液制备水系锂离子电池。电池输出电压为 1.5V，能量密度达到 $75W \cdot h \cdot kg^{-1}$。之后，$LiMn_2O_4$ 逐渐成为研究最

多的水系锂离子电池正极材料。

如图 8-14 所示，在扫描速度为 $1mV \cdot s^{-1}$ 下，CV 曲线上存在两个明显的氧化还原峰，分别位于 0.86/0.68V 和 1.00/0.83V（vs. SCE），对应 Li^+ 在 $LiMn_2O_4$ 晶格中脱/嵌。扫描速率增大后，CV 峰形保持良好，表现出良好的动力学性能[136]。

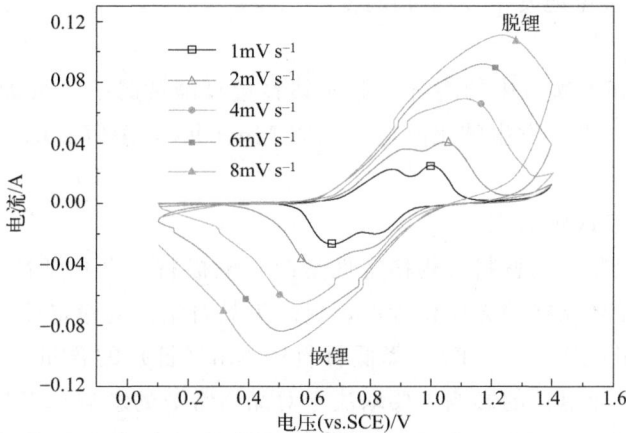

图 8-14　$LiMn_2O_4$ 电极在不同扫描速率下的 CV 曲线[136]

电解液为饱和 Li_2SO_4 溶液，饱和甘汞电极作为参比电极

1998 年，Wang 等以 $Li_2Mn_4O_9$ 作为负极，$LiMn_2O_4$ 作为正极，$6mol \cdot L^{-1} LiNO_3$ 为电解液，组装水系锂离子电池，其放电比容量已经达到 $100mA \cdot h \cdot g^{-1}$ 左右，平均工作电压 1~1.1V[62]。循环稳定性差是水系锂离子电池的普遍问题，以纳米结构的 $LiMn_2O_4$ 作为正极，$5mol \cdot L^{-1} LiNO_3$ 作为电解液，电池循环 600 圈后，容量保持率达到 71.2%[130]。具有多孔结构的 $LiMn_2O_4$ 表现出更好的循环稳定性和倍率性能，$10A \cdot g^{-1}$ 电流密度下，材料还具有 $90mA \cdot h \cdot g^{-1}$ 放电比容量，$1A \cdot g^{-1}$ 下循环 10000 圈后容量保持率达到 93%，而一般的固相 $LiMn_2O_4$ 在前 2000 圈容量衰减很快[13]。

8.4.1.4　$LiMn_2O_4$ 改性

传统的固相 $LiMn_2O_4$ 材料作为水系锂离子电池正极，表现出较差的循环性能和倍率性能，其原因主要包括以下几方面。

（1）姜-泰勒效应

尖晶石 $LiMn_2O_4$ 的姜-泰勒效应主要由位于八面体 16d 位的 Mn（Ⅲ）引起，畸变程度的大小与 Mn（Ⅲ）含量的多少有关，随着 Mn^{3+} 浓度的增大，姜-

泰勒畸变增强。尖晶石 $LiMn_2O_4$ 中 Mn 的平均氧化数为 +3.5，处于姜-泰勒畸变的临界值，当 Li^+ 嵌入到晶格 $16c$ 位中，生成 $Li_{1+x}Mn_2O_4$ 时，Mn 的平均氧化数低于 +3.5，表现出协同姜-泰勒效应，形成尖晶石 $LiMn_2O_4$ 与四方相 $Li_2Mn_2O_4$ 共存的两相结构，导致尖晶石结构坍塌。由于电池体系不是在真正的平衡条件下工作，Li^+ 存在动力学上的扩散梯度，电极表面锰离子氧化数可能低于 +3.5，不可避免地发生姜-泰勒畸变。

（2）锰溶解

$LiMn_2O_4$ 在电解液中的溶解是造成其容量衰减的另一主要原因。在电池循环过程中，Mn（Ⅲ）发生歧化反应，生成 Mn（Ⅱ），溶解到电解液中，尖晶石结构遭到破坏。

8.4.1.4.1 掺杂改性研究

通过离子掺杂提高材料结构稳定性是改善电极材料电化学性能的常用方法，掺杂不仅可以提高晶格的无序化程度，提高尖晶石结构的稳定性，而且当掺杂离子的氧化数低于或等于 +3 时会降低材料中 Mn（Ⅲ）的含量，抑制姜-泰勒效应。掺杂对电子导电性的影响主要取决于对晶格常数的影响，当掺杂使晶格常数变大时，Mn（Ⅲ）和 Mn（Ⅳ）之间的距离拉长，电子跃迁变得困难，电子导电性下降，反之，电子导电性会提高[137-140]。掺杂离子的种类、比例和掺杂工艺方法是决定掺杂效果的三个主要因素。如用 Al 元素掺杂 $LiMn_2O_4$ 可以有效提高材料结构稳定性。Yuan 等在 800℃ 煅烧制备 $LiAl_{0.1}Mn_{1.9}O_4$ 材料，8000 圈循环后，容量保持率达到 75.6%，远高于本体材料，主要是由于掺杂离子进入材料晶格中，有效提高了 MnO_6 八面体的稳定性，并抑制了姜-泰勒畸变[137]。Cvjeticanin 等采用 Cr 掺杂 $LiMn_2O_4$ 得到 $LiCr_{0.15}Mn_{1.85}O_4$ 材料[138]，如图 8-15 所示，在饱和 $LiNO_3$ 电解液中，$10mV \cdot s^{-1}$ 扫速下，CV 分析显示 Li-$Cr_{0.15}Mn_{1.85}O_4$ 相较于 $LiMn_2O_4$ 具有两个更明显的氧化还原峰，表现出更好的动力学性能和更加稳定的循环性能。

8.4.1.4.2 表面改性

表面改性包括用有机物进行表面处理和用无机物进行表面包覆。表面改性能够部分避免电解液与活性表面的直接接触，抑制活性材料与电解液发生副反应以及缓解电极活性物质溶解。作为水系锂离子电池正极材料，对 $LiMn_2O_4$ 的表面改性主要采用金属氧化物包覆处理，如 AlF_3[131]、LaF_3[141] 等。

由于强 Al—F 键的存在，AlF_3 具有高离子导电性和化学、电化学稳定性，能够部分抵消阴极活性材料表面的强氧活性。AlF_3 包覆能够缓解活性材料 $LiMn_2O_4$ 与电解液发生副反应，缓解由于相转变和活性材料溶解而导致的

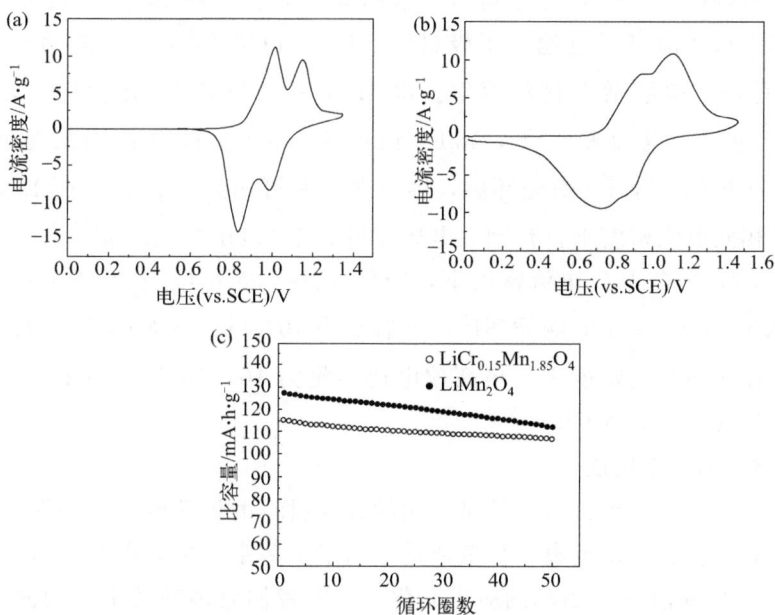

图 8-15 饱和 $LiNO_3$ 溶液作为电解液，铂箔作为对电极，$LiCr_{0.15}Mn_{1.85}O_4$ （a）和 $LiMn_2O_4$ （b）在扫描速率为 $10mV \cdot s^{-1}$ 下的 CV 曲线，以及 $LiCr_{0.15}Mn_{1.85}O_4$ 和 $LiMn_2O_4$ 的循环性能 （c）[138]

$LiMn_2O_4$ 表面结构退化，提高 $LiMn_2O_4$ 在水系电解液中的稳定性，改善材料电化学性能。利用简单的化学沉积法，在 $LiMn_2O_4$ 颗粒表面形成均匀的 AlF_3 包覆层。具体方案为将 $LiMn_2O_4$ 颗粒浸入 $Al(NO_3)_3 \cdot 9H_2O$ 水溶液中，再滴加化学计量比的 NH_4F 溶液，搅拌蒸干后，在氩气氛围下，400℃煅烧 2h，得到 AlF_3 包覆的 $LiMn_2O_4$ 材料。通过控制包覆量调控包覆层厚度，平衡电极极化和材料表面稳定性。以 $1mol \cdot L^{-1}Li_2SO_4$ 作为电解液，活性炭作为对电极，AlF_3 包覆不会影响 Li^+ 在 $LiMn_2O_4$ 晶格中的电化学行为。然而，由于水系锂离子电池在电极表面不会形成 SEI 膜，电极材料更易与电解液发生副反应，AlF_3 包覆能够有效缓解这一问题。本体材料首圈放电比容量为 $109.7mA \cdot h \cdot g^{-1}$，100圈循环后，容量保持率为 71.4%，20C 电流密度下，放电比容量为 $32.1mA \cdot h \cdot g^{-1}$；而 AlF_3 包覆材料首圈放电比容量为 $103.4mA \cdot h \cdot g^{-1}$，100 圈循环后，容量保持率可达到 90%，20C 电流密度下，放电比容量为 $44.9mA \cdot h \cdot g^{-1}$[131]。

与 AlF_3 相似，LaF_3 也具有高离子电导率和化学、电化学稳定性。其包覆 $LiMn_2O_4$ 的作用机理与 AlF_3 相似。以 $LiMn_2O_4$、$La(NO_3)_3 \cdot 6H_2O$、NH_4F 和

聚乙烯吡咯烷酮（PVP）为原材料，采用共沉淀法制备 LaF_3 包覆的 $LiMn_2O_4$ 材料，作为水系锂离子电池的正极材料。LaF_3 包覆 $LiMn_2O_4$ 能够提高材料的 Li^+ 扩散系数，缓解活性材料溶解。以 $1mol \cdot L^{-1} LiNO_3$ 作为电解液，在 $2C$ （$296mA \cdot g^{-1}$）电流密度下，LaF_3 包覆 $LiMn_2O_4$ 材料首圈放电比容量为 $118.4mA \cdot h \cdot g^{-1}$，50 圈循环后，容量保持率可达到 99.7%，而 $LiMn_2O_4$ 本体材料在相同电流密度下，首圈放电比容量为 $109.2mA \cdot h \cdot g^{-1}$，50 圈容量保持率为 89.4%。在 $10C$ 电流密度下，LaF_3 包覆 $LiMn_2O_4$ 材料的放电比容量为 $109.5mA \cdot h \cdot g^{-1}$，100 圈循环后，比容量为 $107.9mA \cdot h \cdot g^{-1}$，而 $LiMn_2O_4$ 本体材料在相同电流密度下，最高放电比容量为 $101.6mA \cdot h \cdot g^{-1}$，100 圈循环后，容量为 $86.3mA \cdot h \cdot g^{-1[141]}$。

8.4.1.4.3 纳米结构设计

对材料结构、形貌进行设计是常用的改善材料电化学性能的手段。纳米材料具有高比表面积、更多的离子扩散通道、离子扩散距离短等优点；纳米粒子还能够补偿由于姜-泰勒畸变引起的应力变化。研究者们对多种纳米结构的 $LiMn_2O_4$ 材料进行了研究，包括纳米链[132]、纳米棒[133,135]、纳米线[134]、纳米管[142] 等。如图 8-16 所示，随着扫描速率的提高，材料的极化加剧，但是即使扫描速率增加到 $20mVs^{-1}$，它们的氧化还原峰仍然保持着相似的形状。溶胶-凝胶法制备的纳米链状 $LiMn_2O_4$ 在 $0 \sim 1.05V$ 范围内（vs. SCE），$4.5C$ 和 $91C$ 倍率下的可逆放电比容量分别达到 $110mA \cdot h \cdot g^{-1}$ 和 $95mA \cdot h \cdot g^{-1}$，$4.5C$ 循环 200 圈后，容量基本没有衰减[132]；水热法制备的纳米棒状 $LiMn_2O_4$ 在 $0 \sim 1.05V$ 范围内（vs. SCE），$4.5C$、$9C$、$45C$ 和 $90C$ 倍率下的可逆放电比容量分别是 $110mA \cdot h \cdot g^{-1}$、$108mA \cdot h \cdot g^{-1}$、$105mA \cdot h \cdot g^{-1}$ 和 $97mA \cdot h \cdot g^{-1}$，在 $4.5C$ 倍率下循环 1200 圈后，容量保持率为 94%，且随着电流密度升高，电池压降减小[133]。Zhao 等通过水热和高温煅烧相结合的方法，制备了单晶纳米线 $LiMn_2O_4$。在 $10C$ 倍率下，材料的首圈放电比容量约为 $110mA \cdot h \cdot g^{-1}$，130 圈循环后，放电比容量约为 $72mA \cdot h \cdot g^{-1[134]}$。采用多壁碳纳米管（MWC-NTs）作为牺牲模板，制备 $LiMn_2O_4$ 纳米管。首先，将 MWCNTs 用浓硝酸处理去除杂质，并引入亲水基团；之后，将此 MWCNTs 浸入 $KMnO_4$ 溶液中，使其表面包覆一层 MnO_2；最后，将其与一定比例的 LiOH 混合并在高温下去除碳纳米管，从而得到 $LiMn_2O_4$ 纳米管。该材料具有管状结构和择优取向，在放电比容量、循环稳定性和倍率性能方面均表现良好。$0 \sim 1.05V$（vs. SCE）下，$4.5C$ 倍率下放电比容量为 $110mA \cdot h \cdot g^{-1}$，1200 圈循环后容量没有衰减，$9.1C$、$45.5C$ 和 $91C$ 倍率下，放电比容量分别是 $102mA \cdot h \cdot g^{-1}$、

$100\text{mA}\cdot\text{h}\cdot\text{g}^{-1}$ 和 $99\text{mA}\cdot\text{h}\cdot\text{g}^{-1}$。$LiMn_2O_4$ 在充放电过程中，会出现姜-泰勒畸变，导致材料应力发生变化，从而使得材料产生容量衰减。多孔纳米管状结构能够缓冲由于姜-泰勒畸变产生的应力变化，从而改善材料循环性能[142]。

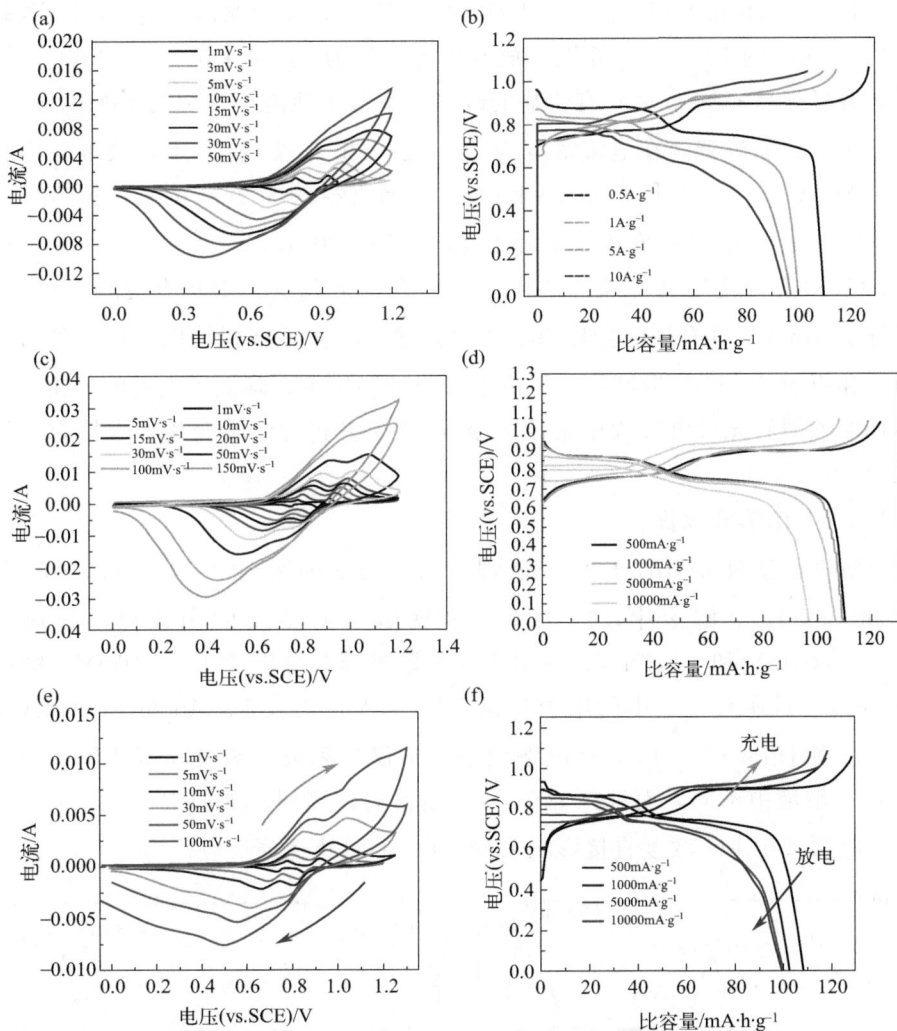

图 8-16　$LiMn_2O_4$ 纳米链（a）、（b）[132]，$LiMn_2O_4$ 纳米棒[133]（c）、（d），
$LiMn_2O_4$ 纳米管（e）、（f）[142] 在不同扫描速率下的 CV 曲线
和不同电流密度下的充放电曲线（彩图见文前）

8.4.1.4.4　多孔结构设计

多孔结构设计能够增大材料与电解液的接触面积，缓解充放电过程中的体积变化，降低电化学阻抗和极化。如以单分散聚苯乙烯胶体（PS）为模板，将乙

醇、$LiNO_3$ 和 Mn（NO_3）$_2$·$4H_2O$ 浸入 PS 球，煅烧去除 PS 后制备孔径为 200～250nm 的三维有序多孔结构 $LiMn_2O_4$[13]。在 100mA·g^{-1} 电流密度下，多孔 $LiMn_2O_4$ 放电比容量达到 250mA·h·g^{-1}；在 1A·g^{-1} 电流密度下，放电比容量约为 110mA·h·g^{-1}，循环 10000 圈后，容量保持率达 93%，相较于直径约 500nm 的 $LiMn_2O_4$ 颗粒（放电比容量约为 70mA·h·g^{-1}，10000 圈循环后，容量保持率约 25%）有明显的改善。其倍率性能比传统的 $LiMn_2O_4$ 材料也得到了较大的改善，在电流密度为 5A·g^{-1} 和 10A·g^{-1} 下，放电比容量分别为 108mA·h·g^{-1} 和 90mA·h·g^{-1}，而直径约 500nm 的 $LiMn_2O_4$ 颗粒，其在 10A·g^{-1} 电流密度下，放电比容量只有 20.1mA·h·g^{-1}。多孔结构 $LiMn_2O_4$ 具有超稳定循环性能的主要原因有以下几点：①具有更高的结晶度，是保证 $LiMn_2O_4$ 具有高的循环稳定性的关键；②多孔结构提供了更多的 Li^+ 扩散通道和更短的 Li^+ 扩散路径，提高了材料的利用率，降低了电极的极化；③多孔结构能够缓解充放电过程中由于姜-泰勒畸变引起的应力变化，维持材料结构稳定。

8.4.1.4.5 电解液改性

电解液浓度对 $LiMn_2O_4$ 的脱嵌锂行为有明显的影响[128]。如图 8-17 所示，在饱和 $LiNO_3$ 电解液中，$LiMn_2O_4$ 呈现出 3 对主要的阴极峰，分别位于 943mV、804mV 和 −377mV；三对主要的阳极峰，分别位于 −121mV、837mV 和 962mV，且还有一个小的阳极峰位于 110mV，代表 $Li_2Mn_2O_4$/$LiMn_2O_4$ 氧化反应。在 1mol·L^{-1} $LiNO_3$ 电解液中，不仅各阳极、阴极峰所处位置与饱和 $LiNO_3$ 电解液中不同，而且在 110mV 左右没有观测到额外的阳极峰。从中可以看出，电解液中 Li^+ 浓度直接影响 $LiMn_2O_4$ 的氧化还原反应行为。

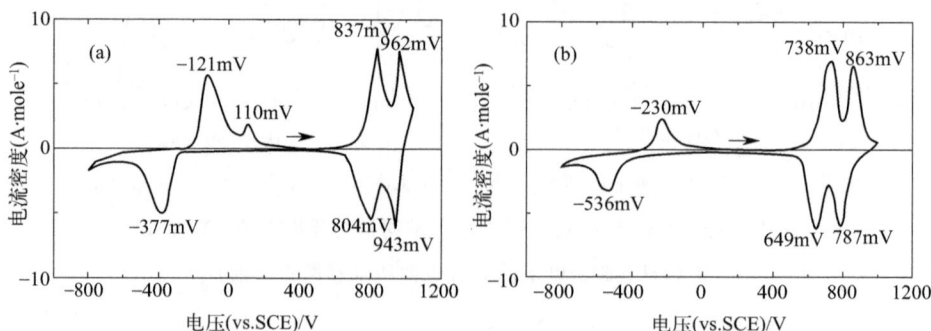

图 8-17　饱和 $LiNO_3$ 溶液（a）和 1mol·L^{-1} $LiNO_3$ 溶液（b）作为电解液，$LiMn_2O_4$ 的 CV 曲线（扫描速率为 76mV·h^{-1}）[128]

通过改变电解液的组成，能够提高 $LiMn_2O_4$ 电极的电化学性能。Tian[130] 等通过室温固相研磨反应法制备纳米结构的 $LiMn_2O_4$ 颗粒，并在不同电解液（$2mol \cdot L^{-1} Li_2SO_4$、$1mol \cdot L^{-1} LiNO_3$、$5mol \cdot L^{-1} LiNO_3$、$9mol \cdot L^{-1} LiNO_3$）中对材料的电化学性能进行了系统分析，发现 $LiMn_2O_4$ 电极在 $5mol \cdot L^{-1} LiNO_3$ 电解液中具有最高的放电比容量、更稳定的循环性能和更好的倍率性能，表明电解液与电极材料的相互作用是影响水系锂离子电池电化学性能的关键因素之一。

电解液的 pH 调控对正极材料的性能有较大的影响[3]。如在高 pH 中，当 Li^+ 脱出 $LiMn_2O_4$ 时可能伴随析氧反应，会降低电池循环性能。Pei 等研究了电解液 pH 对正极材料 $LiMn_2O_4$ 电化学行为的影响[143]。他们用不同 pH（2.0～12.3）的 $5mol \cdot L^{-1} LiNO_3$ 溶液作为电解液，测试了 $LiMn_2O_4$ 电极在 -0.5～$1.4V$（vs. SCE）下的循环伏安曲线。如图 8-18 所示，在较低 pH 值时，在 0.5V 左右可以清楚地观察到 $LiMn_2O_4$ 的还原峰，而氧化峰与析氧峰略有重叠；而在高 pH 值时，$LiMn_2O_4$ 的还原峰消失，析氧峰明显增加。这是由于析氧电位不断降低，甚至低于 $LiMn_2O_4$ 的氧化还原电位。与之相反，H^+ 和 Li^+ 的共嵌入反应和 Li^+/H^+ 交换反应，在低 pH 水平下更易发生[129]。Jayalakshmi 等证明在中性 LiCl 电解液中，$LiMn_2O_4$ 倾向于 Li^+ 的嵌入/脱出反应而不是 H^+ 的嵌入/脱出反应[144]。结果表明，合适的电解液 pH 值是保持 $LiMn_2O_4$ 稳定的关键因素之一，其适合的 pH 值在 9～11 之间。

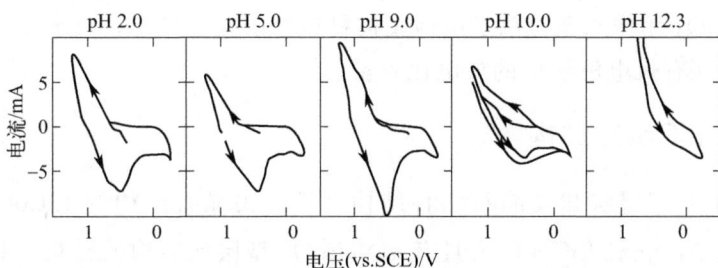

图 8-18　将 $5mol \cdot L^{-1} LiNO_3$ 溶液作为电解液，饱和甘汞电极作为参比电极，$LiMn_2O_4$ 电极在不同 pH 值下的 CV 曲线（扫描速率为 $1mV \cdot s^{-1}$）[143]

在电解液中加入添加剂，在电极材料表面形成 SEI 膜，也是提高电极电化学性能的有效手段，比如在电解液中加入碳酸亚乙烯酯（VC），成功在 $LiCr_{0.15}Mn_{1.85}O_4$ 电极表面形成了 SEI 膜，阻止了水分子向电极材料内部渗透。在电解液中添加 VC 添加剂，$LiCr_{0.15}Mn_{1.85}O_4$ 材料首圈放电比容量可达到 $112mA \cdot h \cdot g^{-1}$，100 圈循环后容量保持率为 82%，而没有添加 VC 添加剂的电池，$LiCr_{0.15}Mn_{1.85}O_4$ 材料的首圈放电比容量为 $80mA\cdot h\cdot g^{-1}$，50 圈循环后容量保持率只有 $44.1\%^{[140]}$。

8.4.1.4.6 其他改性方法

与导电材料复合是提高电极材料导电性能的有效方法。Chen 等通过高能球磨结合高温煅烧的方式制备 $LiMn_2O_4$ 和多壁碳纳米管（$LiMn_2O_4$/MWNTs）复合材料，作为水系锂离子电池的正极材料。$LiMn_2O_4$/MWNTs 复合材料的放电比容量（$117mA\cdot h\cdot g^{-1}$）比纯 $LiMn_2O_4$（$84.6mA\cdot h\cdot g^{-1}$）有明显的提高，且 $LiMn_2O_4$/MWNTs 复合材料的循环稳定性和倍率性能也得到了明显改善。1000 圈循环后，$LiMn_2O_4$/MWNTs 的比容量保持 $112.8mA\cdot h\cdot g^{-1}$，而纯 $LiMn_2O_4$ 在 1000 圈循环后，放电比容量只有 $50.1mA\cdot h\cdot g^{-1}$；即使在 $1.5A\cdot g^{-1}$ 电流密度下测试，$LiMn_2O_4$/MWNTs 复合材料和 $LiMn_2O_4$ 的放电比容量分别约为 $90mA\cdot h\cdot g^{-1}$ 和 $10mA\cdot h\cdot g^{-1}$。$LiMn_2O_4$/MWNTs 复合材料具有更小的粒子半径、更大的比表面积和更高的电子导电性，对提高材料的 Li^+ 扩散性能、抑制充放电过程中姜-泰勒效应引起的应变具有重要作用[145]。

8.4.2 LiCoO₂

层状 $LiCoO_2$ 材料作为锂离子电池正极材料表现出优良的电化学性能，具有易于合成、放电电压高、稳定性高等优点，是锂离子电池最主要的正极材料之一。但是由于价格较高，且对环境污染大，对 $LiCoO_2$ 的使用正在逐渐减少。前期，将 $LiCoO_2$ 用作水系锂离子电池正极材料的研究也较多，其放电比容量基本能够媲美其在有机电解液中的放电比容量。

8.4.2.1 LiCoO₂ 结构

$LiCoO_2$ 具有层状和尖晶石两种结构，具有尖晶石结构的 $LiCoO_2$ 不稳定，电化学性能差，一般 $LiCoO_2$ 为具有 α-$NaFeO_2$ 型层状结构的材料，具有二维扩散通道。如图 8-19 所示，理想情况下，Li^+ 占据立方密堆积氧层中八面体的 $3a$ 位，Co^{3+} 占据八面体的 $3b$ 位。由于 Li^+ 和 Co^{3+} 与 O^{2-} 的结合能不同，实际情况下，氧原子的分布有所偏移，不是理想的密堆积结构，具有三方对称性（空间群为 $R\overline{3}m$）。充放电过程中，Li^+ 可逆地从层间脱出/嵌入。Li^+ 在键合强的 CoO_2 层间进行二维扩散，Li^+ 扩散系数较高，可达到 $10^{-9} \sim 10^{-7}cm^2\cdot s^{-1}$。$CoO_6$ 八面体共棱分布，钴原子之间以 Co-O-Co 形式发生相互作用，其电子电导率也较高。$LiCoO_2$ 充放电机理为典型的脱/嵌机理，反应方程式如下：

$$LiCoO_2 \underset{\text{放电}}{\overset{\text{充电}}{\rightleftharpoons}} Li_{1-x}CoO_2 + xLi^+ + e^- \qquad (8\text{-}43)$$

一般 $LiCoO_2$ 的实际容量只有理论容量的一半。主要是由于 Li^+ 过量脱出时，带负电荷的 O^{2-} 离子层之间的静电排斥作用会大大增强，部分钴离子进入 Li^+ 层以平衡结构的稳定性，材料从三方对称性转变为单斜对称性，造成材料结构坍塌，阻碍 Li^+ 再次嵌入。同时，进入锂层的钴离子迁移到电解液中，导致钴损失，进一步加速了材料的容量衰减。

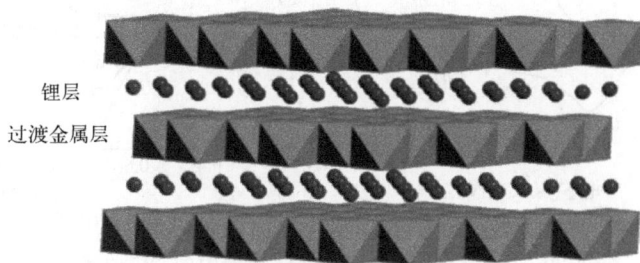

锂层
过渡金属层

图 8-19　层状 $LiCoO_2$ 结构示意图

8.4.2.2　$LiCoO_2$ 制备

传统 $LiCoO_2$ 材料的合成方法是固相法，一般以氧化钴和含锂化合物（如碳酸锂、硝酸锂、氢氧化锂等）作为原材料，混合均匀后，在高温下煅烧制备，煅烧温度一般为 $600 \sim 900\,^{\circ}\!C$。此方法工艺流程简单，适合大规模生产。缺点是耗能大，颗粒均匀性、批次重复性较差。索尼公司采用超细钴氧化物和锂盐混合，克服了反应时间长、能耗大的问题，同时加入黏合剂进行造粒，防止反应生成的粒子过小而易发生迁移、溶解等问题。

其他制备 $LiCoO_2$ 的方法还有很多，比如溶胶-凝胶法、冷冻干燥旋转蒸发法、喷雾干燥法、超临界干燥法、沉降法、喷雾分解法、电沉积法等。这些方法能够使得原料接触充分，基本实现原子级水平的反应。

8.4.2.3　$LiCoO_2$ 电化学性能

在饱和 Li_2SO_4 电解液中，商品化 $LiCoO_2$ 材料的 CV 曲线上出现三对氧化还原峰（图 8-20），分别位于 0.87/0.71V（vs. SCE），0.95/0.90V（vs. SCE），1.06/1.01V（vs. SCE），对应于有机电解液中的三对氧化还原峰 [4.08/3.83V（vs. Li/Li^+），4.13/4.03V（vs. Li/Li^+），4.21/4.14V（vs. Li/Li^+）]。氧化还原峰均位于电解液电化学稳定窗口内，表明 $LiCoO_2$ 可以作为水系锂离子电池正极材料使用，且其在中性电解液中的充放电机理与其在有机电解液中的充放电机理相似。水系电解液具有更高的离子电导率，使其电流响应和氧化还原行为的可逆性均比在有机电解液中更好，因此 $LiCoO_2$ 在水系电解液中能够表现出更佳的倍率性能[146]。

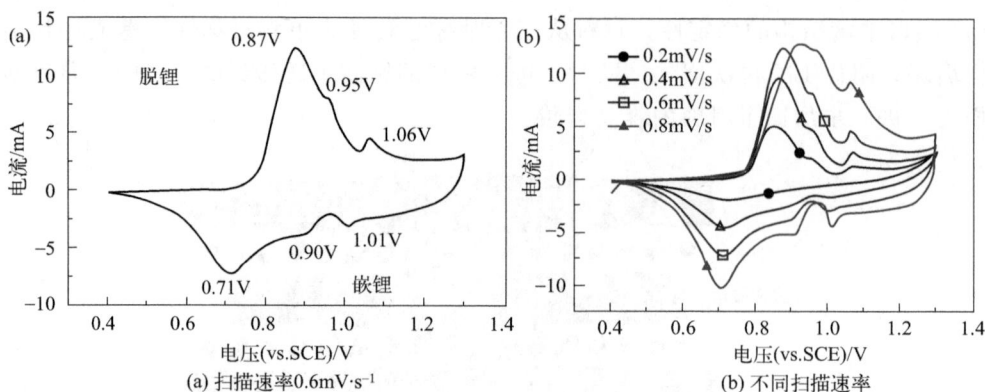

图 8-20　$LiCoO_2$ 在饱和 Li_2SO_4 溶液中的 CV 曲线[146]

（饱和甘汞电极作为参比电极，镍网作为对电极）

在水系电解液中，$LiCoO_2$ 的电化学性能受电解液 pH 值的影响较大。Xia 等通过第一性原理计算发现，当电解液的 pH 值低于 9 时，Li^+ 脱/嵌过程伴随着 H^+ 的脱/嵌，H^+ 与晶格中氧形成 H—O 共价键，使得 H^+ 偏离氧八面体中心位置，不能可逆地脱出，降低了材料的结构稳定性。同时，过多的 H^+ 嵌入会堵塞 Li^+ 的传输通道，阻碍 Li^+ 可逆地脱/嵌，降低了 $LiCoO_2$ 的比容量和循环稳定性。当 pH 大于 11 时，材料能够在水系电解液中稳定地充放电[147]。

然而，部分研究得到了不同的结论。前期的研究显示，在 LiOH 电解液中，H^+ 优先于 Li^+ 嵌入 $LiCoO_2$ 晶格中[148-149]。之后的研究表明，在 $LiNO_3$ 和 Li_2SO_4 电解液中，$LiCoO_2$ 可以实现 Li^+ 的可逆嵌入/脱出[12,33,146,150]。Cui 等研究了 $LiCoO_2$ 在不同浓度（$0.1mol \cdot L^{-1}$、$1mol \cdot L^{-1}$ 和 $5mol \cdot L^{-1}$）$LiNO_3$ 电解液中（pH＝7）的电化学行为，材料的氧化还原峰在 0.9V（vs. SHE）左右，且随着电解液浓度的增大，中点电位随之线性增大，表明 Li^+ 在材料晶格中可逆地嵌入/脱出，而不是 H^+ 嵌入和脱出。在 $5mol \cdot L^{-1}LiNO_3$ 电解液中，$0.55{\sim}1.15V$（vs. SHE）电压范围内，材料首圈放电比容量约 $105mA \cdot h \cdot g^{-1}$；当截止电压提高到 1.35V（vs. SHE）时，材料首圈放电比容量约 $115mA \cdot h \cdot g^{-1}$，90 圈循环后，放电比容量还有约 $100mA \cdot h \cdot g^{-1}$，表现出良好的循环稳定性；在 20C 倍率下，材料放电比容量约 $85mA \cdot h \cdot g^{-1[12]}$。结果表明，高的 Li^+ 浓度能够抑制 H^+ 的嵌入反应。

上限截止电压直接影响 LiCoO$_2$ 的充放电性能，当电流密度为 27mA·g^{-1}，电压为 0.55～1.4V 时，LiCoO$_2$ 具有最大实际放电比容量（135mA·h·g^{-1}）。然而，当电压大于 1.3V 后，电极材料与水的副反应加剧，材料的库仑效率随之降低[150]。

8.4.2.4 LiCoO$_2$ 改性

Tang 等[11] 通过溶胶-凝胶法制备了纳米 LiCoO$_2$ 颗粒，表现出良好的电化学性能。由于纳米结构设计和水系电解液的高离子扩散性能，纳米 LiCoO$_2$ 颗粒表现出优异的倍率性能。以 0.5mol·L^{-1}Li$_2$SO$_4$ 为电解液，0～1.05V 电压范围内，在 1A·g^{-1} 电流密度下，材料放电比容量可达 143mA·h·g^{-1}，在 5A·g^{-1} 和 10A·g^{-1} 电流密度下，放电比容量分别为 135mA·h·g^{-1} 和 133mA·h·g^{-1}，且在所有的电流密度下，电池的充放电电压平台平稳，随着电流密度的增大而缓慢降低，表现出优异的倍率性能。纳米 LiCoO$_2$ 颗粒也表现出较好的循环稳定性，以活性炭作为负极材料，0.5mol·L^{-1}Li$_2$SO$_4$ 作为电解液，电池的首圈库仑效率为 92.5%，之后的库仑效率接近 100%，表明纳米 LiCoO$_2$ 材料在 Li$^+$ 嵌入/脱出过程中，结构相对稳定。40 圈循环后，电池容量基本没有衰减，进一步证明纳米结构能够提高材料的结构稳定性，改善材料的循环稳定性和倍率性能。

8.4.3 LiNi$_{1/3}$Co$_{1/3}$Mn$_{1/3}$O$_2$

与 LiCoO$_2$ 相似，电解液的 pH 对层状 LiNi$_{1/3}$Co$_{1/3}$Mn$_{1/3}$O$_2$ 在电解液中的稳定性也有很大的影响。只有电解液的 pH 值在 11～13 之间，LiNi$_{1/3}$Co$_{1/3}$Mn$_{1/3}$O$_2$ 才能表现出较好的稳定性[27]。Wang 等研究了不同 pH 的电解液对 LiNi$_{1/3}$Co$_{1/3}$Mn$_{1/3}$O$_2$ 电极性能的影响[27,151]。如图 8-21 所示，在首圈 CV 曲线上 0.55V（vs. SCE）的位置都能观察到一个明显的氧化峰，然而随着循环的进行，在 pH=7 和 9 的电解液中，此氧化峰明显向高电位偏移，表明有明显的副反应发生。在 pH=11 的电解液中，虽然峰电流有所降低，但氧化峰仅有一点偏移，材料的结构稳定性得到了明显改善，而在 pH=13 的电解液中，前三圈 CV 曲线基本重合在一起，表明材料在此 pH 值下具有很好的结构稳定性。然而，在此 pH 值下，析氧电位与 LiNi$_{1/3}$Co$_{1/3}$Mn$_{1/3}$O$_2$ 的氧化还原电位开始重叠，因此在实际应用中，LiNi$_{1/3}$Co$_{1/3}$Mn$_{1/3}$O$_2$ 不能完全嵌脱锂。在低 pH 值下，LiNi$_{1/3}$Co$_{1/3}$Mn$_{1/3}$O$_2$ 不稳定的主要原因是 H$^+$ 嵌入 LiNi$_{1/3}$Co$_{1/3}$Mn$_{1/3}$O$_2$ 中。

以 LiNi$_{1/3}$Co$_{1/3}$Mn$_{1/3}$O$_2$ 为正极，LiTi$_2$(PO$_4$)$_3$ 为负极，5mol·L^{-1} 的 Li-

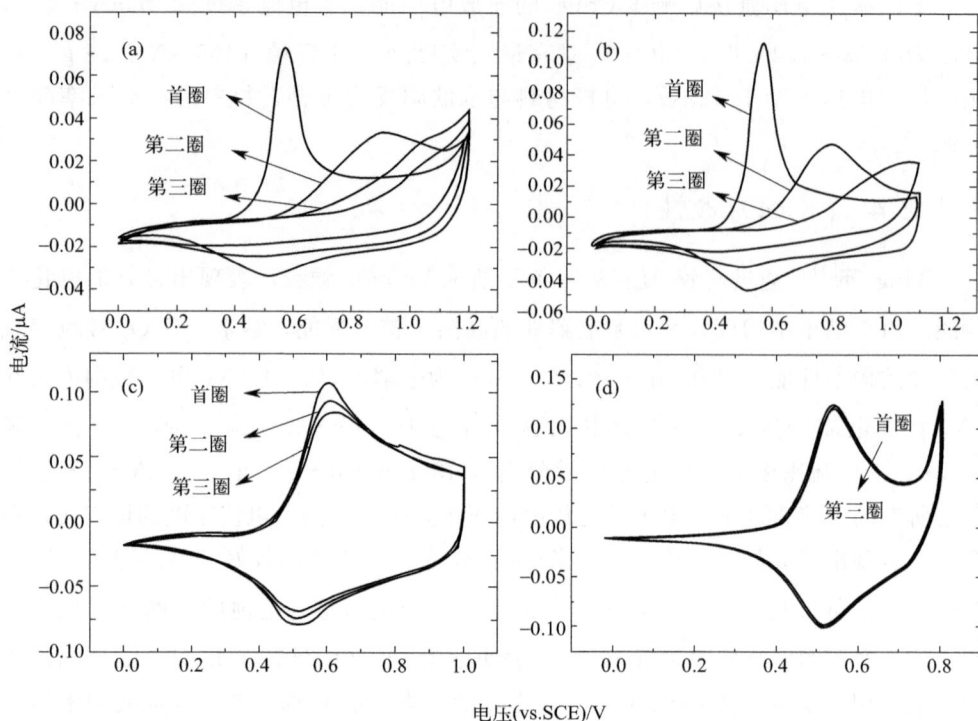

图 8-21 用 $1mol \cdot L^{-1}Li_2SO_4$ 为电解液，饱和甘汞电极作为参比电极，

$LiNi_{1/3}Co_{1/3}Mn_{1/3}O_2$ 在不同 pH 值下的 CV 曲线[151]

（a）pH=7；（b）pH=9；（c）pH=11；（d）pH=13

NO_3 为电解液，组装电池的输出电压为 1.0V，放电比容量可达到 $84mA \cdot h \cdot g^{-1}$[152]。利用导电聚合物与 $LiNi_{1/3}Co_{1/3}Mn_{1/3}O_2$ 复合，能够增强粒子间的紧密接触，减小电极阻抗，增大电池的可逆性和比容量。以 PPy/$LiNi_{1/3}Co_{1/3}Mn_{1/3}O_2$ 为正极，LiV_3O_8 为负极，$5mol \cdot L^{-1}$ 的 $LiNO_3$ 为电解液，电池的首圈放电比容量为 $70mA \cdot h \cdot g^{-1}$，50 圈后容量保持率超过 70%，而本体材料的 40 圈后容量保持率只有 28%[153]。

　　Wang 等以水蒸气生长的碳纤维模板（VGCFs）为辅助，采用溶胶-凝胶法合成纳米多孔结构的 $LiNi_{1/3}Co_{1/3}Mn_{1/3}O_2$ 材料[154]。首先利用浓硝酸对 VGCFs 进行处理，去除表面杂质并在模板表面形成部分亲水基团，如—OH 和—COOH。这些亲水基团有助于模板剂在水中分散，同时作为与金属离子的连接中心。将模板分散在水溶液中，加入化学计量比的乙酸锂、乙酸钴、乙酸镍以及乙酸锰作为原材料，柠檬酸作为螯合剂。在一定温度下蒸干制备凝胶，并在一定温度下煅烧得到纳米多孔结构的 $LiNi_{1/3}Co_{1/3}Mn_{1/3}O_2$ 材料。纳米多孔

$LiNi_{1/3}Co_{1/3}Mn_{1/3}O_2$ 材料在 $240mA \cdot g^{-1}$ 电流密度下，放电比容量可达到 $155mA \cdot h \cdot g^{-1}$；在 $7200mA \cdot g^{-1}$ 电流密度下，可逆容量达到 $108mA \cdot h \cdot g^{-1}$。与传统 $LiNi_{1/3}Co_{1/3}Mn_{1/3}O_2$ 相比，纳米多孔 $LiNi_{1/3}Co_{1/3}Mn_{1/3}O_2$ 的倍率性能和循环稳定性得到了明显的改善。分别在 $12.8A \cdot g^{-1}$ 和 $28.8A \cdot g^{-1}$ 的电流密度下充电，并在 $0.48A \cdot g^{-1}$ 的电流密度下放电，循环 50 圈后，材料的容量保持率都能达到 90% 以上。

8.4.4 $Na_{1.16}V_3O_8$

层状 $Na_{1.16}V_3O_8$ 材料也可以作为水系锂离子电池正极材料。Madhavi 等利用对称电池，即正、负极均采用相同 $Na_{1.16}V_3O_8$ 电极材料开展研究。以 $4mol \cdot L^{-1}$ LiCl 作为电解液，在 $0\sim1.0V$ （vs. SCE）电压范围内循环，其平均工作电压约为 $0.8V$。在电流密度为 $5A \cdot g^{-1}$ 时，首圈放电比容量大于 $150mA \cdot h \cdot g^{-1}$，100 圈循环后，容量保持率约为 75%。层状 $Na_{1.16}V_3O_8$ 的晶体结构有利于 Li^+ 在晶体层间的嵌入/脱出，而层中 Na^+ 作为"支撑离子"，在 Li^+ 嵌入/脱出过程中稳定材料晶体结构，使材料表现出良好的循环和倍率性能。

8.4.5 $LiFePO_4$

橄榄石型 $LiFePO_4$ 是锂离子电池的常规正极材料。在水系锂离子电池体系中，橄榄石型 $LiFePO_4$ 也表现出较好的电化学性能。

1997 年，Goodenough 等对聚阴离子正极材料 $LiFePO_4$ 开展了研究。前期，该材料由于电子电导率和离子电导率都偏低而未引起关注。之后，发现该材料在掺杂或碳包覆处理后，导电性大幅提高，倍率性能有了很大的改善。同时，$LiFePO_4$ 具有廉价易得、安全环保、结构稳定性较好等优点，因而引起了科研工作者的广泛兴趣。近年来，很多磷酸盐系的锂盐材料 $LiMPO_4$（M＝Fe、Mn、Mn_yFe_{1-y}、Co、Ni、V）被合成出来，并且被证明具有较好的研究价值。

8.4.5.1 $LiFePO_4$ 结构

$LiFePO_4$ 具有橄榄石型结构，属于正交晶系，空间点群为 $Pmnb$，晶胞参数 $a＝6.019Å$，$b＝10.347Å$，$c＝4.704Å$，晶胞体积为 $293Å^3$。晶体结构如图 8-22 所示。一个晶胞含有 4 个 $LiFePO_4$ 单元，氧原子以微扭曲的六方密堆积方式排布（hcp），其中 P 占据四面体中心位置，形成 PO_4 四面体，Li 和 Fe 分别占据 1/2 八面体位置并与周围 6 个氧原子形成 FeO_6 和 LiO_6 八面体。整体上，FeO_6

正八面体结构单元在 bc 面通过四面体结构单元 PO_4 相互连接，LiO_6 正八面体结构单元穿插于 FeO_6 正八面体结构单元与四面体结构单元 PO_4 所构成的空间网络中。在 $LiFePO_4$ 中，Li^+ 传输通道为一维传输通道，且通道之间的互穿能垒很高，Li^+ 只能沿 b 轴方向迁移，导致材料的锂离子扩散系数较低。聚阴离子骨架，虽然稳定了晶体的框架，但是也导致了材料的电子电导率较低。

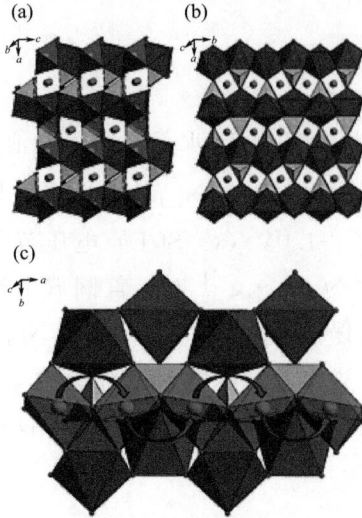

图 8-22　$LiFePO_4$ 结构示意图

由于 $LiFePO_4$ 的充电产物 $FePO_4$ 与其有相似的结构、相同的空间群，充放电过程只有晶胞参数的细微变化，多次循环后，材料结构依然稳定，使得 $LiFePO_4$ 材料表现出良好的循环稳定性。

材料脱锂后，表面先形成 $FePO_4$ 相，晶胞体积减小，$FePO_4$ 相的电子和离子导电性均较低，使得中心的 $LiFePO_4$ 相得不到充分的利用，特别是大电流充放电时，其实际利用率更低，导致 $LiFePO_4$ 倍率性能较差。因此，实际应用的 $LiFePO_4$ 材料多为纳米颗粒，能够有效降低 Li^+ 扩散距离。$LiFePO_4$ 的充放电过程可以用下式表示：

$$LiFePO_4 - xLi^+ - xe^- \underset{\text{放电}}{\overset{\text{充电}}{\rightleftharpoons}} xFePO_4 + (1-x)LiFePO_4 \tag{8-44}$$

对于 $LiFePO_4$ 容量与电流密度的关系，以及对 $LiFePO_4$ 两相反应的描述，先后提出了多种模型，包括半径模型、核壳模型、马赛克模型等，从这些模型都能得出材料电化学性能受限的主要原因是 $LiFePO_4$ 和 $FePO_4$ 两相中离子、电子电导率均低，阻碍了 $LiFePO_4$ 向 $FePO_4$ 的及时转变，反之亦然。

8.4.5.2 LiFePO₄ 制备

LiFePO$_4$ 的制备方法很多，主要包括固相法、溶胶-凝胶法、水热法、模板法、碳热还原法等。这里简单介绍几种合成方法。

固相法是最早用于合成 LiFePO$_4$ 的方法，也是目前最常用和最成熟的制备 LiFePO$_4$ 的方法。常用的锂源是 LiOH、Li$_2$CO$_3$ 或 CH$_3$COOLi，铁源为 Fe(CH$_3$COO)$_2$ 或 Fe(C$_2$O$_4$)·2H$_2$O，磷源为 NH$_4$H$_2$PO$_4$ 或（NH$_4$）$_2$HPO$_4$。将原材料按化学计量比均匀混合后，先在惰性气氛下于 300~350℃ 预烧 5~12h 以分解乙酸盐、草酸盐和磷酸盐，然后在 550~700℃ 下焙烧 10~20h 即得到 LiFePO$_4$ 材料。在焙烧前、后对材料进行研磨、压片可以提高焙烧效果。该方法的关键之一是原材料混合均匀，在热处理之前一般可以采用高能球磨、机械研磨等手段使原材料达到分子级别的均匀混合，进而合成纯度较高、粒径小、结晶度高的产物[155-156]。固相法工艺的优点是设备简单，条件易控制，适合工业化生产，其缺点是物相不均匀，产物粒径大、尺寸分布广。

水热法的过程如下：按化学计量比配制含有锂源、铁源和磷源的混合溶液，如 CH$_3$COOLi·2H$_2$O、Fe(NO$_3$)$_3$·9H$_2$O 和 NH$_4$H$_2$PO$_4$ 混合溶液，然后根据需求，加入表面活性剂、模板剂，如乙二醇、乙二胺或 P123 等以制备不同形貌的 LiFePO$_4$ 颗粒。将混合溶液转入水热反应釜，在一定温度如 150~180℃ 下反应一段时间之后，洗涤，干燥，即得到 LiFePO$_4$ 材料。部分水热法需要结合高温处理。水热反应后得到的前驱体，在一定温度如 500~700℃ 下焙烧一定时间即得到 LiFePO$_4$ 材料[39,157]。水热合成法具有高压、溶液等条件，有利于制备缺陷少、取向好的晶体，且合成产物结晶度高、粒度均匀、形貌可控。缺点是需要高温、高压条件，对生产设备要求高，产量少，不利于工业化生产。

溶胶-凝胶法则是按照化学计量比配制含有锂源、铁源和磷源的混合溶液，如硫酸亚铁、硝酸锂和磷酸二氢铵混合溶液，然后加入螯合剂如柠檬酸，将混合溶液蒸干制备凝胶，之后在惰性气氛下，一定温度如 550℃ 下煅烧 2h，再在高温如 850℃ 下焙烧 1h 得到 LiFePO$_4$ 材料[89]。也可采用在 Fe（NO$_3$）$_3$ 和 LiOH 溶液中加入还原剂（如抗坏血酸）和磷酸，通过氨水调节 pH，将其蒸干得到凝胶，再热处理得到 LiFePO$_4$ 材料。溶胶-凝胶法的优点主要包括：化学均匀性好，原材料达到分子级混合，产物粒径小且分布较均匀，反应过程简单，设备要求低等。

8.4.5.3 LiFePO₄ 电化学性能

聚阴离子 PO$_4^{3-}$ 具有强的 P-O 共价键，使得充电态 Li$_{1-x}$FePO$_4$ 具有稳定的晶体结构，且其完全充电产物 $FePO_4$ 与其具有相似的结构，因此材料表现出较好的循环性能。$LiFePO_4$ 最主要的缺点包括两方面：一是其一维结构导致 Li^+ 扩散性能较差；二是其电子导电性较差，使得材料的大电流充放电性能较差。一般可以通过材料颗粒纳米化和包覆导电物质（主要是碳材料包覆）来改善其离子扩散性能和电子导电性能。

如图 8-23 所示，$LiFePO_4$ 电极在 $1mol \cdot L^{-1} Li_2SO_4$ 电解液中只有一对氧化还原峰，分别位于 0.495V（vs. SCE）和 $-0.27V$（vs. SCE），对应于 Fe^{2+}/Fe^{3+} 氧化还原反应和 Li^+ 脱/嵌反应。其氧化还原反应不会引起析氢和析氧反应。

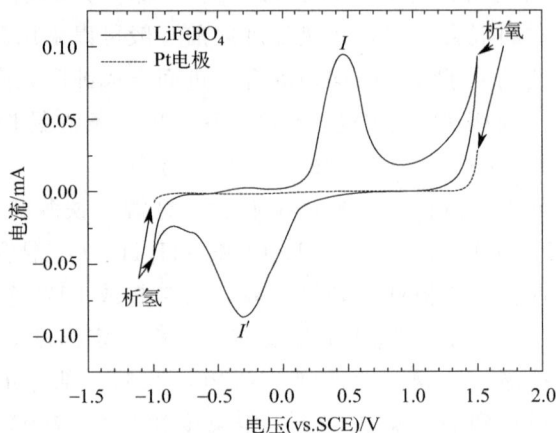

图 8-23　$LiFePO_4$ 电极和 Pt 电极在 $1mol \cdot L^{-1} Li_2SO_4$ 水溶液中的循环伏安曲线

（扫描速率为 $1mV \cdot s^{-1}$）[155]

Manickam 等将橄榄石结构的 $LiFePO_4$ 应用到水系锂离子电池中[117]。作者通过三电极体系对材料的电化学性能进行了分析，采用锌箔、饱和甘汞电极和饱和 LiOH 溶液分别作为对电极、参比电极和电解液。在碱性 LiOH 电解液中，$LiFePO_4$ 脱锂，发生氧化反应形成 $FePO_4$ 相的反应与在有机溶液体系中相似，而 $FePO_4$ 的还原反应并不是完全可逆的，生成 $LiFePO_4$ 和 Fe_3O_4 的混合物，导致材料容量衰减。

复旦大学夏永姚老师研究了电解液的 pH 值和电解液中溶解氧对 $LiFePO_4$ 循环稳定性的影响。$LiFePO_4$ 电极在水系电解液中的容量衰减速率较之在有机电解液中更快，如在水系电解液中，$5C$ 倍率下充放电，10 圈循环后，材料的容量保持率只有 63%，远远低于在有机电解液中的循环性能。这主要是由于电极材料与电解液在充放电过程中发生副反应，降低了 Fe^{2+} 含量，造成材料容量衰减。LiFePO$_4$ 在水溶液中不稳定可以分为化学不稳定和电化学不稳定两方面。其中，化学不稳定主要表现在 LiFePO$_4$ 的存储上，在潮湿空气中，LiFePO$_4$ 表面形成 Li$_3$PO$_4$ 相，同时随着暴露时间加长，材料中 Fe^{3+} 含量增大，导致材料电化学性能降低，这一现象通过将 LiFePO$_4$ 浸泡在含有溶解氧的水溶液中得到了加强。电化学不稳定是 LiFePO$_4$ 循环稳定性较差的主要原因。

电解液的 pH 值过高或者溶解氧含量过高，均会降低 LiFePO$_4$ 的循环稳定性。去除水系电解液中溶解氧能够大幅改善 LiFePO$_4$ 的循环性能。在 pH＝7 的电解液中，材料在有/无溶解氧的电解液中循环一定圈数后的 TEM 分析显示，电解液中存在的溶解氧，会在 LiFePO$_4$ 电极表面形成絮状杂质，而没有溶解氧存在时，材料表面没有杂质形成。

根据 8.2.2 节分析，电解液中存在溶解氧时，在中性电解液中，平衡电位为 3.85V，当 pH＝13 时，平衡电位为 3.5V，而 LiFePO$_4$ 的嵌锂电位为 3.46V，理论上 LiFePO$_4$ 将被溶解氧氧化。同时，在水系电解液中可能发生如下反应：

$$2H_2O + O_2 + 4e^- \longrightarrow 4OH^- \tag{8-45}$$

LiFePO$_4$ 电极在 3～4V（－0.35～0.7V，vs. SCE）之间循环，在循环过程中，溶解氧将被电化学还原，而氧化物电极可以作为电子转移介质，促进氧的吸附，进而将电子转移到氧上，完成还原反应。另外，O$_2$ 还原的部分产物是过氧化氢，会腐蚀 LiFePO$_4$ 电极，产生更多 Fe^{3+} 以及形成 Fe$_2$O$_3$ 氧化物。穆斯堡尔谱分析也显示，在中性电解液中循环 100 圈后，在活性材料表面形成了含有 Fe^{3+} 的二次相。

研究者利用不同 pH 值（7、8、10、13）的 0.5mol·L^{-1} Li$_2$SO$_4$ 电解液，研究了电解液 pH 值对材料电化学性能的影响。随着电解液 pH 值的升高，LiFePO$_4$ 电极的循环性能随之降低。结果显示，电解液中溶解氧和 OH$^-$ 会加速 LiFePO$_4$ 与电解液发生副反应，从而降低材料的循环稳定性[156]。

8.4.5.4　LiFePO$_4$ 改性

电解液中高的 OH$^-$ 和溶解氧浓度都会降低 LiFePO$_4$ 的电化学性能，对 LiFePO$_4$ 进行碳包覆是避免溶解氧、OH$^-$ 与活性材料发生副反应、提高材料的电子导电性、改善材料电化学性能的有效途径，如 LiV$_3$O$_8$//LiFePO$_4$/C 电池在 9mol·L^{-1} 的无氧 LiNO$_3$ 电解液中，在 10C 电流密度下，循环 100 圈后，还有 88.7mA·h·g^{-1} 的放电比容量[39]。

对 LiFePO$_4$ 进行掺杂处理，能够提高材料的结构稳定性和电子导电性。Liu 等采用 Mn 和 Ni 掺杂 LiFePO$_4$，得到的 LiMn$_{0.05}$Ni$_{0.05}$Fe$_{0.9}$PO$_4$ 材料表现出较好的循环和倍率性能。以 $LiTi_2(PO_4)_3$ 作为负极，饱和 Li_2SO_4 溶液作为电解液，在 $0.2mA \cdot cm^{-2}$ 电流密度下，$LiMn_{0.05}Ni_{0.05}Fe_{0.9}PO_4$ 材料的放电比容量约 $87mA \cdot h \cdot g^{-1}$，工作电压约 $0.92V$，50 圈循环后，还保持 $55mA \cdot h \cdot g^{-1}$ 的放电比容量[89]。

在电极材料中加入添加剂也能改善 $LiFePO_4$ 的电化学性能。Liu 等在 $LiFePO_4$ 材料中添加 2%（质量分数）CeO_2，材料的电化学性能得到明显改善，尤其是高温电化学性能。CV 测试前后的 EIS 测试表明，添加 CeO_2 有效地改善了颗粒之间的接触性能，提高了材料的电子导电性[157]。

8.4.6　其他聚阴离子化合物

橄榄石结构 $LiMnPO_4$ 在高浓度电解液中能够进行可逆的脱/嵌锂反应，可以作为水系锂离子电池正极材料。Minakshi 等以 $LiMnPO_4$ 作为正极，饱和 LiOH 水溶液作为电解液，锌箔作为负极，SCE 作为参比电极，研究了 $LiMnPO_4$ 的电化学性能。非原位分析显示，$LiMnPO_4$ 中 Li^+ 嵌入/脱出是通过 $LiMnPO_4$ 和 $MnPO_4$ 之间可逆的两相反应进行的。Suresh 等用高温自生压力法制备 $LiMnPO_4$ 材料，材料在低浓度电解液中，以质子嵌入/脱出反应为主，而在高浓度电解液中，虽然不能完全去除质子嵌入/脱出反应，但是以 Li^+ 嵌入/脱出反应为主。$LiTi_2(PO_4)_3$//5mol·L^{-1}LiNO$_3$//$LiMnPO_4$ 电池体系在 $0.2mA \cdot cm^{-2}$ 电流密度下，首圈放电比容量为 $84mA \cdot h \cdot g^{-1}$，50 圈循环后容量保持率约 95%[158]。

Zhao 等研究了一系列碳包覆 $LiMn_{1-x}Fe_xPO_4$（$x=0.5$、0.4、0.3、0.2）材料的电化学性能，分析了溶解氧对材料电化学性能的影响[159]。去除电解液中的溶解氧，能够降低 LiV_3O_8//（$LiMn_{1-x}Fe_xPO_4$/C）水系锂离子电池的电荷转移电阻，增大锂离子扩散系数，从而提高电池的电化学性能。图 8-24 显示了 $LiMn_{1-x}Fe_xPO_4$/C（$x=0.5$，0.4，0.3，0.2）在含有/未含有溶解氧的中性 LiNO$_3$ 电解液中的首圈充放电曲线，在 $0.95V$ 和 $0.37V$（vs. SCE）出现了两个明显的充放电平台，对应 Li^+ 从 $LiMn_{1-x}Fe_xPO_4$/C 电极中脱出/嵌入过程，分别与 Mn^{2+}/Mn^{3+} 和 Fe^{2+}/Fe^{3+} 氧化还原电对相关。在有溶解氧存在的情况下，材料的首圈放电比容量分别是 $106.17mA \cdot h \cdot g^{-1}$、$110.60mA \cdot h \cdot g^{-1}$、$77.88mA \cdot h \cdot g^{-1}$ 和 $73.21mA \cdot h \cdot g^{-1}$，而在无溶解氧电解液中，材料放电比容量分别达到 $110.22mA \cdot h \cdot g^{-1}$、$112.66mA \cdot h \cdot g^{-1}$、$111.08mA \cdot h \cdot g^{-1}$ 和 $90.50mA \cdot h \cdot g^{-1}$，表明去除电解液中溶解氧有利于提高材料的放电比

容量。

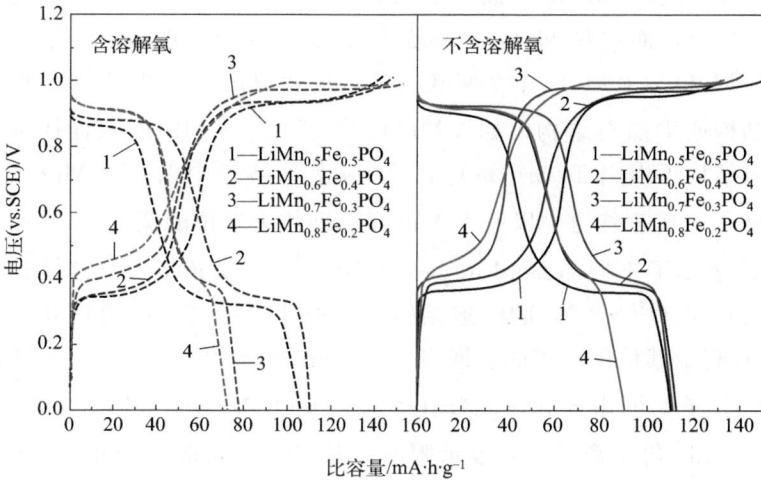

图 8-24　$LiMn_{1-x}Fe_xPO_4/C$（$x=0.5$、0.4、0.3、0.2）材料在水系电解液中的

首圈充放电曲线[159]

LiNiPO$_4$ 和 LiCoPO$_4$ 作为水系锂离子电池的正极材料，表现出较差的电化学性能。如在 LiOH 电解液中，Sn//LiNiPO$_4$ 电池的放电比容量只有 55mA·h·g^{-1}；Zn//LiCoPO$_4$ 虽然放电比容量能达到 80mA·h·g^{-1}，但是循环稳定性较差，25 圈循环后，容量保持率约 85%[122-123]。$LiNi_{0.5}Co_{0.5}PO_4$ 也能作为水系锂离子电池的正极材料，在水系电解液中，$-0.3\sim0.2V$（vs. Hg/HgO）电压区间内，其 CV 曲线呈现出分别位于 $-98mV$ 和 $-231mV$ 的氧化还原峰[124]。非原位 XRD 分析显示，充电态材料中含有类橄榄石型 $Li_{1-x}Ni_{0.5}Co_{0.5}PO_4$ 新相，表明材料能够进行 Li$^+$ 脱/嵌反应。

三方晶系 FePO$_4$ 是橄榄石结构的类似物，可以作为水系锂离子电池正极材料[125]。非原位 XRD 分析显示，FePO$_4$ 还原形成橄榄石型 LiFePO$_4$，表明 FePO$_4$ 在 LiOH 水系电解液中的反应机理与其在有机体系中相似，放电比容量约为 65mA·h·g^{-1}，平均工作电压约 0.5V（vs. Zn/Zn^{2+}）[125]。通过溶胶-凝胶法制备的橄榄石结构 $LiNi_{1/3}Co_{1/3}Mn_{1/3}PO_4$，其首圈放电比容量约 45mA·h·g^{-1}，25 圈循环后，容量上升到 60mA·h·g^{-1}[10]。

8.4.7　MnO$_2$

8.4.7.1　MnO$_2$ 结构

MnO$_2$ 具有多种同质异形体，包括 α-MnO$_2$、β-MnO$_2$、γ-MnO$_2$、δ-MnO$_2$

和 λ-MnO$_2$ 等。MnO$_2$ 的基本结构单元是由一个锰原子和六个氧原子构成的 MnO$_6$ 八面体。这种 MnO$_6$ 八面体可以通过共顶点和共边的方式形成无限长的 MnO$_6$ 八面体链，而这些 MnO$_6$ 八面体链又通过共用顶点构筑一维链状或隧道结构，如 α-MnO$_2$、β-MnO$_2$、γ-MnO$_2$ 等；片状或层状二维结构，如 δ-MnO$_2$；三维立体结构或尖晶石结构，如 λ-MnO$_2$[160-163]。以 MnO$_6$ 八面体堆积、连接形成的隧道结构可以用 T（$n \times m$）表示，n 代表隧道中以一个 MnO$_6$ 八面体为单位的高度，m 代表隧道中以一个 MnO$_6$ 八面体为单位的宽度[160-161]。

图 8-25 展示了不同晶型 MnO$_2$ 的结构[164]。α-MnO$_2$ 为双链结构，同时具有 T（1×1）和 T（2×2）的隧道结构，其中 T（2×2）隧道的几何尺寸约为 0.46nm，有利于其他阳离子的脱嵌[165]。α-MnO$_2$ 属于四方晶系，每个晶胞含有 8 个 MnO$_2$ 分子，可用通式 R$_x$Mn$_8$O$_{16}$ · yH$_2$O 来表示，其中 R 代表 Mn^{2+}、Ba^{2+}、K$^+$、Li$^+$ 等阳离子，x 表示阳离子数目，y 通常大于 6%，表示结合水的数目 [图 8-25(a)]。β-MnO$_2$ 也属于四方晶系（金红石型），每个晶胞含有 2 个 MnO$_2$ 分子，一般没有结合水，β-MnO$_2$ 是单链结构，T（1×1）隧道结构，隧道截面积较小 [图 8-25(c)]。γ-MnO$_2$ 属于斜方晶系，单双链交替结构，含有软锰矿 T（1×1）和斜方锰矿 T（1×2）隧道结构 [图 8-25(b)]。δ-MnO$_2$ 为二维层状化合物[166]，也称水钠锰矿，由相邻两个 MnO$_6$ 八面体结构单元沿棱结合，排列形成 [图 8-25(f)]。λ-MnO$_2$ 具有尖晶石结构，属于 $Fd\bar{3}m$ 空间群，氧原子呈立方密堆积结构，占据 32c 位，锰原子占据八面体 16d 位，四面体 8a、48f 与八面体 16c 共面组成三维离子迁移隧道 [图 8-25(g)]。

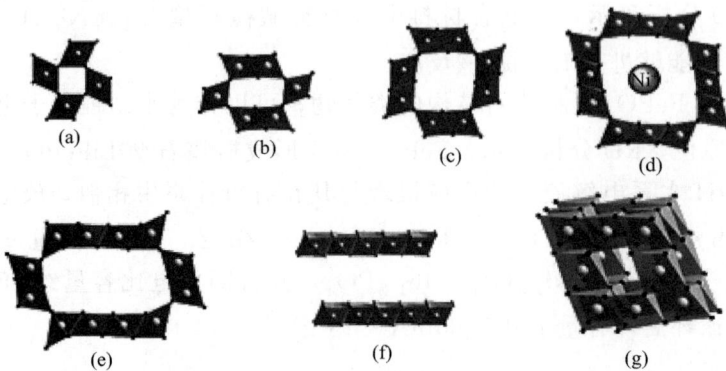

图 8-25 不同晶型二氧化锰的结构[164]

(a) 软锰矿；(b) 斜方锰矿；(c) 锰钾矿；(d) 钡镁锰矿；(e) 八面体分子筛系列-5；
(f) 水钠锰矿；(g) 尖晶石结构

不同晶型的 MnO_2 在形貌、晶粒尺寸上差别较大，作为电池材料时，性能也不同。如 γ-MnO_2 常作为碱性锌锰电池电极材料[167]；α-MnO_2 和 γ-MnO_2 能作为水性锌离子电池电极材料[168]；γ-MnO_2、δ-MnO_2 和 λ-MnO_2 在水性溶液中，能够作为嵌锂的主体材料[116,169-170]。

8.4.7.2　MnO_2 制备

MnO_2 的制备方法有液相共沉淀法[163,171]、溶胶-凝胶法[172-173]、固相反应法[174]、热分解法[175]、溶剂热法、电沉积法和水热法[176-181] 等。液相共沉淀法是制备超级电容器所用 MnO_2 粉末最常用的方法，一般以 $KMnO_4$ 氧化二价锰盐来制备 MnO_2，这种方法具有过程简单和成本低廉的优点，但形貌和粒径不易调控[182]。溶胶-凝胶法是另一种常用的制备 MnO_2 的方法，一般制备的 MnO_2 为球形颗粒，可以通过控制制备过程的参数调整产物的形貌和颗粒尺寸[172]。热分解法是在一定温度下，利用 $KMnO_4$、$MnCO_3$、$Mn(OH)_2$ 等分解得到 MnO_2[183]。溶剂热法是在密闭压力容器中，在高温高压下合成 MnO_2，可以控制材料的结构和形貌，调控晶体的生长，是制备 MnO_2 的常用方法[184-185]。通常可以通过控制反应的温度、时间、填充率和溶剂，制备出纳米球、纳米棒、纳米线、纳米管等多种形貌的 MnO_2 颗粒。电沉积法[186] 能够将目标产物直接生长在集流体上作为电池电极。Wu 等通过电沉积法在不锈钢网上沉积了直径为 $12\sim16nm$ 的 MnO_2 纳米线。电沉积采用 $0.1mol \cdot L^{-1}$ 乙酸锰和 $0.1mol \cdot L^{-1}$ 硫酸钠混合溶液作为电镀液，饱和甘汞电极作为参比电极，铂片作为对电极，不锈钢网作为工作电极，在电流密度为 $0.125mA \cdot cm^{-2}$ 下进行电沉积，之后在 $300℃$ 下煅烧得到最终产物。该材料作为水系锂离子电池的正极材料，首圈放电比容量接近 $90mA \cdot h \cdot g^{-1}$。

8.4.7.3　MnO_2 电化学性能

1995 年，Deutscher 等首次采用 λ-MnO_2 作为水系锂离子电池正极材料，电解液采用饱和 LiCl 溶液，λ-MnO_2 发生 Li^+ 脱/嵌反应，而不是 H^+ 脱/嵌反应，材料首圈放电比容量约为 $160mA \cdot h \cdot g^{-1}$。然而，材料循环稳定性较低，在 60 圈循环后，材料放电比容量只有约 $45mA \cdot h \cdot g^{-1}$[116]。

2006 年，Minakshi 等[187] 研究了 Zn//MnO_2 水系锂离子电池，电解液采用 LiOH 溶液，如图 8-26 所示，在 LiOH 溶液中，Li^+ 嵌入 MnO_2 形成 $Li_x MnO_2$ 的过程是可逆的。产生这种现象的原因在于 Li^+ 和 Mn^{4+} 的尺寸相近，

可以嵌入 $\gamma\text{-}MnO_2$ 八面体结构中，形成的 Li_xMnO_2 晶格结构较稳定。

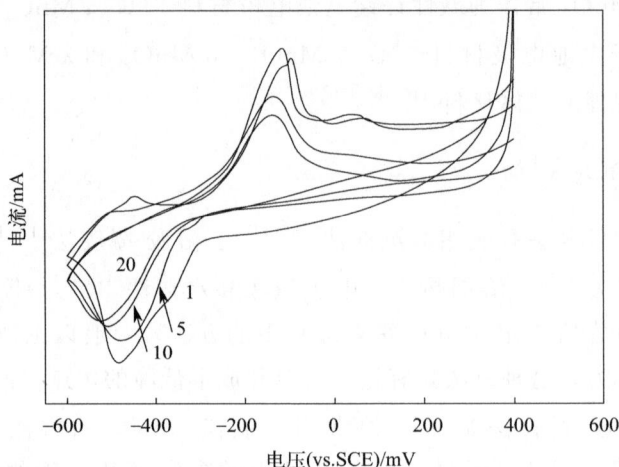

图 8-26　$\gamma\text{-}MnO_2$ 在 LiOH 溶液中的循环伏安曲线（扫描速率为 $25\mu V\cdot s^{-1}$）[187]

Yuan 等采用 LiOH 作为电解液，$\gamma\text{-}MnO_2$ 作为正极，材料同时发生 Li^+ 嵌入/脱出反应和表面电容反应，以活性炭为对电极，在 $100mA\cdot g^{-1}$ 和 $0.5\sim 1.5V$ 的电压范围内充放电，全电池的比容量约 $35mA\cdot h\cdot g^{-1}$，1500 圈循环后容量保持率约 78%[169]。在 $\delta\text{-}MnO_2$ 中观察到了相似的现象，以 LiOH 为电解液，CV 曲线显示明显的氧化还原电对，表明有 Li^+ 的嵌入/脱出反应[170]。

8.4.7.4　MnO_2 改性研究

Minakshi[187] 指出，MnO_2 在放电过程中，有质子共嵌入反应，反应如下：

$$MnO_2+H^++e^-\longrightarrow MnOOH \tag{8-46}$$

MnOOH 发生歧化反应生成电化学惰性的 Mn_2O_3、Mn_3O_4 和 $Mn(OH)_2$ 等锰氧化物，导致电池容量衰减。

Minakshi 等研究了一系列氧化物添加剂对 MnO_2 电化学性能的影响，其中包括 TiS_2[188]、TiB_2[189]、CeO_2[190-191] 等。

以 LiOH 溶液作为电解液，Zn 作为负极，MnO_2 作为正极，组装水系锂离子电池。当 TiS_2 在 MnO_2 材料中的添加量≤3%（质量分数）时，TiS_2 对放电过程中材料的体积变化具有稳定作用，同时可以稳定 MnO_2 结构，提高 MnO_2 的放电比容量；当 TiS_2 添加量大于 3%（质量分数）时，在电极材料表面形成碱式氧化锰等物质，阻碍 Li^+ 的传输，降低了 MnO_2 的放电比容量[188]。

以饱和 LiOH 溶液作为电解液，Zn 作为负极，MnO_2 作为正极。少量

（3%，质量分数）TiB_2 作为添加剂加入 MnO_2 中[189]，使得 MnO_2 的放电比容量从 $150mA \cdot h \cdot g^{-1}$ 提高到 $220mA \cdot h \cdot g^{-1}$。电化学分析显示，电极反应主要为 Li^+ 的嵌入/脱出反应，质子嵌入反应得到抑制，即抑制形成放电产物如水钠锰矿（δ-MnO_2）、黑锰矿（Mn_3O_4）等，而形成嵌锂材料 Li_xMnO_2。TiB_2 的存在能够稳定嵌锂材料 Li_xMnO_2 的结构，抑制锰的溶解。添加过多的（5%，质量分数）TiB_2 会增大电池电荷转移电阻，降低电池放电电压和比容量（$100mA \cdot h \cdot g^{-1}$）。

少量 CeO_2 加入 MnO_2 材料中，也能提高材料放电比容量和循环稳定性[191]。Zn 作负极，电解液用 LiOH 溶液，添加 CeO_2 能够提高材料充电态的析氧电位，改善材料的电化学性能。最优添加量约为 2%（质量分数）。未添加 CeO_2 时，电极的首圈放电比容量为 $152mA \cdot h \cdot g^{-1}$；添加 2%（质量分数）$CeO_2$ 时，首圈放电比容量为 $155mA \cdot h \cdot g^{-1}$，差异很小，然而其第二圈放电比容量提高至 $190mA \cdot h \cdot g^{-1}$，40 圈循环后，放电比容量保持在 $135mA \cdot h \cdot g^{-1}$。$CeO_2$ 添加到 MnO_2 材料中，首圈放电除了形成嵌锂材料 Li_xMnO_2 外，还形成氧化物、氢氧化物（Mn_2O_3、$MnOOH$、MnO）等，导致材料的首圈放电比容量低，而从第二圈开始，Mn_2O_3、$MnOOH$、MnO 等物质陆续消失并不再进一步形成，使得材料的比容量上升。产生这种现象的原因主要是添加 CeO_2 在充电过程中抑制了析氧反应，促进了放电产物（主要是 Li_xMnO_2）转化为活性 MnO_2，同时抑制无电化学活性的氢氧化物、锰氧化物的形成，提高库仑效率。

通过 Bi_2O_3 与 γ-MnO_2 的物理混合，得到 Bi^{3+} 掺杂的 MnO_2 材料，能够改善 MnO_2 在循环过程中的结构稳定性，提高材料的循环性能[192]。同时，Bi^{3+}（0.96Å）离子半径远远大于 Mn^{3+}（0.73Å）和 Mn^{2+}（0.67Å），且铋与锰具有强相互作用，能够有效抑制不可逆的放电产物，如 Mn_2O_3、$MnOOH$、MnO 等的生成。

8.4.8 普鲁士蓝及其衍生物

普鲁士蓝类材料具有价廉、安全、易合成等优点，且具有合适的开放框架晶体结构，具有较大的间隙空间，可容纳外来碱金属离子的快速脱/嵌，能够作为水系锂离子电池的电极材料。

如图 8-27 所示，普鲁士蓝类化合物（PBAs）是一类含有变价过渡金属的配合物，具有典型的六氰酸盐骨架结构，可用一般公式 $A_xPR(CN)_6$ 来描述（P=Fe、Co、Ni、Mn、Zn、Cu 等），其中氮配位过渡金属阳离子（P）与六氰酸

盐络合物 [R（CN)$_6$] 形成面心立方开放式架构，具有较大的间隙 A 位，能够被不同的水合离子部分或全部占据。A 位点的离子占用率随 P 和 R 单独或共同的价态变化在 0～2 之间变化。A$_x$PR(CN)$_6$ 具有 P^{n+}/P^{n+1} 和 R^{n+}/R^{n+1} 两个活性位点，体现出较高的可逆比容量，且其晶格配位空隙较大，有利于离子迁移。

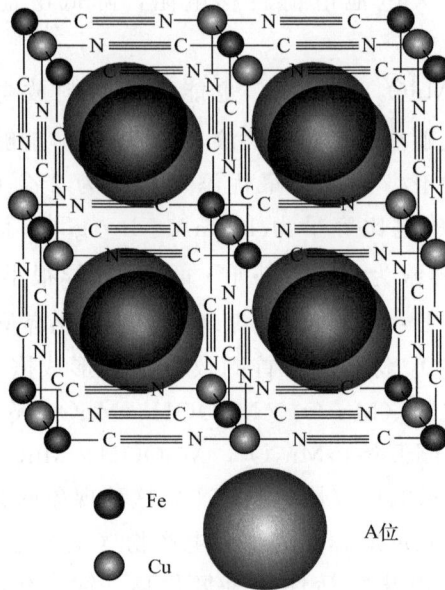

图 8-27 普鲁士蓝类化合物晶体结构示意图[126]

铁离子和亚铁离子能够与 CN$^-$ 形成结合力很强的六配位络合物 Fe(CN)$_6^{4-}$ 和 Fe(CN)$_6^{3-}$，两者的配合物稳定系数分别为 35.0 和 42.0。水溶液中，Fe(CN)$_6^{4-}$/Fe(CN)$_6^{3-}$ 电对的氧化还原反应是完全可逆的，在氧化还原过程中，两者结构相对稳定。另外，Fe(CN)$_6^{4-}$/Fe(CN)$_6^{3-}$ 具有较高的工作电位（0.36V，vs. SHE）。

Cui 等分析了具有普鲁士蓝晶体结构的铜六氰基金属化物（CuHCF）和镍六氰基金属化物（NiHCF）电极的电化学行为。通过简单的共沉淀方法合成 Cu-HCF 和 NiHCF 纳米颗粒，室温下，将 40mmol·L^{-1} 硝酸铜或硝酸镍溶液与 20mmol·L^{-1} 铁氰化钾溶液同时滴加到去离子水中，过滤、洗涤、烘干后得到 CuHCF 或 NiHCF 纳米材料。这两种材料在水系电解液中能够嵌入和脱出多种离子，包括 Li$^+$、Na$^+$、K$^+$ 和 NH$_4^+$ 等。在 pH=2 的 1mol·L^{-1} LiNO$_3$ 电解液中，在 50mA·g^{-1} 电流密度下，CuHCF 和 NiHCF 电极的放电比容量都在 58mA·h·g^{-1} 左右，在 2.5A·g^{-1} 电流密度下，材料的放电比容量约为 35mA·h·g^{-1}。然而，Li$^+$ 的斯托克斯半径（2.4Å）比普鲁士蓝结构中的 A 空位（1.6Å）更大，造成了活性物质的溶解，两种材料均表现出较差的循环性能，500 圈循环后，容量保持率约 35%[126]。

8.5
水系锂离子电池电解质材料

狭义的电解质是指能够传导离子而不传导电子的液体或固体；广义的电解质是指由其他功能或结构组分组成的具有离子导电性质的材料，如添加剂、结构增强剂等。一般分为液体电解液、固态电解质和凝胶电解质。由于水系电解液解决了有机系电解液的安全问题，在水系锂离子电池体系中最常用的是水系、液体电解液。相较于液体电解液，固态电解质和凝胶电解质的离子导电性能需要进一步提高，且其与电极活性材料的界面接触不如液体电解液好。不论其状态，在水系锂离子电池体系中，电解质的主要作用是在正负电极之间有效地传输 Li$^+$。对液体电解液来说，最主要是提供高的离子电导率和稳定的电解液/电极接触面。水系电解液的离子导电性比非水系电解液高几个数量级，使得水系电池可以得到更高的功率密度。一般水系锂离子电池的电解液是通过将锂盐溶解到水溶液中而得到，不同的锂盐浓度具有不同的 Li$^+$ 浓度，直接影响 Li$^+$ 脱/嵌反应和电极材料的稳定性。

水既是路易斯酸又是路易斯碱，可以溶解大部分盐而形成溶剂化结构，多种锂盐溶液可以作为水系锂离子电池的电解液。目前，水系锂离子电池的电解液主要是 LiNO$_3$、Li$_2$SO$_4$、LiTFSI 等锂盐溶液，以及与其他盐类混合的水溶液。主要有以下优点：①离子状态稳定、黏度小、电导率高。②价格低廉。③安全，避免了燃烧、爆炸等安全问题。

8.5.1　电化学窗口

水性电池最主要的问题是由于析氢反应（HER）和析氧反应（OER）造成电池的电化学窗口窄。析氢、析氧反应的标准电位差只有 1.23V，基于不同电极材料的过电位，该电压窗口可以进一步扩宽。同时需要注意，在实际使用过程中，考虑到安全问题，电池的实际电化学窗口一般低于理论电化学窗口。由于水系锂离子电池是一个封闭的系统，即使极少量气体的产生也会对电池系统产生很大影响。因此，水系锂-空气电池受到了关注，因为其是开放系统，基本可以不用考虑气体释放问题。

在实际使用中，需要考虑水系锂离子电池不同的部件，包括正极、负极、集流体等在电解液电化学窗口内的稳定情况。一般而言，集流体的稳定电位窗口较宽，如镍网和不锈钢的稳定电位窗口都在 2.8V 左右。因此，稳定电位窗口受到正极对 OER 和负极对 HER 稳定性的限制。现有水系锂离子电池正极和负极材料的问题是它们对水的电催化反应的过电位相对较低，工作电压通常限制在 1.5V 以内[42,100,193-196]。

电解液的 pH 值对电极材料的稳定性影响很大，直接影响电极材料的析氢、析氧电位，可以通过调节电解液的 pH 值来调节电解液的电化学窗口，使之能够适应所使用的电极材料，其中中性电解液相对能够适应更多材料。同时参考 8.2.2 节关于水系锂离子电池容量衰减的分析，电解液 pH 值直接影响嵌锂化合物在电解液中的稳定性。

另外，锂盐的种类和浓度也影响电解液的电化学窗口。斯坦福大学崔屹课题组比较了 $LiNO_3$ 和 Li_2SO_4 两种常用的水系锂离子电池电解质，发现随着浓度的增大，电解液的电化学窗口得到拓宽，$5mol \cdot L^{-1} LiNO_3$ 和 $2mol \cdot L^{-1} Li_2SO_4$ 电解液的稳定电化学窗口均达到 2.3V[197]。同时，增大电解液浓度，能够有效降低电解液中水分子浓度，从而有效缓解水与电极材料发生副反应，改善电池的循环性能[121,198]。高浓度 LiTFSI 电解液能够使得电解液的电化学窗口达到 3V 以上，将在下文进行介绍。

有研究表明，水介质中 O_2 的存在是导致电化学不稳定的主要原因，尤其是在阳极一侧[8]。因此，在没有 O_2 的情况下，对电池进行组装和密封，可以明显扩大电池电化学窗口[101]。

研究者们也采用了很多策略来提高电解液的电化学窗口。比如，Miyazaki 等使用 1,3-丙二磺酸二钠盐（PDSS）作为电解液添加剂显著提高了中性 $LiNO_3$ 电解液的电化学窗口[199]。在此情况下，OER 的增大足以使得 5V 阴极材料，如 $LiNi_{0.5}Mn_{1.5}O_4$ 的电位处在稳定的电化学窗口内。虽然该氧化还原反应在循环过程中不稳定，不能直接用在水系锂离子电池中，但是却为 5V 电极材料的使用提供了基础。

8.5.2　电解液性能影响因素

一般水系锂离子电池电解液，电解液浓度、pH、有无溶解氧、添加剂种类等都会影响电池的电化学性能。

8.5.2.1　电解液浓度

电解液浓度会直接影响水系锂离子电池的电化学性能。如比较 $LiMn_2O_4$ 电

极材料在 Li_2SO_4（$2mol \cdot L^{-1}$）和 $LiNO_3$（$3mol \cdot L^{-1}$、$5mol \cdot L^{-1}$、$9mol \cdot L^{-1}$）电解液中的性能，当电解液为 $5mol \cdot L^{-1}$ 的 $LiNO_3$ 时，电池表现出最佳的电化学性能，包括放电比容量、倍率性能和循环稳定性[130]。

根据科耳劳希定律，在稀溶液体系中，电导率与电解质浓度呈线性关系，但这种线性关系只对稀溶液体系成立。随着浓度的增大，离子间距变小，静电作用迅速增大，使得高浓度电解液的电导率随浓度的增大而缓慢增大。对于浓度很高的电解液，离子间的距离变得非常小，正负离子间强的库仑作用使得离子发生缔合，形成中性粒子，这些中性粒子对电导率没有贡献。因此在电解液达到一定浓度后，其电导率会随着浓度的进一步增大而降低。因此，需要优化电解液浓度以得到最优的电化学性能。

在稀浓度电解液中，由于大量游离水分子的存在，初级和次级溶剂化层通常含有与 6 个水分子配位的锂离子。一般认为，适用于中性电解液的电极材料，比如 $LiMn_2O_4$、$LiTi_2(PO_4)_3$、聚酰胺等最常用的稀浓度电解液为 $1mol \cdot L^{-1}$ 的 Li_2SO_4 或 $1mol \cdot L^{-1}$ 的 $LiNO_3$ 电解液。当然，部分电极材料更适合高浓度电解液。

在传统水系电解液中，水的热力学稳定窗口只有 $1.23V$，使得水系锂离子电池的充放电电压和能量密度都偏低，高浓度电解液能够提高水的分解电压，如 8.5.1 节所述，$5mol \cdot L^{-1}$ $LiNO_3$ 和 $2mol \cdot L^{-1}$ Li_2SO_4 电解液的稳定电化学窗口均达到 $2.3V$。2015 年，索鎏敏等首次使用了超高浓度（大于 $20mol \cdot kg^{-1}$）的 LiTFSI 水溶液作为水系锂离子电池电解液。电解液中不存在游离水分子，一般称之为"盐包水"电解液。与传统 Li_2SO_4 和 $LiNO_3$ 电解液相比，超高浓度的 LiTFSI 电解液将电化学稳定窗口扩宽到了 $3V$，主要是由于电解质中的阴离子被还原，在阳极表面形成稠密的界面，即 SEI 膜。以 $LiMn_2O_4$ 为正极，MoS_8 为负极，采用超高浓度的 LiTFSI 电解液组装的水性锂离子全电池，其开路电压达到 $2.3V$，循环 1000 圈后，电池库仑效率仍接近 100%[9]。以 $21mol \cdot kg^{-1}$ LiTFSI 溶液作为电解液，电极材料采用 TiO_2、TiS_2、$LiNi_{0.5}Mn_{1.5}O_4$ 和 $LiMn_{0.8}Fe_{0.2}PO_4$ 等，均表现出较好的电化学性能。

8.5.2.2 溶解氧

最初的水系锂离子电池，以 $LiMn_2O_4$ 为正极，VO_2 为负极，循环稳定性差，100 圈循环后容量保持率不到 50%。仅仅通过更换电极材料，并不能完全解决电池循环稳定性差的问题。研究表明，水系锂离子电池容量衰减的主要原因是负极嵌锂态产物与电解液中水或溶解氧发生副反应，参考 8.2.2 节[8]。其中，水中溶解氧导致电池循环性能降低的主要原因是氧具有强氧化性，而负极材料标准电极电位偏低，其嵌锂态化合物可能会被溶解氧氧化。如图 8-28 所示，在水系 Li_2SO_4 电解液中，溶解氧的存在明显降低了 $LiTi_2(PO_4)_3$ 的库仑效率，在 $4C$ 倍率下，在有氧条件下 $LiTi_2(PO_4)_3$ 的库仑效率为 92%，而在无氧条件下，库仑效率为 99%；在 $1C$ 倍率下，$LiTi_2(PO_4)_3$ 有氧条件下库仑效率为 77%，无氧条件下库仑效率为 98%，表明还原态 $Li_{3-x}Ti_2(PO_4)_3$ 能被水中溶解氧氧化，从而导致电池循环稳定性降低。

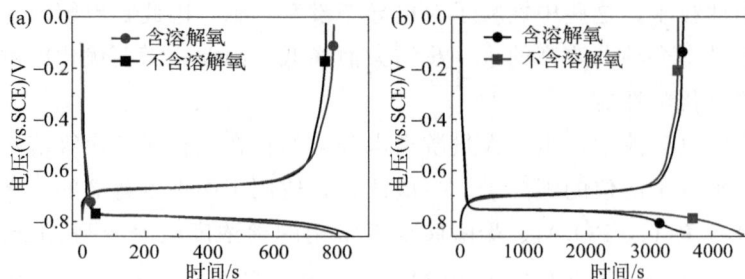

图 8-28　$LiTi_2(PO_4)_3$ 在 $4C$（a）和 $1C$（b）倍率下，有氧和无氧条件下的充放电曲线

（电解液为 $1mol \cdot L^{-1} Li_2SO_4$ 水溶液）[8]

电解液中溶解氧的存在会降低电极材料在电解液中的化学稳定性，将 LiFePO_4 在不同溶解氧浓度的电解液中浸泡一段时间后测试其电化学性能，结果表明，在未经处理的电解液中浸泡 24h 的 $LiFePO_4$ 电极材料的放电比容量为 $115mA \cdot h \cdot g^{-1}$，而在经过去除溶解氧的电解液中浸泡 24h 后的 $LiFePO_4$ 电极材料放电比容量为 $124mA \cdot h \cdot g^{-1}$。另外，电解液经过去除溶解氧处理后，$LiFePO_4$ 电极极化减弱。因此，除去电解液中溶解氧能够有效改善电池电化学性能[156]。水系 $LiTi_2(PO_4)_3$//$LiFePO_4$ 电池，采用去除 Li_2SO_4 电解液中溶解氧、调节电解液 pH 值和采用碳包覆 $LiFePO_4$ 电极的策略，使得该电池在 $6C$ 倍率下循环 1000 圈后，容量保持率约 90%；即使在 $0.125C$ 倍率下充放电，50 圈循环后容量保持率仍有 85%[8]。

另一种缓解电极材料与电解液中水和溶解氧发生副反应的方法是对电极材料进行包覆处理[200]。采用凝胶聚合物电解质和 LISICON 材料包覆石墨电极作为电池负极，$LiFePO_4$ 作为正极。LISICON 由 Li_2O、Al_2O_3、SiO_2、P_2O_5、TiO_2、GeO_2 等氧化物组成，直接覆盖在凝胶聚合物电解质表面，作为固相隔膜，避免负极材料与水分子直接接触，仅允许 Li^+ 穿过。电池充电时，Li^+ 从 $LiFePO_4$ 橄榄石结构中脱出，逐次穿过水系电解液、LISICON 膜和凝胶聚合物电解质，然后嵌入负极石墨中，完成充电，放电反之。该水系锂离子电池的放电电压能够达到 3.1V，能量密度高达 258W·h·kg^{-1}。利用此方法进行处理的锂金属作为负极，$LiMn_2O_4$ 作为正极，电池的平均放电电压可达到 4V，能量密度达到 446W·h·kg^{-1}，具体内容请参照 8.3.5 节。

在电极材料表面形成氧化物、碳材料或导电聚合物等包覆层，也能降低电解液中水或溶解氧与电极材料的副反应。其作用机理主要是避免电极活性材料与电解液直接接触，从而抑制水分子向电极材料中渗透，同时减少活性材料与电解液中水和溶解氧的反应位点，抑制副反应的发生。

8.5.2.3 电解液的 pH 值

在不同 pH 值的电解液中，电极材料的电化学性能会受到一定的影响。根据 8.2.2 节分析，pH 值不同，嵌锂化合物与水的平衡电位不同，电解液的 pH 值会直接影响电极材料在电解液中的稳定性。如在 pH＜9 的电解液中，$LiCoO_2$ 材料不能稳定充放电，其嵌/脱锂反应伴随着质子嵌入反应；当电解液的 pH＞11 时，$LiCoO_2$ 能稳定充放电。$Na_2V_6O_{16}·0.14H_2O$ 在 Li_2SO_4 电解液中，随着 pH 值的增大，电极的极化降低。需要注意的是，相同的 pH 值，在不同的电解液中，相同的电极材料也可能表现出不一样的电化学性能。如 $LiNi_{1/3}Co_{1/3}Mn_{1/3}O_2$ 电极在 pH = 11 的 5mol·L^{-1}LiNO$_3$ 电解液中是稳定的[71]，而在 Li_2SO_4 电解液中，pH = 13 时，电极表现出更好的电化学性能[27]。

通过调节电解液的 pH 值，可以调节电极材料在电解液中的稳定性。如 $LiFePO_4$ 在纯水溶液中，不论是酸性还是碱性条件下，都会加速材料的溶解，而其在中性水溶液中的稳定性相对更好。在酸性条件下，Li^+ 趋向于溶解到电解液中；而在碱性条件下，PO_4^{3-} 趋向于溶解到电解液中[201-202]。

8.5.2.4 电解液添加剂

水系锂离子电池循环稳定性差的一部分原因，是电极材料溶解到水中。在电解液中加入一定的添加剂，能够部分缓解电极材料的溶解，增强电极材料在电解液中的稳定性。目前，关于水系电解液添加剂的研究较少，其中采用碳酸亚乙烯酯（VC）作为电解液添加剂是一个比较成功的例子。在非水电解液中，添加碳酸亚乙烯酯（VC）能够在电极表面形成稳定的 SEI 膜[203-205]，从而改善电池电化学性能。Mentus 等认为，在水系电解液中添加 VC 能阻碍水分子渗进电极材料中，抑制电极材料的溶解，提高电极材料在高充电态下的结构稳定性。结果显示，在电解液中添加 1%（质量分数）VC 的电池表现出最佳的性能，放电比容量达到 112mA·h·g^{-1}，远高于未添加 VC 的电池（80mA·h·g^{-1}），同时，

VC 添加剂也改善了 $Li_{1.05}Cr_{0.10}Mn_{1.85}O_4$ 的循环性能，100 圈循环后，容量保持率提高到 82%[140]。

8.6
高电压水系电池

8.6.1 电极改性提高电池电压

由于 HER 和 OER 的电催化作用发生在电极表面，因此可以通过在电极表面包覆具有较高过电位的保护层来延缓相应的过程。比如，利用 TiO_2 包覆负极材料 $LiTi_2(PO_4)_3$，延缓析氢反应[206]。由于碳对 HER 具有很高的过电位，同时也可以单独作为水系锂离子电池的负极使用，利用碳包覆电极材料，如 $LiTi_2(PO_4)_3$、TiP_2O_7、$LiFePO_4$ 等，是提高材料电化学稳定窗口的有效手段。同时，表面包覆层能够覆盖材料反应位点，降低电极材料与水或溶解氧的副反应。然而，目前的包覆策略并不能大幅提高电池的稳定电化学窗口，在这一方面还有很大的空间可以发掘。

另一种方法是采用一种隔离的方法，延缓电极表面的电催化反应。该隔离层的结构近似于锂离子电池的全固态电解质。如 Chang 等采用凝胶聚合物膜和 LISICON 包覆石墨作为负极，$LiFePO_4$ 作为正极，电池电压达到 3.2V[200]。

8.6.2 高电压水系锂离子电池的电解质材料

8.6.2.1 盐包水体系

在水系锂离子电池电解液中使用最多的无机锂盐是 $LiNO_3$、Li_2SO_4 以及 LiOH 等，发展前景较好的新型无机锂盐是 LiTFSI［双（三氟甲磺酰基）亚胺锂］。在 20 世纪 90 年代的一系列开创性工作中，Armand 等首先使用 LiTFSI 作为锂盐来设计新的聚合物电解质。之后，出现了很多关于 LiTFSI 作为聚合物电解质锂盐的报道。同时，前期的工作也表明，LiTFSI 有望作为水系锂离子电池电解质材料[207-208]。

LiTFSI 作为新兴的锂盐，研究者们在不同的溶液中测试了 LiTFSI 的性能。其最主要的优势是具有高溶解度。基于此，Marczewski 等利用 LiTFSI 和 1-乙基-3-甲基咪唑双（三氟甲磺酰基）亚胺盐（EmimTFSI）离子液体制备了"IL-in-salt"即"盐包离子液体"的电解液,形成超高浓度的 LiTFSI 离子液体电解液[209]。同理,利用 LiTFSI 和聚丙烯腈(PAN)制备了"polymer-in-salt",即"盐包聚合物"电解液[210]。

针对水系锂离子电池的稳定电化学窗口窄(一般低于 1.5V),能量密度低,不能形成稳定的 SEI 膜等问题,索鎏敏等制备了 21mol·kg^{-1} 的 LiTFSI 水溶液作为水系锂离子电池电解液。由于水与锂盐的比值低于 1,称之为"water-in-salt"(盐包水或 WIS)电解液。该电解液中不存在游离水分子,所有的水分子都通过溶剂化效应与离子结合。盐包水电解液具有两个主要特征:一是电解液中没有游离水分子存在,一定程度上阻碍了水分子与电极表面发生直接相互作用,电池的电化学窗口能够明显增大;二是活性物质的电化学行为发生了较大的变化,使得相同的电极材料可以得到不同的电化学反应窗口,即相同的电极材料可以得到不同的电池电压,如图 8-29 所示[9,211]。

由于在 WIS 电解液中,水作为添加剂,使得 WIS 电解液的性能更加接近纯的离子液体而不是液态电解液。电解液的稳定电化学窗口随着盐浓度的增大而增大。这种新型水系锂离子电池电解液的关键特性是能够在电极表面形成 SEI 保护膜,能够延缓析氢/析氧反应。

一般来说,引入 WIS 电解液并不能直接制备高电压水系锂离子电池。各研究团队报道的水系锂离子电池的电压都远低于 3V。比如以 LiFePO$_4$ 为正极,Mo$_6$S$_8$ 为负极组装的水系锂离子电池,其电池电压只有 1.3V[212]。然而,WIS 电解液为高电压水系锂离子电池领域的发展奠定了基础,大大促进了高电压水系锂离子电池的发展。

为了进一步研究 WIS 电解液在电极材料表面形成 SEI 保护膜的优势,研究者在 WIS 电解液中加入特定添加剂,促进 SEI 膜的形成。如在 21mol·kg^{-1} 的 LiTFSI 电解液中加入三(三甲基硅烷基)硼酸(TMSB),利用其氧化性,在电极表面形成更加稳定的 SEI 膜[213],从而使得 LiCoO$_2$ 的 Li$^+$ 脱出量大于 0.5,放电比容量高达 170mA·h·g^{-1}。为了增大水系锂离子电池的工作电压,在 WIS 电解液稳定电化学窗口内,采用 5V 电极材料作为正极,即 LiNi$_{0.5}$Mn$_{1.5}$O$_4$ 作为正极材料,可以使得水系锂离子电池的工作电压达到 2.4V[214]。

自提出水系锂离子电池以来,部分适用于有机系锂离子电池的阴极材料已经成功应用到水系锂离子电池中。然而,关键问题仍然是阳极,尽管 WIS 电解液提供了比较稳定的电化学窗口,但都不能在石墨阳极的氧化还原电位下工作。理论研究证明,在 1.5V(vs.Li/Li$^+$)以下的阳极表面,水累积会限制低电势阳极的应用[215]。Xu 等通过设计一种基于额外保护的 SEI 膜的方法,在石墨负极

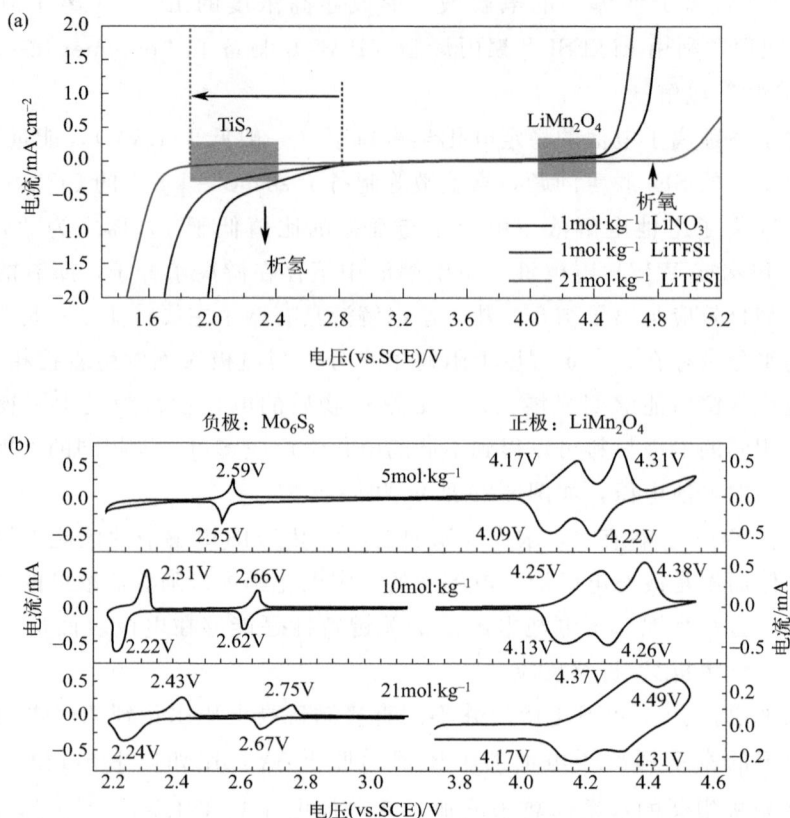

图 8-29　1mol·kg^{-1} LiNO$_3$、1mol·kg^{-1} LiTFSI 和 21mol·kg^{-1} LiTFSI 电解液的电化学稳定窗口［采用惰性集流体（不锈钢网）测试，CV 扫描速率为 10mV·s^{-1}，同时标注了 TiS$_2$ 和 LiMn$_2$O$_4$ 电极的氧化还原电位范围］(a)[211]；以 LiMn$_2$O$_4$ 和 Mo$_6$S$_8$ 作为电极测试不同浓度 LiTFSI 电解液的电化学稳定窗口（CV 扫描速率为 0.1mV·s^{-1}）(b)[9]

的应用上取得了突破[216]。他们用一种设计好的凝胶包覆石墨负极，该包覆层能够与 WIS 电解液完美匹配，阻碍水分子到达石墨电极表面，成功地将电池的电压提高到 4V。

WIS 电解液成本高，会部分抵消水系锂离子电池成本低的优势，阻碍了其实际应用。目前来看，WIS 电解液的优势在于以下两点：一是水分子的存在降低了电解液黏度，有利于质量传输；二是离子液体和 LiTFSI 的制造成本主要体现在纯化上，而不是合成。有机离子盐的特性使得其容易含有水分子，这在锂离子电池有机电解液中是严格避免的，而在水系锂离子电池中却不存在这个问题，可以降低成本。

8.6.2.2　水合物熔融电解液

另一种高压电解液是水合物熔融电解液，它的基础与 WIS 电解液相似。其原理是在水分子存在的情况下制备共晶熔融锂盐，在室温下保持流动性。在这种情况下，水分子更容易被离子捕获，以确保不存在任何游离水分子，从动力学方面抑制析氢反应发生。因此，水合物熔融电解液的稳定电化学窗口比 WIS 电解液更宽。Yamada 等比较了在不同电解液中，$Li_{0.5}FePO_4$ 正极材料平衡电位的偏移情况，其向上偏移量随着 Li^+ 质量摩尔浓度的增大而增大，其在 WIS 电解液中的向上偏移大于在传统电解液中的偏移，水合物熔融电解液中，$Li_{0.5}FePO_4$ 平衡电位向上偏移更大，使得电池可能具有更高的放电平台[217]。以 $Li(TFSI)_{0.7}(BETI)_{0.3} \cdot 2H_2O$ 水合物熔融盐，即双（三氟甲磺酰基）亚胺锂（LiTFSI）和双（五氟乙磺酰基）亚胺锂（LiPFSI）的水合物熔融盐作为电解液，水系 $Li_4Ti_5O_{12}//LiCoO_2$ 和 $Li_4Ti_5O_{12}//LiNi_{0.5}Mn_{1.5}O_4$ 锂离子电池的电压分别达到 2.3V 和 3.1V，能量密度大于 $130W \cdot h \cdot kg^{-1}$。然而，这并不意味着水合物熔融电解液就比 WIS 电解液更适用于水系锂离子电池。实际上，WIS 电解液表现出更好的电化学性能，电池表现出更大的能量密度。到目前为止，对水合物熔融电解液的研究还很少，对它的了解还处在摸索阶段。

8.6.2.3　固态电解质

固态电解质作为连接两个电极的桥梁，其界面性质，如界面电阻，与本体性质同样重要。对于电解液，其界面性质主要包括两方面，即与电极表面形成稳定的接触，和界面对离子转移的阻力（界面电荷转移电阻）。这两方面的界面性质共同决定界面总的电阻。实际上，高界面电阻是阻碍固态电解质实际应用的主要问题。

对水系锂离子电池而言，固态电解质能够完全避免泄漏，且有可能应用在柔性电池领域，因而受到一定的关注。然而，固态电解质并不能提高电化学窗口，其在高电压水系锂离子电池领域的应用主要作为水溶液隔离层，具体可参考8.3.5.1 金属锂负极一节。

出于安全等因素考虑，金属锂一般并不能直接作为电池负极使用，一般需要在金属锂表面形成保护膜，抑制金属锂表面枝晶的生长。相同的策略，可以利用一个不透水的隔膜使得材料的正负极分离。Zhang 等利用水性氧化还原电对 $Ni(OH)_2/NiOOH$ 和 $Li_{1+x+y}Al_xTi_{2-x}Si_yP_{3-y}O_{12}$ 玻璃陶瓷（固态电解质层）分离的 Li^+/Li 负极制备了半水系锂离子电池。电池表现出高的放电比容量，

$50mA \cdot g^{-1}$ 电流密度下，电池放电比容量超过 $250mA \cdot h \cdot g^{-1}$，放电电压平台达到 $3.38V^{[218]}$。

8.7
电池的电化学性能与界面研究

众所周知，固态电解质界面膜（SEI 膜）对有机系锂离子电池的循环稳定性起着至关重要的作用。充放电过程中，有机电解液分解，在电极表面形成 SEI 膜，使得电池能在很宽的电化学窗口内循环。换句话说，SEI 膜的存在拓宽了有机电解液的电化学窗口。同时，SEI 膜还起到了抑制电极活性物质与电解液发生副反应的作用。

SEI 膜在扩宽水系锂离子电池的电化学窗口方面也发挥着重要作用。在水系锂离子电池传统电解液中（如 $LiNO_3$、Li_2SO_4 溶液），没有有机离子存在，其电解液分解产物，如阳极形成的 H_2 或 OH^-，阴极形成的 O_2 或 H^+，都不能在电极表面形成固态沉积，即不能形成界面保护膜，因此其电化学窗口即为热力学稳定窗口。在水系锂离子电池中，最早报道存在 SEI 膜的是采用超高浓度 LiTFSI 溶液（盐包水电解液）作为电解液的水系锂离子电池，$TFSI^-$ 离子电化学还原，在负极表面形成以 LiF 为主的 SEI 膜，使得电池电化学窗口达到 $3V^{[9]}$。

在水系锂离子电池的电极表面形成 SEI 膜，可以将水系锂离子电池的电解液稳定电化学窗口从 1.23V 提高到 4.0V，使得高电压、高能量密度的水系锂离子电池成为可能。在水系锂离子电池的电极表面形成 SEI 膜，需要其还原物的分解电压在水分解电压之上，尽量减少析氢反应的影响。如在超高浓度（$21mol \cdot kg^{-1}$）LiTFSI 溶液中，$TFSI^-$ 在 2.3～2.9V 被还原，形成以 LiF 为主的 SEI 膜。索鎏敏等分析了在 WIS 电解液中，电极表面 LiF 类 SEI 膜的形成机理$^{[219]}$。研究发现，在电极表面形成的 SEI 膜，其组成以 LiF 为主，还包括 Li_2CO_3 和 Li_2O。SEI 膜的组成来源于两个方面，包括阴离子复合物或团簇和溶解氧、溶解二氧化碳的还原产物，其中阴离子还原形成 LiF，而溶解氧和溶解二氧化碳形成 Li_2O 和 Li_2CO_3。在稀浓度的电解液中，Li_2O 和 Li_2CO_3 会很快水解、溶解，因而不能形成 SEI 膜。WIS 电解液具有很少的游离水分子，因而电极表面吸附的水分子较少，可以抑制水分子分解反应。$TFSI^-$ 中的 CF_3^- 组分在 2.5V（vs. Li/Li^+）以上，会吸附在负极表面，促进 $TFSI^-$ 分解，从而形成 LiF 沉积物。鉴于水是最强大的溶剂之一，具有高介电常数、偶极矩和得失电子能力，水系电解液中形成的 SEI 膜面临着比非水电解液中形成的 SEI 膜更严峻的挑战。富 LiF 态的 SEI 膜在低浓度电解液，如 $1mol \cdot kg^{-1}$ LiTFSI 电解液中，不能在负极材料 Mo_6S_8 表面形成，主要是由于在 Mo_6S_8 负极表面主要发生水分解反应，其持续的析氢反应电位与 $TFSI^-$ 还原电位相近，甚至更高，从而阻碍 LiF 的形成。在稀溶液中，SEI 膜也更容易溶解到电解液中。因此高浓度 WIS 电解液不仅是形成 SEI 的关键，也是维持 SEI 的关键。

在 SEI 形成过程中，主要有三方面的不可逆还原反应，即阴离子，溶解氧或溶解二氧化碳，以及水分子。其中，水分子的分解会消耗 Li^+，不利于形成 SEI 膜。SEI 膜的形成，主要经历了以下三个阶段：

① 溶解气体和 $TFSI^-$ 被还原（1.9～2.9V），此电极电位仍位于电解液的电化学稳定窗口内。分解产物吸附在电极表面，完全形成 SEI 膜需要较长时间（几周恒流充放电），当电极处于低电位的时间足够长，还原产物如 LiF、Li_2CO_3 和 Li_2O 进一步黏附在负极表面，形成 SEI 膜，阻止析氢反应发生。

② 所有的不可逆反应同时存在（<1.9V），水开始分解产生 H_2，这个反应与溶解气体和 $TFSI^-$ 的还原反应产生竞争关系，阻碍还原产物黏附到负极表面。

③ 即使在长时间循环形成 SEI 膜以后，SEI 膜也面临着溶解、腐蚀、破裂和重组等问题，而超高浓度的电解液是修复和维持水系 SEI 膜的基础[219]。

SEI 膜的存在能够稳定电极/电解液的界面，提高材料的循环性能。在水系锂离子电池的电极材料表面原位形成无机 SEI 膜的研究仍处于初级阶段。通过包覆手段，非原位形成 SEI 膜可能是以后提高水系锂离子电池电化学性能的一个方向[220]。无机 SEI 膜的刚性结构可能在材料表面形成缺陷，其对电化学性能的影响尚不清楚。实际上，水系电解液也可能在电极表面形成有害的 SEI 膜。一般而言，如果 SEI 膜过厚或者没有渗透性，那么 SEI 膜就是有害的。同时，SEI 膜的组成也与电极材料相关，如在 Si 电极表面形成的 SEI 膜主要成分是 SiO_2[221]。增大电极材料的表面积，SEI 膜的作用将更加凸显。

在水系电解液中，电极材料表面结构可能会随着循环的进行而发生变化，在表面形成无电化学活性层，会阻碍 Li^+ 的嵌入/脱出反应。据报道，提高锂盐浓度能够降低 $LiCoO_2$ 表面该层的厚度[222]。

在饱和 Li_2SO_4 电解液中，$LiCoO_2$ 表现出非常好的循环性能，1C 充放电循环 1500 圈后，容量保持率仍达到 87%，同时其电极电位和放电比容量均能与在传统有机电解液中的性能相媲美；而饱和 $LiNO_3$ 作为电解液，电池电化学性能较差，主要是由于随着水的少量挥发，$LiNO_3$ 重结晶现象严重，严重影响电池性能。分析显示，$LiCoO_2$ 的容量衰减主要是由于在电极表面形成了离子导电性很低的无定形 CoO 层，此 CoO 层随着循环的进行厚度增大，电池的电阻加大，容量降低。通过提高电解液的浓度，降低电解液中水分子的含量，能够降低此

CoO 层的厚度，从而改善 $LiCoO_2$ 的性能。同时，随着电解液浓度升高，根据能斯特方程，$LiCoO_2$ 电极的氧化还原电位随之升高，有利于提高电池的输出电压；高浓度电解液能够降低水的活性，减少水诱导的副反应。

Li^+ 在 $LiMn_2O_4$ 薄膜电极/水溶液界面迁移的研究表明，Li^+ 在水系电解液中的界面迁移反应的活化能为 $23\sim25kJ \cdot mol^{-1}$，远远小于其在有机电解液（碳酸丙烯酯溶液）中的界面迁移反应的活化能（$50kJ \cdot mol^{-1}$），意味着在水系电解液中，Li^+ 具有更加快速的电荷迁移反应，对应于更加快速的 Li^+ 嵌入/脱出反应[5]。

8.8
集流体

水系锂离子电池集流体一般有镍网、钛箔/网、铝箔、不锈钢箔/网等。工业化有机系锂离子电池采用的集流体是铝箔（正极）和铜箔（负极）。铝箔会在表面形成氧化物保护层而表现出低的电催化活性，可以将水系锂离子电池的稳定电化学窗口扩宽到 4V（WIS 电解液）。需要注意的是，在水溶液中，金属集流体的腐蚀现象比在有机溶液中更加严重，且在电池充放电过程中，正负极集流体都可能遭到腐蚀。同时，集流体的选择要考虑电解液的 pH 值。一般来说，非常稳定的钛网对析氧反应具有很高的过电位，既能用作正极集流体也能用作负极集流体。由于镍和高浓度的 H^+ 反应，镍网不能用在酸性电解液中。同时，Ni 氧化为 Ni^{2+} 的氧化电势较低，因此也不能用作正极集流体。

8.9
离子混合电容器

结合电容器的长循环寿命、高倍率特性和电池的高能量密度的优点，设计离子混合电容器。碳材料在水中具有非常好的稳定性，但目前用于有机体系锂离子电池的石墨负极的 Li^+ 嵌入电位远低于水的析氢电位，不能用作水系锂离子电池的负极材料。Xia 等研究发现 Li^+ 可在活性炭电极表面发生吸/脱附反应来储存电荷，即电化学双层电容。以活性炭（AC）为负极，Li_2SO_4 溶液为电解液，$LiMn_2O_4$ 为正极，构筑离子混合电容器，其原理类似于"摇椅电池"。Li^+ 在负极活性炭表面吸附/解吸附，在 $LiMn_2O_4$ 正极发生 Li^+ 嵌入/脱出反应。克服了现有混合电容器在充放电过程中阴阳离子分离造成的电解质消耗的问题，具有高比功率、低成本、长寿命、高安全性和环境友好等优点。AC//$LiMn_2O_4$ 离子混合电容器，在 0.8~1.8V 工作电压范围内，基于电极材料的活性物质计算，其比能量约为 35W·h·kg^{-1}，在 10C 倍率下循环 20000 圈，容量损失率低于 5%[223]。

参考文献

[1] Li W，Dahn J R，Wainwright D S. Rechargeable lithium batteries with aqueous electrolytes. Science，1994，264：1115-1118.

[2] Li W，McKinnon W R，Dahn J R. Lithium intercalation from aqueous solutions. Journal of the Electrochemical Society，1994，141：2310-2316.

[3] Kim H，Hong J，Park K Y，et al. Aqueous rechargeable Li and Na ion batteries. Chemical Reviews，2014，114：11788-11827.

[4] Lee J W and Pyun S I. Investigation of lithium transport through $LiMn_2O_4$ film electrode in aqueous $LiNO_3$ solution. Electrochimica Acta，2004，49：753-761.

[5] Nakayama N，Nozawa T，Iriyama Y，et al. Interfacial lithium-ion transfer at the $LiMn_2O_4$ thin film electrode/aqueous solution interface. Journal of Power Sources，2007，174：695-700.

[6] Nakayama N，Yamada I，Huang Y，et al. Effects of specific adsorption of copper (Ⅱ) ion on charge transfer reaction at the thin film $LiMn_2O_4$ electrode/aqueous electrolyte interface. Electrochimica Acta，2009，54：3428-3432.

[7] Luo J Y，Xia Y Y. Aqueous lithium-ion battery $LiTi_2(PO_4)_3$/$LiMn_2O_4$ with high power and energy densities as well as superior cycling stability. Advanced Functional Materials，2007，17：3877-3884.

[8] Luo J Y，Cui W J，He P，et al. Raising the cycling stability of aqueous lithium-ion batteries by eliminating oxygen in the electrolyte. Nature Chemistry，2010，2：760-765.

[9] Suo L，Borodin O，Gao T，et al. "Water-in-salt" electrolyte enables high-voltage aqueous lithium-ion chemistries. Science，2015，350：938-943.

[10] Kandhasamy S，Pandey A，Minakshi M. Polyvinylpyrrolidone assisted sol-gel route Li-$Co_{1/3}Mn_{1/3}Ni_{1/3}PO_4$ composite cathode for aqueous rechargeable battery. Electrochimica Acta，2012，60：170-176.

[11] Tang W，Liu L L，Tian S，et al. Nano-$LiCoO_2$ as cathode material of large capacity and high rate capability for aqueous rechargeable lithium batteries. Electrochemistry Communications，2010，12：1524-1526.

[12] Ruffo R，Wessells C，Huggins R A，et al. Electrochemical behavior of $LiCoO_2$ as aqueous lithium-ion battery electrodes. Electrochemistry Communications，2009，11：247-249.

[13] Qu Q，Fu L，Zhan X，et al. Porous $LiMn_2O_4$ as cathode material with high power and excellent cycling for aqueous rechargeable lithium batteries. Energy & Environmental Sci-

ence，2011，4：3985-3990.

[14]　Liang L，Zhou M，Xie Y. Electrospun hierarchical LiV_3O_8 nanofibers assembled from nanosheets with exposed {100} facets and their enhanced performance in aqueous lithium-ion batteries. Chemistry an Asian Journal，2012，7：565-571.

[15]　Xu Y，Zheng L，Wu C，et al. New-phased metastable V_2O_3 porous urchinlike micro-nanostructures：facile synthesis and application in aqueous lithium ion batteries. Chemistry A European Journal，2011，17：384-391.

[16]　Cheng C，Li Z H，Zhan X Y，et al. A macaroni-like $Li_{12}V_3O_8$ nanomaterial with high capacity for aqueous rechargeable lithium batteries. Electrochimica Acta，2010，55：4627-4631.

[17]　Alias N，Mohamad A A. Advances of aqueous rechargeable lithium-ion battery：A review. Journal of Power Sources，2015，274：237-251.

[18]　Vujković M，Stojković I，Cvjetićanin N，et al. Gel-combustion synthesis of $LiFePO_4/C$ composite with improved capacity retention in aerated aqueous electrolyte solution. Electrochimica Acta，2013，92：248-256.

[19]　Zhao M，Zheng Q，Wang F，et al. Electrochemical performance of high specific capacity of lithium-ion cell $LiV_3O_8//LiMn_2O_4$ with $LiNO_3$ aqueous solution electrolyte. Electrochimica Acta，2011，56：3781-3784.

[20]　Choi J，Alvarez E，Arunkumar T A，et al. Proton insertion into oxide cathodes during chemical delithiation. Electrochemical and Solid-State Letters，2006，9：A241-A244.

[21]　Manthiram A，Choi J. Chemical and structural instabilities of lithium ion battery cathodes. Journal of Power Sources，2006，159：249-253.

[22]　Benedek R，Thackeray M M，van de Walle. A free energy for protonation reaction in lithium-ion battery cathode materials. Chemistry of Materials，2008，20：5485-5490.

[23]　Fernandez-Rodriguez J M，Hernan L，Morales J，et al. Low-temperature hydrothermal transformations of $LiCoO_2$ and $HCoO_2$. Materials Research Bulletin，1988，23：899-904.

[24]　Zhecheva E，Stoyanova R. $Li_{1-x-y}H_yCoO_2$：Metastable layered phases obtained by acid digestion of $LiCoO_2(O_3)$. Journal of Solid State Chemistry，1994，109：47-52.

[25]　Hunter J C. Preparation of a new crystal form of manganese dioxide：$\lambda-MnO_2$. Journal of Solid State Chemistry，1981，39：142-147.

[26]　Benedek R，Thackeray M M. Reaction energy for $LiMn_2O_4$ spinel dissolution in acid. Electrochemical and Solid-State Letters，2006，9：A265-A267.

[27]　Wang Y G，Luo J Y，Wang C X，et al. Hybrid aqueous energy storage cells using activated carbon and lithium-ion intercalated compounds. Journal of the Electrochemical Society，2006，153：A1425-A1431.

[28]　Zhang M，Dahn J R. Electrochemical lithium intercalation in VO_2(B) in aqueous electrolytes. Journal of the Electrochemical Society，1996，143：2730-2735.

[29]　Dahn J R，von Sacken U，Juzkow M W，et al. Rechargeable $LiNiO_2$/carbon cells. Journal of the Electrochemical Society，1991，138：2207-2211.

[30]　Li W，Dahn J R. Lithium-ion cells with aqueous electrolytes. Journal of the Electrochemi-

cal Society, 1995, 142: 1742-1746.

[31] Zhang S, Li Y, Wu C, et al. Novel flowerlike metastable vanadium dioxide (B) micro-nanostructures: Facile synthesis and application in aqueous lithium ion batteries. The Journal of Physical Chemistry C, 2009, 113: 15058-15067.

[32] Ni J, Jiang W, Yu K, et al. Hydrothermal synthesis of VO_2 (B) nanostructures and application in aqueous Li-ion battery. Electrochimica Acta, 2011, 56: 2122-2126.

[33] Wang G J, Zhao N H, Yang L C, et al. Characteristics of an aqueous rechargeable lithium battery (ARLB). Electrochimica Acta, 2007, 52: 4911-4915.

[34] Koehler J, Makihara H, Uegaito H, et al. LiV_3O_8: characterization as anode material for an aqueous rechargeable Li-ion battery system. Electrochimica Acta, 2000, 46: 59-65.

[35] Wang G, Fu L, Zhao N, et al. An aqueous rechargeable lithium battery with good cycling performance. Angewandte Chemie International Edition, 2007, 46: 295-297.

[36] Wang G J, Zhang H P, Fu L J, et al. Aqueous rechargeable lithium battery (ARLB) based on LiV_3O_8 and $LiMn_2O_4$ with good cycling performance. Electrochemistry Communications, 2007, 9: 1873-1876.

[37] Wang G J, Qu Q T, Wang B, et al. Electrochemical intercalation of lithium ions into LiV_3O_8 in an aqueous electrolyte. Journal of Power Sources, 2009, 189: 503-506.

[38] Heli H, Yadegari H, Jabbari A. Investigation of the lithium intercalation behavior of nanosheets of LiV_3O_8 in an aqueous solution. The Journal of Physical Chemistry C, 2011, 115: 10889-10897.

[39] Zhao M, Zhang B, Huang G, et al. Excellent rate capabilities of ($LiFePO_4$/C) // LiV_3O_8 in an optimized aqueous solution electrolyte. Journal of Power Sources, 2013, 232: 181-186.

[40] Li H, Zhai T, He P, et al. Single-crystal $H_2V_3O_8$ nanowires: a competitive anode with large capacity for aqueous lithium-ion batteries. Journal of Materials Chemistry, 2011, 21: 1780-1787.

[41] Nair V S, Cheah Y L, Madhavi S. Symmetric aqueous rechargeable lithium battery using $Na_{116}V_3O_8$ nanobelts electrodes for safe high volume energy storage applications. Journal of the Electrochemical Society, 2014, 161: A256-A263.

[42] Zhou D, Liu S, Wang H, et al. $Na_2V_6O_{16} \cdot 0.14H_2O$ nanowires as a novel anode material for aqueous rechargeable lithium battery with good cycling performance. Journal of Power Sources, 2013, 227: 111-117.

[43] Wu C, Hu Z, Wang W, et al. Synthetic paramontroseite VO_2 with good aqueous lithium-ion battery performance. Chemical Communications, 2008, 3891-3893.

[44] Xu Y, Zheng L, Xie Y. From synthetic montroseite VOOH to topochemical paramontroseite VO_2 and their applications in aqueous lithium ion batteries. Dalton Transactions, 2010, 39: 10729-10738.

[45] Wang H, Zeng Y, Huang K, et al. Improvement of cycle performance of lithium ion cell $LiMn_2O_4$/$Li_xV_2O_5$ with aqueous solution electrolyte by polypyrrole coating on anode. Electrochimica Acta, 2007, 52: 5102-5107.

[46] Stojković I, Cvjetićanin N, Pašti I, et al. Electrochemical behaviour of V_2O_5 xerogel in aqueous $LiNO_3$ solution. Electrochemistry Communications, 2009, 11: 1512-1514.

[47] Tang W, Gao X, Zhu Y, et al. A hybrid of V_2O_5 nanowires and MWCNTs coated with polypyrrole as an anode material for aqueous rechargeable lithium batteries with excellent cycling performance. Journal of Materials Chemistry, 2012, 22: 20143-20145.

[48] Reiman K H, Brace K M, Gordon-Smith T J, et al. Lithium insertion into TiO_2 from aqueous solution——Facilitated by nanostructure. Electrochemistry Communications, 2006, 8: 517-522.

[49] Manickam M, Singh P, Issa T B, et al. Electrochemical behavior of anatase TiO_2 in aqueous lithium hydroxide electrolyte. Journal of Applied Electrochemistry, 2006, 36: 599-602.

[50] Luo J Y, Liu J L, He P, et al. A novel $LiTi_2(PO_4)_3/MnO_2$ hybrid supercapacitor in lithium sulfate aqueous electrolyte. Electrochimica Acta, 2008, 53: 8128-8133.

[51] Wessells C, la Mantia F, Deshazer H, et al. Synthesis and electrochemical performance of a lithium titanium phosphate anode for aqueous lithium-ion batteries. Journal of the Electrochemical Society, 2011, 158: A352-A355.

[52] Wessells C, Huggins R A, Cui Y. Recent results on aqueous electrolyte cells. Journal of Power Sources, 2011, 196: 2884-2888.

[53] Wang H, Huang K, Zeng Y, et al. Electrochemical properties of TiP_2O_7 and $LiTi_2(PO_4)_3$ as anode material for lithium ion battery with aqueous solution electrolyte. Electrochimica Acta, 2007, 52: 3280-3285.

[54] Wang G, Qu Q, Wang B, et al. An aqueous electrochemical energy storage system based on doping and intercalation: $Ppy//LiMn_2O_4$. ChemPhysChem, 2008, 9: 2299-2301.

[55] Qin H, Song Z P, Zhan H, et al. Aqueous rechargeable alkali-ion batteries with polyimide anode. Journal of Power Sources, 2014, 249: 367-372.

[56] Liu L, Tian F, Zhou M, et al. Aqueous rechargeable lithium battery based on polyaniline and $LiMn_2O_4$ with good cycling performance. Electrochimica Acta, 2012, 70: 360-364.

[57] Baudrin E, Sudant G, Larcher D, et al. Preparation of nanotextured VO_2 [B] from vanadium oxide aerogels. Chemistry of Materials, 2006, 18: 4369-4374.

[58] Chae B G, Kim H T, Yun S J, et al. Highly oriented VO_2 thin films prepared by sol-gel deposition. Electrochemical and Solid-State Letters, 2006, 9: C12-C14.

[59] Warwick M E A, Ridley I, Binions R. Electric fields in the chemical vapour deposition growth of vanadium dioxide thin films. Journal of Nanoscience and Nanotechnology, 2011, 11: 8158-8162.

[60] Binions R, Hyett G, Piccirillo C, et al. Doped and un-doped vanadium dioxide thin films prepared by atmospheric pressure chemical vapour deposition from vanadyl acetylacetonate and tungsten hexachloride: The effects of thickness and crystallographic orientation on thermochromic properties. Journal of Materials Chemistry, 2007, 17: 4652-4660.

[61] Cezar A B, Graff I L, Rikers Y, et al. Highly oriented VO_2 thin films prepared by elec-

trodeposition. Electrochemical and Solid-State Letters，2011，14：D23-D25.

[62] Wang G X，Zhong S，Bradhurst D H，et al. Secondary aqueous lithium-ion batteries with spinel anodes and cathodes. Journal of Power Sources，1998，74：198-201.

[63] Wang F，Liu Y，Liu C Y. Hydrothermal synthesis of carbon/vanadium dioxide core-shell microspheres with good cycling performance in both organic and aqueous electrolytes. Electrochimica Acta，2010，55：2662-2666.

[64] Pistoia G，Pasquoli M，Wang G，et al. Li/Li$_{1+x}$V$_3$O$_8$ secondary batteries synthesis and characterization of an amorphous form of the cathode. Journal of the Electrochemical Society，1990，137：2365-2370.

[65] Sarkar S，Banda H，Mitra S. High capacity lithium-ion battery cathode using LiV$_3$O$_8$ nanorods. Electrochimica Acta，2013，99：242-252.

[66] Lee K P，Manesh K M，Kim K S，et al. Synthesis and characterization of nanostructured wires (1D) to plates (3D) LiV$_3$O$_8$ combining sol-gel and electrospinning processes. Journal of Nanoscience and Nanotechnology，2009，9：417-422.

[67] Liu L L，Tang W，Tian S，et al. LiV$_3$O$_8$ nanomaterial as anode with good cycling performance for aqueous rechargeable lithium batteries. Functional Materials Letters，2012，4：315-318.

[68] Gao J，Jiang C，Wan C. Preparation and characterization of spherical Li$_{1+x}$V$_3$O$_8$ cathode material for lithium secondary batteries. Journal of Power Sources，2004，125：90-94.

[69] Caballero A，Morales J，Vargas O A. Electrochemical instability of LiV$_3$O$_8$ as an electrode material for aqueous rechargeable lithium batteries. Journal of Power Sources，2010，195：4318-4321.

[70] Kawakita J，Miura T，Kishi T. Lithium insertion and extraction kinetics of Li$_{1+x}$V$_3$O$_8$ Journal of Power Sources，1999，83：79-83.

[71] Wang H，Huang K，Zeng Y，et al. Stabilizing cyclability of an aqueous lithium-ion battery LiNi$_{1/3}$Mn$_{1/3}$Co$_{1/3}$O$_2$/Li$_x$V$_2$O$_5$ by polyaniline coating on the anode. Electrochemical and Solid-State Letters，2007，10：A199-A203.

[72] Liu L L，Wang X J，Zhu Y S，et al. Polypyrrole-coated LiV$_3$O$_8$-nanocomposites with good electrochemical performance as anode material for aqueous rechargeable lithium batteries. Journal of Power Sources，2013，224：290-294.

[73] Surca A，Orel B，Drazic G，et al. Ex situ and in situ infrared spectroelectrochemical investigations of V$_2$O$_5$ crystalline films. journal of the Electrochemical Society，1999，146：232-242.

[74] Ng S H，Chew S Y，Wang J，et al. Synthesis and electrochemical properties of V$_2$O$_5$ nanostructures prepared via a precipitation process for lithium-ion battery cathodes. Journal of Power Sources，2007，174：1032-1035.

[75] Zhang X，Wu M，Gao S，et al. Facile synthesis of uniform flower-like V$_2$O$_5$ hierarchical architecture for high-performance Li-ion battery. Materials Research Bulletin，2014，60：659-664.

[76] Whittingham M S. Lithium batteries and cathode. Materials Chemical Reviews，2004，104：4271-4301.

[77] Xiao F, Song X, Li Z, et al. Embedding of Mg-doped V_2O_5 nanoparticles in a carbon matrix to improve their electrochemical properties for high-energy rechargeable lithium batteries. Journal of Materials Chemistry A, 2017, 5: 17432-17441.

[78] Bao J, Zhou M, Zeng Y, et al. $Li_{0.3}V_2O_5$ with high lithium diffusion rate: a promising anode material for aqueous lithium-ion batteries with superior rate performance. Journal of Materials Chemistry A, 2013, 1: 5423-5429.

[79] Dernier P D, Marezio M. Crystal structure of the low-temperature antiferromagnetic phase of V_2O_3. Physical Review B, 1970, 2: 3771-3776.

[80] Sun Y, Jiang S, Bi W, et al. Highly ordered lamellar V_2O_3-based hybrid nanorods towards superior aqueous lithium-ion battery performance. Journal of Power Sources, 2011, 196: 8644-8650.

[81] Wu M S, Wang M J, Jow J J, et al. Electrochemical fabrication of anatase TiO_2 nanostructure as an anode material for aqueous lithium-ion batteries. Journal of Power Sources, 2008, 185: 1420-1424.

[82] Liu S, Pan G L, Yan N F, et al. Aqueous $TiO_2/Ni(OH)_2$ rechargeable battery with a high voltage based on proton and lithium insertion/extraction reactions. Energy & Environmental Science, 2010, 3: 1732-1735.

[83] Aatiq A, Ménétrier M, Croguennec L, et al. On the structure of $Li_3Ti_2(PO_4)_3$. Journal of Materials Chemistry, 2002, 12: 2971-2978.

[84] Sanz J, Iglesias J E. Structural disorder in the cubic $3 \times 3 \times 3$ superstructure of TiP_2O_7 XRD and NMR study. Chemistry of Materials, 1997, 9: 996-1003.

[85] Hao Y, Wu C, Cui Y, et al. Preparation and electrochemical performances of submicro-TiP_2O_7 cathode for lithium ion batteries. Ionics, 2014, 20: 1079-1085.

[86] Rai A K, Gim J, Song J, et al. Electrochemical and safety characteristics of TiP_2O_7-graphene nanocomposite anode for rechargeable lithium-ion batteries. Electrochimica Acta, 2012, 75: 247-253.

[87] Patoux S, Masquelier C. Lithium insertion into titanium phosphates, silicates, and sulfates. Chemistry of Materials, 2002, 14: 5057-5068.

[88] Sun K, Juarez D A, Huang H, et al. Aqueous lithium ion batteries on paper substrates. Journal of Power Sources, 2014, 248: 582-587.

[89] Liu X H, Saito T, Doi T, et al. Electrochemical properties of rechargeable aqueous lithium ion batteries with an olivine-type cathode and a Nasicon-type anode. Journal of Power Sources, 2009, 189: 706-710.

[90] Tung V C, Allen M J, Yang Y, et al. High-throughput solution processing of large-scale graphene. Nature Nanotechnology, 2009, 4: 25-29.

[91] Sun D, Xue X, Tang Y, et al. High-rate $LiTi_2(PO_4)_3$@N-C composite via Bi-nitrogen sources doping. ACS Applied Materials & Interfaces, 2015, 7: 28337-28345.

[92] Zhou Z, Luo W, Huang H, et al. $LiTi_2(PO_4)_3$@carbon/graphene hybrid as superior anode materials for aqueous lithium ion batteries. Ceramics International, 2017, 43: 99-105.

[93] He Z, Jiang Y, Sun D, et al. Advanced $LiTi_2(PO_4)_3$/C anode by incorporation of car-

bon nanotubes for aqueous lithium-ion batteries. Ionics，2016，23：575-583.

[94] Aono H，Sugimoto E，Sadaoka Y，et al. Ionic conductivity of the lithium titanium phosphate（$Li_{1+x}M_xTi_{2-x}$（PO_4）$_3$，M ＝ Al，Sc，Y，and La）systems. Journal of the Electrochemical Society，1989，136：590-591.

[95] Liu L，Song T，Han H，et al. Electrospun Sn-doped $LiTi_2$（PO_4）$_3$/C nanofibers for ultra-fast charging and discharging. Journal of Materials Chemistry A，2015，3：10395-10402.

[96] Liu N，He Z，Zhang X，et al. Synthesis and electrochemical properties of Na-doped $LiTi_2$（PO_4）$_3$@carbon composite as anode for aqueous lithium ion batteries. Ceramics International，2017，43：11481-11487.

[97] Wang H，Zhang H，Cheng Y，et al. Rational design and synthesis of $LiTi_2$（PO_4）$_{3-x}F_x$ anode materials for high-performance aqueous lithium ion batteries. Journal of Materials Chemistry A，2017，5：593-599.

[98] Li C，Sun X，Du Q，et al. Carbon-coated TiP_2O_7 with improved cyclability in aqueous electrolytes. Solid State Ionics，2013，249-250：72-77.

[99] Wu W，Shanbhag S，Wise A，et al. High performance TiP_2O_7 based intercalation negative electrode for aqueous lithium-ion batteries via a facile synthetic route. Journal of the Electrochemical Society，2015，162：A1921-A1926.

[100] Wang G J，Yang L C，Qu Q T，et al. An aqueous rechargeable lithium battery based on doping and intercalation mechanisms. Journal of Solid State Electrochemistry，2010，14：865-869.

[101] Chen L，Li W，Guo Z，et al. Aqueous lithium-ion batteries using O_2 self-elimination polyimides electrodes. Journal of the Electrochemical Society，2015，162：A1972-A1977.

[102] Dong X，Yu H，Ma Y，et al. All-organic rechargeable battery with reversibility supported by " water-in-salt" electrolyte. Chemistry——A European Journal，2017，23：2560-2565.

[103] 易金，王永刚，夏永姚. 水系锂离子电池的研究进展. 科学通报，2013（32）：3274-3286.

[104] Wang X，Hou Y，Zhu Y，et al. An aqueous rechargeable lithium battery using coated Li metal as anode. Scientific Reports，2013，3：1401-1405.

[105] Wang X，Qu Q，Hou Y，et al. An aqueous rechargeable lithium battery of high energy density based on coated Li metal and $LiCoO_2$. Chemical Communications，2013，49：6179-6181.

[106] Hou Y，Wang X，Zhu Y，et al. Macroporous $LiFePO_4$ as a cathode for an aqueous rechargeable lithium battery of high energy density. Journal of Materials Chemistry A，2013，1：14713-14718.

[107] Li H，Wang Y，Na H，et al. Rechargeable Ni-Li battery integrated aqueous/nonaqueous system. Journal of the American Chemical Society，2009，131：15098-15099.

[108] Zhang T，Imanishi N，Hirano A，et al. Stability of Li/Polymer electrolyte-ionic liquid composite/lithium conducting glass ceramics in an aqueous electrolyte. Electrochemical and Solid-State Letters，2011，14：A45-A48.

[109] Yan J, Wang J, Liu H, et al. Rechargeable hybrid aqueous batteries. Journal of Power Sources, 2012, 216: 222-226.

[110] Zhang H, Wu X, Yang T, et al. Cooperation behavior between heterogeneous cations in hybrid batteries. Chemical Communications, 2013, 49: 9977-9979.

[111] Tang W, Liu L, Zhu Y, et al. An aqueous rechargeable lithium battery of excellent rate capability based on a nanocomposite of MoO_3 coated with PPy and $LiMn_2O_4$. Energy & Environmental Science, 2012, 5: 6909-6913.

[112] Tang W, Liu L, Tian S, et al. Aqueous supercapacitors of high energy density based on MoO_3 nanoplates as anode material. Chemical Communications, 2011, 47: 10058-10060.

[113] Shakir I, Shahid M, Yang H W, et al. Structural and electrochemical characterization of α-MoO_3 nanorod-based electrochemical energy storage devices. Electrochimica Acta, 2010, 56: 376-380.

[114] Ali E. Electrochemical behavior of thin-film $LiMn_2O_4$ electrode in aqueous media. Electrochimica Acta, 2001, 47: 495-499.

[115] Wang G J, Fu L J, Wang B, et al. An aqueous rechargeable lithium battery based on LiV_3O_8 and Li$[Ni_{1/3}Co_{1/3}Mn_{1/3}]O_2$. Journal of Applied Electrochemistry, 2007, 38: 579-581.

[116] Deutscher R L, Florence T M, Woods R. Investigations on an aqueous lithium secondary cell. Journal of Power Sources, 1995, 55: 41-46.

[117] Manickam M, Singh P, Thurgate S, et al. Redox behavior and surface characterization of $LiFePO_4$ in lithium hydroxide electrolyte. Journal of Power Sources, 2006, 158: 646-649.

[118] Sauvage F, Laffont L, Tarascon J M, et al. Factors affecting the electrochemical reactivity vs lithium of carbon-free $LiFePO_4$ thin films. Journal of Power Sources, 2008, 175: 495-501.

[119] Manjunatha H, Venkatesha T V, Suresh G S. Kinetics of electrochemical insertion of lithium ion into $LiFePO_4$ from aqueous 2M Li_2SO_4 solution studied by potentiostatic intermittent titration technique. Electrochimica Acta, 2011, 58: 247-257.

[120] Minakshi M, Singh P, Thurgate S, et al. Electrochemical behavior of olivine-type $LiMnPO_4$ in aqueous solutions. Electrochemical and Solid-State Letters, 2006, 9: A471-A474.

[121] Zhao M, Huang G, Qu F, et al. Electrochemical performances of ($LiMn_{0.6}Fe_{0.4}PO_4$/C)//LiV_3O_8 in different aqueous solution electrolyte. Electrochimica Acta, 2015, 151: 50-55.

[122] Minakshi M, Singh P, Sharma N, et al. Lithium extraction-insertion from/into $LiCoPO_4$ in aqueous batteries. Industrial & Engineering Chemistry Research, 2011, 50: 1899-1905.

[123] Minakshi M, Singh P, Appadoo D, et al. Synthesis and characterization of olivine $LiNiPO_4$ for aqueous rechargeable battery. Electrochimica Acta, 2011, 56: 4356-4360.

[124] Minakshi M, Sharma N, Ralph D, et al. Synthesis and characterization of Li($Co_{0.5}Ni_{0.5}$)

PO$_4$ cathode for Li-ion aqueous battery applications. Electrochemical and Solid-State Letters, 2011, 14: A86-A89.

[125] Minakshi M. Lithium intercalation into amorphous FePO$_4$ cathode in aqueous solutions. Electrochimica Acta, 2010, 55: 9174-9178.

[126] Wessells C D, Peddada S V, McDowell M T, et al. The effect of insertion species on nanostructured open framework hexacyanoferrate battery electrodes. Journal of the Electrochemical Society, 2012, 159: A98-A103.

[127] Arun N, Aravindan V, Ling W C, et al. Importance of nanostructure for reversible Li-insertion into octahedral sites of LiNi$_{0.5}$Mn$_{1.5}$O$_4$ and its application towards aqueous Li-ion chemistry. Journal of Power Sources, 2015, 280: 240-245.

[128] Abou-El-Sherbini K S, Askar M H. Lithium insertion into manganese dioxide polymorphs in aqueous electrolytes. Journal of Solid State Electrochemistry, 2003, 7: 435-441.

[129] Wang Y G, Xia Y Y. Hybrid aqueous energy storage cells using activated carbon and lithium-intercalated compounds. Journal of the Electrochemical Society, 2006, 153: A450-A454.

[130] Tian L, Yuan A. Electrochemical performance of nanostructured spinel LiMn$_2$O$_4$ in different aqueous electrolytes. Journal of Power Sources, 2009, 192: 693-697.

[131] Tron A, Park Y D, Mun J. AlF$_3$-coated LiMn$_2$O$_4$ as cathode material for aqueous rechargeable lithium battery with improved cycling stability. Journal of Power Sources, 2016, 325: 360-364.

[132] Tang W, Tian S, Liu L L, et al. Nanochain LiMn$_2$O$_4$ as ultra-fast cathode material for aqueous rechargeable lithium batteries. Electrochemistry Communications, 2011, 13: 205-208.

[133] Tang W, Liu L L, Tian S, et al. LiMn$_2$O$_4$ nanorods as a super-fast cathode material for aqueous rechargeable lithium batteries. Electrochemistry Communications, 2011, 13: 1159-1162.

[134] Zhao M, Song X, Wang F, et al. Electrochemical performance of single crystalline spinel LiMn$_2$O$_4$ nanowires in an aqueous LiNO$_3$ solution. Electrochimica Acta, 2011, 56: 5673-5678.

[135] Li Z, Wang L, Li K, et al. LiMn$_2$O$_4$ rods as cathode materials with high rate capability and good cycling performance in aqueous electrolyte. Journal of Alloys and Compounds, 2013, 580: 592-597.

[136] Tang W, Zhu Y, Hou Y, et al. Aqueous rechargeable lithium batteries as an energy storage system of superfast charging. Energy & Environmental Science, 2013, 6: 2093-2104.

[137] Yuan A, Tian L, Xu W, et al. Al-doped spinel LiAl$_{0.1}$Mn$_{1.9}$O$_4$ with improved high-rate cyclability in aqueous electrolyte. Journal of Power Sources, 2010, 195: 5032-5038.

[138] Cvjeticanin N, Stojkovic I, Mitric M, et al. Cyclic voltammetry of LiCr$_{0.15}$Mn$_{1.85}$O$_4$ in an aqueous LiNO$_3$ solution. Journal of Power Sources, 2007, 174: 1117-1120.

[139] Xu W, Yuan A, Tian L, et al. Improved high-rate cyclability of sol-gel derived Cr-doped spinel $LiCr_yMn_{2-y}O_4$ in an aqueous electrolyte. Journal of Applied Electrochemistry, 2011, 41: 453-460.

[140] Stojković I B, Cvjetićanin N D, Mentus S V. The improvement of the Li-ion insertion behaviour of $Li_{1.05}Cr_{0.10}Mn_{1.85}O_4$ in an aqueous medium upon addition of vinylene carbonate. Electrochemistry Communications, 2010, 12: 371-373.

[141] Zhu Q, Zheng S, Lu X, et al. Improved cycle performance of $LiMn_2O_4$ cathode material for aqueous rechargeable lithium battery by LaF_3 coating. Journal of Alloys and Compounds, 2016, 654: 384-391.

[142] Tang W, Hou Y, Wang F, et al. $LiMn_2O_4$ nanotube as cathode material of second-level charge capability for aqueous rechargeable batteries. Nano Letters, 2013, 13: 2036-2040.

[143] Pei W, Hui Y, Yang H Y. Electrochemical behavior of Li-Mn spinel electrode material in aqueous solution. Journal of Power Sources, 1996, 63: 275-278.

[144] Jayalakshmi M, Mohan Rao M and Scholz F. Electrochemical behavior of solid lithium manganate ($LiMn_2O_4$) in aqueous neutral electrolyte solutions. Langmuir, 2003, 19: 8403-8408.

[145] Chen S, Mi C, Su L, et al. Improved performances of mechanical-activated $LiMn_2O_4$/MWNTs cathode for aqueous rechargeable lithium batteries. Journal of Applied Electrochemistry, 2009, 39: 1943-1948.

[146] Wang G J, Qu Q T, Wang B, et al. Electrochemical behavior of $LiCoO_2$ in a saturated aqueous Li_2SO_4 solution. Electrochimica Acta, 2009, 54: 1199-1203.

[147] Gu X, Liu J L, Yang J H, et al. First-principles study of H^+ intercalation in layer-structured $LiCoO_2$. The Journal of Physical Chemistry C, 2011, 115: 12672-12676.

[148] Mohan Rao M, Jayalakshmi M, Schaf O, et al. Electrochemical behaviour of solid lithium cobaltate ($LiCoO_2$) and lithium manganate ($LiMn_2O_4$) in an aqueous electrolyte system. Journal of Solid State Electrochemistry, 2001, 5: 50-56.

[149] Mohan Rao M, Jayalakshmi M, Schaf O, et al. Electrochemical behaviour of solid lithium nickelate ($LiNiO_2$) in an aqueous electrolyte system. Journal of Solid State Electrochemistry, 1999, 4: 17-23.

[150] Ruffo R, la Mantia F, Wessells C, et al. Electrochemical characterization of $LiCoO_2$ as rechargeable electrode in aqueous $LiNO_3$ electrolyte. Solid State Ionics, 2011, 192: 289-292.

[151] Wang Y G, Lou J Y, Wu W, et al. Hybrid aqueous energy storage cells using activated carbon and lithium-ion intercalated compounds. Journal of the Electrochemical Society, 2007, 154: A228-A234.

[152] Mahesh K C, Manjunatha H, Shivashankaraiah R B, et al. Synthesis of $LiNi_{1/3}Mn_{1/3}Co_{1/3}O_2$ cathode material and its electrochemical characterization in an aqueous electrolyte. Journal of the Electrochemical Society, 2012, 159: A1040-A1047.

[153] Shivashankaraiah R B, Manjunatha H, Mahesh K C, et al. Electrochemical characterization of polypyrrole-$LiNi_{1/3}Mn_{1/3}Co_{1/3}O_2$ composite cathode material for aqueous re-

chargeable lithium batteries. Journal of Solid State Electrochemistry, 2012, 16: 1279-1290.

[154] Wang F, Xiao S, Chang Z, et al. Nanoporous $LiNi_{(1/3)} Co_{(1/3)} Mn_{(1/3)} O_2$ as an ultra-fast charge cathode material for aqueous rechargeable lithium batteries. Chemical Communications, 2013, 49: 9209-9211.

[155] Mi C H, Zhang X G, Li H L. Electrochemical behaviors of solid $LiFePO_4$ and $Li_{0.99}Nb_{0.01}FePO_4$ in Li_2SO_4 aqueous electrolyte. Journal of Electroanalytical Chemistry, 2007, 602: 245-254.

[156] He P, Liu J L, Cui W J, et al. Investigation on capacity fading of $LiFePO_4$ in aqueous electrolyte. Electrochimica Acta, 2011, 56: 2351-2357.

[157] Liu Y, Mi C, Yuan C, et al. Improvement of electrochemical and thermal stability of $LiFePO_4$ cathode modified by CeO_2. Journal of Electroanalytical Chemistry, 2009, 628: 73-80.

[158] Manjunatha H, Venkatesha T V, Suresh G S. Electrochemical studies of $LiMnPO_4$ as aqueous rechargeable lithium-ion battery electrode. Journal of Solid State Electrochemistry, 2011, 16: 1941-1952.

[159] Zhao M, Huang G, Zhang W, et al. Electrochemical behaviors of $LiMn_{1-x}Fe_xPO_4/C$ cathode materials in an aqueous electrolyte with/without dissolved oxygen. Energy & Fuels, 2013, 27: 1162-1167.

[160] Feng Q, Yanagisawa K, Yamasaki N. Hydrothermal soft chemical process for synthesis of manganese oxides with tunnel structures. Journal of Porous Materials, 1998, 5: 153-161.

[161] Thackeray M M. Manganese oxides for lithium batteries. Progress in Solid State Chemistry, 1997, 25: 1-71.

[162] Xu C, Du H, Li B, et al. Asymmetric activated carbon-manganese dioxide capacitors in mild aqueous electrolytes containing alkaline-earth cations. Journal of the Electrochemical Society, 2009, 156: A435-A441.

[163] Xu C, Du H, Li B, et al. Capacitive behavior and charge storage mechanism of manganese dioxide in aqueous solution containing bivalent cations. Journal of the Electrochemical Society, 2009, 156: A73-A78.

[164] Ghodbane O, Pascal J L, Favier F D R. Microstructural effects on charge-storage properties in MnO_2-based electrochemical supercapacitors. ACS Applied Materials & Interfaces, 2009, 1: 1130-1139.

[165] Alfaruqi M H, Islam S, Gim J, et al. A high surface area tunnel-type α-MnO_2 nanorod cathode by a simple solvent-free synthesis for rechargeable aqueous zinc-ion batteries. Chemical Physics Letters, 2016, 650: 64-68.

[166] Alfaruqi M H, Mathew V, Gim J, et al. Electrochemically induced structural transformation in a γ-MnO_2 cathode of a high capacity zinc-ion battery system. Chemistry of Materials, 2015, 27: 3609-3620.

[167] Stani A, Taucher-Mautner W, Kordesch K, et al. Development of flat plate rechargeable alkaline manganese dioxide-zinc cells. Journal of Power Sources, 2006, 153:

405-412.

[168] Xu C，Li B，Du H，et al. Energetic zinc ion chemistry：the rechargeable zinc ion battery. Angewandte Chemie International Edition，2012，51：933-935.

[169] Yuan A，Zhang Q. A novel hybrid manganese dioxide/activated carbon supercapacitor using lithium hydroxide electrolyte. Electrochemistry Communications，2006，8：1173-1178.

[170] Qu Q，Zhang P，Wang B，et al. Electrochemical performance of MnO_2 nanorods in neutral aqueous electrolytes as a cathode for asymmetric supercapacitors. The Journal of Physical Chemistry C，2009，113：14020-14027.

[171] Saha S，Pal A. Microporous assembly of MnO_2 nanosheets for malachite green degradation. Separation and Purification Technology，2014，134：26-36.

[172] Athouel L，Moser F，Dugas R，et al. Variation of the MnO_2 birnessite structure upon charge/discharge in an electrochemical supercapacitor electrode in aqueous Na_2SO_4 electrolyte. The Journal of Physical Chemistry C，2008，112：7270-7277.

[173] Beaudrouet E，la Salle A le Gal，Guyomard D. Nanostructured manganese dioxides：Synthesis and properties as supercapacitor electrode materials. Electrochimica Acta，2009，54：1240-1248.

[174] Li Q，Luo G，Li J，et al. Preparation of ultrafine MnO_2 powders by the solid state method reaction of $KMnO_4$ with Mn（Ⅱ）salts at room temperature. Journal of Materials Processing Technology，2003，137：25-29.

[175] Kim S H，Kim S J，Oh S M. Preparation of layered MnO_2 via thermal decomposition of $KMnO_4$ and its electrochemical characterizations. Chemistry of Materials，1999，11：557-563.

[176] Wang J，Liu J，Zhou Y，et al. One-pot facile synthesis of hierarchical hollow microspheres constructed with MnO_2 nanotubes and their application in lithium storage and water treatment. RSC Advances，2013，3：25937-25943.

[177] Yin B，Zhang S，Jiao Y，et al. Facile synthesis of ultralong MnO_2 nanowires as high performance supercapacitor electrodes and photocatalysts with enhanced photocatalytic activities. CrystEngComm，2014，16：9999-10005.

[178] Sung D Y，Kim I Y，Kim T W，et al. Room temperature synthesis routes to the 2D nanoplates and 1D nanowires/nanorods of manganese oxides with highly stable pseudocapacitance behaviors. The Journal of Physical Chemistry C，2011，115：13171-13179.

[179] Dang L，Wei C，Ma H，et al. Three-dimensional honeycomb-like networks of birnessite manganese oxide assembled by ultrathin two-dimensional nanosheets with enhanced Li-ion battery performances. Nanoscale，2015，7：8101-8109.

[180] Subramanian V，Zhu H，Vajtai R，et al. Hydrothermal synthesis and pseudocapacitance properties of MnO_2 nanostructures. The Journal of Physical Chemistry B，2005，109：20207-20214.

[181] Yue J，Gu X，Chen L，et al. General synthesis of hollow MnO_2，Mn_3O_4 and MnO nanospheres as superior anode materials for lithium ion batteries. Journal of Materials Chemistry A，2014，2：17421-17426.

[182] Yang Y J, Liu E H, Li L M, et al. Nanostructured amorphous MnO_2 prepared by reaction of $KMnO_4$ with triethanolamine. Journal of Alloys and Compounds, 2010, 505: 555-559.

[183] Brousse T, Toupin M, Dugas R, et al. Crystalline MnO_2 as possible alternatives to amorphous compounds in electrochemical supercapacitors. Journal of the Electrochemical Society, 2006, 153: A2171-A2180.

[184] Collins K D. Ion hydration: Implications for cellular function, polyelectrolytes, and protein crystallization. Biophysical Chemistry, 2006, 119: 271-281.

[185] Tang X, Li H, Liu Z H, et al. Preparation and capacitive property of manganese oxide nanobelt bundles with birnessite-type structure. Journal of Power Sources, 2011, 196: 855-859.

[186] Wu M S, Lee R H. Nanostructured manganese oxide electrodes for lithium-ion storage in aqueous lithium sulfate electrolyte. Journal of Power Sources, 2008, 176: 363-368.

[187] Minakshi M, Singh P, Issa T B, et al. Lithium insertion into manganese dioxide electrode in MnO_2/Zn aqueous battery. Journal of Power Sources, 2006, 153: 165-169.

[188] Minakshi M, Singh P, Mitchell D R G, et al. A study of lithium insertion into MnO_2 containing TiS_2 additive a battery material in aqueous LiOH solution. Electrochimica Acta, 2007, 52: 7007-7013.

[189] Minakshi M, Mitchell D R G, Prince K. Incorporation of TiB_2 additive into MnO_2 cathode and its influence on rechargeability in an aqueous battery system. Solid State Ionics, 2008, 179: 355-361.

[190] Minakshi M, Mitchell D R G, Carter M L, et al. Microstructural and spectroscopic investigations into the effect of CeO_2 additions on the performance of a MnO_2 aqueous rechargeable battery. Electrochimica Acta, 2009, 54: 3244-3249.

[191] Minakshi M, Nallathamby K, Mitchell D R G. Electrochemical characterization of an aqueous lithium rechargeable battery: The effect of CeO_2 additions to the MnO_2 cathode. Journal of Alloys and Compounds, 2009, 479: 87-90.

[192] Minakshi M, Mitchell D R G. The influence of bismuth oxide doping on the rechargeability of aqueous cells using MnO_2 cathode and LiOH electrolyte. Electrochimica Acta, 2008, 53: 6323-6327.

[193] Liu J, Yi L, Liu L, et al. LiV_3O_8 nanowires with excellent stability for aqueous rechargeable lithium batteries. Materials Chemistry and Physics, 2015, 161: 211-218.

[194] Liu L, Tian F, Wang X, et al. Electrochemical behavior of spherical $LiNi_{1/3}Co_{1/3}Mn_{1/3}O_2$ as cathode material for aqueous rechargeable lithium batteries. Journal of Solid State Electrochemistry, 2012, 16: 491-497.

[195] Sun D, Jin G, Wang H, et al. Aqueous rechargeable lithium batteries using NaV_6O_{15} nanoflakes as high performance anodes. Journal of Materials Chemistry A, 2014, 2: 12999-13005.

[196] Zhao J, Li Y, Peng X, et al. High-voltage $Zn/LiMn_{0.8}Fe_{0.2}PO_4$ aqueous rechargeable battery by virtue of "water-in-salt" electrolyte. Electrochemistry Communications, 2016, 69: 6-10.

[197] Wessells C, Ruffo R, Huggins R A, et al. Investigations of the electrochemical stabili-ty of aqueous electrolytes for lithium battery applications. Electrochemical and Solid-State Letters, 2010, 13: A59-A61.

[198] Gordon D, Wu M Y, Ramanujapuram A, et al. Enhancing cycle stability of lithium iron phosphate in aqueous electrolytes by increasing electrolyte molarity. Advanced Energy Materials, 2016, 6: 1501805.

[199] Miyazaki K, Shimada T, Ito S, et al. Enhanced resistance to oxidative decomposition of aqueous electrolytes for aqueous lithium-ion batteries. Chemical Communications, 2016, 52: 4979-4982.

[200] Chang Z, Li C, Wang Y, et al. A lithium ion battery using an aqueous electrolyte solution. Scientific Reports, 2016, 6: 28421.

[201] Porcher W, Moreau P, Lestriez B, et al. Stability of LiFePO$_4$ in water and consequence on the Li battery behaviour. Ionics, 2008, 14: 583-587.

[202] Yu D Y W, Donoue K, Kadohata T, et al. Impurities in LiFePO$_4$ and their influence on material characteristics. Journal of the Electrochemical Society, 2008, 155: A526-A530.

[203] Aurbach D, Gamolsky K, Markovsky B, et al. On the use of vinylene carbonate (VC) as an additive to electrolyte solutions for Li-ion batteries. Electrochimica Acta, 2002, 47: 1423-1439.

[204] El Ouatani L, Dedryvère R, Siret C, et al. The effect of vinylene carbonate additive on surface film formation on both electrodes in Li-ion batteries. Journal of the Electrochemical Society, 2009, 156: A103-A113.

[205] Chen L, Wang K, Xie X, et al. Effect of vinylene carbonate (VC) as electrolyte additive on electrochemical performance of Si film anode for lithium ion batteries. Journal of Power Sources, 2007, 174: 538-543.

[206] Wu G, Li P, Zhu C, et al. Amorphous titanium oxide passivated lithium titanium phosphate electrode for high stable aqueous lithium ion batteries with oxygen tolerance. Electrochimica Acta, 2017, 246: 720-729.

[207] Salomon M. Conductance of solutions of lithium bis (trifluoromethanesulfone) imide in water, propylene carbonate, acetonitrile and methyl formate at 25℃. Journal of Solution Chemistry, 1993, 22: 715-725.

[208] Perron G, Brouillette D, Desnoyers J E. Comparison of the thermodynamic and transport properties of lithium bis (trifluoromethylsulfonyl) imide (LiTFSI) with LiClO$_4$ and Bu$_4$NBr in water at 25℃. Canadian Journal of Chemistry, 1997, 75: 1608-1614.

[209] Marczewski M J, Stanje B, Hanzu I, et al. " Ionic liquids-in-salt" -a promising electrolyte concept for high-temperature lithium batteries? Physical Chemistry Chemical Physics, 2014, 16: 12341-12349.

[210] Wu B, Wang L, Li Z, et al. Performance of "polymer-in-salt" electrolyte PAN-LiTFSI enhanced by graphene oxide filler. Journal of the Electrochemical Society, 2016, 163: A2248-A2252.

[211] Sun W, Suo L, Wang F, et al. "Water-in-Salt" electrolyte enabled LiMn$_2$O$_4$/TiS$_2$

lithium-ion batteries. Electrochemistry Communications，2017，82：71-74.

[212] Suo L，Han F，Fan X，et al. "Water-in-Salt" electrolytes enable green and safe Li-ion batteries for large scale electric energy storage applications. Journal of Materials Chemistry A，2016，4：6639-6644.

[213] Wang F，Lin Y，Suo L，et al. Stabilizing high voltage $LiCoO_2$ cathode in aqueous electrolyte with interphase-forming additive. Energy & Environmental Science，2016，9：3666-3673.

[214] Wang F，Suo L，Liang Y，et al. Spinel $LiNi_{0.5}Mn_{1.5}O_4$ cathode for high-energy aqueous lithium-ion batteries. Advanced Energy Materials，2017，7：1600922.

[215] Vatamanu J，Borodin O. Ramifications of water-in-salt interfacial structure at charged electrodes for electrolyte electrochemical stability. The Journal of Physical Chemistry Letters，2017，8：4362-4367.

[216] Yang C，Chen J，Qing T，et al. 40 V aqueous Li-ion batteries. Joule，2017，1：122-132.

[217] Yamada Y，Usui K，Sodeyama K，et al. Hydrate-melt electrolytes for high-energy-density aqueous batteries. Nature Energy，2016，1：16129.

[218] Zhang M，Huang Z，Shen Z，et al. High-performance aqueous rechargeable Li-Ni battery based on $Ni(OH)_2/NiOOH$ redox couple with high voltage. Advanced Energy Materials，2017，7：1700155.

[219] Suo L，Oh D，Lin Y，et al. How solid-electrolyte interphase forms in aqueous electrolytes. Journal of the American Chemical Society，2017，139：18670-18680.

[220] Kozen A C，Lin C F，Zhao O，et al. Stabilization of lithium metal anodes by hybrid artificial solid electrolyte interphase. Chemistry of Materials，2017，29：6298-6307.

[221] Zhang L，Liu Y，Key B，et al. Silicon nanoparticles：Stability in aqueous slurries and the optimization of the oxide layer thickness for optimal electrochemical performance. ACS Applied Materials & Interfaces，2017，9：32727-32736.

[222] Ramanujapuram A，Gordon D，Magasinski A，et al. Degradation and stabilization of lithium cobalt oxide in aqueous electrolytes. Energy & Environmental Science，2016，9：1841-1848.

[223] Wang Y，Xia Y. A new concept hybrid electrochemical surpercapacitor：Carbon/$LiMn_2O_4$ aqueous system. Electrochemistry Communications，2005，7：1138-1142.

第 9 章

柔性锂离子电池

9.1
柔性锂离子电池概述

如今，电子设备，特别是便携式电子设备的不断进步，正在创造新的服务和产品，从而彻底改变我们的生活。这些无处不在的便携式设备具有不同功能，同时它们也需要高效的电源来维持其工作。相较于锌锰电池、镍铬电池和铅酸电池等传统化学电源，锂离子电池（lithium-ion batteries，LIB）由于具有电压高、能量密度大、循环性能好、自放电小及无记忆效应等优点而被广泛地开发利用。自 SONY 公司宣布开发锂离子电池并于 1991 年实现商品化以来，锂离子电池已广泛用于手机、电脑、数码相机、无人机、机器人、航天航空等领域，目前正逐步成为新能源汽车的动力源[1-2]。

随着科技的进步和社会的发展，电子设备越来越呈现出小型化、多样化和可变形的发展趋势。然而，目前最常用的锂离子电池仍然质量大，厚度大，较为笨重，难以满足很多实际应用的要求。消费市场的需求使得电池技术不断创新，对便携式、超薄、轻巧、灵活设备提出了更高的要求，例如可以卷曲的显示设备、触摸屏、有源射频识别标签（RFID）、智能电子设备、可穿戴传感器和植入式医疗设备等。这些需求正在推动柔性电子产品的快速发展。目前已展示出一些柔性电子设备概念及设备，例如飞利浦流体柔性智能手机、三星公司的柔性屏手机、苹果公司的 iPhone ProCare 等。随后柔性平板电脑及其他可穿戴柔性电子设备包括智能眼镜、手环、衬衫和鞋等也被相继提出。这些柔性电子产品概念的提出，不仅引起了广大消费者极大的兴趣和期待，更引发了科研工作者开发与之适应的轻薄且柔性的新型柔性锂离子电池的研究热潮（图 9-1）[3-15]。

这些便携式柔性电子产品被认为是继笔记本电脑和手机之后的革命性发明，将被广泛使用并影响未来的生活方式。此外，通信、物流和能源等行业也将发生重大变化。然而，除非开发相应的供给能源，否则这些需求将无法成为现实，这也是目前电子设备发展的一个瓶颈。出于这些原因，迫切需要灵活的能量存储装置和电源，柔性锂离子电池逐渐走进了人们的视野，例如具有各种尺寸、形状和力学性能的柔性 LIB，以开发可弯曲、可植入和可穿戴的电子产品。实现柔性电池的关键挑战是设计和制造具有高容量、高倍率性能、高循环稳定性、良好导电性和灵活性的可靠材料，以及合理组装的高性能电解质和分离器。对柔性 LIB

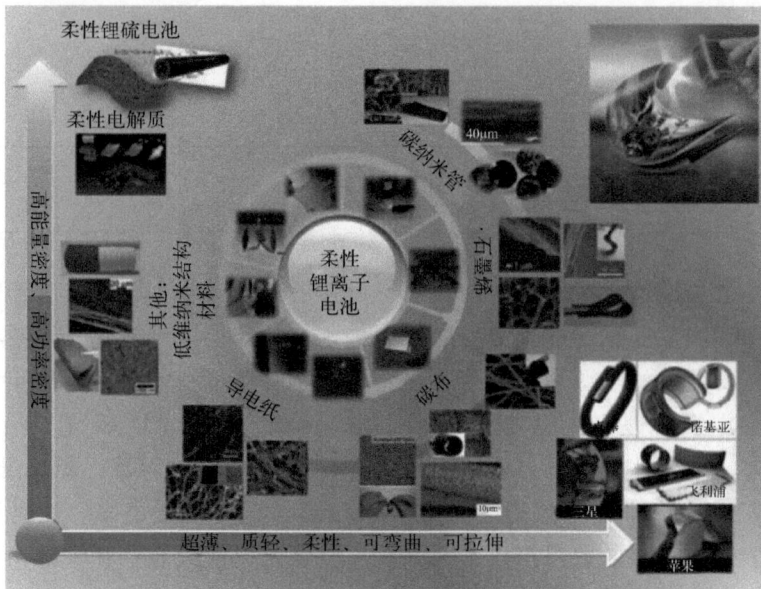

图 9-1　基于碳纳米管（CNT）、石墨烯、碳布、导电纸（纤维素）、纺织品和低维纳米
结构材料以及它们的混合物或复合材料的柔性锂电池电极材料
包括一些原型柔性 LIB、柔性 LIB 的发展趋势，以及一些概念和原型柔性电子设备

最重要的要求是，在频繁的机械应变下，例如在弯曲、扭曲或其他变形模式下长期使用时，功率和能量供应以及循环稳定性不会受到影响[16-18]。

　　柔性锂离子电池（flexible lithium ion battery）具有与传统锂离子电池相同的工作原理。但是，二者的电极所采用的结构不同。传统的 LIB 包括碳阳极、具有聚合物隔板的锂金属氧化物阴极、锂盐与有机溶剂混合物组成的有机液体电解质、金属箔或网状集电器组成。通常，电极活性材料涂覆在 Cu（负电极）和 Al（正电极）金属箔表面。导电碳添加剂在活性材料和集电器之间提供电接触。一般情况下，导电碳添加剂的量低于总电极质量的 10%，因为相比于活性材料，它们基本不提供或提供非常低的电容。黏结剂是绝缘和电化学惰性的，并且这些黏结剂用于提供活性材料、导电添加剂和集电器之间的机械连接。然而，黏结剂的存在降低了导电性，阻止了离子进入活性材料表面并增加了电极极化。此外，电解质和非活性材料之间会产生一些副作用，并对电极的循环稳定性产生不利影响。这两种组分降低了电极的总体积/质量能量密度。因此，消除黏结剂和导电碳添加剂，能够简化电极制备过程并显著改善 LIB 的电化学性能。无黏结剂电极还可以在超过 200℃的温度下正常工作，而在该温度条件下，大多数黏结剂都不稳定。金属集电器为电极提供结构支撑，并为活性材料提供导电通路。然而，重金属集电器的质量增加了电极整体的质量，从而降低了整个电池系统的质量比容量。Cu 和 Al 箔的面密度约为 13.0mg·cm^{-2} 和 5.0mg·cm^{-2}，它们一般占电池系统总重量的 10%～15%。因此，当金属集电器由轻质、柔性的对应物代替时，可以提高电池的能量密度。同时柔性器件在反复的弯曲、折叠和拉伸过程中难免会造成金属集流体的不可逆形变和金属集流体表面电极材料的脱落，从而导致电池的失效，而且金属集流体在变形后很难恢复到原来的形状。此外，传统 LIB 中的包装材料通常包括铝、不锈钢和铝塑密封件，它们质量较大且是脆性材料。因此，基于脆性材料和传统 LIB 配置，不能获得高度柔性的电子产品[19-21]。

与传统电池不同，柔性 LIB 需要开发柔性部件，即柔性阳极、阴极、电解质和隔膜。具有更高容量和更小尺寸的 LIB 需要其电极活性材料具有高能量密度，同时尽量减少整个电池系统中的非活性物质的量。因此，柔性电极通常由构建在柔性导电膜基底上的各种功能性有机和/或无机材料制成，如碳纳米管、石墨烯和碳布等，因此没有导电添加剂和黏结剂。柔性聚合物固体电解质通常用作隔膜和电解质，因为它们具有良好的力学性能并且可以改善电池的机械柔韧性。柔性 LIB 的包装材料通常是薄的聚合物材料。显然，柔性电极的构筑不仅简化了传统锂离子电池的制备工艺，增强了锂离子电池的性能，而且满足了柔性锂离子电池的需求。在构筑柔性锂电池结构的过程中，电极材料、电介质材料、隔板和封装的选择、组装和合适的布局等，都是开发高性能柔性 LIB 的核心问题。

9.2
用于 LIB 的电极材料

柔性电极材料是柔性电池的核心部件。传统的锂离子电池电极材料通常是将碳基材料、硅基材料或者过渡金属氧化物/硫化物等与导电剂、黏结剂混合形成浆料涂覆在集流体上，其中活性物质常常以粉体的形式呈现，因此在充放电过程中可能会出现活性物质与集流体脱落的现象，从而影响电池性能。导电剂黏结剂的存在会降低电极体系中活性物质的质量比。柔性电池的电极材料设计容易摆脱集流体对电池体系的影响，本身具有柔性的基底与复合物质组成了柔性电极材料主体。另外，传统电池使用液态电解质，为了防止泄漏，器件的使用受到严格限制，只能使用特定形状的器件，如筒状、方形、纽扣形封装。柔性电极材料一般使用固态电解质，电极材料的封装更简便。柔性电极材料的制备同样面临着多种挑战，包括如何制备高比表面积、高比容量的导电性材料，选择可弯曲具有柔性又具有机械力学性能的基底。迄今为止，用于柔性 LIB 的电极材料主要是碳纳米管（CNT）、石墨烯和碳布/纺织品的膜/纸状碳基材料。

9.2.1　碳纳米管

碳纳米管（CNT）是典型的一维（1D）碳材料，具有多孔网络、高比表面积、优异的导电性、良好的力学和化学性质，被用于能量转换/存储系统中的电极材料。CNT 已广泛用作 LIB 中的导电添加剂，因为与通常采用的常规碳材料（例如高导电性炭黑和石墨片）相比，它们在产生电渗透网络方面具有优势。CNT 网络允许高容错性，因为即使网络中存在少量断开或丢失的链路，也可以有许多不同的电流路径。由于碳氧化的缓慢动力学，CNT 网络还具有高电化学稳定性。由于它们具有高纵横比、低密度、优异化学稳定性、高导电性和机械灵活性，因此可作为活性锂储存材料和支撑基质，是最有希望的柔性电源的电极材料。由于这些特性，CNT 可以通过各种方法轻松组装成柔性膜，如真空过滤、自组装、干拉、刮刀涂布等。与由活性材料、导电添加剂和聚合物黏合剂组成的传统电极相比，CNT 膜具有重量轻、柔韧性好、导电性高、自支撑等特性，有望用于生产柔性电极。如引言中所述，去除这些非活性材料可以大大提高电池的能量密度，而不是寻找高容量材料或精心设计微结构。使用 CNT 柔性膜作为电极材料和电荷收集器，有利于构造简化且轻质的电池，这引起了人们极大的兴趣。已经有很多研究报道了 CNT 制成的柔性电极材料的锂存储能力。

9.2.1.1　碳纳米管用作阳极材料

使用 CNT 柔性膜作为电极材料可以构建轻量化电池，这引起了业界极大的关注。由 CNT 制成的柔性阳极材料在 LIB 中的锂储存能力成为研究热点。例如，利用真空渗滤法合成的自支撑单壁 CNT 纸（SWCNT）、双壁 CNT 纸（DWCNT）和多壁 CNT 纸（MWCNT）表现出良好的力学性能以及柔韧性，并且容量在 $100 \sim 550 \mathrm{mA \cdot h \cdot g^{-1}}$ 之间。为了进一步提高机械强度和柔韧性，Li 等提出了一条独特的路线，通过渗滤，在商业分离器上涂覆 CNT 膜直接获得柔性电极（阳极）[22]，将其作为机械集成电极具有很好的强度和柔韧性。与通过混合和涂覆形成在 Cu 箔上的 CNT 电极相比，柔性电极表现出更高的容量、倍率性能和更好的循环稳定性。由于没有黏合剂和金属集流体，电极的能量密度得到了提高。这种方法的缺点是电极活性材料的厚度薄（1mm），这限制了电池的总能量和容量。

不同于真空过滤，化学气相沉积（CVD）柔性 CNT 膜的自组装避免了使用表面活性剂。例如，Wallace 等人研究了直接采用 CVD 生长的方法合成 CNT 网络集成度很高的导电碳层（CL）纸（图 9-2）[23]。CNT/CL 复合材料重量轻且柔性高，可逆容量 572mA·h·g^{-1}，在 0.2mA·cm^{-1} 下可进行 100 次循环。这种方法随后被拓展，通过将 CNT 网络直接沉积到商业用碳纤维纸，这种复合电极可以直接用作 LIB 中的独立阳极材料，具有 546mA·h·g^{-1} 的可逆容量。除此之外，Wallace 小组还研究了定向排列的 CNT（ACNT）阵列[24]。由于其高有序性、高表面积、可开发出大的电极面积，以及优异的电化学和力学性能，用作柔性电极具有很多优势。该小组还研究出 ACNT/聚（3,4-亚乙二氧基噻吩）/PVDF 复合层作为一种轻质材料，可在 LIB 中用作柔性电极，在 0.1mA·cm^{-2} 下具有 265mA·h·g^{-1} 的容量，容量比独立式单壁 CNT（SWCNT）高 50%，这源于其高比表面积和稳定的结构。有趣的是，通过 CVD 方法，根据兼容性以及高温稳定性，ACNT 还可以直接在柔性石墨烯纸（GP）上生长。Cheng 等开发出独立式单壁 ACNT/GP 薄膜可直接用于 LIB 的阳极[25]，在 3.6A·g^{-1} 下可提供 290mA·h·g^{-1} 的稳定容量。该优异的性能归功于 ACNT/GP 电极的独特结构，ACNT 与 GP 紧密耦合在一起，可以提供快速离子传输路径。但是，这些方法的缺点是制备过程复杂且需要使用昂贵的实验设备。

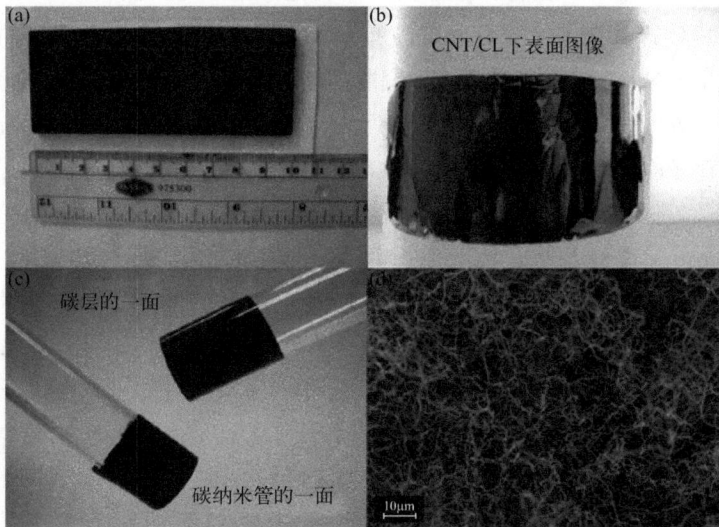

图 9-2　CNT/CL 纸的光学图像（a）～（c）以及扫描电镜照片（d）

总结来说，CNT 柔性材料作为阳极的可逆容量通常低于 600mA·h·g^{-1}，低于高容量的需求，而具有低库仑效率的高不可逆容量源自对阴极材料的大量锂消耗。在低电势下，该电极体系没有出现锂嵌入/脱出平台，所以用该柔性电极材料组装成全电池时，能量密度受影响较大。在实际应用中，这将限制柔性电极的应用。其他高容量阳极材料，如 Si、Ge、Sn 和过渡金属氧化物作为潜在的替代品成了研究热点。但是这些材料通常会受到大体积膨胀、颗粒团聚的影响，特别是高倍率条件下，结构循环稳定性差。传统的基体结构不能限制这些电极材料的膨胀，内部井喷的压力会导致整个电极材料的崩塌。CNT 具多孔结构，表面积大，重量轻，易于表面功能化，可用作柔性支撑体系来支撑这些高容量活性物质。因此，将这些高容量材料与 CNT 矩阵材料相结合可以保证更好的电极性能。

9.2.1.2 碳纳米管用作阴极材料

当作为阴极材料时，重量轻、化学稳定性高的 CNT，其稳定性起着更重要的作用。常用的铝（Al）集流体在高电流、高电压下容易被氧化腐蚀，这可能导致活性物质与集流体失去电接触而增加电池的内阻。例如，使用含有 $Na_xV_2O_5$ 的 CNT 基底的阴极，可避免使用黏合剂和其他导电碳添加剂，与涂有 $Na_xV_2O_5$ 的铝箔相比可将比容量提高 20%～60%。相对于铝箔来说，具有抗氧化作用的 CNT 改善了阴极材料长期充放电的稳定性和高电流高电压电解质腐蚀的问题。此外，CNT 也用于复合 V_2O_5 构建柔性阴极材料。Takeuchi 课题组通过原位水热处理在超长 CNT 上反应生成 V_2O_5 纳米线（NW）CNT 网络[26]。强大的互锁型 CNT/V_2O_5 结构网络提供了有效的电子和离子传输并确保良好的结构完整性，在 1.8～4.0V（vs. Li/Li$^+$）之间，它具有高比容量 340mA·h·g^{-1}，此外在 2800mA·g^{-1} 的高倍率下比容量为 169mA·h·g^{-1}，且在 1400mA·g^{-1} 下具有优异的循环稳定性。Lu 等利用水热反应合成制备出了超长 V_2O_5 纳米线，并通过真空过滤获得分散在 MWCNT 中的复合电极[27]，其活性表面积、电导率和电解质扩散系数随 MWCNT 含量的增加而增加，对电化学性能有显著贡献。之前还有文献报道了利用 CNT 和 $KMnO_4$ 之间的氧化还原反应，在 CNT 柔性纤维上直接生长 $LiMn_2O_4$。由于具有高导电性以及和多孔性 CNT 复合，该阴极材料显示出良好的性能及循环稳定性[28]。此外，真空过滤组装氧官能化的多层 CNT（FWCNT）柔性电极材料，通过在 FWCNT 上的氧基团与锂离子进行反应储存能量。柔性的 CNT 阴极材料可以在功率为 10kW·kg^{-1} 条件下提供高达 200W·h·kg^{-1} 的高质量比能量，循环稳定性超过 1000 圈恒电流循环。但是，在材料体系中没有锂源，这限制了它在 LIB 中的实际应用。

使用 CNT 网络作为电极材料，有以下几个优点：①CNT 网络提供了一个有弹性和韧性的稳定电极结构；②CNT 网络提供了快速的电子传输路径，改善了电化学反应活性（电极的反应动力学）；③CNT 网络支撑并分散了活性物质，有利于高效的离子传输；④柔性的 CNT 网络在充放电过程中可以缓冲体积变化，稳定了电极结构，提高了循环性能；⑤CNT 基底与活性物质的质量比平衡，可达到更高的导电性和容量。

9.2.2 石墨烯

石墨烯是一种很有前途的电化学存储材料，具有一些独特的属性，包括大比表面积、重量轻、化学和热稳定性好、宽的电势窗口、高导电性和优越的力学性能。此外，成本低且可大规模生产的石墨烯及其混合物可用作高性能能量存储用电极材料。相比于 CNT，石墨烯显示出一些独特的储能特性。例如，石墨烯的理论比表面积为 $2630m^2 \cdot g^{-1}$，高于 DWCNT 和 MWCNT。大比表面积可以提供更多的电化学反应活性储能位点。石墨烯片相比于 CNT 网络更容易分散，不易缠绕。此外，CNT 中常常包含金属杂质，这在石墨烯中可被完全消除，从而提高了电化学性能。一般来说，石墨烯薄片堆叠在一起可形成一个开放的孔隙系统，可促使电解质离子进入石墨烯表面。这种独特的多孔结构降低了电解质离子在较小的孔隙内的扩散阻力，能够使以石墨烯为基础电极材料时具有良好的倍率性能。相比于碳纳米管，石墨烯的简单功能化使得基于石墨烯的混合物产生许多独特的属性。由于石墨烯具有大面积的二维层状结构，因此可以很容易地逐层组装成宏观且柔性的石墨烯膜电极。

9.2.2.1 石墨烯用作阳极材料

研究表明可以通过真空过滤的流动定向组装轻松获得基于石墨烯的"纸张"材料，虽然石墨烯纸的机械杨氏模量为 41.8GPa，拉伸强度为 293.3MPa，并显示出高电导率在 $351S \cdot cm^{-1}$，但是用作阳极材料时具有很大的不可逆容量。未经退火的轻量级石墨烯纸也可用作无黏合剂的阳极，它通过肼还原氧化石墨烯纸制备，虽然循环稳定性得到改善，但容量和倍率性能的提升并不明显。通常由于强大的晶面间 p-p 堆积和范德华力，在还原和干燥过程中石墨烯片易于结块，紧密压实的石墨烯纸张极大地抑制了电解质溶液的浸润，从而影响性能。因此，将 CNT 随机分散在石墨烯片间，可防止它们重新堆叠，允许更多电解质与石墨烯内部有效接触。最近，Koratkar 等人报道了利用闪光灯和激光还原石墨烯纸作为 LIB 的阳极材料（图 9-3）[29]，瞬间加热引起快速放气脱氧反应产生微观孔隙，裂缝和石墨烯纸中的片间空隙可使锂离子进入石墨烯片的内部，在一定程度上提高了锂离子的嵌入/脱出动力学。除了化学剥离的石墨烯，CVD 生长石墨烯也可用于制造柔性阳极材料，具有高导电性和低结构缺陷的优点，且由多层石墨烯组成。Gao 课题组开发出了这类柔性石墨烯纸，在 $50mA \cdot g^{-1}$ 和 50℃下，该材料容量为 $822mA \cdot h \cdot g^{-1}$。常用的柔性全固态电池便是用单层石墨烯生长在 Cu 箔上作为阳极，锂箔作为阴极/对电极，中间为薄型固体聚合物电解质，所制备的超薄电池厚度仅为 50mm，可弯曲半径小于 1mm，可以驱动 LED。这种电池的体积能量密度为 $10W \cdot h \cdot L^{-1}$，功率密度为 $50W \cdot L^{-1}$，循环稳定性达到 1100 次。其出色的性能归因于表面 Li^+ 快速吸收/扩散和单层石墨烯中的电子传输。

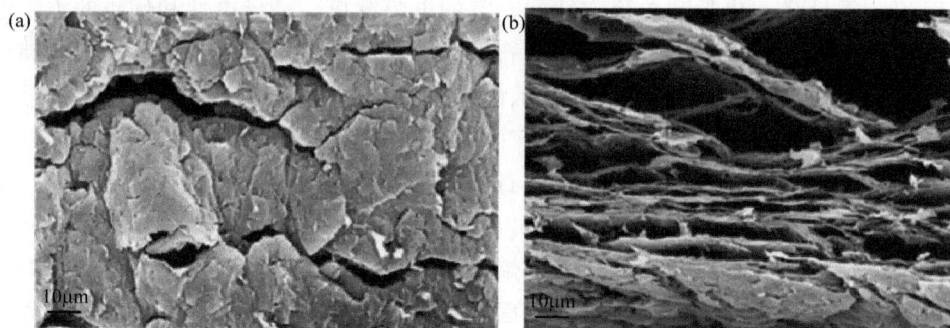

图 9-3　热还原的石墨烯纸的 SEM 照片
(a) 俯视图；(b) 横截面图

然而，类似于 CNT 柔性电极，石墨烯纸具有较大的不可逆容量，较低的初始库仑效率和容量的快速衰减主要归因于石墨烯片的重新堆叠和石墨烯与电解质之间的副反应。此外，石墨烯用作电极没有明显的电压平台以提供稳定的电位输出，并且存在大的滞后现象（充电-放电曲线之间的强极化）。这些都是它们实际应用的主要限制因素。鉴于纯石墨烯纸作为 LIB 的组分存在上述问题，可通过复合具有高容量和稳定循环性能的电化学活性第二相，来提高石墨烯电极的性能。从结构上看，引入的电活性材料不仅抑制了石墨烯片材的团聚和重新堆积，而且增加了有效表面积，具有较高的电化学活性。此外，石墨烯作为载体可在其表面诱导高性能第二相均匀分散；杂化物改善了电子导电网络，产生了快速的离子传输路径，从而提高了电化学/力学性能。如 Si、金属氧化物，已经被广泛用来改性柔性石墨烯电极材料，并取得了一定进展。

9.2.2.2　石墨烯用作阴极材料

高性能石墨烯基阴极材料也得到了广泛的应用探索，用来生产高性能 LIB。FeF_3 是具有高容量转化反应的阴极材料，理论容量是 $712mA \cdot h \cdot g^{-1}$。Kung

等通过静电纺丝结合光热还原合成了柔性的 FeF_3/石墨烯纸高性能阴极材料[30]。快速的光热还原有效避免了 FeF_3 在高温下的相变。混合纸阴极具有高导电石墨烯网络，均匀分散的 FeF_3 纳米片和开放的多孔通道，具有高容量（$100mA \cdot g^{-1}$ 条件下 $580mA \cdot h \cdot g^{-1}$）和良好的循环性能。$V_2O_5$ 是另一种很有前途的阴极材料，因为它具有高容量、低成本和丰富的化学性质。Choi 课题组将 133 个直径为 10nm 的超薄 V_2O_5 纳米粒子与石墨烯均匀地结合，形成一种机械强度高、可反复弯曲 100 次以上而不破坏结构的独立式纸状阴极材料[31]。复合材料"纸"优异的电化学性能是由于 V_2O_5 纳米结构在石墨烯片上均匀分布且电接触良好，超小的 V_2O_5 降低了锂离子扩散距离，并且具有离子快速输运的多孔结构。分别以石墨烯纸和 V_2O_5/石墨烯纸为正极和负极材料，制备了石墨烯基柔性 LIB。Kang 等采用真空滴定法制备出石墨烯纸，脉冲激光沉积法制备了 V_2O_5/石墨烯纸[32]。石墨烯表面固有的褶皱和波纹确保了活性材料与集电体之间的完整接触。因此，与传统的不可替代的 V_2O_5/Al 箔电极相比，V_2O_5/石墨烯纸具有更高的容量和倍率性能，且具有更好的循环寿命。由于电池系统中不存在锂源，因此在组装电池前必须对石墨烯纸阳极进行预锂化。该工艺的优点是避免了初始不可逆反应（SEI 膜的形成以及锂离子与含氧官能团等石墨烯片缺陷的反应）所产生的不良副反应。

9.2.3　碳布

除基于石墨烯和碳纳米管的可溶电极外，目前还有具有高可溶性和强度的碳布作为基底的柔性电极。碳布具有较高的导电性和机械强度，可作为高性能电活性材料的良好导电载体，具有快速的电子/离子输运能力。例如，Shen 等利用热液通道在碳布上生长 $ZnCo_2O_4$ 纳米线阵列，制备了一种 $ZnCo_2O_4$ 纳米线阵列/碳布阳极[33]。$ZnCo_2O_4$ 纳米线阵列与良好电荷转移的碳布紧密接触，可形成面积较大的松散开放纳米线阵列，以及快速的 Li^+ 扩散路径和缓冲空间。$ZnCo_2O_4$/碳布阳极和 $LiCoO_2$/铝箔阴极组成的柔性电池具有良好的机械强度，以及在弯曲数百次循环下稳定的电化学性能，可作为 LED 和液晶显示器的电源。虽然 $ZnCo_2O_4$ 活性材料的负载密度相对较低，限制了电池的能量密度，但可弯曲电子器件中基于碳布的可拆卸 LIB 的概念已经得到证实。随后，他们设计相关实验通过增加 Zn^{2+} 前驱体浓度并对合成条件进行优化，得到了质量负载密度为 $2.2 \sim 3.6mg \cdot cm^{-2}$ 的 $ZnCo_2O_4$ 海胆包覆碳布结构[34]。采用 $ZnCo_2O_4$/碳布阳极和 $LiCoO_2$/铝箔阴极的柔性电池，在 T 恤和旅行袋上集成了商用 LED 灯。此外，也有研究在碳布上生长其他三元氧化物，如 $Ca_2Ge_7O_{16}$ 纳米线阵列，并证明了该阵列的高可靠性和优异的 Li 存储能力。

　　Evanoff 等人使用 CNT 碳织物作为硅涂层的可剥离衬底，制备了具有高机械强度的高容量可剥离阳极体系[35]。研究结果表明，CNT 织物是设计轻量化、高强度、可拆卸电池的理想基底。无纺布活性碳织物（ACF）具有表面积大、电解液吸附能力强、力学性能好等优点，可作为一种无添加剂的可剥离基板用于 $TiO_2(B)$ 纳米片 $[TiO_2(B)/ACF]$ 的生长。Lou 课题组结合高赝电容二氧化钛（B）与 ACF（图 9-4），所形成的自支撑 $TiO_2(B)/ACF$ 膜电极具有高的抗拉强度（12.7MPa），整个结构由碳纺织品为主，是一种轻量化的柔性电极体系，在充放电过程中可促进电荷转移和离子扩散，最终提高电池的总能量密度。Zhang 等开发了一种基于 $Li_4Ti_5O_{12}$/碳纺织阳极和 $LiMn_2O_4$/碳纺织阴极的可穿戴电池，有望应用于可穿戴电子设备[36]。

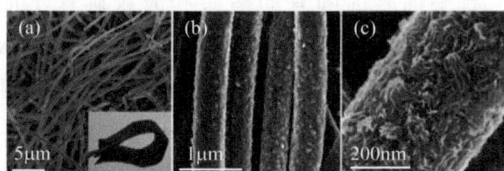

图 9-4　$TiO_2(B)/ACF$ 膜的 FESEM 照片（a）、（b）和碳纳米纤维上
生长的 $TiO_2(B)$ 纳米片（c）

（a）中插图为折叠的 $TiO_2(B)/ACF$ 膜

　　碳布是商业上可用的低成本、轻量级的集流器，不用任何辅助黏合剂和导电添加剂。其优良的结构稳定性和高导电性使其有望用于制备柔性电池材料。在导电碳布上直接生长或沉积/涂覆活性材料可以增加电子和离子的传输路径。其他优点还包括：①可剥离衬底允许在锂嵌入/脱出过程中调节体积膨胀；②活性材料与碳基板的紧密结合，使电极具有优异的电接触性能和结构稳定性；③碳布的多孔网络使电解质容易扩散到电极的内部区域；④纳米结构活性材料之间的空间提供了较大的暴露表面积，有利于活性材料内部锂离子的快速转运和电化学反应。

9.3
用于柔性 LIB 的电解质材料

　　具有高离子电导率的柔性固态电解质是构建柔性 LIB 的关键组分。在传统电池中，通常使用液体电解质，即电解质材料采用溶剂和锂盐体系，根据溶剂的类型，液态电解质又可以分为有机溶剂电解质和水系电解质两类。由于液态电解质具有电导率高、对电极表面润湿能力强等优点，目前是商用锂离子电池的主流电解质。但有机溶剂具有易燃、易泄漏、易挥发等缺点，因此其需要良好的封装以防止泄漏，并且装有隔膜以避免阴极和阳极之间内部短路。水系 LIB 电极在水溶液中的稳定性和工作电压仍有待进一步提升。因此，液体电解质的流体性质极大限制了柔性电池的设计和尺寸。

此外，随着 LIB 能量密度的增加，安全问题已成为其实际应用中的重要问题。电池过充和短路等潜在风险使得液态有机电解质锂离子电池在使用中存在一定的安全隐患。因此，需要开发适合用于 LIB 的固体电解质，其被认为比液体有机电解质更安全且更可靠（非挥发性和爆炸性）。固体电解质是通过离子转换电流的固体材料，不同于金属、石墨和通过电子转换的导电聚合物。固体电解质技术也是目前防止枝晶生长的最重要方法之一。固体电解质可分为两大类：固体无机电解质和固体聚合物电解质。

要开发有用的固体电解质，应满足几个要求：①高机械强度，防止枝晶沉积在 Li 金属上；②足够大的锂离子电导率；③宽电化学窗口，以匹配更多类型的阴极，尤其是高压阴极（$LiNi_{0.5}Mn_{1.5}O_4$，$LiNi_xMn_yCo_zO_2$）；④两种电极和电解质之间的界面电阻低、黏性好等。

9.3.1　固体无机电解质

锂固体无机电解质，也称为快锂离子导体，可分为两种类型：结晶电解质（或陶瓷电解质）和无定形电解质（或玻璃状电解质）。它们具有极高的离子电导率（室温下 $>10^{-3}S \cdot cm^{-1}$）、高锂离子迁移数（≈ 1）和低导电活化能（$E_a < 0.5eV$）。不过它们具有稍差的力学性能，当它们与电极接触并且电化学窗口狭窄时，具有大的界面电阻，这抑制了其广泛使用。

9.3.1.1　结晶电解质

目前结晶电解质包括钙钛矿型、NASICON 型、石榴石型和 LISICON 型等。这些陶瓷电解质的制备方法主要有高温固相合成法、溶胶-凝胶法、溶胶沉淀法、喷雾干燥法、脉冲激光沉积法、微波诱导法和水热合成法等。

具有 ABO_3 结构的钙钛矿型电解质在室温下显示出约 $10^{-3}S \cdot cm^{-1}$ 的高体积电导率。$Li_{3x}La_{2/3-x}TiO_3$（LLTO）$(0.04 < x < 0.17)$（LLTO）由混合相组成，取决于产物组成和合成条件，其中 A 位上的 Li^+ 和 La（Ⅲ）随机分布在立方相中并且有序以双层钙钛矿结构排列。LLTO 具有许多优点，例如高达 8V 的电化

学稳定性、锂单离子传导和空气稳定性[37]。低晶界导电性和对 Li 金属阳极的不稳定性是 LLTO 电解质的两个缺点。Kwon 等人通过微观结构工程合成了具有低边界电阻的 LLTO。通过控制烧结温度和 Li 含量，在室温下实现高达 4.8×10^{-4} S cm^{-1} 的总离子电导率（图 9-5）[38]。最近，人们还研究了反钙钛矿电解质，发现它们具有更好的锂离子传导性和高分解电压。Hood 等发现快速冷却的冷压 Li_2OHCl 表现出最高的离子电导率。Li 等人报道，$Li_2(OH)_{0.9}F_{0.1}Cl$ 在与锂金属阳极接触时显示出高稳定性，并且具有延伸至 9V（vs. Li/Li$^+$）的电化学稳定窗口[39-40]。

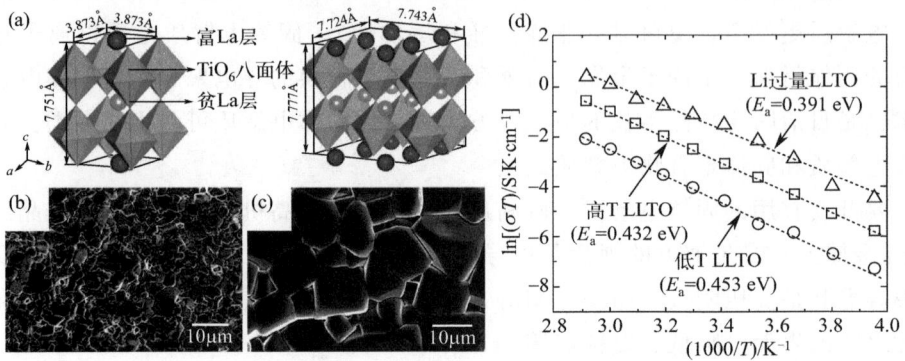

图 9-5　LLTO 的晶体结构：四边形结构（左）和斜方结构（右）(a)；在 1200℃ (b)
和 1400℃ (c) 下烧结的 LLTO 的 FESEM 显微照片；测量在 20℃ 和 70℃ 之间
低 T LLTO，高 T LLTO 和 Li 过量 LLTO 边界电导率的 Arrhenius 曲线 (d)

钠超离子导体（NASICON）具有良好的结构稳定性和快速的离子导电性，因而可用于金属基电池系统。它们具有通式 $MA_2(BO_4)_3$，其中 M、A、B 代表具有不同价态的金属阳离子。M 位置由 Li、Na、K 或 Ag 占据。A 位置通常由 Ti、Zr、Ge 或 V 占据。B 位通常由 P、Si 或 Mo 取代。A 和 B 位置的元素可以被其他金属阳离子取代，形成众多的 NASICON 体系。在 NASICON 的结构中，AO_6 八面体和 BO_4 四面体使用相同的顶角形成 3D 互连结构和两种间隙位置（MⅠ 和 MⅡ）。与其他四价金属离子相比，具有 Ti、$LiTi_2(PO_4)_3$ 的 NASICON 表现出高离子电导率。为了进一步提高 $LiTi_2(PO_4)_3$ 的离子电导率，Ti 部分被半径更大的阳离子取代，形成 $Li_{1+x}Ti_{2-x}M_x(PO_4)_3$（M＝Al，Sc，La，Cr，In，Ga 等）和 $Li_{1.3}Ti_{1.7}Al_{0.3}(PO_4)_3$。这些已证明在室温下高的离子电导率为 7×10^{-4} Scm^{-1}。此外，NASICON 型电解质具有相对宽的电化学稳定窗口。基于 $LiGe_2(PO_4)_3$ 的电解质可以达到接近 6V 的稳定电压（vs. Li/Li$^+$）。在 $Li_{1+x}Al_xTi_{2-x}(PO_4)_3$ 的体系中，Al（Ⅲ）取代了较大的 Ti（Ⅳ），降低了

NASICON 的单位晶胞尺寸，并将离子电导率提高了三个数量级。在室温下，当 $x = 0.2$ 或 0.4 时，$Li_{1+x}Al_xTi_{2-x}(PO_4)_3$ 显示出比 $Li_{1+x}Al_xGe_{2-x}(PO_4)_3$ 更高的离子电导率。然而，Ti（Ⅳ）对锂金属的稳定性不足。Zhou 等人开发了一种聚合物/陶瓷/聚合物夹层电解质。在这种结构中，聚合物层（PCPSE）润湿 Li 金属表面并使 Li^+ 通量更均匀。$Li/LiFePO_4$ 电池在 640 次循环中显示出 99.8%～100% 的高库仑效率。Xie 等人开发了一种固体电解质 PEO/LATP，并在 $Li/PEO/LATP/LiCoO_2$ 电池中进行了研究，该电池的工作电压高达 3.8V。类似地，Chinnam 等人通过界面工程制备了混合陶瓷-聚合物电解质以实现更好的性能。这些中间层用于与 Li 金属阳极接触时，可避免 Ti^{4+} 的还原。LATP 已被用作一些其他金属基电池系统和非水/水混合系统中的隔膜[41-51]。

石榴石型锂固体电解质具有通式 $Li_5La_3M_2O_{12}$（M＝Nb 或 Ta）。它们最近被用作全固态锂电池的电解质。$Li_6BaLa_2Ta_2O_{12}$ 在 25℃ 下具有 $1.69×10^{-5}S·cm^{-1}$ 的高离子电导率，活化能为 0.40eV。在 1140℃ 下制备的 $Li_{6.4}La_3Zr_{1.6}Ta_{0.6}O_{12}$ 显示出最高的体积电导率（室温下为 $10^{-3}S·cm^{-1}$）。自从 Murugan 等人首次报道以来，石榴石型 $Li_7La_3Zr_2O_{12}$（LLZO）引起了广泛的关注。LLZO 在烧结温度升高的情况下，从四方结构到立方结构变化，相分别属于空间群 Iad 和 $I4_1/acd$。立方相在室温下具有较高的离子电导率 $1×10^{-4}S·cm^{-1}$，比四方相高约两个数量级。因此，石榴石电解质因其宽电化学窗口和具有最稳定的抗 Li 金属界面而受到广泛关注。然而，石榴石电解质和电极之间具有大的界面阻抗是该系统的主要问题之一。为了克服由电极-电解质界面上的化学和电化学不稳定性所引起的阻抗增长和容量衰减，近年来人们已经广泛采用诸如涂覆、合金化和形成人造 SEI 的方法。Li 等人将 2%（重量）LiF 引入石榴石型 $Li_{6.5}La_3Zr_{1.5}Ta_{0.5}O_{12}$（LLZT）以降低对 Li 金属的界面电阻。Han 等人通过原子层沉积形成超薄 Al_2O_3 膜，有效地降低了锂金属阳极和 $Li_7La_{2.75}Ca_{0.25}Zr_{1.75}Nb_{0.25}O_{17}$ 电解质之间的界面阻抗，从 $1710Ω·cm^{-2}$ 到 $1Ω·cm^{-2}$。Li/ALD 石榴石 $SSE/Li_2FeMn_3O_8$ 全电池在 50 圈循环中显示出约 $110mA·h·g^{-1}$ 的稳定循环性能[52-60]。

作为 LISICON 型电解质的典型代表，$Li_{14}ZnGe_4O_{16}$ 在 300℃ 下具有 $1.25×10^{-1}S·cm^{-1}$ 的最高离子电导率，但在室温下仅为 $10^{-7}S·cm^{-1}$。$[Li_{11}ZnGe_4O_{16}]^{3-}$ 具有 3D 阴离子骨架，剩余的三个锂离子位于间隙位置以进行传导。液体亚晶格模型可用于分类 Li^+ 通过框架的运动机制。$Li_{14}ZnGe_4O_{16}$（4.38Å）的通道平均尺寸足够大，可用于 Li^+ 传输。最小尺寸为 4.0Å。$Li_{14}ZnGe_4O_{16}$ 在高温下不稳定，对大气中 CO_2 和 Li 金属具有高活性。为了改善 LISICON 型电解质的离子电导率，Kanno 等人在框架内用硫代替了氧化物。迄今为止，硫基无机电解质已显示出无机电解质的最佳导电性[61-62]。

9.3.1.2　非晶电解质

非晶电解质由于其各向同性离子传导、零晶界电阻、易于制成薄膜和低成本而引起了很多关注。非晶电解质可分为两类：氧化物和硫化物。前者表现出良好的电化学和热稳定性，但离子电导率低（室温下为 $10^{-8} \sim 10^{-6} \, \text{S} \cdot \text{cm}^{-1}$），而后者显示出较高的离子导电率（室温下为 $10^{-4} \sim 10^{-3} \, \text{S} \cdot \text{cm}^{-1}$），但在水分和 O_2 下不稳定，并且很难制备[63-64]。

可以使用熔融淬火技术、高能球磨和射频磁控溅射技术制备锂玻璃态电解质。氧化物玻璃电解质由形成网络的氧化物（SiO_2、B_2O_3 或 P_2O_5）和网络改性氧化物（Li_2O）组成。氧化物网络形成强烈相互连接的巨大分子链。网络改性和形成网络氧化物之间的化学反应可以破坏大分子链中的氧桥并减少大分子链的平均长度。上述过程可产生开放结构，其中仅允许锂离子在材料内通过。因此，非晶电解质的离子电导率普遍高于由相同元素制成的结晶电解质的离子电导率[65-68]。

二元 $Li_2O\text{-}B_2O_3$ 玻璃态电解质具有相对低的离子电导率，在室温下约为 $1.2 \times 10^{-8} \, \text{S} \cdot \text{cm}^{-1}$。Lee 等人通过添加不同比例的 SeO_2 来增加 $Li_2O\text{-}B_2O_3$ 玻璃电解质的离子电导率，从而形成新的电解质，$0.5Li_2O\text{-}0.5 \, [ySeO_2\text{-}(1-y)B_2O_3]$（$y = 0.2 \sim 0.7$）。当 $y = 0.5$ 时，离子电导率在室温下的最大电导率为 $8 \times 10^{-7} \, \text{S} \cdot \text{cm}^{-1}$。此外，增加锂浓度是另一种提高玻璃电解质离子电导率的方法。Saetova 等人发现玻璃电解质 $Li_2O\text{-}B_2O_3\text{-}SiO_2$ 的离子电导率可能会大大超过 Li_2O（摩尔分数超过 62.5%），这是由于玻璃网络的变化以及硼氧杂环和二硼酸盐单元的形成。Deshpande 等人将一系列不同含量 LiCl 掺入 $40Li_2O\text{-}40B_2O_3\text{-}20SiO_2$ 中，所制备的 $40Li_2O\text{-}30B_2O_3\text{-}15SiO_2\text{-}15LiCl$ 组合物显示出最高的离子电导率和最低的活化能。LiPON 是另一种通过将氮引入 $Li_2O\text{-}P_2O_5$ 中制备的氧化物非晶电解质[69-70]。

无定形硫化物电解质的结构与氧化物玻璃电解质的结构相同，只是用硫原子取代氧原子。S^{2-} 的电负性比 O^{2-} 低，导致 Li^+ 的结合能力降低，而 S^{2-} 的半径大于 O^{2-}，可以建立更大的 Li^+ 传输通道。与氧化物玻璃电解质相比，硫化物玻璃电解质可以实现相对较高的离子电导率（室温下 $10^{-4} \sim 10^{-3} \, \text{S} \cdot \text{cm}^{-1}$）。因此，$Li_2S\text{-}P_2S_5$、$Li_2S\text{-}SiS_2$ 和 $Li_2S\text{-}B_2S_3$ 是全固态电池中优异的电解质。Ohara 等发现 $P_2S_6^{4-}$ 以及 PS_4^{3-} 和 $P_2S_7^{4-}$ 存在于 $67Li_2S\text{-}P_2S_5$、$70Li_2S\text{-}P_2S_5$ 和 $75Li_2S\text{-}P_2S_5$ 玻璃中。在三种玻璃中，通过 P-P 相关性可以稳定结构。在大约 100 的明

显峰值处 S-Li-S 键角分布是高 Li_2S 含量所特有的，这归因于 PS_x 和 LiS_y 之间的边缘共享多面体连接的增强。PS_x 多面体阴离子周围的自由体积允许 Li^+ 均匀分布。具有 P_2S_5 的玻璃电解质对 Li 金属阳极显示出良好的电化学稳定性。与氧化物玻璃电解质类似，混合网络结构可以有效地增加硫化物玻璃电解质的离子电导率。$95Li_3PS_4$-$4GeS_4$ 在室温下可以达到 $4\times10^{-4}S\cdot cm^{-1}$ 的高离子电导率，良好的锂离子迁移数接近 1。Takada 等人在室温下通过添加 45%（质量分数）的 LiI 将 $67Li_2S$-P_2S_5 的锂离子电导率从 $10^{-4}S\cdot cm^{-1}$ 改善到 $10^{-3}S\cdot cm^{-1}$。Rangasamy 等合成了一种快速锂离子导体 $Li_7P_2S_8I$，它具有高离子电导率和良好的电化学稳定性（1.0V，vs. Li/Li^+），并揭示了 LiI 和 Li_3PS_4 之间固溶体的特性。Wei 等研究了退火处理对 $70Li_2S$-$30P_2S_5$ 的离子迁移和储存稳定性的影响，离子电导率增加到 $1.5\times10^{-3}cm^{-1}$，而 $Li/70Li_2S$-$2S_5/Li$ 电池的界面电阻随着退火温度升高到 250℃ 而降低了一个数量级。较高的退火温度诱导了低导电性 $Li_4P_2S_6$ 相的形成，这增加了体相和界面电阻。此外，退火处理后的储存稳定性也得到改善。具有 SiS_2 的玻璃电解质显示出高离子传导性并且在大气压下易于制备，添加 LiI 可以将离子电导率提高到 $1.32\times10^{-3}S\cdot cm^{-1}$，但会降低其分解电压。相比之下，$Li_2S$-$SiS_2$ 中的 Li_xMO_y（M＝B，Al，Ga，In）可以在不降低分解电压的情况下提高电导率。$95(0.6Li_2S$-$SiS_2)$-$3BO_3$ 显示出高离子电导率（$2.5\times10^{-3}S\cdot cm^{-1}$）和特别高的分解电压（10V）[71-79]。

9.3.2 固体聚合物电解质

在 LIB 中使用聚合物可以增强力学性能并改善生产和操作期间的安全性能。聚合物电解质可分为三类：固体聚合物电解质、凝胶聚合物电解质和准固体电解质。

9.3.2.1 PEO 基固体聚合物电解质

研究人员已经为开发用于 LIB 的新型聚合物电解质做出了很多努力。其中，聚（环氧乙烷）（PEO）是最常用的。PEO 和碱金属盐的混合物显示出导电性。具有低聚醚 $\text{—(CH}_2\text{—CH}_2\text{—O)}_n$ 的聚合物结构可以有效地溶解 Na 盐和 Li 盐。几十年后 Armand 提出了聚合物链段中 Li^+ 激发的机制，发现柔性环氧乙烷链段和醚氧原子是 Li^+ 转运的良好供体。然而，由于其高结晶度，电解质表现出低离子电导率。2003 年，Stoeva 等报道了 PEO 晶相中的离子电导率大于非晶相中的离子电导率。然而，Henderson 等人反对这样的观点，即聚合物电解质中的非晶相在离子电导率中占主导地位[80-81]。

有三种主要方法可以改善离子电导率。首先，添加新颖且合适的锂盐可以有效地改善离子导电性。锂盐如 $LiClO_4$、$LiBF_4$、$LiPF_6$、$LiAsF_6$、$LiCF_3SO_3$ 和 $LiN(CF_3SO_2)_2$ 广泛用于聚合物电解质。当与聚合物链和盐阳离子之间的复合作用结合时，形成聚合物电解质的能力取决于聚合物在阳离子上的溶剂化能和盐晶格能（通常小于 $850J \cdot mol^{-1}$），并且这些与 PEO 合并得更好，制成一个好的固体电解质。解离常数不同，导致在聚合物中形成离子对和离子聚集体的情况也不同，因而导电性也不同。具有较高解离常数的锂盐形成较少的离子对和离子聚集体，并表现出更好的离子传导性。在这些锂盐中，晶格能和解离常数按以下顺序排列。

晶格能（$J \cdot mol^{-1}$）：$LiBF_4$（699）$\approx LiAsF_4 < LiClO_4$（723）$\approx LiCF_3SO_3 <$ $LiSCN$（807）$< LiI$（757）$< LiBr$（807）$< LiCl$（853）$< LiF$（1036）。

解离常数：$LiN(CF_3SO_2)_2 > LiAsF_6 > LiPF_6 > LiClO_4 > LiBF_4 > LiCF_3SO_3$。

在这些锂盐中，双（三氟甲磺酰基）亚胺锂（LiTFSI）、双草酸硼酸锂（LiBOB）和二氟草酸硼酸锂（LiDFOB）已被用于改善离子电导率。负电荷在阴离子基团中具有很大程度的离域，而强吸电子基团如—CF_3 使电荷更加分散。锂盐的电化学窗口可以达到 $3.8V$（vs. Li/Li^+）以上。最近，Yang 等人报道了一种新型的超分子 PEO/Li^+ 基固体电解质，它含有 PEO、$LiAsF_6$ 和 α-环糊精，并具有高离子电导率[82]。

其次，抑制结晶相的形成是提高 PEO 基固体聚合物电解质性能的另一种有用方法。一般而言，研究人员分别通过物理改性（共混）和化学改性（共聚和交联）来实现这一目的。受到中国太极拳"刚性-柔性"概念的启发，Cui 等人开发了一种新型的刚柔性耦合固体聚合物电解质（CCPL）。他们按照 10：2：1 的质量比混合 PEO、聚（氰基丙烯酸酯）（PCA）和 LiBOB，并将均匀溶液浇铸在自制的纤维素非织造膜上。电解质膜具有高机械强度、足够的离子电导率（在 $60℃$ 下 $3.0 \times 10^{-4}S \cdot cm^{-1}$）和尺寸热稳定性（高达 $160℃$）。Li/CCPL/LiFePO$_4$ 电池在 $25℃$ 时表现出优异的倍率性能，并且在 $0.1C$、$0.2C$、$0.5C$、$1C$、$2C$、$4C$ 和 $6C$ 的不同电流速率下分别可以达到 $153mA \cdot h \cdot g^{-1}$、$148mA \cdot h \cdot g^{-1}$、$134mA \cdot h \cdot g^{-1}$、$118mA \cdot h \cdot g^{-1}$、$102mA \cdot h \cdot g^{-1}$、$74.4mA \cdot h \cdot g^{-1}$ 和 $58.1mA \cdot h \cdot g^{-1}$ 的容量。Porcarelli 等人将四甘醇二甲醚、光引发剂（MBP）和 LiTFSI 加入 PEO 中以获得高度柔韧的 PEO 基电解质。在紫外线照射下，原位聚合的四乙二醇二聚体低聚物可以很容易地与 PEO 骨架交联以减少结晶相。电解质表现出高离子电导率（$10^{-4}S \cdot cm^{-1}$）和良好的电化学稳定性，最高可达 $5V$。Pan 等人合成了基于具有受控网络结构的 POSS 的混合电解质。

固体聚合物电解质表现出高的室温离子电导率（≈1×10^{-4}S·cm^{-1}）和高储能模量（在 105℃下 33.6MPa），这使它们成为阻止锂枝晶生长的良好电解质/隔膜。使用 POSS-2PEG6K 作为电解质的 Li/LiFePO$_4$ 电池显示出改善的循环稳定性和倍率性能。在 $C/5$ 和 $C/3$ 下充电/放电容量大于 160mA·h·g^{-1}，当分别将速率增加到 $C/2$ 和 $1C$ 时，其降低到 144mA·h·g^{-1} 和 135mA·h·g^{-1}。Zeng 等人开发了一种双功能固体聚合物电解质，其具有由支化丙烯酸酯形成的互连"笼"，有效地空间抑制 PEO 结晶，并且电解质实现了相对高的室温电导率（2.2×10^{-4}S·cm^{-1}）。Li/SPE/LiFePO$_4$ 电池在 0.5C 和 5C 时分别具有 141mA·h·g^{-1} 和 66mA·h·g^{-1} 的特定容量[83-86]。

最后，添加无机成分以形成复合聚合物电解质（CPE）已成为数十年来广泛使用的策略。无机填料可分为两类：活性填料和非活性填料。活性填料，例如 Li$_{1+x}$Al$_x$Ti$_{2-x}$-(PO$_4$)$_3$、Li$_7$La$_3$Zr$_2$O$_{12}$、Li$_{0.5}$La$_{0.5}$TiO$_3$ 和 Li$_3$N，是快速锂离子导体。它们通常表现出高离子电导率和锂离子迁移数。不活泼的成分，如 Al$_2$O$_3$、TiO$_2$、ZrO$_2$ 和 SiO$_2$，不能直接为电解质中的 Li$^+$ 提供通路，但可以通过 PEO 的非晶化和空间电荷区的产生促进 Li$^+$ 的转移。具有低结晶度、低玻璃化转变温度（T_g）和高熔点（T_m）的电解质是非常重要的。惰性陶瓷填料，如路易斯酸或 Al$_2$O$_3$，可通过降低结晶度来改善 PEO/LiClO$_4$ 基聚合物电解质的离子导电性。如 Croce 等人所研究的，纳米 Al$_2$O$_3$ 颗粒表面上的带电状态可导致 PEO$_{20}$-LiCF$_3$SO$_3$ 体系的不同性能。具有碱性基团的纳米 Al$_2$O$_3$ 颗粒不能提高离子电导率，但是对于路易斯酸基团或中性基团，离子电导率可以分别在室温下升至 8×10^{-6}S·cm^{-1} 和 1×10^{-6}S·cm^{-1}。此外，惰性陶瓷填料的含量和粒度也是控制填料功能和相应的复合聚合物电解质的重要参数。似乎纳米 Al$_2$O$_3$ 在增加离子电导方面比微米级颗粒好得多，如 Dissanayake 等人所总结的那样。Masoud 等人研究了复合电解质（Al$_2$O$_3$）$_x$-(PEO)$_{12.5-x}$（LiClO$_4$）中 Al$_2$O$_3$ 的适当含量。当含有 1.25mol 的 Al$_2$O$_3$ 时，电解质表现出最高的电导率（在 20℃时为 8.3×10^{-5}S·cm^{-1}）。其他惰性陶瓷氧化物，例如 TiO$_2$ 和 SiO$_2$，也可以增强聚合物电解质的电导。使用毛状纳米粒子的策略可以与刚性 PEO 基质和离子传导膜的交联一起顺利进行，并且在室温下达到良好的力学性能（GN=1MPa）和液体状离子电导率（$\sigma=5\times10^{-3}$S·cm^{-1}）。这些材料可以在基于 LTO 阴极的 LMB（锂金属电池）中高效工作，具有高放电容量（约 140mA·h·g^{-1}），在 $1C$ 下超过 150 次循环[87-96]。

大多数情况下，聚合物基质具有低介电常数，这抑制了 Li 盐在聚合物中的离解。铁电陶瓷通常是极性颗粒，掺杂到聚合物基质中可以有效地改善离子电导率和锂离子迁移数。Itoh 等人制备了含有 PEO、LiTFSI 和 $BaTiO_3$ 的复合聚合物电解质。电解质的离子电导率在 30℃时为 $2.6 \times 10^{-4} S \cdot cm^{-1}$，电化学稳定窗口在 30℃时达到 40V。Kesavan 等人开发了由不同 $BaTiO_3$ 比例的 PEO/PVP/$LiClO_4$/PC 组成的新型复合电解质。在加入 10%（质量分数）$BaTiO_3$ 后，在 30℃下记录的最高离子电导率为 $1.2399 \times 10^{-3} S \cdot cm^{-1}$。组装成 Li/PEO-LiTF-SI-$BaTiO_3$/PC 的电池在 20 次循环后表现出优异的充电/放电性能，比容量大于 $330mA \cdot h \cdot g^{-1}$。其他铁电陶瓷，如 $PbTiO_3$ 和 $LiNbO_3$，也可以增强聚合物电解质的电导率，降低界面电阻并增强聚合物电解质的力学性能[97-100]。

金属有机骨架（MOF）是由与有机配体配位的金属离子或簇组成的化合物，形成一维、二维或三维结构。它们是配位聚合物的子类，通常是多孔的。由于其高比表面积、规则和多孔通道以及易于改性，MOF 已被用于许多领域，包括催化、气体储存和分离以及传感器。近年来，它们已被用作复合聚合物电解质中的填料。Liu 等人通过原位方法制备了含有 PEO、LiTFSI 和 MOF-5 的电解质。通过添加 MOF-5 改善了聚合物电解质的离子电导率和电极/电解质界面稳定性。优化含量为 10%（质量分数）MOF-5，EO：Li 比为 10：1 时，最高离子电导率在 25℃下为 $3.16 \times 10^{-5} S \cdot cm^{-1}$。MOF-5 中的路易斯酸位点可以抑制 PEO 的结晶并在 MOF-5 填料的表面形成用于传输 Li^+ 的途径。此外，MOF-5 填料增强了使用不同速率电解质的 $LiFePO_4$ 半电池的充电/放电比容量，在 0.5C 时从 $118mA \cdot h \cdot g^{-1}$ 升至 $138mA \cdot h \cdot g^{-1}$，在 1$C$ 时从 $107mA \cdot h \cdot g^{-1}$ 升至 $132mA \cdot h \cdot g^{-1}$。为了进一步提高速率性能和离子电导率，Liu 等在上述电解质体系中通过 MIL-53（Al）改变了 MOF-5。电解质在 120℃时显示出 5.10V 的高氧化电位，在 120℃时具有 $3.39 \times 10^{-3} S \cdot cm^{-1}$ 的高离子电导率。由 Li/CPE/LiFe-PO_4 组装的全固态电池在第一次循环中在 5C 和 120C 时具有 $136.4mA \cdot h \cdot g^{-1}$ 的高放电容量，在第 300 次循环中具有 $129.2mA \cdot h \cdot g^{-1}$ 的高放电容量，在 1400 次循环后保持在 $83.5mA \cdot h \cdot g^{-1}$。Kumar 等人通过使用电化学方法制备了由 PEO/LiTFSI/Cu-BDC（铜苯二羧酸酯）组成的 CPE。在 0～70℃之间，离子电导率范围为 $10^{-6} \sim 10^{-3} S \cdot cm^{-1}$。Li/CPE/LiFePO$_4$ 电池显示出高放电比容量、良好的倍率容量和高库仑效率。以 1C 的速率，电池输送 $120mA \cdot h \cdot g^{-1}$，具有 98% 的库仑效率。此外，MOF 不仅可以为 Li^+ 提供通路，还可以作为吸附剂在电池运行过程中捕获痕量的杂质，如 O_2 和 H_2O。除惰性陶瓷、铁电陶瓷和 MOF 外，还分析了强酸性氧化物和分子筛 ZSM-5 在固体聚合物电解质中的应用。通常，上述惰性填料可以或多或少地改善离子导电性，但不显著[101-103]。

非活性填料不参与锂离子传导的过程，而活性填料可直接参与锂离子传输。纳米级陶瓷填料具有大的比表面积，并且可以显著增强离子电导率。Li_3N 在环境温度下表现出约 $10^{-3}S \cdot cm^{-1}$ 的离子电导率。Masoud 等采用溶胶-凝胶法合成了纳米 $LiAlO_2$ 填料。纳米 $LiAlO_2$ 的加入可以减少 PEO 的结晶，促进锂金属阳极上钝化层的生长。Wang 等人通过溶液浇铸技术制备了具有不同 $Li_{1.3}Al_{0.3}Ti_{1.7}(PO_4)_3$ (LATP) 含量的 PEO 基固体 CPE 薄膜。使用 LATP 作为填料和离子导体，PEO/LATP 薄膜在 100℃ 下的离子电导率最高为 $1.185 \times 10^{-4}S \cdot cm^{-1}$，室温下的离子电导率为 $2.631 \times 10^{-6}S \cdot cm^{-1}$，EO/Li 摩尔比为 16。同时，$PEO/LiClO_4/LATP$ 薄膜在 100℃ 下的离子电导率最高为 $1.161 \times 10^{-3}S \cdot cm^{-1}$，室温下的离子电导率为 $7.985 \times 10^{-6}S \cdot cm^{-1}$，LATP 含量（质量分数）为 15%。Wang 等人制备了一种由 $Li_{1.5}Al_{0.5}Ge_{1.5}(PO_4)_3$ (LAGP)-PEO-LiTFSI 组成的复合固体电解质，用于抑制锂枝晶的形成。复合聚合物电解质中 PEO 的比例降低至 1%（质量分数）的水平，即使在 5.12V 的高电位（vs. Li/Li^+），PEO 仍保持稳定。全固态 Li-EO-500000(LiTFSI)/LAGP-PEO1/$LiMn_{0.8}Fe_{0.2}PO_4$ 电池在 50℃ 时显示出 $160.8mA \cdot h \cdot g^{-1}$ 的高初始放电容量。Zheng 等通过一维高分辨率[6]Li NMR 探测了 $Li_7La_3Zr_2O_{12}$-PEO (LiClO_4) 复合电解质中的 Li^+ 扩散途径。研究表明，锂离子主要通过 LLZO 颗粒而不是通过界面或聚合物相进行扩散。Choi 等人证明，固体电解质膜中有机基质（PEO）和无机填料（$Li_7La_3Zr_2O_{12}$）的组合协同地增强了它们的离子电导率。含有 52.5% LLZO 的复合膜表现出最高的离子电导率，在 55℃ 时为 $4.42 \times 10^{-4}S \cdot cm^{-1}$。Fu 等人建立了基于石榴石型 $Li_{6.4}La_3Zr_2Al_{0.2}O_{12}$（LLZAO）锂离子导体的 3D Li^+ 导电陶瓷网络，在 PEO 基电解质中提供连续的 Li^+ 传输通道。柔性电解质膜在室温下显示出 $2.5 \times 10^{-4}S \cdot cm^{-1}$ 的离子电导率。在室温下多次锂剥离/电镀测量期间，在 $0.2mA \cdot cm^{-2}$ 的电流密度下持续约 500h，电流密度为 $0.5mA \cdot cm^{-2}$ 时，超过 300h，还可以有效地抑制对称 Li/CPE/Li 电池中的锂枝晶生长。Liu 等人报道了一种具有良好无机 Li^+ 导电纳米线的复合聚合物电解质。在 30℃ 时表现出 $6.05 \times 10^{-5}S \cdot cm^{-1}$ 的离子电导率，比先前具有随机排列的纳米线的聚合物电解质高一个数量级。他们的进一步研究证实，随机纳米线可以为锂离子提供比隔离纳米粒子更连续的快速传导途径（图 9-6）。此外，没有交叉连接使得更容易进行离子扩散[104-111]。

9.3.2.2　其他固体聚合物电解质

尽管对 PEO 基电解质的研究最多，但是一些缺点，如低介电常数和离子聚

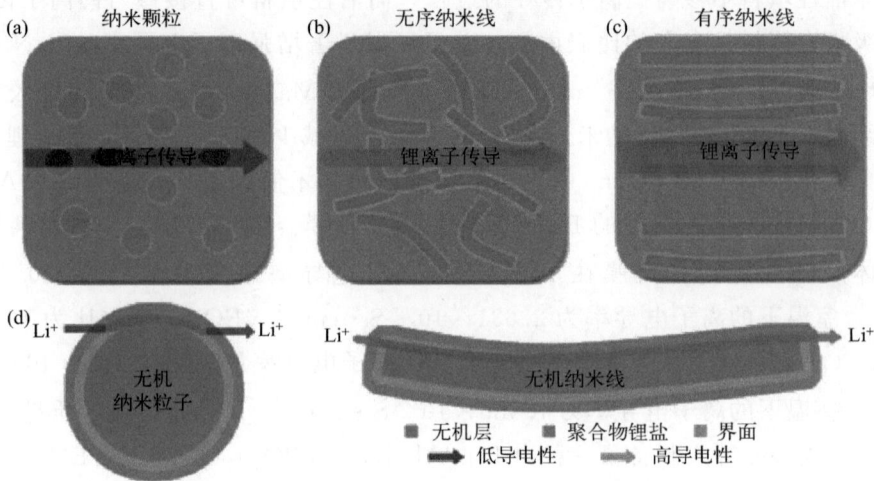

图 9-6　复合聚合物电解质中锂离子传导途径

（a）纳米颗粒；（b）无序纳米线；（c）有序纳米线；

（d）无机纳米粒子和无机纳米线的表面区域作为锂离子传导的高速通道

集现象，对 Li^+ 的迁移是不利的。与基于 PEO 的电解质不同，基于聚碳酸酯的电解质具有强极性基团，例如，$[—O—(C \!=\! O)—O—]$，可以增加介电常数，提高离子导电性。Cui 等人研究了聚（碳酸丙二酯）/纤维素非织造膜/LiTFSI 基的电解质。电解质的离子电导率在 20℃ 时为 $3.0 \times 10^{-4} S \cdot cm^{-1}$，远高于 PEO 基电解质（$2.1 \times 10^{-6} S \cdot cm^{-1}$）。$Li/LiFe_{0.2}Mn_{0.8}PO_4$ 电池在 120℃ 时表现出优异的充电/放电和倍率性能。使用该电解质的 $Li/LiFePO_4$ 电池可以分别以 $1C$、$2C$、$3C$、$4C$ 和 $5C$ 的不同速率输送 $138.7 mA \cdot h \cdot g^{-1}$，$128.7 mA \cdot h \cdot g^{-1}$，$113.9 mA \cdot h \cdot g^{-1}$，$97.6 mA \cdot h \cdot g^{-1}$ 和 $73.6 mA \cdot h \cdot g^{-1}$ 的容量。后来，Cui 等人通过原位聚合制备了聚（碳酸亚乙烯酯）基固体聚合物。该电解质在 50℃ 时具有 $9.82 \times 10^{-5} S \cdot cm^{-1}$ 的高离子电导率，并且具有相当大的电化学稳定窗口，高达 $4.5 V$（vs. Li/Li^+）。此外，基于聚硅氧烷的电解质表现出低玻璃化转变温度和高室温离子电导率。通常，低玻璃化转变温度导致力学性能降低。通过混合、接枝和交联形成网络可以增强这些电解质的综合性能。Lim 等报道了一种陶瓷基复合固体电解质，由 80%（质量分数）$Li_{1.3}Ti_{1.7}Al_{0.3}(PO_4)_3$（LTAP）作为锂离子导电陶瓷，含 10%（质量分数）聚（偏二氟乙烯）（PVDF）作为黏合剂和 10%（质量分数）$1 mol \cdot L^{-1} LiPF_6$/EC+DMC。复合电解质在室温下锂离子电导率为 $8.9 \times 10^{-4} S \cdot cm^{-1}$ 而没有泄漏。Li 等人通过在聚甲基氢硅氧烷侧链上接枝环氧乙烷低聚物，开发出一种新型聚硅氧烷，然后将该聚合物与 PVDF 和一定量的 LiTFSI 共混。该电解质在 25℃ 下的离子电导率最高为 $7.9×10^{-5} S·cm^{-1}$，在 80℃ 下具有 30%（质量分数）LiTFSI 时为 $8.7×10^{-4} S·cm^{-1}$。该电解质表现出优异的力学性能和与具有 20%（质量分数）LiTFSI 的锂金属阳极的相容性。电解质的分解温度为 275℃，电化学稳定窗口在 25℃ 和 60℃ 下分别为 5.17V 和 5.05V。Horowitz 等人在室温下通过溶胶-凝胶法制备了 PDMS 负载的 IL 凝胶电解质，其载荷为 80%（质量分数）。该电解质显示出良好的离子电导率（室温下为 $3×10^{-3} S·cm^{-1}$）和优异的力学性能。Zhou 等人通过三丙二醇二丙烯酸酯（TPGDA）单体与 SiO_2 中空纳米球的原位互穿聚合，制备了 SiO_2 空心纳米球基复合固体电解质。复合聚合物电解质具有较高的室温离子电导率（$1.74×10^{-3} S·cm^{-1}$），因为 SiO_2 中空纳米球吸收大量液体电解质。$Li/LiFePO_4$ 电池在 5C 的高速率下达到 $119.5 mA·h·g^{-1}$ 的可接受放电容量（0.1C 时容量的 73.6%）[112-118]。

在传统的电解质系统中，阴离子和阳离子一起迁移，阴离子的转移导致系统内的浓度极化，这降低了电池的循环性能。单锂离子传导聚合物电解质可以实现单离子传导。阴离子不能在电解质系统中迁移，并且 Li 离子迁移数接近 1。Bouchet 等人通过共聚合成了三嵌段聚阴离子（LiPSTFSI-*b*-PEO-*b*-LiPSTFSI）电解质。EO 链增强了 LiPSTFSI 主链的灵活性，并为 Li^+ 的迁移提供了途径。电解质在 60℃ 下具有最高离子电导率 $1.3×10^{-5} S·cm^{-1}$，具有 20%（质量分数）LiPSTFSI（EO/Li≈30）。$Li/LiFePO_4$ 电池在 60～80℃ 之间显示出良好的放电比容量和倍率容量。Ma 等人合成了一种由聚阴离子 PSsTFSI 组成的新型单锂离子导体，然后将其与 PEO 混合制成复合聚合物电解质。LiPSsTFSI 离聚物显示出低玻璃化转变温度（44.3℃），这可以弥补 PEO 的缺点。LiPSsTFSI/PEO 复合膜在 90℃ 下表现出高的锂离子迁移数（0.91）和高达 $1.35×10^{-4} S·cm^{-1}$ 的离子电导率。Villaluenga 等人制备了玻璃-聚合物混合单离子传导电解质，其中无机硫化物玻璃颗粒共价键合到全氟聚醚聚合物链上。电解质在室温下显示出 $10^{-4} S·cm^{-1}$ 的离子电导率，锂离子迁移数接近 1，并且电化学稳定窗口高达 5V（vs. Li/Li^+）[119-121]。

9.3.2.3　凝胶聚合物电解质和准固体电解质

9.3.2.3.1　凝胶聚合物电解质

聚合物凝胶是固相和液相之间的特殊形式，具有固体聚合物的强力学性能和离子在液体中的超强扩散能力。可以通过将一种或多种增塑剂添加到固体聚合物电解质中来形成凝胶聚合物电解质。通常，凝胶聚合物电解质产生三个主要区域：聚合物晶相、溶胀的无定形相和孔中的互连电解质相。锂离子的传输主要由增塑剂的溶剂化促成。聚合物主要在凝胶聚合物电解质中起支撑作用。聚合物基质，如聚乙烯（PEO）、聚丙烯腈（PAN）、聚氯乙烯（PVC）、聚（甲基丙烯酸甲酯）（PMMA）、聚偏二氟乙烯（PVDF）、聚（偏二氟乙烯-六氟丙烯）（PVDF-HFP）、聚醋酸乙烯酯（PVAC）、聚苯乙烯（PS）和聚乙烯吡咯烷酮（PVP），广泛用作凝胶聚合物电解质中的骨架。在这些聚合物基质中，PVDF 基凝胶聚合物电解质已经应用于锂电池的实际生产，因为它们具有大的介电常数 84、高玻璃化转变温度（40℃）、良好的化学和电化学稳定性以及容易制备成膜。增塑剂可以增加非晶相的含量并促进链段运动。Li 等人使用尿素作为发泡剂，通过简单的工艺制备了基于 PVDF-HFP 的高度多孔聚合物膜。将获得的膜浸泡在 $1mol \cdot L^{-1} LiPF_6/EC+DMC+DEC$（1:1:1，质量比）中。所得多孔凝胶聚合物电解质的离子电导率在室温下达到 $1.43 \times 10^{-3} S \cdot cm^{-1}$，有望在可充电锂电池中广泛应用。Zhang 等人制造了具有 78% 孔隙率的蜂窝状多孔凝胶聚合物电解质膜，其使得 $1mol \cdot L^{-1} LiPF_6/EC+DMC$（1:1，质量比）的高电解质吸收率为 86.2%（质量分数）。电解质膜在室温下表现出 $1.03 \times 10^{-3} S \cdot cm^{-1}$ 的高离子电导率，远高于商业分离器。此外，凝胶聚合物电解质在高达 350℃ 时也具有热稳定性，同时电化学稳定性高达 5V。具有 PVDF-HFP 聚合物电解质的 $Li/LiFePO_4$ 电池可以在 0.2C 下运行至少 50 个循环，可逆容量为 $145mA \cdot h \cdot g^{-1}$，没有明显的容量降低。这种良好的性能与 PVDF 或 PVDF-HFP 基质的多孔结构有关，这增强了锂电池的电解质吸收能力。另外，大量电解质吸收可能导致差的机械强度。Choi 等人通过静电纺丝制备了 PVDF 膜，表现出高孔隙率、大表面积、完全互连的孔结构和足够的机械强度。将其浸泡在电解质溶液 $1mol \cdot L^{-1} LiPF_6/EC+DMC$（1:1，质量比）混合物中后，得到 PVDF 基凝胶电解质膜。电解质在室温下显示出高的离子电导率为 $1 \times 10^{-3} S \cdot cm^{-1}$，并且具有 4.5V 的宽电化学稳定窗口。静电纺丝技术进一步提高了机械强度。出于同样的目的，Zhu 等人开发了一种基于玻璃纤维垫的经济型凝胶复合膜，显示出高安全性和良好的机械强度。最大应力和应变分别达到 14.3MPa 和 1.8%。凝胶膜表现出高离子电导率（$1.13 \times 10^{-3} S \cdot cm^{-1}$）、高锂离子迁移数（0.56）和宽电化学窗口。研究人员还添加了无机填料，如 SiO_2、Al_2O_3、TiO_2 或 MgO，以提高机械强度和电化学性能。Tu 等人使用多孔 Al_2O_3 膜和 PVDF 制备了无树枝状聚合物/陶瓷复合电解质。该电解质表现出优异的机械强度和良好的离子导电性，具有强剪切模量的电解质膜可以抑制锂枝晶生长。除机械强度外，PVDF 或 PVDF-HFP 电解质的另一个问题是它们对 Li 金属阳极的界面不稳定性。通常，具有高储能模量的电解质膜可以抑制锂枝晶生长，从而获得稳定的 Li 金属阳极。然而，近年来，这种说法已被证明是充分的。据报道，通过诱导塑性变形抑制枝晶比开发具有高剪切模量的聚合物电解质更有效。然而，开发聚合物电解质仍然是为高能量密度锂基电池铺平道路的最佳选择之一。PMMA、PVC 和 PAN 也可用于制备凝胶聚合物电解质（图 9-7）。每种聚合物基质都有其优点，但没有一种能满足最佳电池性能的所有要求。共混、共聚和交联是制备具有所有所需优点电解质的主要策略[122-128]。

图 9-7　通过不同方法获得的 PVDF 膜的 SEM
（a）呼吸图法；（b）静电纺丝；（c）在玻璃纤维垫上浇铸 PVDF；
（d）在纳米多孔氧化铝层上浇铸 PVDF-HFP

9.3.2.3.2　准固体电解质

除了基于无机、基于聚合物和基于凝胶聚合物的电解质之外，一些具有液体电解质的复合体系也已用作电池中的固体电解质。这些系统可称为准固体电解质。Gong 等人开发了一种由木质素生物聚合物制成的电解质膜，然后通过浸入液体电解质中将其活化。低于 100℃，电解质没有损失任何重量并且是热稳定的。它在室温下显示出 $3.73 \times 10^{-3} \mathrm{S \cdot cm^{-1}}$ 的高离子电导率和 0.85 的高锂离子迁移数。电解液与锂金属阳极兼容，并具有高达 7.5V 的宽电化学窗口。Li 等人报道了一种基于纳米多孔石墨烯类似物 g-BN 纳米片的固体电解质来限制离子液体。IL 的量是宿主体重的 10 倍。这些纳米片在 25℃时表现出 $3.85 \times 10^{-3} \mathrm{S \cdot cm^{-1}}$ 的高离子电导率，在 -20℃时甚至达到 $2.32 \times 10^{-4} \mathrm{S \cdot cm^{-1}}$。类似地，IL 电解质填充在介孔二氧化硅中，并且该材料还可以表现出良好的锂离子迁移数 > 0.8，电化学窗口 > 5V。Wu 等人提出了一种通过非水自组装溶胶-凝胶法制备的 $\mathrm{Ti(OH)_4}$ 溶胶电解质，其中离子液体电解质固定在无机凝胶中。使用 $\mathrm{LiFePO_4}$

阴极和离子凝胶电解质的电池在 300 次循环中提供 150mA·h·g^{-1} 的容量，并且即使在 2C 速率下，容量仍然保持在 98mA·h·g^{-1} 以上。电解质在室温下表现出高于 $1×10^{-3}$S·cm^{-1} 的液体状离子电导率。后来，Wu 等人开发了一种硅溶胶电解质和一种固态锂离子全电池技术。固态全电池（LiFePO$_4$、LiCoO$_2$、LiCo$_{1/3}$Ni$_{1/3}$Mn$_{1/3}$O$_2$ 作为阴极，MCMB 作为阳极）均具有高比容量（144.6 mA·h·g^{-1}，超过 100 次循环）、长循环稳定性和出色的高温性能。二氧化硅溶胶电解质也可以通过有机改性的二氧化硅合成[129-134]。

9.4
电缆/电线型柔性 LIB

常用的圆柱形、棱柱形、袋形或硬币形 LIB 不适于实现高度柔性的 LIB。最近，电缆/电线型设计提供了一种新的设备结构概念，以实现最大的灵活性，并开发出超越传统技术的可弯曲/可扭曲电池，为设计创新开辟了道路。如果处于扭曲状态，它们可以被拉伸，但是恢复不是自动的，这与下面讨论的可拉伸 LIB 不同。这些设计没有任何限制（电池形状、大小、长度等），因为它们可以编织成任何形状并放置在任何地方[135-136]。例如：彭慧胜教授等利用聚酰亚胺（PI）/碳纳米管（CNT）混合纤维作为阳极，LiMn$_2$O$_4$（LMO）/CNT 混合纤维作为阴极，硫酸锂水溶液作为电解质，制备出了具有优异电化学性能的纤维状水性锂离子电池（FAL）。PI/CNT 阳极具有优异的倍率性能和高比容量，即使在 600C 的高电流速率下比容量也能保持在 86mA·h·g^{-1}。他们制备出的 FAL 功率密度为 10217.74W·kg^{-1}，优于大多数超级电容器（能量密度为 48.93W·h·kg^{-1}），这与薄膜锂离子电池相当。此外，通过使用含水电解质从根本上解决了由可燃性有机电解质产生的安全问题。一维纤维形状允许 FAL 在所有方向上可变形。作为大规模应用的演示，它可以进一步编织成柔性电池纺织品，以满足各种新兴应用的需求，如电子皮肤等。除此之外，他们首次采用凝胶聚合物电解质和定向碳纳米管（CNT）片状空气电极，开发出具有高电化学性能和柔韧纤维形状的新型纤维状全固态锂空气电池。在电流密度为 1400mA·g^{-1} 时，放电容量为 12470mA·h·g^{-1}，可在空气中有效工作 100 次，截止容量为 500mA·h·g^{-1}。纤维形状赋予其高柔韧性，并且在弯曲下和之后保持电化学性质。此外，它还可以被编织成电力纺织品以支持电子设备[137-138]。

Huang 等提出了一种新的策略，使用工业可穿戴的不锈钢纤维（SSF）作为支撑和集电器来制备生产独立的含硫纤维电极。含硫纤维阴极由 rGO/S 纳米复合材料制成，通过毛细作用加载在蚀刻的 SSF 上。这里含硫复合阴极可利用 SSF 的优异导电性和柔韧性来显著改善其电性能和力学性能。活性材料 rGO/S 纳米复合材料是由一步水热法制备的。引入石墨烯是为了提高纳米复合材料的导电性，构建锂离子扩散通道，限制多硫化物的过度溶解。随后，使用 rGO/S 装饰的 SSF 作为阴极，锂线作为阳极，Celgard 2400 作为隔膜，组装线形锂硫电池。将线形装置封装在可热收缩的聚烯烃管中。这种简便的毛细管作用，使用工业上可获得的 SSF 纱线作为骨架的浸涂制造路线，允许连续和大规模生产用于线形电池的纤维电极。所制造的线形锂硫电池具有高电化学性能，重量轻，柔韧性、防水性和耐磨性好。这项研究工作建立了一种方便的多功能策略，用于工业可穿透和导电金属纱线的纤维电极结构，以及大型可穿戴储能装置，并为制备其他线形可穿戴设备提供了有效的方法，如柔性锂离子电池、钠离子电池、钾离子电池等[139]。

Geng 等报道了一种基于最广泛使用的 LIB 材料——氧化钛的新型纤维电池电极，其被加工成二维纳米片并通过可伸缩的湿纺工艺组装成宏观纤维。二氧化钛片有规律地堆叠并与还原氧化石墨烯（rGO）原位共形杂化，用作高效集电器，赋予新型光纤电极优异的综合力学性能，同时就线密度、倍率性能和循环性能而言，其也具有优异的电池性能。与大多数纤维电极相比，这种新电极具有重要的有利特性，即活性材料的高线密度、活性部位的最大暴露，以及在各个片之间具有纳米通道的堆叠结构。这些特性赋予使用新型电极的纤维电池优异的机械柔韧性和电池性能[140]。

湿纺石墨烯纤维（GF）由于其机械稳定性、高导电性和轻质重量而被认为是潜在的导电介质。由于 GF 的可调性和易于功能化，研究者正在寻找非常规设备的新应用，例如柔性光纤型执行器、机器人、电机、光伏电池和超级电容器。Jang-Kyo Kim 等提出了使用简单的湿纺法合成无黏合剂的纤维状还原氧化石墨烯/碳纳米管/硫（rGO/CNT/S）复合阴极。这种制备方法是一种简单、通用且可扩展的方法，开辟了一种制造电缆电池的新方法。通过控制 GO 分散/还原化学和相关的纤维纺丝工艺，可以轻松实现复合纤维电极的电化学性能和机械柔韧性之间的完美平衡。1D 纤维阴极具有 $1255mA \cdot h \cdot g^{-1}$ 的高初始容量，因为其具有 $11.7S \cdot cm^{-1}$ 的高电导率，以及与具有不同几何形状的其他类型 LSB 相比优异的面积能量密度。研究者制造了电缆 LSB 原型，表现出优异的柔韧性和稳定的静电放电性能。在循环弯曲下电化学性能的高稳定性和当前 LSB 的优异机械柔韧性，使得石墨烯基纤维组件在形状兼容电极材料方面具有巨大潜力。湿法纺丝工艺的简易性和源自丰富的天然石墨片作为起始材料的低成本 GO，使得柔性可充电电缆电池成为设计下一代电力存储设备有吸引力的选择，特别是对于可穿戴电子设备[141]。

Liu 等报道了一种基于碳纳米管（CNT）编织宏膜（CMF）的超高能量密度锂电缆（图 9-8）。独立式 CMF 用于加载具有超高振实密度的活性材料。柔性的 CNT 微绳（CMR）集成在中心，用于连接一个标签，引导电缆电池一端的两个标签，方便连接电子设备。与以往的研究相比，他们所制备的电池性能稳定性较好，对变形不敏感，可以弯曲到小于 4mm。重要的是，活性材料渗透到 CMF 的多孔表面中，减轻了分层。因此，具有高振实密度的活性材料牢固地附着在 CMF 上，将密度增加到 10mg·cm^{-2}，因而具有极高的能量密度 215mW·h·cm^{-3}。该值大约是先前报道的最高性能的 7 倍。此外，与使用金属电荷收集器的传统锂离子电池相比，该电池显示出非常稳定的速率性能和更低的内阻。此外，它应用了一种新策略，可以很好地连接电子设备，其中两个电极可以通过 CNT 集成到一端。本研究报告的锂离子电缆电池具有很好的柔性，便于编织，

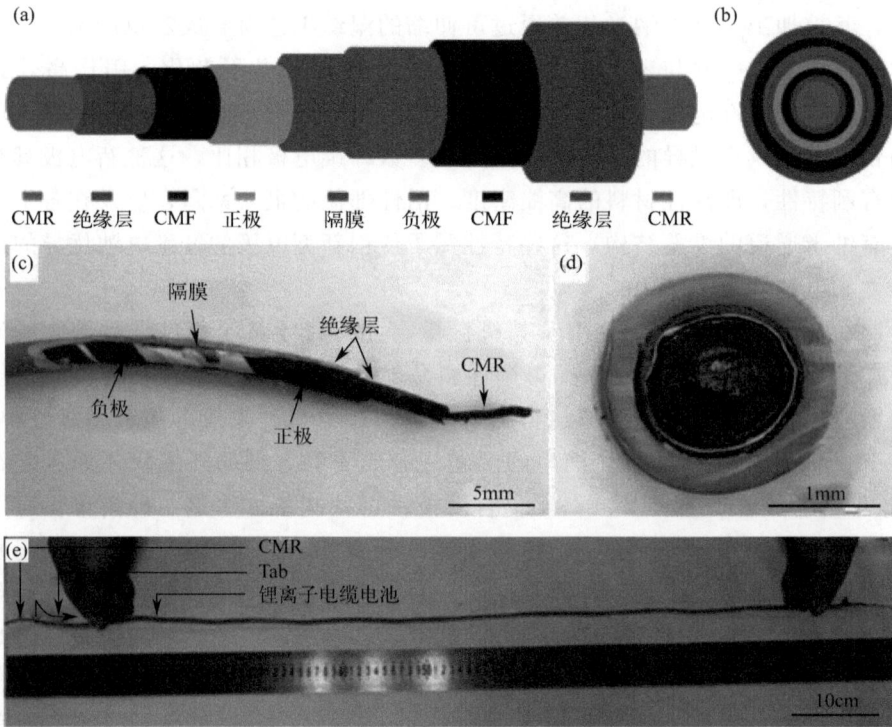

图 9-8　锂离子电缆电池的原理图和原型

（a）侧面图；（b）截面图；（c）锂离子电缆电池的侧视图；

（d）截面图；（e）包括 CMR 在内的锂离子电池原型

同时能量密度高，具备制造的可扩展性，展示了具有商业可行性的可穿戴电子产品的应用潜力[142]。

9.5
透明锂离子电池

透明或半透明的柔性电子器件将开辟广泛的应用领域，因此引起了极大的关注。透明电池作为完全集成的透明装置中不可或缺的电源，要求所有组件（电极材料、集电器、电解质、隔板和包装）都是透明的。目前，锡掺杂的氧化铟（ITO）在透明导电膜的透明材料市场中占主导地位。然而，世界上铟的储量很低，消费量的增加导致 ITO 的高成本。另外，ITO 是刚性的，柔韧性差，并且在变形期间其导电率显著降低。此外，当 ITO 薄膜用作 LIB 中的阳极材料时，存在大的电压滞后、低库仑效率和差的循环性能。其最致命的缺点是在锂化后 ITO 膜变得不透明和暗，并且在脱锂后透明性不能恢复，这限制了它在透明 LIB 中的使用。其他问题来自 LIB 中最常用的集电器、隔板和封装，它们都是不透明的[143-150]。

为了扩展 LIB 在透明电子产品中的应用，Yang 等人采用微流体辅助方法在柔性聚二甲基硅氧烷（PDMS）基板上对网格状透明阴极（$LiMn_2O_4$）/阳极（$Li_4Ti_5O_{12}$）进行图案化，并结合透明凝胶电解质和 PVC 封装组装透明电池。图案化的电极材料覆盖一部分区域，并且电极的尺寸低于人眼的分辨率，产生透明度。透明电池可弯曲，容量降低可忽略不计，可点亮能量密度为 $10W \cdot h \cdot L^{-1}$ 的红色 LED（透明度为 60%）。可串联多个透明电池而不牺牲设备的透明度，可以线性增加能量存储，这表明其对透明、柔性设备的应用前景。因为电极和透明凝胶电解质组装在一起，所以电极之间网格图案的精确匹配是非常重要的，尤其是当多个电池串联堆叠时。在这种情况下，它需要在光学显微镜下仔细手动操作，但预计该过程可在不久的将来自动化。由于活性材料含量低，需要其他方法进一步提高透明电池的能量密度，如该研究工作所提出的，减少非活性 PDMS 基板的厚度、增加活性材料的负载、用其他具有更高比容量和出料密度的材料代替 $LiMn_2O_4$ 阴极[150]。

Andre′D Taylor 等采用快速可控的自旋喷涂逐层（SSLbL）方法来生成高质量的 1D 纳米材料网络：单壁碳纳米管（SWNT）和五氧化二钒（V_2O_5）纳米线分别作为阳极和阴极。这些以约 2nm/双层精度沉积的超薄膜，当沉积在透明基板上时是透明的（透光率＞87%），并且在锂离子电池中具有电化学活性。

SSLbL 组装的超薄 SWNT 阳极和 V_2O_5 阴极在 $5\mu A \cdot cm^{-2}$ 的电流密度下分别表现出 $23\mu A \cdot h \cdot cm^{-2}$ 和 $7\mu A \cdot h \cdot cm^{-2}$ 的可逆锂化容量。当这些电极组合在一个完整的电池中时，它们在 100 圈循环中保持约 $5\mu A \cdot h \cdot cm^{-2}$ 的容量，相当于限制性 V_2O_5 阴极的预锂化容量。这里采用的 SSLbL 技术可生成功能性薄膜，非常适合生成透明电极[151]。

Cheng 等报道了一种凝胶型锂离子电池，这种锂离子电池具有优异的电化学性能，同时通过致密透明聚合物单离子导体实现长的循环寿命。通过侧链接枝法合成聚合物电解质，其中 4-氨基-4′双（三氟甲磺酰基）亚胺接枝在聚（乙烯-马来酸酐）的侧链上，接枝率为 50%。通过溶液浇铸法将锂化的离子共聚物与聚（偏二氟乙烯-六氟丙烯）共混得到致密的透明膜。制备的共混聚合物电解质膜在室温下的离子电导率为 $0.104mS \cdot cm^{-1}$，拉伸强度为 15.5MPa，断裂伸长率为 5%。使用共混膜作为隔膜以及电解质组装凝胶型单离子导电聚合物锂离子电池，$LiFePO_4/C$ 与离聚物混合作为阴极，锂箔作为阳极。该电池室温下在 1C 下可提供 $100mA \cdot h \cdot g^{-1}$ 的可逆放电容量，1000 圈循环而没有明显的衰减。聚合物稳定的环状酰亚胺和梳状结构是优异电池性能的主要原因。侧链接枝的单离子导电聚合物电解质非常适合大规模生产[152]。

Karim Zaghib 等通过简单的溶胶-凝胶法从乙酰丙酮铁（Ⅲ）的醇类胶体溶液和磷酸二氢锂水溶液的混合物中成功制备了 $LiFePO_4$（LFP）薄膜。LFP 薄膜由乙酰丙酮铁 $[Fe(AcAc)_3]$ 和沉积在氟氧化锡（FTO）玻璃基板上的磷酸二氢锂（LiH_2PO_4）的醇性胶体悬浮液，于 450℃在氮气下加热 1h 获得。X 射线衍射（XRD）证实了 LFP 薄膜是具有空间群 $Pnma$（62）的正交晶系。扫描电子显微镜（SEM）显示球形 LFP 纳米颗粒聚集体均匀地沉积在含有 3D 开孔的 FTO 基底的整个表面上。通过在电流密度为 $20\mu A \cdot cm^{-2}$ 的条件下进行 1000 圈充放电循环来评估循环寿命。循环伏安法显示尖峰和短峰电位分离，表明 LFP 薄膜电极的 Li^+ 嵌入/脱出的电化学可逆性增强。在电流密度为 $5\mu A \cdot cm^{-2}$ 时进行的电荷放电测量导致放电容量为 $2.02\mu A \cdot h \cdot cm^{-2}$，这表明与 PLD 制备的结构良好的薄膜相比，LFP 薄膜的 Li^+ 电活性增强。由于电极退化，电池的容量保持率在 1000 次循环后测量显示容量衰减 41.5%。该电极具有 85%～90% 的透射率，使得这种电极在未来具有一定的实际应用潜力[153]。

Narayanan Tharangattu N. 等基于聚二甲基硅氧烷（PDMS）、PEO 和高氯酸锂（$LiClO_4$），制备了一种新型有机-无机杂化固态电解质，这种电解质在室温下具有高的锂离子传导性，离子电导率 $0.03mS \cdot cm^{-1}$。该 SE 还具有其他较好的特性，如高锂离子传输数（约 0.69）和宽电化学窗口（2～5V），机械强度高和柔韧性好（杨氏模量约 1MPa），高的可见光透明度（约 85％）和良好的疏水性（接触角＞100°）。这里聚（环氧乙烷）（PEO）和聚二甲基硅氧烷（PDMS）基聚合物的复合物用作锂离子传输膜，高氯酸锂（LiClO₄）用作锂源。由 ClO_4^--PEO 相互作用诱导的"盐化"现象改变了 PEO 的结晶熔融温度，导致 PEO-PDMS 基质的非晶化，并因此通过微观结构改变，导致高的锂离子传导性。这种透明且柔韧的 SE 不使用液体电解质，显示出其在柔性对称电容器和锂离子电池中的适用性[154]。

Raphaël Salot 等使用特定的光刻和蚀刻工艺在玻璃基板上制备出了网格结构设计的半透明薄膜电池（TFB）。该半透明薄膜电池具有低于人眼分辨率的 $LiCoO_2$/LiPON/Si 结构（图 9-9）。所获得的 TFB 的 UV-vis 透射率高达 60％。与文献中的透明电池相比，该器件具有很好的性能（在透射率为 60％ 和 20％ 时，放电容量为 0.15mA·h 和 0.6mA·h）。此外，透明 TFB 在 100 圈循环中表现出优异的循环稳定性，每个循环的平均容量损失仅为 0.08％。该制造工艺适合工业大规模生产，并且能够简单地控制和微调器件的光学和电化学性质[155]。

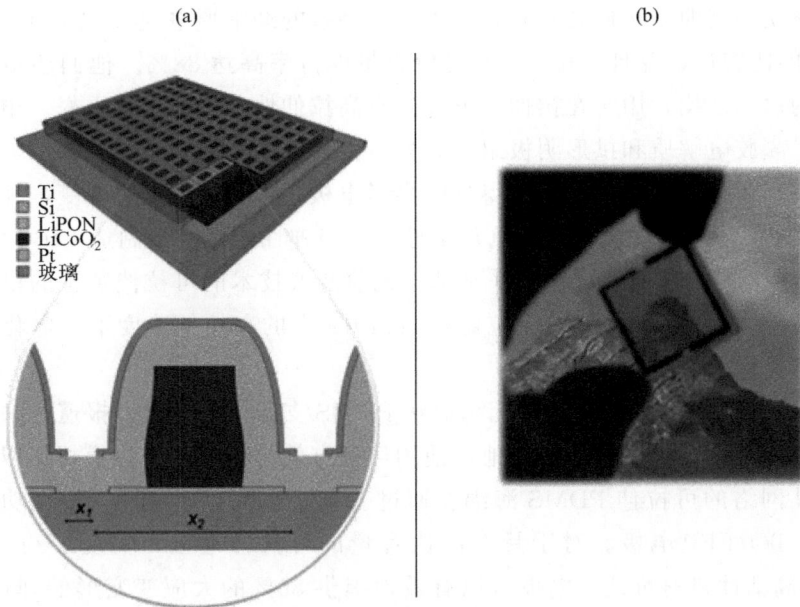

图 9-9　透明薄膜电池（TFB）

(a) 示意图；(b) $25 \times 25mm^2$ 单个设备的照片

9.6

可拉伸 LIB

柔性 LIB 研究的另一个值得注意的新进展是可拉伸 LIB。将来，可拉伸电子设备的使用范围将显著扩大。一些特殊的电子设备，例如电子眼球相机和适形的皮肤传感器，需要可弯曲且还可拉伸和变形成复杂形状的电源，以在保持功能的同时适应大的应变。为了满足这些需求，材料和结构设计选择包括：①使用 CNT 和其他导电 NW 组装的网状结构，其可在拉伸时保持导电路径；②选择纺织品/织物/橡胶作为可拉伸基材；③设计耐拉伸结构，例如使用"波浪形"布局，其中电极材料涂覆在预应变 PDMS 基板上[156-158]。

彭慧胜等人已开发出具有电化学特性的超弹性纤维状锂离子电池，其应变高达 600%。他们合成了具有高机械强度、电导率和电化学活性的两种对齐的多壁碳纳米管（MWCNT）复合纤维，进一步掺入活性材料。然后，通过将两根复合纤维缠绕在弹性体基底上，然后涂上一层薄薄的凝胶电解质，制成可拉伸电池。这些纤维形电池不使用额外的金属集电器和黏合剂。纤维电极、弹性基材和凝胶电解质的扭曲结构使其具有超弹性。所制备的纤维形电池实现了 $91.3mA \cdot h \cdot g^{-1}$ 的比容量，并且在拉伸 600% 后容量保持率高达 88%。他们还报道了一种新颖的拱形结构，用于在拉伸下形成具有高拉伸性和稳定性的电极。电池由拱形阳极、凝胶电解质和拱形阴极组成，最后由弹性聚合物包装。电极的波浪形使得电池具有非常好的可拉伸性。得到的拱形电极可承受 400% 的应变，并在经历 500 次拉伸循环后表现出稳定的电化学性能。当弹性电极用于制造 LIB 时，它们达到了 400% 的高拉伸性，这几乎是基于先前波浪技术的可拉伸装置的最大值的三倍。此外，即使在 400% 的大应变和 $3cm \cdot s^{-1}$ 的高拉伸速度下，电化学性能在拉伸下仍保持稳定[159-160]。

崔屹等人使用高弹性 3D 多孔海绵状 PDMS 支架作为电极，报道了一种新颖简单的制造可拉伸电极的方法。他们使用经济有效的糖材料作为模板，以产生具有开放孔网络的可拉伸 PDMS 海绵。通过 3D 互连多孔 PDMS 支架成功开发了可拉伸 LTO/LFP 电极。对于具有高比容量的可拉伸电极，实现了约 $14mg \cdot cm^{-2}$ 的高活性材料负载。电极可以有效地提供 80% 的大应变变形的弹性响应，同时保持良好的电化学性能。在 500 次拉伸/释放循环后，使用可拉伸 LTO 阳极和 LFP 阴极可获得 82% 和 91% 的半电池容量保持率。另外，观察到使用处于拉伸状态电极的电池容量只有轻微衰减 6%。此外，全电池由可拉伸的 LTO 阳极和 LFP 阴极组成，具有稳定的长寿命性能。更重要的是，可拉伸电极可以容易地按比例放大以用于商业制造，而无需复杂的程序，而且成本低、效率高[161]。

他们还首次展示了一种高容量的可拉伸石墨碳/硅泡沫电极，能够通过新合成的自修复弹性聚合物保形涂层实现。与先前报道的超分子自愈合聚合物不同，由于共价交联和牺牲氢键的组合，该材料更加坚韧，并且在大范围的应变下表现出弹性。石墨碳泡沫上的非晶硅层提供高比容量，使石墨碳/硅复合电极的总容量高达 719mA·h·g^{-1}，这个容量是可拉伸锂离子电池广泛使用的 Li$_4$Ti$_5$O$_{12}$ 阳极材料的四倍，并且在 100 次循环后保持其容量的 81%。研究表明，自修复弹性体均匀涂覆在 3D 石墨碳/硅泡沫上，赋予复合电极高拉伸性（高达 88%），并在 25% 应变下承受 1000 次拉伸/释放循环，而不会产生不利的阻力增加。这项工作首次为可拉伸锂离子电池开发高容量硅基阳极提供了有效途径，并为其在可拉伸电子领域的应用铺平了道路[162]。

崔屹等也首次设计并制造出具有稳定电化学循环性能的新型可拉伸 Li 金属阳极。可拉伸电极结构由部分嵌入橡胶基板内的双层铜线组成，暴露的铜线圈表面用作 Li 金属沉积的电活性集电器，而橡胶包裹的 Cu 部分使金属线圈能够与橡胶平行且均匀地拉伸。可拉伸阳极基于新型分层 2D 铜线圈，可以各向同性拉伸，将 Li 金属分割成由高弹性 SEBS 橡胶分隔的小微区，形成 3D 图案化 Li 金属阳极。在这里，结构设计的本质是电极结构可以容纳并维持多个循环的大伸长率，但是 Li 金属经历的实际局部应变低于其失效应变。2D Cu 线圈和橡胶的这种简单的"单体"集成，极大地减轻了聚合物和金属材料之间的剧烈模量差异，并使电化学性能几乎不受机械变形的影响。这种 Li 金属阳极的新配置不仅使电极具有高度可拉伸性，而且还显著改善了 Li 阳极的循环稳定性。采用这种设计，可拉伸的 Li 金属阳极具有很好的机械和电化学循环稳定性：在 60% 的大应变下，每次机械拉伸/释放循环的 Li 容量损失仅为 0.1%，在醚基电解质中以 1 mA·cm^{-2} 进行 176 次循环的平均库仑效率为 97.5%[163]。

崔屹等人还成功开发出基于设备比例级别的波浪结构可拉伸 LIB（图 9-10）。包括包装在内的所有组件都能够通过将整个袋状电池折叠成波浪形状而可逆地拉伸，其中每个谷区填充聚二甲基硅氧烷。此外，首次采用可拉伸、黏性、多孔聚氨酯/聚偏二氟乙烯膜作为隔膜，可保持电极与隔膜之间的紧密接触，在动态下保证离子通道连续。商业阴极、阳极和封装可用于这种合理设计的波状电池中，以实现拉伸性。结果表明在可重复的拉伸/释放循环中具有良好的电化学性能和长期稳定性。对于波状电池，可以实现 3.6mA·h·cm^{-2} 的高面积容量和高达 172W·h·L^{-1} 的能量密度。这种制备方法简单，并且可以容易地利用商业

LCO/石墨电极和密封材料，按比例放大以便以低成本和高效率进行商业制造而无需复杂的程序[164]。

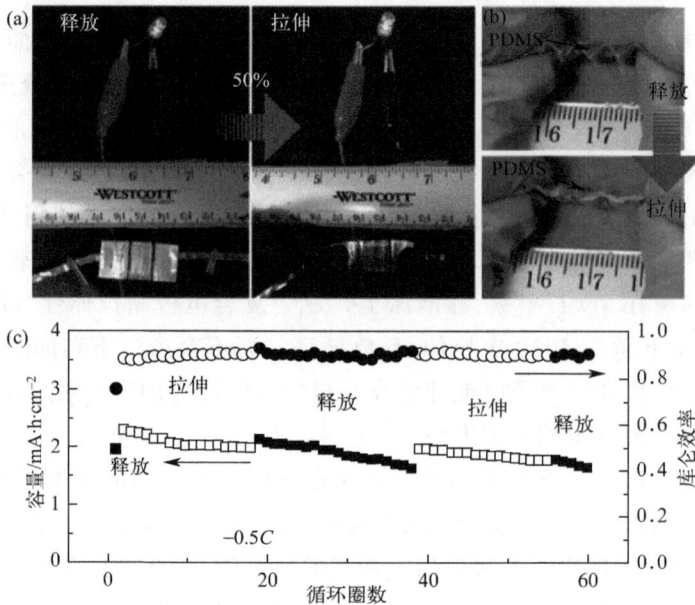

图 9-10　波形电池动态电化学性能

（a）波形电池的数字照片在50%应变下以释放和可拉伸状态为发光二极管供电；
（b）当拉伸波状电池时，PDMS被拉伸以适应变形；（c）在释放和拉伸状态下
（50%应变），波状电池的循环性能和库仑效率

9.7
总结及展望

　　柔性锂离子电池具有出色的储能性能和力学性能，它们在柔性、可拉伸、可折叠电子设备中具有广泛的应用前景。柔性 LIB 要求每个部件都能承受变形，推动了适形的固态电解质/隔膜、柔性电极材料、柔性集电器和包装的发展。不同的电极材料有其自身的优点和缺点，例如，单独的石墨烯、CNT 和碳布/织物电极具有良好的导电性和柔韧性，但它们的低可逆容量、低库仑效率和非理想的插入/提取电压曲线限制了其实际应用。纸（纤维素）和织物具有低成本和优异的柔韧性，但它们的导电性非常有限甚至是绝缘的。对于除 CNT 和石墨烯材料之外的其他低维纳米结构材料，柔韧性和机械强度不是问题，但成本和导电性是

两个限制因素。复合材料或混合材料结合了两种或多种上述材料的优点，是克服单一成分面临的挑战并提高性能的有效策略。尽管目前已经在柔性锂离子电池方面取得了一些成就，但高性能柔性 LIB 的开发还存在很大空间，人们对柔性电子产品的兴趣日益增加，为柔性 LIB 提供了巨大的发展机会。

① 虽然已经报道了大量的柔性电极材料，但是为了制造具有高能量/功率密度的高度灵活的能量储存装置，操作安全性和优异的循环稳定性仍然是一个巨大的挑战。高性能柔性阴极和阳极材料应该一起考虑用于开发实用的柔性电源。碳基材料在构建柔性电极方面发挥着不可替代的作用，因为它们易于获得、结构可调、导电性优异、机械柔韧性好、重量轻、成本低、化学稳定性高。进一步开发新型柔性碳质电极，寻找新的简单合成方法，将碳基材料与其他高容量电极材料相结合，可显著提高其电化学性能，甚至从协同效应中创造出一些特殊性质，值得探索。此外，为了提高柔性电池的整体能量密度，必须考虑以下因素：a. 寻找具有多电子反应的新电极材料，或高能量 Li-S 和锂-空气电池等电池系统；b. 优化电池组件，例如通过降低非活性（集电器、黏合剂和导电添加剂）与活性组分的比例，提高整个电池单元的能量密度；c. 进一步提升活性材料的负载量，且保持高质量负载及高的电导率。通常，为了获得高质量能量密度，优选轻质集电器。值得注意的是，体积能量密度是另一个不可忽视的重要因素，尤其是当电池空间有限时。然而，在设计柔性锂电池时很少关注该参数，迫切需要开发具有高体积能量密度和柔韧性的致密填充电极材料。除了电极材料之外，电极结构的设计和优化，例如微纳结构、3D 电极结构而不是平面电池结构，以实现超级电容器速率能力，同时保持电池存储容量是非常期望的，但是极具挑战性。

② 电解质在确保高电池安全性方面起着关键作用。因此，由于可燃有机电解质引起的安全问题，所有固态柔性锂电池都是相对更安全的。然而，由于固态电解质的低离子电导率，特别是在低温下，容量衰减快，因此需要发展制备在室温/低电位下具有更高离子电导率的新型固态电解质材料。固态电解质用作隔膜以防止电池在阳极和阴极之间短路，并且具有优异的抑制锂枝晶生长的能力。开发可弯曲和形状适形的固态电解质，进一步为实现具有高安全性和机械灵活性的高性能 LIB（例如，所有固态 3D 集成电池）提供了良好的平台。对于固态电解质的使用，还应注意电极/电解质界面的优化，以提高电池安全性和界面接触，同时充分利用电极材料的活性表面。

③ 对于未来的电子设备，提供诸如光学透明性、拉伸性和机械耐磨性的多种功能具有重要意义。同时，具有小型柔性电源的小型化电子设备，如电缆/线型柔性微电池也将是未来的另一个发展趋势。由于电池中电极材料的空间有限，小电源导致低能量存储，并且还要求电极材料可以在短时间内充电，寿命长（可

以充电很多次），达到实现电池的功能。

④ 为了实现柔性 LIB 的大规模和低成本生产，迫切需要开发用于柔性电极、电解质和封装的简单、快速和可控的制造工艺。未来需要使用印刷技术（例如喷墨印刷和丝网印刷），这些技术可以为产品设计者提供基于解决方案的廉价生产工艺和高度灵活性。

⑤ 目前，还没有确定的计量表能够准确地表征柔性。因此，需要建立和标准化柔性的评估标准，例如相对于电极的弯曲半径或弯曲时间的电特性和电化学行为变化。

⑥ 还需要具有优异阻隔性能的轻质、薄、柔韧、稳定的包装材料，以保护电池材料、电解质和电化学反应免受外部环境的影响。

⑦ 柔性 LIB 开发的趋势要求将所有电池组件集成到一个单元中，可以轻松嵌入电子设备中，并通过充电电路实现设备的持续运行。然而，将这些灵活的 LIB 无缝集成到日常电子产品中以提供电力仍然是一个挑战。Ajayan 等提出了一个范例，通过在各种基材上多次喷涂电池成分，开发出一种可完全涂漆的 LIB。它可以与能量收集设备（例如光伏板）集成，以构建能量捕获-存储混合设备，具有广泛的应用前景。

尽管上述挑战仍然存在，但在不久的将来，具有低成本，高能量/功率密度的柔性 LIB 将在柔性电子设备（例如卷起式显示器、智能电子设备和可穿戴设备）中得到普遍应用。

参考文献

[1] Tarascon J M, Armand M. Issues and challenges facing rechargeable lithium batteries. Nature, 2001, 414 (6861): 359-367.

[2] Armand M, Tarascon J M. Building better batteries. Nature, 2008, 451 (7179): 652-657.

[3] Gelinck G H, Huitema H E A, van Veenendaal E, et al. Flexible active-matrix displays and shift registers based on solution-processed organic transistors. Nature Materials, 2004, 3 (2): 106-110.

[4] Rogers J A, Bao Z, Baldwin K, et al. Paper-like electronic displays: Large-area rubber-stamped plastic sheets of electronics and microencapsulated electrophoretic inks. Proceedings of the National Academy of Sciences, 2001, 98 (9): 4835-4840.

[5] Bae S, Kim H, Lee Y, et al. Roll-to-roll production of 30-inch graphene films for transparent electrodes. Nature Nanotechnology, 2010, 5 (8): 574-578.

[6] Park S, Vosguerichian M, Bao Z. A review of fabrication and applications of carbon nanotube film-based flexible electronics. Nanoscale, 2013, 5 (5): 1727-1752.

[7] Nishide H, Oyaizu K. Toward flexible batteries. Science, 2008, 319 (5864): 737-738.

[8] Ko H, Kapadia R, Takei K, et al. Multifunctional, flexible electronic systems based on engineered nanostructured materials. Nanotechnology, 2012, 23 (34): 344001.

[9] Kim D，Viventi J，Amsden J J，et al. Dissolvable films of silk fibroin for ultrathin conformal bio-integrated electronics. Nature Materials，2010，9 (6)：511-517.

[10] Nathan A，Ahnood A，Cole M T，et al. Flexible electronics：the next ubiquitous platform. Proceedings of the IEEE，2012，100 (13)：1486-1517.

[11] https：//jawbonecom/up.

[12] http：//wwwdesignbuzzcom/philips-fluid-smartphone-with-flexible-oled-display/.

[13] http：//researchnokiacom/morph.

[14] http：//wwwo-cellphonescom/tag/iphone-procare.

[15] http：//wwwpcmagcom/article2/0，2414094，00asp.

[16] Hu L，Cui Y. Energy and environmental nanotechnology in conductive paper and textiles. Energy and Environmental Science，2012，5 (4)：6423-6435.

[17] Jeong G，Kim Y U，Kim H，et al. Prospective materials and applications for Li secondary batteries. Energy and Environmental Science，2011，4 (6)：1986-2002.

[18] Liu S，Wang Z，Yu C，et al. A flexible TiO_2 (B) -based battery electrode with superior power rate and ultralong cycle life. Advanced Materials，2013，25 (25)：3462-3467.

[19] Landi B J，Ganter M J，Cress C D，et al. Carbon nanotubes for lithium ion batteries. Energy and Environmental Science，2009，2 (6)：638-654.

[20] Hu L，Choi J W，Yang Y，et al. Highly conductive paper for energy-storage devices. Proceedings of the National Academy of Sciences of the United States of America，2009，106 (51)：21490-21494.

[21] Cui L，Hu L，Choi J W，et al. Light-weight free-standing carbon nanotube-silicon films for anodes of lithium ion batteries. ACS Nano，2010，4 (7)：3671-3678.

[22] Li X，Yang J，Hu Y，et al. Novel approach toward a binder-free and current collector-free anode configuration：highly flexible nanoporous carbon nanotube electrodes with strong mechanical strength harvesting improved lithium storage. Journal of Materials Chemistry，2012，22 (36)：18847-18853.

[23] Chen J，Minett A I，Liu Y，et al. Direct growth of flexible carbon nanotube electrodes. Advanced Materials，2008，20 (3)：566-570.

[24] Chen J，Liu Y，Minett A I，et al. Flexible，aligned carbon nanotube/conducting polymer electrodes for a lithium-ion battery. Chemistry of Materials，2007，19 (15)：3595-3597.

[25] Li S，Luo Y，Lv W，et al. Vertically aligned carbon nanotubes grown on graphene paper as electrodes in lithium-ion batteries and dye-sensitized solar cells. Advanced Energy Materials，2011，1 (4)：486-490.

[26] Marschilok A C，Lee C，Subramanian A，et al. Carbon nanotube substrate electrodes for lightweight，long-life rechargeable batteries. Energy and Environmental Science，2011，4 (8)：2943-2951.

[27] Seng K H，Liu J，Guo Z，et al. Free-standing V_2O_5 electrode for flexible lithium ion batteries. Electrochemistry Communications，2011，13 (5)：383-386.

[28] Jia X，Yan C，Chen Z，et al. Direct growth of flexible $LiMn_2O_4$/CNT lithium-ion cathodes. Chemical Communications，2011，47 (34)：9669-9671.

[29] Mukherjee R, Thomas A V, Krishnamurthy A, et al. Photothermally reduced graphene as high-power anodes for lithium-ion batteries. ACS Nano, 2012, 6 (9): 7867-7878.

[30] Ning G, Xu C, Cao Y, et al. Chemical vapor deposition derived flexible graphene paper and its application as high performance anodes for lithium rechargeable batteries. Journal of Materials Chemistry, 2013, 1 (2): 408-414.

[31] Lee J W, Lim S Y, Jeong H M, et al. Extremely stable cycling of ultra-thin V_2O_5 nanowire-graphene electrodes for lithium rechargeable battery cathodes. Energy & Environmental Science, 2012, 5 (12): 9889-9894.

[32] Gwon H, Kim H, Lee K U, et al. Flexible energy storage devices based on graphene paper. Energy and Environmental Science, 2011, 4 (4): 1277-1283.

[33] Liu B, Zhang J, Wang X, et al. Hierarchical three-dimensional $ZnCo_2O_4$ nanowire arrays/carbon cloth anodes for a novel class of high-performance flexible lithium-ion batteries. Nano Letters, 2012, 12 (6): 3005-3011.

[34] Liu B, Wang X, Liu B, et al. Advanced rechargeable lithium-ion batteries based on bendable $ZnCo_2O_4$-urchins-on-carbon-fibers electrodes. Nano Research, 2013, 6 (7): 525-534.

[35] Evanoff K, Benson J, Schauer M, et al. Ultra strong silicon-coated carbon nanotube nonwoven fabric as a multifunctional lithium-ion battery anode. ACS Nano, 2012, 6 (11): 9837-9845.

[36] Shen L, Ding B, Nie P, et al. Advanced energy-storage architectures composed of spinel lithium metal oxide nanocrystal on carbon textiles. Advanced Energy Materials, 2013, 3 (11): 1484-1489.

[37] Bohnke O. The fast lithium-ion conducting oxides $Li_{3x}La_{2/3-x}TiO_3$ from fundamentals to application. Solid State Ionics, 2008, 179 (1-6): 9-15.

[38] Kwon W J, Kim H, Jung K N, et al. Enhanced Li^+ conduction in perovskite $Li_{3x}La_{2/3-x}\square_{1/3-2x}TiO_3$ solid-electrolyte via microstructural engineering. Journal of Materials Chemistry A, 2017, 5: 6257-6262.

[39] Hood Z D, Wang H, Pandian A S, et al. Li_2OHCl crystalline electrolyte for stable metallic lithium anodes. Journal of the American Chemical Society, 2016, 138 (6): 1768-1771.

[40] Li Y, Zhou W, Xin S, et al. Fluorine-doped antiperovskite electrolyte for all-solid-state lithium-ion batteries. Angewandte Chemie International Edition, 2016, 55 (34): 9965-9968.

[41] Senthilkumar B, Khan Z, Park S, et al. Exploration of cobalt phosphate as a potential catalyst for rechargeable aqueous sodium-air battery. Journal of Power Sources, 2016, 311: 29-34.

[42] Khan Z, Park S, Hwang S M, et al. Hierarchical urchin-shaped α-MnO_2 on graphene-coated carbon microfibers: a binder-free electrode for rechargeable aqueous Na-air battery. NPG Asia Materials, 2016, 8 (7): e294.

[43] Khan Z, Senthilkumar B, Park S O, et al. Carambola-shaped VO_2 nanostructures: a binder-free air electrode for an aqueous Na-air battery. Journal of Materials Chemistry,

2017, 5 (5): 2037-2044.

[44] Khan Z, Parveen N, Ansari S A, et al. Three-dimensional SnS$_2$ nanopetals for hybrid sodium-air batteries. Electrochimica Acta, 2017, 257: 328-334.

[45] Xu X, Wen Z, Wu X, et al. Lithium ion-conducting glass-ceramics of Li$_{1.5}$Al$_{0.5}$Ge$_{1.5}$ (PO$_4$)$_{3-x}$Li$_2$O (x = 0.0-0.20) with good electrical and electrochemical properties. Journal of the American Ceramic Society, 2010, 90 (9): 2802-2806.

[46] Zhou W, Wang S, Li Y, et al. Plating a dendrite-free lithium anode with a polymer/ceramic/polymer sandwich electrolyte. Journal of the American Chemical Society, 2016, 138 (30): 9385-9388.

[47] Chinnam P R, Wunder S L. Engineered interfaces in hybrid ceramic-polymer electrolytes for use in all-solid-state Li batteries. ACS Energy Letters, 2017, 2 (1): 134-138.

[48] Arbi K, Rojo J M, Sanz J. Lithium mobility in titanium based Nasicon Li$_{1+x}$Ti$_{2-x}$Al$_x$ (PO$_4$)$_3$ and LiTi$_{2-x}$Zr$_x$ (PO$_4$)$_3$ materials followed by NMR and impedance spectroscopy. Journal of the European Ceramic Society, 2007, 27 (13-15): 4215-4218.

[49] Jian Z, Hu Y, Ji X, et al. NASICON-structured materials for energy storage. Advanced Materials, 2017, 29 (20): 1601925.

[50] Arbi K, Bucheli W, Jimenez R, et al. High lithium ion conducting solid electrolytes based on NASICON Li$_{1+x}$Al$_x$M$_{2-x}$ (PO$_4$)$_3$ materials (M = Ti, Ge and 0 ≤ x ≤ 0.5). Journal of The European Ceramic Society, 2015, 35 (5): 1477-1484.

[51] Xie J, Imanishi N, Zhang T, et al. Li-ion transport in all-solid-state lithium batteries with LiCoO$_2$ using NASICON-type glass ceramic electrolytes. Journal of Power Sources, 2009, 189 (1): 365-370.

[52] Cao C, Li Z, Wang X, et al. Recent advances in inorganic solid electrolytes for lithium batteries. Frontiers in Energy Research, 2014, 2: A25.

[53] Kokal I, Ramanujachary K V, Notten P H, et al. Sol-gel synthesis and lithium ion conduction properties of garnet-type Li$_6$BaLa$_2$Ta$_2$O$_{12}$. Materials Research Bulletin, 2012, 47 (8): 1932-1935.

[54] Li Y, Han J T, Wang C, et al. Optimizing Li$^+$ conductivity in a garnet framework. Journal of Materials Chemistry, 2012, 22 (30): 15357-15361.

[55] Murugan R, Thangadurai V, Weppner W, et al. Fast lithium ion conduction in garnet-type Li$_7$La$_3$Zr$_2$O$_{12}$. Angewandte Chemie International Edition, 2007, 46 (41): 7778-7781.

[56] Kokal I, Somer M, Notten P P, et al. Sol-gel synthesis and lithium ion conductivity of Li$_7$La$_3$Zr$_2$O$_{12}$ with garnet-related type structure. Solid State Ionics, 2011, 185 (1): 42-46.

[57] Luntz A C, Voss J, Reuter K, et al. Interfacial challenges in solid-state Li ion batteries. Journal of Physical Chemistry Letters, 2015, 6 (22): 4599-4604.

[58] Kerman K, Luntz A C, Viswanathan V, et al. Review-practical challenges hindering the development of solid state Li ion batteries. Journal of the Electrochemical Society, 2017, 164 (7): A1731.

[59] Li Y, Xu B, Xu H, et al. Hybrid polymer/garnet electrolyte with a small interfacial resistance for lithium-ion batteries. Angewandte Chemie, 2017, 56 (3): 753-756.

[60] Han X, Gong Y, Fu K, et al. Negating interfacial impedance in garnet-based solid-state Li metal batteries. Nature Materials, 2017, 16 (5): 572-579.

[61] Kanno R, Hata T, Kawamoto Y, et al. Synthesis of a new lithium ionic conductor, thio-LISICON-lithium germanium sulfide system. Solid State Ionics, 2000, 130 (1): 97-104.

[62] Kanno R, Murayama M. Lithium ionic conductor thio-LISICON: The Li_2S-GeS_2-P_2S_5 system. Journal of the Electrochemical Society, 2001, 148 (7): A742-A746.

[63] Lee C, Joo K H, Kim J, et al. Characterizations of a new lithium ion conducting Li_2O-SeO_2-B_2O_3 glass electrolyte. Solid State Ionics, 2002, 149 (1): 59-65.

[64] Ohtomo T, Hayashi A, Tatsumisago M, et al. All-solid-state batteries with Li_2O-Li_2S-P_2S_5 glass electrolytes synthesized by two-step mechanical milling. Journal of Solid State Electrochemistry, 2013, 17 (10): 2551-2557.

[65] Inada T, Takada K, Kajiyama A, et al. Fabrications and properties of composite solid-state electrolytes. Solid State Ionics, 2003, 158 (3): 275-280.

[66] Tatsumisago M, Hama S, Hayashi A, et al. New lithium ion conducting glass-ceramics prepared from mechanochemical Li_2S-P_2S_5 glasses. Solid State Ionics, 2002, 154-155: 635-640.

[67] Hayashi A, Iio K, Morimoto H, et al. Mechanochemical synthesis of amorphous solid electrolytes using SiS_2 and various lithium compounds. Solid State Ionics, 2004, 175 (1): 637-640.

[68] Joo K H, Vinatier P, Pecquenard B, et al. Thin film lithium ion conducting LiBSO solid electrolyte. Solid State Ionics, 2003, 160 (1): 51-59.

[69] Saetova N S, Raskovalov A A, Antonov B D, et al. The influence of lithium oxide concentration on the transport properties of glasses in the Li_2O-B_2O_3-SiO_2 system. Journal of Non-crystalline Solids, 2016, 443: 75-81.

[70] Deshpande A V, Deshpande V K. Influence of LiCl addition on the electrical conductivity of Li_2O/B_2O_3/SiO_2 glass system. Solid State Ionics, 2002, 154: 433-436.

[71] Tatsumisago M, Yamashita H, Hayashi A, et al. Preparation and structure of amorphous solid electrolytes based on lithium sulfide. Journal of Non-crystalline Solids, 2000, 274 (1): 30-38.

[72] Seino Y, Ota T, Takada K, et al. A sulphide lithium super ion conductor is superior to liquid ion conductors for use in rechargeable batteries. Energy and Environmental Science, 2014, 7 (2): 627-631.

[73] Liu Z, Tang Y, Lu X, et al. Enhanced ionic conductivity of sulfide-based solid electrolyte by incorporating lanthanum sulfide. Ceramics International, 2014, 40 (10): 15497-15501.

[74] Seino Y, Takada K, Kim B C, et al. Synthesis and electrochemical properties of Li_2S-B_2S_3-Li_4SiO_4. Solid State Ionics, 2006, 177 (26): 2601-2603.

[75] Ohara K, Mitsui A, Mori M, et al. Structural and electronic features of binary Li_2S-P_2S_5 glasses. Scientific Reports, 2016, 6: 21302.

[76] Takada K, Inada T, Kajiyama A, et al. Solid-state lithium battery with graphite an-

ode. Solid State Ionics, 2003, 158 (3): 269-274.

[77] Rangasamy E, Liu Z, Gobet M, et al. An iodide-based $Li_7P_2S_8I$ superionic conductor. Journal of the American Chemical Society, 2015, 137 (4): 1384-1387.

[78] Wei J, Kim H, Lee D C, et al. Influence of annealing on ionic transfer and storage stability of $Li_2S-P_2S_5$ solid electrolyte. Journal of Power Sources, 2015, 294 (30): 494-500.

[79] Hayashi A, Komiya R, Tatsumisago M, et al. Characterization of $Li_2S-SiS_2-Li_3MO_3$ (M=B, Al, Ga and In) oxysulfide glasses and their application to solid state lithium secondary batteries. Solid State Ionics, 2002, 152: 285-290.

[80] Stoeva Z, Martinlitas I, Staunton E, et al. Ionic conductivity in the crystalline polymer electrolytes PEO_6: $LiXF_6$, X=P, As, Sb. Journal of the American Chemical Society, 2003, 125 (15): 4619-4626.

[81] Henderson W A, Brooks N R, Young V G, et al. Single-crystal structures of polymer electrolytes. Journal of the American Chemical Society, 2003, 125 (40): 12098-12099.

[82] Yang L Y, Wei D X, Xu M, et al. Transferring lithium ions in nanochannels: A PEO/Li^+ solid polymer electrolyte design. Angewandte Chemie International Edition, 2014, 53 (14): 3631-3635.

[83] Zhang J, Yue L, Hu P, et al. Taichi-inspired rigid-flexible coupling cellulose-supported solid polymer electrolyte for high-performance lithium batteries. Scientific Reports, 2015, 4 (1): 6272.

[84] Porcarelli L, Gerbaldi C, Bella F, et al. Super soft all-ethylene oxide polymer electrolyte for safe all-solid lithium batteries. Scientific Reports, 2016, 6 (1): 19892.

[85] Pan Q, Smith D M, Qi H, et al. Hybrid electrolytes with controlled network structures for lithium metal batteries. Advanced Materials, 2015, 27 (39): 5995-6001.

[86] Zeng X, Yin Y, Li N, et al. Reshaping lithium plating/stripping behavior via bifunctional polymer electrolyte for room-temperature solid Li metal batteries. Journal of the American Chemical Society, 2016, 138 (49): 15825-15828.

[87] Klongkan S, Pumchusak J. Effects of nano alumina and plasticizers on morphology, ionic conductivity, thermal and mechanical properties of $PEO-LiCF_3SO_3$, solid polymer electrolyte. Electrochimica Acta, 2015, 161: 171-176.

[88] Croce F, Persi L, Scrosati B, et al. Role of the ceramic fillers in enhancing the transport properties of composite polymer electrolytes. Electrochimica Acta, 2001, 46 (16): 2457-2461.

[89] Dissanayake M A, Jayathilaka P A, Bokalawala R S, et al. Effect of concentration and grain size of alumina filler on the ionic conductivity enhancement of the $(PEO)_9LiCF_3SO_3$: Al_2O_3 composite polymer electrolyte. Journal of Power Sources, 2003, 119-121: 409-414.

[90] Masoud E M, El-Bellihi A A, Bayoumy W A, et al. Organic-inorganic composite polymer electrolyte based on $PEO-LiClO_4$ and nano-Al_2O_3 filler for lithium polymer batteries: Dielectric and transport properties. Journal of Alloys and Compounds, 2013, 575: 223-228.

[91] Wang W, Yi E, Fici A J, et al. Lithium ion conducting poly (ethylene oxide) -based

solid electrolytes containing active or passive ceramic nanoparticles. Journal of Physical Chemistry C, 2017, 121 (5): 2563-2573.

[92] Polu A R, Rhee H. Effect of TiO_2 nanoparticles on structural, thermal, mechanical and ionic conductivity studies of PEO_{12}-LiTDI solid polymer electrolyte. Journal of Industrial and Engineering Chemistry, 2016, 37: 347-353.

[93] Lin D, Liu W, Liu Y, et al. High ionic conductivity of composite solid polymer electrolyte via in situ synthesis of monodispersed SiO_2 nanospheres in poly (ethylene oxide). Nano Letters, 2016, 16 (1): 459-465.

[94] Jurkin T, Pucic I. Irradiation effects in poly (ethylene oxide) /silica nanocomposite films and gels. Polymer Engineering and Science, 2013, 53 (11): 2318-2327.

[95] Lin C W, Hung C L, Venkateswarlu M, et al. Influence of TiO_2 nano-particles on the transport properties of composite polymer electrolyte for lithium-ion batteries. Journal of Power Sources, 2005, 146 (1): 397-401.

[96] Choudhury S, Mangal R, Agrawal A, et al. A highly reversible room-temperature lithium metal battery based on crosslinked hairy nanoparticles. Nature Communications, 2015, 6 (1): 10101.

[97] Itoh T, Ichikawa Y, Uno T, et al. Composite polymer electrolytes based on poly (ethylene oxide), hyperbranched polymer, $BaTiO_3$ and LiN $(CF_3SO_2)_2$. Solid State Ionics, 2003, 156 (3): 393-399.

[98] Kesavan K, Rajendran S, Mathew C M, et al. Influence of barium titanate on poly (vinyl pyrrolidone) -based composite polymer blend electrolytes for lithium battery applications. Polymer Composites, 2015, 36 (2): 302-311.

[99] Sun H Y, Takeda Y, Imanishi N, et al. Ferroelectric materials as a ceramic filler in solid composite polyethylene oxide-based electrolytes. Journal of the Electrochemical Society, 2000, 147 (7): 2462-2467.

[100] Wen Z, Itoh T, Uno T, et al. Thermal, electrical, and mechanical properties of composite polymer electrolytes based on cross-linked poly (ethylene oxide-co-propylene oxide) and ceramic filler. Solid State Ionics, 2003, 160 (1-2): 141-148.

[101] Yuan C, Li J, Han P, et al. Enhanced electrochemical performance of poly (ethylene oxide) based composite polymer electrolyte by incorporation of nano-sized metal-organic framework. Journal of Power Sources, 2013, 240: 653-658.

[102] Zhu K, Liu Y, Liu J, et al. A fast charging/discharging all-solid-state lithium ion battery based on PEO-MIL-53 (Al) -LiTFSI thin film electrolyte. RSC Advances, 2014, 4 (80): 42278-42284.

[103] Kumar R S, Raja M, Kulandainathan M A, et al. Metal organic framework-laden composite polymer electrolytes for efficient and durable all-solid-state-lithium batteries. RSC Advances, 2014, 4 (50): 26171-26175.

[104] Stephan A M, Nahm K. Review on composite polymer electrolytes for lithium batteries. Polymer, 2006, 47 (16): 5952-5964.

[105] Masoud E M, Elbellihi A A, Bayoumy W A, et al. Effect of $LiAlO_2$ nanoparticle filler concentration on the electrical properties of PEO-$LiClO_4$ composite. Materials Research

Bulletin, 2013, 48 (3): 1148-1154.

[106]　Wang Y, Pan Y, Kim D, et al. Conductivity studies on ceramic $Li_{1.3}Al_{0.3}Ti_{1.7}$ $(PO_4)_3$-filled PEO-based solid composite polymer electrolytes. Journal of Power Sources, 2006, 159 (1): 690-701.

[107]　Wang C, Yang Y, Liu X, et al. Suppression of lithium dendrite formation by using LAGP-PEO (LiTFSI) composite solid electrolyte and lithium metal anode modified by PEO (LiTFSI) in all-solid-state lithium batteries. ACS Appl Mater Interfaces, 2017, 9 (15): 13694-13702.

[108]　Zheng J, Tang M, Hu Y, et al. Lithium ion pathway within $Li_7La_3Zr_2O_{12}$-polyethylene oxide composite electrolytes. Angewandte Chemie International Edition, 2016, 55 (40): 12538-12542.

[109]　Choi J H, Lee C H, Yu J H, et al. Enhancement of ionic conductivity of composite membranes for all-solid-state lithium rechargeable batteries incorporating tetragonal $Li_7La_3Zr_2O_{12}$ into a polyethylene oxide matrix. Journal of Power Sources, 2015, 274: 458-463.

[110]　Fu K, Gong Y, Dai J, et al. Flexible, solid-state, ion-conducting membrane with 3D garnet nanofiber networks for lithium batteries. Proceedings of the National Academy of Sciences of the United States of America, 2016, 113 (26): 7094-7099.

[111]　Liu W, Lee S W, Lin D, et al. Enhancing ionic conductivity in composite polymer electrolytes with well-aligned ceramic nanowires. Nature Energy, 2017, 2 (5): 17035.

[112]　Hou W H, Chen C, Wang C, et al. The environment of lithium ions and conductivity of comb-like polymer electrolyte with a chelating functional group. Polymer, 2003, 44 (10): 2983-2991.

[113]　Zhang J, Zhao J, Yue L, et al. Safety-reinforced poly (propylene carbonate) -based all-solid-state polymer electrolyte for ambient-temperature solid polymer lithium batteries. Advanced Energy Materials, 2015, 5 (24): 1501082.

[114]　Chai J, Liu Z, Ma J, et al. In situ generation of poly (vinylene carbonate) based solid electrolyte with interfacial stability for $LiCoO_2$ lithium batteries. Advanced Science, 2017, 4 (2): 1600377.

[115]　Lim Y J, Kim H, Lee S S, et al. Ceramic-based composite solid electrolyte for lithium-ion batteries. ChemPlusChem, 2015, 80 (7): 1100-1103.

[116]　Li J, Lin Y, Yao H, et al. Tuning thin-film electrolyte for lithium battery by grafting cyclic carbonate and combed poly (ethylene oxide) on polysiloxane. ChemSusChem, 2014, 7 (7): 1901-1908.

[117]　Horowitz A I, Panzer M J. Poly (dimethylsiloxane) -supported ionogels with a high ionic liquid loading. Angewandte Chemie International Edition, 2014, 53 (37): 9780-9783.

[118]　Zhou D, Liu R, He Y, et al. SiO_2 hollow nanosphere-based composite solid electrolyte for lithium metal batteries to suppress lithium dendrite growth and enhance cycle life. Advanced Energy Materials, 2016, 6 (7): 1502214.

[119]　Bouchet R, Maria S, Meziane R, et al. Single-ion BAB triblock copolymers as highly

efficient electrolytes for lithium-metal batteries. Nature Materials, 2013, 12 (5): 452-457.

[120] Ma Q, Zhang H, Zhou C, et al. Single lithium-ion conducting polymer electrolytes based on a super-delocalized polyanion. Angewandte Chemie International Edition, 2016, 55 (7): 2521-2525.

[121] Villaluenga I, Wujcik K H, Tong W, et al. Compliant glass-polymer hybrid single ion-conducting electrolytes for lithium batteries. Proceedings of the National Academy of Sciences of the United States of America, 2016, 113 (1): 52-57.

[122] Li Z H, Cheng C, Zhan X Y, et al. A foaming process to prepare porous polymer membrane for lithium ion batteries. Electrochimica Acta, 2009, 54 (18): 4403-4407.

[123] Zhang J, Sun B, Huang X, et al. Honeycomb-like porous gel polymer electrolyte membrane for lithium ion batteries with enhanced safety. Scientific Reports, 2015, 4 (1): 6007.

[124] Choi S W, Jo S M, Lee W S, et al. An electrospun poly (vinylidene fluoride) nanofibrous membrane and its battery applications. Advanced Materials, 2003, 15 (23): 2027-2032.

[125] Zhu Y, Wang F, Liu L, et al. Cheap glass fiber mats as a matrix of gel polymer electrolytes for lithium ion batteries. Scientific Reports, 2013, 3 (1): 3187.

[126] Tu Z, Kambe Y, Lu Y, et al. Nanoporous polymer-ceramic composite electrolytes for lithium metal batteries. Advanced Energy Materials, 2014, 4 (2): 1300654.

[127] Xu C, Ahmad Z, Aryanfar A, et al. Enhanced strength and temperature dependence of mechanical properties of Li at small scales and its implications for Li metal anodes. Proceedings of the National Academy of Sciences of the United States of America, 2017, 114 (1): 57-61.

[128] Harry K J, Hallinan D T, Parkinson D Y, et al. Detection of subsurface structures underneath dendrites formed on cycled lithium metal electrodes. Nature Materials, 2014, 13 (1): 69-73.

[129] Gong S, Huang Y, Cao H, et al. A green and environment-friendly gel polymer electrolyte with higher performances based on the natural matrix of lignin. Journal of Power Sources, 2016, 307: 624-633.

[130] Li M, Zhu W, Zhang P, et al. Graphene-analogues boron nitride nanosheets confining ionic liquids: A high-performance quasi-liquid solid electrolyte. Small, 2016, 12 (26): 3535-3542.

[131] Li Y, Wong K W, Ng K M, et al. Ionic liquid decorated mesoporous silica nanoparticles: a new high-performance hybrid electrolyte for lithium batteries. Chemical Communications, 2016, 52 (23): 4369-4372.

[132] Wu F, Chen N, Chen R, et al. "Liquid-in-Solid" and "Solid-in-Liquid" electrolytes with high rate capacity and long cycling life for lithium-ion batteries. Chemistry of Materials, 2016, 28 (3): 848-856.

[133] Tan G, Wu F, Zhan C, et al. Solid-state Li-ion batteries using fast, stable, glassy nanocomposite electrolytes for good safety and long cycle-life. Nano Letters, 2016, 16

(3): 1960-1968.

[134] Wu F, Chen N, Chen R, et al. Organically modified silica-supported ionogels electrolyte for high temperature lithium-ion batteries. Nano Energy, 2017, 31 (31): 9-18.

[135] Kwon Y, Woo S, Jung H, et al. Cable-type flexible lithium ion battery based on hollow multi-helix electrodes. Advanced Materials, 2012, 24 (38): 5192-5197.

[136] Lee S, Choi K, Choi W, et al. Progress in flexible energy storage and conversion systems, with a focus on cable-type lithium-ion batteries. Energy and Environmental Science, 2013, 6 (8): 2414-2423.

[137] Zhang Y, Wang Y, Wang L, et al. A fiber-shaped aqueous lithium ion battery with high power density. Journal of Materials Chemistry, 2016, 4 (23): 9002-9008.

[138] Zhang Y, Wang L, Guo Z, et al. High-performance lithium-air battery with a coaxial-fiber architecture. Angewandte Chemie International Edition, 2016, 55 (14): 4487-4491.

[139] Liu R, Liu Y, Chen J, et al. Flexible wire-shaped lithium-sulfur batteries with fibrous cathodes assembled via capillary action. Nano Energy, 2017, 33: 325-333.

[140] Hoshide T, Zheng Y, Hou J, et al. Flexible lithium-ion fiber battery by the regular stacking of two-dimensional titanium oxide nanosheets hybridized with reduced graphene oxide. Nano Letters, 2017, 17 (6): 3543-3549.

[141] Chong W G, Huang J, Xu Z, et al. Lithium-sulfur battery cable made from ultralight, flexible graphene/carbon nanotube/sulfur composite fibers. Advanced Functional Materials, 2017, 27 (4): 1604815.

[142] Wu Z, Liu K, Lv C, et al. Ultrahigh-energy density lithium-ion cable battery based on the carbon-nanotube woven macrofilms. Small, 2018, 14 (22): 1800414.

[143] Hecht D S, Hu L, Irvin G, et al. Emerging transparent electrodes based on thin films of carbon nanotubes, graphene, and metallic nanostructures. Advanced Materials, 2011, 23 (13): 1482-1513.

[144] Xiao L, Chen Z, Feng C, et al. Flexible, stretchable, transparent carbon nanotube thin film loudspeakers. Nano Letters, 2008, 8 (12): 4539-4545.

[145] Lee J, Connor S T, Cui Y, et al. Semitransparent organic photovoltaic cells with laminated top electrode. Nano Letters, 2010, 10 (4): 1276-1279.

[146] Rojas J P, Sevilla G A, Hussain M M, et al. Can we build a truly high performance computer which is flexible and transparent? Scientific Reports, 2013, 3 (1): 2609.

[147] Wu H, Kong D, Ruan Z, et al. A transparent electrode based on a metal nanotrough network. Nature Nanotechnology, 2013, 8 (6): 421-425.

[148] Wu J, Agrawal M, Becerril H A, et al. Organic light-emitting diodes on solution-processed graphene transparent electrodes. ACS Nano, 2010, 4 (1): 43-48.

[149] Kumar A, Zhou C. The race to replace tin-doped indium oxide: Which material will win? ACS Nano, 2010, 4 (1): 11-14.

[150] Yang Y, Jeong S, Hu L, et al. Transparent lithium-ion batteries. Proceedings of the National Academy of Sciences of the United States of America, 2011, 108 (32): 13013-13018.

[151] Gittleson F S，Hwang D，Ryu W，et al. Ultrathin nanotube/nanowire electrodes by spin-spray layer-by-layer assembly：A concept for transparent energy storage. ACS Nano，2015，9（10）：10005-10017.

[152] Pan Q，Chen Y，Zhang Y，et al. A dense transparent polymeric single ion conductor for lithium ion batteries with remarkable long-term stability. Journal of Power Sources，2016，336：75-82.

[153] Beleke A B，Faure C，Roder M，et al. Chemically fabricated LiFePO$_4$ thin film electrode for transparent batteries and electrochromic devices. Materials Science and Engineering B，2016，214：81-86.

[154] Puthirath A B，Patra S，Pal S，et al. Transparent flexible lithium ion conducting solid polymer electrolyte. Journal of Materials Chemistry A，2017，5（22）：11152-11162.

[155] Oukassi S，Baggetto L，Dubarry C，et al. Transparent thin film solid-state lithium ion batteries. ACS Applied Materials & Interfaces，2019，11（1）：683-690.

[156] Rogers J A，Someya T，Huang Y，et al. Materials and mechanics for stretchable electronics. Science，2010，327（5973）：1603-1607.

[157] Kim D，Xiao J，Song J，et al. Stretchable，curvilinear electronics based on inorganic materials. Advanced Materials，2010，22（19）：2108-2124.

[158] Sekitani T，Someya T. Stretchable，large-area organic electronics. Advanced Materials，2010，22（20）：2228-2246.

[159] Zhang Y，Bai W，Ren J，et al. Super-stretchy lithium-ion battery based on carbon nanotube fiber. Journal of Materials Chemistry A，2014，2（29）：11054-11059.

[160] Weng W，Sun Q，Zhang Y，et al. A gum-like lithium-ion battery based on a novel arched structure. Advanced Materials，2015，27（8）：1363-1369.

[161] Liu W，Chen Z，Zhou G，et al. 3D porous sponge-inspired electrode for stretchable lithium-ion batteries. Advanced Materials，2016，28（18）：3578-3583.

[162] Sun Y，Lopez J，Lee H，et al. A stretchable graphitic carbon/Si anode enabled by conformal coating of a self-healing elastic polymer. Advanced Materials，2016，28（12）：2455-2461.

[163] Liu K，Kong B，Liu W，et al. Stretchable lithium metal anode with improved mechanical and electrochemical cycling stability. Joule，2018，2（9）：1857-1865.

[164] Liu W，Chen J，Chen Z，et al. Stretchable lithium-ion batteries enabled by device-scaled wavy structure and elastic-sticky separator. Advanced Energy Materials，2017，7（21）：1701076.

第 10 章

锂离子电池的安全性理论和技术

作为最有发展前景的能源存储设备之一，锂离子电池因具有较高的能量密度和环境友好性而在便携式电子设备、电动汽车领域取得了非常大的商业成就。然而高容量及动力型锂离子电池商业化推广的主要制约因素是安全性问题，特别是在滥用条件下会导致着火、爆炸乃至人员受伤等事件发生。

本章主要围绕锂离子电池的安全性进行较为系统的论述，主要包括影响锂离子电池安全性的因素（热失控、短路和过充等）；改善锂离子电池安全性相关的材料设计进展，包括电极材料（正极、负极、导电剂和黏结剂）、电解质和隔膜等；锂离子电池安全性能测试技术等。

10.1
电池的热失控和短路

10.1.1　锂离子电池的热失控

锂离子电池在使用过程中会产生热量，这些热量包括：反应热、焦耳热、极化热以及副反应热[1]。其中反应热是指在充放电过程中，锂离子在正负极板间嵌入和脱出这一电化学反应过程中产生的热量。焦耳热是由于组成电池的材料存在一定电阻，充放电过程中电流流经电阻时产生的热量。极化热是指当电流流过时，在锂离子电池电极表面上实际电位偏离平衡电位而发生极化；由于电池的平均端电压与开路电压的差异，这部分压降产生的热量即极化热。副反应热是伴随电池内主电化学反应的一些副反应，如电极一部分的分解反应，高温下电解液分解反应等。锂离子电池的工作温度范围很窄，在 $15\sim45℃$ 之间；如果不能将其在使用过程中产生的热量及时散失，一旦电池温度超过临界值，热失控便会发生。锂离子电池一旦发生热失控，会引发停不下来的连锁反应；温度在几毫秒内迅速上升，内部产热远高于散热速率，电池内部积攒大量热量，导致起火和爆炸。

锂离子电池的热失控可以分为三个阶段（图 10-1）[2]。

（1）热失控从电池系统的过热开始

电池的过充（充电电压高于设计值）、外部环境温度过高、外部接线错误导致的短路或内部电池缺陷导致的短路等，都可能会导致电池过热。内部短路是热失控的主要原因，并且相对难以控制。当外部金属碎片插入导致电池破坏、锂枝晶形成、电池组装时隔膜有缺陷等都会发生内部短路。例如 2013 年 10 月初，一辆特斯拉（Tesla）汽车在西雅图附近撞上了金属碎片，金属碎片刺穿了电池组

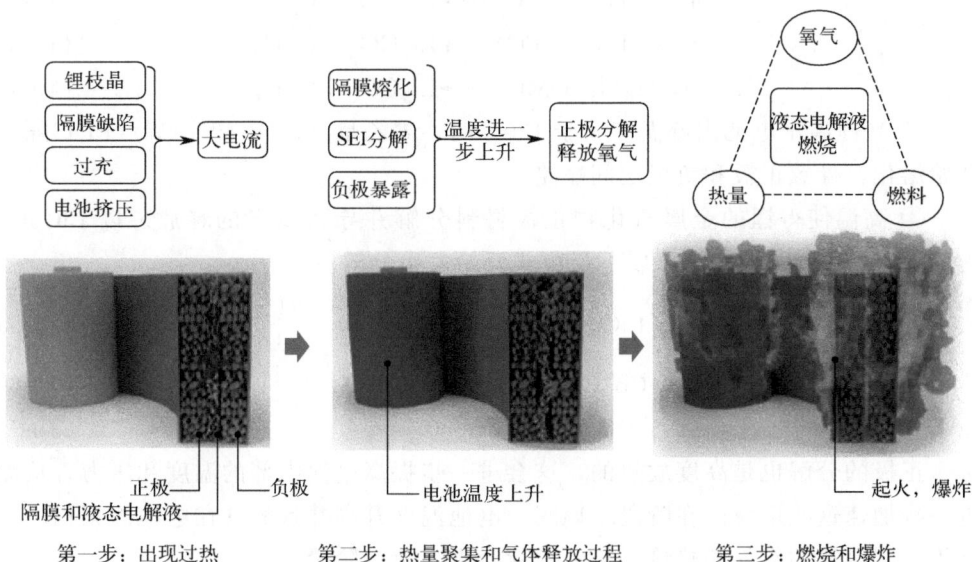

图 10-1　热失控过程的三个阶段

第一阶段：过热的开始。电池从正常状态变为异常状态，内部温度开始上升。

第二阶段：热量的积蓄和气体的释放过程。内部温度迅速上升，电池经历放热反应。

第三阶段：燃烧和爆炸。易燃的电解质燃烧导致火灾甚至爆炸[2]

的聚合物隔膜并直接连接了正极和负极，导致电池短路起火。2016 年韩国三星 Note 7 锂离子电池频繁发生起火爆炸事件，原因在于为了提高电池的能量密度而使用了极薄的电池隔膜，而极薄的隔膜很容易受到外界压力或正极焊接毛刺的破坏，导致电池起火。在第一阶段中，电池从正常的运行状态变得异常从而导致电池过热，当电池内部温度开始上升的时候，热失控的第二阶段就开始了。

（2）热失控的第二阶段是热量积聚和气体释放的过程

随着锂离子电池内部温度的迅速上升，电池将经历以下反应（这些反应发生的顺序并不确切，它们中的一些反应可能同时发生）：

① 固体电解质界面膜（SEI）由于过热或物理插入而分解。SEI 层主要是由稳定相（例如 LiF 和 Li_2CO_3）和亚稳相（例如聚合物，$ROCO_2Li$、$(CH_2OCO_2Li)_2$ 和 ROLi）组成。亚稳相组分会在高于 90℃时分解放热，并释放出可燃气体和氧气。以 $(CH_2OCO_2Li)_2$ 为例：

$$(CH_2OCO_2Li)_2 \longrightarrow Li_2CO_3 + C_2H_4 + CO_2 + 0.5O_2 \tag{10-1}$$

② 随着 SEI 的分解，电池温度上升，金属锂和电极中嵌入的锂会与电解质中的有机溶剂反应，释放可燃的碳氢化合物气体；这是一个放热反应，会进一步推动电池内部温度的升高。

$$2Li + C_3H_4O_3 (EC) \longrightarrow Li_2CO_3 + C_2H_4 \tag{10-2}$$

$$2Li + C_4H_6O_3 (PC) \longrightarrow Li_2CO_3 + C_3H_6 \tag{10-3}$$

$$2Li + C_3H_6O_3 (DMC) \longrightarrow Li_2CO_3 + C_2H_6 \tag{10-4}$$

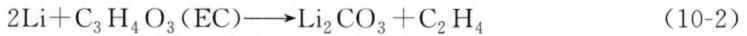

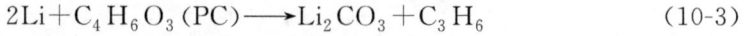

③ 当锂离子电池内部温度高于130℃时，聚乙烯（PE）/聚丙烯（PP）隔膜开始熔化，导致正极和负极之间短路。

④ 高温使得锂的金属氧化物正极材料分解并导致氧气的释放。以 $LiCoO_2$ 为例，它会在 180℃时按照以下反应式开始发生分解。

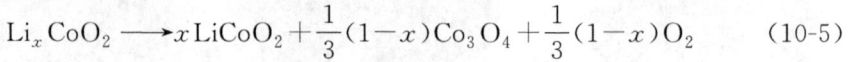

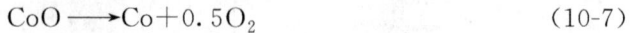

$$Li_xCoO_2 \longrightarrow xLiCoO_2 + \frac{1}{3}(1-x)Co_3O_4 + \frac{1}{3}(1-x)O_2 \tag{10-5}$$

$$Co_3O_4 \longrightarrow 3CoO + 0.5O_2 \tag{10-6}$$

$$CoO \longrightarrow Co + 0.5O_2 \tag{10-7}$$

正极的分解也是高度放热的，这会进一步提高电池内部的温度和压力，从而进一步加速这些反应。在阶段二期间，电池温度升高并且氧气在电池内累积。一旦累积到足够的氧气和热量，热失控就会进入第三阶段。

（3）在第三阶段电池开始燃烧

锂离子电池的电解质是有机物，是由环状和线型的碳酸酯组成的。它们具有很高的挥发性，并且本质上是高度易燃的。以通常使用的碳酸酯类电解质（碳酸乙酯和碳酸二甲酯质量比为 1:1 的混合物）为例，它在室温下饱和蒸气压为 4.8kPa，并且闪点极低（标准大气压下为 25℃±1℃）。阶段二中释放的氧气和热量为可燃有机电解质的燃烧提供了所需条件，从而引起火灾或爆炸。在热失控的阶段二和阶段三中，放热反应发生在近似绝热的条件下。加速量热法

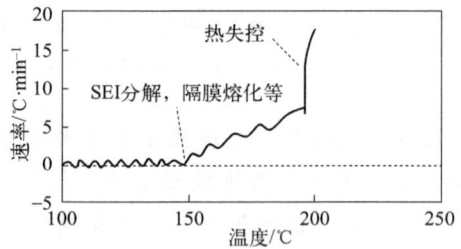

图 10-2　锂离子电池加速量热法测试中典型自热速率曲线

电池的负极为碳微球石墨，正极为 $LiNi_{0.8}Co_{0.05}Al_{0.05}O_2$，电解质为 $1.2mol \cdot L^{-1}$ $LiPF_6$，采用 Celgard 2325 三层隔膜

是一个广泛用于模拟锂离子电池内部环境的技术，便于我们理解热失控反应动力学，图 10-2 中给出了锂离子电池在过热测试中典型的加速量热曲线。在模拟第二阶段温度上升时，外部的热源会使得电池温度增加到临界温度。在此温度以上，SEI 开始分解，并引发更多的放热化学反应，最后隔膜将会熔化，自热速率增加导致热失控（当自热速率超过 $10℃ \cdot min^{-1}$ 时，电解质就会燃烧，即第三阶段）。

锂离子电池内部温度的升高会加速锂离子电池的容量衰减，甚至还会导致严

重的安全问题例如火灾和爆炸。因此需要对锂离子电池进行及时的散热，例如使用空气或者液体循环冷却热管理系统减缓温度的上升。近年来相变材料被越来越多地用于锂离子电池的热管理。

相变材料在发生相变的过程中，会吸收/放出大量的热量，利用这个特性，可以将其用于电池热管理系统，维持电池温度在合适的范围：当电池（电池组）的温度较高时，相变材料以潜热的形式将电池产热量储存起来，而当电池温度下降时（在低温环境下），则将这部分热量释放出来，从而使电池工作在一个比较良好的温度环境中。将相变材料用于电池热管理，可以形象地理解成为电池穿上一层"恒温衣"[3]。目前可用于电池热管理的相变材料包括水合盐、硬脂酸、聚乙二醇、石蜡等以及以它们为基础物质的相变复合材料。石蜡具有无过冷及析出现象的优点，且性能稳定，无毒、无腐蚀性，价格便宜，是基于相变材料的电池热管理的研究重点。目前相变材料存在两大问题：①相变材料在发生固-液相变时容易发生泄漏；②纯相变材料本身热导率很低，而传统使用导热颗粒增强相变材料热导率的效率很低。针对以上问题，北京科技大学王戈教授等[4]以丙酮和二乙烯基苯为原料制备了高度石墨化的碳量子点三维鸡冠花状导热网络，然后将聚乙二醇通过真空抽滤的方法注入导热网络中制备得到了复合相变材料。碳量子点的引入提高了相变材料储热能力，复合相变材料热导率增长了 2.36 倍，同时在相变过程中具有极好的形状稳定性。

制备高导热电极是另一种锂离子电池的热管理方法。传统的锂离子电极是将活性物质与炭黑导电剂和聚合物黏结剂共混实现组装和电连接的。炭黑和聚合物黏结剂本身热导率都很低，因此混合物中这些低导热材料即使在高填充量下也会阻碍热传输，导致很高的边界热阻。针对这一问题，赵波等[5] 以 Na_2SnO_3 为电解质溶液，通过电化学剥离法一步制备了表面负载有 SnO_2 颗粒的石墨烯。通过简单的抽滤方法制备了 SnO_2-石墨烯柔性复合薄膜，并用其作为锂离子电池的负极材料。这种不含黏结剂自支撑的复合薄膜电极具有极高的面内热导率 $535.3 W \cdot m \cdot K^{-1}$，而传统的使用聚合物黏结剂浆液压片制备的电极材料热导率只有 $1.6 W \cdot m \cdot K^{-1}$。对比两者在不同电流密度充放电时的工作温度发现，在相同充放电电流下，SnO_2-石墨烯复合电极的工作温度明显低于传统使用聚合物黏结剂体系的电极。类似的还有 Koo 等[6] 在碳纳米管表面负载中空 γ-Fe_3O_4 纳米颗粒制备高热导率电极材料的报道。

10.1.2 锂离子电池的短路

锂离子电池短路可以分为外部短路和内部短路。外部短路可能是由于外部线路的缺陷引起的电池正负极的直接连接，通过温度传感器可以探测外部短路时电池的温度变化。正负极的内部短路发生在电池内部，很难探测，因此是锂离子电池安全性的极大隐患。引发内部短路的主要原因如下：①电极的集流体（铜或铝箔）之间的边缘相连；②内部金属微颗粒在多次充放循环（膨胀和收缩）后刺穿隔膜；③锂沉积时的不规整性，导致电极结构的不均匀性；④极端高温，导致电极变形；⑤超过安全极限的过充。一旦锂离子电池发生内部短路，电池就会发热、膨胀、失效甚至爆炸，究其原因是短路点位置的放电产热而引发正负极与电解液反应。如果短路点产热低，电池仅会发生不同程度的鼓胀；而产热量高就会爆炸。

10.2
电池的过充安全

锂离子电池的过充是指在高于电池设计的电压下充电，高电流密度可以引发过充，它会引发一些问题，包括：①在负极活性物质表面析出金属锂，这种沉积一方面会使得可逆的锂离子数量减少，电池容量衰减，另一方面析出的金属锂具有高活性而极易与电解质中的溶剂或盐发生反应，生成 Li_2CO_3、LiF 或其他物质，这些物质会堵塞电极孔导致循环寿命下降，而且金属锂的高活性也会给电池造成安全隐患。②分解正极材料释放出氧气。③分解有机电解质，释放出热量和气相产物（氢气、碳氢化合物、二氧化碳等）。分解过程中发生的电化学反应是复杂的，其中包括：

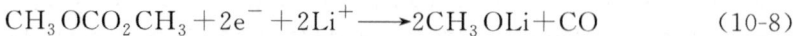

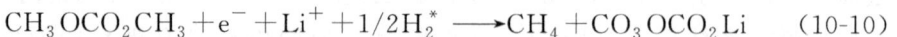

$$CH_3OCO_2CH_3 + 2e^- + 2Li^+ \longrightarrow 2CH_3OLi + CO \qquad (10\text{-}8)$$

$$CH_3OCO_2CH_3 + 2e^- + 2Li^+ + H_2^* \longrightarrow 2CH_4 + Li_2CO_3 \qquad (10\text{-}9)$$

$$CH_3OCO_2CH_3 + e^- + Li^+ + 1/2H_2^* \longrightarrow CH_4 + CO_3OCO_2Li \qquad (10\text{-}10)$$

＊代表氢气源自质子，正极碳酸酯氧化产生的游离基团扩散到负极还原形成氢气。

为了防止过充，通常采用专用的充电电路，或者安装安全阀，以提供更大程度的过充保护；也可采用正温系数电阻器（PTC），可使电池过充时增大电池的内阻，限制过充电流。也可采用专门的隔膜，电池发生异常隔膜温度过高时，隔膜孔隙收缩闭塞，阻止锂离子的迁移，从而防止过充。

上述办法都有一定效果，但增加了电池的成本和复杂性，通过电池电压的监测来确定电池的过充电状态，往往不准确，且不能彻底解决过充造成的安全问题。通过添加剂实现电池过充的内部保护，对简化电池制造工艺、降低生产成本有重要意义。按照功能的不同，过充保护添加剂可以分为氧化还原穿梭剂和关闭剂，前者可以可逆地保护电池免于过充，而后者则永久终止电池的运行。氧化还原穿梭剂的机理在于它的氧化电位略低于电解质的负极分解电位，当过充时，添加剂在正极表面发生氧化反应，氧化产物可以通过电解质扩散到负极的表面发生还原反应，然后被还原的产物又会再次扩散到正极被氧化。这种"氧化-扩散-还原-扩散"可以无限循环往复进行，以吸收多余的电荷，从而将正极的电位锁定，防止有害的过充。众多研究表明氧化还原穿梭剂的氧化还原电位应该比正极的电位高 $0.3\sim0.4\text{V}$ 左右。至今为止研究人员已经通过化学结构和氧化还原电位的设计研发了一系列添加剂，包括有机茂金属、吩噻嗪类、三苯胺、二甲氧基苯及其衍生物等。通过调节分子结构，这些添加剂的氧化电位可以超过 4V，这适用于快速发展的高压正极材料和电解质。这些添加剂基本的设计原则涉及引入吸电子基团降低添加剂的最高占据分子轨道（HOMO），从而提高氧化电位。除了有机添加剂，一些无机盐不仅可以作为电解质，还可以作为氧化还原穿梭剂，例如全氟硼烷盐（$Li_2B_{12}F_xH_{12-x}$）等。

过充关闭剂是一类不可逆的过充保护添加剂，它们要么释放高电位气体从而激活电流短路器，要么在高电位下进行永久性的电化学聚合附着在电极片或隔膜上，增大电池内阻使充电过程结束。前者包括联苯、环己基苯和 3-氯噻吩、呋喃等杂环有机化合物，而后者则包括一系列甲基苯的衍生物。过充关闭剂的负面影响是这种过充保护是一次性的，保护剂发生作用的同时，电池寿命也告终结。

10.3
电极材料的安全研究

10.3.1　正极材料

锂的过渡金属氧化物，例如层状氧化物 $LiCoO_2$、$LiNiO_2$、$LiMnO_2$，尖晶石型 $LiMn_2O_4$ 和聚阴离子型 $LiFePO_4$，是常用的正极材料，但是它们高温下都存在安全问题。其中，橄榄石型的 $LiFePO_4$ 相对安全，可以在 400℃ 下保持稳定，而 $LiCoO_2$ 在 250℃ 就开始分解。$LiFePO_4$ 所有的氧离子都和 P^{5+} 形成 PO_4^{3-} 四面体聚阴离子，稳定了整个三维框架，使得它的稳定性高于其他正极材料。锂离子电池正极材料的安全问题主要源于升温下的分解以及同时释放出的氧气。例如层状的 $LiNiO_2$ 由于与 Li^+ 大小相似的 Ni^{2+} 的存在而不稳定，脱锂态的

$Li_x NiO_2$ （$x<1$）倾向于转变为更为稳定的尖晶石型 $LiNi_2O_4$ 和岩盐型结构的 NiO，并在 200℃ 左右伴随着氧气的释放进入液态电解质，进而导致电解质燃烧。

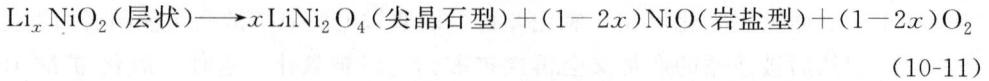

$$Li_x NiO_2（层状）\longrightarrow x LiNi_2 O_4（尖晶石型）+（1-2x）NiO（岩盐型）+（1-2x）O_2$$

$$(10-11)$$

通过原子掺杂和表面保护涂层来提高正极材料的热稳定性已经被用于改善正极材料的热稳定性。原子掺杂是通过得到稳定结晶结构来改善层状氧化物材料的热稳定性。例如 $LiNiO_2$ 和 $Li_{1.05}Mn_{1.95}O_4$ 的热稳定性可以通过使用其他金属正离子部分替换 Ni 或者 Mn，例如 Co、Mn、Mg 和 Al 等。对于 $LiCoO_2$，引入掺杂和合金元素例如 Ni 和 Mn 可以显著提高热分解起始温度，避免高温下与电解质发生反应。但是增加正极材料的稳定性一般都伴随着比容量的降低。为了解决这个问题，研究人员制备了一种基于层状锂镍钴锰氧化物的浓度梯度的正极材料[7]。在这种材料里，每一个颗粒都有一个富 Ni 的中心块和一个富 Mn 的外壳，越接近于表面，Ni 的浓度越低而 Mn 和 Co 的含量越高。前者提供高比容量，后者则改善热稳定性。这种新型的正极材料在不危害电化学性能的同时改善了电池的安全性。

镍钴锰酸锂三元材料由于其比容量高、具有较高的比能量，成为当下正极材料的理想之选。然而三元材料中镍的含量较高，热稳定性较差。在高电压（>4.3V）和高温（>50℃）下循环过程中易发生结构坍塌导致二次颗粒产生连续的微裂缝。这些微裂缝断开一次颗粒之间的电通路，在相转变过程中释放氧气，导致材料的电化学循环性能变差。Jaephil Cho 教授等[8] 通过对一次颗粒进行纳米表面修饰来克服富镍正极材料的上述问题，经过处理的一次颗粒表面富含钴，通过抑制从层状结构到岩盐结构的变化来缓解微裂纹的产生。此外，表面高氧化态的 Mn^{4+} 在高温下能够减少氧气的释放进而改善结构稳定性与热稳定性。Sang Kyu Kwark 教授等[9] 则提出另外一种提高富镍正极稳定性的方法，先采用经典的煅烧方法制备出 $LiNi_{0.8}Co_{0.15}Al_{0.05}O_2$ （NCA）正极材料，然后将 NCA 浸入醋酸锂和醋酸钴的混合溶液中，进一步搅拌、蒸干、煅烧得到改进的正极材料。该方法制备的 NCA 颗粒之间填充着一层尖晶石构型的钴酸锂晶体，能够将 NCA 颗粒紧密地连接在一起，起到胶水的作用；可以提高颗粒之间的机械强度，保护活性粒子不稳定的表面，从而增强了电极的稳定性。

改善正极材料热稳定性的另一种策略是在其表面包覆一薄层热稳定的锂离子导电化合物，这可以防止正极材料与电解质直接接触，从而减少副反应和热量释放。这些包覆层或者是无机薄膜，例如 ZnO、Al_2O_3、$AlPO_4$ 和 AlF_3 等，它们锂化后可以传导锂离子；或者是有机薄膜，例如聚（二烯丙基二甲基氯化铵），

由 γ-丁内酯添加剂形成的保护膜，多组分添加剂（由碳酸乙烯酯、1,3-丙烯亚硫酸盐、二甲基乙酰胺组成）。此外，引入一种正温度系数的包覆层也可以有效地提高正极的安全性。例如，武汉大学的艾新平教授等[10] 在 LiCoO$_2$ 表面包覆了一层聚（3-癸基噻吩），一旦温度超过 80℃ 这种导电聚合物包覆层可以迅速转变为高电阻态从而关闭电化学反应和副反应。包覆自终止超支化结构低聚物也可以作为热响应的功能阻挡层从正极一侧关闭电池。

华中科技大学的胡先罗教授等[11] 针对传统使用聚合物黏结剂正极材料活性物质负载量低、耐热性差的缺点，采用羟基磷灰石超长纳米线、科琴黑纳米颗粒、碳纤维和磷酸铁锂粉末为原料，通过简单的静电辅助自组装方法成功制备了一种既可以耐高温、又具有活性物质高负载量的新型磷酸铁锂复合电极。在自组装和抽滤的过程中，磷酸铁锂纳米颗粒均匀地分散在高导电性且多孔的羟基磷灰石超长纳米线/科琴黑纳米颗粒/碳纤维基底中，从而形成自支撑、具有独特复合多孔结构的磷酸铁锂耐高温正极材料，具有优异的热稳定性和耐火性，即使在 1000℃ 的高温下也能保持其电化学活性和结构完整性。

10.3.2　负极材料

早期锂离子电池使用的负极材料是金属锂。但是金属锂负极在锂离子电池充放电循环过程中，由于局部极化的因素金属锂表面会生长锂枝晶；当锂枝晶生长到一定程度的时候可能穿透隔膜，引发安全问题。此外，如果锂枝晶发生断裂会形成"死锂"，造成电池容量损失。为了解决金属锂作为负极材料的锂枝晶问题，研究人员做了大量的工作，采取的主要策略如下。

（1）包覆保护涂层

斯坦福大学崔屹教授等[12] 把橡皮泥作为金属锂负极的保护涂层，他们发现，橡皮泥的"固-液"杂化性质使得其可以作为金属锂负极极好的自适应保护层：

① 在正常的充放电过程中，橡皮泥的"液体"性质使得其可以在金属锂变化时缓慢流动。因此，不管金属锂的体积和形貌如何变化，橡皮泥都可以完美地覆盖在锂的表面上，起到保护作用。这时，橡皮泥涂层可以降低高活性的锂与电解液的直接接触，从而有效减少副反应的发生。

② 如果金属锂在表面某些地方产生锂沉积的"热点"，使得锂枝晶"刺出"，其上涂覆的橡皮泥受到的剪切力就会变大，从而使得其机械强度增大，体现出"固体"的性质。

③ 橡皮泥的"固体"和"液体"的性质可以随着锂枝晶的生长与消除而可逆变化，从而保证金属锂负极的正常稳定运行。

（2）均化锂离子流

锂离子在金属锂负极表面不均匀地分布是造成锂枝晶生长的重要原因，为了抑制锂枝晶，可以增加锂负极与电解液的接触面积，降低电流密度，从而使得锂离子分布更加均匀。例如将铜集流体设计成为具有亚微米凸起的结构，这些亚微米级凸起可以作为电荷中心和成核区域使得电场分布更加均匀。此外锂在沉积过程中可以填充铜集流体的孔洞从而形成平坦的表面，改善库仑效率和循环稳定性[13]。类似的报道还有山东大学冯金奎副教授等利用真空蒸馏的方法脱除商业化黄铜中的低沸点金属锌来合成三维多孔铜，并作为锂金属负极的集流体。所制备的多孔铜的孔径和孔隙率可以通过蒸馏时间和温度来调控，并且所产生的副产物锌可以回收利用。该多孔铜作为金属锂负极集流体时，可以抑制锂枝晶的生长，从而提高电池的安全性；也可以缓解循环过程中产生的体积膨胀，从而形成稳定的 SEI 膜和电极结构，得到良好的循环性能和倍率性能。除此之外，高比表面积的石墨材料，例如石墨烯和碳纤维也可以用作集流体，最近美国莱斯大学 Tour James M 教授等[14] 报道了一种无缝衔接石墨烯-碳纳米管（GCNT）电极，不仅能够可逆地存储锂并完全抑制锂枝晶的形成，而且材料密度较低（约 $0.05\mathrm{mg\cdot cm^{-3}}$）。首先，GCNT 具有较低的质量贡献率、厚度和较大的比表面积，使得 Li 能够进入 GCNT 的深层，从而提高体积的利用率，这也是 GCNT-Li 具有高面积容量的基础；其次，GCNT 中的 CNT 束上存储大量均匀分布的薄层锂金属，根据"自种子机理"，能够很好地抑制在锂沉积和剥离期间枝晶的形成；最后，CNT 较高的电导率以及与石墨烯的无缝衔接（有效降低了界面电阻），大幅改善了整个电极的电子导电性，促进了整个电极的电流均匀分布，从而使得锂沉积过程均匀地进行。

（3）锂金属纳米界面工程

在 SEI 膜和金属锂负极之间搭建一层"脚手架"，"脚手架"具有很好的化学稳定性和机械强度，能够允许锂离子通过，在充放电的过程中"脚手架"能够随着 SEI 膜移动，从而防止 SEI 膜破裂，抑制锂枝晶的生长。例如在金属锂表面覆盖一层中空碳纳米球，则金属锂负极在充放电中会形成柱状结构，而不是锂枝晶[15]。在选择"脚手架"材料时需要尽可能选择低电导率材料，以防止金属锂直接在上面沉积。

（4）人工固体电解质界面膜

斯坦福大学崔屹教授等[16] 用 Cu_3N 和丁苯橡胶（SBR）混合构建人造 SEI 层，其同时兼具高的机械强度、优异的柔韧性以及不可或缺的高锂离子电导率。尤其 Cu_3N 纳米颗粒与 Li 接触后生成 Li_3N，使得 Cu_3N 自发地钝化，且 Li_3N 是一种优异的锂离子导体（$10^{-4} \sim 10^{-3}\mathrm{S\cdot cm^{-1}}$）。这可以有效地促进锂离子在电极表面的迁移，从而形成均匀的锂离子通量。和单一的无机相涂层相比，该涂层中 SBR 的柔韧性可以更有效地保持 Li 剥离和沉积过程中结构完整。该 SEI 层可以通过简单的溶液过程获取，且厚度和组成易控制，也可应用于多孔 Li 电极。具有优异锂离子电导率、机械强度和柔韧性的人造 SEI 膜的引入，显著提高了静电态和长循环条件下 Li 金属负极的稳定性。

（5）保护 SEI 膜

由于局部应力分布无法均匀控制，锂离子电池负极的 SEI 膜很容易受到破坏。例如由于锂离子电池在深度放电等极端条件下，锂金属负极会发生较快的劣化。特别是锂的溶解状态严重影响了后续锂的沉积状态；如果应力在锂剥离中随机松弛，则不均匀的 SEI 膜会被破坏并出现无序的锂坑。基于堵不如疏、疏不如引的思想，理想的 SEI 薄膜应以最小化破裂达到释放应力的目的，并对主体 SEI 薄膜实现保护；在锂沉积过程中，这些最小化破裂区域由于较低的成核势垒而能实现自我修复。最近吉林大学郑伟涛教授等[17] 以锂金属表面不同的形核区域为出发点，通过一个简单的表面图案化处理，使锂金属表面形成了一个网状的锂坑表面，进而通过一种类似拉链开关的机制解释了这种可循环的均匀锂坑和无枝晶形成的机制。这种拉链状的机制诠释了在锂溶解过程中，SEI 膜最小化的开启或者破裂可有效地释放应力，形成均匀的锂坑。反过来在锂沉积过程中，均匀的表面电荷分布和更低的界面能降低了锂沉积的过电势。

目前市售的锂离子电池主要使用碳类材料作为负极材料，但是锂枝晶的形成并不能避免。例如市售的锂离子电池当正极和负极材料不能很好匹配的时候，锂枝晶将会优先沉积在石墨的边缘。此外，锂离子电池工作状况不当的时候也会造成金属锂的沉积以及锂枝晶的生长。众所周知，当电池在高电流密度（锂金属的沉积速率高于锂离子在块体石墨中的扩散速率时）、过充（石墨过锂化）以及低温（例如 0℃下锂液态电解质黏度增大以及锂离子的扩散阻力增大）条件下充电时，锂枝晶容易形成。从材料特性的角度来看，决定负极锂枝晶生长的根源是不稳定和不均匀的固体电解质界面膜，导致局部电流分布不均匀。电解质组分，尤其是添加剂，已经被用来改善固体电解质界面膜的均匀性，从而缓和锂枝晶的形成。典型的添加剂包括无机组分（例如 CO_2 和 LiI）、包含不饱和碳键的有机组分（例如碳酸亚乙烯酯、马来酰亚胺等）、不稳定的环状分子（例如丁内酯、亚硫酸乙二醇酯）、含氟复合物（例如氟化碳酸亚乙酯）等。即使添加量在百万分之一级别，这些分子依旧可以改善固体电解质界面膜的形貌，从而使得锂离子通量均匀化，缓和锂枝晶的形成。

10.3.3　导电剂与黏结剂

传统锂离子电池的黏结剂系统由绝缘聚合物（PVDF）和导电添加剂（炭黑）的混合物组成。在制备电池电极时，导电相和活性材料随机分布，通常会导致较差的电子和离子传输能力，电池内阻较大也会使得充放电过程中的焦耳热增多，威胁电池安全。如图 10-3 所示，正极在电化学反应（锂离子嵌入或脱出）时体积会发生变化，由于导电添加剂没有力学约束力，在体积膨胀过程中容易团聚，这将破坏电极内部的导电网络，同时产生的高应力也会破坏传统黏结剂系统的机械完整性，导致电池的循环寿命下降。因此，设计能够提供稳定、低阻、连续的内部通路以连接电极的所有区域的新型黏结剂系统至关重要。

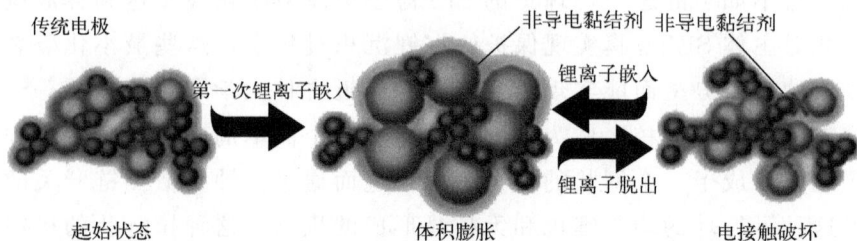

图 10-3　传统方法以乙炔黑（AB）为导电添加剂，聚偏氟乙烯（PVDF）
聚合物为机械黏结剂的电极在循环过程中的体积变化

传统的聚合物黏结剂 PVDF 与活性物质之间通过范德华力相互作用，当高容量的电极活性物质（例如硅）发生较大体积变化的时候，电极很难保持结构完整性，造成容量急剧衰减。为了解决这个问题，研究人员选用含有羟基的聚合物作为黏结剂，以促进稳定的 SEI 膜的形成并调节活性颗粒的体积变化。Gleb Yushin 等[18] 使用藻朊酸盐（一种高模量的天然多聚糖）作为硅负极材料的黏结剂。海藻酸盐在常用的电解质中几乎不会溶胀，并能通过分子链上均匀分布的羧基位点之间的锂离子跃迁提供良好的锂离子通道。这种独特的化学结构可以有效协助形成稳定的 SEI 层。海藻酸盐大分子的高极性保证了聚合物黏结剂与颗粒间更好的界面相互作用，以及电极层与集流体之间更好的黏结。这种藻酸盐基硅负极在超过 1200 次的充放电循环中保持着很高的稳定性。

Yang Wanli 等[19] 通过在主链上引入两种功能基团（羧基和苯甲酸甲酯）进行分子结构调控（调节最低未占分子轨道）的方法制备得到了一种新型的聚芴型导电聚合物。与其他聚合物黏结剂不同的是，这种聚合物允许在电池环境下电子以负离子的形式掺杂进入得到足够高的电导率，因而在不影响电学特性的前提下，提升了黏结剂的机械性能以及溶胀性能。

Elsa Reichmanis 等[20] 选用共轭聚合物，采用聚[3-(4-丁酸钾)噻吩](PPBT)作为黏结剂，同时将聚乙二醇（PEG）包覆在 Fe_3O_4 纳米颗粒表面。聚乙二醇的引入减小了团聚的大小，便于活性物质的分散和离子的传导。作为复合电极中的黏结剂，PPBT 经过电化学掺杂使其能在碳和 Fe_3O_4 组分之间形成有效的电桥便于电子传输。羧化 PPBT 黏结剂的引入和聚乙二醇的表面处理有效降低了电极电阻，提高了循环寿命。

近来 Yu Guihua 等[21] 采用了 PANI 水凝胶的原位聚合，形成了一种与 Si 表面结合的双功能保角涂层，并作为连续的电子传导三维通道。作为交联剂，植酸可以通过氢键和静电相互作用增强硅粒子表面与黏结剂之间的相互作用。这些独特的硅导电水凝胶电极系统具有几个关键特性。首先，多孔水凝胶基质具有较大的孔隙体积，能够有效地适应 Si 纳米颗粒体积的变化。其次，高导电性和连续的三维导电聚合物水凝胶骨架以及硅纳米粒子周围的保角导电涂层为粒子提供了良好的电连接。第三，三维纳米导电聚合物水凝胶降低了黏结剂的质量分数和电池的导电填料，改善了电极和电解质之间的 SEI 接口。

同时具有导电以及自修复性能的复合凝胶材料，可作为未来的多功能电池黏结剂，以提高电池性能。同样地，其他具有优异力学性能以及环境响应性的新型黏结剂也可用于发展柔性电池以及可自调控的安全电池。

炭黑是锂离子电池常用的导电剂，炭黑的种类很多，其中科琴黑是近年来比较前沿的高能效、高纯度的导电炭黑。科琴黑以其独特的形态、超高的电导率而在业内享有盛誉。与其他用于电池的导电炭黑相比较，科琴黑具有独特的支链状形态。这种形态的优点在于导电体导电接触点多，支链可以形成较多导电通路，因而只需很少的添加量即可达到极高的电导率（其他炭黑多为圆球状或片状，故需要很高的添加量才能达到所需的电性）。因科琴黑超高的导电性，其使用量比其他导电炭黑少很多，因而可以填充更多的活性物质，大大提高了电池的电流密度和电池容量，因而可延长电池的使用时间。科琴黑的另一个特有的优点是，电池在充放电过程中电阻不会因为体积的变化而增加，这是因为科琴黑的支链状形态，与活性物质之间有充分接触，不会因为间隙的变化而失去接触。

10.4
电解液的安全研究

锂离子电池的电解液基本上是有机碳酸酯类物质。常用电解质盐六氟磷酸锂（$LiPF_6$）存在热分解放热反应，因此提高电解液的安全性对动力锂离子电池的安全性控制至关重要。LiPF$_6$的热稳定性是影响电解液热稳定的主要因素，因此目前主要改善方法是采用热稳定性更好的锂盐。但由于电解液本身分解的反应热十分小，对电池安全性影响十分有限，因此对电池安全性影响更大的是其易燃性。热量、氧气和燃料是燃烧的三要素，是大多数火灾的必要条件，随着热失控的第一和第二阶段积聚的热量和氧气，燃料（也就是高度易燃的电解质）会自动开始燃烧，降低电解质的易燃性对于电池安全性很关键。大量的研究已经用于开发阻燃添加剂用于降低液态电解质的可燃性。大多数液态电解质的阻燃添加剂都是基于有机磷化合物或有机卤代化合物。卤素对环境和人类健康都是有害的，有机磷化合物由于其高阻燃性和环境友好性而成为比较有希望的阻燃添加剂。典型的有机磷化合物包括磷酸三甲酯、磷酸三苯酯、双（2-甲氧基乙氧基）甲基烯丙基磷酸盐、三（2,2,2-）亚磷酸三氟乙酯、（乙氧基）五氟三磷杂苯、磷酸乙烯乙酯等。这些含磷化合物阻燃机理一般认为是一种清除化学自由基的过程。在燃烧过程中，含磷分子可以分解为含磷自由基，可以终止链式反应中产生的导致连续燃烧的自由基（例如 H·和 OH·自由基）。但是添加这些含磷阻燃剂在降低可燃性的同时会损害锂离子电池的电化学性能。为此，研究人员对这些含磷阻燃剂的分子结构进行了设计：

① 对烷基磷酸酯部分氟化，可以改善它们的还原稳定性并提高阻燃效率；

② 使用既能形成保护膜又具有阻燃性能的化合物，例如双（2-甲氧基乙氧基）甲基烯丙基磷酸酯，其中烯丙基可以在石墨表面聚合形成稳定的固体电解质界面膜，从而有效阻碍有害的副反应；

③ 将磷酸盐的五价磷转化为三价磷，这样便于固体电解质界面膜的形成，并使有害的 PF$_5$ 失活［例如，三（2,2,2-三氟乙基）亚磷酸乙酯］；

④ 用环磷酰胺替代有机磷添加剂，特别是氟化环磷酰胺，可以增强电化学兼容性。

值得注意的是，尽管上述分子设计可以改善电解质的可燃性，但所列添加剂在电解质的可燃性降低与电池性能之间始终存在折中。

另一种解决这一问题的策略是，将阻燃剂加入微纤维的保护聚合物外壳中，再将其堆叠成无纺布隔膜。一种新型具备热引发阻燃性能的电纺无纺布微纤维隔膜是将阻燃剂包裹在保护聚合物外壳内，可以避免阻燃剂直接暴露于电解液中，从而防止阻燃剂对电池电化学性能产生负面影响。一旦锂离子电池发生热失控，聚偏氟乙烯-六氟丙烯共聚物（PVDF-HFP）壳体会随着温度熔融，然后包裹的磷酸三苯酯阻燃剂将释放进入电解液中，从而有效地抑制高度易燃电解液的燃烧。

此外，合肥工业大学项宏发等[22]采用磷酸三甲酯（TMP）为溶剂，双

（三氟甲磺酰基）亚胺锂为溶质，研发出一种新型高浓度不燃电解液。在高浓度（5mol·L^{-1}）下，电解液中大部分 TMP 溶剂分子和 Li^{+} 配位，形成特殊的溶剂化结构，这使得溶剂分子与负极之间的副反应减少，大大提高了电池的安全性。美国加州大学圣迭戈分校的 Yu Qiao 等[23] 采用胶囊封装的方式将阻燃剂二苯胺（DBA）储存在微型胶囊里，分散在电解液中。正常状态下它不会对锂离子电池的性能产生影响，但当电池受到挤压等外力破坏时，胶囊中的阻燃剂就会被释放出来，"毒化"电池使电池失效，从而避免热失控的发生。之后，他们团队又采用同样的技术，将乙二醇和乙二胺作为阻燃剂，封装后装入锂电池，能够显著降低锂电池热失控的风险[24]。Yamada 教授等[25] 采用高浓度 NaN(SO$_2$F)$_2$ 或者 LiN(SO$_2$F)$_2$ 作为锂盐，添加常见的阻燃剂磷酸三甲酯（TMP），制备的电解液能够显著提高锂电池的热稳定性，而且阻燃剂的添加并没有对锂电池的循环性能产生影响。

添加阻燃剂虽然可以降低液体电解质的可燃性，但开发不可燃液体电解质才是解决电解液安全问题的最终解决方案。离子液（尤其是室温离子液）是一种已被广泛研究的非易燃电解质，它不挥发（200℃以下没有可检测到的蒸气压），不易燃，具有较宽的温度范围。但由于离子液的高黏度、低锂传输量、氧化和还原不稳定性以及高成本导致的低比容量问题，还需要进一步研究来解决。

低分子量氢氟醚是另一类不易燃液态电解质，它的闪点很高甚至没有闪点，不易燃，表面张力低，黏度低，冷冻温度低等，但还需要合适的分子设计使其化学性质符合电池电解质的标准。一个最近报道的例子是全氟聚醚（PFPE），一种全氟化聚乙烯氧化物（PEO）的类似物，以其不燃性而闻名。两个碳酸甲酯基被连接在 PFPE 链的末端（PFPE-DMC）以确保分子与当前电池系统的兼容性。因此，独特的分子结构设计使得 PFPE 的不燃性和热稳定性可以在提高电解质迁移数的同时，显著提高锂离子电池的安全性。

尽管研究人员为了降低液体电解质的易燃性已经做出了很大的努力，但使用不挥发的固态电解质展现出很大的希望。固态电解质主要分为两大类：无机陶瓷电解质（硫化物、氧化物、氮化物、磷酸盐等）和固态聚合物电解质（锂盐与聚合物的共混物，如聚环氧乙烷、聚丙烯腈等）。

关于锂离子电池电解液的研究除了降低本身易燃性之外，还有一些关于制备新型电解液以防止电池机械破坏和抑制锂枝晶形成的相关报道。例如针对动力电池在使用中可能面临冲击的情况，Veith 等[26] 试图从根源上避免外力导致的锂电池内部短路发生，设计了一种具有剪切增稠特性的电解液，该电解液利用非牛顿流体的特性，在正常状态下，电解液呈现液体状态，在遭遇突然的冲击后则会呈现固体状态，变得异常坚固，甚至能够达到防弹的效果，从而从根源上避免了在动力电池发生碰撞时电池内部短路导致热失控的风险。类似的还有 Ding 等[27]为了防止电池的机械破坏在碳酸酯电解质中添加气相二氧化硅，得到了一种剪切增稠液态电解质，在机械压力或者冲击下，这种液体黏度增大，可以耗散冲击能量从而使得电池免受机械损害。

从电解液角度入手抑制锂枝晶形成有两个主要理论框架。一种是电解质的高离子电导率和较高锂离子迁移数（t_{Li^+}），可以通过减轻锂电极附近的阴离子耗尽诱发的大电场来抑制锂枝晶的成核；另一种是使用高剪切模量的电解质（约为锂金属的两倍）机械抑制锂枝晶的生长。基于这些理论框架，使用具有高模量和高 t_{Li^+} 的固体电解质被认为是最有希望的方法之一。然而固体聚合物电解质在室温下的离子电导率不足，以及固体陶瓷电解质的制备较为困难是其固有的缺点。尽管凝胶聚合物电解质（GPE）制备较为容易，而且具有高的离子电导率和优异的电化学性能，然而大多数情况下需要引入 SiO_2、Al_2O_3 和 TiO_2 等无机填料机械地阻挡锂枝晶的生长，同时也牺牲了离子电导率。针对凝胶电解质存在的问题，韩国首尔大学的 Lee 和韩国化学技术研究所的 Kim[28] 首次报道了使用全氟聚醚（PFPE）官能化的二维氮化硼纳米片（BNNF）作为多功能添加剂制备抑制锂枝晶的 GPE 的简单有效策略。即使将最小添加量（0.5%质量分数）的 PFPE 官能化的 BNNF 加入 GPE 中，也可以提供高离子电导率、高 t_{Li^+} 和高机械模量，这都有助于有效抑制 Li 枝晶，改善 LMB 的电化学性能和安全性能。

10.5
隔膜的安全防护

隔膜是锂离子电池安全性的关键组分，可以防止正极和负极材料直接电接触，但可以保持离子传递。聚乙烯（PE）和聚丙烯（PP）是最常用的隔膜材料，但是它们的热稳定性差，熔融温度分别是 165℃ 和 135℃。对于商用锂离子电池，具有 PP/PE/PP 三层结构的隔膜已经商品化，其中 PE 作为中间保护层。当电池内部温度升高到临界温度（约130℃）以上时，多孔 PE 中间层就会部分熔化，闭合膜孔防止离子在液体电解质中迁移，而 PP 层则提供机械支持避免内部短路。同时热诱发锂离子电池关闭还可以通过使用热响应的 PE 或者石蜡微球作为电池负极或者隔膜的保护层。当内部电池温度达到临界值时，微球熔化作为非渗透阻体，阻止锂离子的传输并永久性关闭电池。

为了改善电池隔膜的热稳定性，在过去几年中主要采取了两种办法：①陶瓷增强隔膜，通过直接包覆或者在聚烯烃隔膜表面直接生长出陶瓷层，或者将陶瓷颗粒直接嵌入聚合物材料中。这种隔膜具有很高的熔融温度、高的机械强度和相对高的热导率。一些复合材料隔膜已经商品化了，例如 Separion。②将聚烯烃薄膜替换为高熔融温度、低收缩率的聚合物，是另外一种有效改善隔膜热稳定性的策略，例如聚酰亚胺、纤维素、聚对苯二甲酸丁二醇酯和其他类似的聚酯。聚酰亚胺由于其极好的热稳定性（400℃可以保持稳定）、高耐化学性、高拉伸强度、好的电解质浸润性和阻燃性，成为一种广泛使用的热固性树脂。

中国科学院上海硅酸盐研究所朱英杰研究员[29]针对传统的多孔聚酯隔膜电解质润湿性差、热稳定性低的缺点，研发出一种新型羟基磷灰石超长纳米线基耐高温锂电池隔膜。羟基磷灰石纳米线和纤维素之间的杂化反应得到的交联网络结构赋予了隔膜高韧性和高力学强度，而羟基磷灰石网络的高热稳定性使得隔膜在700℃的高温下仍可保持其结构完整性，并具有很好的阻燃性。此外，特殊的组成和多孔性使其具有极好的电解质润湿性（接触角接近0°）。

斯坦福大学的崔屹教授[30]最近报道了一种可有效防止锂电池过热起火的新技术：在锂电池中增加一个热敏高分子聚合物薄膜"开关"材料，当电池温度过高时会迅速切断电池内电路，使之降温；当温度降至正常，该聚合物薄膜又能恢复正常状态，让电池重新工作。他们将具有石墨烯涂层的镍纳米粒子嵌入聚乙烯材料中，制备出一种轻薄又具有柔性的导电塑料薄膜，用这种聚合物膜组装成的锂电池，在正常的工作温度下，电流容易通过薄膜，电池可以正常充电和放电，但是当电池的温度升高到70℃时，聚乙烯开始膨胀，推动镍纳米粒子彼此分开，这样隔膜的导电性在短短的1s之内就会降低至原来的$1/10^{11}$，电池中的电荷移动停止，从而使电池的温度下降。当温度低于这种聚合物70℃时，该聚合物可以很容易地恢复到原来的构型，导电性也恢复正常，电池功能恢复。

锂离子电池充放电时在负极形成的锂枝晶容易刺破隔膜，导致电池内部短路。针对这个问题，研究人员最近制备了一种具有聚合物-金属-聚合物三层结构的"双功能隔膜"，可以提供新型的电压检测功能[31]：当锂枝晶长出到达中间层的时候将会与金属层和正极接触，它们之间如此高的压降以致可以被瞬间探测到。除了探测以外，三层隔膜还可以消耗有害的锂枝晶，并在穿透隔膜后减缓它们的生长。此外，一层二氧化硅纳米颗粒被两层市售的聚酯隔膜夹在中间的三明治结构隔膜，也可以消耗传统隔膜的有害锂枝晶[32]。

10.6
电池的安全性能测试技术

锂离子电池安全性能测试技术与现代电化学测试技术、现代仪器分析技术密切相关。早期的锂离子电池安全性能测试侧重于对锂离子电池开展破坏性试验，评估锂离子电池的极限性能，而近代电子技术和计算机技术极大地推动了对电池安全性的相关测试，新型测试与分析仪器相继出现，如电化学综合测试仪、电化学界面频谱响应仪、光谱电化学仪器等。近年来对锂离子电池的安全性能测试逐渐侧重于对锂离子电池的安全性机理分析测试，对锂离子电池安全性及健康状况进行评估与监控。

10.6.1　电池材料分析测试技术

（1）X 射线衍射法（XRD）

XRD 是利用 X 射线在样品中的衍射现象来分析材料的结晶程度、晶体参数、晶体缺陷、不同结构相的含量及内应力等，是确定物质结构的一种简单而有效的实验手段。与电化学技术联用的现场 XRD，其电解池设计与现场 X 射线吸收光谱一样，要求 X 射线通过电解液的距离最小。

（2）光谱电化学法

光谱电化学方法是同时获取光信号和电信号的实验方法。在一个电解池内同时进行测量，两者密切结合发挥各自优点：电化学容易控制调节物质的状态，定量生成产物，而光谱法则有利于识别物质，多信号可同时获得，为研究电解过程机理、电极表面特性、鉴定参与反应的中间体、瞬间状态和产物性质、电子转移数、电极反应速率常数以及与电极反应偶联的化学反应速率常数等，提供了十分有利的研究方法。光谱电化学法在研究无机、有机及生物体系的氧化还原反应和电极等方面都获得了广泛的应用。

① 紫外-可见光谱电化学技术：普遍用来检测电极反应的最终产物和中间产物，基于分子内电子跃迁产生的吸收光谱进行分析，其吸收与电子结构紧密相关，研究对象大多是具有共轭双键结构的分子。将它与电化学方法联用，在进行电化学研究的同时，可以获得反应物中间体以及产物的大量信息，很大程度上促进了电化学研究在分子水平上的发展。

② 红外光谱电化学：用于电化学研究的红外光谱技术大多是调制红外光谱技术，这是因为红外光谱信号很微弱，必须提高信噪比才能应用。用红外光照射抛光的电极，同时用频率为 10Hz 的正弦波或方波调制电极电位，检测到的反射光包含了调制信号，此信号与电极表层能带结构的变化有关。电极电位的调制可以提高电极表面的清洁度和重现性，这种技术称为电化学调制红外光谱方法。调制光谱电化学技术主要检测溶液中和电极表面吸附的产物。

③ 拉曼光谱电化学：拉曼光谱对检测溶液中扩散层分子结构有独特的效果，可以用来研究修饰电极膜的电子转移机理和膜分子取向，也可用来研究卤化物溶

液中铂电极的阳极反应。目前各种拉曼光谱主要用来确定电化学反应过程中的中间物和最终产物的结构。表面增强拉曼光谱近年来应用得较多，用来研究吸附在银电极上的吡咯环的振动，聚噻吩的电还原以及硝基苯、对苯二酚和乙烯的吸附及电还原。表面增强共振拉曼光谱也是目前应用较多的拉曼光谱，已用来研究由硅烷作偶合剂共价偶合到锡氧化物电极的电化学性质。

④ 其他光谱在电化学中的应用：其他光谱办法有很多，例如电子自旋共振光谱电化学、核磁共振电化学等。光谱检测与电化学反应的结合，使得对吸光物质的检测有很好的选择性。由于光谱对充电电流、电极表面电磁感应过程等不敏感，光谱电化学可以克服电位感应和非电位感应过程造成的干扰。由于光谱电化学的灵敏度取决于受扩散厚度限制的过程长度，一般小于 0.1mm，吸光度小于 0.01，因此灵敏度和检测限比电流分析法低几个数量级。提高光谱电化学灵敏度的方法大体有几种，如增加光程长度、充分利用薄层电化学电池的优点、进行电化学调制和采用偏振光等。通过研究和实践，光谱电化学的灵敏度有了很大提高。

（3）电镜法

电子显微镜自 1932 年问世以来，经过半个多世纪的发展，其分辨率已由 10nm 提高到 0.1～0.3nm，不但可以直接分辨分子、原子，而且还能对纳米尺度的晶体结构及化学组成进行分析，成为全面评价物质微观结构的重要仪器。扫描探针显微镜，当探针与样品表面间距小到纳米时，由于探针尖端的原子和样品表面的原子具有特殊的作用力，并且该作用力随着距离的变化而更加显著。探针在样品表面来回扫描的过程中，顺着样品表面的形状而上下移动。独特的反馈系统始终保持探针的力和高度恒定，一束激光从悬臂梁上反射到感知器，就能实时给出高度的偏移值，样品表面就能记录下来，最终构建出三维的表面图。扫描探针显微镜（SPM）主要包括扫描隧道显微镜（STM）和原子力显微镜（AFM）。扫描探针显微镜可实现一些特定物理量的测量，如表面电导率、静电电荷分布、区域摩擦力、磁场和弹性模量等。

（4）核磁共振法

核磁共振现象主要源于原子核的自旋角动量在外加磁场作用下的进动。近年来，固体核磁共振技术在锂离子电池电极材料的研究方面得到了广泛的重视和应用。与 ^{7}Li（$I=2/3$）核相比，^{6}Li（$I=1$）核具有小得多的四极矩耦合常数和较弱的同核偶极耦合，因此 ^{6}LiNMR 谱具有较高的分辨率。目前在研究电极材料的固体核磁共振实验中，所使用的核磁共振仪器的频率大多在几十到上百兆赫兹。在实验方法方面，除了简单的单脉冲模式外，为了消除体系中原子核与原子核之间的偶极相互作用，提高 NMR 谱的分辨率，魔角旋转（MAS）已经逐渐成为一种标准的方法。在通常情况下，样品旋转的频率为几千赫兹。在考察锂核的核磁共振实验时，通常选择浓度为 $1mol \cdot L^{-1}$ 的 LiCl 溶液作为标准参考物。

10.6.2　电池反应机理测试技术

（1）循环伏安法

循环伏安法是一种常用的电化学研究方法。该法控制电极电势以不同的速率，随时间以三角波形一次或多次反复扫描，电势范围是使电极上能交替发生不同的还原和氧化反应，并记录电流-电势曲线。根据曲线形状可以判断电极反应的可逆程度，中间体、相界吸附或新相形成的可能性，以及偶联化学反应的性质等。常用来测量电极反应参数，判断其控制步骤和反应机理，并观察整个电势扫描范围内可发生哪些反应，及其性质如何。对于一个新的电化学体系，首选的研究方法往往就是循环伏安法，可称之为"电化学的谱图"。本法除了使用汞电极外，还可以用铂、金、玻璃碳、碳纤维微电极以及化学修饰电极等。循环伏安法是一种很有用的电化学研究方法，可用于电极反应的性质、机理和电极过程动力学参数的研究，也可用于定量确定反应物浓度、电极表面吸附物的覆盖度、电极活性面积，以及电极反应速率常数、交换电流密度、反应的传递系数等动力学参数。

① 电极可逆性的判断。循环伏安法中电压的扫描过程包括阴极与阳极两个方向，因此从所得的循环伏安图的氧化波和还原波的峰高和对称性可判断电活性物质在电极表面反应的可逆程度。若反应是可逆的，则曲线上下对称，若反应不可逆，则曲线上下不对称。

② 电极反应机理的判断。循环伏安法还可研究电极吸附现象、电化学反应产物、电化学-化学耦联反应等，对于有机物、金属有机化合物及生物物质的氧化还原机理研究很有用。

（2）交流阻抗法

按照阻抗本身的定义，被测系统的输入激励信号应该是电流，在电化学测量中响应信号是电极电位。对可逆电极反应的电极系统来说，采用电流作为扰动信号进行阻抗测量很方便，因为可逆电极反应的电位处于平衡电位。对于不可逆电极反应就比较复杂，电极上流过的法拉第电流密度远大于电极反应的交换电流密度，要保持一定的不可逆程度，必须保持电极上流过一定的法拉第电流密度或保持电极系统处于一定的非平衡电位。用控制电流的方法使电极系统处于某一电位区间保持稳定十分困难。交流阻抗法就是控制电极的交流电压（或控制电极的交流电流）按小幅度（一般小于 10mV）正弦波规律变化，然后测量电极的交流阻抗，进而计算电极电化学参数的方法。由于使用小幅度对称交流电对电极极化，当频率足够高时，每半周期所持续的时间短，不致引起严重的浓差极化及表面状态的变化。电极交替出现阳极过程和阴极过程，即使测量信号长时间作用于电解池，也难使极化现象得到积累性发展。因此，这种方法具有暂态法的某些特点，常称为"暂稳态法"。"暂态"指每半周内有暂态过程的特点，"稳态"指电极过程始终进行稳定的周期性的变化。交流阻抗技术的特点是：具备高精度的实验能力；能在长时间内得出平均值；通过小幅度信号对电池的扰动，使电极反应在接近平衡的状态下工作，使得动力学和扩散的处理大大简化。在宽频率范围内进行阻抗测量，可以根据阻抗频谱来研究电化学反应和电极界面发生的变化。交流阻抗技术适用于研究快速电极过程、双电层结构及吸附等，是电极界面动力学研究中的电化学技术之一，在电化学领域得到广泛应用。

（3）电化学噪声法

电化学噪声法是指电化学动力系统演化过程中，其电学状态参量（如：电极电位、外测电流密度等）的随机非平衡波动现象。在此所说的波动是指研究电极的界面发生不可逆的电化学反应而引起的电极表面的电势和电流的自发变化。电化学噪声产生于电化学系统本身，而不是来源于控制仪器的噪声或其他外来干扰。这种波动信号提供了大量的系统演化信息，包括系统从量变到质变的信息。电化学噪声测量的信号就是工作电极表面的电势和两个工作电极之间的电流随时间的波动，因而测量过程中无需对研究电极施加可能改变研究电极表面发生的电极反应的外界扰动，因此电化学噪声法是一种原位、无损、无干扰的电极检测方法，它是当前电化学测量研究的前沿技术。

（4）微电极技术

微电极，又称超微电极，是指其大小为微米级或更小的电极的总称。微电极作为电化学和电分析化学的前沿领域，具有许多新的特性，为人们对物质的微观结构进行探索提供了一种有力手段。当电极的一维尺寸从毫米级降至微米和纳米级时，会表现出许多不同于常规电极的优良电化学特性：超微电极固有的很小的时间常数使之可以用来对快速、暂态电化学反应进行研究；超微电极上小的极化电流降低了体系的欧姆压降，使之可以用于高电阻体系中，包括低支持电解质浓度甚至无支持电解质溶液、气相体系、半固态和全固态体系；超微电极上的物质扩散极快，可以用稳态伏安法测定快速异相速率常数；超微电极小的尺寸确保在实验过程中不会改变或破坏被测物体，使超微电极可以应用于生物活体检测。超微电极这些优点都是毫米级的常规电极所无法比拟的。

（5）电化学石英晶体微天平

电化学石英晶体微天平是联用传统的液相石英晶体微天平技术和电化学技术发展起来的一种全新的检测和表征技术，不仅可检测电极表面纳克级的质量变化，同时可测量电流和电量随电位的变化情况；与法拉第定律相结合可定量地计算出每反应一步法拉第电量所引起的电极表面质量的变化，为深入研究电极反应机理提供丰富的信息。电化学石英晶体微天平还可检测非电化学活性物质（如电解质溶液离子和溶剂分子等）在电极上的行为，有助于认识电极表面的非电化学过程。它从一个新的角度对电极表面的变化和反应历程提供定量的数据，具有其他方法所不能比拟的优点，在电化学研究中具有非常好的应用前景。目前电化学石英晶体微天平已广泛应用于多种电化学研究中，包括金属电沉积、腐蚀与防护、电池测试技术、传感器等，已成功解决了许多电化学相关问题，例如物质微量分析、吸附动力、质量传输以及活性膜特性研究、电双层性质研究等。

（6）热与温度的测试技术

① 热分析。热分析技术是指在等速升温（或等速降温）条件下连续测定试样的某种物理性质随温度变化的技术。热重分析是指在程序控制温度下测量待测样品的质量与温度变化关系的一种热分析技术，用来研究材料的热稳定性和组分。利用热重分析法可以研究物质的热稳定性、热分解温度、分解反应温度等。如果同时将分解产生的挥发组分输入气相色谱仪，测定分解产物的组成，则可以研究物质的热降解机理。差示扫描量热法测量的是与材料内部热转变相关的温度、热流的关系，能够快速而准确地分析样品的熔点、相转变温度等各种特征温度。特别适合电极材料的研发、性能检测与质量控制。它的基本原理是在程序升温条件下，测量输给试样和参比物的热流量差（熔变）。

② 温度测量。温度测量的方法很多。按照原理分为接触式测温和非接触式测温。近年来非接触测温法中的红外热成像技术被广泛用来直观地监视单体电池或电池组在充放电过程中热的变化。红外热成像仪主要通过光学系统将红外辐射能量聚集在红外探测器上并转换为视频信号，经过处理形成红外热图像，根据不同颜色对应的温度范围清楚地知道电池的热量变化。红外热成像仪温度分辨力高，能精确区分的温度差甚至在 0.01℃ 以下。

10.6.3 锂离子电池电化学性能测试

锂离子电池的性能可以分为四大类：能量特性，如电池的比容量、比能量等；工作特性，如循环性能、工作电压平台、阻抗、荷电保持率等；环境适应能力，如高温性能、低温性能、抗振动冲击性能、安全性能等；配套特性，主要指与用电设备的配套能力好坏，如尺寸适应能力、快速充电、脉冲放电等。

（1）充电性能测试

充电效率又称充电接受能力，是指电池充电过程中用于活性物质转化的电能占充电所消耗的总电能的百分数，其数值越高表示电池的充电接受能力越强。一般而言，电池的充电接受能力在充电初期是最高的，大约接近100％。随着充电过程的不断进行及充电深度的增加，电池极化越来越大，副反应逐渐显现出来，电池的充电接受能力逐渐降低，充电效率也随之下降。充电过程中电池电压的高低及其变化速率以及充电终点电压是衡量电池充电性能的重要参数。充电电压越低（即离平衡电压越近）变化速率越慢，说明电池在充电过程中的极化越小，充电效率越高，从而可以推测该电池可能具有较长的使用寿命。反之，充电电压越高，变化速率越快，说明极化越大，充电效率越低，电池性能越差。同时，充电终点电压的高低还可以直接反映电池性能的优劣或影响电池的性能。例如对于锂离子电池而言，充电终点电压太高可能导致电解液的氧化分解或活性物质的不可逆相变，从而使电池性能急剧恶化。

（2）放电性能测试

锂离子电池的放电电压与电池材料有关，其中正极材料中锂离子的扩散能力对电池的放电性能影响较大，特别是低温和高倍率条件下，锂离子在正负极中的扩散是限制电池充放电性能的主要因素。与常温相比，电池低温下放电电压平台低，放电容量小。常见的电池放电测试方法主要有恒电流放电、恒电阻放电、恒电压放电、连续放电和间歇放电等。对锂离子电池恒电流放电是最常见的测试方法，还常常与连续放电或间歇放电结合使用。

（3）容量测试

电池的放电容量是指在一定条件下可以从其中获得的总电量，即整个放电过程中电流对时间的积分，单位一般用 A·h 或 mA·h 表示。通常提到的容量可以分为理论容量和实际容量两种。理论容量即容量控制电极的活性物质全部参加成流反应时所能给出的总电量，可由法拉第定律求得。实际容量则是指在一定的放电条件下电池实际放出的电量。在实际放电过程中，由于欧姆内阻及电极极化的影响，电池的实际放电容量往往小于其理论容量。放电电流的大小直接影响化学电源的放电容量，尤其是含嵌入式电极的化学电源，在大电流放电时不仅存在严重的电极/电解质界面极化，还有活性体（即嵌入离子）在电极中的浓差扩散极化。研究中常将化学电源在 $(20\pm5)℃$ 下 $0.2C$ 充电后以不同电流放电所得的容量性能称为电池的倍率性能。

（4）高低温性能测试

高低温性能测试方法与充放电性能测试基本一致，只是有部分或全部的测试过程在特定温度恒温箱内进行。按照国际规定电池高低温性能的具体测试方法为：将电池在 $(25\pm5)℃$ 下以 $0.2C$ 充电后转移至低温箱或高温箱恒温一定的时间（锂离子电池低温下 $16\sim24h$，高温下一般都为 $1\sim2h$），然后以 $0.2C$ 放电到规定的截止电压。实际工作中为了充分地了解电池的实际工作情况，也常常测量电池在高低温环境下以不同倍率充电和放电的性能。

（5）能量和比能量测试

电池在一定条件下对外做功所能输出的电能称为电池的能量，单位一般用 $W \cdot h$ 表示。电池的比能量又称为能量密度，即单位质量或单位体积的电池所能给出的能量，相应的称为质量能量密度（$W \cdot h \cdot kg^{-1}$）和体积能量密度（$W \cdot h \cdot cm^{-3}$）。只要测得化学电源的实际放电容量和其平均工作电压即可计算求得实际能量。

（6）功率和比功率测试

电池的功率是指在一定的放电制度下，单位时间内输出的能量，单位为 W。比功率指的是单位质量或单位体积的电池输出功率，单位为 $W \cdot kg^{-1}$ 或 $W \cdot cm^{-3}$。只要测试电池的实际放电电流及对应的平均工作电压，然后由两者的乘积便可求得其实际功率。

（7）储存性能及自放电测试

电池的储存性能指的是在开路状态，一定温度、湿度等条件下搁置的过程中，其电压、容量等性能参数的变化。一般情况下，随着储存时间的延长，电池的电压和容量逐渐减小。这种现象主要是由于电池的自放电。储存过程中活性物质的钝化、部分材料的分解变质等也都会引起电池储存性能的衰减。电池的储存性能等常用其储存过程中容量衰减率或容量保持率，也称荷电保持能力来表征。自放电性能则用自放电率表示。按照国际标准规定，电池自放电性能的具体测试方法为：在（20 ± 5）℃下，首先以 $0.2C$ 的倍率充放电测量其放电容量作为储存前的放电容量，然后同样以 $0.2C$ 的倍率充电并搁置 28 天后以 $0.2C$ 的放电电流测量储存后的放电容量，再计算出自放电率或容量保持率。储存性能的测试方法与之类似，只是将储存时间延长至 18 个月。

（8）内阻测试

内阻是衡量电池性能的一个重要技术指标。在正常情况下，内阻小的电池大电流放电能力强，内阻大的电池放电能力弱。电池处于不同的电量状态时，它的内阻值不一样。电池处于不同的使用寿命状态下，它的内阻值也不同。一般而言电池的容量越大其内阻就越小，通过对内阻的测量就能评估容量的大小。可以根据电池全寿命内阻值的变化趋势来预测电池的寿命，因此对电池内阻这项性能指标的参考越来越被人们重视，对其进行测量将有着非常重要的实际意义。目前常见的内阻测量方法主要有直流放电法和交流法。直流放电法就是通过对电池进行瞬间大电流（一般为几十到上百安培）放电，测量电池上的瞬间电压降，通过欧姆定律计算出电池内阻。直流放电法只能测量大容量电池或蓄电池，小容量电池无法在 2～3s 内负荷 40～80A 的大电流；用直流放电法测量时当电池通过大电流时电池内部的电极会发生极化现象，产生极化内阻，故测量时间必须很短，否则测出的内阻值误差很大；用直流放电法所测得的数据重复性较差，准确度很难达到 10％以上。大电流放电会对电池产生较大伤害。交流法通过对电池注入一个幅度稳定的低频交流电流信号，测出电池两端的低频电压和流过的低频电流以及两者的相位差，从而计算出电池的内阻。用交流法测量时间极短，一般在 100ms 左右；该方法测量精度高，测量误差一般在 1％～2％之间；该方法可以测量几乎所有的电池，包括小容量电池；该方法对电池本身不会有太大的损害。

（9）内压测试

内压测量方法通常有破坏性测量和非破坏性测量两种。破坏性测量是在电池中插入一个压力传感器来记录电池充放电过程中的压力变化；非破坏性测量则是用传感器测量充放电过程中电池外壳的微小形变并据此计算内压的大小。

（10）寿命测试

电池的寿命包括使用寿命（电池失效前反复多次的充放电过程中累计可放电时间）、充放电寿命（电池失效前可反复充放电的次数）和储存寿命（电池失效前在不工作的搁置状态下可储存的时间）三种，通常所说的电池寿命指的是充放电寿命（或称为循环寿命），即在一定的充放电制度下，电池的容量下降到某一规定值（常以初始容量的某个百分数来表示）以前所能够承受的充放电循环次数。IEC 规定锂离子电池标准循环寿命测试为：电池以 0.2C 放电至 3.0V 之后，1C 恒流恒压充电至 4.2V，截止电流 20mA，搁置 1h 再以 0.2C 放电至 3.0V（一个循环），反复循环 500 次后容量应在初始容量的 60％以上。

10.6.4 锂离子电池安全性综合测试

为了反映锂离子电池的安全性状况，需要对锂离子电池进行各种性能测试以尽量降低安全隐患。通用的安全测试项目一般分为四类[33]：电性能测试：过充电、过放电、短路、强制放电等；机械测试：落体、冲击、钉刺、挤压、振动、加速；热测试：火烤、焚烧、沙浴、热箱、热板、热冲击、油浴、微波加热；环境测试：减压、浸没、高空模拟、抗菌性等。

（1）电性能测试

① 短路测试。短路测试又分为内部短路测试和外部短路测试（针刺试验），外部短路测试指在电池满荷电状态下对电池外部短路，观察电池外观变化，测试电池温度变化情况，这时电池内部温度急剧升高，如果隔膜等的电流遮断温度较高（如多孔聚丙烯材料），容易发生危险。采用聚乙烯或共聚物隔膜，可以降低

电流遮断温度，另外还可以采用正温度系数端子。短路测试要求电池不起火、不爆炸。当电池发生外部短路或受到针刺和挤压时，往往很容易导致电池内部的隔膜破裂，造成电池在极短的时间内有很大的电流流过，这将直接导致电池内部温度急剧升高，从而在很短的时间内引发一系列的剧烈反应，甚至发生燃烧、爆炸等安全问题。对于安全性能较差的电池，这个过程往往在数秒内完成。由于锂离子电池比能量很高，一旦发生短路，电池可以达到很高的发热功率，致使电池在很短的时间内上升到极高的温度，发生危险后电池封口处的铝制防爆阀往往被熔化。

② 过充电。过充电有两种形式：定电压或定电流。发生过充电时，锂在负极发生沉积，电解液发生分解等，锂离子电池很容易失效，导致安全性问题。当电池发生过充时，不同电极材料由于化学性质不同，产生的影响也不同。在高倍率充电初期，大部分电能通过可逆的化学反应而被储存，电池发热功率较小，但是在充电后期由于发生不可逆的化学反应，电能变成了热能，导致电池温度迅速升高而引发一系列的化学反应。热量和气体在电池内部急聚，从而导致电池鼓胀变形，甚至发生爆炸。对于锂离子动力电池，充放电电流大、不易散热，过充时更易造成安全性问题。因此电池本身高的耐过充能力是锂离子动力电池商品化的必要条件。过充时如果电池的散热较好，或者过充电流很小，此时电池的温度较低，过充后只发生电解液的分解，电池仍然安全。如果此时电池散热较差，或者由于高倍率充电导致电池温度很高而引发化学反应，而且过渡金属氧化物正极材料由于严重脱锂，化学活性显著增加，往往导致比单纯的热冲击更严重的安全问题。这个过程也可以归结为"热失控"。锂离子电池过充时的热效应与充电电流的平方成正比，电流越高，电池表面的温度越高，电池越容易爆炸。正极材料对过充安全性影响很大，高度脱锂的 $LiCoO_2$ 在电解液中高的反应活性以及沉积负极表面的锂融合并和电解液反应都可能导致电池爆炸。

③ 强制放电。在强制放电时，部分锂会在正极表面发生沉积。因此在设计时，正极材料均留有多余的容量，尽可能避免此类情况发生。

（2）机械测试

① 挤压测试。如果电池的安全系数不高，挤压试验导致正负极电池发生接触，很短时间内将起火。起火的原因有多种，如挤压导致隔膜破损引起内部短路、正极与负极活性物质混合产生放热反应等。

② 针刺测试。针刺测试主要是模拟电池内部短路。将直径为 3mm 的针插入电池中。同挤压测试一样，如果安全系数不高，容易在很短时间内起火。

（3）热测试

① 火烤测试。将电池投入炭火中，电池虽然会燃烧，但是应不发生爆炸才

能通过该项测试。也可以放置在热板上加热进行测试。

②热箱测试。热箱实验用来模拟电池或装有电池的仪器放在很热的环境中，随着温度升高电池的忍耐限度。实验中将被测电池放在烘箱中，从某个初始温度（如常温）开始对其进行加热到事先设置好的较高温度。此时电池与烘箱同步升温，随温度升高会逐步触发电池内的反应，以此来考核电池安全性。

③热冲击测试。当电池受到热冲击时，由于电池导热速率相对较慢，因此可以经受较短时间的热冲击与短路。和针刺挤压相比，如果热冲击的温度较低，则对电池的影响不大，如果热冲击的温度较高，导致电池负极表面SEI膜发生分解，高度嵌锂的负极材料就会与电解液发生放热反应，此时电池进入危险期，但是否发生危险取决于电池散热的速率，如果散热速率较慢，则容易导致电池内部温度进一步升高，膜熔化，电池内部发生短路，温度急剧升高，引发正极材料参与反应，最后发生爆炸等危险事故，这个过程就是前文提到的热失控。

（4）环境测试

将锂离子电池置于周围特殊环境中，例如置于太空辐射环境、低气压环境，观测锂离子电池的使用情况有无异常。

不同的安全测试项目反映的是电池不同方面的设计和性能，了解了安全测试项目的实质，有助于电池的设计和电池失效原因的分析。

10.6.5 锂离子电池安全性测试的相关标准

随着锂离子电池在材料和设计技术等方面的改进和发展，其应用范围不断拓展，相应的参数指标也越来越高。在一定程度上安全性是和锂离子电池的重量成反比的，所以随着大型锂动力电池的出现，其安全性指标也随之受到国际上的高度重视。发展锂离子电池技术，必须解决安全性问题，锂离子电池在正常使用条件下通常是安全的，行业关注的主要是在误用和滥用条件下如何保证安全。电池在滥用的过程中由于电池内的热不能及时扩散而导致热失控，会发生漏气、破裂、着火等现象。为保证锂离子电池的电化学及物理安全性能，国内外权威组织相继制订了各种锂离子电池的安全测试标准。

①国外标准。国外锂离子电池标准体系主要由三类标准构成：a.国际标准。如国际电工委员会、国际航空运输协会、国际民用航空组织、联合国等国际组织制订的国际标准。b.各国家标准或区域标准。如日本工业标准委员会、英国标准协会、美国标准协会、德国标准化协会等制定的国家标准以及欧洲标准化组织制订的欧洲区域标准等。c.某一标准制定机构的标准。如美国电气

与电子工程师学会、美国保险商试验所、日本电池工业会等行业组织制订的标准。

② 国内标准。我国现行锂离子电池安全标准或含有安全规定的产品规范部分如下：a. GB/T 18287—2013《移动电话用锂离子蓄电池及蓄电池组总规范》；b. GB 19521.11—2005《锂电池危险货物危险特性检验安全规范》；c. YD 1268—2003《移动通信手持机锂电池的安全要求和试验方法》；d. SJ/T 11169—2017《锂电池标准》；e. QB/T 2502—2000《锂离子蓄电池总规范》；f. QC/T 743—2019《电动汽车用锂离子动力蓄电池》；g. QB/T 2947.3—2008《含碱性或其他非酸性电解质的蓄电池和蓄电池组 便携式密封蓄电池和蓄电池组的安全性要求》。

近年来研究人员开发了许多新材料来提高锂离子电池的安全性，但这个问题依旧没有完全解决。此外，对于不同的电池化学安全问题潜在的机理也各不相同。因此对于不同的电池应该设计特定的材料。我们相信更有效的方法和精心设计的材料仍有待发现。在此我们列出未来电池安全研究的几个可能的方向。

开发原位操作方法来检测和监控锂离子电池内部的运行状况是很重要的。例如，热失控过程与锂离子电池内部的温度或压力升高密切相关。然而，电池内部的温度分布相当复杂，需要精确的方法监控电解质、电极和隔膜的温度。因此，测量不同组分的这些参数对于诊断并预防电池安全隐患至关重要。

隔膜的热稳定性对电池的安全性也至关重要。新开发的高熔融温度的聚合物可以有效地提高隔膜的热完整性。然而它们的力学性能仍然较差，大大降低了它们在电池组装过程中的成型性。此外，价格也是一个在实际应用中应该考虑的重要因素。

发展固体电解质似乎是锂电池安全问题的最终解决方案。固体电解质将大大降低电池内部短路的可能性以及火灾和爆炸的风险。尽管固体电解质已经有了很大的发展，但它们的性能仍然远远落后于液体电解质。无机材料和聚合物的复合电解质材料具有很大的发展潜力，但它们需要精细的设计和制备。无机材料-聚合物界面的合理设计及它们的排列方式对锂离子的高效传输至关重要。值得注意的是，液体电解质并不是电池中唯一可燃的组分。例如当锂离子电池充满电时，可燃的锂化负极材料（例如锂化石墨）也是一个很大的安全问题。可以高效阻止固体材料起火的阻燃剂是提高安全性所迫切需要的。阻燃剂可以以聚合物黏结剂或导电框架的形式与石墨混合。

锂离子电池安全性是一个相当复杂的问题。电池安全性的未来除了需要更先进的表征方法，还需要更多的基础力学研究来加深理解，从而可以提供更多的信息来指导锂离子电池安全设计。

参考文献

[1] 段冀渊. 锂离子电池安全性能评价技术研究. 上海：华东理工大学，2013.

[2] Liu K，Liu Y，Lin D，Pei A，Cui Y. Materials for lithium-ion battery safety. Science Advances，2018，4（6）：s9820.

[3] 刘霞，匡勇，钱振，郭成龙，黄丛亮，饶中浩. 电池热管理用相变储能材料的研究进展. 储能科学与技术，2015，4（04）：365-373.

[4] Chen X，Gao H，Yang M，et al. Highly graphitized 3D network carbon for shape-stabilized composite PCMs with superior thermal energy harvesting. Nano Energy，2018，49：86-94.

[5] Zhao B，Jiang L，Zeng X，Zhang K，Yuen M M F，Xu J. A highly thermally conductive electrode for lithium ion batteries. Journal of Materials Chemistry A，2016，4（38）：14595-14604.

[6] Koo B，Goli P，Sumant A V，et al. Toward lithium ion batteries with enhanced thermal conductivity. ACS Nano，2014，8（7）：7202-7207.

[7] Sun Y，Myung S，Park B，Prakash J，Belharouak I，Amine K. High-energy cathode material for long-life and safe lithium batteries. Nature Materials，2009，8（4）：320-324.

[8] Kim H，Kim M G，Jeong H Y，Nam H，Cho J. A new coating method for alleviating surface degradation of $LiNi_{0.6}Co_{0.2}Mn_{0.2}O_2$ cathode material：Nanoscale surface treatment of primary particles. Nano Letters，2015，15（3）：2111-2119.

[9] Kim H，Lee S，Cho H，et al. Enhancing interfacial bonding between anisotropically oriented grains using a glue-nanofiller for advanced Li-ion battery cathode. Advanced Materials，2016，28（23）：4705-4712.

[10] Xia L，Li S，Ai X，Yang H，Cao Y. Temperature-sensitive cathode materials for safer lithium-ion batteries. Energy & Environmental Science，2011，4（8）：2845.

[11] Li H，Peng L，Wu D，Wu J，Zhu Y，Hu X. Ultrahigh-capacity and fire-resistant LiFePO$_4$-based composite cathodes for advanced lithium-ion batteries. Advanced Energy Materials，2019，9（10）：1802930.

[12] Liu K，Pei A，Lee H R，et al. Lithium metal anodes with an adaptive "solid-liquid" interfacial protective layer. Journal of the American Chemical Society，2017，139（13）：4815-4820.

[13] Yang C，Yin Y，Zhang S，Li N，Guo Y. Accommodating lithium into 3D current collectors with a submicron skeleton towards long-life lithium metal anodes. Nature Communications，2015，6（1）：8058.

[14] Raji A O，Villegas Salvatierra R，Kim N D，et al. Silva GAL. Lithium batteries with nearly maximum metal storage. ACS Nano，2017，11（6）：6362-6369.

[15] Zheng G，Lee S W，Liang Z，Lee H，Yan K，Yao H. Interconnected hollow carbon nanospheres for stable lithium metal anodes. Nature Nanotechnology，2014，9（8）：

618-623.

[16] Liu Y, Lin D, Yuen P Y, et al. An artificial solid electrolyte interphase with high Li-ion conductivity, mechanical strength, and flexibility for stable lithium metal anodes. Advanced Materials, 2017, 29 (10): 1605531.

[17] Wang D, Luan C, Zhang W, et al. Zipper-inspired SEI film for remarkably enhancing the stability of Li metal anode via nucleation barriers controlled weaving of lithium pits. Advanced Energy Materials, 2018, 8 (21): 1800650.

[18] Kovalenko I, Zdyrko B, Magasinski A, et al. A major constituent of brown algae for use in high-capacity Li-ion batteries. Science, 2011, 334 (6052): 75-79.

[19] Liu G, Xun S, Vukmirovic N, et al. Polymers with tailored electronic structure for high capacity lithium battery electrodes. Advanced Materials, 2011, 23 (40): 4679-4683.

[20] Kwon Y H, Minnici K, Huie M M, et al. Electron/ion transport enhancer in high capacity Li-ion battery anodes. Chemistry of Materials, 2016, 28 (18): 6689-6697.

[21] Wu H, Yu G, Pan L, et al. Stable Li-ion battery anodes by in-situ polymerization of conducting hydrogel to conformally coat silicon nanoparticles. Nature Communications, 2013, 4 (1): 1943.

[22] Shi P, Zheng H, Liang X, Sun Y, Cheng S, Chen C, Xiang H. A highly concentrated phosphate-based electrolyte for high-safety rechargeable lithium batteries. Chemical Communications, 2018, 54 (35): 4453-4456.

[23] Shi Y, Noelle D J, Wang M, Le A V, Yoon H, Zhang M, Meng Y S, Qiao Y. Exothermic behaviors of mechanically abused lithium-ion batteries with dibenzylamine. Journal of Power Sources, 2016, 326: 514-521.

[24] Noelle D J, Shi Y, Wang M, Le A V, Qiao Y. Aggressive electrolyte poisons and multifunctional fluids comprised of diols and diamines for emergency shutdown of lithium-ion batteries. Journal of Power Sources, 2018, 384: 93-97.

[25] Wang J, Yamada Y, Sodeyama K, Watanabe E, Takada K, Tateyama Y. Fire-extinguishing organic electrolytes for safe batteries. Nature Energy, 2018, 3 (1): 22-29.

[26] Veith G M, Armstrong B L, Wang H, Kalnaus S, Tenhaeff W E, Patterson M L. Shear thickening electrolytes for high impact resistant batteries. ACS Energy Letters, 2017, 2 (9): 2084-2088.

[27] Ding J, Tian T, Meng Q, Guo Z, Li W, Zhang P. Smart multifunctional fluids for lithium ion batteries: Enhanced rate performance and intrinsic mechanical protection. Scientific Reports, 2013, 3 (1): 2485.

[28] Shim J, Kim H J, Kim B G, Kim Y S, Kim D, Lee J. 2D boron nitride nanoflakes as a multifunctional additive in gel polymer electrolytes for safe, long cycle life and high rate lithium metal batteries. Energy & Environmental Science, 2017, 10 (9): 1911-1916.

[29] Li H, Wu D, Wu J, Dong L, Zhu Y, Hu X. Flexible, high-wettability and fire-resistant separators based on hydroxyapatite nanowires for advanced lithium-ion batteries. Advanced Materials, 2017, 29 (44): 1703548.

[30] Chen Z, Hsu P, Lopez J, et al. Fast and reversible thermo-responsive polymer switching materials for safer batteries. Nature Energy, 2016, 1 (1): 15009.

[31] Wu H, Zhuo D, Kong D, Cui Y. Improving battery safety by early detection of internal shorting with a bifunctional separator. Nature Communications, 2014, 5 (1): 5193.

[32] Liu K, Zhuo D, Lee H, Liu W, Lin D, Lu Y. Extending the life of lithium-based rechargeable batteries by reaction of lithium dendrites with a novel silica nanoparticle sandwiched separator. Advanced Materials, 2017, 29 (4): 1603987.

[33] 黄海江，喻献国，解晶莹. 锂离子蓄电池安全性的测试与研究方法. 电源技术 2005 (01): 52-56.

第 11 章

动力和储能锂离子电池的应用

11.1
锂离子电池概述

作为一种综合性能最具优势的二次电池，锂离子电池于 1991 年诞生于日本索尼公司。它通过锂离子在正、负极之间的反复往返运动而完成电能的储存与释放，被人们形象地称为"摇椅电池"。这种简单的工作原理使锂离子电池拥有镍镉、镍氢和铅酸等二次电池无可比拟的优势（详见表 11-1）。锂离子电池（包括聚合物锂离子电池）具有单电池工作电压高、能量密度大、库仑效率高、循环寿命长、工作温度范围宽（$-40\sim55℃$）、自放电率低、环境友好和无记忆效应的优点。因此，锂离子电池一诞生，便引起了电池产业的革命，迅速主导了手机、笔记本等消费类便携电源的市场，成为便携电子产品的首选电源。

表 11-1 主要二次电池性能比较[1-3]

项目	铅酸电池	镍氢电池	锂离子电池
工作电压/V	2	1.2	3.6
比能量/$W\cdot h\cdot kg^{-1}$	35	65	200
循环寿命/次	200~400	500~800	600~1000
充电时间/h	10	3	1~3
环境污染	有	无	无
每月自放电	约 10%	30%~35%	6%~9%
能量效率	80%~85%	90%	95%
记忆效应	无	无	无

锂离子电池也有缺点，主要表现在：①成本高，以 $LiCoO_2$ 为代表的正极材料，价格昂贵；②需要特殊保护电路，防止电池过充过放。和其优点相比，锂离子电池的这些缺点都是可以克服的。随着低成本正极材料（例如 $LiMn_2O_4$、镍钴锰三元材料、$LiFePO_4$ 和 Li_2FeSiO_4 等）的开发研究与应用，锂离子电池的成本快速下降，在日常生活中得到了广泛的普及和应用，同时，其保护电路技术也已经非常成熟。动力电池是指为自行车、汽车和轮船等交通工具提供动力的电池。储能电池是指为太阳能、风能等可再生能源以及电网调峰储存电能的电池。和便携电源不同，动力电池和储能电池是电池组，对电池可靠性和安全性提出了

更高的要求。一般来说，动力电池的使用寿命要求为 8～10 年，储能电池的使用寿命则要求 10 年以上。锂离子电池成本的降低，技术的成熟，可靠性、安全性的提高，满足了动力和储能电池的需求。因此，锂离子电池在动力电池和储能电池领域已经得到了广泛的应用。锂离子电池市场预测（图 11-1）表明，2018～2025 年消费类便携电源市场趋于稳定，增长不大；但是，动力锂离子电池和储能锂离子电池增长迅速。也就是说，动力和储能锂离子电池应用是未来几年锂离子电池市场的主要增长点。

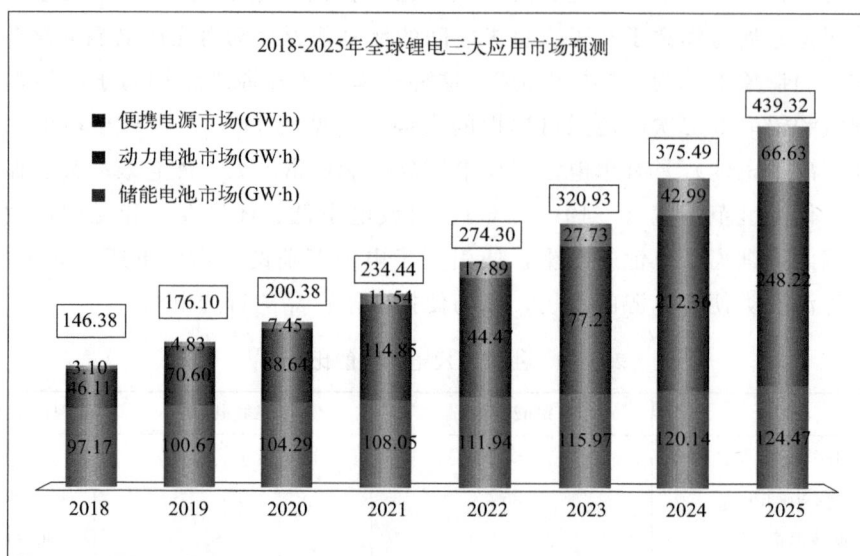

图 11-1　全球锂离子电池应用市场预测

锂离子电池主要由以下元件组成：①正极，一般为含锂的过渡金属氧化物、磷酸盐、硅酸盐材料，充电时，锂离子迁出，为电极反应提供锂离子源；②负极，一般为碳材料，充电时，锂离子嵌入，形成锂化负极；③电解液，正、负极的物质传输媒介；④隔膜，隔离正、负极，使正、负极不导电。正极一般使用铝箔作为集流体，负极一般采用铜箔作为集流体。

从锂离子电池诞生的 1991 年算起，生命也就 30 余年。然而就是在这短短的 30 余年里，这款年轻的电池，发展速度之快，应用范围之广，已经远远超过其他类型的电池。短期来看，还没有性能更优的新电池体系出现，锂离子电池的核心地位还难以被替代。随着锂离子电池制造成本的降低、制造技术的成熟和回收技术的日益完善，锂离子电池必将在动力、储能电池领域发挥更大的作用。本书主要侧重于综述动力、储能锂离子电池在民用、航空航天和国防军事方面的应用现状。

11.2
民用动力锂离子电池

11.2.1　动力锂离子电池在电动自行车中的应用

作为一种廉价、便捷的代步工具，电动自行车介于非机动车和机动车之间，十分符合中国人的出行需求，发展极为迅猛。据国家统计局预测，2023年至2028年五年间，中国两轮电动车保有量将达到3.5亿辆。市场需求仍将保持旺盛。电动自行车替换量有望达到8000万辆，整体需求量约1.8亿辆，年均销售量超过6000万辆。铅酸电池成本低、安全可靠、回收率高，性能也能满足电动自行车的需求，据统计，94%的电动自行车采用铅酸电池作为动力电池[4]。目前，世界电动自行车90%的年产量和贸易量在中国，我国是世界上最大的电动自行车生产、消费和出口国。巨量的电动自行车，每年都有大量的动力电池替换需求，因此，动力锂离子电池在电动自行车的应用是很有发展前景的。据测算，电动自行车用动力锂离子电池将是消费类锂离子电池增速最快的市场之一。近年来，随着锂离子电池技术的成熟和成本的降低，动力锂离子电池在电动自行车中应用呈现了一个较高的增幅。电动自行车用$36V/12A \cdot h$动力铅酸电池重量大概在15kg左右，而$36V/12A \cdot h$动力锂离子电池的重量仅为5kg左右。动力锂离子电池仅为动力铅酸电池重量的三分之一，大大提高了电动自行车的灵活性。同时，重量轻、体积小的动力锂离子电池给予了设计者足够的设计空间，在高品质电动自行车中得到了很好的应用。

但是，和电动自行车使用的铅酸电池相比，动力锂离子电池价格较高，成本约为电动自行车成本的$1/3 \sim 1/2$，一定程度上限制了其在电动自行车中的应用和普及。

动力锂离子电池应用于电动自行车是近几年发展起来的。电动自行车用动力锂离子电池多采用安全性高、成本低的锰酸锂和磷酸亚铁锂。图11-2为使用动力锂离子电池的电动自行车。动力锂离子电池容量高、重量

图11-2　使用动力锂离子电池的电动自行车（$36V/12A \cdot h$）

轻、寿命长，能够设计超长续航里程的电动自行车，已经和铅酸电池形成了竞争。现在主要的问题是锂电池的价格偏高，售后服务不健全，对消费者和企业发展都造成了一些不利影响。如果借鉴铅酸电池，形成动力锂离子电池自己系统性的售后与回收体系，将会极大促进动力锂离子电池在电动自行车中的应用和稳健发展。

11.2.2　动力锂离子电池在电动汽车中的应用

据统计，汽车排放的温室气体占世界上温室气体总排放量的几乎四分之一[5]。同时，汽车尾气也是大气污染的主要元凶，全球大气污染的 42% 来源于汽车尾气。另外，石油危机日益严重，世界石油储量仅能支持人类继续使用 40 年。发展电动汽车是解决这些问题的一个重要方案，已经引起了世界各国的高度重视。2010 年前后，美国加州政府已率先实施零排放积分政策。2016 年，欧洲多个国家的政府提出燃油汽车的限售时间表。2017 年，欧盟制定了更为严格的排放标准，要求轻型车和新型客车 2025 年二氧化碳百公里排放减少 15%，2030 年减少 30%。2018 年 7 月，英国交通部发布了"零排放之路"方案，助推市场到 2040 年实现停止燃油汽车销售的过渡。中国也开始将新能源汽车提升为国家战略。然而，电动汽车事实上并不是新技术，它最早于 1834 年被苏格兰的 Robert Anderson 制造。但由于当时的电池技术不成熟，电动汽车造价高、续航里程短（64km）和速度低（72km·h^{-1}），逐步被燃油汽车所替代。20 世纪 70 年代，石油危机出现，电动汽车又重新回到人们的视野。随后几十年里，动力铅酸和动力镍氢的电动汽车相继出现。但是，续航里程短（160~225km），不足以对燃油汽车形成竞争压力。随着政策的推进和动力电池技术的成熟，动力锂离子电池和动力聚合物锂离子电池相继出现，电动汽车正在快速产业化。世界各国都非常重视电动汽车的发展。例如：美国批准了 2.4 亿美元的联邦补助金支持电池和电动汽车的发展；欧盟向电动汽车相关研究共投资 43 亿欧元，希望在 28 个成员国实现 225 亿欧元的经济效益；中国向电动汽车工业投资 15 亿美元，据统计，2015 年中国已成为世界上最大的电动汽车市场；2019 年 3 月，德国汽车工业协会会长恩哈德·马特斯表示，为确保德国汽车工业未来的竞争力，德国汽车业未来 3 年将在电动汽车和自动驾驶领域投资近 600 亿欧元。

首先，锂离子电池是目前性能最优异的化学电源储能系统，能量密度高于镍氢电池和铅酸电池，详见表 11-1。同时，10s 短时间内的比功率高达 2kW·kg^{-1}，明显优于镍氢电池。其次，在动力锂离子电池的生产过程中，水资源的消耗极少，几乎不消耗水，可以在一定程度上实现节水。再次，动力锂离子电池在使用、生产、报废等环节都不会产生有害物质或元素，具有环境友好的优点。

同时，动力锂离子电池可使用温度范围宽，即使在低温、高温等极端温度条件下也可以使用。最后，动力锂离子电池还具有自放电率低、充放电能力高、使用寿命长等显著优势。因此，动力锂离子电池，已经成为动力电池研究的热点，发展极为迅猛。动力锂离子电池于 2008 年开始应用到电动汽车上，目前，实际装车动力锂离子电池的能量密度提高了 2.5 倍，在蓄电池领域实现了百年来革命性的突破。

混合动力汽车（HEV）、插电式混合动力汽车（PHEV）和纯电动汽车（EV）是三种常见的新能源汽车。本书中的 HEV 指的是全混 HEV。它们都需要使用动力电池，而且在使用动力电池的方式上也有较大区别，因此对动力电池性能的要求也有较大区别（详见表 11-2）。HEV 不能外部充电，可以采用电动机启动和行驶，但是电动机和动力电池容量有限，全电行驶距离有限；能够在车辆起停、加减速时，供应和回收能量，强调电动机的加速性能和爬坡能力，比较注重动力电池的比功率（要求高达 $600 \sim 1200 \mathrm{W \cdot kg^{-1}}$）。PHEV 和 HEV 不同，可以通过外部电源对其动力电池充电，而且能够在纯电模式下行驶一段距离（$15 \sim 100 \mathrm{km}$），可以满足城市日常行驶。长距离行驶时，采用燃油发动机，并适时对电池充电。EV 完全以动力电池驱动的电动机作为动力来源，电池容量很大，续航里程在 $100 \mathrm{km}$ 以上。PHEV 和 EV 能够完全以动力电池作为动力来源，强调充电后的续航能力，因而特别关注电池的比能量（要求达到 $100 \sim 160 \mathrm{W \cdot h \cdot kg^{-1}}$）。动力锂离子电池都符合上述三种新能源汽车对动力电池的需求，下面着重综述动力锂离子电池在这三种新能源汽车中的应用。

表 11-2　不同类型的电动汽车对动力电池的技术要求[6]

项目	HEV	PHEV	EV
简要描述	起停,制动能量回收,加速,较短的纯电动行驶	起停,制动能量回收,纯电动行驶	制动能量回收,纯电动模式
典型电压/V	$200 \sim 400$	$200 \sim 400$	$200 \sim 400$
能量需求/kW·h	约 1	$5 \sim 10$	$10 \sim 30$
功率需求/kW	$30 \sim 50$	$30 \sim 70$	$30 \sim 70$
电池体系	镍氢;锂离子(高功率型)	锂离子(功率能量兼顾)	锂离子(高能量型)
循环体制	典型 SOC $40\% \sim 60\%$	典型 SOC $20\% \sim 100\%$	典型 SOC $20\% \sim 100\%$
寿命要求	30 万次循环	30 万次循环+3 千次深循环	3000 次深循环

11.2.2.1　动力锂离子电池在 HEV 中的应用

HEV 拥有汽油发动机和动力电池两种动力源，两种动力源在汽车不同的行驶状态下分别工作，或者一起工作，从而使燃油发动机一直处于最佳工况，而且在刹车过程中动力电池可以回收一部分能量，通过这种组合达到最少的燃油消耗和尾气排放，从而实现省油和环保的目的。与燃油车相比，HEV 的 CO_2 排放量降低 50%，碳氢、氮氧化合物的排放量降低 90%。因此，世界各国都将 HEV 作为最现实的发展目标，并且已经大批量生产和销售。按照燃油发动机和电动机的连接方式不同，混合动力汽车可分为串联型（车轮依靠电动机提供动力）、并联型（电动机和燃油发动机都可为车轮提供动力，但两者并不相连接）和串并联混合型（电动机和燃油发动机两者相连接并为车轮提供动力）三种驱动方式。动力锂离子电池具有的高功率特性，可以大电流充放电，10s 内的功率密度可达 $2kW \cdot kg^{-1}$。同时，动力锂离子电池应用于 HEV，有效利用率可达 90%，远高于动力镍氢电池的 50%[7]。因此，动力锂离子电池是 HEV 最为理想的动力电池。

奥迪 Q5 是第一个使用动力锂离子电池的中大型运动型实用汽车（SUV）。它是一种 HEV。奥迪 Q5 HEV 搭载的 $266V/5A \cdot h$ 的动力锂离子电池，为扭矩 $210N \cdot m$、40kW 的电动机提供电能，纯电模式下的最高速度为 $100km \cdot h^{-1}$，以 $60km \cdot h^{-1}$ 的恒定速度可以行使 3km。宝马 ActiveHybrid 3 HEV 是一台混合动力驱动的紧凑型豪华运动轿车，它将直列六缸双涡轮增压发动机和电动机结合起来，提供 335 马力的强悍动力。电动机由 96 芯的高电压动力锂离子电池（675W · h）供电，纯电模式下以 $75km \cdot h^{-1}$ 能够行驶 4km。宝马的动力锂离子电池放置在一个高强度壳内。宝马 ActiveHybrid 5 HEV 采用了类似的动力锂离子电池，车辆行驶速度可达 $60km \cdot h^{-1}$。英菲尼迪 M35h 采用了 306 马力的 V6 发动机和 68 马力的电动机，配备有 $340V/1.3kW \cdot h$ 的动力锂离子电池，可以纯电动行驶，速度最高 $80km \cdot h^{-1}$。奔驰 E300 BlueTEC HYBRID 也是一种 HEV，它将 204 马力的 2.2L 四缸柴油发动机和 27 马力的电动机结合起来，配置于发动机舱的 $0.8kW \cdot h$ 的动力锂离子电池，纯电模式下可以驱动车辆以 $35km \cdot h^{-1}$ 的速度行驶 1km。日本的丰田 Prius 是全球第一辆 HEV，丰田 Prius[+] 配备了动力锂离子电池，替代早期的动力镍氢电池。动力锂离子电池放置在前座之间的中央控制带内，含 56 个电芯，总质量 34kg，结构紧密，比使用动力镍氢电池节省了 50% 的空间，百公里油耗低至 4.1L。丰田 Prius[+] 也能够在纯电动模式下行驶。

此外，国内合资品牌也有 HEV 推出。例如：广汽本田生产的 2018 款雅阁锐 2.0L 锐酷版 HEV 装备了动力锂离子电池，实现了低油耗 4.0L/100km，其动力锂离子电池容量和纯电行驶距离参数不详；上汽通用生产的迈锐宝 XL 2018 款 HEV 配备了 $1.5kW \cdot h$ 的动力锂离子电池，电动机最大功率 155 马力，汽油发动机为 128 马力的 1.8L 发动机，油电混合动力使其百公里油耗低至 4.3L；上汽通用生产的别克君威 HEV，油耗性能和迈锐宝 XL 的油耗性能类似。

总之，和燃油车相比，HEV 的燃油经济性明显改善。但是，HEV 采用的动力电池容量小，都只有有限的纯电动续航里程。发展具有更长距离的纯电动续航里程的 PHEV 将是混合动力汽车的发展方向。

11.2.2.2　动力锂离子电池在 PHEV 中的应用

PHEV 与 HEV 不同，它的电池可与电网连接从外部充电，是目前一种发展前景最优的新能源汽车。PHEV 短距离行驶具有和纯电动汽车一样的零排放、高能量效率和低噪声的优点；长距离行驶和普通燃油车类似，但燃油利用率比燃油车更高。PHEV 的运行工况有两个，一个是纯电动工况，一个是混合动力工况。换句话说，PHEV 实际上是一种 HEV 和纯电动汽车的组合体。因此，从技术开发上讲，其难度比单纯开发一辆 HEV 或一辆纯电动汽车都要高。此外，PHEV 对动力电池性能要求较高。PHEV 要求动力电池有足够高的能量密度和功率密度，这样既不给车辆增加太多的重量，又有必要的动力性能指标和一定的纯电动续航里程。动力锂离子电池是理想的 PHEV 的动力电池。随着动力锂离子电池技术的成熟和成本的降低，国内外大多数汽车生产商都将动力锂离子电池作为首选动力电池。

宝马 X5 新能源 2017 款 xDrive40e 中大型 SUV 是一个典型的 PHEV。宝马 X5 PHEV 搭载了 2.0 升 245 马力的汽油发动机和 113 马力的电动机，其动力锂离子电池能量 9kW·h，纯电续航里程 27km。宝马 7 系新能源 2018 款 740Le xDrive PHEV 的配置和宝马 X5 PHEV 的配置类似，搭载了 2.0 升 258 马力增压汽油发动机和 113 马力的电动机，其动力锂离子电池能量 9.2kW·h，纯电续航里程 39km。奔驰 PHEV 的续航里程稍短。例如：奔驰 C 级 350eL 2016 款和 2017 款均采用 2.0T 211 马力汽油发动机和 82 马力的电动机，其动力锂离子电池能量均为 6.2kW·h，纯电续航里程 31km；奔驰 S 级 500eL 2017 款和奔驰 GLE 500e 4MATIC 2017 款均采用 3.0T 333 马力汽油发动机和 116 马力的电动机，其动力锂离子电池能量大致为 8.7kW·h，纯电续航里程大约为 30km 左右。奥迪 PHEV 的纯电续航里程较长，基本上达到了 50km。例如：奥迪 A3 Sportback e-tron 2017 款采用 1.4T 150 马力汽油发动机和 102 马力的电动机，其动力锂离子电池能量 8.8kW·h，纯电续航里程 50km；奥迪 A6L 40 e-tron 2018 款采用 2.0T 211 马力汽油发动机和 136 马力的电动机，其动力锂离子电池容量 14.1kW·h，纯电续航里程 50km；奥迪 Q7 55 e-tron 2019 款采用 2.0T 252 马力汽油发动机和 102 马力的电动机，其动力锂离子电池能量 17.3kW·h，纯电续航里程 55km。

国内大部分汽车生产商，包括合资品牌和自主品牌，近年来也都推出了不同类型的 PHEV。沃尔沃亚太推出的 S60L 新能源 2019 款、XC60 新能源 2019 款和 S90 新能源 2019 款都采用 10kW·h 左右的动力锂离子电池，纯电续航里程大约为 50km 左右。上海大众推出了帕萨特 2019 款 PHEV（图 11-3）和途观 L2019 款 PHEV，两者均搭载了经济型的 1.4T 150 马力汽油发动机和 116 马力的电动机，采用的动力锂离子电池能量均为 12.1kW·h，纯电续航里程帕萨特 2019 款 PHEV 为 63km，途观 L2019 款 PHEV 为 52km。长安福特推出了蒙迪欧 2018 款 PHEV，纯电续航里程为 52km。长安汽车推出的逸动 2018 款 PHEV 和长安 CS75 2018 款 PHEV，纯电续航里程都在 60km。吉利推出的帝豪新能源 2017 款和嘉际新能源 2019 款均搭载了 11.3kW·h 的动力锂离子电池，其中，帝豪新能源 2017 款纯电续航里程 61km，嘉际新能源 2019 款纯电续航里程 56km。比亚迪在锂离子电池制造方面有长期的积累，其推出的秦 2018 款 PHEV，搭载了 15.2kW·h 的较大能量动力锂离子电池，纯电续航里程达到了 80km。同时，比亚迪推出的唐 SUV 2018 款和宋 SUV 2019 款，搭载了更大容量的动力锂离子电池，保证其纯电续航里程达到 80km。总之，合资品牌推出的 PHEV 纯电续航里程大都在 50km 左右，而民营企业推出的 PHEV 纯电续航里程稍长，基本上都超过了 60km，比亚迪的 PHEV 纯电续航里程最长，达到了 80km。

图 11-3　上海大众帕萨特插电式混合动力汽车

PHEV 既能满足短距离市区行驶零排放的要求，又能实现长距离行驶的低油耗，符合目前大多数人的出行需求。因此，在当前公路沿线充电站少以及动力电池快充技术不完善的情况下，PHEV 是最具发展潜力的新能源车。2019 年，国内各大汽车生产商（包括合资品牌和自主品牌）都推出了 PHEV，PHEV 数量正在迅速增长。PHEV 快速增长的同时，其充电桩基础设施的建设却严重滞后。PHEV 的充电负荷较大，需要专门的充电线路和设施。我国一些较大城市，

PHEV 保有量大，但是充电桩的数量较少，且大都布局在汽车站、停车场周围，很难满足 PHEV 的充电需求。国家能源局 2015 年制定的《电动汽车充电基础设施建设规划》和《充电基础设施建设指导意见》明确提出，国内充换电站数量，到 2020 年要达到 1.2 万个，充电桩数量要达到 450 万个。2018 年底，我国充电基础设施达到了 76 万个，其中公共充电桩大约为 30 万个左右，变化不大，专用充电桩 46 万个。统计数据显示，截至 2020 年 11 月 18 日，国家电网公司智慧车联网平台覆盖了全国 273 个城市，已接入充电桩超过 103 万个。全国累计建设充电站 4.3 万座、换电站 528 座、各类充电桩 149.8 万个。上述充电设施发展表明 PHEV 等新能源车已经从政策驱动向市场化驱动转化。

11.2.2.3　动力锂离子电池在 EV 中的应用

EV 是完全依靠动力电池提供动力的交通车辆，实现了行驶过程中真正的零排放和低噪声。为了能与燃油汽车竞争，EV 的动力电池要求容量大，并且能够快速充电。锂离子电池具有高功率和高能量密度特性，是 EV 的首选动力电池。单体锂离子电池的能量密度发展迅速，基本上都超过 $250W \cdot h \cdot kg^{-1}$，有些甚至已经达到了 $300W \cdot h \cdot kg^{-1}$。在此基础上，系统能量密度超过 $140W \cdot h \cdot kg^{-1}$ 的动力锂离子电池已经成为主流。目前，国内外商业化的 EV 基本上都采用动力锂离子电池，而且 81% 的 EV 最大行驶距离大于 300km。

比亚迪生产了各种系列搭载不同容量动力锂离子电池的 EV。比亚迪 E1 微型 EV，动力锂离子电池能量为 $32.2kW \cdot h$，电动机总功率为 45kW，最大续航里程为 305km。比亚迪 E5 紧凑型 EV，动力锂离子电池能量为 $60.48kW \cdot h$，电动机总功率为 160kW，最大续航里程为 400km。比亚迪秦 Pro EV 2019 款 EV500 智联领动型，如图 11-4 所示，动力锂离子电池能量为 $56.4kW \cdot h$，电动机总功率为 120kW，最大续航里程为 420km。2019 款宋 EV500 为紧凑型 SUV，动力锂离子电池能量为 $61.9kW \cdot h$，电动机总功率为 160kW，最大续航里程为 400km。2019 款唐 EV600D 四驱中型 SUV，动力锂离子电池能量为 $82.8kW \cdot h$，电动机总功率为 180kW，最大续航里程为 500km。

其他国产品牌车企也推出了不同类型 EV。江铃 E400 2018 款悦适型，动力锂离子电池能量为 $41kW \cdot h$，电动机总功率为 50kW，最大续航里程为 310km。奇瑞艾瑞泽 5e 2019 款 450 智酷版，动力锂离子电池能量为 $53.6kW \cdot h$，电动机总功率为 90kW，最大续航里程为 401km。吉利帝豪 Gse 2018 款尊尚型，动力锂离子电池能量为 $52kW \cdot h$，电动机总功率为 120kW，最大续航里程为 353km。一汽奔腾 X40 EV 2019 款 EV400 尊享型，动力锂离子电池能量为 $52.5kW \cdot h$，电动机总功率为 140kW，最大续航里程为 310km。众泰 T300 EV

图 11-4 比亚迪秦 Pro 纯电动汽车

2018 款旗舰型，动力锂离子电池能量为 42.7kW·h，电动机总功率为 95kW，最大续航里程为 250km。北汽新能源 EU5-2018 款 R550 紧凑型 EV，动力锂离子电池能量为 60.23kW·h，电动机总功率为 160kW，最大续航里程为 460km。

国际知名品牌汽车生产企业也有不同类型的 EV 推出。宝马 i3 2018 款 EV，动力锂离子电池能量为 33kW·h，电动机总功率为 125kW，普通充电时间为 3.8h，最大续航里程为 271km。奔驰 EQC 2018 款，动力锂离子电池能量为 80kW·h，电动机总功率为 300kW，最大续航里程为 450km。特斯拉 MODEL S 2017 款 P100D 中大型 EV，动力锂离子电池能量为 100kW·h，电动机总功率为 568kW，最大续航里程为 570km，慢充时间为 10.5h，快充时间为 4.5h。特斯拉 MODEL 3 2019 款长续航后驱中型 EV，动力锂离子电池能量为 75kW·h，电动机总功率为 220kW，最大续航里程为 600km，慢充时间为 10.5h，快充时间为 4.5h。大众 2018 款 e-Golf 紧凑型 EV，动力锂离子电池能量为 34.8kW·h，电动机总功率为 100kW，最大续航里程为 255km。其国产合资高尔夫纯电动型也已经上市，基本参数和进口型类似。

11.2.2.4 动力锂离子电池在新能源公交车中的应用

城市公交车具有大容量、高效的特点，它既能够缓解城市交通压力，又可以提高运输效率。但是，城市公交车主要在市区运行，公交站点多，站与站间距离短，红绿灯多，出行高峰期存在超载、堵车等诸多情况。因此，公交车常常需要负重进行频繁地起步、刹车，造成其在起步、加速、减速、怠速工况之间不断交互运行，同时行驶速度低。这些现象使得公交车发动机长期工作在低速、高扭矩的工况下，造成发动机温度过高，混合气燃烧不完全，导致排放污染物增加。但是，公交车有固定的停车地点和行车路线，便于修建充电桩和充换电站，有利于推广使用新能源公交车（包括混合动力公交车和纯电动公交车）。使用新能源公交车能够明显减少汽车尾气污染物排放，具有减少城市环境污染的现实意义。同时，使用新能源公交车也有长远的战略意义：降低燃油、天然气等不可再生能源消耗，促进节能减排，减少石油、天然气的供应负担。

混合动力公交车，多为插电式，可以是油电混合动力，也可以是气电混合动力，能够在纯电模式下行驶；在电力辅助下，发动机一直处于最佳工况，燃料利用率大大提高。与混合动力公交车不同，纯电动公交车完全利用电能替代汽油、天然气等燃料，实现无污染、零排放，已经成为城市公交车的发展方向。目前，世界各国的公交系统都在竞相采用新能源公交车。美国的新能源公共汽车及校车都得到了美国能源部"清洁城市计划"的大力支持。我国的新能源公交车推广速度更加惊人，统计数据显示，截至 2022 年底，深圳共在 900 多条公交线路上投入了纯电动公交车 15896 辆，实现公交 100% 纯电动化；年均节约 34.5 万吨标准煤，减少二氧化碳排放量 135.3 万吨。2023 年 1 月 30 日，工业和信息化部等 8 部门联合印发通知，在全国范围内启动公共领域车辆全面电动化先行区试点，通知综合考虑各省市经济发展水平、新能源汽车产业基础、推广应用情况等因素，将试点区域分为三类，分别给出区域试点城市 10 万、6 万、2 万辆不等的车辆推广目标。

我国多家客车企业已经能够生产混合动力公交车和纯电动公交车，例如宇通客车、比亚迪、金龙客车、中通客车和恒通客车等。据悉，中国企业（宇通客车、比亚迪等）生产的纯电动公交车已经出口到欧盟、日本等多个国家和地区。下面是一些中国企业生产的新能源公交车（车辆信息均来自互联网）。

宇通客车推出了各种型号 H 系列混合动力公交车，为插电式油电混合或气电混合，动力电池为动力锂离子电池＋超级电容器。宇通客车 E 系列为纯电动公交车，其中 12 米纯电动公交车如图 11-5 所示，配置了三种类型的动力锂离子电池，电池能量分别为 162.2kW·h、199.37kW·h 和 324.4kW·h，在不开

图 11-5　宇通客车推出的纯电动公交车

空调条件下分别可以行驶 190km、230km 和 370km。宇通客车的睿控技术能够控制电池舱的温度，使动力锂离子电池安全性更高、寿命更长。此外，恒通客车、中通客车、一汽客车、东风客车、蜀都客车、亚星客车和中国中车等客车企业也都生产不同类型的插电式混合动力公交车和纯电动公交车，它们的动力电池都是采用锂离子电池技术。另外，比亚迪、北方客车、银隆新能源、长安客车和长江客车等生产的纯电动公交车都装配了动力锂离子电池。

11.2.2.5　动力锂离子电池在电动货车、物流车中的应用

除了城市公交车外，动力锂离子电池在货车和城市物流车方面的应用发展也非常迅速。国内外已经有很多生产企业推出了不同类型的纯电动货车、物流车。

奔驰 Urban eTruck 是一款载重 26 吨的纯电动货车，如图 11-6 所示。奔驰 Urban e-Truck 概念卡车装配的动力锂离子电池组能量为 212kW·h，电动机最大功率为 250kW，最大续航里程可达 200km。

图 11-6　奔驰 Urban eTruck 纯电动货车

陆地方舟自主研发设计、生产了纯电动城市物流运输车陆地方舟 Z80，具有超强续航能力，电动机最大功率为 55kW，最高时速可达 102km·h^{-1}，最大续航里程可达 250km。吉利远程 E6-3.5T 纯电动封闭货车，长 5.45m，电动机最大功率为 90kW，磷酸铁锂动力锂离子电池能量为 53.4kW·h，最高时速可达 100km·h^{-1}，最大续航里程 230km。东风新吉奥 EM10 是为城市物流打造的厢式运输车，车身尺寸为 4150mm×1620mm×1905mm，电动机的最大功率为 45kW，磷酸铁锂动力锂离子电池能量为 36.88kW·h，最高时速可达 85km·h^{-1}，最大续航里程 245km。比亚迪 T3 纯电动封闭货车，长 4.46m，电动机最大功率为 100kW，镍钴锰三元动力锂离子电池能量为 50.3kW·h，最高时速可达 100km·h^{-1}，最大续航里程可达 360km。北汽新能源 EV407 2.8T 纯电动封闭厢式运输车，电动机最大功率为 62kW，三元动力锂离子电池能量为 43.5kW·h，最高时速可达 80km·h^{-1}，最大续航里程为 220km。大运 EK1 纯电动厢式物流车，电动机最大功率为 60kW，采用三元动力锂离子电池，最高时速可达 100km·h^{-1}，续航里程为 265km。江淮帅铃 i6 纯电动长轴距封闭厢式货车，如图 11-7 所示，电动机最大功率为 120kW，磷酸铁锂动力锂离子电池能量为

83kW·h，最高时速可达 $100km\cdot h^{-1}$，最大续航里程为 315km。

图 11-7 帅铃 i6 纯电动长轴距封闭厢式货车

11.2.2.6 船舶用动力锂离子电池

随着环保意识的增强，海运业造成的气体排放（含硫化合物、氮氧化物、二氧化碳以及颗粒物等）已经引起了广泛关注。根据国际海事组织环境规则，2020年以后，公海船用燃料含硫量需低于 0.5%，近海船用燃料含硫量需低于 0.1%，减少污染物排放也将是未来船舶产业考虑的重要因素之一。与此同时，世界各国与船舶大气污染有关的法律、法规也在陆续出台。电动船舶能够大幅度降低废气排放，甚至实现零排放，其应用规模正在迅速扩大。国际市场研究公司 Research and Markets 预测 2024 年电动船市场将达到 73 亿美元，市场前景广阔。基于锂离子电池的优异性能，动力锂离子电池成为船舶用动力电池的首选。业内预计船舶电动化将带来动力锂离子电池需求的快速增长，将从 2019 年约 1.2 GW·h 快速提升到 2025 年约 6.3GW·h。根据其动力情况，电动船舶也可以分为纯电动船舶和混合动力船舶。

2017 年，上海瑞华集团改造的 500 吨级纯电动货船 "瑞华 1" 号，动力推进系统为 160kW 变频电机，配备了 9 组磷酸铁锂动力锂离子电池组＋超级电容，其标准岸电充电系统可以为 9 组动力电池同时充电，2～3h 即可充满，充满 1 次可航行 50h，航程可达 500km，基本可以满足长三角地区的内河运输需求。与传统的柴油船舶相比，在每天行驶 100km 以上的情况下，纯电动船使用成本降低10% 左右。2018 年 8 月 22 日，新疆天池景区委托中船重工七一二所建造的 4 艘基于动力锂离子电池的纯电动船成功试航。该船的动力锂离子电池系统、推进系统和遥控系统等均由七一二所提供，续航时间长达 4h。

2019 年 1 月 11 日，在烟波浩渺的南洞庭湖上，湖南海荃游艇有限公司自主研发的新型纯电动游艇 HQ1850 正在安静地试航。HQ1850 是国内首制纯电动铝合金高速船，如图 11-8 所示，由磷酸铁锂动力锂离子电池提供电力，电动机进行驱动。HQ1850 运行成本低，噪声小，且平均每年可减少二氧化碳排放 1.5t 左右。同时，HQ1850 为双体船，抗风浪性能优越，最高时速可达 $25km \cdot h^{-1}$，实现了电动船舶速度慢的突破。

图 11-8　HQ1850 纯电动铝合金高速船

2019 年 1 月 18 日，广船国际有限公司建造的 2000t 级电动自卸船"河豚"号，拥有超级电容＋超大功率的动力锂离子电池双电管理系统，电池能量约为 $2400kW \cdot h$，满载情况下可续航 80km。"河豚"号电动船是世界上第一艘千吨级纯电动载重船舶，船长 70.5m、型宽 13.9m、型深 4.5m，设计吃水 3.4m，设计载货量 2000t。长江船舶设计院的纯电池动力客船设计项目，船总长 100m，主要用于旅游航线。上海复兴船务和 711 所共同打造了国内首制柴电混合动力拖轮。

2020 年 4 月，海上危险品应急指挥船"深海 01"在广州顺利下水。"深海 01"由我国自主设计建造，是国内首艘使用动力锂离子作为混合推进动力的海上公务船。"深海 01"搭载了磷酸铁锂动力锂离子电池，容量为 $1.5MW \cdot h$。2020 年 6 月 23 日晚，国内首艘纯电动大型商旅客船"君旅号"，从百年老码头武汉关缓缓驶出，新能源动力通航时代正式在万里长江黄金水道开启。"君旅号"由中国船舶集团有限公司第 702 研究所、第 712 研究所联合研制，可搭乘 300 名游客。"君旅号"游船是国内首艘通过中国船级社《纯电池动力电动船检验指南》要求的纯电动大型客船。"君旅号"采用"动力锂离子电池＋吊舱推进器"的动力系统，动力锂离子电池组重达 25t，容量为 $2.28MW \cdot h$，晚上充电 4～5h 就可以满足白天 8h 的续航需求。全船平均噪声预估值为 54dB，低于某些豪华品牌轿车的车内噪声，达到内河绿色船舶 3 的最高等级。

2016 年 9 月 27，巴黎 Saft 电池完成了超级混合动力游艇 Zoza 的动力锂离子电池系统的设计。Zoza 将成为世界上最大、最先进的混合动力私人豪华游艇之一。该艇配有 6 个主发动机和一个电力装置，电力装置包括两个动力锂离子电池系统，总容量为 3MW·h。其中动力锂离子电池系统采用的是 Saft 高能风冷式超级磷酸铁锂技术，额定电压为 600V。

2019 年 3 月 4 日，日本首艘搭载动力锂离子电池的混合动力货船 "Utashima" 号在东京都内亮相。"Utashima" 号货船设有 2828 个由 24 个东芝产锂离子电池构成的电池组，相当于 2700 辆普通 HEV 的电池容量，纯电模式下最多可航行约 6h。当使用柴油发动机航行时，将同时为动力锂离子电池组充电。

11.3
航空航天用动力锂离子电池

11.3.1 动力锂离子电池在航空方面的应用

电动化不仅在汽车领域快速发展，而且在航空领域也开始生根发芽。中国的《"十三五"交通领域科技创新专项规划》已经明确指出，要重点研究新能源电动飞机电推进系统技术，推动新能源飞机发展。锂离子电池具有能量密度大、功率密度高、循环寿命长、工作温度范围宽的优点，和其他电池相比有明显的优势，必将在未来电动航空领域得到广泛的应用。

电动飞机是理想的航空工具，它不消耗航空燃料，能够使环境更加清洁。2016 年，阳光动力 2 号（Solar Impulse 2）电动飞机，完成了人类首次环球电动飞行。Solar Impulse 2 是不消耗燃料的零排放飞机，它依靠数块太阳能电池板充电，动力是四块 41kW·h 的动力锂离子电池驱动的电动引擎。这一旅程始于阿拉伯联合酋长国首都阿布扎比，16 个月后，Solar Impulse 2 回到了阿布扎比。这一壮举改变了航空界，表明电动商用飞机已经不再是梦想了。

电动飞机的优势表现在：①不消耗航空燃料，零排放。据统计，飞机排放量目前约占世界温室气体排放量的 4%，而且还在快速增长，如果航空完全电动化，那么将实现绿色航空。②电动引擎能让飞机飞得更高，空气阻力更小，与之相比，内燃机在这方面的性能明显不足。但是，电动飞机还有明显的不足，如飞行速度慢、载客量小。就目前的技术来看，商用电动航空的路还很长。美国宇航局正在开展的 Electric Aircraft Tested 项目，旨在研究电动飞行的技术障碍。电动飞行的最大技术障碍是电池技术。目前的电池还达不到电动航空所需的功率重量比。喷气燃料的功率重量比是电池的 43 倍，随着飞机设计的提升和电池技术特别是锂离子电池技术的进步，相信小规模的商业电动航空飞行将很有可能实现。下面主要简述使用锂离子电池作动力的飞机发展现状。

美国电动飞机公司生产的 EletraFlyer Trike 是一款超轻型单座电动三角翼飞机，飞行动力为质量 12kg、功率 13kW 的电动机，电源为两块动力锂离子电池，可以持续飞行 90min。法国的 APEV Pouchelec 是一款超轻型单座电动飞机，装有一台 15kW 的电动机，韩国 Kukam 公司生产的动力聚合物锂离子电池提供电力，可持续飞行 20min[8]。

空中客车公司研发的 E-Fan 双座电动飞机（图 11-9），利用板载动力锂离子电池为两个电动引擎供电。2014 年，E-Fan 完成了时长 60min 的首飞，受到了广泛关注。空中客车公司表示他们正在研发商用支线电动飞机。2013 年以来，波音公司和捷蓝航空支持的 Zunum 航空，一直在研究载客 10～50 人的混合动力飞机。Zunum 航空公司的第一款产品 12 座级的混合动力支线飞机，已于 2022 年完成该型飞机的取证和交付。成立于 2016 年的 Wright Electric 着重设计小于 300 英里航程的商用电动客机，英国易捷航空公司于 2017 年 9 月宣布与 Wright Electric 合作，预计在 2027 年开发出载客 180 人的电动飞机。2018 年，挪威机场运营商阿维诺尔公司首席执行官达格·法尔克-彼得森表示，挪威短途航班计划到 2040 年全部使用电动飞机。动力锂离子电池将是这些商用电动飞机的理想电源。

图 11-9　空中客车的电动飞机 E-Fan

2017 年 11 月 1 日，中国电动飞机 RX1E-A（图 11-10）首飞成功。锐翔 RX1E-A 是由沈阳航空航天大学辽宁通用航空研究院自主研发的双座轻型电动飞机，动力为 1 台 40kW 的永磁直流电机，最大起飞重量 600kg，最大升空高度 3000m。锐翔 RX1E-A 装备了 6 组动力锂离子电池，最长充电时间仅需 2.5h。该公司于 2015 生产的锐翔 RX1E，最大起飞重量 500kg，已经交付飞行员培训学校使用。

图 11-10　中国电动飞机锐翔 RX1E-A

在商业电动航空飞行步履维艰的同时，民用电动无人机市场却异军突起。无人机全称为"无人驾驶飞行器"，是利用无线电遥控设备和自备程序控制装置操纵的无人飞行器（图 11-11）。民用无人机在快递行业、农业植保、警用执法、地质勘探、电力巡检、环境监测、森林防火和影视航拍等各个领域都得到了广泛应用。《中国无人机行业发展白皮书（2021 年）》统计数据显示，2020 年全球民用无人机出货量达到 1131.5 万架，同比增长 97.0%；全球民用无人机动力聚合物锂离子电池的出货量达到 2.9GW·h，预计到 2025 年出货量将增至 16.1 GW·h。无人机将成为动力聚合物锂离子电池特别是高倍率动力聚合物锂离子电池的主要应用领域之一。

图 11-11　民用无人机

11.3.2　动力锂离子电池在航天方面的应用

锂离子电池的质量是同容量镍氢电池的一半，体积是后者的 20%～30% 左右[9]。使用动力锂离子电池作为无人着陆探测器的动力来源，可以有效降低航天发射载荷，大大降低航天发射成本。例如，我国的玉兔号月球车，如图 11-12

所示，均装配了动力锂离子电池，依靠其提供前进的电力。美国的勇气号、机遇号、好奇号和洞察号火星探测器，都是利用动力锂离子电池为其提供前进的动力。勇气号和机遇号的动力锂离子电池为双电池组模块，每个模块的容量为 10 A·h，工作电压为28V。

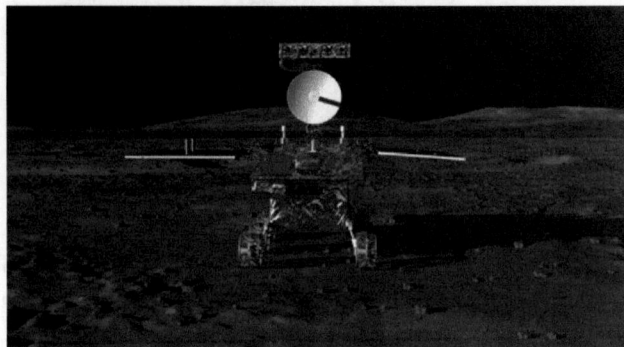

图 11-12 玉兔号月球车

11.4
国防军事用动力锂离子电池

兵者，国之大事。国防军事是关系到国家民族生死存亡的根本大计。现代国防军事建设需要各种信息化、数字化的先进武器装备。先进武器装备又迫切需要高效、高能量密度的电池。锂离子电池具有电压高、重量轻、体积小、比能量高、寿命长的优点，是目前综合性能最好的化学电源。动力锂离子电池在国防军事中的应用涵盖了陆（陆军战车）、海（潜艇、水下航行器）和空（无人侦察机）等多个兵种。

11.4.1 陆军装备

美国陆军的未来作战系统，要对多种陆军战车升级换代，将其动力更改为油电混合动力，改进车辆燃油消耗，缓解日趋严峻的能源形势。油电混合动力的优势：①降低油耗，减轻后勤供应压力；②必要时油电同时驱动，明显提高战车机动性；③必要时依靠电驱动实现"静默""隐身"行驶，大大提高战车的生存能力。例如：纳迪克士兵研究开发与工程中心为美国陆军研发的 ULV（Ultra-Light Vehicle）油电混动军车，配备了 14.2kW·h 的磷酸亚铁动力锂离子电池，油电混合驱动可行驶最大里程为 700km，纯电续航里程可达 33.7km，同时几乎不产生噪声，具备很强的隐蔽性。

近年来，世界军事强国在轮毂电机技术上都有所突破，轮毂电机通过线缆将动力直接传递给全部驱动轮，取消了复杂的前传动轴和前分动箱，既减轻了车身重量又降低了噪声。日本自卫队的六轮混动 105 突击炮使用轮毂电机技术。GeFaS "混动" 地空导弹发射车，4 轴 8 轮，由莱茵金属公司研制，采用了轮毂电机技术。美、英、法的混合动力轮式装甲车也都配备了轮毂电机。如果使用动力锂离子电池驱动轮毂电机，将是完美的动力技术。

此外，美国陆军的未来作战系统还计划开发无人作战机器人，这些作战机器人都将采用动力锂离子电池。美陆军已经有服役的动力锂离子电池驱动的拆弹机器人。英国也公开了新一代拆弹机器人的原型机 "卡弗"，其电源可采用动力锂离子电池。

11.4.2 海军装备

相比铅酸电池，锂离子电池有绝对的优势（表 11-1）：比能量是铅酸电池的 5 倍多，循环寿命是铅酸电池 3 倍，充电时间是铅酸电池的几分之一甚至十分之一，无记忆效应，免维护[9-11]。动力锂离子电池作为常规潜艇水下动力电源，将会大大增强潜艇的水下航程和机动性，同时水面充电时间也将大大缩短，明显提高其隐蔽性能。此外，完全密封的锂离子电池，工作时不释放有害气体，降低了潜艇水下航行的危险性。动力锂离子电池的这些优点，引起了世界各国海军的重视。目前，德、法、俄、日等国投入了大量人力物力，研制先进的动力锂离子电池系统。世界上的军事强国已经在微型潜艇和水下航行器中广泛地使用动力锂离子电池，同时动力锂离子电池在常规潜艇中也进入了工程化应用阶段。

美国亚德尼公司研制了三款水下军事装备用动力锂离子电池，包括：①无人水下航行器动力锂离子电池，由 360 只 2A·h 的单体经串并联组成，工作电压 324V，总能量 10kW·h，该动力锂离子电池驱动的自主式无人水下航行器，搜索范围达到 35 平方海里，可工作 40～48h[11]；②75kW 高功率鱼雷动力锂离子电池，该电池由 100 只 25A·h 方形单体电池组成，电池总重 115kg，分为 5 个模块，每个模块 20 只单体电池，标称电压 300V，工作电流 250A；③微型潜艇用动力锂离子电池，总能量 1.2MW·h。

美海军试验的一种无人水下侦察监视潜航器 "海底滑行者"（图 11-13），用于探测水雷和水面目标，使用动力锂离子电池为动力，可以自主航行 6 个月，航行距离 5000km，最大潜深 5000m。2005 年 8 月，英国 BAE 公司研制的 "泰利斯曼"（Tailsman）多用途无人潜航器，已经正式下水，使用动力锂离子电池，可连续工作24h，用于探雷和一次性灭雷。

1999年10月，日本成功完成了无人潜艇的水下试验，该潜艇装备是由日本汤浅公司（GS Yuasa Corporation）提供的锰酸锂动力锂离子电池。据日本媒体报道，2018年10月，日本凰龙号SS-511常规潜艇（图11-14）下水，该艇为苍龙级11号艇，首次全面使用动力锂离子电池，实现了潜艇用动力电池的"革命性突破"，也是世界上第一艘采用动力锂离子电池技术的常规潜艇。凰龙号艇长85m，水下排水量3300t，是世界上最大的常规潜艇，水中航速可达20节。日本自卫队计划用动力锂离子电池技术取代目前使用的AIP推进技术，换装后的"苍龙"级潜艇将采取柴油机加动力锂离子电池技术。

图11-13　使用动力锂离子
电池的美军水下无人潜航器

图11-14　采用动力锂离子电池
技术的日本"凰龙"号常规潜艇

1999年，法国SAFT公司开始研制潜艇用动力锂离子电池，2004年冬完成海上试验，2007年将首艘动力锂离子电池潜艇交付使用。据悉，法国SAFT公司研制的潜艇用动力锂离子电池单体，总能量为9kW·h，平均电压为3.5V，质量为120kg，体积为60L。俄海军中央设计局"红宝石"专家曾经预测，装备动力锂离子电池的"阿穆尔1650"型潜艇水下航速和续航能力都将大幅提高。据悉，2018年底，韩国三星公司通过两年半的研发，已经成功研制了潜艇用动力锂离子电池，该动力锂离子电池性能优异，能够使韩国KSS-3型常规潜艇的水下续航时间比使用动力铅酸电池增加一倍。

和美国、日本、法国相比，中国海军装备动力锂离子电池的研究和应用起步稍晚，但是发展很快。中国有一大批民用锂离子电池生产商可以为军事用锂离子电池提供参考。目前，国内生产的动力锂离子电池大容量单体有40A·h、55A·h、100A·h等多种容量，多为钢壳圆柱形动力锂离子电池、软包装方形动力锂离子电池和聚合物动力锂离子电池。这些动力锂离子电池已经广泛应用在水下装备中[12]。

11.4.3　空军装备

目前，动力锂离子电池在军用航空中的应用主要为小型、微型无人机。1996年，美国国防部高级研究计划局决定研制微型无人机，在峡谷和城市建筑物之间执行作战任务。其中，"龙眼"（Dragon Eye）无人机（图 11-15）最为有名，它是由航空环境（AeroVironment）公司研制的无人侦察机。"龙眼"无人机装配动力锂离子电池，整机质量为 2.3kg，升限 90～150m，能以航速 76km·h^{-1} 飞行 60min。该小型无人机可以手持发射，具有全自动、可返回的特点。据报道，美海军陆战队每个连都配备有"龙眼"小型无人侦察机。

图 11-15　美军的"龙眼"小型无人侦察机

继小型无人机以后，AeroViroment 公司研制的"黄蜂"微型无人机也试飞成功。和小型无人机不同，微型无人机是一种只有手掌大小（尺寸小于 15cm）并装载有效载荷、可以完成战斗飞行任务的无人机。据美军方发言人证实，"黄蜂"已具备实战能力。另外，"微星"（microstar）微型无人机也很出名，它是由美国桑德斯公司开发的。"微星"微型无人机装动力锂离子电池。"微星"全重 100g，总功耗 15W。其中，机身重 7g，动力锂离子电池重 44.5g，电动机及螺旋桨重 20g，功耗为 9W，处理/存储电子组件重 6g，照相机/透镜总重 4g。"微星"微型无人机航程大于 5km，升限为 15～90m，巡航速度 56km·h^{-1}，飞行时间 20～60min。

11.5
民用储能锂离子电池

煤、石油、天然气等是不可再生的化石能源，同时化石能源的大量使用带来资源枯竭和严重的环境污染问题。因此，人类发展必须寻找可再生能源，如风能和太阳能等。不连续性是可再生能源的缺点，可再生能源能量产生的时间往往与实际需求不符。例如，太阳能电池在白天阳光下发电，而用电往往在晚上。同时，大规模太阳能、风能发电，增加了电网的不稳定性，也需要大规模的储能电站来调峰。总之，储能是多数可再生能源利用所必须采用的技术。

11.5.1 储能锂离子电池在太阳能路灯中的应用

太阳能路灯，以超高亮 LED 灯具作为光源，白天利用太阳能电池供电，储能电池储存电能，晚上储能电池给 LED 供电照明，用于代替传统公用电力照明的路灯。同时，有些太阳能路灯增加了风力发电机，采用风光互补发电为储能电池提供充足的电力。太阳能路灯使用太阳能发电，无须埋设电缆，无须交流供电，不产生电费，一次投资、长期受益，广泛地应用于城市主次干道、小区、停车场、旅游区、农村等场所。太阳能路灯配备的储能电池一般为铅酸电池和锂离子电池。由于锂离子电池具有质量轻、容量高、循环寿命长、免维护等优点，目前，越来越多的太阳能路灯采用储能锂离子电池，大有替代储能铅酸电池的趋势。太阳能路灯用储能锂离子电池工作电压为 12V，容量为 20～150A·h，电池容量可以根据路灯功率配置。目前，国内能够生产储能锂离子电池/太阳能路灯的厂家有很多。

11.5.2 储能锂离子电池在家庭储能中的应用

家庭储能是一种分散式储能技术，可以使家庭减少对电网的依赖，特别适用于供电不稳定的偏远山区和农牧区。据统计，截至 2016 年底，家庭储能电池全球市场规模已经超过十亿。美、日及欧盟在家庭储能方面有明确的政策支持，家庭储能发展较早，并且已经形成了一定的市场规模，合计占比约达 84.7%。中国家庭储能市场启动较晚，规模较小，占比仅为 2.4% 左右。家庭储能的主流技术是太阳能＋储能电池的光储一体化技术。Technavio 发布的最新市场研究报告显示，在 2018—2021 年预测期内，全球家庭光伏储能市场预计将以近 68% 的年增长率高速增长。中国家庭储能产业也在技术、市场及政策的推动下开始发展。另据统计，随着锂离子电池成本的下降和技术成熟，新增家庭储能 95% 采用储能锂离子电池。2018 年，工业和信息化部开始制定行业标准《分布式储能用锂离子电池和电池组性能规范 第 1 部分：家庭储能》。

根据中国储能网讯，越来越多的德国人为选择绿色能源，并希望独立于电力公司，已经有 12 万户"屋顶光伏＋电池储能"的家庭和小企业；意大利财政激励措施也已扩展到小型电池储能系统；美国家庭储能市场快速发展，增长率达

317%，据预计，2023年美国家庭储能部署将达11700MW·h。2018年，澳大利亚完成了部署200万个家庭太阳能发电设施的发展目标，预计2025年，要实现为100万户家庭安装储能电池系统。截至2020年6月，日本伊藤忠商事的家用储能系统品牌"Smart Star"系列销量累计已超过3.3万套，储能容量合计100MW/330MW·h。

全球各大企业纷纷推出家庭储能产品，来迎接家庭储能市场的快速增长。国外主要企业有美国的特斯拉，德国的Sonnen、奔驰和宝马，日本的尼桑（xS-storage），韩国的LG化学、三星SDI等。国内企业有比亚迪、中航锂电、山东威能和中兴派能等。特斯拉生产的Powerwall和Powerpack家庭储能产品占领了美国较大的市场份额。其中，Powerwall系统，工作电压350～450V，有10kW·h和7kW·h两种规格，售价分别为3500美元和3000美元。2019年初，比亚迪的Battery-Box家庭储能锂离子电池，获得美国UL认证，拿到了全球最严苛的美国市场的入场券；顺利通过了英国权威清洁能源设备测试组织ITP Renewables的耐用性测试，并在测试中摘得桂冠。2010年，BYD的第一代家庭储能锂离子电池产品进入日本市场，2015年比亚迪家庭储能DESS系统（装备储能锂离子电池）出口澳大利亚。DESS系统配置了磷酸亚铁储能锂离子电池，额定电压51.2V，容量10kW·h。此外，威能开发的小型家庭储能系统，使用储能锂离子电池，可以利用太阳能、市电充电，可储存电能2～5kW·h，输出功率1～2kW。

11.5.3 储能锂离子电池在储能电站中的应用

太阳能、风能等新能源输出功率受天气影响，波动大，大规模新能源并网发电，对电网调峰、调频提出了更高的要求。大容量储能是应对电网调峰、调频的有效方式。例如美国从2000年初就开始重视储能，经过7年的跟踪研究，发现储能参与调频的效率是火电发电机组的27倍。2009年，美国斥巨款资助新一代环保储能电池的研发制造，并在随后的十年内减免了大规模储能系统的税收。西欧发达国家以及日本、韩国也实施了税收优惠和财政专项拨款的优惠政策，来支持高性能储能锂离子电池的技术研究。《中国制造2025》也明确提出要实现大容量储能装置自主化。据不完全统计，2000—2017年间，全球电池储能项目累计装机功率为2.6GW，容量为4.1GW·h，年增长率分别达到了30%和52%。

锂离子电池是近年兴起的高能量储能电池，兼具高充电效率、高功率密度、高能量密度和长循环寿命的特点[13]。储能锂离子电池既可满足功率性储能需求，又能满足能量性储能需求。根据中国储能网讯，2018年上半年，全球新增电化学储能项目装机规模为 697.1MW,其中使用储能锂离子电池储能项目装机规模为 690.2MW,占比 99%;中国新增电化学储能项目装机规模为 100.4MW,其中储能锂离子电池项目装机规模为 94.1MW,占比接近 94%。下面是国外运行的使用储能锂离子电池的大容量储能电站。

① 南澳霍恩斯代尔储能系统,Tesla 储能锂离子电池,地址在澳大利亚南澳。额定功率 100MW,总容量 129MW·h。该储能电站建成后成功输出功率,参与澳大利亚电网的调频,其反应时间优于发电机组。

② 仙台变电站锂离子电池试点项目 (Sendai Substation Lithium Ion Battery Pilot Project),地址在日本仙台市宫城县。额定功率为 40MW。

③ 劳雷尔山 (Laurel Mountain) 储能锂离子电池项目,地址在美国西弗吉尼亚州,埃尔金斯 (Elkins)。额定功率为 32MW。

④ 通用汽车 ABB 伏特电池 (GM ABB Volt Batter) 储能锂离子电池项目,地址在美国密歇根州底特律,额定功率为 25MW。

⑤ 安加莫斯 (Angamos) 储能锂离子电池项目,地址在智利梅希约内斯 (Mejillones),额定功率为 20MW。

⑥ 洛斯安第斯锂离子电池系统 (Los Andes Li-Ion Battery System),储能锂离子电池,地址在智利科皮亚波 (Copiapo),额定功率为 12MW。

⑦ Auwahi 风电场电池储存系统 (Auwahi Wind Farm Battery Storage),储能锂离子电池,地址在美国夏威夷库拉 (Kula),额定功率为 11MW。

⑧ 印度塔塔电力公司 (Tata Power) 电池储能系统,储能锂离子电池,地址在印度德里,额定功率 10MW/10MW·h。

2018 年,中国电化学储能装机规模达 613MW,规模是 2017 年的 5 倍多。此外,规划及在建的电池储能项目已经达到了 465MW。2018 年是我国电化学储能项目井喷式发展的一年[14]。我国多地已有百兆瓦级储能电站投运和建设中。

① 河南电力公司建设的国内首个分布式储能示范电站项目,储能锂离子电池[14],电网侧储能电站项目,额定总功率 100.8MW,总容量 125.8MW·h,地址:河南,洛阳黄龙、信阳龙山等 9 个地市。

② 镇江北山储能项目,储能锂离子电池,是迄今为止建成的世界上规模最大、功能最全的电网侧储能电站项目[14]。功率 101MW,容量 202MW·h,地址:江苏、镇江。

③ 鲁能海西州多能互补集成优化示范工程储能锂离子电池项目,目前国内最大的发电侧电池储能项目,额定功率 50MW,容量 100MW·h,地址:青海,格尔木,该项目的储能锂离子电池供应商为宁德时代。

④ 椰梨储能锂离子电池电站，额定功率24MW，容量48MW·h，地址：湖南长沙。该项目的储能锂离子电池供应商为南都电源。

⑤ 张北风光储输一期工程储能锂离子电池电站，额定功率16MW，容量63MW·h，地址：河北张北。

⑥ 三跃储能电站项目，电网侧电池储能项目，储能锂离子电池，额定功率10MW，容量20MW·h，地址：江苏扬中市。

⑦ 北控清洁能源晋能长治热电有限公司储能联合调频项目，包含一个储能锂离子电池电站，额定功率9MW，容量4.5MW·h，地址：山西长治。

11.6
航空航天用储能锂离子电池

11.6.1 储能锂离子电池在航空方面的应用

飞机装备的化学电源主要作为应急电源使用，目前常用的是镍镉电池。和镍镉电池相比，锂离子电池具有高质量比能量和体积比能量[15]。因此，储能锂离子电池用作飞机的应急电源，体积更小、重量更轻，有效降低飞机机载化学电源的重量，增加飞机的载荷。2011年，波音787以储能锂离子电池作为应急电源。但是随后的2013年，使用锂离子电池的波音787出现了多次事故，造成了波音787停飞，给锂离子电池在航空方面的应用蒙上了阴影。2015年底，空客A350低调地采用了Saft公司的锂离子电池，已安全飞行了3年有余，为飞机上使用锂离子电池带来了曙光。

11.6.2 储能锂离子电池在航天方面的应用

航天器在太空中飞行时而面对太阳，时而背对太阳，因此，航天器必须储存电能，需要储能电池和太阳能电池联合为航天器提供持续的电力供应。与第一代航天用镍镉、第二代镍氢储能电池相比，锂离子电池是第三代航天储能电池，具有明显的优势（详细见表11-1）。从轻量化、小型化的角度看，储能锂离子电池的应用对航天器是非常重要的。因为航天器的质量往往是按克计算的。目前，航天器使用储能锂离子电池已进入比较成熟的应用阶段。截至2016年底，全球有近350个在轨飞行的航天器采用了储能锂离子电池。另据统计，目前新造卫星98%采用储能锂离子电池。国际上，从事航天用储能锂离子电池研发的公司主要有美国的Yardney技术公司、法国的SAFT公司、英国的AEA技术公司、日本的汤浅公司和三菱公司[16]。下面是收集的储能锂离子电池在各类航天器上的应用。

一般来说，应用在地球同步轨道卫星（高轨道 GEO 卫星）的储能电池，在最大放电深度 60％时的循环寿命一般为 1200～1500 次，在轨工作寿命不低于 15 年；而低轨道卫星（低轨道 LEO 卫星），在放电深度 25％时循环寿命要大于 35000 次，在轨工作寿命不低于 7 年[9]。

2000 年 11 月 16 日，英国国防部发射的小卫星 STRV-1d 上首次采用了储能锂离子电池，卫星总质量 100kg，该航天器采用的储能锂离子电池的比能量为 100W·h·kg^{-1}。

PROBA 卫星是欧洲航天局"通用支持技术计划"的技术演示卫星，由比利时维赫特（Verhacrt）公司设计制造，首次于 2001 年 10 月 22 日发射升空。PROBA 卫星上配置了储能锂离子电池。PROBA 卫星（图 11-16），总重 95kg，但带有 3 个科学仪器，采用 6 节 9A·h 储能锂离子电池，工作电压为 28V，质量为 1.87kg，比能量为 104W·h·kg^{-1}。PROBA 卫星的储能锂离子电池每月需要进行 400 次充放电循环，放电深度为 8％～15％。地面试验按照 30％放电深度的低轨制度进行了 16000 次循环寿命考核，电池的放电电压仅下降了 0.8V，表现出优异的循环寿命[10]。PROBA 卫星设计寿命只有 2 年，但实际运行了 11 年。

图 11-16　配置储能锂离子电池的 PROBA 卫星

2006 年，美国国家航空航天局发射的空间技术-5（（Space Techology-5，ST-5）微小卫星，由美国国家航空航天局戈达德航天飞行中心研制。卫星上采用了两个单体电池组成的储能锂离子电池，工作电压 8.4V，电池质量 643g，容量 7.5A·h，体积 124mm×63mm×86mm[17]。

2004 年欧洲航天局发射的 ROSETTA 彗星探测器装配了储能锂离子电池，容量为 1070W·h，分为 3 个模块，质量为 9.9kg，比能量为 107W·h·

kg^{-1}。ROSETTA 探测器的着陆器也采用了储能锂离子电池，电池质量1.46kg，比能量 103W•h•kg^{-1}。欧洲空间局在 2003 年发射的火星快车空间探测器装配了储能锂离子电池，分为三个模块，质量 13.5kg，容量 1554W•h，比能量 115W•h•kg^{-1}。地面模拟试验进行了 9280 次循环，放电深度5%~67.55%。电池容量仅衰减 18.66%，其中前 1000 次循环，电池容量衰减较快，衰减 12%左右，此后，容量衰减减慢，第 9280 次循环时，电池容量保持率仍有 81%左右[18]。

欧洲哥白尼（Copernicus）计划的哨兵系列卫星，均采用储能锂离子电池。哨兵系列卫星由欧洲委员会投资，欧洲航天局（ESA）研制，计划用于全球环境与安全监测，为欧洲监测陆地和海洋环境，并为其应对自然灾害等提供信息。哨兵系列卫星共分为 6 组，每组具有不同任务和观测功能。哨兵-1A 和哨兵-1B 卫星分别于 2014 年 4 月和 2016 年 4 月发射升空；哨兵-2A 和哨兵-2B 卫星分别于2015 年 6 月和 2017 年 3 月发射升空；哨兵-3A 和哨兵-3B 卫星分别于 2016 年 2月和 2018 年 4 月发射升空。其中哨兵-2 型卫星（图 11-17），为高分辨率多光谱成像卫星，主要用于全球陆地观测，内容包括陆地植被、土壤、水资源、内河水道以及沿海地区，2 颗哨兵-2 卫星可以在 5 天内实现全球覆盖。哨兵-2 卫星运行在高度为 786km、倾角为 98.5°的太阳同步轨道上，卫星尺寸为 3400mm×1800mm×2350mm，设计寿命为 7 年，质量约为 1000kg，储能锂离子电池容量102A•h。

图 11-17　欧洲航天局的哨兵-2 型卫星

据悉，国际空间站的太阳能供电系统一共配置了 48 块储能镍氢电池。为提升国际空间站的电力供应，按照计划，将使用 24 块重量轻、体积小、储电能力强的储能锂离子电池取代原有的储能镍氢电池。目前，宇航员经过了多次太空行走，已经成功用储能锂离子电池替代了部分储能镍氢电池。例如，北京时间

2019 年 3 月 23 日凌晨 2 时 40 分，尼克·黑格和安妮·麦克莱恩两名宇航员进行了历时 6 小时 39 分钟的太空行走，成功用 3 块储能锂离子电池更换掉了 6 块储能镍氢电池。

2000 年前后，中国电子科技集团公司第十八研究所和上海航天 811 所开始研究航天用储能锂离子电池。2008 年，装配了储能锂离子电池的"希望一号"小卫星和"神七"伴星中开始了我国储能锂离子电池的航天应用。截至 2016 年，我国的储能锂离子电池已成功应用于包括高分卫星、试验卫星、通信卫星、导航卫星、嫦娥三号等近 50 个型号，型号覆盖低轨道、中轨道、高轨道和深空轨道，寿命满足低轨道 1～5 年、高轨道 10～15 年要求[16]。

在单体电池设计制造上，中国电子科技集团公司第十八研究所研制的航天锂离子电池偏向于圆柱形电池，设计容量（A·h）包括 10、15、20、25、30、45和 50，产品比能量 120～200W·h·kg^{-1}，能够满足低轨道卫星 5～8 年、高轨道卫星 15 年的寿命要求。截至 2017 年 3 月，我国使用储能锂离子电池的在轨运行卫星型号超过 25 个，全部工作正常，其中"希望一号"小卫星装配的储能锂离子电池设计寿命为满足在轨工作 6 年；目前，我国首颗设计寿命为 5～8 年的低轨道应用卫星"高分一号"的 80A·h 储能锂离子电池在轨时间已接近 6 年，储能锂离子电池各项指标正常。上海航天 811 所研制的航天锂离子电池主要以方形电池为主，在轨运行卫星应用 811 所的储能锂离子电池型号超过 20 个，"神七"伴星装配的 10A·h 储能锂离子电池在我国是首次应用，取得了良好效果。方形电池在其他型号的应用以中低轨道卫星为主，方形单体组成的电池组体积相对较小，有利于节省安装体积[16]。

11.7
国防军事用储能锂离子电池

现代战争是高科技条件下的战争，能源供应已经成为现代化军队后勤工作的重要任务之一，其供应的重要性已经等同于服装、食品、弹药、重要军事设备零配件供应，如何降低军队在和平时期和战时的能源供应负担，始终是各国国防军事研究的课题。因此，能源供应是保障军队战斗力和维护国家安全大局的关键之一。当前，世界各军事强国都将新能源技术作为新一轮军事革命的重要突破口。在未来几十年里，美国、日本、欧盟等国家地区都将发展新能源技术放在首要位置。国家主席习近平也强调，军事能源问题事关重大，要认真研究，确保军事能源保障的安全、高效和可持续，加快构建现代军事能源体系。储能技术特别是储能锂离子电池已经成为新能源技术的研究热点。世界各军事强国都在加大投入，开发各种军用储能锂离子电池。

美国的"陆地勇士"单兵作战系统，给每个士兵配备两块锂离子电池，很好地适应了其军事行动的需要。例如，美军在伊拉克战争中使用的 BB-2590 型锂离子电池，每块电池都工作了大约 34.5h，受到了参战官兵的高度评价。英国的"未来士兵技术计划"（FIST）也将锂离子电池作为单兵作战系统中的补给能源。德国 Idz 计划的单兵电台也配备了锂离子电池作为电源。

锂离子电池作为军工车载储能电源，可以做到质量轻、容量大。例如：钜大锂电开发的车载储能锂离子电池，电池重量仅 3kg，容量为 504W·h，可以在 -20～55℃ 使用。利用这样的电池为指挥所供电，能够明显提高隐蔽性。另外，许多位置偏僻的军营、偏远哨所、海岛驻防部队哨所，电网供电十分困难，但是有便利的太阳能、风能发电资源可以利用。如果在这些军营、哨所安装太阳能、风能发电装置，并配置储能锂离子电池，可以明显改善偏远军营和哨所的生活基础设施。

美国政府正在为其军事设施制定"能源弹性基础设施"升级计划，并正在实施。2018 年，美国军方科罗拉多州卡森堡军事基地委托全球基础设施开发商 AECO 公司为其建设一个储能锂离子电池系统。洛克希德·马丁公司将为其开发一个功率 4.25MW、容量 8.5MW·h 的储能锂离子电池系统，以帮助美国大陆的军事设施供电并节省电费。该储能锂离子电池系统建成后，将成为美国陆军基地最大的独立商业电池储能系统。目前，美国军方的能源供应主要依赖柴油发电机，但预计在未来十年，美国军方将大大加快绿色能源和电网安全的投资。

参考文献

[1] 徐艳辉，李德成，胡博．锂离子电池活性电极材料．北京：化学工业出版社，2017：19.

[2] 胡信国．动力电池技术与应用．北京：化学工业出版社，2012：3.

[3] 徐保伯，刘务华．锂离子电池的制造及其市场．电池，2002，32（4）：242-244.

[4] 黄晓东．加快推广应用促进提质升级关于推动锂离子电池在电动自行车上应用的思考．电动自行车，2015，1：3-4.

[5] Ding Y，Canol Z P，Yu A，et al. Automotive Li-ion batteries：Current status and future perspectives. Electrochemical Energy Reviews，2019，2：1-28.

[6] 祝斌．动力电池技术与应用．船电技术，2015，35（4）：30-34.

[7] 黄可龙，王兆祥，刘素琴．锂离子电池原理与关键技术．北京：化学工业出版社，2010：348.

[8] 黄俊，杨凤．新能源电动飞机发展与挑战．航空学报，2016，37（1）：57-68.

[9] 邹连荣，陈猛，解晶．国外航天用锂离子电池应用概况．电池工业，2007，12（4）：277-280．

[10] 安平，王剑．锂离子电池在国防军事领域的应用．新材料产业，2006，9：34-40．

[11] 刘勇，梁霍秀．水下装备用锂离子电池的研制进展．电源技术，2008，32（7）：485-487．

[12] 诸侯军，郎俊山．水下装备用锂离子动力电池研究进展．船电技术，2012，32（增刊）：96-99．

[13] 吴雪翚，曾馨洁，胡馨月．新能源发电中电化学储能技术的发展与应用分析．中国设备工程，2018，11（上）：201-203．

[14] 沈小波．风能光能规模增长，电网侧储能并喷式扩张．能源，2019，2：38-41．

[15] 孙虎，尹超华，呙晓兵，蒋阳强，王康．航空用大容量锂离子电池研究．电子测量，2018，5：65-67，37．

[16] 罗广求，罗萍．空间锂离子蓄电池应用研究现状与展望．电源技术，2017，41（10）：1501-1504．

[17] 韩立明，谭玲生，刘浩杰．锂离子电池在航天领域的应用．技术纵横，2008，11：63-65．

[18] 安晓雨，谭玲生．空间飞行器用锂离子蓄电池储能电源的研究进展．电源技术，2006，30（1）：70-73．

索 引